"十二五"国家重点图书出版规划项目

航空航天精品系列

FUNDAMENTALS OF GAS DYNAMICS

气体动力学基础

陈浮　宋彦萍　陈焕龙　刘华坪　编著

哈尔滨工业大学出版社

HARBIN INSTITUTE OF TECHNOLOGY PRESS

内容提要

本书主要阐述了可压缩流体动力学的基本概念、规律和计算方法。全书特别注意将矢量分析、场论等方法引入到气体动力学基本方程的推导中,以实现数学描述、物理内涵与力学原理三者之间较为严格的统一,始终贯穿了基础、严谨、实用的方针,力图做到深入浅出。

本书可作为高等工科院校热能与动力工程、飞行器动力工程等专业的基础教材,也可供从事飞行器设计、航空动力等气体动力学相关专业的科技人员参考。

图书在版编目(CIP)数据

气体动力学基础/陈浮等编著. —哈尔滨:哈尔
滨工业大学出版社,2014.1(2016.8 重印)
ISBN 978 - 7 - 5603 - 4258 - 0

Ⅰ.①气…　Ⅱ.①陈…　Ⅲ.①气体动力学-高等学校-
教材　Ⅳ.①O354

中国版本图书馆 CIP 数据核字(2013)第 240778 号

策划编辑　杜　燕　赵文斌
责任编辑　刘　瑶
封面设计　高永利
出版发行　哈尔滨工业大学出版社
社　　址　哈尔滨市南岗区复华四道街 10 号　邮编 150006
传　　真　0451 - 86414749
网　　址　http://hitpress.hit.edu.cn
印　　刷　哈尔滨市工大节能印刷厂
开　　本　787mm×1092mm　1/16　印张 27.5　字数 632 千字
版　　次　2013 年 8 月第 1 版　2016 年 8 月第 2 次印刷
书　　号　ISBN 978 - 7 - 5603 - 4258 - 0
定　　价　58.00 元

前　言

本书以作者近年来为哈尔滨工业大学能源科学与工程学院热能与动力工程专业、飞行器动力工程专业的本科三年级学生讲授的"气体动力学"课程讲义为基础，以系统全面、突出重点、概念清晰、推导严谨、内容实用等为原则而编写，尤其注重将矢量分析、场论等方法引入到气体动力学基本方程的推导过程中，力图实现数学描述、物理内涵与力学原理三者之间较为严格的统一，以使学生能够较为扎实地掌握气体动力学基础理论。

本书首先回顾了流体力学（含气体动力学）、热力学的基础知识及基本概念，并应用矢量分析、场论等方法着重描述了表征流体属性的各种物理量的内涵以及相应的表达形式。接着，从随体导数、雷诺输运定理出发，推导了较为完整的流体三维运动基本方程组的积分及微分形式，并引申得到上述方程组在一维定常流动假设下的不同形式，从而为后面的气体动力学基本理论、流动特性等的理解和分析打下良好基础。其后，书中依次详细讨论了滞止参数及气体动力学函数概念、膨胀波与激波、一维定常可压缩管道流动、小扰动线性化理论、超声速流动的特征线法、气体的高超声速流动等，最后对黏性流体力学范畴的层流及湍流附面层理论做了介绍。

本书可作为高等工科院校热能与动力工程专业、飞行器动力工程专业等高年级本科生的气体动力学课程（80～90学时）的教材，也可供从事飞行器设计、航空及船舶动力、能源等气体动力学相关专业的科技人员参考。

本书由哈尔滨工业大学陈浮、宋彦萍、陈焕龙、刘华坪执笔。书中第1、2、6章由陈浮执笔，第3、4章由宋彦萍执笔，第5、7、8、9章由陈焕龙、刘华坪执笔。此外，博士研究生俞建阳、李得英、王云飞、崔可、刘雷等帮助作者完成了本书的插图描绘、数据表格计算及部分文字录入等工作，在此表示感谢。

全书由王仲奇院士担任主审，并在审阅过程中提出了许多宝贵意见，在此谨致谢意。在本书的撰写过程中，作者参考、采纳了众多国内兄弟院校相关教材、讲义的章节内容，在此也一并表示诚挚的谢意。

由于作者的水平有限，书中不足之处在所难免，恳请读者和专家们批评指正。

本书的出版获得国家自然科学基金委创新研究群体项目《热辐射传输与流动控制》（51121004）资助，在此深致谢意。

作　者
2013 年 1 月

主要符号表

符 号	含 义	符 号	含 义
$\boldsymbol{A}$	有向曲面 反对称张量	$\boldsymbol{i},\boldsymbol{j},\boldsymbol{k}$	笛卡儿坐标系单位矢量
A	翼型轴向力	k	比热比
$\boldsymbol{a}$	加速度矢量	L	翼型升力
a	声速	$\boldsymbol{l}$	有向曲线
b	翼型的厚度	M	力矩
c	翼型的弦长	m	质量
c_d	阻力系数(二维)	$\dot{m}$	质量流量
C_f	摩擦阻力系数	Ma	马赫数
c_l	升力系数(二维)	N	翼型法向力
c_m	力矩系数(二维)	$\boldsymbol{n}$	法向单位矢量
c_p	气体的质量定压热容	$\boldsymbol{P}$	应力张量
C_p	压强系数	p	压力
c_V	气体的质量定容热容	p_a	大气压强
c_x	阻力系数	p_b	环境压强或背压
$\boldsymbol{D}$	速度导数张量	p_e	出口截面压强
D	翼型阻力	$\boldsymbol{p_n}$	作用于以 $\boldsymbol{n}$ 为法向的单位面积上的应力
E	体积弹性模量 内能	$p_{xx},p_{yy},p_{zz},$ p_{xy},p_{yz},p_{zx}	应力张量的分量
e	比内能	Q	热量
$\boldsymbol{e_r},\boldsymbol{e_\theta},\boldsymbol{e_z}$	圆柱坐标系单位矢量	$\dot{Q}$	单位时间内外界对系统加热量
$\boldsymbol{f}$	单位质量流体的质量力	$\boldsymbol{q}$	热传导矢量
f	翼型的弯度	$\dot{q}$	单位质量流体所吸收的热量
$f(\lambda)$	气动函数	$q(\lambda),q(Ma)$	流量函数
g	重力加速度	R	气体常数
H	焓	$\boldsymbol{R}$	矢径 合力
h	比焓	$r(\lambda)$	气动函数

符　号	含　义	符　号	含　义
S	面积　熵	χ	折合管长
$\boldsymbol{S}$	面积矢量　应变率张量	δ	楔形半顶角　折转角　附面层名义厚度
s	比熵	δ^{*}	附面层位移厚度
T	温度	δ_{c}	圆锥半顶角
U	速度　质量力势函数	$\varepsilon(\lambda),\varepsilon(Ma)$	静密度与等熵滞止密度之比气动函数
$\boldsymbol{V}$	速度矢量	$\varepsilon_{xx},\varepsilon_{yy},\varepsilon_{zz},$ $\varepsilon_{xy},\varepsilon_{yz},\varepsilon_{zx}$	应变率张量的分量
V	容积　速度的模	Φ	耗散函数　总速度势
v	比容	ϕ	速度势函数　流量系数
v_{x},v_{y},v_{z}	笛卡儿坐标系的速度分量	$\boldsymbol{\Gamma}$	环量矢量
v_{r},v_{θ},v_{z}	圆柱坐标系的速度分量	Γ	环量
W	功	γ	热膨胀系数
$\dot{W}$	单位时间内系统对外界做功量	φ	某标量函数　小扰动速度势函数　马赫波极角
$\dot{W}_{\mathrm{s}}$	旋转机械与系统间交换的机械功率	λ	热导率　第二黏度系数　速度系数　特征线斜率
$\dot{w}_{\mathrm{s}}$	单位质量流体对外界所作的机械功	μ	动力黏度　马赫角
w_{f}	摩擦损失功	ν	运动黏度
$y(\lambda)$	气动函数	$\nu(\lambda),\nu(Ma)$	普朗特-迈耶函数
$z(\lambda)$	气动函数	$\pi(\lambda),\pi(Ma)$	静压强与等熵滞止压强之比气动函数
α	攻角	θ	角度　附面层动量损失厚度
β	可压缩系数　激波角	$\theta(\lambda),\theta(Ma)$	气动函数
β_{cr}	临界压强比	ρ	密度

符　号	含　义	符号(角标)	含　义
τ	应力张量中与黏性有关的分量	b	边界或壁面
τ	微小体积　切应力	cr	临界参数
$\tau(\lambda),\tau(Ma)$	静温度与等熵滞止温度之比气动函数	f	流体
δ_3	附面层能量损失厚度	max	最大速度状态参数
Ω	涡量　速度矢量的旋度	w	壁面
ω	旋转角速度	s	激波
$\omega_x,\omega_y,\omega_z$	旋转角速度的分量	*	无量纲量　气流滞止参数或总参数
ψ	流函数	∞	无穷远

目　　录

第1章 流体力学、热力学基础知识及场论初步

本章将简要介绍气体动力学所涉及的一些基础知识及概念,其中包括气体的基本性质、热力系及热力学基本定律,研究流体运动的基本方法和概念等,尤其是应用矢量分析、场论等方法描述表征流体属性及流体运动特性的各种物理量的内涵,并给出相应的表达形式。

1.1 气体动力学发展概况

1.1.1 研究对象、特点及方法

气体动力学是流体力学的一个重要分支。其研究的对象是具有显著可压缩效应的气体。其研究的主要内容是气体与物体之间有相对运动时,尤其是气体高速运动时的基本规律,并揭示气体运动对物体所施加的作用力及力矩的复杂机制。

本书1.2节中给出的气体可压缩系数与气体压力、密度的变化量间的关系式 $\beta \mathrm{d}p = \dfrac{\mathrm{d}\rho}{\rho}$ 表明,由于气体低速运动时压力变化较小,因而引起的气体密度的变化也相对较小,通常可忽略气体的压缩性。然而,当气体做高速(或非定常)运动时,其压力将发生显著变化,并导致密度也随之出现明显改变,此时气体必须按照可压缩流体来处理。本书3.1节中给出的气流马赫数与气流的速度、密度相对变化量间的关系式 $-Ma^2 \dfrac{\mathrm{d}V}{V} = \dfrac{\mathrm{d}\rho}{\rho}$ 进一步表明,气体低速运动时($Ma \leqslant 0.3$),气流速度的相对变化量所引起的密度相对变化量较小,一般可忽略,即认为气流是不可压缩的。但是当 $Ma > 0.3$ 时就必须考虑气流的压缩性了。因此,考虑高速气流的可压缩效应,是气体动力学的重要特点和任务。由于压力、密度既是描述气体宏观运动的变量,也是描述气体热力学状态的变量,因而它们把气体的动力学问题和热力学问题耦合在一起。从真实的物理现象中也可以发现,可压缩气体的运动过程总是伴随着热力学过程的发生。例如,气体在收缩喷管中做亚音速运动时,气流速度增加,而压强、密度、温度下降(热焓减少)。因此,研究可压缩气体的流动问题是以流体动力学与热力学中的一些基本物理定律为基础的,其控制方程组包括四方面内容。

(1) 运动学方面:质量守恒定律。

(2) 动力学方面:牛顿第二定律(即动量定理)。

(3) 热力学方面:能量守恒定律(即热力学第一定律)和熵方程(即热力学第二定律)。

（4）气体的物理和化学属性方面：如气体状态方程、气体组元间的化学反应速率方程、气体的输运性质（黏性、热传导及组元扩散的定律）等。

上述四方面内容组成的控制方程组是非线性的和强相互耦合的，再加上给定求解域上气体物理量所应满足的初值、边值条件（即定解条件），使得它在数学上的解析求解和数值求解变得极为困难。

如同物理学其他各个分支的研究方法一样，实验、理论分析与数值方法（或称数值模拟、数值仿真）是气体动力学的主要研究手段。这三种研究手段的共同出发点是被研究对象所遵循的气体动力学基本理论和描述所研究对象的微分方程组及其定解条件，但是它们所采用的方法却各不相同，具有各自的特点，而且是相互依赖、相互促进的。

实验研究是最先使用、应用广泛的气体动力学问题研究的方法，其主要手段是利用风洞、水洞、气动部件或整机实验台架、测试系统等进行模型或原型实验。实验研究的优点是可以提供大量的实验数据，使得研究者能从定量、定性的资料中发现、分析流动中的（新）现象或（新）原理，尤其是它的结果可作为校验其他两种研究方法所得结论是否正确的依据。其缺点是实验结果的普适性和精度受限于模型尺寸、实验条件及测试系统精度等诸多因素，而且往往需要消耗大量的人力、物力和财力。

理论分析是继实验方法之后出现的研究方法，限于气体动力学非线性控制方程组解析求解的困难性以及所研究物理现象的复杂性，理论分析需要根据所研究问题的特点，选取主要因素，忽略次要因素，应用基本概念、定律和数学工具建立某种简化、抽象的数学模型（包括控制方程组及其定解条件），并利用解析求解的方法获得问题的解析解，解析结果的精度、适用范围等需要通过必要的实验研究验证或修正。理论分析的优点是能够利用数学方法求得解析的结果，益于揭示问题的内在规律，可明确给出各物理量之间的变化关系，有较好的普适性。但是，受到数学发展水平的限制，能够获得解析解的理论模型数量较少且多数局限于较简单的物理问题，远不能满足实际流动问题研究的需要。

计算流体力学（CFD）的出现、发展及其在气体动力学研究中的作用、地位的不断提高，与20世纪中叶以来计算机技术的迅猛发展密切相关。其基本步骤是：

（1）基于某种数值方法改写或简化气体动力学控制方程组及其定解条件。

（2）作离散化处理后编写计算程序并计算。

（3）获得数值计算结果，并与实验或其他精确结果对比以验证其计算精度。

数值模拟或仿真的优点是可以获得某些无法进行实验或难以作出理论分析的问题的数值解（即流场中速度、压力、密度等未知量的时空分布信息），而且研究费用较少。其缺点是对于复杂而又缺乏完善数学模型的气体动力学问题无能为力，有时计算精度较差，这也是近年来CFD研究的重点。

1.1.2　流体力学与气体动力学的发展简史

作为流体力学的分支之一，气体动力学是从流体力学发展而来的。

从17世纪末开始，流体力学进入了它的创建与发展时期，逐渐建立和形成了流体力学的理论与实验方法。1686年，牛顿通过实验与分析，首先提出了黏性流体的剪切应力公式，即牛顿内摩擦定律，这为建立黏性流体运动方程组奠定了基础。其后，他还于1726

年基于孤立质点(或粒子)的运动力学原理,提出了一种计算物体在流体中运动时所受阻力的近似理论,即牛顿撞击理论,虽然由于没有考虑流体的流动性(或者说粒子间相互作用的影响)而导致其预测结果与实际偏差较大,但对于高超声速流动,该理论却可以给出较好的预测结果。1738 年,伯努利建立了定常不可压流体的压强、高度与速度间的关系式,即伯努利方程。1752 年,达朗贝尔建立了质量守恒方程,即连续方程,他还提出了"达朗贝尔佯谬",即根据无黏不可压缩流体无旋流动理论,一个有限大小的物体在无边际的流体中匀速运动时,只要是附体流动、没有分离,则无论物体的形状如何,都不会受到阻力。但实验结果表明,流速较高时物体所受阻力大致与流速成正比。1775 年,欧拉提出了流体运动的描述方法和理想流体的运动方程,即欧拉方程,奠定了连续介质力学基础,被称为理论流体力学的奠基人。

从 19 世纪开始,随着工业革命的发展,流体力学步入了全面发展与日趋完善时期。与牛顿内摩擦定律相对应,1822 年傅里叶提出了傅里叶导热公式,1855 年菲克提出了菲克第一扩散定律,为研究流体力学的传热、传质问题奠定了基础。1826 年,泊松解决了关于绕球体的无旋流动问题。1827 年,拉普拉斯提出了拉普拉斯方程,兰金则指出理想不可压流体运动的势函数与流函数均满足拉普拉斯方程,并于 1868 年提出将直匀流叠加到源、汇、偶极子等流动上以构成奇点法。1845 年,亥姆霍兹引进了一系列关于旋涡的基本概念,提出了旋涡运动定理,他还于 1860 年将流体质点运动分解为平动、转动与剪切变形三种形式,从而成为无黏有旋运动研究的创始人。1823 年,纳维从分子相互作用的某些假设出发,1845 年斯托克斯则经过较为严密的数学推导,分别得到了真实(黏性)流体运动微分方程,即纳维 - 斯托克斯方程(简称 N - S 方程),从而奠定了黏性流体力学的理论基础,欧拉方程就是 N - S 方程的黏性极限(即黏度趋于 0 的极限)形式。1872 年,玻耳兹曼提出了气体分子运动论基本方程,即玻耳兹曼方程,可用于描述稀薄气体流动,N - S 方程就是玻耳兹曼方程的流体力学极限形式。此外,1842 年迈尔在几十位相关学者工作的基础上,提出了能量守恒定律,其后焦耳、亥姆霍兹等也独立发现了这一定律。19 世纪末关于湍流的研究也在发展之中。1883 年,雷诺通过实验发现了流动的两种状态,即层流和湍流,得到了判断流态的雷诺数,1894 年,他又引进了雷诺应力的概念,应用时均方法建立了湍流运动基本方程,即雷诺方程,为湍流的理论研究奠定了基础。

19 世纪下半叶至 20 世纪 30 年代是气体动力学的初步奠基时期,其工程应用背景是蒸汽机、炮弹及爆炸技术所涉及的气体流动的可压缩性问题。1808 年泊松、1848 年斯托克斯分别研究了等温气体中的简单波和间断面,后者根据质量、动量守恒定理建立了间断面前后流动参数所应满足的关系式,这是对可压缩气体运动理论研究的开始。1870 年兰金、1887 年雨贡纽分别提出了激波前后气体参数间的关系式。1887 年,马赫研究了抛射体以超声速运动时产生的波,得到了马赫角关系式。1929 年,阿克莱将流速与声速之比定义为马赫数。1891 年,兰彻斯特提出了速度环量产生升力的概念,为建立升力理论创造了条件,他也是首位提出有限翼展机翼理论的人。1902 年库塔、1906 年儒可夫斯基分别提出了库塔 - 儒可夫斯基定理与假定。1910 年,布拉休斯、恰普雷金分别提出了一般二维物体受力公式。上述工作使得二维升力理论得以完善。这一时期一项具有重要意义的理论是普朗特于 1904 年提出的附面层理论,他认为流场可以分为两个区域分别处理:

远离物面区域用无黏理论处理,而黏性仅在贴近物面的薄层流体(即附面层或边界层)内才是必须加以考虑的,这种将实际流体的黏性效应限制在附面层内的研究方法使得N – S方程得以简化,为气体动力学中黏性理论的研究开辟了新的道路。20世纪初,随着飞行器飞行速度的不断提高,气体的可压缩性影响及激波研究逐渐成为热点。1882年拉伐尔发明了收缩 – 扩张形喷管即拉伐尔喷管,并由斯多道拉(1903年)、普朗特和迈耶(1908年)观测了这种喷管的流动特性。1908年普朗特和迈耶提出了激波与膨胀波理论。1910年瑞利和泰勒研究了激波的不可逆性。1928年布泽曼、1933年泰勒和马可尔提出了圆锥激波的图解法和数值解。此外,小扰动线性化方法、特征线方法、速度图法等也在20世纪初相继提出。这一时期的研究成果由泰勒和马可尔在《可压缩流体力学》一文中加以总结,为气体动力学研究奠定了基础。

20世纪30年代至50年代是气体动力学的飞速发展阶段。1935年在罗马召开了讨论航空中高速流动问题的学术会议,众多流体力学先驱者的参加使得这次会议成为通向近代气体动力学的里程碑。其后,随着涡轮喷气发动机、火箭发动机等的出现及发展,飞行器的飞行速度持续提高且逐渐接近并突破了声速,实现了超声速飞行。1925年阿克莱提出了超声速翼型的线性化理论。1930年普朗特提出了可在亚声速范围内修正翼型升力压缩性影响的相似准则。1944年冯·卡门和钱学森采用速度图法得到了更为准确的亚声速相似律公式。与此同时,由于高推重比涡轮喷气发动机的推力不断增加,叶轮机械内气体流动的速度也逐渐由亚声速向跨声速、超声速发展,从而促进了内流气体动力学的发展。这一时期的气体动力学与热力学的结合越来越紧密,也被称为气动热力学的发展阶段,其特点是完全气体假设下的气体动力学理论和实验越加成熟。

20世纪50年代至今是气动热化学动力学、高超声速气体动力学与计算流体力学的发展阶段。自从1949年美国的两级火箭飞行实验实现了世界上首次高超声速飞行以来,高超声速飞行技术以及高超声速飞行中的气动力和气动热问题研究始终是世界各国航空航天领域的研究热点。介质性质在高温条件下的物理、化学变化(如气体分子的电离化、飞行器头部烧蚀层的气化及其与气体分子的化学反应等)使得气体动力学必须与化学热力学、统计物理、化学动力学结合,研究者不仅关注所研究对象的气动力特性,而且还包括高温气流的传热率及温度分布。自1946年第一台电子计算机问世以来,随着计算机技术的迅猛发展,逐渐形成了计算流体力学这一新的分支,基于先进数值求解方法和高性能计算机的数值仿真技术,已经可以实现飞行器部件、组合体甚至整机的复杂绕流或内流流场的计算,而且计算结果的精确度与可靠性也随着计算机、计算机技术及气体动力学知识、实验验证技术的进步与完善而不断提高,并可直接应用于飞行器的气体动力学设计中,从而大大缩短了新型飞行器及其气动部件的研制周期,并大幅度降低研制成本。可以预见,计算流体力学将进一步发展并在实际气体动力学问题研究中发挥越来越大的作用。

自20世纪以来,实验技术也在迅速发展,热线风速仪(HWA)、激光测速仪(LDV及PIV)、高精度的压力及温度传感器、高速数据采集及处理系统等为研究气体非定常三维流场细微结构创造了良好条件,也为各种先进的流场测试技术及显示技术提供了丰富而准确的流场信息,加深了研究者对复杂流动物理机制及流动图画的认识。实验技术的发展将为气体动力学的发展起到重要的推动作用。

1.1.3　气体动力学的分类

按所要解决的问题划分,气体动力学主要可分为两类。一类是研究气体对物体(如飞行器)的绕流即外部流动问题。其中,正问题是给定物体外形和流场的边界条件、初始条件,要求求解绕流流场的流动参数,特别是求出作用在物面上的气动力特性。而反问题是给定流场的一部分条件和需要达到的气动力指标(如较高的升阻比),要求求解出满足条件的物体形状。另一类是研究气流在通道中的流动规律,如研究喷管、叶轮机械、激波管内的流动问题,称为内部流动问题,它也同样有正问题和反问题之分。也有学者将侧重于研究气体(如空气、燃气)在物体内部(如发动机)运动规律的内部流动问题称为气体动力学,而将研究空气绕流流过飞行器外部时运动规律的外部流动问题称为空气动力学。

如果按气体运动速度划分,气体动力学又可以分为处理低速问题的低速气体动力学和处理高速问题的高速气体动力学。其中,在高速气体动力学范围,研究气体运动速度低于声速的问题称为亚声速气体动力学;超过声速的称为超声速气体动力学。研究气体运动速度介于声速左右的问题称为跨声速气体动力学,其研究流动的性质属于亚声速流动和超声速流动并存于流场的混合流动。由于跨声速气体动力学本身的复杂性及描述流动的方程的非线性性质,目前仍是研究者关注的课题。也有人将高速(可压缩)气体动力学,尤其是超声速部分称为气体动力学。

随着航空航天技术的发展,自 20 世纪 50 年代末至 60 年代,出现了飞行速度大于声速 5 倍以上的飞行器,洲际导弹和宇宙飞船重返大气时的飞行速度甚至达到声速的 30 倍以上。因此,又把飞行速度大于 5 倍声速的飞行称为高超声速飞行,将研究这方面问题的学科称为高超声速气体动力学。此外,还出现了研究外层大气中飞行器飞行问题的稀薄气体动力学(考虑滑流和自由分子流),以及考虑外层大气中气体分子离子化、导电等性质(即流体处于电磁场中)的电磁流体力学等。

1.2　气体的基本属性

1.2.1　连续介质模型及流体物理量

1. 连续介质模型

从分子物理学观点来看,气体是由大量的、微小的分子组成的(物理标准状态下空气分子平均直径约为 3×10^{-8} cm),分子之间的平均距离约为其直径的 10 倍,分子不断地做随机热运动,分子平均自由行程(指两次碰撞之间一个分子平均所走距离)约为 7×10^{-6} cm,气体分子离散地、无规则地分布于气体运动空间内,并随时间不断变化。因此,从微观的角度出发,气体物理量的分布在空间、时间上都是不连续的。

但是,对于一般工程上的气体动力学问题而言,由于所研究物体的特征尺寸(如飞行器的长度、机翼的弦长、管道的直径等)至少是以厘米计的,远远大于气体分子间的平均距离或分子平均自由行程,而气体与物体之间相互作用(如力、传热)的范围通常也是和物体的特征尺寸属于同一量级的,因此这种相互作用就不是个别气体分子的行为,而是大量分子行为所表现出来的宏观效应及其统计平均特性。

如图 1.2.1 所示,取包含空间点 $A(x,y,z)$ 的微小体积 $\Delta\tau$,设其中的气体质量为 Δm,则平均密度为 $\Delta m/\Delta\tau$。当包含点 A 的微小体积 $\Delta\tau$ 逐渐缩小至 $\Delta\tau_1$ 时,其平均密度将趋于一个确定的极限值且不随 $\Delta\tau$ 的继续缩小而变化;当 $\Delta\tau$ 继续缩小,并小于某个值(如 $\Delta\tau_2$)时,平均密度将出现随机波动。上述过程可以这样理解,当微小体积 $\Delta\tau$ 较大时,其中包含着若干个不同的分子集群(即每个分子集群的体积 $\Delta\tau_i'$ 及其包含的气体质量 $\Delta m_i'$ 不相同),假定每个分子集群都是"均匀的"或密度 $\Delta m_i'/\Delta\tau_i'$ 是不变值,但不同的分子集群的密度是不同的。当 $\Delta\tau$ 逐渐缩小时,由于 $\Delta\tau$ 所包含的分子集群数量的变化,平均密度将发生或大或小的变化;当 $\Delta\tau$ 缩小至仅包含一个分子集群时(即 $\Delta\tau_1 = \Delta\tau_i'$),则平均密度趋于常值。如果将分子集群理解为由大量的、无规则运动的分子组成,那么进出该分子集群(或微小体积 $\Delta\tau_1$)的少量分子不足以显著影响平均密度的数值。如果 $\Delta\tau$ 持续缩小,甚至小至 $\Delta\tau_2$,仅能包含几个不断运动着的分子,此时进出该微小体积的个别分子就将导致平均密度出现明显变化。 定义 $\Delta\tau_1, \Delta\tau_2$ 之间的某个值 $\Delta\tau'$ 为特征体积(如 $\Delta\tau' = 10^{-9} \text{ cm}^3$),它是几何尺寸很小但包含足够多的分子(如标准状态下 10^{-9} cm^3 中约包含 2.7×10^{10} 个气体分子)的体积。在此体积中,气体的宏观特性就是其中分子的统计平均特性。把微小体积 $\Delta\tau'$ 中的所有气体分子的总和称为流体质点,则 $\Delta\tau'$ 中气体的平均密度

$$\rho = \lim_{\Delta\tau \to \Delta\tau'} \frac{\Delta m}{\Delta\tau}$$

为流体质点的密度。基于流体质点的概念,可以给出连续介质模型定义:略去流体分子的构成及其运动,认为流体是由连续不断的、没有间隙的、充满于流体所占据的整个空间的流体质点组成。

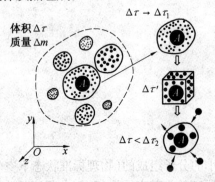 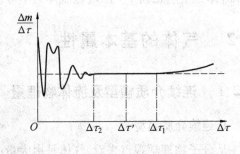

图 1.2.1　流体质点

在进行流体运动或力、传热等的分析时,有时还采用流体微团的概念。流体微团指的是由大量流体质点所组成的具有线性尺度效应(如膨胀、变形、转动等)的微小的流体团,也可以这样说,流体是由连续分布的流体微团组成。因此,流体质点可看作可以忽略线性尺度效应的最小单元。

假设微小特征体是正方体,并定义特征体积 $\Delta\tau' = 10^{-9} \text{ cm}^3$,可知流体质点的特征尺

寸为 10^{-3} cm,这是一个远大于分子平均自由行程且远小于所研究物体特征尺寸的数值。也就是说,宏观意义下的连续介质模型只适用于所研究物体的特征尺寸远大于流体质点特征尺寸的问题。考虑 128 km 高空情况,空气极为稀薄,分子平均自由行程约为 30 cm,即所研究物体的特征尺寸与分子平均自由行程为同一量级,远小于这种情况下的流体质点特征尺寸,此时连续介质模型将不再适用,须将空气视为不连续介质且用稀薄气体动力学理论来研究问题。可是,如果研究的是地球这样大的物体,则高空稀薄气体又可以作为连续介质来考虑。因而,连续介质模型是一个具有相对意义的概念。

2. 流体物理量

根据连续介质模型,流体质点在宏观上充分小且连续(运动着)充满于它所占据的空间(这个空间又被称为流场),那么质点就相当于流场中的一个空间点,流场中任意空间点上的流体物理量(如密度、温度、速度等)就是指位于该点上的流体质点的物理量,每一瞬时、流场每一点上都有确定的流体质点所占据,即某时刻流场中的某空间点上具有确定的物理量,而不同瞬时、不同空间点处的物理量一般不同(因为可能由不同的质点所占据)。连续介质模型本身还包含了这样的假设:质点的物理量为流场的空间点坐标 (x, y, z) 及时间 t 的连续可微函数(但允许在孤立的点、线、面上不连续)。这样就可以利用数学分析中的连续性条件写出控制方程或数学表达式。由于 $\Delta \tau'$ 小得可以看作为零,因而研究流场空间某点的流体物理量(如密度),可以采用数学上的定义为

$$\rho(x, y, z, t) = \lim_{\Delta \tau \to 0} \frac{\Delta m}{\Delta \tau} \tag{1.2.1}$$

类似地,可以给出空间某点的流体温度 $T(x, y, z, t)$(某瞬时占据该点的流体质点所包含的大量分子无规则热运动的平均移动动能的量度)、速度 $V(x, y, z, t)$(某瞬时占据该点的流体质点质心的宏观运动速度)等的定义。空间某点处的流体压力的定义将在 1.4 节专门讨论。

1.2.2　气体的压缩性及输运性质

1. 压缩性

流体体积或密度随外力变化而改变的性质称为流体的压缩性。单一组分的流体(如水、空气等),其密度通常随压强、温度而变化,即

$$d\rho = \frac{\partial \rho}{\partial p} dp + \frac{\partial \rho}{\partial T} dT = \rho \beta dp - \rho \gamma dT$$

式中,$\beta = \frac{1}{\rho}\left(\frac{\partial \rho}{\partial p}\right)_T$,称为等温压缩系数;$\gamma = -\frac{1}{\rho}\left(\frac{\partial \rho}{\partial T}\right)_p$,称为热膨胀系数。如果已知压缩过程是等熵的,还可以得到等熵压缩系数 $\beta_s = \frac{1}{\rho}\left(\frac{\partial \rho}{\partial p}\right)_s$。压缩系数 β 表示一定温度下压强增加一个单位时,流体密度的相对增加率,它是衡量流体可压缩性的物理量。对于气体,若满足完全气体状态方程 $p = \rho RT$,则在等温条件下有 $\frac{d\rho}{\rho} = \frac{dp}{p}$,即 $\beta = \frac{1}{p}$。此时,密度与压力的增加率相等。例如,压力增加 10% 时,即 $\frac{dp}{p} = 10\%$,密度增加率也为 10%。若压缩过

程是等熵的,根据等熵关系式 $\dfrac{p}{\rho^k}=\text{const}$ 可有 $\dfrac{\mathrm{d}\rho}{\mathrm{d}p}=\dfrac{\rho}{kp}=\dfrac{1}{kRT}$ 或 $\beta=\dfrac{1}{kp}$,取空气 $k=1.4$ 可知,与等温过程相比,由于压缩过程进行得较快,来不及散发出去的热量加热了气体本身,使得密度随压力变化的改变量变小了。因此,气体密度随压力的变化是与热力过程紧密相连的。此外,气体的压缩性比液体大得多,如一个大气压下空气的压缩系数约为 $10^{-5}\ \mathrm{m^2/N}$,而水的压缩系数约为 $5\times10^{-10}\ \mathrm{m^2/N}$,即空气的压缩系数要比水的压缩系数大四个量级。实验表明,常温下的水,当压强增加一个大气压时,体积仅缩小约 0.000 05,因而可以认为大多数液体是不可压缩的,即当液体所占据的空间内压力相差不大时,其密度为常值。

　　压缩系数的倒数称为流体的体积弹性模量 E,它表示流体体积的相对变化所需的压强增量,即

$$E=\frac{1}{\beta}=\rho\,\frac{\partial p}{\partial \rho}$$

显然,弹性模量越大的流体越不易被压缩。如果对弹性介质施加一个任意的小扰动,它就会在介质中以波的形式向四周传播。这种小扰动波称为声波,其传播速度等于声速。

　　以图 1.2.2 给出的简单模型说明小扰动波在弹性介质中传播的物理过程。设有并排悬挂的一串刚体小球,小球之间由忽略质量的弹簧相连,这样就把质量、弹性作用分别表示出来,构成弹性介质的简化模型。轻触最左边的小球一下(即对系统施加一个小扰动),则通过弹簧的弹性作用,该扰动向右传播,各个小球依次运动一次。这个外加的小扰动在小球之间的传播速度类似于小扰动在弹性介质中传播的声速,显然,弹簧刚度越大(即弹性模量越大),则扰动传播速度越大,或者说声速越大。不可压缩流体如水中的声速就可以认为是无穷大,当然实际上这是不可能的。此外,声速与介质(即小球)本身的运动速度不能混为一谈。

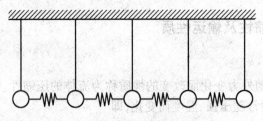

图 1.2.2　弹性介质简化模型

　　上述讨论可以用来解释这样的物理现象。例如,飞行器在空中飞行时,在它经过的路线上的空气,当飞行器接近时将被推开以便让飞行器通过。但是,并不仅仅是那些与飞行器直接接触的空气微团受到扰动,远离飞行器的空气微团也会由于扰动在弹性介质中的传播而受到影响。当飞行速度远小于声速,即飞行速度远小于扰动传播速度时,飞行器还未临近,远处的空气微团就开始运动了,可以认为空气的流动性很好。若飞行器的速度接近或超过声速,当前方空气微团还未感受到扰动而处于静止状态(绝对或地球坐标系下观察)时,飞行器就临近了,空气微团被突然推开,这时的流动性就很差了。如果观测者是站在飞行器上(相对坐标系)来看这一运动过程的,当飞行速度达到高超声速范围时,空气微团几乎没有了流动性,而是像子弹一样迎面向飞行器打来。

2. 输运性质

在流体所占据的运动空间（即流场）内，某些流体物理量（如动量、温度、质量等）的分布可能是不均匀的，流体将会通过自发的物理量的输运过程以达到物理量趋向均匀分布的状态，这种由非平衡态转向平衡态时物理量的传递性质，称为流体的输运性质。物理量的输运现象可以是由两种不同层次的输运过程引起，即分子热运动引起的输运和湍流脉动引起的输运。从某种意义上讲，黏性流体动力学就是研究分子输运和湍流输运对流体的动力学影响。本小节只讨论层流流动中的分子输运性质，一旦流动变为湍流，由于湍流输运比分子输运强烈得多，分子输运常常予以忽略。

从微观上看，分子输运就是通过分子的无规则热运动，将原先所在区域的流体宏观性质输运到另一个区域，再通过分子间的相互碰撞，交换或者说传递各自的宏观物理量，从而形成新的平衡状态。流体的输运性质主要指动量输运、能量（热量）输运、质量输运，它们分别对应着黏性现象、热传导现象、扩散现象，并具有各自的宏观规律。

（1）黏性现象。黏性是流体的固有属性之一。当流体内部各层流体的宏观运动速度不同时，任意相邻流层间的接触面上将产生一对等值、反向的内摩擦力（即黏性力）以阻碍两层流体的相对运动，这种现象称为黏性现象。

图 1.2.3 给出的是 1687 年牛顿的平板剪切流动实验示意图。在相距为 h、面积为 S 的两块平板之间充满黏性流体，令下平板静止不动，施加外力 F 使上平板以恒速 U 做平行于 x 轴的运动。实验测量结果表明，由于流体的黏性作用，附于上、下平板的流体质点速度分别为 $U,0$，两平板间的流体速度呈线性分布，上平板单位面积上所受到的摩擦阻力或内摩擦力 τ（即剪切应力）正比于平板运动速度 U，而反比于距离 h，即 $\tau \propto \dfrac{U}{h}$，于是

$$\tau = \frac{F}{S} = \mu \frac{U}{h} \tag{1.2.2}$$

式中，比例系数 μ 称为动力黏度，单位为 $N \cdot s/m^2$，它是流体黏性大小的一种度量。流体力学中有时还用到运动黏度 $\nu = \dfrac{\mu}{\rho}$，单位为 m^2/s，通常用于流体的相似流动问题研究。进一步研究表明，式（1.2.2）可以推广到流体做任意层流直线运动中，当速度分布为 $u(y)$ 时，流层 y 处的剪切力为

$$\tau = \mu \frac{\mathrm{d}u}{\mathrm{d}y} \tag{1.2.3}$$

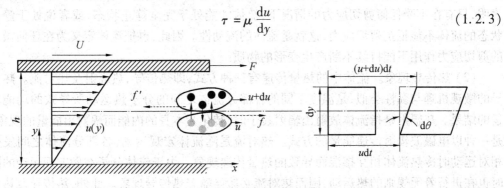

图 1.2.3　黏性现象

式中,du/dy 为速度梯度。式(1.2.3) 即为牛顿切应力公式或称牛顿内摩擦定律,该公式可以推广到非直线层流流动中,不过形式要复杂得多。而非层流流动的切应力规律则属于湍流理论的研究范畴。满足牛顿切应力公式(即剪切应力与速度梯度呈线性关系)的流体被称为牛顿流体,一般气体和分子结构简单的液体如水、汽油、乙醇等均是牛顿流体。而不满足这一公式的流体称为非牛顿流体,如有机胶体、油漆、血液等。本书的内容仅限于牛顿流体,非牛顿流体属于流变学的研究内容。

从分子运动论的观点来看,气体的黏性现象主要是由分子热运动引起的,如果将气体分子速度分解为平均速度(即气体质点宏观速度)和热运动速度(即气体分子微观随机运动速度),则具有不同宏观速度的相邻流层内的气体分子,通过分子热运动及碰撞,完成了(主要是宏观速度的)动量交换或输运,并依动量定理在流层接触面上产生了一对等值、反向的内摩擦力或称黏性力。基于上述讨论可知,当温度升高时,气体分子热运动速度的增加将使得分子碰撞更为频繁,分子自由行程减小,动量交换更加剧烈,因而黏性增强。萨瑟兰给出了气体的动力黏度与温度的近似公式,即

$$\frac{\mu}{\mu_0} \approx \left(\frac{T}{288.15}\right)^{1.5} \frac{288.15 + T_s}{T + T_s}$$

式中,μ_0 为一个大气压下、$T = 288.15$ K 时气体的动力黏度;T_s 为与气体性质有关的萨瑟兰常数。对空气,$\mu_0 = 1.789\ 4 \times 10^{-5}$ N·s/m^2,$T_s = 110.4$ K。顺便提一下,液体的黏度比气体的大得多。这是由于液体的黏性现象主要由分子间的内聚力引起,相邻流层的相对运动势必破坏流体分子间的平衡状态,造成相邻分子间的间距加大,并使得分子间的内聚力明显表现出来,形成黏性力,在此不多加讨论。

黏性还常作另一种解释。考察图 1.2.3 中的流体微团,由于每层流体上、下边界速度不同,dt 时间后流体微团将发生变形,设微团邻边角度变化为 $d\theta$,则

$$\tau = \mu \frac{du}{dy} = \mu \frac{(du \cdot dt)/dy}{dt} = \mu \frac{\tan d\theta}{dt} \approx \mu \frac{d\theta}{dt} \qquad (1.2.4)$$

可以将 $d\theta/dt$ 理解为流体微团的剪切角变形速度或剪切变形率,上式表示角变形速度等于速度梯度,或者说剪切应力与剪切变形率成正比。因此,流体的黏性也可以认为是流体的一种抵抗变形的能力。这种流体对抵抗变形的黏性力所做的(变形)功,使得流体运动的机械能不可逆地转化为热能而消耗,而流动过程也成为熵增过程。此外,式(1.2.4)还表明,只有在不受任何剪切应力的情况下,流体才能处于完全静止状态,或者说处于静止状态的流体不能抵抗剪切应力,这就是流体的流动性。因此,也把流体定义为在任何微小的剪切应力作用下能持续不断产生变形的物质。

(2)热传导现象。流体中的热量传递有三种方式,即热传导、热辐射及热对流。热传导的微观机理与黏性类似,是温度不同的各部分流体之间的分子热运动所导致的动能输运的结果。热辐射是指流体放射出辐射粒子时,转化为本身的内能而辐射出能量的现象,是一种以电磁波辐射传递能量的方式。热对流是随流体宏观运动,各部分流体之间发生相对运动时冷热流体相互掺混而导致的热量传递现象。由于流体分子在做宏观运动的同时也在进行着无规则的热运动,因而热对流必然伴随着热传导现象。此外,热传导及热辐射即使在静止流体中也存在,而热对流仅存在于运动的流体中。

　　考虑流体在管道中的流动情况,如果流体温度与管道内壁温度有差异,它们之间必然产生热量传递。由于紧贴管壁处的流体因黏性作用而速度为零,管壁附近区域是一薄层流体做层流流动(图 1.2.3),即垂直壁面方向不存在宏观运动,因此该方向仅有分子热运动导致的能量传递,即只存在热传导。而在该区域之外,热量的传递就主要靠热对流了。从这个意义上讲,流体流过物体表面时的热量传递,实质上是耦合了层流内层(流体与物体的接触面附近)的热传导与主流流动的热对流两个过程。

　　当流体中沿着某个方向存在着温度梯度时,热量就会由较高温度区域传递到较低温度区域,这种现象称为热传导现象。单位时间内通过单位面积由热传导传递的热流矢量 $\boldsymbol{q}$ 按傅里叶导热定律确定,即

$$\boldsymbol{q} = -\lambda \frac{\mathrm{d}T}{\mathrm{d}y} \tag{1.2.5}$$

式中,λ 为热导率,单位为 $\mathrm{W/(m \cdot K)}$;$\mathrm{d}T/\mathrm{d}y$ 为温度梯度,负号表示热量输运的方向与温度梯度方向相反。对于各向同性流体,λ 无方向特性,但却是随温度、压力而变化的。当温度变化不大时,λ 可近似看作是常数。

　　(3) 扩散现象。当流体的密度分布不均匀时,流体的质量就会从高密度区迁移到低密度区,这种现象称为扩散现象。在单一组分流体中,由于其自身密度差所引起的扩散称为自扩散。在两种组分的混合介质中,由于各组分的各自密度差而在另一组分中所引起的扩散称为互扩散。一般来说,在实际工程问题中互扩散比自扩散更为重要。

　　当流体分子进行动量及能量输运(或交换)时,必然同时伴有质量交换,因而其机理也就与动量、能量输运的机理完全相同。考虑由组分 A 和 B 组成的混合介质,各组分均由其各自的高密度区向低密度区扩散。为简便起见,假定组分 B 为均匀介质,仅考虑组分 A 在组分 B 中的扩散,则组分 A 的定常扩散率与它的密度梯度和截面积成正比,或单位时间单位面积的质量流量与密度梯度成正比。其计算公式为

$$j_{\mathrm{AB}} = -D_{\mathrm{AB}} \frac{\mathrm{d}\rho_{\mathrm{A}}}{\mathrm{d}y} \tag{1.2.6}$$

式中,j_{AB} 为组分 A 在组分 B 中单位面积的质量流量;D_{AB} 为扩散系数,单位为 $\mathrm{m^2/s}$,其大小取决于压强、温度和混合介质的成分。一般说来,液体的扩散系数较气体的要小几个量级。

1.2.3　标准大气

　　包围整个地球的空气总称为大气。按其特征,从海平面到 85 km 的高度范围属于低层大气,85 km 高度以上的范围属于高层大气。低层大气又可分为对流层、平流层、中间大气层。高层大气的下层称为高温层,上层没有边界,逐渐与星际空间融合。上述各层大气之间的分界并不是清晰的。

　　对流层的低界是海平面,其高度在赤道处为 16 ~ 18 km,中纬度区为 10 ~ 12 km,两极地区为 7 ~ 10 km。对流层的大气密度最高,约占 3/4 的大气质量集中于此,空气既有水平方向的运动,也有垂直方向的运动,各种气象变化(如雨、雪、雷、电等)都发生在这一层内,温度随高度增加而线性下降。平流层的高度约为 32 km,空气质量约占大气质量的1/4,空气只有水平方向的运动,通常没有各种气象变化。高度低于 20 km 的平流层内大

气温度基本不变化(约为 216.65 K),20 km 以上温度逐渐增加。普通飞机主要在对流层和平流层内飞行,最高记录是 39 km,探测气球最大高度为 44 km。中间大气层温度先随高度增加而上升,后又下降,顶界处可降到 160 K 以下。高温层的大气温度随高度而上升,400 km 处温度可达到 1 500 ~ 1 600 K,这是由于大气直接受到太阳短波辐射的缘故,在这个区域内有几个集中的电离层。400 ~ 1 600 km 的外层大气中的空气分子已经有机会逸入太空而不与其他分子相碰撞。

从气体动力学角度来看,大气又可以分为连续流区(约70 km 以下)、过渡区和自由分子流区(约 130 km 以上)。70 ~ 100 km 之间也可以视为滑移流区,仍然可以用连续介质力学方程描述,只是固体上的流动边界条件需要用滑移条件替代。100 ~ 130 km 之间的过渡区流体既不怎么连续,也不怎么稀薄。根据不同飞行器运动的主要空间范围,也可以将飞行空间划分为航空空间(20 km 以下)、临近空间(20 ~ 100 km)和航天空间(100 km 以上)。

大气参数(如温度、密度、压力等)除随高度变化外,还随地理纬度、季节、昼夜而变化。因此,在航空工程中应用大气参数时(如飞行器及发动机设计、分析及整理实验数据等),不能使用当地、当时的大气参数,而是需要有一个公共标准以作为衡量、比较研究对象性能的依据。

标准大气:海平面上,温度 $T_0 = 288.15$ K, 压强 $p_0 = 1.013\ 25 \times 10^5$ Pa, 密度 $\rho_0 = 1.225$ kg/m³。

温度随高度分布规律:通过实验观测得到

$$T = \begin{cases} 288.15 - 0.006\ 5y & (0 \leqslant y \leqslant 11\ 000\ \text{m}) \\ 216.65 & (11\ 000\ \text{m} < y \leqslant 20\ 000\ \text{m}) \\ 216.65 + 0.001(y - 20\ 000) & (20\ 000\ \text{m} < y \leqslant 32\ 000\text{m}) \end{cases}$$

压力及密度随高度分布规律:将大气压力看作是截面积 1 m² 的一段上端无界的空气柱重量所造成。如图 1.2.4 所示,坐标平面 xOz 取在海平面上,y 轴垂直向上,设大气为静止状态且重力场均匀(g 为常数),则静止流体中只有指向微元体内侧的法向应力存在,可得到距海平面距离为 y,厚度为 $\mathrm{d}y$ 的微元空气柱的上、下表面压力差与空气柱重量平衡关系式,即

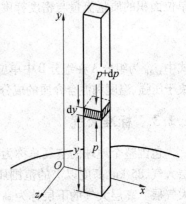

$$p - (p + \mathrm{d}p) - \rho g \mathrm{d}y = 0$$

化简后得

$$\mathrm{d}p = -\rho g \mathrm{d}y$$

代入完全气体状态方程 $p = \rho R T$,有

图 1.2.4　大气压力随高度变化

$$\frac{\mathrm{d}p}{p} = -\frac{g}{RT}\mathrm{d}y \qquad (1.2.7)$$

式中,气体常数 $R = 287.053$ N·m/(kg·K),重力加速度 $g = 9.806\ 65$ m/s²。

对温度与高度的关系取通式

$$T = T_1 + a(y - y_1)$$

式中,T_1,y_1 为某温度线性变化区的起始温度、高度;a 代表该区域的斜率或称下降率,即 $a = \dfrac{\mathrm{d}T}{\mathrm{d}y}$,将其代入式(1.2.7),可得

$$\frac{\mathrm{d}p}{p} = -\frac{g}{aR}\frac{\mathrm{d}T}{T}$$

积分上式,得

$$\ln\frac{p}{p_1} = -\frac{g}{aR}\ln\frac{T}{T_1}$$

或

$$\frac{p}{p_1} = \left(\frac{T}{T_1}\right)^{-\frac{g}{aR}} = \left(1 + a\frac{y - y_1}{T_1}\right)^{-\frac{g}{aR}}$$

根据 $\dfrac{p}{p_1} = \dfrac{\rho T}{\rho_1 T_1}$,得

$$\frac{\rho}{\rho_1} = \left(\frac{T}{T_1}\right)^{-\frac{g}{aR}-1} = \left[1 + a\frac{y - y_1}{T_1}\right]^{-\frac{g}{aR}-1}$$

(1) 当 $0 \leqslant y \leqslant 11\,000$ m 时,$a = -0.006\,5$,$T_1 = 288.15$ K,$p_1 = 1.013\,25 \times 10^5$ Pa,$\rho_1 = 1.225$ kg/m³。于是得

$$\frac{p}{p_1} = \left(\frac{T}{288.15}\right)^{5.255\,88}, \frac{\rho}{\rho_1} = \left(\frac{T}{288.15}\right)^{4.255\,88}$$

(2) 当 $11\,000$ m $< y \leqslant 20\,000$ m 时,$a = 0$,$T = 216.65$ K $=$ const,而 p_1,ρ_1 则由上式求出,即 $p_1 = 22\,631.8$ Pa,$\rho_1 = 0.363\,92$ kg/m³。于是,由方程 $\dfrac{\mathrm{d}p}{p} = -\dfrac{g}{RT}\mathrm{d}y$ 可直接得出

$$\frac{p}{p_1} = \mathrm{e}^{-\frac{y-11\,000}{6\,341.62}}, \frac{\rho}{\rho_1} = \mathrm{e}^{-\frac{y-11\,000}{6\,341.62}}$$

(3) 当 $20\,000$ m $< y \leqslant 32\,000$ m 时,$a = 0.001$,$T_1 = 216.65$ K,而 p_1,ρ_1 由上式求出,即 $p_1 = 5\,474.86$ Pa,$\rho_1 = 0.088\,035$ kg/m³。于是得到

$$\frac{p}{p_1} = \left(\frac{T}{216.65}\right)^{-34.163\,2}, \frac{\rho}{\rho_1} = \left(\frac{T}{216.65}\right)^{-35.163\,2}$$

根据上述公式计算出来的大气参数可制成标准大气表。

1.3　矢量分析及场论初步

1.3.1　标量场、矢量场与张量场

场的概念是与研究流体运动的欧拉方法相联系的。场定义为:如果流体所占据的空间内的每一个空间点上都对应着某个流体质点的某个确定的物理量,就称为在这个空间内的该物理量的一个"场"。在通常情况下,随空间坐标不同及时间变化,场内不同空间位置处的物理量具有不同的值,即物理量是空间坐标及时间的函数。考虑到某瞬时某空间坐标处只能有一个流体质点存在,则某个流体质点占据的某个空间点上的物理量为单

值点函数。再考虑连续介质模型,则场中的物理量还应是连续的。

如果这个物理量是标量,则称这个场为标量场(如温度场、密度场等)。如果这个物理量是矢量,则称这个场为矢量场(如速度场、力场等)。此外,实际存在着这样的物理量,在三维空间需要多个分量才能完整地描述它,如流体微团表面受到的应力要由九个分量才能完整描述,这就是张量的概念。定义 N 阶张量的分量数为 3^N,所以标量、矢量均可作为低阶张量而归入张量范畴,标量属于 0 阶张量,矢量属于 1 阶张量,应力属于 2 阶张量。并不是任意的一个由几个分量组成的量都可称为张量,只有这样的量才是张量:在坐标系旋转时其分量按一定规律变化,并因而能维持某些量不变。所以,存在不随坐标系旋转而变化的量是张量的特征。如标量的数值本身、矢量的长度或模不随坐标系旋转而变化就是这种特征的体现。

用场论的符号和方法描述场中物理量的变化,具有形式简洁、与坐标系的选取无关、每一符号的物理内涵明确等优点。

1.3.2　标量场的梯度

参考地形图中的等高线概念,如图 1.3.1(a) 所示,在定常流场中绕空间 P 点,总可以确定一个标量函数 $\varphi(x,y,z)$ 为常数的面(称等量面或等势面)。类似地,取临近 P 点的另一空间 Q 点可以确定另一个等势面,且其值为 $\varphi + \mathrm{d}\varphi$。由于 φ 为单值连续函数,两个等势面不可相交。根据数学分析知识可知,函数 φ 的微小增量 $\mathrm{d}\varphi$ 可表示为

$$\mathrm{d}\varphi = \frac{\partial \varphi}{\partial x}\mathrm{d}x + \frac{\partial \varphi}{\partial y}\mathrm{d}y + \frac{\partial \varphi}{\partial z}\mathrm{d}z \text{ 或 } \mathrm{d}\varphi = \left(\frac{\partial}{\partial x}\mathrm{d}x + \frac{\partial}{\partial y}\mathrm{d}y + \frac{\partial}{\partial z}\mathrm{d}z\right)\varphi$$

上式还可以改写成

$$\mathrm{d}\varphi = (\boldsymbol{i}\mathrm{d}x + \boldsymbol{j}\mathrm{d}y + \boldsymbol{k}\mathrm{d}z) \cdot \left(\boldsymbol{i}\frac{\partial}{\partial x} + \boldsymbol{j}\frac{\partial}{\partial y} + \boldsymbol{k}\frac{\partial}{\partial z}\right)\varphi$$

引入符号 ∇(称为哈密顿算子)

$$\nabla = \boldsymbol{i}\frac{\partial}{\partial x} + \boldsymbol{j}\frac{\partial}{\partial y} + \boldsymbol{k}\frac{\partial}{\partial z}$$

因此

$$\nabla\varphi = \boldsymbol{i}\frac{\partial \varphi}{\partial x} + \boldsymbol{j}\frac{\partial \varphi}{\partial y} + \boldsymbol{k}\frac{\partial \varphi}{\partial z} \tag{1.3.1a}$$

∇ 是一个算子,具有向量和微分的双重性质,矢量运算法则对它都适用,且可按微分法则进行计算,它作用于一个标量函数将得到一个矢量函数。令 $\boldsymbol{R} = \boldsymbol{i}x + \boldsymbol{j}y + \boldsymbol{k}z$ 为组成等势面的矢径(源自坐标系原点,而终点与流体质点所处位置重合),其微增量可表示为 $\mathrm{d}\boldsymbol{R} = \boldsymbol{i}\mathrm{d}x + \boldsymbol{j}\mathrm{d}y + \boldsymbol{k}\mathrm{d}z$,则 $\mathrm{d}\varphi$ 又可表示为 $\mathrm{d}\varphi = \mathrm{d}\boldsymbol{R} \cdot \nabla\varphi$。若在等势面($\varphi = \mathrm{const}$)上取 P 点的相邻点 P_1,则 P 点与 P_1 点间的函数增量 $\mathrm{d}\varphi = 0$,且有 $\mathrm{d}\varphi = \mathrm{d}\boldsymbol{R}_1 \cdot \nabla\varphi = 0$。由于 $\mathrm{d}\boldsymbol{R}_1$ 与 $\nabla\varphi$ 均不为零,则二者必为垂直关系。因此,$\nabla\varphi$ 指向等势面的法线方向(即垂直于 $\varphi = \mathrm{const}$ 的等势面)。若令 $\boldsymbol{e}$ 为 $\mathrm{d}\boldsymbol{R}$ 方向的单位矢量,$\boldsymbol{n}$ 为 $\nabla\varphi$ 方向(即等势面法线方向)的单位矢量,则

$$\mathrm{d}\varphi = \mathrm{d}\boldsymbol{R} \cdot \nabla\varphi = \boldsymbol{e} \mid \mathrm{d}\boldsymbol{R} \mid \cdot \boldsymbol{n} \mid \nabla\varphi \mid = \mid \mathrm{d}\boldsymbol{R} \mid \mid \nabla\varphi \mid \boldsymbol{e} \cdot \boldsymbol{n}$$

由于 $\boldsymbol{e} \cdot \boldsymbol{n} = \cos \alpha$,如图 1.3.1(a) 所示,所以

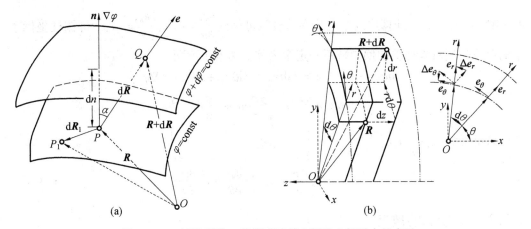

图 1.3.1　标量函数 φ 的梯度及其在圆柱坐标系中的表示

$$d\varphi = \mid d\mathbf{R} \mid \mid \nabla\varphi \mid \cos\alpha = dn \mid \nabla\varphi \mid \quad \text{或} \quad \mid \nabla\varphi \mid = \frac{d\varphi}{dn}$$

由此可知，$\nabla\varphi$ 的模等于函数 φ 对距离的最大变化率（dn 为沿等势面法线方向的距离，即最小距离）。因此，矢量 $\nabla\varphi$ 称为标量函数 φ 的梯度，它指向函数 φ 变化率最大的方向，其大小等于这个最大变化率的数值，是标量场不均匀性或标量场在一点附近的空间变化率的量度，记为 grad φ。若标量场中每一点处都有梯度矢量，则全体的 grad φ 构成一个矢量函数或称梯度场。一个函数的梯度值与坐标系无关，它代表完整的矢量，这是因为函数的最大变化率方向及沿该方向的最大变化率数值都是确定的，或者说由标量场的空间分布规律决定。当然，函数梯度在不同坐标系中的分量的大小是与所选取的坐标系相关的，即函数梯度在不同坐标系中的具体表达式是不同的。上述讨论是在定常流场假设中进行的，对于非定常标量场情况，标量函数随时间变化，其对应的函数梯度也随标量场的变化而变化。

此外，如果某矢量场 $\mathbf{f}$ 可由某个标量场 U 的梯度表示，即

$$\mathbf{f} = f_x\mathbf{i} + f_y\mathbf{j} + f_z\mathbf{k} = \frac{\partial U}{\partial x}\mathbf{i} + \frac{\partial U}{\partial y}\mathbf{j} + \frac{\partial U}{\partial z}\mathbf{k} = \nabla U$$

则称标量函数 U 为该矢量函数 $\mathbf{f}$ 的势函数，或称矢量函数 $\mathbf{f}$ 是有势的。

最后，再给出哈密顿算子 ∇ 在圆柱坐标系中的表达形式。参考图 1.3.1(b)，不失一般性地定义一个源自圆柱坐标系 (r,θ,z) 原点的向量 $\mathbf{R}$，并将其表示为 $\mathbf{R} = r\mathbf{e}_r + z\mathbf{e}_z$，其微增量可写为 $d\mathbf{R} = dr\mathbf{e}_r + rd\theta\mathbf{e}_\theta + dz\mathbf{e}_z$。$d\mathbf{R}$ 也可以写为

$$d\mathbf{R} = \frac{\partial \mathbf{R}}{\partial r}dr + \frac{\partial \mathbf{R}}{\partial \theta}d\theta + \frac{\partial \mathbf{R}}{\partial z}dz$$

考虑到

$$\frac{\partial \mathbf{R}}{\partial r} = \frac{\partial}{\partial r}(r\mathbf{e}_r + z\mathbf{e}_z) = \mathbf{e}_r \frac{\partial r}{\partial r} = \mathbf{e}_r, \frac{\partial \mathbf{R}}{\partial \theta} = \mathbf{e}_r \frac{\partial r}{\partial \theta} + r \frac{\partial \mathbf{e}_r}{\partial \theta} = r\mathbf{e}_\theta \text{ 和 } \frac{\partial \mathbf{R}}{\partial z} = \mathbf{e}_z$$

因此也有 $d\mathbf{R} = dr\mathbf{e}_r + rd\theta\mathbf{e}_\theta + dz\mathbf{e}_z$。上述推导中需要注意的是，与笛卡儿坐标系中的单位矢量 $\mathbf{i},\mathbf{j},\mathbf{k}$ 不同，圆柱坐标系下的单位矢量大小不变（恒等于 1），但方向却是可变的。如图 1.3.1(b) 所示，当角度 θ 变为 $\theta + d\theta$ 时，单位矢量 $\mathbf{e}_r$ 及 $\mathbf{e}_\theta$ 也改变了角度 $d\theta$，并可写成

$e_r + \Delta e_r$ 和 $e_\theta + \Delta e_\theta$，计算这两个变化率的极限可得到 $\dfrac{\partial e_r}{\partial \theta} = e_\theta$ 及 $\dfrac{\partial e_\theta}{\partial \theta} = -e_r$。即圆柱坐标系下的单位矢量对坐标轴的偏导数不一定全为零。考察下面两式

$$\mathrm{d}\varphi = \mathrm{d}\boldsymbol{R} \cdot \nabla\varphi = (\mathrm{d}re_r + r\mathrm{d}\theta e_\theta + \mathrm{d}ze_z) \cdot \nabla\varphi$$

$$\mathrm{d}\varphi = \frac{\partial \varphi}{\partial r}\mathrm{d}r + \frac{\partial \varphi}{\partial \theta}\mathrm{d}\theta + \frac{\partial \varphi}{\partial z}\mathrm{d}z$$

比较后可知 $\nabla = e_r\dfrac{\partial}{\partial r} + e_\theta\dfrac{1}{r}\dfrac{\partial}{\partial \theta} + e_z\dfrac{\partial}{\partial z}$，于是得

$$\nabla\varphi = e_r\frac{\partial \varphi}{\partial r} + e_\theta\frac{1}{r}\frac{\partial \varphi}{\partial \theta} + e_z\frac{\partial \varphi}{\partial z} \tag{1.3.1b}$$

1.3.3　矢量场的散度

设有定常矢量场 $\boldsymbol{a}(x,y,z)$，在它所处的空间内沿某一有向曲面 $\boldsymbol{S} = S\boldsymbol{n}$ 的曲面积分可写为

$$Q = \iint_S \boldsymbol{a} \cdot \mathrm{d}\boldsymbol{S} = \iint_S \boldsymbol{a} \cdot \boldsymbol{n}\mathrm{d}S = \iint_S a_n\mathrm{d}S$$

称矢量场 $\boldsymbol{a}$ 从正侧穿过曲面 S 的通量。Q 为负值、零、正值时，分别对应矢量场 $\boldsymbol{a}$ 穿入（与曲面 S 的法向 $\boldsymbol{n}$ 成钝角）、不穿入也不穿出、穿出（与曲面 S 的法向 $\boldsymbol{n}$ 成锐角）曲面 S 的正侧。比如水以方向杂乱、大小不同的速度从喷壶壶嘴的每一微小面积 $\mathrm{d}S$ 中喷出时，其积分就是一个开曲面 S 上的通量。

如图 1.3.2(a) 所示，取矢量场 $\boldsymbol{a}$ 中任一点 M，包围 M 做一微小体积 $\Delta\tau$，其表面积为封闭曲面 S，从该体积中穿出曲面 S 的通量为 ΔQ。若 S 以任意方式收缩至 M 点时，通量体积比 $\Delta Q/\Delta\tau$ 的极限存在，则称该数量极限为矢量场 $\boldsymbol{a}$ 在 M 点处的散度，记作

$$\mathrm{div}\,\boldsymbol{a} = \lim_{S \to M}\frac{\Delta Q}{\Delta\tau} = \lim_{S \to M}\frac{\oint_S \boldsymbol{a} \cdot \mathrm{d}\boldsymbol{S}}{\Delta\tau}$$

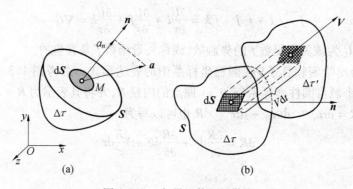

图 1.3.2　矢量函数 $\boldsymbol{a}$ 的散度

若矢量场中每一点都有散度，则全体 $\mathrm{div}\,\boldsymbol{a}$ 构成一个标量函数或称散度场。散度可以简单表述为，闭曲面通量对体积比的收缩极限，也可以称为 M 点处矢量 $\boldsymbol{a}$ 穿过封闭曲面 S 的通量强度或源 $\boldsymbol{a}$ 的强度。假想在一个较大空间内观察某节火车车厢两端的进出人流（相当于矢量 $\boldsymbol{a}$ 穿入、穿出闭曲面），如果进出人数的总和为出门人数大于进门人数，则称

车厢全表面上的人流通量大于零或者说车厢全表面上的人流矢量的散度大于零。由于 $\oiint_S \boldsymbol{a} \cdot \mathrm{d}\boldsymbol{S}$ 的大小决定了散度值，而积分的值与采用何种坐标系无关，因此散度的定义也是与坐标系无关的。由散度定义，并考虑高斯公式可有

$$\operatorname{div} \boldsymbol{a} = \lim_{\substack{S \to M \\ \Delta\tau \to 0}} \frac{1}{\Delta\tau} \oiint_S \boldsymbol{a} \cdot \boldsymbol{n}\mathrm{d}S = \lim_{\substack{S \to M \\ \Delta\tau \to 0}} \frac{1}{\Delta\tau} \oiint_S (a_x \cos\alpha + a_y \cos\beta + a_z \cos\gamma)\mathrm{d}S =$$

$$\lim_{\Delta\tau \to 0} \frac{1}{\Delta\tau} \iiint_{\Delta\tau} \left(\frac{\partial a_x}{\partial x} + \frac{\partial a_y}{\partial y} + \frac{\partial a_z}{\partial z} \right) \mathrm{d}\tau$$

再由积分中值定理，得

$$\operatorname{div} \boldsymbol{a} = \left(\frac{\partial a_x}{\partial x} + \frac{\partial a_y}{\partial y} + \frac{\partial a_z}{\partial z} \right)_{M_1} \lim_{\Delta\tau \to 0} \frac{\iiint_{\Delta\tau} \mathrm{d}\tau}{\Delta\tau} = \frac{\partial a_x}{\partial x} + \frac{\partial a_y}{\partial y} + \frac{\partial a_z}{\partial z} =$$

$$\left(\boldsymbol{i} \frac{\partial}{\partial x} + \boldsymbol{j} \frac{\partial}{\partial y} + \boldsymbol{k} \frac{\partial}{\partial z} \right) \cdot (\boldsymbol{i} a_x + \boldsymbol{j} a_y + \boldsymbol{k} a_z) = \nabla \cdot \boldsymbol{a} \qquad (1.3.2)$$

式中，α, β, γ 为有向微元面积 $\mathrm{d}\boldsymbol{S}$ 的法向单位矢量 $\boldsymbol{n}$ 与三个坐标轴方向的夹角。

　　如图 1.3.2(b) 所示，若将 $\Delta\tau$ 定义为流体微团体积，封闭曲面 S 为流体微团的外边界，以速度 $\boldsymbol{V}$ 运动的微元面积 $\mathrm{d}\boldsymbol{S}$ 的法向单位向量为 $\boldsymbol{n}$，则流体微团体积相对变化率的极限可写为

$$\lim_{\substack{S \to M \\ \Delta\tau \to 0}} \frac{1}{\Delta\tau} \frac{\mathrm{d}\Delta\tau}{\mathrm{d}t} = \lim_{\substack{S \to M \\ \Delta\tau \to 0}} \frac{1}{\Delta\tau} \frac{\mathrm{d}}{\mathrm{d}t} \iiint_{\Delta\tau} \mathrm{d}\tau = \lim_{\substack{S \to M \\ \Delta\tau \to 0}} \frac{1}{\Delta\tau} \lim_{\Delta t \to 0} \frac{\oiint_S \boldsymbol{V}\Delta t \cdot \boldsymbol{n}\mathrm{d}S}{\Delta t} =$$

$$\lim_{\substack{S \to M \\ \Delta\tau \to 0}} \frac{1}{\Delta\tau} \oiint_S \boldsymbol{V} \cdot \boldsymbol{n}\mathrm{d}S = \nabla \cdot \boldsymbol{V} = \frac{\partial V_x}{\partial x} + \frac{\partial V_y}{\partial y} + \frac{\partial V_z}{\partial z} \qquad (1.3.3\mathrm{a})$$

　　因此，速度散度 $\nabla \cdot \boldsymbol{V}$ 就表示流体微团在运动过程中的体积相对变化率的极限。而 $\nabla \cdot \boldsymbol{V} = 0$ 则表示流体微团在运动中无论怎样改变其形状，其体积值总是不变的，与不可压缩流体的概念等价。

　　下面再利用算子 ∇ 在圆柱坐标系中的定义，推导速度散度在圆柱坐标系中的表达形式，即

$$\nabla \cdot \boldsymbol{V} = \left(\boldsymbol{e}_r \frac{\partial}{\partial r} + \boldsymbol{e}_\theta \frac{1}{r} \frac{\partial}{\partial \theta} + \boldsymbol{e}_z \frac{\partial}{\partial z} \right) \cdot (v_r \boldsymbol{e}_r + v_\theta \boldsymbol{e}_\theta + v_z \boldsymbol{e}_z) =$$

$$\boldsymbol{e}_r \frac{\partial}{\partial r} \cdot (v_r \boldsymbol{e}_r + v_\theta \boldsymbol{e}_\theta + v_z \boldsymbol{e}_z) +$$

$$\boldsymbol{e}_\theta \frac{1}{r} \frac{\partial}{\partial \theta} \cdot (v_r \boldsymbol{e}_r + v_\theta \boldsymbol{e}_\theta + v_z \boldsymbol{e}_z) + \boldsymbol{e}_z \frac{\partial}{\partial z} \cdot (v_r \boldsymbol{e}_r + v_\theta \boldsymbol{e}_\theta + v_z \boldsymbol{e}_z) =$$

$$\frac{\partial v_r}{\partial r} + \boldsymbol{e}_\theta \frac{1}{r} \cdot \left(\boldsymbol{e}_r \frac{\partial v_r}{\partial \theta} + v_r \frac{\partial \boldsymbol{e}_r}{\partial \theta} + \boldsymbol{e}_\theta \frac{\partial v_\theta}{\partial \theta} + v_\theta \frac{\partial \boldsymbol{e}_\theta}{\partial \theta} + \boldsymbol{e}_z \frac{\partial v_z}{\partial \theta} \right) + \frac{\partial v_z}{\partial z} =$$

$$\frac{\partial v_r}{\partial r} + \boldsymbol{e}_\theta \frac{1}{r} \cdot \left(\boldsymbol{e}_r \frac{\partial v_r}{\partial \theta} + v_r \boldsymbol{e}_\theta + \boldsymbol{e}_\theta \frac{\partial v_\theta}{\partial \theta} - v_\theta \boldsymbol{e}_r + \boldsymbol{e}_z \frac{\partial v_z}{\partial \theta} \right) + \frac{\partial v_z}{\partial z} =$$

$$\frac{\partial v_r}{\partial r} + \frac{v_r}{r} + \frac{\partial v_\theta}{r\partial \theta} + \frac{\partial v_z}{\partial z} = \frac{\partial(r v_r)}{r\partial r} + \frac{\partial v_\theta}{r\partial \theta} + \frac{\partial v_z}{\partial z} \qquad (1.3.3\mathrm{b})$$

对任意一个函数的梯度作散度运算,称为对该函数的拉普拉斯微分运算,用符号∇^2或 Δ 表示,称为拉普拉斯微分算子。它在直角坐标系、圆柱坐标系中的表达形式分别为

$$\nabla^2 \varphi = \nabla \cdot (\nabla \varphi) = \frac{\partial^2 \varphi}{\partial x^2} + \frac{\partial^2 \varphi}{\partial y^2} + \frac{\partial^2 \varphi}{\partial z^2} \tag{1.3.4a}$$

$$\nabla^2 \varphi = \nabla \cdot (\nabla \varphi) = \left(\boldsymbol{e}_r \frac{\partial}{\partial r} + \boldsymbol{e}_\theta \frac{1}{r} \frac{\partial}{\partial \theta} + \boldsymbol{e}_z \frac{\partial}{\partial z} \right) \cdot \left(\boldsymbol{e}_r \frac{\partial}{\partial r} + \boldsymbol{e}_\theta \frac{1}{r} \frac{\partial}{\partial \theta} + \boldsymbol{e}_z \frac{\partial}{\partial z} \right) \varphi =$$

$$\left[\frac{\partial^2}{\partial r^2} + \boldsymbol{e}_\theta \frac{1}{r} \frac{\partial}{\partial \theta} \cdot \left(\boldsymbol{e}_r \frac{\partial}{\partial r} + \boldsymbol{e}_\theta \frac{1}{r} \frac{\partial}{\partial \theta} \right) + \frac{\partial^2}{\partial z^2} \right] \varphi =$$

$$\left(\frac{\partial^2}{\partial r^2} + \frac{\partial}{r \partial r} + \frac{1}{r^2} \frac{\partial^2}{\partial \theta^2} + \frac{\partial^2}{\partial z^2} \right) \varphi = \left[\frac{\partial}{r \partial r} \left(\frac{r \partial}{\partial r} \right) + \frac{1}{r^2} \frac{\partial^2}{\partial \theta^2} + \frac{\partial^2}{\partial z^2} \right] \varphi =$$

$$\frac{\partial^2 \varphi}{\partial r^2} + \frac{\partial \varphi}{r \partial r} + \frac{\partial^2 \varphi}{r^2 \partial \theta^2} + \frac{\partial^2 \varphi}{\partial z^2} \tag{1.3.4b}$$

1.3.4　矢量场的旋度

设有矢量场 $\boldsymbol{a}(x,y,z)$,沿流场中某一封闭有向曲线 l 积分,有

$$\Gamma = \oint \boldsymbol{a} \cdot \mathrm{d}\boldsymbol{l}$$

称矢量场 $\boldsymbol{a}$ 为按所取方向沿曲线 l 的环量,如图 1.3.3(a) 所示。设 M 为矢量场 $\boldsymbol{a}$ 中一点,过 M 点任一方向 $\boldsymbol{n}^0$,以 $\boldsymbol{n}^0$ 为法向作微小曲面 ΔS,其周界 Δl 正向取作与 $\boldsymbol{n}^0$ 构成右手法则。对于矢量场沿 Δl 正向的环量 $\Delta \Gamma$ 与面积 ΔS 之比,当曲面 ΔS 在 M 点处保持以 $\boldsymbol{n}^0$ 为法矢的条件下,以任意方式收缩至 M 点时,若其极限

$$\lim_{\Delta S \to M} \frac{\Delta \Gamma}{\Delta S} = \lim_{\Delta S \to M} \frac{\oint \boldsymbol{a} \cdot \mathrm{d}\boldsymbol{l}}{\Delta S}$$

存在,则称它为矢量场在 M 点处沿方向 $\boldsymbol{n}^0$ 的环量面密度。由环量面密度的定义及高斯公式,可得

$$\lim_{\Delta S \to M} \frac{\Delta \Gamma}{\Delta S} = \lim_{\Delta S \to M} \frac{1}{\Delta S} \oint_{\Delta l} \boldsymbol{a} \cdot \mathrm{d}\boldsymbol{l} = \lim_{\Delta S \to M} \frac{1}{\Delta S} \oint_{\Delta l} a_x \mathrm{d}x + a_y \mathrm{d}y + a_z \mathrm{d}z =$$

$$\lim_{\Delta S \to M} \frac{1}{\Delta S} \iint_{\Delta S} \left[\left(\frac{\partial a_z}{\partial y} - \frac{\partial a_y}{\partial z} \right) \cos \alpha + \left(\frac{\partial a_x}{\partial z} - \frac{\partial a_z}{\partial x} \right) \cos \beta + \left(\frac{\partial a_y}{\partial x} - \frac{\partial a_x}{\partial y} \right) \cos \gamma \right] \mathrm{d}S$$

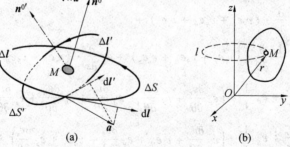

图 1.3.3　环量面密度的概念

再由积分中值定理,得

$$\lim_{\Delta S \to M} \frac{\Delta \Gamma}{\Delta S} = \left[\left(\frac{\partial a_z}{\partial y} - \frac{\partial a_y}{\partial z} \right) \cos \alpha + \left(\frac{\partial a_x}{\partial z} - \frac{\partial a_z}{\partial x} \right) \cos \beta + \left(\frac{\partial a_y}{\partial x} - \frac{\partial a_x}{\partial y} \right) \cos \gamma \right]_{M_1} \lim_{\Delta \tau \to M} \frac{\iint_{\Delta S} \mathrm{d}S}{\Delta S} =$$

$$\left(\frac{\partial a_z}{\partial y} - \frac{\partial a_y}{\partial z} \right) \cos \alpha + \left(\frac{\partial a_x}{\partial z} - \frac{\partial a_z}{\partial x} \right) \cos \beta + \left(\frac{\partial a_y}{\partial x} - \frac{\partial a_x}{\partial y} \right) \cos \gamma =$$

$$\boldsymbol{n}^0 \cdot \left[\boldsymbol{i} \left(\frac{\partial a_z}{\partial y} - \frac{\partial a_y}{\partial z} \right) + \boldsymbol{j} \left(\frac{\partial a_x}{\partial z} - \frac{\partial a_z}{\partial x} \right) + \boldsymbol{k} \left(\frac{\partial a_y}{\partial x} - \frac{\partial a_x}{\partial y} \right) \right]$$

定义

$$\mathbf{rot}\, \boldsymbol{a} = \boldsymbol{i} \left(\frac{\partial a_z}{\partial y} - \frac{\partial a_y}{\partial z} \right) + \boldsymbol{j} \left(\frac{\partial a_x}{\partial z} - \frac{\partial a_z}{\partial x} \right) + \boldsymbol{k} \left(\frac{\partial a_y}{\partial x} - \frac{\partial a_x}{\partial y} \right) = \begin{vmatrix} \boldsymbol{i} & \boldsymbol{j} & \boldsymbol{k} \\ \dfrac{\partial}{\partial x} & \dfrac{\partial}{\partial y} & \dfrac{\partial}{\partial z} \\ a_x & a_y & a_z \end{vmatrix} =$$

$$\left(\boldsymbol{i} \frac{\partial}{\partial x} + \boldsymbol{j} \frac{\partial}{\partial y} + \boldsymbol{k} \frac{\partial}{\partial z} \right) \times \left(\boldsymbol{i} a_x + \boldsymbol{j} a_y + \boldsymbol{k} a_z \right) = \nabla \times \boldsymbol{a} \qquad (1.3.5\text{a})$$

为矢量场 $\boldsymbol{a}$ 在 M 点处的旋度,则有

$$\lim_{\Delta S \to M} \frac{\Delta \Gamma}{\Delta S} = \boldsymbol{n}^0 \cdot \mathbf{rot}\, \boldsymbol{a} = |\, \mathbf{rot}\, \boldsymbol{a} \,| \cos(\boldsymbol{n}^0, \mathbf{rot}\, \boldsymbol{a})$$

可知,过 M 点的任一方向 $\boldsymbol{n}^0$ 与旋度 $\mathbf{rot}\, \boldsymbol{a}$ 的方向重合时,存在环量面密度的最大值。因此,旋度是这样一个量:它的方向为环量面密度最大的方向,其大小为这个最大的环量面密度值,且矢量 $\boldsymbol{a}$ 的旋度矢量 $\mathbf{rot}\, \boldsymbol{a}$ 在任一方向 $\boldsymbol{n}^0$ 上的投影,即为该方向上的环量面密度。与散度一样,旋度是由矢量 $\boldsymbol{a}$ 的曲线积分决定的,其方向及大小是确定的,因此旋度的定义也是与坐标系无关的。

此外,从力学角度对速度的旋度 $\mathbf{rot}\, \boldsymbol{V}$ 的含义作一解释。如图 1.3.3(b) 所示,设有刚体绕定轴以角速度 ω 转动,M 为刚体内任意一点。取直角坐标系原点于定轴上,且 z 轴与定轴重合,则有 $\boldsymbol{\omega} = \omega \boldsymbol{k}$,令点 M 的矢径为 $\boldsymbol{r} = \boldsymbol{i}x + \boldsymbol{j}y + \boldsymbol{k}z$,则点 M 处的线速度及线速度的旋度分别为

$$\boldsymbol{V} = \boldsymbol{\omega} \times \boldsymbol{r} = \begin{vmatrix} \boldsymbol{i} & \boldsymbol{j} & \boldsymbol{k} \\ 0 & 0 & \omega \\ x & y & z \end{vmatrix} = -\boldsymbol{i}\omega y + \boldsymbol{j}\omega x, \quad \mathbf{rot}\, \boldsymbol{V} = \begin{vmatrix} \boldsymbol{i} & \boldsymbol{j} & \boldsymbol{k} \\ \dfrac{\partial}{\partial x} & \dfrac{\partial}{\partial y} & \dfrac{\partial}{\partial z} \\ -\omega y & \omega x & 0 \end{vmatrix} = 2\omega \boldsymbol{k}$$

可见,速度矢量 $\boldsymbol{V}$ 的旋度 $\mathbf{rot}\, \boldsymbol{V}$(也记作 $\boldsymbol{\Omega}$)是物体绕任意某个轴的旋转分量的强度的量度,其数值等于转动角速度的两倍。尽管上述关系是由刚体转动得出的,但也适用于流体运动,定义流体质点的转动角速度等于速度矢量旋度的一半,即

$$\boldsymbol{\omega} = \boldsymbol{i}\omega_x + \boldsymbol{j}\omega_y + \boldsymbol{k}\omega_z = \frac{1}{2}\mathbf{rot}\, \boldsymbol{V} = \frac{1}{2}(\nabla \times \boldsymbol{V}) = \frac{1}{2}\boldsymbol{\Omega}$$

利用算子 ∇ 在圆柱坐标系中的定义,推导矢量旋度在圆柱坐标系中的表达形式,即

$$\nabla \times \boldsymbol{V} = \left(\boldsymbol{e}_r \frac{\partial}{\partial r} + \boldsymbol{e}_\theta \frac{1}{r} \frac{\partial}{\partial \theta} + \boldsymbol{e}_z \frac{\partial}{\partial z} \right) \times \left(\boldsymbol{e}_r v_r + \boldsymbol{e}_\theta v_\theta + \boldsymbol{e}_z v_z \right) =$$

$$\boldsymbol{e}_r \times \frac{\partial}{\partial r}(\boldsymbol{e}_r v_r + \boldsymbol{e}_\theta v_\theta + \boldsymbol{e}_z v_z) + \frac{\boldsymbol{e}_\theta}{r} \times \frac{\partial}{\partial \theta}(\boldsymbol{e}_r v_r + \boldsymbol{e}_\theta v_\theta + \boldsymbol{e}_z v_z) +$$

$$e_z \times \frac{\partial}{\partial z}(e_r v_r + e_\theta v_\theta + e_z v_z)$$

则上式中右端的第一项等于

$$e_r \times \left(e_r \frac{\partial v_r}{\partial r} + e_\theta \frac{\partial v_\theta}{\partial r} + e_z \frac{\partial v_z}{\partial r} \right) = e_z \frac{\partial v_\theta}{\partial r} - e_\theta \frac{\partial v_z}{\partial r}$$

右端第二项等于

$$\frac{e_\theta}{r} \times \left(v_r \frac{\partial e_r}{\partial \theta} + e_r \frac{\partial v_r}{\partial \theta} + v_\theta \frac{\partial e_\theta}{\partial \theta} + e_\theta \frac{\partial v_\theta}{\partial \theta} + e_z \frac{\partial v_z}{\partial \theta} \right) =$$

$$\frac{e_\theta}{r} \times \left(e_\theta v_r + e_r \frac{\partial v_r}{\partial \theta} - e_r v_\theta + e_\theta \frac{\partial v_\theta}{\partial \theta} + e_z \frac{\partial v_z}{\partial \theta} \right) =$$

$$- \frac{e_z}{r} \frac{\partial v_r}{\partial \theta} + \frac{e_z}{r} v_\theta + \frac{e_r}{r} \frac{\partial v_z}{\partial \theta}$$

右端第三项等于

$$e_z \times \left(e_r \frac{\partial v_r}{\partial z} + e_\theta \frac{\partial v_\theta}{\partial z} + e_z \frac{\partial v_z}{\partial z} \right) = e_\theta \frac{\partial v_r}{\partial z} - e_r \frac{\partial v_\theta}{\partial z}$$

于是得

$$\nabla \times V = e_r \left(\frac{\partial v_z}{r \partial \theta} - \frac{\partial v_\theta}{\partial z} \right) + e_\theta \left(\frac{\partial v_r}{\partial z} - \frac{\partial v_z}{\partial r} \right) + e_z \left(\frac{v_\theta}{r} + \frac{\partial v_\theta}{\partial r} - \frac{\partial v_r}{r \partial \theta} \right) =$$

$$\frac{1}{r} \begin{vmatrix} e_r & r e_\theta & e_z \\ \dfrac{\partial}{\partial r} & \dfrac{\partial}{\partial \theta} & \dfrac{\partial}{\partial z} \\ v_r & r v_\theta & v_z \end{vmatrix} \tag{1.3.5b}$$

1.3.5 高斯公式和斯托克斯公式

1. 高斯公式

假设 S 为包含体积 τ 的逐片、光滑封闭曲面,且函数 $P = P(x,y,z)$,$Q = Q(x,y,z)$,$R = R(x,y,z)$ 和它们的一阶偏导数在 S,τ 上均是连续的,则有

$$\oiint_S (P\cos\alpha + Q\cos\beta + R\cos\gamma)\mathrm{d}S = \iiint_\tau \left(\frac{\partial P}{\partial x} + \frac{\partial Q}{\partial y} + \frac{\partial R}{\partial z} \right) \mathrm{d}\tau$$

式中 $\cos\alpha$,$\cos\beta$,$\cos\gamma$ 为曲面 S 的外法线的方向余弦。上式用矢量形式表示为

$$\oiint_S a \cdot \mathrm{d}S = \oiint_S a \cdot n\mathrm{d}S = \oiint_S a_n \mathrm{d}S = \iiint_\tau (\nabla \cdot a)\mathrm{d}\tau \tag{1.3.6}$$

其中 $a = iP + jQ + kR$,$S = Sn = S(i\cos\alpha + j\cos\beta + k\cos\gamma)$。该矢量形式公式的物理意义是:矢量在封闭曲面上的通量等于它的散度的体积分。高斯公式还有如下推广形式,即

$$\begin{cases} \oiint_S a \times \mathrm{d}S = \oiint_S a \times n\mathrm{d}S = \iiint_\tau (\nabla \times a)\mathrm{d}\tau \\ \oiint_S \varphi\mathrm{d}S = \oiint_S \varphi n\mathrm{d}S = \iiint_\tau \nabla\varphi\mathrm{d}\tau \end{cases} \tag{1.3.7}$$

2. 斯托克斯公式

若 $P = P(x,y,z)$，$Q = Q(x,y,z)$，$R = R(x,y,z)$ 为连续可微分函数，S 是以 l 为边界的分片光滑的有向曲面，l 的正向与 S 的法向量方向符合右手法则，则有

$$\oint_l P\mathrm{d}x + Q\mathrm{d}y + R\mathrm{d}z = \iint_S \begin{vmatrix} \cos\alpha & \cos\beta & \cos\gamma \\ \dfrac{\partial}{\partial x} & \dfrac{\partial}{\partial y} & \dfrac{\partial}{\partial z} \\ P & Q & R \end{vmatrix} \mathrm{d}S$$

式中，$\cos\alpha$，$\cos\beta$，$\cos\gamma$ 为曲面 S 的法线的方向余弦。上式用矢量形式表示为

$$\oint_l \boldsymbol{a} \cdot \mathrm{d}\boldsymbol{l} = \iint_S (\nabla \times \boldsymbol{a}) \cdot \mathrm{d}\boldsymbol{S} = \iint_S (\mathbf{rot}\,\boldsymbol{a})_n \mathrm{d}S \qquad (1.3.8)$$

式中，$\boldsymbol{a}$，$\boldsymbol{S}$ 的定义同上，$\mathrm{d}\boldsymbol{l} = \boldsymbol{i}\mathrm{d}x + \boldsymbol{j}\mathrm{d}y + \boldsymbol{k}\mathrm{d}z$。该公式的物理意义是：矢量在封闭曲线上的环量等于该矢量的旋度矢量向正侧穿过张于该曲线上的任意曲面时的通量（或者说等于该矢量的旋度的曲面积分）。也可以这样假想：在一个曲面上满布互相邻接的无数微小的封闭曲线，而这些曲线上的环量在曲线互相重合的部分互相抵消之后，将构成一个大的封闭曲线上的环量，如图 1.3.4 所示。

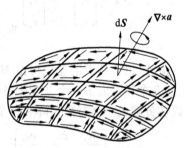

图 1.3.4　斯托克斯公式

1.4　作用于流体上的力、一点应力及应力张量

1.4.1　流体微团的运动分析

在理论力学中，刚体的运动可以分为随极点的移动及绕极点的转动。而流体的流动性导致流体微团在流动过程中除了有与刚体相似的移动、转动外，还将伴随变形运动（含角变形、线变形）。流体微团的运动分解可以由柯西 - 亥姆霍兹定理确定：在一般情况下，任一流体微团的运动可以分解为随同任意极点的平移、对于通过这个极点的瞬时轴的旋转运动、变形运动三部分。

利用图 1.4.1 可分析流体微团中任意相邻两点的速度关系。在 t 时刻流场中取一点 $M_0(\boldsymbol{r}) = M_0(x,y,z)$，则其邻域中的任一点可表示为

$$M(\boldsymbol{r} + \delta\boldsymbol{r}) = M(x + \delta x, y + \delta y, z + \delta z)$$

若 M_0 点的速度为 $\boldsymbol{V}(\boldsymbol{r}) = \boldsymbol{V}(x,y,z)$，当 $|\delta\boldsymbol{r}|$ 为小量时，由泰勒展开式（忽略高阶小量）可得到邻点 M 的速度为

$$\boldsymbol{V}(\boldsymbol{r} + \mathrm{d}\boldsymbol{r}) = \boldsymbol{V}(\boldsymbol{r}) + \delta\boldsymbol{V} = \boldsymbol{V}(\boldsymbol{r}) + \frac{\partial\boldsymbol{V}}{\partial x}\delta x + \frac{\partial\boldsymbol{V}}{\partial y}\delta y + \frac{\partial\boldsymbol{V}}{\partial z}\delta z$$

其分量形式可写为

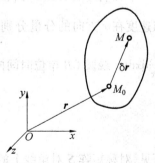

图 1.4.1　相邻两点的速度关系

$$\begin{cases} v_{xM} = v_{xM_0} + \delta v_x = v_{xM_0} + \dfrac{\partial v_x}{\partial x}\delta x + \dfrac{\partial v_x}{\partial y}\delta y + \dfrac{\partial v_x}{\partial z}\delta z \\[2mm] v_{yM} = v_{yM_0} + \delta v_y = v_{yM_0} + \dfrac{\partial v_y}{\partial x}\delta x + \dfrac{\partial v_y}{\partial y}\delta y + \dfrac{\partial v_y}{\partial z}\delta z \\[2mm] v_{zM} = v_{zM_0} + \delta v_z = v_{zM_0} + \dfrac{\partial v_z}{\partial x}\delta x + \dfrac{\partial v_z}{\partial y}\delta y + \dfrac{\partial v_z}{\partial z}\delta z \end{cases}$$

用矩阵形式表示上述得到的相邻两点的速度关系,即

$$\boldsymbol{V}_M = \begin{bmatrix} v_x \\ v_y \\ v_z \end{bmatrix}_M = \begin{bmatrix} v_x \\ v_y \\ v_z \end{bmatrix}_{M_0} + \begin{bmatrix} \dfrac{\partial v_x}{\partial x} & \dfrac{\partial v_x}{\partial y} & \dfrac{\partial v_x}{\partial z} \\[2mm] \dfrac{\partial v_y}{\partial x} & \dfrac{\partial v_y}{\partial y} & \dfrac{\partial v_y}{\partial z} \\[2mm] \dfrac{\partial v_z}{\partial x} & \dfrac{\partial v_z}{\partial y} & \dfrac{\partial v_z}{\partial z} \end{bmatrix}_{M_0} \cdot \begin{bmatrix} \delta x \\ \delta y \\ \delta z \end{bmatrix} = \boldsymbol{V}_{M_0} + \boldsymbol{D} \cdot \delta \boldsymbol{r}$$

由此可见,M 点的速度可由 M_0 点的速度及九个速度分量的偏导数来表示。可以证明,这九个量组成了一个二阶张量,称速度导数张量,并用 $\boldsymbol{D}$ 表示。一般来说,一个矩阵总可以被分解成一个对称矩阵和一个反对称矩阵之和,即

$$\boldsymbol{D} = \boldsymbol{S} + \boldsymbol{A} = \begin{bmatrix} \dfrac{\partial v_x}{\partial x} & \dfrac{\partial v_x}{\partial y} & \dfrac{\partial v_x}{\partial z} \\[2mm] \dfrac{\partial v_y}{\partial x} & \dfrac{\partial v_y}{\partial y} & \dfrac{\partial v_y}{\partial z} \\[2mm] \dfrac{\partial v_z}{\partial x} & \dfrac{\partial v_z}{\partial y} & \dfrac{\partial v_z}{\partial z} \end{bmatrix} = \begin{bmatrix} \dfrac{\partial v_x}{\partial x} & \dfrac{1}{2}\left(\dfrac{\partial v_x}{\partial y}+\dfrac{\partial v_y}{\partial x}\right) & \dfrac{1}{2}\left(\dfrac{\partial v_x}{\partial z}+\dfrac{\partial v_z}{\partial x}\right) \\[2mm] \dfrac{1}{2}\left(\dfrac{\partial v_x}{\partial y}+\dfrac{\partial v_y}{\partial x}\right) & \dfrac{\partial v_y}{\partial y} & \dfrac{1}{2}\left(\dfrac{\partial v_y}{\partial z}+\dfrac{\partial v_z}{\partial y}\right) \\[2mm] \dfrac{1}{2}\left(\dfrac{\partial v_x}{\partial z}+\dfrac{\partial v_z}{\partial x}\right) & \dfrac{1}{2}\left(\dfrac{\partial v_y}{\partial z}+\dfrac{\partial v_z}{\partial y}\right) & \dfrac{\partial v_z}{\partial z} \end{bmatrix} +$$

$$\begin{bmatrix} 0 & -\dfrac{1}{2}\left(\dfrac{\partial v_y}{\partial x}-\dfrac{\partial v_x}{\partial y}\right) & \dfrac{1}{2}\left(\dfrac{\partial v_x}{\partial z}-\dfrac{\partial v_z}{\partial x}\right) \\[2mm] \dfrac{1}{2}\left(\dfrac{\partial v_y}{\partial x}-\dfrac{\partial v_x}{\partial y}\right) & 0 & -\dfrac{1}{2}\left(\dfrac{\partial v_z}{\partial y}-\dfrac{\partial v_y}{\partial z}\right) \\[2mm] -\dfrac{1}{2}\left(\dfrac{\partial v_x}{\partial z}-\dfrac{\partial v_z}{\partial x}\right) & \dfrac{1}{2}\left(\dfrac{\partial v_z}{\partial y}-\dfrac{\partial v_y}{\partial z}\right) & 0 \end{bmatrix} \qquad (1.4.1)$$

下面利用图 1.4.2 分析速度导数张量分解的几何或运动学意义。设流体微团 C 点、B 点速度在 x 方向的分量分别为 v_x 及 $v_x + \dfrac{\partial v_x}{\partial x}\mathrm{d}x$,则 $\mathrm{d}t$ 时间后线段 CB 的伸长量可写为 $\dfrac{\partial v_x}{\partial x}\mathrm{d}x\mathrm{d}t$。线段 CB 单位时间内单位长度上的伸长量称为线变形速率,即

$$\frac{\dfrac{\partial v_x}{\partial x}\mathrm{d}x\mathrm{d}t}{\mathrm{d}x\mathrm{d}t} = \frac{\partial v_x}{\partial x} = \varepsilon_{xx}$$

可见,对称矩阵 $\boldsymbol{S}$ 对角线上的速度导数 $\dfrac{\partial v_x}{\partial x}, \dfrac{\partial v_y}{\partial y}, \dfrac{\partial v_z}{\partial z}$ 恰为反映流体微团伸缩变形运动的量 $\varepsilon_{xx}, \varepsilon_{yy}, \varepsilon_{zz}$。设 C 点、B 点的速度在 y 方向的分量为 $v_y, v_y + \dfrac{\partial v_y}{\partial x}\mathrm{d}x$,则 $\mathrm{d}t$ 时间后 CB 边的转

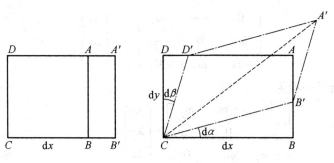

图 1.4.2　流体微团变形运动

角约为 $\mathrm{d}\alpha \approx \tan\mathrm{d}\alpha \approx \dfrac{\partial v_y}{\partial x}\dfrac{\mathrm{d}x\mathrm{d}t}{\mathrm{d}x}$；同理，$CD$ 边的转角为 $-\mathrm{d}\beta = \dfrac{\partial v_x}{\partial y}\dfrac{\mathrm{d}y\mathrm{d}t}{\mathrm{d}y}$。直角 BCD 的改变

量 $\mathrm{d}\alpha + (-\mathrm{d}\beta) = \dfrac{\partial v_y}{\partial x}\mathrm{d}t + \dfrac{\partial v_x}{\partial y}\mathrm{d}t$。单位时间内直角 BCD 改变量的一半(或者说两条直角边转角之和的平均值)称为角变形(剪切)速率，即

$$\varepsilon_{xy} = \frac{1}{2}\frac{\dfrac{\partial v_y}{\partial x}\mathrm{d}t + \dfrac{\partial v_x}{\partial y}\mathrm{d}t}{\mathrm{d}t} = \frac{1}{2}\left(\frac{\partial v_y}{\partial x} + \frac{\partial v_x}{\partial y}\right)$$

可见，对称矩阵 S 非对角线上的量 $\dfrac{1}{2}\left(\dfrac{\partial v_x}{\partial y} + \dfrac{\partial v_y}{\partial x}\right)$，$\dfrac{1}{2}\left(\dfrac{\partial v_x}{\partial z} + \dfrac{\partial v_z}{\partial x}\right)$，$\dfrac{1}{2}\left(\dfrac{\partial v_y}{\partial z} + \dfrac{\partial v_z}{\partial y}\right)$ 恰为反映流体微团角变形运动的量 ε_{xy}，ε_{yz}，ε_{xz}。因此对称矩阵 S 又称为应变率张量。前面曾指出存在不随坐标系旋转而变化的量是张量的特征，可以发现速度导数张量 D 与应变率张量 S 的对角线上的分量之和 $\dfrac{\partial v_x}{\partial x} + \dfrac{\partial v_y}{\partial y} + \dfrac{\partial v_z}{\partial z} = \mathrm{div}\,V$，而速度散度是与坐标系无关的。

　　进一步，在两条直角边的转动过程中，每条直角边的转动量仅使直角 BCD 的对角线转动这个量的一半，将流体微团对角线的转动角速度定义为流体微团的转动角速度，则有

$$\omega_z = \frac{\dfrac{1}{2}\mathrm{d}\alpha - \dfrac{1}{2}(-\mathrm{d}\beta)}{\mathrm{d}t} = \frac{1}{2}\left(\frac{\partial v_y}{\partial x} - \frac{\partial v_x}{\partial y}\right)$$

可见，反对称矩阵 A 非对角线上的量 $\dfrac{1}{2}\left(\dfrac{\partial v_y}{\partial x} - \dfrac{\partial v_x}{\partial y}\right)$，$\dfrac{1}{2}\left(\dfrac{\partial v_x}{\partial z} - \dfrac{\partial v_z}{\partial x}\right)$，$\dfrac{1}{2}\left(\dfrac{\partial v_z}{\partial y} - \dfrac{\partial v_y}{\partial z}\right)$ 恰为反映流体微团旋转运动的角速度量 ω_x，ω_y，ω_z，而且其对角线上的分量之和恒为零，也是与坐标系无关的。

　　因此，V_M 的影响因素即速度导数张量或其矩阵 D，完全包含了流体微团运动过程中的所有运动方式，可以进一步改写为

$$V_M = V_{M_0} + D \cdot \delta r = V_{M_0} + S \cdot \delta r + A \cdot \delta r =$$

$$\begin{bmatrix} v_x \\ v_y \\ v_z \end{bmatrix}_{M_0} + \begin{bmatrix} \varepsilon_{xx} & \varepsilon_{xy} & \varepsilon_{xz} \\ \varepsilon_{xy} & \varepsilon_{yy} & \varepsilon_{yz} \\ \varepsilon_{xz} & \varepsilon_{yz} & \varepsilon_{zz} \end{bmatrix}_{M_0} \cdot \begin{bmatrix} \delta x \\ \delta y \\ \delta z \end{bmatrix} +$$

$$\begin{bmatrix} 0 & -\omega_z & \omega_y \\ \omega_z & 0 & -\omega_x \\ -\omega_y & \omega_x & 0 \end{bmatrix}_{M_0} \cdot \begin{bmatrix} \delta x \\ \delta y \\ \delta z \end{bmatrix}$$

上式右端中的最后一项为

$$\begin{bmatrix} 0 & -\omega_z & \omega_y \\ \omega_z & 0 & -\omega_x \\ -\omega_y & \omega_x & 0 \end{bmatrix} \cdot \begin{bmatrix} \delta x \\ \delta y \\ \delta z \end{bmatrix} =$$

$$(-\omega_z\delta y + \omega_y\delta z)\boldsymbol{i} + (\omega_z\delta x - \omega_x\delta z)\boldsymbol{j} + (-\omega_y\delta x + \omega_x\delta y)\boldsymbol{k} =$$

$$\begin{vmatrix} \boldsymbol{i} & \boldsymbol{j} & \boldsymbol{k} \\ \omega_x & \omega_y & \omega_z \\ \delta x & \delta y & \delta z \end{vmatrix} = \frac{1}{2}(\nabla \times \boldsymbol{V}) \times \delta \boldsymbol{r}$$

于是,得到如下形式的柯西 – 亥姆霍兹定理

$$\boldsymbol{V}_M = \boldsymbol{V}_{M_0} + \boldsymbol{S} \cdot \delta \boldsymbol{r} + \boldsymbol{\omega} \times \delta \boldsymbol{r} = \boldsymbol{V}_{M_0} + \boldsymbol{S} \cdot \delta \boldsymbol{r} + \frac{1}{2}(\nabla \times \boldsymbol{V}) \times \delta \boldsymbol{r} \qquad (1.4.2)$$

若流场中流体微团的速度的旋度处处为 0,即 $\nabla \times \boldsymbol{V} = 0$,称这种流动为无旋流动。它的物理意义是流场中所有流体微团都没有旋转运动,或没有角速度。如果对标量函数 ϕ 的梯度作旋度运算,则有

$$\nabla \times (\nabla\phi) = \begin{vmatrix} \boldsymbol{i} & \boldsymbol{j} & \boldsymbol{k} \\ \dfrac{\partial}{\partial x} & \dfrac{\partial}{\partial y} & \dfrac{\partial}{\partial z} \\ \dfrac{\partial\phi}{\partial x} & \dfrac{\partial\phi}{\partial y} & \dfrac{\partial\phi}{\partial z} \end{vmatrix} = \boldsymbol{i}\left(\dfrac{\partial^2\phi}{\partial y\partial z} - \dfrac{\partial^2\phi}{\partial z\partial y}\right) + \boldsymbol{j}\left(\dfrac{\partial^2\phi}{\partial z\partial x} - \dfrac{\partial^2\varphi}{\partial x\partial z}\right) + \boldsymbol{k}\left(\dfrac{\partial^2\phi}{\partial x\partial y} - \dfrac{\partial^2\phi}{\partial y\partial x}\right) \equiv 0$$

对比可知,每个无旋的速度场 $\boldsymbol{V}$ 均可对应某个标量函数 ϕ 的梯度场,即

$$\boldsymbol{V} = v_x\boldsymbol{i} + v_y\boldsymbol{j} + v_z\boldsymbol{k} = \frac{\partial\phi}{\partial x}\boldsymbol{i} + \frac{\partial\phi}{\partial y}\boldsymbol{j} + \frac{\partial\phi}{\partial z}\boldsymbol{k} = \nabla\phi$$

此时,标量场 ϕ 称为速度场 $\boldsymbol{V}$ 的势函数,简称速度势。有速度势函数 ϕ 的流场也称为速度有势流场,因此,无旋流场与速度有势流场互为充要条件。

1.4.2 作用于流体上的力

作用于流体上的外力通常可分为质量力和表面力两类。

如图 1.4.3 所示,考虑体积为 τ、界面为 S 的流体。作用于体积 τ 内每一个质量单元(或流体质点)上的非接触力称为质量力或体力,其大小与流体质量或体积成正比,如重力、非惯性坐标系中的惯性力、电磁力等。外界(流体或固体)作用于流体表面 S 上的力称为表面力,如大气压强、摩擦力等。二者均为分布力,前者分布于体积上,后者分布于面积上。一般说来,它们的分布是非均匀的,分别是空间点或表面点的坐标位置、时间的函数。

考虑密度为 ρ 的流体体积微元 $\Delta\tau$,设某时刻作用其上的质量力为 $\Delta\boldsymbol{F}$,则微元 $\Delta\tau$ 收缩至一点 M 时,称下述比值的极限

$$f(x,y,z,t) = \lim_{\Delta\tau\to0}\frac{\Delta \boldsymbol{F}}{\rho\,\Delta\tau} \qquad (1.4.3)$$

为某时刻作用于点 M 处单位质量流体的质量力，其数值为流体质点的加速度值。这样，作用于整个体积元 τ 上的质量力 $\boldsymbol{F}_B = \int_\tau \boldsymbol{f}\rho\mathrm{d}\tau$。若质量力只考虑为重力时，有 $\boldsymbol{f} = -g\boldsymbol{k}$（直角坐标系 z 轴垂直于水平面且指向大气）。

设体积 τ 的表面 S 的微面积元为 ΔS，其外法向单位矢量为 $\boldsymbol{n}$，令某时刻作用其上的表面力为 $\Delta\boldsymbol{p}_n$，则微元 ΔS 收缩至一点 M 时，称下述比值的极限

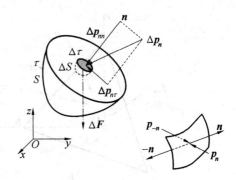

图 1.4.3　流体微团受力分析

$$\boldsymbol{p}_n(x,y,z,t) = \lim_{\Delta S\to0}\frac{\Delta\boldsymbol{p}_n}{\Delta S} \qquad (1.4.4)$$

为某时刻作用于以 $\boldsymbol{n}$ 为法向的单位面积上的表面力（也称为应力）。那么，作用于整个表面 S 上的表面力为 $\int_S \boldsymbol{p}_n\mathrm{d}S$。应力 $\boldsymbol{p}_n$ 不仅是空间坐标及时间的函数，而且与面积的取向即 $\boldsymbol{n}$ 有关，它指的是某时刻在 M 点以 $\boldsymbol{n}$ 为法向的 ΔS 面，在 $\boldsymbol{n}$ 所指的一侧流体对于 ΔS 面另一侧流体的作用力。由于过 M 点可以作任意的、具有不同法向方向的面，那么这些面感应的就是不同方向的流体（集群）对其的作用力，因而也就具有各自不同的表面力 $\boldsymbol{p}_n$，即应力 $\boldsymbol{p}_n$ 还是其作用点处的面元的法向 $\boldsymbol{n}$ 的函数。此外还有两点需要注意：其一是 $\boldsymbol{p}_n$ 通常可以分解为垂直于面积元（即沿 $\boldsymbol{n}$ 方向）的法向应力 $\boldsymbol{p}_{nn}$ 和相切于面积元的切向应力 $\boldsymbol{p}_{n\tau}$，只有当 $\boldsymbol{p}_{n\tau}=0$ 时，$\boldsymbol{p}_n$ 才与 $\boldsymbol{n}$ 方向一致；其二，如图1.4.3所示，设面积元 ΔS 的法向为 $\boldsymbol{n}$，则 ΔS 右侧流体通过 ΔS 对左侧流体施加表面力 $\boldsymbol{p}_n\Delta S$，同时 ΔS 左侧流体通过 ΔS 也对其右侧流体施加表面力 $\boldsymbol{p}_{-n}\Delta S$，根据作用力与反作用力的关系有

$$\boldsymbol{p}_n\Delta S = -\,\boldsymbol{p}_{-n}\Delta S \quad\text{或}\quad \boldsymbol{p}_n = -\,\boldsymbol{p}_{-n}$$

1.4.3　流体中任一点的应力、应力张量

为研究一点处面积元上的表面力，在流体中以 M 点为顶点作微元四面体（图1.4.4），设 $MA = \Delta x, MB = \Delta y, MC = \Delta z, \Delta ABC$ 的法向单位矢量为 $\boldsymbol{n}$，且

$$\boldsymbol{n} = \boldsymbol{i}\cos(\boldsymbol{n},x) + \boldsymbol{j}\cos(\boldsymbol{n},y) + \boldsymbol{k}\cos(\boldsymbol{n},z) \quad\text{或}\quad \boldsymbol{n} = \boldsymbol{i}n_x + \boldsymbol{j}n_x + \boldsymbol{k}n_x$$

设 ΔABC 的面积为 ΔS，作用于其上的应力为 $\boldsymbol{p}_n$，$\Delta MBC, \Delta MCA, \Delta MAB$ 的面积分别为 $\Delta S_x = \Delta Sn_x, \Delta S_y = \Delta Sn_y, \Delta S_z = \Delta Sn_z$，它们的外法线方向的单位矢量分别为坐标轴单位矢量的负值，即 $-\boldsymbol{i}, -\boldsymbol{j}, -\boldsymbol{k}$，作用于其上的表面力分别为 $\boldsymbol{p}_{-x}, \boldsymbol{p}_{-y}, \boldsymbol{p}_{-z}$。令该四面体的质量为 Δm，根据达朗贝尔原理，作用于该四面体上的惯性力、质量力、表面力及这三种力的力矩应平衡，即

$$\Delta m\frac{\mathrm{D}\boldsymbol{V}}{\mathrm{D}t} = \boldsymbol{f}\Delta m + \boldsymbol{p}_n\Delta S + \boldsymbol{p}_{-x}\Delta S_x + \boldsymbol{p}_{-y}\Delta S_y + \boldsymbol{p}_{-z}\Delta S_z$$

上式也可以写为

$$0 = -\,\Delta m\frac{\mathrm{D}\boldsymbol{V}}{\mathrm{D}t} + \boldsymbol{f}\Delta m + \boldsymbol{p}_n\Delta S - \boldsymbol{p}_x\Delta Sn_x - \boldsymbol{p}_y\Delta Sn_y - \boldsymbol{p}_z\Delta Sn_z$$

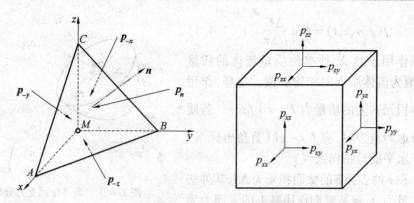

图 1.4.4 四面体的应力及应力张量分量

当该四面体向 M 点收缩时,包含 Δm 的项与体积成正比,为三阶小量,其余各项与面积成正比,为二阶小量。略去高阶小量,则上式可简写成

$$\boldsymbol{p_n} = n_x\boldsymbol{p_x} + n_y\boldsymbol{p_y} + n_z\boldsymbol{p_z} \ 或 \begin{cases} p_{nx} = n_x p_{xx} + n_y p_{yx} + n_z p_{zx} \\ p_{ny} = n_x p_{xy} + n_y p_{yy} + n_z p_{zy} \\ p_{nz} = n_x p_{xz} + n_y p_{yz} + n_z p_{zz} \end{cases}$$

可用矩阵形式表示上述关系,即

$$\boldsymbol{p_n} = \begin{bmatrix} p_{nx} & p_{ny} & p_{nz} \end{bmatrix} = \begin{bmatrix} n_x & n_y & n_z \end{bmatrix} \cdot \begin{bmatrix} p_{xx} & p_{xy} & p_{xz} \\ p_{yx} & p_{yy} & p_{yz} \\ p_{zx} & p_{zy} & p_{zz} \end{bmatrix} = \boldsymbol{n} \cdot \boldsymbol{P} \tag{1.4.5}$$

称 $\boldsymbol{P}$ 为应力张量,p_{xx},p_{yy},p_{zz} 为法向应力分量,其余六个量为切向应力分量。各分量中的第一个下标表示应力作用面的外法线方向,第二个下标表示应力投影方向。例如,p_{xy} 表示外法线沿 x 轴正向的面元上的应力 $\boldsymbol{p_x}$ 在 y 轴上投影分量。上式表明,作用于经过 M 点并具有任意方向 $\boldsymbol{n}$ 的微元 ΔS 上的应力,只有在作用于三个坐标平面上的面元上的应力 $\boldsymbol{p_x},\boldsymbol{p_y},\boldsymbol{p_z}$ 都为已知时才是确定的,并可由它们的各个投影(共九个量)线性表示出来。这九个量组成的应力张量 $\boldsymbol{P}$ 只是空间位置及时间的函数,且完全表达了给定点 M 及给定时刻的应力状态,一旦该时刻在该点的面积元确定(即该面积元的外法线单位矢量 $\boldsymbol{n}$ 确定),则该面积元上的应力 $\boldsymbol{p_n}$ 也就随之确定。虽然组成应力张量 $\boldsymbol{P}$ 的各分量的值依赖于坐标系的选择,但与矢量一样,张量 $\boldsymbol{P}$ 也是一个表示流体应力状态的物理量,它并不依赖于坐标系的选取。

如图 1.4.5 所示,由于微元四面体无限小,作用于各面上的表面力 $\boldsymbol{p_{-x}},\boldsymbol{p_{-y}},\boldsymbol{p_{-z}},\boldsymbol{p_n}$ 可认为是均布的,且作用点应取各表面的重心 G_1,G_2,G_3,G 处,而 G_1,G_2,G_3 又分别是 G 点在三个坐标面的投影,令 $\overrightarrow{MG_1} = \boldsymbol{r_1},\overrightarrow{MG_2} = \boldsymbol{r_2},\overrightarrow{MG_3} = \boldsymbol{r_3},\overrightarrow{MG} = \boldsymbol{r}$,则由合力矩为零(根据达朗贝尔原理且略去高阶小量如惯性力、质量力的力矩)得到

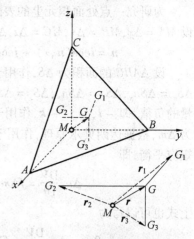

图 1.4.5 应力及其作用点

$$r \times p_n \Delta S = r_1 \times p_x \Delta S n_x + r_2 \times p_y \Delta S n_y + r_3 \times p_z \Delta S n_z$$

化简得到

$$r \times p_n = r_1 \times p_x n_x + r_2 \times p_y n_y + r_3 \times p_z n_z$$

由前述的 $p_n = n_x p_x + n_y p_y + n_z p_z$ 还可以写出

$$r \times p_n = r \times p_x n_x + r \times p_y n_y + r \times p_z n_z$$

两式相减,得

$$(r - r_1) \times p_x n_x + (r - r_2) \times p_y n_y + (r - r_3) \times p_z n_z = 0$$

根据几何关系有 $r - r_1 = xi, r - r_2 = yj, r - r_3 = zk$,上式又可写成

$$x n_x i \times p_x + y n_y j \times p_y + z n_z k \times p_z = 0$$

由于平面 $G_1 G_2 G_3$ // 平面 ABC,所以 n 也是平面 $G_1 G_2 G_3$ 的法线,即

$$n \cdot \overrightarrow{G_1 G_2} = n \cdot \overrightarrow{G_2 G_3} = n \cdot \overrightarrow{G_3 G_1} = 0$$

也可以写成

$$n \cdot (r_2 - r_1) = n \cdot (r_3 - r_2) = n \cdot (r_1 - r_3) = 0$$

即 $n \cdot r_1 = n \cdot r_2 = n \cdot r_3$,再由 $r_1 = r - xi, r_2 = r - yj, r_3 = r - zk$,得

$$n \cdot (r - xi) = n \cdot (r - yj) = n \cdot (r - zk)$$

即

$$n_x x = n_y y = n_z z$$

再将上式代入 $(r - r_1) \times p_x n_x + (r - r_2) \times p_y n_y + (r - r_3) \times p_z n_z = 0$ 中,得

$$i \times p_x + j \times p_y + k \times p_z = 0$$

展开后为

$$i \times (i p_{xx} + j p_{xy} + k p_{xz}) + j \times (i p_{yx} + j p_{yy} + k p_{yz}) + k \times (i p_{zx} + j p_{zy} + k p_{zz}) = 0$$

于是有

$$k(p_{xy} - p_{yx}) + j(p_{zx} - p_{xz}) + i(p_{yz} - p_{zy}) = 0$$

上式表明了应力张量的对称性,即它的九个分量中只有六个是独立的。

1.4.4　静止流体及无黏流体中的应力张量

由于静止流体不能承受切向应力(否则流体将产生运动),因此静止流体中必有切向应力等于零,流体作用面上只有法向应力作用,且

$$p_n = n_x p_x + n_y p_y + n_z p_z = n_x p_{xx} i + n_y p_{yy} j + n_z p_{zz} k$$

和

$$p_n = n p_{nn} = n_x p_{nn} i + n_y p_{nn} j + n_x p_{nn} k$$

成立。比较两式可有 $p_{xx} = p_{yy} = p_{zz} = p_{nn}$,即静止流体中一点处的应力与过该点所取作用面的空间方位无关,是各向同性的。又因为流体几乎不能承受拉力,所以静止流体中的法向应力只能指向流体表面的内法线方向,并将其绝对值定义为压强 p(又称为流体压力或热力学"压强"),即 $p_n = -pn$。这样,应力张量就为

$$P = -p \begin{bmatrix} 1 & 0 & 0 \\ 0 & 1 & 0 \\ 0 & 0 & 1 \end{bmatrix} = -pI \tag{1.4.6}$$

式中,I 为三阶单位矩阵或称二阶单位张量。

前面已经指出,实际流体都是有黏性的,但若黏度或流场中速度梯度很小以至于流体的黏性(切向)应力可以忽略不计时,可以近似地把黏性应力取为零,并称这种"虚构"的流体为无黏(或理想)流体。

1.4.5　应力张量与应变率之间的关系

广义上讲,反映物理性质之间的关系式统称为本构方程。在流体力学中,本构方程一般指应力张量与应变率张量之间的关系。式(1.2.2)给出的牛顿内摩擦定律表明,流体做任意层流直线运动时,两层流体间的切向应力与速度梯度成正比,即 $\tau = \mu \dfrac{\mathrm{d}u}{\mathrm{d}y}$,这就是最简单的应力张量分量 p_{yx} 与应变率张量 $\partial v_x / \partial y$ 之间的关系。

1848 年,斯托克斯采用理论推演方法得到了一般形式的应力张量 $\boldsymbol{P}$ 与应变率张量 $\boldsymbol{S}$ 之间的关系。假设:① 应力张量是应变率张量的线性函数;② 流体各向同性,即流体的性质与方向无关;③ 流体静止时应变率为零,流体中的应力就是流体的静压强。

由假设 ①,应力张量可写为 $\boldsymbol{P} = a\boldsymbol{S} + b\boldsymbol{I}$,$\boldsymbol{S}$ 的表达式已在前文给出,即

$$\boldsymbol{S} = \begin{bmatrix} \dfrac{\partial v_x}{\partial x} & \dfrac{1}{2}\left(\dfrac{\partial v_x}{\partial y} + \dfrac{\partial v_y}{\partial x}\right) & \dfrac{1}{2}\left(\dfrac{\partial v_x}{\partial z} + \dfrac{\partial v_z}{\partial x}\right) \\[2mm] \dfrac{1}{2}\left(\dfrac{\partial v_x}{\partial y} + \dfrac{\partial v_y}{\partial x}\right) & \dfrac{\partial v_y}{\partial y} & \dfrac{1}{2}\left(\dfrac{\partial v_y}{\partial z} + \dfrac{\partial v_z}{\partial y}\right) \\[2mm] \dfrac{1}{2}\left(\dfrac{\partial v_x}{\partial z} + \dfrac{\partial v_z}{\partial x}\right) & \dfrac{1}{2}\left(\dfrac{\partial v_y}{\partial z} + \dfrac{\partial v_z}{\partial y}\right) & \dfrac{\partial v_z}{\partial z} \end{bmatrix} = \begin{bmatrix} \varepsilon_{xx} & \varepsilon_{xy} & \varepsilon_{xz} \\ \varepsilon_{yx} & \varepsilon_{yy} & \varepsilon_{yz} \\ \varepsilon_{zx} & \varepsilon_{zy} & \varepsilon_{zz} \end{bmatrix}$$

由图 1.2.3 给出的简单剪切流动及牛顿内摩擦定律,可知有 $p_{yx} = \mu \dfrac{\partial v_x}{\partial y} = 2\mu \varepsilon_{yx}$ 成立,即 $a = 2\mu$,显然系数 a 与流体的物理特性有关,而与流体的具体流动状态无关。再考察一个一般的流动状态,上述各张量的对角线上的分量之和满足关系

$$p_{xx} + p_{yy} + p_{zz} = 2\mu(\varepsilon_{xx} + \varepsilon_{yy} + \varepsilon_{zz}) + 3b = 2\mu \, \nabla \cdot \boldsymbol{V} + 3b$$

可有

$$b = \frac{1}{3}(p_{xx} + p_{yy} + p_{zz}) - \frac{2}{3}\mu \, \nabla \cdot \boldsymbol{V}$$

则应力张量 $\boldsymbol{P}$ 可写成

$$\boldsymbol{P} = 2\mu\boldsymbol{S} + \left\{\frac{1}{3}(p_{xx} + p_{yy} + p_{zz}) - \frac{2}{3}\mu \, \nabla \cdot \boldsymbol{V}\right\}\boldsymbol{I}$$

考虑到假设 ③,有 $\boldsymbol{P} = -p\boldsymbol{I}$ 和 $\boldsymbol{S} = 0$,可知在 $\dfrac{1}{3}(p_{xx} + p_{yy} + p_{zz})$ 中应包含 $-p$ 项,而且由于 $p_{xx} + p_{yy} + p_{zz}$ 是应力张量的一个不变量,根据各向同性的假设 ②,它也应该与应变率张量的不变量 $\varepsilon_{xx} + \varepsilon_{yy} + \varepsilon_{zz} = \nabla \cdot \boldsymbol{V}$ 有关,因此

$$\frac{1}{3}(p_{xx} + p_{yy} + p_{zz}) = -p + \mu' \, \nabla \cdot \boldsymbol{V}$$

整理可得

$$\boldsymbol{P} = 2\mu\boldsymbol{S} + \left\{-p + \left(\mu' - \frac{2}{3}\mu\right) \nabla \cdot \boldsymbol{V}\right\}\boldsymbol{I}$$

若定义 $\lambda = \mu' - \dfrac{2}{3}\mu$,则有

$$\boldsymbol{P} = 2\mu\boldsymbol{S} + (-p + \lambda\,\nabla\cdot\boldsymbol{V})\boldsymbol{I}$$

这就是广义牛顿应力公式。

为了了解 λ 的意义,定义运动状态下某点的平均压力(称力学压强)p_{m} 为

$$p_{\mathrm{m}} = -\frac{1}{3}(p_{xx} + p_{yy} + p_{zz}) = p - \mu'\,\nabla\cdot\boldsymbol{V} = p - \left(\lambda + \frac{2}{3}\mu\right)\nabla\cdot\boldsymbol{V}$$

可见,静止流体或不可压缩流体($\nabla\cdot\boldsymbol{V} = 0$)中的力学压强 p_{m} 等于热力学压强 p;对于可压缩流体($\nabla\cdot\boldsymbol{V} \neq 0$),力学压强不等于热力学压强,且 λ 出现在与 $\nabla\cdot\boldsymbol{V}$ 有关的项中。因此,λ 称为体积黏度或第二黏度,它的微观机理与体积变化时的能量耗散机制有关。为了消除 $p_{\mathrm{m}} \neq p$ 的情况,斯托克斯假设 $\mu' = 0$ 即 $\lambda = -\dfrac{2}{3}\mu$。实验结果表明,尽管对于多数流体 λ 为正值,但在一般情况下,当 $\nabla\cdot\boldsymbol{V}$ 不是很大时,λ 值也不会带来较大影响。这样便有

$$\boldsymbol{P} = 2\mu\boldsymbol{S} - \left(p + \frac{2}{3}\mu\,\nabla\cdot\boldsymbol{V}\right)\boldsymbol{I}$$

或

$$\boldsymbol{P} = -p\boldsymbol{I} + \mu\left[2\boldsymbol{S} - \frac{2}{3}(\nabla\cdot\boldsymbol{V})\boldsymbol{I}\right] \tag{1.4.7}$$

可用矩阵形式表示,即

$$
\begin{bmatrix}
p_{xx} & p_{xy} & p_{xz} \\
p_{yx} & p_{yy} & p_{yz} \\
p_{zx} & p_{zy} & p_{zz}
\end{bmatrix}
=
$$

$$
\begin{bmatrix}
-p + 2\mu\dfrac{\partial v_x}{\partial x} - \dfrac{2\mu}{3}\nabla\cdot\boldsymbol{V} & \mu\left(\dfrac{\partial v_x}{\partial y} + \dfrac{\partial v_y}{\partial x}\right) & \mu\left(\dfrac{\partial v_z}{\partial x} + \dfrac{\partial v_x}{\partial z}\right) \\[3mm]
\mu\left(\dfrac{\partial v_x}{\partial y} + \dfrac{\partial v_y}{\partial x}\right) & -p + 2\mu\dfrac{\partial v_y}{\partial y} - \dfrac{2\mu}{3}\nabla\cdot\boldsymbol{V} & \mu\left(\dfrac{\partial v_y}{\partial z} + \dfrac{\partial v_z}{\partial y}\right) \\[3mm]
\mu\left(\dfrac{\partial v_z}{\partial x} + \dfrac{\partial v_x}{\partial z}\right) & \mu\left(\dfrac{\partial v_y}{\partial z} + \dfrac{\partial v_z}{\partial y}\right) & -p + 2\mu\dfrac{\partial v_z}{\partial z} - \dfrac{2\mu}{3}\nabla\cdot\boldsymbol{V}
\end{bmatrix}
$$

上式的适用范围很宽,即使是在高超声速情况下,只要不处理激波内部速度急剧变化的问题,它也是适用的。满足广义牛顿应力公式的流体统称为牛顿流体,否则称为非牛顿流体。

此外,还可以看出,应力张量的法向应力分量是由两部分组成的:一部分是与流体微团变形无关的压力或力学压强 p;另一部分则与微团线变形率成正比。

1.5 描述流体运动的方法和基本概念

1.5.1 描述流体运动的两种方法

在流体力学中,通常采用两种方法描述流体的运动。① 拉格朗日法。以流场中个别

质点的运动作为研究的出发点,从而进一步研究整个流体的运动,它强调的是质点运动的整个历史过程。② 欧拉法。不着眼于研究个别质点的运动特性,而是以流体流过空间某点时的运动特性作为研究的出发点,从而研究流体在整个空间(即流场)内的运动情况,它强调的是流场中各固定空间点上流体物理量的空间分布及其随时间变化。在一般情况下,某固定空间点在不同时刻是由不同流体质点占据的,体现的物理量也是不同质点所具有的物理量,但欧拉法并不关心该空间点上的物理量究竟是属于哪个质点的。

下面举一个例子来说明拉格朗日法与欧拉法的区别。对于交通警察来说,他关注的是那些违反交通法规(如超速、超载、醉驾)的车辆,因此必然严格检查、追踪这些车辆,尤其是那些肇事后逃逸的车辆,这就类似于研究个别流体质点运动过程的拉格朗日法。而对于某段高速路的交通管理人员来说,他更关心不同时间段内这段高速路的车流情况,尽量避免发生交通堵塞,并不关心这些车辆来自何方、去往哪里,也不关心不同时间段内究竟是哪些车辆行进在这段高速路内,这就类似于研究某个固定空间内的流体运动随时间变化情况的欧拉法。

在实际问题研究中,研究者通常只对某确定空间(流场)内的流体物理量的场更感兴趣,而不必了解该流场内各空间点上的不同流体质点的整个运动"历史",而且跟踪无限多的质点,并去描述它们中的每一个的运动历程往往会遇到数学上的困难,一般很少使用(通常在研究流体的波动、振动等问题时采用)。因此,欧拉法更为适用。

1. 拉格朗日坐标及欧拉坐标

拉格朗日法通过研究每个运动的流体质点的各个物理量(如速度、密度等)随时间变化以及相邻质点间这些物理量的变化特征,在综合全部质点运动情况的基础上,得到整个流体的运动情况。既然要研究某个确定的质点的运动,首先要对这个质点进行标识,比如用一组数(a_i, b_i, c_i)来表征之,并称这组数为拉格朗日坐标或随体坐标。拉格朗日坐标通常以某初始时刻(如$t = t_0$时刻),该质点的位置坐标如(x'_i, y'_i, z'_i)来表示。为简单起见,这里定义了一个直角坐标系(x', y', z'),用于研究流体质点空间运动的整个历史过程。显然,不同质点的拉格朗日坐标不同(每一时刻、每一质点占据唯一确定的空间位置),但是不管某质点何时运动至何处,它的拉格朗日坐标始终不变。

欧拉法通过研究空间固定点上流体的各种物理量随时间变化以及相邻的空间点上这些物理量的变化特征,从而得到某确定空间内的整个流体的运动情况。为了确定某一质点在不同时刻运动到该空间的某个位置,需要选择一个固定于该空间的坐标系。为简单起见,也采用直角坐标系(x, y, z),则某质点某时刻所处位置可用(x_i, y_i, z_i)这组坐标表示。根据连续介质模型,流体质点连续地充满流体所占据的空间,因此可认为质点与空间点,从而也与这组坐标是一一对应的。称这组坐标为欧拉坐标。显然,同一时刻不同流体质点位于不同的空间位置或者说具有不同的欧拉坐标,而它们于初始时刻又分别在不同的空间位置或者说具有不同的拉格朗日坐标。如果坐标系(x', y', z')与(x, y, z)是重合的,那么某流体质点在初始时刻的拉格朗日坐标与欧拉坐标就是相同的。随时间变化,该流体质点的拉格朗日坐标始终是不变的,而欧拉坐标则是随其运动而变化的。因此,拉格朗日坐标与欧拉坐标既不同又相关。

2. 拉格朗日描述

设某流体质点的拉格朗日坐标为 (a_i, b_i, c_i)，则其在初始时刻 t_0 的拉格朗日描述为

$$x'_i = a_i, y'_i = b_i, z'_i = c_i \text{ 或 } \boldsymbol{r}'_i = \boldsymbol{r}'_i(a_i, b_i, c_i, t_0) = \boldsymbol{i}a_i + \boldsymbol{j}b_i + \boldsymbol{k}c_i$$

而在其后任意时刻 t 所处空间位置的拉格朗日描述为

$$x'_i = x'_i(a_i, b_i, c_i, t), y'_i = y'_i(a_i, b_i, c_i, t), z'_i = z'_i(a_i, b_i, c_i, t)$$

或

$$\boldsymbol{r}'_i = \boldsymbol{r}'_i(a_i, b_i, c_i, t) = \boldsymbol{i}x'_i + \boldsymbol{j}y'_i + \boldsymbol{k}z'_i$$

式中，$\boldsymbol{r}'_i$ 表示质点位置的矢径。如果用上述公式表示所有质点在任意时刻的空间位置，只需去掉角标"i"。当 a, b, c 固定不变时，代表某个确定质点的运动轨迹；当 t 固定时，代表 t 时刻各质点所处的空间位置。因此，拉格朗日坐标组 (a, b, c) 和时间 t 都是自变量。

设 f 为流体质点的某一物理量，且为拉格朗日坐标组 (a, b, c) 和时间 t 的函数，其拉格朗日描述的数学表达为 $f = f(a, b, c, t)$，如压力 $p = p(a, b, c, t)$。质点速度的拉格朗日描述为

$$\boldsymbol{V}(a, b, c, t) = \lim_{\Delta t \to 0} \frac{\boldsymbol{r}'(a, b, c, t + \Delta t) - \boldsymbol{r}'(a, b, c, t)}{\Delta t} = \frac{\partial \boldsymbol{r}'(a, b, c, t)}{\partial t} \quad (1.5.1)$$

或表示为分量形式

$$\begin{cases} v_{x'}(a, b, c, t) = \dfrac{\partial x'(a, b, c, t)}{\partial t} \\[2mm] v_{y'}(a, b, c, t) = \dfrac{\partial y'(a, b, c, t)}{\partial t} \\[2mm] v_{z'}(a, b, c, t) = \dfrac{\partial z'(a, b, c, t)}{\partial t} \end{cases}$$

质点加速度的拉格朗日描述为

$$\boldsymbol{a}(a, b, c, t) = \lim_{\Delta t \to 0} \frac{\boldsymbol{V}(a, b, c, t + \Delta t) - \boldsymbol{V}(a, b, c, t)}{\Delta t} = \frac{\partial \boldsymbol{V}}{\partial t} = \frac{\partial^2 \boldsymbol{r}'}{\partial t^2} \quad (1.5.2)$$

3. 欧拉描述

欧拉法认为流体的物理量随空间位置及时间的变化，可以表述为欧拉坐标及时间的函数。从数学分析知道，当某时刻某物理量在空间每一点的数值，或者说某时刻该物理量的空间分布确定时，就意味着该物理量在这个空间形成了一个场，因此欧拉描述实际上是描述了一个个不同的物理量的场，从而使得应用数学中场论的概念和研究方法来分析流体力学问题成为很自然的事。应该强调的是，所谓流场是指由连续运动的流体质点所占据的空间，而流场中固定空间点上的物理量是指某时刻占据该空间点的流体质点的物理量。假想一个拉格朗日坐标为 (a_1, b_1, c_1) 的流体质点从某初始时刻 $t = t_0$ 开始运动，其轨迹取决于它的运动参数，由于欧拉坐标标识的是流体质点在不同时刻运动到流场中的某个位置，那么欧拉坐标显然只能取在它的运动轨迹上，而不能任意选取，即坐标 (x_1, y_1, z_1) 是时间 t 的函数。如果研究所有流体质点的运动情况，某一时刻、某个固定空间点的欧拉坐标与此时刻占据该点的流体质点的拉格朗日坐标有关，而在另一时刻，它又与占据该点的另一个质点的拉格朗日坐标有关，即欧拉坐标是质点的拉格朗日坐标及时间 t 的

函数,而且必须取在运动的流体质点所占据的空间,即流场中。

若以 f 表示流场中某空间点上的一个流体物理量,其欧拉描述的数学表达为

$$f = F(x,y,z,t) \text{ 或 } f = F[x(a,b,c,t),y(a,b,c,t),z(a,b,c,t),t]$$

如压力、速度可表示为 $p = p(x,y,z,t)$,$\boldsymbol{V} = \boldsymbol{V}(x,y,z,t)$。在欧拉法中,若某一流体物理量 f 在流场中所有点上的数值都不随时间变化,称该流场为定常流场,即 $\partial f / \partial t = 0$。

1.5.2 随体导数

流体质点物理量随时间的变化率称为随体导数或质点导数,它意味着跟随质点运动时观测到的质点物理量的时间变化率。按拉格朗日描述,质点某一物理量 $f = f(a,b,c,t)$ 的随体导数就是 f 对时间的偏导数,即 $\partial f / \partial t$,如 $\boldsymbol{a}(a,b,c,t) = \dfrac{\partial \boldsymbol{V}(a,b,c,t)}{\partial t}$。按欧拉描述,物理量 $f = F(x,y,z,t)$ 或 $f = F[x(a,b,c,t),y(a,b,c,t),z(a,b,c,t),t]$,根据复合函数求导法则可有

$$\frac{\mathrm{D}F}{\mathrm{D}t} = \frac{\partial F}{\partial x}\frac{\partial x}{\partial t} + \frac{\partial F}{\partial y}\frac{\partial y}{\partial t} + \frac{\partial F}{\partial z}\frac{\partial z}{\partial t} + \frac{\partial F}{\partial t}\frac{\partial t}{\partial t}$$

由前述可知,欧拉坐标是流体质点在不同时刻运动到流场中的某个位置时的标识,设某一质点在 δt 时刻内的位置矢径之差为 $\Delta \boldsymbol{r} = \boldsymbol{i}\Delta x + \boldsymbol{j}\Delta y + \boldsymbol{k}\Delta z$,由于当 $\Delta t \to 0$ 时,$\Delta \boldsymbol{r} \to 0$,$\Delta \boldsymbol{r}$ 的方向就趋于 t 时刻位于 (x,y,z) 处的某质点速度矢量 $\boldsymbol{V}$ 的方向,则有

$$\frac{\partial x}{\partial t} = \lim_{\Delta t \to 0}\frac{\Delta x}{\Delta t} = \lim_{\Delta t \to 0}\frac{x(a,b,c,t+\Delta t) - x(a,b,c,t)}{\Delta t} = v_x, \frac{\partial y}{\partial t} = v_y, \frac{\partial z}{\partial t} = v_z$$

即 $\partial x / \partial t, \partial y / \partial t, \partial z / \partial t$ 等于流体质点在空间固定点 (x,y,z) 处的速度分量,也可以直接说是空间固定点 (x,y,z) 处的速度分量,从而实现了这样的目的:按照拉格朗日法分析流体质点的空间运动,但使用欧拉法中的变量。在流体力学研究中,通常采用拉格朗日的观点分析问题,而应用欧拉的方法处理问题。最后可得

$$\frac{\mathrm{D}F}{\mathrm{D}t} = \frac{\partial F}{\partial t} + v_x\frac{\partial F}{\partial x} + v_y\frac{\partial F}{\partial y} + v_z\frac{\partial F}{\partial z} = \frac{\partial F}{\partial t} + (\boldsymbol{V}\cdot\nabla)F \tag{1.5.3}$$

式中,$\mathrm{D}F/\mathrm{D}t$ 表示随体导数,而方程右端是其欧拉描述的数学表达。式(1.5.3)中右端的 $\partial F/\partial t$ 项表示 x,y,z 不变时,在该空间点上的物理量随时间变化率,称局部或当地导数,它是由物理量的非定常性导致的;$(\boldsymbol{V}\cdot\nabla)F$ 项称为迁移导数,表示在有梯度 ∇F 的非均匀 f 场中,由空间位置变化引起的物理量变化率。迁移导数可以这样理解,由于 f 是质点的物理量,δt 时刻内随质点运动到不同空间位置时有可能发生变化,而梯度 ∇F 则为空间固定点 (x,y,z) 处的 f 沿最大变化率方向的变化率数值,则 $\dfrac{\boldsymbol{V}}{|\boldsymbol{V}|}\cdot\nabla F$ 等于最大变化率在质点运动方向的投影,或沿 $\boldsymbol{V}$ 方向的变化率,Δt 时刻质点的运动距离近似为 $|\boldsymbol{V}|\Delta t$,二者之积 $\boldsymbol{V}\cdot\nabla F\Delta t$ 就是在该段距离内的 f 的变化量,则 $(\boldsymbol{V}\cdot\nabla)F$ 表示物理量 f 沿质点运动方向的随时间变化率。显然,当 ① $\boldsymbol{V} = 0$,即流体静止;② f 为均匀场,即 $\nabla F = 0$;③ $\boldsymbol{V} \perp \nabla F$,即流体质点在等 F 面运动时,$(\boldsymbol{V}\cdot\nabla)F = 0$。

以图 1.5.1 给出的简化模型进一步说明随体导数的概念。设有一串刚体小球,小球

之间由忽略质量的弹簧相连,构成弹性连续介质简化模型。再取空间一段虚拟管道(即流场),观察管道中不同固定点处的小球运动状态。

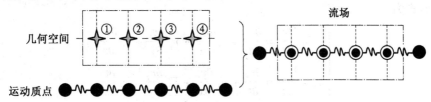

图 1.5.1　随体导数的简化模型

假想第一种情形,当小球均处于静止状态时,同时给所有小球施加相同的瞬态力,从拉格朗日角度看,小球瞬时启动做相同的加速运动,然后保持匀速运动,即 $\dfrac{\mathrm{D}V}{\mathrm{D}t} \neq 0$。从欧拉角度观察,流场中某固定点处的小球突然做加速运动,构成一个非定常流场,$\partial V/\partial t$ 表示位于固定点处的流体质点速度因流动的非定常性引起的随时间变化率,但由于所有质点均做相同的运动,所以不同空间位置处的质点速度均相同,即 $\nabla V = 0$。

假想第二种情形,对这串小球中的每个小球施加不同的、随时间变化的力,使这些小球在流场内沿某种轨迹做不同的变速运动,但经过某一固定空间位置时,每个小球的速度都是相同的。从拉格朗日的角度看,有 $\dfrac{\mathrm{D}V}{\mathrm{D}t} \neq 0$。从欧拉的角度观察,尽管不同时刻占据流场中某固定点的质点是不同的,但该固定点处的质点运动速度却是不随时间变化的,观察者看到的是一个定常流场,即 $\dfrac{\partial V}{\partial t} = 0$。然而,由于流场中某固定点处的速度、加速度指的是位于该固定点处的流体质点的数值,而流体质点又是经过加速运动到达这一固定点处的,因此该固定点处是有加速度值的。取流场中相距 $|\Delta l|$ 曲线弧长的邻近两点 A,B,若小球在 A 点处速度为 V,经过 $\Delta t = \dfrac{|\Delta l|}{|V|}$ 时间后小球到达 B 点,若令小球在 A,B 两点处的速度差为 ΔV,则 $\Delta t \to 0$,即 A,B 点趋于重合时,小球在 A 点的速度随时间变化率(即加速度)可表述为

$$\lim_{\Delta t \to 0} \frac{\Delta V}{\Delta t} = \lim_{\Delta t \to 0} \frac{\Delta V}{|\Delta l| / |V|} = |V| \lim_{\Delta t \to 0} \frac{\Delta V}{|\Delta l|} = |V| \frac{\partial V}{\partial l}$$

$\partial V/\partial l$ 又被称为方向导数,由复合函数求导法则并引用梯度概念,可有

$$\frac{\partial V}{\partial l} = \frac{\partial V}{\partial x}\frac{\mathrm{d}x}{\mathrm{d}l} + \frac{\partial V}{\partial y}\frac{\mathrm{d}y}{\mathrm{d}l} + \frac{\partial V}{\partial z}\frac{\mathrm{d}z}{\mathrm{d}l} = n_l \cdot \nabla V$$

式中,n_l 为曲线段矢量 Δl 方向的单位矢量,也是小球运动速度方向的单位矢量,则

$$|V| \frac{\partial V}{\partial l} = |V| \, n_l \cdot \nabla V = V \cdot \nabla V$$

在上述两种假想情形的基础上,构造具有一般性的第三种情形,在流场中的某个固定点处,对经过该点的某个小球施加一个额外的瞬态力,则小球速度势必发生突然变化,即出现 $\dfrac{\partial V}{\partial t} \neq 0$ 项。因此,在一般情况下,流体质点流过空间某点时的加速度可表述为

$$a = \frac{DV}{Dt} = \frac{\partial V}{\partial t} + (V \cdot \nabla) V \qquad (1.5.4)$$

其分量形式为

$$\begin{cases} a_x = \dfrac{Dv_x}{Dt} = \dfrac{\partial v_x}{\partial t} + v_x \dfrac{\partial v_x}{\partial x} + v_y \dfrac{\partial v_x}{\partial y} + v_z \dfrac{\partial v_x}{\partial z} \\[2mm] a_y = \dfrac{Dv_y}{Dt} = \dfrac{\partial v_y}{\partial t} + v_x \dfrac{\partial v_y}{\partial x} + V_y \dfrac{\partial v_y}{\partial y} + v_z \dfrac{\partial v_y}{\partial z} \\[2mm] a_z = \dfrac{Dv_z}{Dt} = \dfrac{\partial v_z}{\partial t} + v_x \dfrac{\partial v_z}{\partial x} + v_y \dfrac{\partial v_z}{\partial y} + v_z \dfrac{\partial v_z}{\partial z} \end{cases}$$

此外,由于弹性介质中扰动的传播作用,位于其他固定点处的小球的速度也将在其后的时间内发生相应的非定常变化,具体变化过程与扰动传播速度有关。

一个更为直观的例子可以用来说明上述讨论。例如,观察者站在河边观察流经一段不规则河道的水流运动,由于河道的不规则,不同位置处的水流速度不同,但这段河道内水的流动情况却是不随时间变化的,这就是一种定常流动状况。如果向水中某位置处扔块石子,则该位置处的水流速度因石子扰动而发生变化,而且这种扰动还将以水面上涟漪的形式传播至其他空间位置处,使得其他地方的水流速度也发生或变大或变小的变化,这时的流动就是非定常的了。

总之,任何流体质点的物理量(标量或矢量),其随体导数的欧拉描述的数学表达形式都类似于式(1.5.3)或式(1.5.4),即

$$\frac{D}{Dt} = \frac{\partial}{\partial t} + (V \cdot \nabla) \qquad (1.5.5)$$

由于圆柱坐标系(r, θ, z)中的哈密顿算子$\nabla = e_r \dfrac{\partial}{\partial r} + e_\theta \dfrac{1}{r} \dfrac{\partial}{\partial \theta} + e_z \dfrac{\partial}{\partial z}$,并考虑到

$\dfrac{\partial e_r}{\partial \theta} = e_\theta, \dfrac{\partial e_\theta}{\partial \theta} = - e_r$,因此

$$(V \cdot \nabla) V = \left[(e_r v_r + e_\theta v_\theta + e_z v_z) \cdot \left(e_r \frac{\partial}{\partial r} + e_\theta \frac{1}{r} \frac{\partial}{\partial \theta} + e_z \frac{\partial}{\partial z} \right) \right] (e_r v_r + e_\theta v_\theta + e_z v_z) =$$

$$\left(v_r \frac{\partial}{\partial r} + \frac{v_\theta}{r} \frac{\partial}{\partial \theta} + v_z \frac{\partial}{\partial z} \right) (e_r v_r + e_\theta v_\theta + e_z v_z) =$$

$$v_r \frac{\partial (e_r v_r)}{\partial r} + \frac{v_\theta}{r} \frac{\partial (e_r v_r)}{\partial \theta} + v_z \frac{\partial (e_r v_r)}{\partial z} + v_r \frac{\partial (e_\theta v_\theta)}{\partial r} + \frac{v_\theta}{r} \frac{\partial (e_\theta v_\theta)}{\partial \theta} +$$

$$v_z \frac{\partial (e_\theta v_\theta)}{\partial z} + v_r \frac{\partial (e_z v_z)}{\partial r} + \frac{v_\theta}{r} \frac{\partial (e_z v_z)}{\partial \theta} + v_z \frac{\partial (e_z v_z)}{\partial z} =$$

$$e_r \left(v_r \frac{\partial v_r}{\partial r} + \frac{v_\theta}{r} \frac{\partial v_r}{\partial \theta} + v_z \frac{\partial v_r}{\partial z} - \frac{v_\theta^2}{r} \right) + e_\theta \left(v_r \frac{\partial v_\theta}{\partial r} + \frac{v_\theta}{r} \frac{\partial v_\theta}{\partial \theta} + v_z \frac{\partial v_\theta}{\partial z} + \frac{v_r v_\theta}{r} \right) +$$

$$e_z \left(v_r \frac{\partial v_z}{\partial r} + \frac{v_\theta}{r} \frac{\partial v_z}{\partial \theta} + v_z \frac{\partial v_z}{\partial z} \right)$$

于是,圆柱坐标系下流体质点的加速度公式可写为

$$\begin{cases} a_r = \left(\dfrac{\mathrm{D}\boldsymbol{V}}{\mathrm{D}t}\right)_r = \dfrac{\partial v_r}{\partial t} + v_r \dfrac{\partial v_r}{\partial r} + \dfrac{v_\theta}{r} \dfrac{\partial v_r}{\partial \theta} + v_z \dfrac{\partial v_r}{\partial z} - \dfrac{v_\theta^2}{r} = \dfrac{\mathrm{D}v_r}{\mathrm{D}t} - \dfrac{v_\theta^2}{r} \\[2mm] a_\theta = \left(\dfrac{\mathrm{D}\boldsymbol{V}}{\mathrm{D}t}\right)_\theta = \dfrac{\partial v_\theta}{\partial t} + v_r \dfrac{\partial v_\theta}{\partial r} + \dfrac{v_\theta}{r} \dfrac{\partial v_\theta}{\partial \theta} + v_z \dfrac{\partial v_\theta}{\partial z} + \dfrac{v_r v_\theta}{r} = \dfrac{\mathrm{D}v_\theta}{\mathrm{D}t} + \dfrac{v_r v_\theta}{r} \\[2mm] a_z = \left(\dfrac{\mathrm{D}\boldsymbol{V}}{\mathrm{D}t}\right)_z = \dfrac{\partial v_z}{\partial t} + v_r \dfrac{\partial v_z}{\partial r} + \dfrac{v_\theta}{r} \dfrac{\partial v_z}{\partial \theta} + v_z \dfrac{\partial v_z}{\partial z} = \dfrac{\mathrm{D}v_z}{\mathrm{D}t} \end{cases} \quad (1.5.6)$$

从式(1.5.6)可以看出,径向加速度 a_r 由两项组成:一项是 $\mathrm{D}v_r/\mathrm{D}t$,它是径向速度分量 v_r 随时间的变化率;另一项为 v_θ^2/r,它表示流体质点做圆周运动时所产生的向心加速度,该加速度指向转动中心,与 r 方向相反,故前面有一个负号。周向加速度 a_θ 也由两项组成:一项是 $\mathrm{D}v_\theta/\mathrm{D}t$,它是周向速度分量 v_θ 随时间的变化率;另一项为 $v_r v_\theta/r$,它是由于流体质点以周向速度分量 v_θ 做圆周运动时,径向分速度 v_r 因圆周运动而时刻改变其方向,使得流体质点沿周向产生附加的加速度 $v_r v_\theta/r$。而轴向加速度 a_z 与直角坐标系中的 z 轴方向加速度分量的表达式相同,这是因为这两个轴重合了的缘故。

1.5.3　系统与控制体

流体作为物质的一种运动形态,必须遵循自然界关于物质运动的一些普遍规律,如质量守恒原理、牛顿第二定律、能量守恒原理等,将这些普遍定律应用于流体运动这类物理现象,就可以得到联系诸流动参数之间的关系式,即流体动力学基本方程。

但是,质量守恒原理、牛顿第二定律、能量守恒原理的原始形式都是针对"系统"写出来的,而对于许多实际流体力学问题,采用"控制体"的概念却方便得多。

1. 系统

如图 1.5.2 所示,系统是指由确定的流体质点组成的流体团。系统以外的环境称为外界,分隔系统与外界的真实或假想界面称为系统的边界。系统的特点是:系统的边界随流体一起运动,其形状、所围空间大小可以随时间变化,但属于系统的质点始终包含其内;系统与外界无质量交换,但通过边界可以有力的相互作用及能量(热、功)的交换。

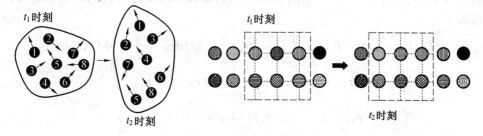

图 1.5.2　系统和控制体

应该指出,只有定义了严格而明确的系统之后,质量、力、热、功等概念才有确切的含义。例如,牛顿第二定律 $\boldsymbol{F} = m\boldsymbol{a}$ 就是应用于系统的, $\boldsymbol{F}$ 指作用于系统上的合力, m 指系统的质量, $\boldsymbol{a}$ 指系统的质心加速度。显然,使用系统研究连续介质的流动,就意味着采用拉格朗日观点,即以确定的流体质点所组成的流体集群作为研究对象。

对于多数的流体力学实际问题,研究者往往对各个流体质点在不同时刻所占据的空间位置,以及它们所具有的诸物理量的值不感兴趣,而是对流体流过坐标系中某些固定位置时的情况,例如,在飞行器运动过程中,其表面附近区域不同位置处的流体物理量分布情况更感兴趣,即应用欧拉的观点研究流体力学问题。与之对应,需要引入控制体概念。

2. 控制体

控制体是指在流体所流过的空间内,以真实或假想边界包围、固定不动、形状任意的空间体积(可运动或变形的控制体在此不作介绍)。包围这个空间体积的固定的封闭边界面称为控制面。控制体的特点是:控制体的形状、大小不变,相对于某坐标系固定不动,而控制体内的流体质点组成并非不变;控制体可以通过控制面与外界有质量及能量交换、力的相互作用。

显然,要用欧拉的观点研究流体流过控制体时参数的变化规律,必须把针对系统所建立的物理定律的数学表达式改写为适合控制体形式的数学描述,这就是雷诺输运定理的内容。

1.5.4　雷诺输运定理

设在 t 时刻的流场中,单位体积流体的物理量分布函数为 $\Phi(\boldsymbol{r},t)$,则流体域 τ_0 内流体的总物理量 $I = \iiint_{\tau_0} \Phi(\boldsymbol{r},t)\mathrm{d}\tau_0$。当 $\Phi(\boldsymbol{r},t)$ 为 $\rho, \rho\boldsymbol{V}, \rho(\boldsymbol{r}\times\boldsymbol{V}), \rho\left(e+\dfrac{V^2}{2}\right)$ 时,I 分别代表系统的质量、动量、动量矩及总能量。I 对时间的变化率即 $\dfrac{\mathrm{D}I}{\mathrm{D}t} = \dfrac{\mathrm{D}}{\mathrm{D}t}\iiint_{\tau_0}\Phi\mathrm{d}\tau_0$ 称为系统导数。显然,在计算该积分对时间的导数时,需要考虑被积函数 Φ 随时间的变化及流动域体积 τ 本身的变化,即 $I(t) = \iiint_{\tau_0(t)}\Phi(\boldsymbol{r},t)\mathrm{d}\tau_0$。

如图 1.5.3 所示,设 t 时刻在流体中取一系统体积 $\tau_0(t)$,其周界面为 $S_0(t)$;$t+\Delta t$ 时刻,该体积移动至另一位置且变为 $\tau_0(t+\Delta t)$,$S_0(t+\Delta t)$。定义控制体体积及其周界面为 τ, S,且有 $\tau = \tau_0(t)$,$S = S_0(t)$。由图 1.5.3 可知,系统总物理量 I 在 Δt 时间间隔内的变化量可表示为

$$\Delta I = I(t+\Delta t) - I(t) = \iiint_{\tau_0(t+\Delta t)}\Phi(\boldsymbol{r},t+\Delta t)\mathrm{d}\tau_0 - \iiint_{\tau_0(t)}\Phi(\boldsymbol{r},t)\mathrm{d}\tau_0 =$$

$$\iiint_{\tau_{01}+\tau_{02}}\Phi(\boldsymbol{r},t+\Delta t)\mathrm{d}\tau_0 - \iiint_{\tau_{02}+\tau_{03}}\Phi(\boldsymbol{r},t)\mathrm{d}\tau_0 =$$

$$\iiint_{\tau_{02}}\left[\Phi(\boldsymbol{r},t+\Delta t) - \Phi(\boldsymbol{r},t)\right]\mathrm{d}\tau_0 +$$

$$\iiint_{\tau_{01}}\Phi(\boldsymbol{r},t+\Delta t)\mathrm{d}\tau_0 - \iiint_{\tau_{03}}\Phi(\boldsymbol{r},t)\mathrm{d}\tau_0$$

由系统导数定义可知

$$\frac{\mathrm{D}I(t)}{\mathrm{D}t} = \lim_{\Delta t\to 0}\frac{\Delta I}{\Delta t} = \lim_{\Delta t\to 0}\frac{\iiint_{\tau_{02}}\left[\Phi(\boldsymbol{r},t+\Delta t) - \Phi(\boldsymbol{r},t)\right]\mathrm{d}\tau_0}{\Delta t} +$$

$$\lim_{\Delta t \to 0} \frac{\iiint_{\tau_{01}} \Phi(\boldsymbol{r}, t + \Delta t) \mathrm{d}\tau_0}{\Delta t} - \lim_{\Delta t \to 0} \frac{\iiint_{\tau_{03}} \Phi(\boldsymbol{r}, t) \mathrm{d}\tau_0}{\Delta t} \tag{1.5.7}$$

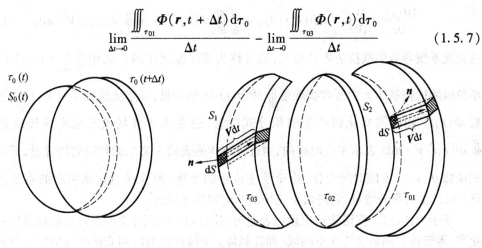

图 1.5.3　雷诺输运定理

由微分中值定理可知

$$\Phi(\boldsymbol{r}, t + \Delta t) - \Phi(\boldsymbol{r}, t) = \Delta t \left(\frac{\partial \Phi}{\partial t}\right)_{t + \theta \Delta t}, 0 \leqslant \theta \leqslant 1$$

此外,此时有 $\tau_{02} \to \tau_0(t) = \tau$,而控制体不随时间变化,则式(1.5.7)中等号右端第一项可写为

$$\lim_{\Delta t \to 0} \frac{\iiint_{\tau_{02}} \left[\Phi(\boldsymbol{r}, t + \Delta t) - \Phi(\boldsymbol{r}, t)\right] \mathrm{d}\tau_0}{\Delta t} = \iiint_{\tau} \frac{\partial \Phi(\boldsymbol{r}, t)}{\partial t} \mathrm{d}\tau = \frac{\partial}{\partial t} \iiint_{\tau} \Phi(\boldsymbol{r}, t) \mathrm{d}\tau$$

若以 $\mathrm{d}S$ 表示控制体的 S_1, S_2 面上的某一微元面积,设其外法线方向单位矢量为 $\boldsymbol{n}$,相对于微元面 $\mathrm{d}S$ 的流体质点速度为 $\boldsymbol{V}$。由图 1.5.3 可知,在 Δt 时间间隔内,流经此微元面积的流体质点近似充满在以 $\mathrm{d}S$ 为底,以 $\boldsymbol{V}\Delta t$ 矢量为棱边的斜柱形体内,即微元体积分别为 $-\boldsymbol{V}\Delta t \cdot \boldsymbol{n}\mathrm{d}S$ 和 $\boldsymbol{V}\Delta t \cdot \boldsymbol{n}\mathrm{d}S$(可理解为 Δt 时间内由微元面积 $\mathrm{d}S$ 移动产生的体积变化),前者取负号的原因是 S_1 面的 $\boldsymbol{n}$ 与速度方向成钝角,而微元体积不能为负值。于是,式(1.5.7)中等号右端第二、三项可写为

$$\lim_{\Delta t \to 0} \frac{\iint_{\tau_{01}} \Phi(\boldsymbol{r}, t + \Delta t) \mathrm{d}\tau_0}{\Delta t} - \lim_{\Delta t \to 0} \frac{\iint_{\tau_{03}} \Phi(\boldsymbol{r}, t) \mathrm{d}\tau_0}{\Delta t} \approx$$

$$\iint_{S_2} \Phi(\boldsymbol{r}, t) \boldsymbol{V} \cdot \boldsymbol{n}\mathrm{d}S - \left(-\iint_{S_1} \Phi(\boldsymbol{r}, t) \boldsymbol{V} \cdot \boldsymbol{n}\mathrm{d}S\right) =$$

$$\iint_{S_2} \Phi(\boldsymbol{r}, t) \boldsymbol{V} \cdot \boldsymbol{n}\mathrm{d}S + \iint_{S_1} \Phi(\boldsymbol{r}, t) \boldsymbol{V} \cdot \boldsymbol{n}\mathrm{d}S =$$

$$\oiint_{S} \Phi(\boldsymbol{r}, t) \boldsymbol{V} \cdot \boldsymbol{n}\mathrm{d}S$$

上式表示 t 时刻单位时间内从控制体 τ 的表面 S 净向外输运的物理量,或流入、流出的物理量之和。

综合上述各式结果,可有

$$\frac{\mathrm{D}I(t)}{\mathrm{D}t} = \frac{\mathrm{D}}{\mathrm{D}t}\iiint_{\tau_0(t)}\Phi(\boldsymbol{r},t)\mathrm{d}\tau_0 = \frac{\partial}{\partial t}\iiint_{\tau}\Phi(\boldsymbol{r},t)\mathrm{d}\tau + \oiint_{S}\Phi(\boldsymbol{r},t)\boldsymbol{V}\cdot\boldsymbol{n}\mathrm{d}S \quad (1.5.8)$$

这就是系统导数的欧拉法表达形式,通常称为雷诺输运定理。式中 $\frac{\partial}{\partial t}\iiint_{\tau}\Phi(\boldsymbol{r},t)\mathrm{d}\tau$ 表示

单位时间内控制体 τ 中所含物理量 $\iiint_{\tau}\Phi(\boldsymbol{r},t)\mathrm{d}\tau$ 的增量,即系统位置不变时,仅由被积函

数 $\Phi(\boldsymbol{r},t)$ 随时间变化而产生的积分式增量,这是由于流场的非定常性导致的。而

$\oiint_{S}\Phi(\boldsymbol{r},t)\boldsymbol{V}\cdot\boldsymbol{n}\mathrm{d}S$ 表示单位时间内,通过控制体的表面 S 流出的相应的物理量,即如果被

积函数 $\Phi(\boldsymbol{r},t)$ 不随时间变化,由于系统位置的变化(流体质点运动引起的系统边界变

化) 而产生的积分增量,它是由于流场的非均匀性导致的。

　　基于上述讨论,雷诺输运定理可表述为:某时刻一体积可变的系统总物理量的时间变
化率,等于该时刻系统所在空间域(即控制体) 中物理量的时间变化率与单位时间通过该
空间域边界净输运的流体物理量之和。式(1.5.8) 可简化写成

$$\frac{\mathrm{D}I}{\mathrm{D}t} = \frac{\mathrm{D}}{\mathrm{D}t}\iiint_{\tau}\Phi\mathrm{d}\tau = \frac{\partial}{\partial t}\iiint_{\tau}\Phi\mathrm{d}\tau + \oiint_{S}\Phi\boldsymbol{V}\cdot\boldsymbol{n}\mathrm{d}S \quad (1.5.9)$$

　　由式(1.3.6) 可有

$$\oiint_{S}\Phi\boldsymbol{V}\cdot\boldsymbol{n}\mathrm{d}S = \iiint_{\tau}\nabla\cdot(\Phi\boldsymbol{V})\mathrm{d}\tau$$

此外,因控制体空间坐标 (x,y,z) 不随时间 t 变化,或者说它们互为独立自变量。假设被
积函数 Φ 对时间可微且其对 t 的一阶偏导数连续,则可互换微分、积分运算次序。于是式
(1.5.9) 可以写为

$$\frac{\mathrm{D}}{\mathrm{D}t}\iiint_{\tau}\Phi\mathrm{d}\tau = \iiint_{\tau}\left[\frac{\partial\Phi}{\partial t} + \nabla\cdot(\Phi\boldsymbol{V})\right]\mathrm{d}\tau \quad (1.5.10)$$

　　考虑到 $\nabla\cdot(\Phi\boldsymbol{V}) = \boldsymbol{V}\cdot\nabla\Phi + \Phi\nabla\cdot\boldsymbol{V}$ 及随体导数公式 $\frac{\mathrm{D}\Phi}{\mathrm{D}t} = \frac{\partial\Phi}{\partial t} + (\boldsymbol{V}\cdot\nabla)\Phi$,式

(1.5.10) 还可以写成

$$\frac{\mathrm{D}}{\mathrm{D}t}\iiint_{\tau}\Phi\mathrm{d}\tau = \iiint_{\tau}\left(\frac{\mathrm{D}\Phi}{\mathrm{D}t} + \Phi\nabla\cdot\boldsymbol{V}\right)\mathrm{d}\tau \quad (1.5.11)$$

　　若系统中不存在源或汇,则系统的质量不随时间变化。由式(1.5.11) 有

$$0 = \frac{\mathrm{D}}{\mathrm{D}t}\iiint_{\tau}\rho\mathrm{d}\tau = \iiint_{\tau}\left(\frac{\mathrm{D}\rho}{\mathrm{D}t} + \rho\nabla\cdot\boldsymbol{V}\right)\mathrm{d}\tau$$

由于被积函数的连续性及积分区间的任意性,若使上式成立,则被积函数应处处为零,即
$\frac{\mathrm{D}\rho}{\mathrm{D}t} + \rho\nabla\cdot\boldsymbol{V} = 0$。若令某一物理量 $\Phi = \rho F$,则

$$\frac{\mathrm{D}}{\mathrm{D}t}\iiint_{\tau}\rho F\mathrm{d}\tau = \iiint_{\tau}\left[\frac{\mathrm{D}(\rho F)}{\mathrm{D}t} + \rho F\nabla\cdot\boldsymbol{V}\right]\mathrm{d}\tau = \iiint_{\tau}\left(\rho\frac{\mathrm{D}F}{\mathrm{D}t} + F\frac{\mathrm{D}\rho}{\mathrm{D}t} + \rho F\nabla\cdot\boldsymbol{V}\right)\mathrm{d}\tau$$

于是可有

$$\frac{\mathrm{D}}{\mathrm{D}t}\iiint_{\tau}\rho F\mathrm{d}\tau = \iiint_{\tau}\rho\frac{\mathrm{D}F}{\mathrm{D}t}\mathrm{d}\tau \quad (1.5.12)$$

式(1.5.12) 又被称为雷诺第二输运定理。

1.5.5　迹线、流线、流面及流管

1. 迹线

流场中某被标定的流体质点在一段时间内所经过的所有空间点的集合（即某质点的运动轨迹），称为该流体质点的迹线。它直接与拉格朗日描述相联系，参考式（1.5.1）并利用欧拉描述法，可得到某质点迹线的微分方程为

$$\frac{\mathrm{d}x}{v_x(x,y,z,t)} = \frac{\mathrm{d}y}{v_y(x,y,z,t)} = \frac{\mathrm{d}z}{v_z(x,y,z,t)} = \mathrm{d}t \qquad (1.5.13)$$

式中，$V = v_x\boldsymbol{i} + v_y\boldsymbol{j} + v_z\boldsymbol{k}$，$V$ 是质点运动至某个空间位置时的速度，$\mathrm{d}\boldsymbol{r} = \boldsymbol{i}\mathrm{d}x + \boldsymbol{j}\mathrm{d}y + \boldsymbol{k}\mathrm{d}z$ 代表 $\mathrm{d}t$ 时间内质点的运动距离矢径，是时间的函数。不同流体质点的迹线一般是不同的。在所观察的时间段内，某质点的迹线形状是唯一的。

2. 流线

流线是流场中某瞬时的一条空间曲线（图1.5.4），在该线上各点的流体质点速度矢量方向与曲线在该点的切线重合。它直接与欧拉描述相联系，设某时刻 t_0，在流线上任取一段微弧 $\mathrm{d}\boldsymbol{r} = \boldsymbol{i}\mathrm{d}x + \boldsymbol{j}\mathrm{d}y + \boldsymbol{k}\mathrm{d}z$，则有 $\mathrm{d}\boldsymbol{r} \times \boldsymbol{V} = 0$，即

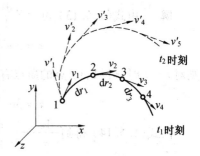

图 1.5.4　不同瞬时的流线

$$\frac{\mathrm{d}x}{v_x(x,y,z,t_0)} = \frac{\mathrm{d}y}{v_y(x,y,z,t_0)} = \frac{\mathrm{d}z}{v_z(x,y,z,t_0)} \qquad (1.5.14)$$

式（1.5.14）为 t_0 时刻的流线微分方程，积分时 t_0 为常量，x,y,z 是与时间无关的独立变量。

流线具有如下特征：

（1）由于非定常流场中空间某固定点处的速度随时间变化，流线形状也将随之变化，但若速度仅有大小变化而无方向变化，则流线不变（如沿直线的变速运动、等角加速度的定轴转动的流体运动等），定常流场中流线形状不变。

（2）定常流场中经过某一点的流线与经过该点的流体质点迹线重合，设 L 为流场中 t_0 时刻的一条流线，选取流线上相距为 $\mathrm{d}\boldsymbol{r}$ 的两个空间点 1、2，定义位于点 1 的质点为 A、速度为 V_{A1}，位于点 2 的质点为 B、速度为 V_{B2}，质点 A 将沿速度方向（也就是点 1 处的流线切线方向或 $\mathrm{d}\boldsymbol{r}$ 方向）在 $\mathrm{d}t$ 时间后运动至点 2，由于流动是定常的，则当质点 A 到达点 2 时，其速度 V_{A2} 必须与 t_0 时刻质点 B 的速度 V_{B2} 相同，并且将沿 V_{B2} 方向（点 2 处的流线切线方向）运动至下一点，以此类推，可知流体质点的迹线与流线重合。

（3）由于某瞬时流场中的某固定点处速度是指占据该点的质点速度，而该质点在该瞬时的速度大小、方向是唯一的，因而同一瞬时经过空间一点只可能有一条流线，即一般情况下流线不可相交。但图 1.5.5 中所示的三种情况除外，如直匀流绕静止物体运动，A 点处流体质点速度为零（称驻点），而零矢量的方向可以是任意的；上下两股速度不同的流体在 B 点处相切且重合为一条流线；流场中速度接近无限大的点处（称奇点），令流场中质点沿径向运动且速度大小等于 $1/r$，则原点处有 $V \to \infty$。上述三种情况下流线出现

相交。

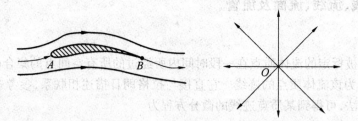

图 1.5.5　流线相交的特殊情况

（4）流场中每一点都有流线通过，所有流线的集合称为流线谱或流谱。

例 1.5.1　给定速度场 $v_x = x + t, v_y = -y - t$，求当 $t = 1$ 时过 $(1,1)$ 点的质点迹线及过 $(1,1)$ 点的流线。

解　由式 $(1.5.13)$ 可得到 $\dfrac{\mathrm{d}x}{\mathrm{d}t} = x + t, \dfrac{\mathrm{d}y}{\mathrm{d}t} = -y - t$，积分后有

$$x = c_1 \mathrm{e}^t - t - 1 \text{ 和 } y = c_2 \mathrm{e}^{-t} - t + 1$$

则对 $t = 1$ 时，过 $(1,1)$ 点的质点有 $c_1 = \dfrac{3}{\mathrm{e}}, c_2 = \mathrm{e}$，得到迹线方程为

$$x = 3\mathrm{e}^{t-1} - t - 1, \quad y = \mathrm{e}^{1-t} - t - 1$$

由式 $(1.5.14)$ 得到 $\dfrac{\mathrm{d}x}{x + t} = \dfrac{\mathrm{d}y}{-y - t}$，积分后有

$$(x + t)(y + t) = c_1$$

过 $(1,1)$ 点得到 $c_1 = (1 + t)^2$，则流线方程为

$$(x + t)(y + t) = (1 + t)^2$$

当 $t = 1$ 时的流线方程为 $(x + 1)(y + 1) = 4$，与迹线方程是不一致的。

3. 流面及流管

如图 1.5.6 所示，某瞬时在流场中任取一条非流线的曲线 C，通过 C 的每一点做该瞬时的流线，这些无限多的流线构成的曲面称为流面。如果曲线 C 是封闭的非流线，则该流面构成流管。如果流管的横截面积足够小，则称这条流管为基元流管。由于流管是由流线构成的，因此流体不能穿出或穿入流管表面，类似于真实的固壁面。

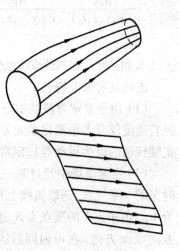

图 1.5.6　流管及流面

1.6　热力学基础知识

1.6.1　热力学系统及热力学状态、特性、过程

前面已经讲过，可压缩气体运动过程中的流体状态变化还与热力学过程密切相关。下面简要介绍经典热力学的一些定义与概念，并将其推广应用到运动气体的连续流场。

1. 热力学系统

与流体力学相似,取一部分物质或区域作为热力学研究对象,称为热力学系统(简称系统)。与所研究的热力学系统相邻接的物质或区域称为环境。系统与环境之间一般存在着传热、传质或功等的相互作用。若系统与环境之间:

(1) 既无质量交换,也无相互作用,称为孤立系统。

(2) 无质量交换但存在相互作用,称为封闭系统。它与流体力学中基于拉格朗日观点的系统概念对应,其中无热量交换的封闭系统又称为绝热系统。

(3) 既有质量交换,也存在相互作用,称为开放系统。它与基于欧拉观点的控制体概念对应。

此外,还将完全均质的物质系统定义为均匀系统或单相系统,否则称为非均匀系统或多相系统。把只含一种化学组分的物质系统定义为单元系统,否则称为多元系统。

2. 热力学状态及特性

某个孤立系统在经过足够长的时间后,其热力学特性达到不再变化的状态称为热力学平衡状态(简称平衡态)。一个达到平衡态的系统的热力学特性(简称热力特性)可用若干被称为状态变量的宏观量来描述,用以表示系统的状态或某种性质。状态变量有压力 p、温度 T、容积 V、内能 E、焓 H、熵 S。其中 p, T 与所取系统大小及其包含的质量多少无关,属于强度量;而其余各量则与所取系统大小及其包含的质量多少直接相关,具有可加性,属于广延量。但是若把这些广延量除以系统所含的质量,就可得到单位质量系统的状态变量,如比容 v(或密度 $\rho = \dfrac{1}{v}$)、比内能 e、比焓 h、比熵 s,并在形式上转化为强度量。

上述若干状态量均属于点函数,对任意闭合环路的积分为零,或者说某个量经过任意过程后的变化只与初、末状态有关,与过程、路径无关。而且只要求系统初、末状态是平衡态,与中间状态是否为平衡态无关。此外,这些状态量之间存在一定的函数关系,可取其中任意两个量作为自变量,而其余各量均为这两个量的函数。要对系统的热力学状态给予完整的描述,需要两类气体状态方程,即热状态方程和量热状态方程。均匀系统的热状态方程根据实验观察可表示为

$$p = p(v, T) = p\left(\frac{1}{\rho}, T\right) \text{ 或 } F(p, v, T) = F\left(p, \frac{1}{\rho}, T\right) = 0 \tag{1.6.1}$$

式中诸量均为可测量。量热状态方程可写为

$$e = e(v, T) = e\left(\frac{1}{\rho}, T\right) = e(p, T) \text{ 或 } h = h(v, T) = h\left(\frac{1}{\rho}, T\right) = h(p, T) \tag{1.6.2}$$

式中,比内能 e、比焓 h 是不可测量的量,需要通过热力学定律及热状态方程导出。

经典热力学的概念和定律通常是在系统处于热力学平衡状态时成立,将其推广应用到运动气体的连续流场,需要引入连续系统的概念。连续系统是这样的非均匀系统,其内部各点的强度量是连续变化的,在连续系统中任取一个具有假想的绝热壁面的微元体(近似认为是流体微团),假设其处于局部热平衡态,则可将微元体中状态量的平均值定义为描述连续系统热力特性的状态量,并用欧拉法表示为

$$p = p(x, y, z, t), T = T(x, y, z, t), \rho = \rho(x, y, z, t), e = e(x, y, z, t), \cdots$$

这就是局部状态原理,根据这个原理,适用于封闭均匀系统的一切经典热力学结论和概念就可以推广用到连续系统中。

3. 热力学过程

当描述系统热力学特性的一个或几个状态量发生变化时,该变化过程称为热力学过程。可逆过程是一种理想化的热力学过程,它定义为:在封闭系统中,过程的每一步都可在相反的方向进行,而不对系统和环境引起任何其他变化。自然界的任何自发过程都是不可逆过程,如黏性导致的动量输运过程、热传导导致的能量输运过程等。如果有这样一种准静态过程,即在过程进行时,系统受到环境的作用是连续且无限小的,则可以认为系统始终处于平衡态,过程速率无限小,没有任何损耗,这种过程可近似看作可逆过程。

与热力学过程相关的物理量包括环境对系统所作的功 W 和传递的热量 Q,称为过程量,表示在该过程中系统发生了某种变化。存在某一闭合环路,过程量的积分不为零(即过程量不相同),或者说经过某个过程后它们的变化不仅取决于初、末状态,还与过程路径(即热力学过程进行的具体情况)有关。如功可以理解为力对路程的空间累积效应,不同的路程,功也不同。对于一个无限小的变化过程,元功、微量热可用 $\delta W, \delta Q$ 表示,它们都不是全微分。如果所取的封闭系统具有单位质量,则表示为 $\delta w, \delta q$。

如图 1.6.1 所示,气体中任取封闭系统,设压力为 p,容积为 V,按准静态过程做可逆微量膨胀,若某微元面积 ds 移动 dr 距离,则该系统通过边界作用于环境的压力 p 所做的微元功可表示为 $\delta W = \oint_S p\mathbf{n}ds \cdot d\mathbf{r} = pdV$,在整个可逆过程中做功为 $W = \int_{V_1}^{V_2} pdV$。取单位质量系统,则有

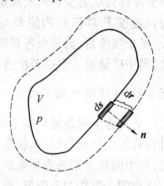

$$\delta w = pdv \text{ 或 } \delta w = pd\left(\frac{1}{\rho}\right) \qquad (1.6.3a)$$

积分得到

$$w = \int_{v_1}^{v_2} pdv \text{ 或 } w = \int_{\rho_1}^{\rho_2} pd\left(\frac{1}{\rho}\right) \qquad (1.6.3b)$$

图 1.6.1　气体膨胀功

定义系统对环境做的正功为正功,环境对系统做的正功为负功。热量定义为由系统和环境之间的温度差引起的,并通过系统界面传递的能量,由环境传入系统的热量为正,由系统传入环境的热量为负。系统与环境间的热量传递方式有热传导、热对流和辐射等,也可以由化学反应和相变所引起。

1.6.2　内能、热力学第一定律、焓及比热容

气体的内能包括分子微观热运动(取决于温度)所包含的能量(分子平移动能、转动动能、振动动能及电子激发能)、由于分子间存在相互作用而形成的内部位势能、分子内部能量(包括粒子能量)。其中,分子热运动能量可以用量子统计的方法计算,但通常忽略电子激发能。此外,对于单原子气体,不存在分子的转动和振动。

热力学第一定律是能量守恒原理在热能、机械能相互转化情况中的应用,可表述为:

若环境给一封闭系统传递热量,则这部分热量一方面使系统内能增加,另一方面使系统对外做功。可用微分表示为

$$\delta Q = \mathrm{d}E + \delta W \tag{1.6.4}$$

如果只考虑由于系统体积变化对环境所做的功,并取单位质量系统,可得

$$\mathrm{d}E = \delta Q - p\mathrm{d}V \text{ 或 } \mathrm{d}e = \delta q - p\mathrm{d}\left(\frac{1}{\rho}\right) \tag{1.6.5}$$

引入函数焓、比焓,并定义为

$$H = E + pV \text{ 或 } h = e + \frac{p}{\rho} \tag{1.6.6}$$

将式(1.6.6)带入式(1.6.4),则得到热力学第一定律的另一种形式为

$$\mathrm{d}H = \delta Q + V\mathrm{d}p \text{ 或 } \mathrm{d}h = \delta q + \frac{\mathrm{d}p}{\rho} \tag{1.6.7}$$

在特定的热力学过程中,单位质量的气体温度每升高一度所需吸入的热量称为质量热容,即 $c = \frac{\delta q}{\partial T}$。由于选取物质量的单位不同,还可有摩尔热容、容积热容等。热力学中常用的质量定容热容 c_V、质量定压 c_p 可表示为

$$c_V = \left(\frac{\delta q}{\partial T}\right)_V \text{ 及 } c_p = \left(\frac{\delta q}{\partial T}\right)_p \tag{1.6.8}$$

将式(1.6.8)代入式(1.6.5)中,并考虑式(1.6.6),可有

$$c_V = \left(\frac{\partial e}{\partial T}\right)_V \text{ 及 } c_p = \left(\frac{\partial h}{\partial T}\right)_p = \left(\frac{\partial e}{\partial T}\right)_p + p\left[\frac{\partial(1/\rho)}{\partial T}\right]_p \tag{1.6.9}$$

考虑式(1.6.2)得

$$\left(\frac{\partial e}{\partial T}\right)_p = \left(\frac{\partial e}{\partial T}\right)_{1/\rho}\left(\frac{\partial T}{\partial T}\right)_p + \left[\frac{\partial e}{\partial(1/\rho)}\right]_T\left[\frac{\partial(1/\rho)}{\partial T}\right]_p$$

将其代入式(1.6.9)中,则 c_V,c_p 之间的关系可表示为

$$c_p - c_V = \left\{p + \left[\frac{\partial e}{\partial(1/\rho)}\right]_T\right\}\left[\frac{\partial(1/\rho)}{\partial T}\right]_p \tag{1.6.10}$$

1.6.3　热力学第二定律、熵

热力学第二定律表明,能量转化是有条件和有方向性的,即如果沿着一个方向的变化过程可以实现,则沿逆方向的变化过程或者不能实现,或者只能有条件实现。例如,热可以从高温物体传递给低温物体,却不能反向传递;通过摩擦,机械功可以全部转化为热,但热却不能全部转化为可用功。就像卡诺循环效率公式 $\eta = 1 - \frac{T_2}{T_1}$ 表示的那样(任何理想热机效率最多等于卡诺循环效率),由于冷源温度 T_2 不可能等于零,总有部分热量不可被利用。

因此,引入函数熵 S,通过它在不可逆过程中的变化描述热力学第二定律。若一封闭系统以准静态过程(即近似可逆过程)的方式吸收热量 Q_{rev},则定义

$$\mathrm{d}S = \frac{\delta Q_{rev}}{T_{rev}} \text{ 或 } \Delta S = S_2 - S_1 = \int_1^2 \frac{\delta Q_{rev}}{T_{rev}} \tag{1.6.11a}$$

若取单位质量系统,可有

$$ds = \frac{\delta q_{rev}}{T_{rev}} \text{ 或 } \Delta s = s_2 - s_1 = \int_1^2 \frac{\delta q_{rev}}{T_{rev}} \tag{1.6.11b}$$

式中,Q_{rev} 或 q_{rev} 是一个人为规定的参考量值,表示如果环境能够可逆地向系统传递热量(可正、可负)将引起的熵变化,并可积分得到可逆过程的初、末状态的熵值之差。T_{rev} 是传热时的温度,或者说是可逆过程的初、末平衡态的系统温度,由于可逆过程可近似认为是一个过程速率无限小、系统始终处于平衡态的热力学过程,因此环境与系统间的温差无限小,T_{rev} 既是环境温度,也是系统温度。

在热力学过程进行中,单位质量系统熵的变化 ds 可以分为两部分:一部分是由环境对系统输入或吸收物质、能量引起的熵流项$(ds)_{ex}$,并可写成$(ds)_{ex} = \frac{\delta q}{T}$,其中 δq 为该过程中环境对系统实际传递的热增量;另一部分是由系统内部的不可逆过程产生的熵增项$(ds)_{in}$,如激波出现、黏性内摩擦、温度梯度导致的热传导、质量耗散等引起的熵增,且 $(ds)_{in} \geq 0$,其中"="号在可逆过程时成立。因此,可有

$$ds = \frac{\delta q}{T} + (ds)_{in} \text{ 或 } ds \geq \frac{\delta q}{T} \tag{1.6.12}$$

此即热力学第二定律的表达式。如果假设过程是绝热的,则式(1.6.12)变为

$$ds \geq 0 \tag{1.6.13}$$

热力学第二定律指出,在绝热的孤立系统中,如果过程可逆,则熵值保持不变即 $\Delta s = 0$;如果过程不可逆,则熵必增加,即 $\Delta s > 0$。因此,热力学第二定律又称为熵增原理。

再从另一个角度来理解熵增原理。设某封闭系统经过可逆过程前后的两个平衡态 1、2 的熵分别为 S_1,S_2,根据熵的定义可有 $S_2 - S_1 = \int_1^2 \frac{\delta Q_{rev}}{T_{rev}}$。考虑一个不可逆过程,令该过程中环境对系统实际传递的热量为 $Q > 0$,且有 $Q = Q_{rev}$,设不可逆过程的初、末状态仍为 1、2,由于不可逆过程中的系统温度必大于可逆过程的系统温度,则有

$$S_2 - S_1 = \int_1^2 \frac{\delta Q_{rev}}{T_{rev}} > \int_1^2 \frac{\delta Q}{T} \text{ 或 } S_2 - S_1 = \int_1^2 \frac{\delta Q}{T} + \int_1^2 (dS)_{in}$$

该式表明,不可逆过程中系统内部将产生熵增$\int_1^2 (dS)_{in} > 0$。若不可逆过程是绝热的,则有$\Delta S = \int_1^2 (dS)_{in} > 0$。

总之,熵的概念和热力学第二定律提供了判断过程是否可逆的标准和衡量不可逆程度的尺度,能够预计过程进行的方向及能量可利用率的变化。在一个热力学过程中,如果系统的熵增加了,就可以说经过该变化过程后,系统中可利用的能量减少了,或者说不可利用的能量增加了。

将式(1.6.11)代入式(1.6.5)和式(1.6.7)中,可得到封闭均匀系统可逆过程条件下的热力学基本方程,即

$$dE = Tds - pd\left(\frac{1}{\rho}\right) \text{ 和 } dh = Tds + \frac{dp}{\rho} \tag{1.6.14}$$

1.6.4　完全气体、气体状态方程

从微观角度看,完全气体是这样一种理想化的气体:分子体积与分子间的平均距离相比可忽略不计;仅考虑分子的热运动(包括弹性碰撞),分子间没有其他相互作用(如分子之间的内聚力)。完全气体可以分为量热完全气体、热完全气体、带化学反应的完全气体混合物等。其中,热完全气体满足如下的热状态方程(即克拉贝隆方程)

$$p = \rho R T \tag{1.6.15}$$

式中,R 为气体常数,对不同的气体有不同的数值,对空气 $R = 287.053$ N·m/(kg·K)。

热完全气体只是真实气体在一定温度和压力范围内的近似。在低温高压情况下,气体分子间的内聚力和分子本身的体积便不可忽略,此时克拉贝隆方程失效。若以临界温度 T_{cr} 表示某真实气体可能液化的最高温度,与临界温度相对应的压力称为临界压力 p_{cr},则热完全气体成立的条件是 $T \gg T_{cr}$ 且 $p \ll p_{cr}$。此外,在高温低压情况下,气体分子发生离解、电离和其他化学反应,成为多组元的混合气体,即均匀多元系统,对于这种混合气体,尽管其中的每一气体组元还可以应用克拉贝隆方程,但对于整体而言已经不属于热完全气体了。

对于热完全气体,其量热状态方程式(1.6.2)将得以简化,可以证明,如果热完全气体的热状态方程式(1.6.15)成立,则内能和焓只依赖于一个独立变量 T,即

$$e = e(T) \text{ 和 } h = h(T) \tag{1.6.16}$$

简要证明如下。

由式(1.6.2)可有

$$de = \frac{\partial e}{\partial T}dT + \frac{\partial e}{\partial(1/\rho)}d\left(\frac{1}{\rho}\right)$$

由于熵 s 也可以表示为 $s = s\left(\frac{1}{\rho}, T\right)$ 形式,由式(1.6.14)可有

$$ds = \frac{1}{T}\left[de + pd\left(\frac{1}{\rho}\right)\right] = \frac{1}{T}\left\{\frac{\partial e}{\partial T}dT + \left[\frac{\partial e}{\partial(1/\rho)} + p\right]d\left(\frac{1}{\rho}\right)\right\}$$

$$ds = \frac{\partial s}{\partial T}dT + \frac{\partial s}{\partial(1/\rho)}d\left(\frac{1}{\rho}\right)$$

上面两式中的右端项均为全微分,即 $\frac{\partial s}{\partial T} = \frac{1}{T}\frac{\partial e}{\partial T}$,$\frac{\partial s}{\partial(1/\rho)} = \frac{1}{T}\left[\frac{\partial e}{\partial(1/\rho)} + p\right]$,考虑状态方程

式(1.6.15),再由 $\frac{\partial}{\partial(1/\rho)}\left(\frac{\partial s}{\partial T}\right) = \frac{\partial}{\partial T}\left[\frac{\partial s}{\partial(1/\rho)}\right]$ 得

$$\frac{\partial}{\partial(1/\rho)}\left(\frac{1}{T}\frac{\partial e}{\partial T}\right) = \frac{\partial}{\partial T}\left\{\frac{1}{T}\left[\frac{\partial e}{\partial(1/\rho)} + p\right]\right\} = \frac{\partial}{\partial T}\left[\frac{1}{T}\frac{\partial e}{\partial(1/\rho)} + \frac{R}{1/\rho}\right]$$

展开得

$$\frac{1}{T}\frac{\partial^2 e}{\partial(1/\rho)\partial T} = \frac{1}{T}\frac{\partial^2 e}{\partial T\partial(1/\rho)} + \frac{\partial e}{\partial(1/\rho)}\frac{\partial}{\partial T}\left(\frac{1}{T}\right)$$

即 $\frac{\partial e}{\partial(1/\rho)} = 0$ 或 $e = e(T)$ 成立。根据状态方程可知 $h = e + \frac{p}{\rho} = e + RT$,即 $h = h(T)$ 成立。

此外,从完全气体的假设条件也可以直接得出该结论,由于完全气体只考虑分子的热运

动,气体内能只包括分子热运动能量,而这部分能量又仅取决于温度,因此上式成立。

由式(1.6.8)、(1.6.5)及(1.6.7),并分别取定容过程、定压过程,可有

$$c_V = \left(\frac{\delta q}{dT}\right)_V = \frac{de}{dT} \text{ 和 } c_p = \left(\frac{\delta q}{dT}\right)_p = \frac{dh}{dT} \tag{1.6.17a}$$

或写成

$$de = c_V dT \text{ 和 } dh = c_p dT \tag{1.6.17b}$$

积分上式,得

$$e = \int_{T_0}^{T_1} c_V dT + e_0 \text{ 和 } h = \int_{T_0}^{T_1} c_p dT + h_0 \tag{1.6.18}$$

再根据式(1.6.10)可知,对于热完全气体有

$$c_p - c_V = \left\{ p + \left[\frac{\partial e}{\partial(1/\rho)}\right]_T \right\} \left[\frac{\partial(1/\rho)}{\partial T}\right]_p = p\frac{R}{p} = R \tag{1.6.19}$$

若定义比热比 $k = c_p/c_V$,则得到

$$c_V = \frac{R}{k-1} \text{ 和 } c_p = \frac{kR}{k-1} \tag{1.6.20}$$

在600 K以下的常温条件下,空气的主要成分是氧分子 O_2 和氮分子 N_2,分子只具有平动动能及转动动能。由统计热力学可知,单位质量空气内能 $e = \frac{5}{2}RT$,则 $c_V = \frac{5}{2}R, c_p = \frac{7}{2}R, k = 1.4$,即 c_V, c_p, k 均为常数。通常称比热容和比热比为常数的气体为量热完全气体。若取式(1.6.18)中积分的参考温度、内能、焓等均为零,即 $T_0 = 0, e_0 = 0, h_0 = 0$,则量热完全气体的量热状态方程为

$$e = c_V T = \frac{1}{k-1}RT = \frac{1}{k-1}\frac{p}{\rho} \text{ 和 } h = c_p T = \frac{k}{k-1}RT = \frac{k}{k-1}\frac{p}{\rho} \tag{1.6.21}$$

当温度为600 ~ 2 500 K时,氧分子和氮分子的振动自由能被激发,但化学反应还未开始,此时有 $c_V = c_V(T), c_p = c_V + R = c_p(T), k = k(T)$,即比热容和比热比为温度的函数,空气仍属于完全气体,但已不是量热完全气体。

当空气的温度为2 500 ~ 9 000 K时,氧分子和氮分子将先后产生离解,且伴有氧原子与氮原子的复合反应及其他反应。当温度大于9 000 K时还会发生电离。总之,温度高于2 500 K时,空气是一种多组元、变成分、有化学反应的混合气体,尽管其中的每一气体组元还可以应用克拉贝隆方程,但对于整体而言,空气已经不属于热完全气体。空气在高温条件下将产生振动激发、离解、电离和化学反应等现象,称这些现象对气体特性的影响为高温气体真实效应。在高超声速飞行器绕流时,强激波后和靠近物面的气体温度均很高,从而可能出现各种真实气体效应。图1.6.2定性地表示了上述变化关系。

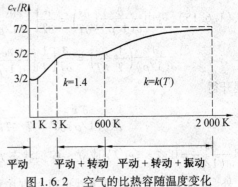

图 1.6.2　空气的比热容随温度变化

1.6.5　等熵关系

由式(1.6.14)及克拉贝隆方程可有

$$ds = \frac{de}{T} + \frac{p}{T}d\left(\frac{1}{\rho}\right) = \frac{de}{T} + R\rho d\left(\frac{1}{\rho}\right) \text{ 和 } ds = \frac{dh}{T} - \frac{1}{T\rho}dp = \frac{dh}{T} - \frac{R}{p}dp$$

对于热完全气体,上式可进一步写成

$$ds = c_V \frac{dT}{T} + R\rho d\left(\frac{1}{\rho}\right) \text{ 和 } ds = c_p \frac{dT}{T} - R\frac{dp}{p}$$

积分上面两式,可有

$$s = \int_{T_0}^{T_1} c_V \frac{dT}{T} + R\ln\frac{1}{\rho} + \text{const} \text{ 和 } s = \int_{T_0}^{T_1} c_p \frac{dT}{T} - R\ln p + \text{const}$$

对于量热完全气体,可简化为

$$s = c_V\ln T + R\ln\frac{1}{\rho} + \text{const } 0 = c_V\ln\frac{T}{\rho^{k-1}} + \text{const } 0 = c_V\ln\frac{p}{R\rho^k} + \text{const } 0 = c_V\ln\frac{p}{\rho^k} + \text{const}$$

或

$$s = c_p\ln T - R\ln p + \text{const } 0 = c_p\ln\frac{T}{p^{\frac{k-1}{k}}} + \text{const } 0 = c_p\ln\frac{p^{\frac{1}{k}}}{\rho} + \text{const} \tag{1.6.22}$$

上述积分还可以写成

$$\Delta s = s_1 - s_0 = c_V\ln\left[\frac{p_1}{p_0}\left(\frac{\rho_0}{\rho_1}\right)^k\right] \text{ 或 } \Delta s = c_V\ln\left[\frac{T_1}{T_0}\left(\frac{\rho_0}{\rho_1}\right)^{k-1}\right] \tag{1.6.23}$$

对于等熵过程即 $\Delta s = 0$,考虑克拉贝隆方程,可得到如下等熵关系

$$\frac{p_1}{p_0} = \left(\frac{\rho_1}{\rho_0}\right)^k = \left(\frac{T_1}{T_0}\right)^{\frac{k}{k-1}} \tag{1.6.24}$$

等熵过程是既绝热又可逆的一种热力学过程,限制性较强,但很多实际的可压缩流动问题可以被假设为等熵的。考虑一个飞行器绕流问题,飞行器表面附近因气体黏性作用而形成相对很薄的附面层,其中的黏性耗散、热传导等很强,熵是增加的。然而,在附面层以外的流动中,黏性、热传导等的影响非常小,可以忽略不计,因此附面层以外的流动就是绝热可逆的等熵流动。处理这部分流场的流动问题,式(1.6.24)是非常有用的。

1.7　流体的理论模型

1. 黏性流动与无黏(理想)流动

黏性是流体的一种物理属性,它表示流体各部分之间动量输运的难易程度以及流体抵抗剪切变形的能力。因此,黏性流体是一切真实流体的模型,具有普遍意义。流体的黏性是用黏度 μ 来衡量的,但是式(1.2.2)表明,即使某些流体(如空气、水)的 μ 值很小,如果流体运动的速度梯度很大,仍不可忽略黏性力的作用,必须将其作为黏性流动处理。比如,气流以一定速度绕静止平板运动(图1.7.1),紧贴平板表面的气体速度因黏性作用为零,而距其无穷远处的气体运动速度则为未受扰动的常值。根据实验得知,在距平板表面 δ 距离处,气流速度就已经与远处未受扰动的气流速度极为接近了。如果平板长度以米

计，δ 仅为毫米或厘米量级。这说明平板表面附近很薄的区域内存在较大的速度梯度，必须考虑黏性效应。通常将靠近物体表面附近、速度梯度很大的区域称为附面层（或边界层）。而在附面层之外的区域，由于速度梯度近似为零，可以忽略黏性作用。此外，湍流是黏性流体运动中的另一个重要研究内容。

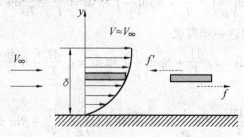

图 1.7.1　绕平板的黏性流动

　　黏性是一个十分复杂的问题，它甚至给实际流体运动规律的研究带来几乎不可克服的困难。因此，在实际工程和某些理论研究中，对于那些黏性效应不十分显著的流动，可以忽略其黏性作用，这样既不至于造成对流动主要特性分析的太大失真，又为流体运动分析带来简便。这种忽略黏性效应（或假想黏度等于零）的流动称为无黏（或理想）流动。在黏度和速度梯度均较小的情况下，无黏流动假设在解释很多实际问题（如机翼升力、诱导阻力等）时起到了重要作用，但它在解释物体在流体中运动时的阻力、流动分离、管道损失等问题时与实际情况差距较大，"达朗贝尔佯谬"就是一个例子。

　　此外，由分子运动论可知，流体的黏性和热传导性是分子热运动输运过程的两个不同方面，前者是动量输运的表现，后者是动能交换的结果，因此二者之间应有确定的关系，即黏度 μ 与热导率 λ 之间满足关系式 $\lambda = c_V \mu$。这就是说，对于无黏（理想）流体假设，$\mu = 0$ 就意味着 $\lambda = 0$，即无黏流动必然是无热传导流动。

2. 可压缩流动与不可压缩流动

　　流体的压缩性是指流体体积或密度随外力变化而改变的性质，并用压缩系数 β 来衡量。严格来说，任何实际流体都是可以压缩的，只是程度不同而已。如前所述，考虑流体为可压缩的，流体运动研究变得复杂得多。其一，流体密度的变化不仅引起流体热力学状况变化，同时它又反过来影响流体的力学状态，在数学上增加了一个未知量并必须引入补充方程以封闭控制方程组；其二，在某些情况下可能产生物理量的间断面（如激波），流体质点通过间断面后，其参数将产生突越的变化。

　　为了处理问题方便，常将压缩性很小的流体近似看作不可压缩流体，即将密度视为常数或不变。如果将压缩系数表达式写为 $\beta \mathrm{d}p = \dfrac{\mathrm{d}\rho}{\rho}$，可以看出有两种方式满足密度近似为不变的要求（即 $\dfrac{\mathrm{d}\rho}{\rho} \approx 0$）。其一是压缩系数 β 很小，如通常压力变化范围下的液体；其二是压力变化很小（即 $\mathrm{d}p \approx 0$），如气体低速运动（$Ma \leqslant 0.3$ 或速度小于 $100\ \mathrm{m/s}$）时，速度变化导致的压力变化就是足够小的。不过，上述两种情况下也不是一定就可以将流动看作是不可压缩的，还需要视具体流动情况而定。例如，水下爆炸时的压强变化非常大，压缩系数很小的水的运动就必须视作可压缩流动；气体运动的非定常性很强时，低速运动的气体也要按可压缩流体来处理。因此,不可压缩流动只是一种密度变化较小时的真实流动情况的简化模型,用于显著简化理论分析和计算工作,而且在满足相应条件的工程问题研究中具有足够的精确度。

下面用几个例子来说明可压缩流体和不可压缩流体运动时流场中密度变化情况。

(1) 不可压缩流体所占据的流场中的密度处处不同、时时不同。

由于实际的流体并不一定是均质的,因而所谓的不可压缩流体通常并不意味着所有流体质点的密度都相等,而是指同一个流体质点的密度在运动过程中保持不变,而不同的流体质点的密度可以是不相等的。

假想流体是由 n 个体积相同、质量不等的钢球组成,即不同的钢球密度不同,但每个钢球的密度不随外界作用而改变。假定在某瞬时观测流场,可以发现由不同流体质点所占据的不同空间点上的密度是不同的;若观测不同时刻某一空间点上的密度变化,可以发现随流体质点运动,同一空间点可能被不同流体质点占据,某空间点处的密度随时间变化。也就是说,不可压缩流体运动时,流场中的密度也是有时空变化的。如果用随体导数表示不可压缩流体的概念,则有

$$\frac{\mathrm{D}\rho}{\mathrm{D}t} = \frac{\partial \rho}{\partial t} + \boldsymbol{V} \cdot \nabla \rho \equiv 0$$

(2) 不可压缩流体所占据的流场中的密度处处相同、时时相同。

由上面讨论可知,不可压缩流体所占据流场中的密度处处不同、时时不同,这种情况无疑是可能发生的,但这就要求流场中的所有空间点上均应满足 $\frac{\partial \rho}{\partial t} \neq 0, \boldsymbol{V} \cdot \nabla \rho \neq 0$ 和 $\frac{\partial \rho}{\partial t} \equiv -\boldsymbol{V} \cdot \nabla \rho$ 这三个条件,这显然又是过于"巧合"或无太大意义的。因此,如果将流体定义为在物理上是均质的,可能更具有实际意义。假想流体是由 n 个体积、质量都相同的钢球组成(即每个流体质点的密度都相同且在运动过程中保持不变),那么,不可压缩流体运动过程中的密度就处处、时时为同一常数了。在多数情况下,均质流体假设是可以近似成立的,因而若假设流体是不可压缩的,也就意味着流场中所有空间点上的密度处处、时时相同。也可以这样说,不可压缩流体假设与流场中所有空间点处 $\rho = \mathrm{const}$ 是等价的。

(3) 可压缩流体所占据的流场中的密度处处不同、时时不同。

若流体是均质的,假想流体是由 n 个体积、质量都相同的橡胶球(即流体质点)组成,在其运动过程中,当受到外界非均匀分布的力的作用时,橡胶球的体积发生不同的变化进而导致密度改变(或者说变成非均质的了)。因而,对可压缩流体而言,流体是否是均质的意义并不大,流场内空间点上的密度处处(不同流体质点占据不同空间点)、时时(同一空间点在不同时刻被不同流体质点所占据)不相等。

(4) 可压缩流体所占据的流场中的密度处处不同、时时相同。

考虑下面这种情况,某一瞬时不同流体质点占据不同空间点导致流场中的密度处处不相同,下一时刻,原先占据某个空间点的流体质点离开,新的流体质点占据同一空间点,由于可压缩流体的质点密度在运动过程中是变化的,如果新的质点的密度恰好改变为与

原先占据该空间点的流体质点密度相同,那么该空间点上的密度就与上一时刻相同或者说不随时间变化,如果所有空间点上都是同样情形,也就出现了流场内密度处处不同、时时相同的现象,即$\dfrac{D\rho}{Dt} = V \cdot \nabla\rho$ 或 $\dfrac{\partial\rho}{\partial t} = 0$。

（5）可压缩流体所占据的流场中的密度处处相同、时时不同。

仍假想均质流体是由 n 个体积、质量都相同的橡胶球组成,在其运动过程中,若某一瞬时所有流体质点受到均匀分布的外界作用,即密度发生变化但变化程度相同,此时,流体所占据空间内的不同空间点上密度处处相等。下一瞬时,所有流体质点受到与上一瞬时大小不同,但仍是均匀分布的外界作用,则不同空间点上密度仍处处相等,但却是与上一瞬时不同的,即时时不同,可写为$\dfrac{D\rho}{Dt} = \dfrac{\partial\rho}{\partial t}$ 或 $\nabla\rho = 0$。

3. 绝热流动与等熵流动

许多流动过程中都伴随着传热现象,热量的来源可能是该部分流体与外界环境之间的热交换(如管道流动中通过壁面的传热),也可能是由流体内部的物理、化学作用产生(如介质热辐射、放电将电能转化为热能、燃烧室中的加热、化学反应将化学能转化为热能等)。如果流体与外界之间不存在这类热量的输入或生成,而且流体内部也不存在热传导现象时,将这样的流动称为绝热流动。严格的绝热流动是很难实现的,即使没有上述的热量从外部传入或内部生成,也会由于流动中的温度分布不均匀而导致热传导现象出现。只有当传入或生成的热量非常小,而且热传导的影响也可以忽略不计时,才可以近似认为流动是绝热的。

流体的黏性作用以及流动中可能出现的激波,都使流动产生机械能损耗并转化为热能,这是绝热流动所允许的,并将存在机械能损耗的绝热流动称为不可逆绝热流动。这两个现象的共同点在于没有外界的热量输入,而区别之处在于,前者可以认为,黏性作用导致的机械能损耗转化为热能,属于能量形式的转化,尤其是可以证明机械能损耗与热能生成这两个过程(或能力)是近似同步(或相同)的,因此流体微团具有的总能量不变化。后者则是既有黏性耗散使得机械能损耗转化为热能,也存在热传导效应,但是由于流动所涉及的空间尺度远大于热传导所涉及的空间尺度,通常可忽略"微小"空间尺度的热传导效应,或将其也归结到能量转化的范畴,因此宏观流动仍可看作是绝热流动。此外,流体微团穿过激波后的总能量不变是可以得到证明的。

在流体流动中,如果每个流体质点的熵在运动过程中保持不变,则称该流动为等熵流动,即$\dfrac{Ds}{Dt} = \dfrac{\partial s}{\partial t} + V \cdot \nabla s = 0$,显然不同流体质点可以具有不同的熵值,即等熵流动不等同于全流场中熵时时、处处相等。但是,如果在流动的初始时刻,每个流体质点的熵相同,等熵流动就意味着在其后的任意时刻所有流体质点的熵都相同,这类流动称为均熵流动。没有机械能损耗(或者说忽略流体黏性、热传导)的可逆绝热流动可以(近似)看作是等熵流动。

4. 定常流动与非定常流动

流场内空间点上的流体物理量随时间变化的流动称为非定常流动,用数学表述即为

$\frac{\partial}{\partial t} \neq 0$。而且当流动变化过快时还可能产生新的物理现象,例如,管道水流在阀门突然关闭时将产生很强的惯性作用,动能迅速转化为压力能并使压强升高,水被压缩(通常认为水是不可压缩的),而且以压力波的形式将压强升高的现象沿管路道传播,这就是水锤(击)现象。

通常的流动都是非定常的,但某些流动,其流动状况随时间变化较小或者说流动状态不随时间变化,这种流动被称为定常流动(即 $\frac{\partial}{\partial t} = 0$)。例如,站在岸边观察某一段固定水域(即控制体)内的水流,可以发现,尽管河水不断地进出该水域,且不同空间点处水流速度也不同,但在任意时刻所看到的流动状况却几乎是不变的(即流场内的不同空间点上的物理量不随时间变化)。由于对于定常流动的研究要简单得多,甚至有时在定常流动条件下,流体运动的微分方程可以直接积分出来,因此定常流动也是一种简化模型。

为了研究问题的简便处理,还可以将非定常流动问题转化为定常流动问题。如图1.7.2 所示,在一个空气处于静止状态的固定空间区域内,考察一个做匀速直线运动的飞行器,在地面(或称绝对或称静止)坐标系下观察时可以看到,某一瞬时,远离飞行器、未受扰动空间处的流体质点速度为零,接近飞行器头部处的气体质点被推开,而尾部处气体质点又汇集起来;另一瞬时,随飞行器运动,原来某空间位置处未受扰动的气体质点受到了明显扰动,而受扰的气体质点随飞行器远离而逐渐恢复至静止状态,整个流场内的质点运动图谱与前一时刻是不同的,或者说不同空间位置处的质点速度是随时间变化的,这显然是一个非定常流动问题。若把坐标系固定于飞行器上并随其做匀速直线运动(称相对或运动坐标系)时,再来观察同样的流动可以发现,远处气流以与飞行速度大小相等,但方向相反的速度迎面流向飞行器,随着接近、远离飞行器,气流速度的大小、方向发生相应变化,但在相对坐标系下的整个空间内的流动状况并不随时间变化而改变,这就变成了一个定常流动问题了。根据力学的相对运动原理,只要所用的相对坐标系是做匀速直线运动的(即惯性坐标系),则物体所受的作用力不会随坐标系的不同而改变,因而匀速的飞行问题都采用相对坐标系去处理。

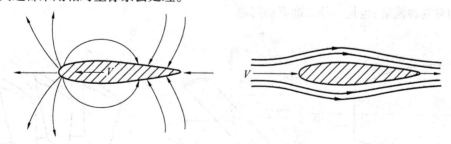

图 1.7.2　非定常运动与定常运动的转换

此外,在旋转式叶轮机械中(如汽轮机、航空发动机中的压气机及涡轮等)的流动问题研究中,经常采用随叶轮匀速旋转的相对坐标系,以实现非定常流动问题向定常流动问题的转化。在这种相对坐标系下研究流体质点运动学、动力学问题,具有简捷、物理概念清晰、计算编程方便等优点。但这是一个不能直接应用牛顿定律的非惯性坐标系,通常需要将惯性坐标系中的控制方程组变换到非惯性坐标系中,在绝对坐标系下使流体微团产生加速度的力,在相对坐标系下可分解为使其产生相对加速度、科氏加速度及向心加速度的力,后两者之和的负值即为相对(非惯性)坐标系中的惯性力。顺便提一下,将牛顿运动定律改写为 $F - ma = 0$ 的形式时,称 $-ma$ 为惯性力,这是达朗贝尔原理描述的内容。

5. 一维、二维、三维流动

如果流场内空间点上的流体参数是三个空间坐标的函数,称这样的流动是三维流动;如果是两个空间坐标的函数,称二维或平面流动;如果仅是一个空间坐标的函数,称一维流动。如果把时间和空间结合起来,则有一维定常及非定常流动、二维定常及非定常流动、三维定常及非定常流动等。

图 1.7.3(a)表示气体在发动机尾喷管内流动的情况。在不需要精确设计喷管时,往往可近似认为气体的流动参数只沿喷管轴线方向(图中 x 轴方向)变化,而在其他方向没有变化,这样的流动就是一维流动。如果发动机处于稳定工作状态,气体在喷管中的流动就是一维定常流动;而在发动机启动或停车过程中就是一维非定常流动。需要说明的是,对于与喷管内流动类似的一维管道流动来说,并不一定要求管道轴线必须是直线(如笛卡儿直角坐标系中的 x 轴),有时也可以是一条曲线,只要满足气体参数仅是沿着流动方向量取的曲线弧长的函数即可。

图 1.7.3(b)表示均匀气流绕流机翼问题,若机翼翼展比翼弦大得多,且翼剖面相同,则可认为机翼(翼梢部分除外)沿翼展方向(图中 z 轴方向)流动参数没有变化或流动状况完全一样,只在 x 轴及 y 轴方向才有变化,这样的流动就是二维或平面流动。飞行器匀速飞行时,机翼绕流流动为二维定常流动;而在起飞或降落时为二维非定常流动。

图 1.7.3(c)为气体在叶轮机械(如压气机、涡轮)流道内的流动情形,流动参数在轴向、径向、周向(这里采用圆柱坐标系)都有变化,这样的流动就是三维流动。也有这样的空间流动,虽然需要三个坐标变量描述流动,但是流动参数对于某个坐标轴来看却是对称的。例如,绕流回转体形式的导弹弹体的流动,在圆柱坐标系中可以发现流动参数对于回转轴(z 轴)来说是对称的,即流动参数不是 θ 的函数,只是 r 和 z 坐标的函数,这样的流动被称为轴对称流动,也是一种二维流动问题。

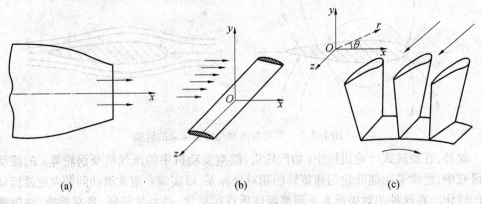

(a)　　　　　　　　　(b)　　　　　　　　　(c)

图 1.7.3　一维、二维、三维流动模型

应该指出的是,真正的一维流动、二维流动是很少见的,它们只是实际三维流动的一

种近似模型。但在许多情况下,把复杂的三维流动简化为一维或二维流动来处理,仍可以得到较为满意的结果,因此在工程实践中有着广泛的应用。

6. 有旋流动与无旋流动

如图 1.7.4 所示,流体运动过程中流体质点本身有旋转的流动称为有旋流动,如质点边旋转边做直线运动是有旋流动,而质点不旋转就算其运动轨迹是圆周的也属于无旋流动。有旋流动是自然界中普遍存在的流动现象,如大气中的台风及龙卷风、绕流物体尾涡等。表征有旋流动的物理量称为涡量,用数学表述为

$$\boldsymbol{\Omega} = \begin{vmatrix} \boldsymbol{i} & \boldsymbol{j} & \boldsymbol{k} \\ \dfrac{\partial}{\partial x} & \dfrac{\partial}{\partial y} & \dfrac{\partial}{\partial z} \\ v_x & v_y & v_z \end{vmatrix}$$

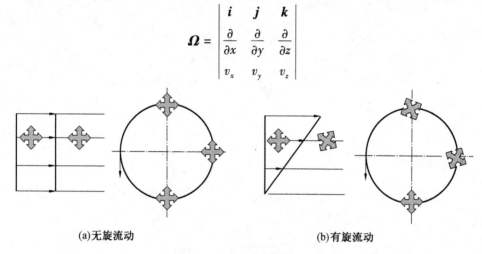

(a)无旋流动　　　　　　　　　　　　　(b)有旋流动

图 1.7.4　无旋、有旋流动模型

考虑如图 1.2.3 所示的简单流动,即 $v_x = cy, v_y = 0, v_z = 0$,可知 $\boldsymbol{\Omega} = -\dfrac{\partial v_x}{\partial y}\boldsymbol{k} = -c\boldsymbol{k} \neq 0$。

与前面的讨论类似,流体微团(对角线)的旋转角速度为 $-\dfrac{1}{2}\dfrac{\partial v_x}{\partial y}$,即涡量是微团旋转角速度的 2 倍,因此黏性流动中必然产生涡。此外,如果流体是斜压的(即密度是温度及压强的函数,如海水、满足完全气体状态方程的气体等)、作用在流体上的力是非有势的,流体中都将产生涡。例如,飞机机翼的附面层内由黏性产生的涡量是导致飞机产生升力的本质原因;大气、海水既是有黏的斜压流体,又受到因地球自转产生的非有势科氏力作用(通常可忽略,但对大尺度运动如信风研究还是很重要的),因而大气、海洋中充满了尺度不一的涡。

无旋流动就是流体运动过程中流体质点无旋转的流动。尽管有旋流动是自然界中普遍存在的,但在一些假设或某种近似条件下,流动还是可以视为无旋的。例如,对于无黏、正压流体(流体密度仅是压力的函数即为正压流体,如等温、等熵流动假设,等密度流动是正压流体的一个特例),当假设质量力有势时,均匀来流绕流物体运动或从静止状态开始的流动就属于无旋流动。无旋流动的重要意义在于,无旋条件下可以得到速度的势函数,如果再假设流体是不可压缩的,就可以得到速度势的拉普拉斯方程,它在数学上有成熟的方法处理。因此无旋流动也是一种应用广泛的简化模型。

7. 重力流体与非重力流体

在流体运动中通常是要考虑重力作用的。对于低速运动的流体如海洋、大气运动中，惯性力较小，重力是影响流体运动的主要因素。此外，在由自由界面及密度分布不均匀引起的流体运动中，重力也起主要作用。但是在高速气体运动中，由于惯性力比气体重力大得多，通常忽略重力因素。

第2章　流体运动基本方程组

流体力学基本方程组是将流体运动时所应遵循的物理定律用方程的形式表达出来，其目的是从这些方程中求解得到流动的未知量。一般说来，在流体力学范围内，流体运动必须遵循的定律有：① 质量守恒定律；② 动量守恒定律；③ 动量矩守恒定律；④ 能量守恒定律（即热力学第一定律）；⑤ 熵不等式（即热力学第二定律）。这五个定律是制约流体运动的基本物理定律，前三个是力学的，后两个是热力学的。由于流体运动时常常有热力学过程参与，涉及热力学变量，这就要用到后两个定律。上述定律对流体运动的数学描述就是流体运动基本方程组，但这个方程组是不封闭的，为了能从中解出未知量，还要补充诸如本构方程、状态方程等有关物性方面的方程。在一般情况下，目前还得不到这个方程组的解析解，但研究它的性质具有极其重要的意义，毕竟各种流动现象都是由这个方程组规定的。此外，对具体的流体运动，不一定需要应用所有定律，如对不可压缩流体、不考虑热效应的流动，前两个定律就已经足够了。

流体运动基本方程组的数学表达式可以是积分形式的，也可以是微分形式的。积分形式的方程需要对流体取有限体积的控制体，应用基本定律经积分得到。微分形式的方程可以根据积分域的任意性而从积分形式的方程直接得出，也可以对流体取微体积元，运用基本定律直接得到。它们在本质上是一样的，但之间也有差别。

积分形式的基本方程组所描述的是包含在系统或控制体内气体运动的总体性质，以及气体与固体之间相互作用的总效果。例如，固体作用于气体的合力（其反作用力即为气体对固体作用的合力）等，特别是当流场中存在各种间断或流动参数出现不连续时（如激波），积分形式的基本方程具有更大的优越性，由于间断条件也必须满足总体的守恒条件或者说间断条件已经自然包含在积分形式的基本方程内，因而无需专门去处理间断条件。微分形式的基本方程组可给出流场中每一流体微团的各个物理量之间的关系，用于了解流动细节。当流动对时间和空间都是连续的，如 p,ρ,V 等都是时间和空间的连续函数时，积分形式的基本方程与微分形式的基本方程完全等价，利用高斯公式等可以很容易直接从积分形式的基本方程组导出其微分形式。对于流动有间断的情况，积分形式的基本方程仍适用，但微分形式的基本方程却只适用于间断两侧的连续流动区，间断两侧的解需要以间断条件作为连接条件。由于所需研究的实际流动中的间断面形状、位置事先并不知道，它们是作为求解过程的一部分被求出来的，因此求解微分形式的基本方程组将会遇到很大困难。虽然积分形式的基本方程不能给出流场的内部细节，也不能确定间断面的形状和位置，但对于那种有间断的且只对流动的总体性质和总体效应感兴趣的情况十分有效。

2.1　连续方程

2.1.1　连续方程的积分形式及其应用

对于一个确定的系统,质量守恒原理可以表述为:在系统中不存在源或汇的条件下,系统的质量不随时间变化。用数学表述为

$$\frac{\mathrm{D}}{\mathrm{D}t}\iiint_{\tau_0}\rho\mathrm{d}\tau_0 = 0 \tag{2.1.1}$$

利用雷诺输运定理式(1.5.9),式(2.1.1)又可写成

$$\frac{\partial}{\partial t}\iiint_{\tau}\rho\mathrm{d}\tau + \oiint_{S}\rho\mathbf{V}\cdot\mathbf{n}\mathrm{d}S = 0 \text{ 或 } -\frac{\partial}{\partial t}\iiint_{\tau}\rho\mathrm{d}\tau = \oiint_{S}\rho\mathbf{V}\cdot\mathbf{n}\mathrm{d}S \tag{2.1.2}$$

此为欧拉型的连续方程。它的物理意义是:单位时间内通过控制面 S 流出的质量,等于同时间内控制体质量的减少,反映了流场中一个有限空间内的流动变量之间的关系。由于连续方程不涉及力的作用问题,是一个运动学方程,它适用于无黏、有黏流体的流动。若流动是定常的,即 $\frac{\partial}{\partial t} = 0$,则式(2.1.2)简化为

$$\oiint_{S}\rho\mathbf{V}\cdot\mathbf{n}\mathrm{d}S = \iint_{S_{\mathrm{in}}+S_{\mathrm{out}}}\rho\mathbf{V}\cdot\mathbf{n}\mathrm{d}S = 0 \text{ 或 } -\iint_{S_{\mathrm{in}}}\rho\mathbf{V}\cdot\mathbf{n}\mathrm{d}S = \iint_{S_{\mathrm{out}}}\rho\mathbf{V}\cdot\mathbf{n}\mathrm{d}S \tag{2.1.3}$$

式中,$\iint_{S}\rho\mathbf{V}\cdot\mathbf{n}\mathrm{d}S$ 为单位时间内流入或流出控制体的质量,称质量流量,以 $\dot{m}$ 表示且始终取正值。再考虑到流体流入控制体时,$\mathbf{V}$ 与控制面外法线单位矢量 $\mathbf{n}$ 成钝角,则取 $\mathbf{V}\cdot\mathbf{n} = -v_n$ 表示流体流入控制体,而 $\mathbf{V}\cdot\mathbf{n} = v_n$ 表示流体流出控制体,式(2.1.3)又可写成

$$\dot{m} = \iint_{S_{\mathrm{in}}}\rho v_n\mathrm{d}S = \iint_{S_{\mathrm{out}}}\rho v_n\mathrm{d}S = \mathrm{const} \tag{2.1.4}$$

式(2.1.3)或(2.1.4)表明,对于定常流动,当不存在源或汇时,经过控制面流入控制体的质量流量必然等于流出控制体的质量流量。

如图2.1.1所示,在许多实际应用中,控制体的边界或表面是由固体壁面和可流过流体的多个进、出口面组成的。由于固体壁面不能流过流体,则面积分可以简化写成 $\sum_{i=1}^{N}\pm\iint_{S_i}\rho_i v_{ni}\mathrm{d}S_i$,式中 N 表示进、出口面总数。若假定进、出口面处的流体速度均与截面垂直,则积分可进一步写成 $\sum_{i=1}^{N}\pm\iint_{S_i}\rho_i V_i\mathrm{d}S_i$。面积分可分为两种,其一是截面处的流体密度与速度可近似视作均匀分布(或取其平均值),且截面面积是给定的;其二是截面处的流体密度与速度分布、截面的形状是已知的。设这两类面积分的数目分别为 N_1,N_2,且 $N = N_1 + N_2$,则由式(2.1.2)可得

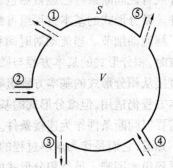

图2.1.1　多进出口控制体

$$\frac{\partial}{\partial t}\iiint_\tau \rho d\tau \pm \sum_{i=1}^{N_1} \rho_i V_i S_i \pm \sum_{j=1}^{N_2}\iint_{S_j} \rho_j V_j dS_j = 0$$

或
$$\frac{\partial}{\partial t}\iiint_\tau \rho d\tau \pm \dot{m}_{N_1} \pm \dot{m}_{N_2} = 0 \tag{2.1.5}$$

若再将面积按流体流入、流出区分,且 $N_1 = N_{1\text{out}} + N_{1\text{in}}$,$N_2 = N_{2\text{out}} + N_{2\text{in}}$,则式(2.1.5)可进一步写成

$$\frac{\partial}{\partial t}\iiint_\tau \rho d\tau + (\dot{m}_{N_1\text{out}} - \dot{m}_{N_1\text{in}}) + (\dot{m}_{N_2\text{out}} - \dot{m}_{N_2\text{in}}) = 0 \tag{2.1.6}$$

例 2.1.1　如图 2.1.2 所示,某储气容器(由气罐与管道组成)中的空气经管道向外界排出,且任意时刻容器中的空气性质都是均匀的。设 t_0 时刻管道出口处气流密度 ρ_0 为均匀分布,速度垂直于出口截面且其分布满足 $V = V_0\left[1 - \left(\frac{r}{r_0}\right)^2\right]$。求 t_0 时刻从管口排出的空气质量流量及容器中空气密度的瞬时变化率。

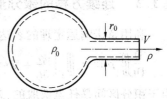

图 2.1.2　高压容器排气

解　如图 2.1.2 取控制体,令 $S_0 = \pi r_0^2$,根据质量流量公式可有

$$\dot{m} = \iint_{S_0} \rho V dS_0 = \rho_0 V_0 \int_0^{r_0}\left(1 - \frac{r^2}{r_0^2}\right)2\pi r dr = \frac{\pi r_0^2}{2}\rho_0 V_0 = \frac{\rho_0 V_0 S_0}{2}$$

由式(2.1.5)可知 $\frac{\partial}{\partial t}\iiint_\tau \rho d\tau + \iint_{S_0} \rho V dS_0 = 0$,考虑到任意时刻控制体中空气性质是均匀的,即 ρ 仅是 t 的函数,则有

$$\frac{d\rho}{dt}\tau + \dot{m} = 0 \quad 或 \frac{d\rho}{dt} = -\frac{\dot{m}}{\tau} = -\frac{\rho_0 V_0 S_0}{2\tau}$$

式中,τ 为容器体积。可知储气容器中空气密度随时间增加而减少。

例 2.1.2　射流泵是一种利用射流提高流动速度及压强的装置,如图 2.1.3 所示。设截面积为 S 的圆管中流体以匀速 V_1 运动,一高速射流沿圆管中心线射出,其速度及截面积分别为 V_j,S_j。若流动是定常的,两种流体为同一流体且密度为常数。求混合气体的平均速度 V_2。

解　如图 2.1.3 所示取控制体,设截面 2 处气体混合均匀且具有平均速度 V_2,由式(2.1.6)可有

$$\rho(S - S_j)V_1 + \rho S_j V_j = \rho S V_2$$

即
$$V_2 = V_1 + \frac{S_j}{S}(V_j - V_1) > V_1$$

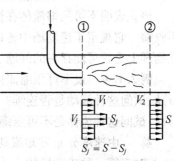

图 2.1.3　射流泵原理

例 2.1.3　设涡轮喷气发动机尾喷管内的流动是定常的,且进出口截面处的参数都是均匀的。若进口截面 1 处的参数为:$p_1 = 2.05 \times 10^5 \text{ N/m}^2$,$T_1 = 865 \text{ K}$,$V_1 = 288 \text{ m/s}$,$S_1 = 0.19 \text{ m}^2$;出口截面 2 处的参数为:$p_2 = 1.143 \times 10^5 \text{ N/m}^2$,$T_2 = 766 \text{ K}$,$S_2 = 0.1538 \text{ m}^2$。求通过尾喷管的质量流量及出口流速。设燃气的气体常数 $R = 287.4 \text{ J/(kg·K)}$。

解　由质量流量公式可有

$$\dot{m}/(\mathrm{kg \cdot s^{-1}}) = \rho_1 V_1 S_1 = \frac{p_1}{R T_1} V_1 S_1 = 45.1$$

由式(2.1.6)可有

$$\dot{m} = \rho_1 V_1 S_1 = \rho_2 V_2 S_2$$

即

$$V_2/(\mathrm{m \cdot s^{-1}}) = V_1 \frac{S_1}{S_2} \frac{p_1}{p_2} \frac{T_2}{T_1} = 565.1$$

2.1.2　连续方程的微分形式及其应用

利用雷诺输运定理的表达式(1.5.10)、(1.5.11),连续方程的积分形式又可写成

$$\frac{\mathrm{D}}{\mathrm{D}t} \iiint_\tau \rho \mathrm{d}\tau = \iiint_\tau \left[\frac{\partial \rho}{\partial t} + \nabla \cdot (\rho \boldsymbol{V})\right] \mathrm{d}\tau = 0 \text{ 和} \frac{\mathrm{D}}{\mathrm{D}t} \iiint_\tau \rho \mathrm{d}\tau = \iiint_\tau \left[\frac{\mathrm{D}\rho}{\mathrm{D}t} + \rho \nabla \cdot \boldsymbol{V}\right] \mathrm{d}\tau = 0$$

由于积分区间是任意选取的,若假定被积函数连续,则只有被积函数处处为零,上式才能成立。于是可以得到连续方程的微分形式

$$\frac{\partial \rho}{\partial t} + \nabla \cdot (\rho \boldsymbol{V}) = 0 \text{ 或} \frac{\mathrm{D}\rho}{\mathrm{D}t} + \rho \nabla \cdot \boldsymbol{V} = 0 \qquad (2.1.7)$$

它建立了流场中某点(即占据该空间点的流体质点)的流动变量之间的关系。

若流动是定常的,则有

$$\nabla \cdot (\rho \boldsymbol{V}) = 0 \qquad (2.1.8)$$

式(2.1.8)表明从单位体积净流出的质量为零。对于不可压缩流体,因为流体质点的密度在运动过程中保持不变,即$\frac{\mathrm{D}\rho}{\mathrm{D}t} = 0$,所以有

$$\nabla \cdot \boldsymbol{V} = 0 \text{ 或} \frac{\partial v_x}{\partial x} + \frac{\partial v_y}{\partial y} + \frac{\partial v_z}{\partial z} = 0 \qquad (2.1.9)$$

该式表明不可压缩流体在流动过程中速度的散度处处为零,或流体体积既不膨胀也不收缩。它规定了速度场中各速度分量之间所应满足的关系,可用于判断给定的速度场在物理上是否可能存在的问题。

例 2.1.4　设不可压缩流体的流动速度分布为$\boldsymbol{V} = 6(x + y^2)\boldsymbol{i} + (2y + z^3)\boldsymbol{j} + (x + 4z)\boldsymbol{k}$,试问这种流动是否连续? 若某流体的流动速度分布为$\boldsymbol{V} = y^2 \boldsymbol{i} + (2y + z^3)\boldsymbol{j} + (x - 2z)\boldsymbol{k}$,试问这种流体是不可压缩的吗?

解　由速度分布可知流动为定常流动,再考虑流体是不可压缩的,式(2.1.9)可知,若对应第一种速度场的流动连续,则应有$\nabla \cdot \boldsymbol{V} = 0$成立。现在有

$$\frac{\partial v_x}{\partial x} = 6, \frac{\partial v_y}{\partial y} = 2, \frac{\partial v_z}{\partial z} = 4$$

即$\frac{\partial v_x}{\partial x} + \frac{\partial v_y}{\partial y} + \frac{\partial v_z}{\partial z} = 12 \neq 0$,说明上述给定速度场的流动是不连续的。

对于第二种给定的速度场分布,若为不可压缩流体,则也应满足$\nabla \cdot \boldsymbol{V} = 0$。现在有

$\frac{\partial v_x}{\partial x} + \frac{\partial v_y}{\partial y} + \frac{\partial v_z}{\partial z} = 0 + 2 - 2 = 0$成立,说明流体是不可压缩的。

2.1.3 一维定常流动的连续方程形式

所谓一维定常流动,是指垂直于流动方向的某一截面上,流动参数(如速度、压力、温度、密度等)都均匀一致且不随时间变化的流动。在一维定常流动中,流动参数仅是沿着流动方向量取的弧长的函数(即只是一个曲线坐标的函数),通常取流道各截面的中心点连接而成的曲线作为坐标轴(或线),其切线方向(与流动方向同向)就是气流的速度方向,因此曲线坐标轴也就是流线。这是一种最简单、理想化的流动模型,实际的流体运动中并不存在真正的一维定常流动,如黏性作用总会使得各气流参数在同一截面上分布不均匀。但是,对于许多工程实际问题,在一定条件下仍可近似认为是一维定常流动(如涡轮喷气发动机的进气道、尾喷管中的流动),只要沿流动方向管道截面积变化缓慢(即管道的扩张角或收缩角较小),且管道轴线曲率半径比管道半径大得多,这时气流速度的管道轴线方向分量远大于其径向分量,且沿管轴方向变化也比其他方向的变化大得多,则可用截面的平均流动参数代表一维流动变量。一维定常流动假设的最大优点是其非常简单,在某些条件下可以给出解析解或半解析半数值结果,为许多工程问题提供了快速计算方法,因而有着极广泛的应用。

一维流动控制体如图 2.1.4(a) 所示。考虑一维流动假设:其一,侧壁面或者可以认为其外法线单位矢量与气流速度方向垂直而有 $\boldsymbol{V} \cdot \boldsymbol{n} = 0$ 成立,或者可以认为是固壁面无流体流过;其二,流动方向与截面垂直且流动参数均匀一致,则式(2.1.2) 可写成

$$\frac{\partial}{\partial t}\iiint_{\tau}\rho\,\mathrm{d}\tau + (\rho VS)_2 - (\rho VS)_1 = 0 \tag{2.1.10}$$

式中,角标 1、2 分别代表进、出口截面处的参数。若流动是定常的,则有

$$\dot{m} = (\rho VS)_2 = (\rho VS)_1 = \rho VS = \mathrm{const} \tag{2.1.11}$$

即在一维定常流动中,通过同一管道或流管任意截面的流体质量流量保持不变。它表示流体流动的连续性。若流动是不可压的,即 $\rho = \mathrm{const}$,有

$$SV = \mathrm{const} \tag{2.1.12}$$

SV 也称为体积流量。由式(2.1.12) 可见,对于一维不可压定常流,流速随截面积缩小而增加。但该结论对于可压缩流动并不总是正确的,这个问题将在后面的有关章节进行讨论。

对式(2.1.11) 取对数,再微分,即可得到一维定常流动连续方程的微分形式

$$\frac{\mathrm{d}\rho}{\rho} + \frac{\mathrm{d}V}{V} + \frac{\mathrm{d}S}{S} = 0 \tag{2.1.13}$$

一维流动连续方程的微分形式还可以参考图 2.1.4(b) 推导得到。取一维流动时的微小系统,其在某时刻 t 长度为 δl,根据质量守恒原理可有

$$0 = \frac{\mathrm{D}}{\mathrm{D}t}\iiint_{\tau_0}\rho\,\mathrm{d}\tau_0 = \frac{\mathrm{D}}{\mathrm{D}t}(\rho S\delta l)$$

展开得

$$\frac{1}{\rho}\frac{\mathrm{D}\rho}{\mathrm{D}t} + \frac{1}{S}\frac{\mathrm{D}S}{\mathrm{D}t} + \frac{1}{\delta L}\frac{\mathrm{D}\delta L}{\mathrm{D}t} = 0$$

分析式中各分项,可知

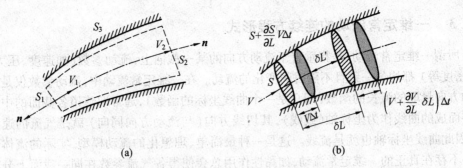

图 2.1.4　一维流动的控制体

$$\frac{1}{S}\frac{DS}{Dt} = \frac{1}{S}\lim_{\Delta t \to 0}\frac{1}{\Delta t}\left(S + \frac{\partial S}{\partial L}V\Delta t - S\right) = \frac{V}{S}\frac{\partial S}{\partial l}$$

$$\frac{1}{\delta L}\frac{D\delta L}{Dt} = \frac{1}{\delta L}\lim_{\Delta t \to 0}\frac{1}{\Delta t}\left\{\left[\left(V + \frac{\partial V}{\partial L}\delta L\right)\Delta t + \delta L'\right] - (V\Delta t + \delta L')\right\} = \frac{\partial V}{\partial L}$$

代入可得

$$\frac{1}{\rho}\frac{D\rho}{Dt} + \frac{V}{S}\frac{\partial S}{\partial l} + \frac{\partial V}{\partial l} = \frac{1}{\rho}\left(\frac{\partial \rho}{\partial t} + V\frac{\partial \rho}{\partial l}\right) + \frac{1}{S}\left(V\frac{\partial S}{\partial l} + S\frac{\partial V}{\partial l}\right) =$$

$$\frac{1}{\rho}\frac{\partial \rho}{\partial t} + \frac{1}{\rho S}\left[SV\frac{\partial \rho}{\partial l} + \rho\frac{\partial(SV)}{\partial L}\right] =$$

$$\frac{1}{\rho}\left[\frac{\partial \rho}{\partial t} + \frac{1}{S}\frac{\partial(\rho VS)}{\partial l}\right] = 0$$

若流动是定常的,则有

$$\frac{\partial(\rho VS)}{\partial l} = 0$$

即

$$\rho VS = \text{const} \quad 或 \quad \frac{d\rho}{\rho} + \frac{dV}{V} + \frac{dS}{S} = 0$$

　　再应用另外一种方法推导一维定常流动的连续方程。如图 2.1.5 所示,任取两个垂直于流动方向的截面 1, 2,与管道(或流管)侧表面组成控制体。设 t_0 时刻某系统与该控制体重合,经过 dt 时间后系统沿轴线(即流线)移动,并位于截面 $1'$, $2'$ 之间。将空间域分为三个子空间,其中子空间 I 与 III 组成 t_0 时刻的系统(也是固定的控制体),而子空间 III 与 II 组成 $t_0 + dt$ 时刻的系统。根据质量守恒原理可知系统的质量不变,又由于定常流动假设下空

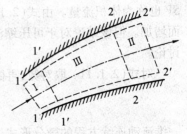

图 2.1.5　一维定常流动示意图

间任意点处的参数不随时间改变,则子空间 III 的流体质量不变。因此,子空间 I 与 II 的流体质量必相等,或者说 dt 时间内从截面 1, 2 流入、流出的流体质量相等,即

$$dm_{\text{I}} = dm_{\text{II}} \quad 或 \quad \rho_1(V_1 dt)S_1 = \rho_2(V_2 dt)S_2$$

由于 $\dot{m} = \dfrac{dm}{dt}$,则有

$$\dot{m} = \rho_1 V_1 S_1 = \rho_2 V_2 S_2 = \rho V S = \text{const}$$

2.2　动量方程

2.2.1　动量方程的积分形式及其应用

动量方程可以表述为：系统的动量对时间的变化率等于外界作用于该系统上的合力。考虑本书 1.4 节中关于质量力、表面力的定义，其数学表述为

$$\frac{\mathrm{D}}{\mathrm{D}t}\iiint_{\tau_0}\rho \boldsymbol{V}\mathrm{d}\tau_0 = \sum \boldsymbol{F} = \iiint_{\tau_0}\rho \boldsymbol{f}\mathrm{d}\tau_0 + \oiint_{S}\boldsymbol{P}\cdot\boldsymbol{n}\mathrm{d}S \tag{2.2.1}$$

利用雷诺输运定理式(1.5.9)，式(2.2.1) 又可写成

$$\frac{\partial}{\partial t}\iiint_{\tau}\rho \boldsymbol{V}\mathrm{d}\tau = \iiint_{\tau}\rho \boldsymbol{f}\mathrm{d}\tau + \oiint_{S}\boldsymbol{P}\cdot\boldsymbol{n}\mathrm{d}S - \oiint_{S}\rho \boldsymbol{V}(\boldsymbol{V}\cdot\boldsymbol{n})\mathrm{d}S \tag{2.2.2}$$

此为欧拉型的动量方程。它的物理意义是：作用在控制体内流体上的合力与单位时间通过控制面流出的流体动量($\oiint_{S}\rho \boldsymbol{V}(\boldsymbol{V}\cdot\boldsymbol{n})\mathrm{d}S = \oiint_{S}\boldsymbol{V}\mathrm{d}\dot{m}$) 之差，等于控制体内的流体动量随时间的变化率。

根据本构方程式(1.4.7)，并用 $\boldsymbol{\tau}$ 表示应力张量 $\boldsymbol{P}$ 中与黏性有关的项，则有

$$\boldsymbol{P} = -p\boldsymbol{I} + \mu\left[2\boldsymbol{S} - \frac{2}{3}(\nabla\cdot\boldsymbol{V})\boldsymbol{I}\right] = -p\boldsymbol{I} + \boldsymbol{\tau} \tag{2.2.3}$$

可证明单位张量 $\boldsymbol{I}$ 与控制面外法线单位矢量 $\boldsymbol{n}$ 的点乘有 $\boldsymbol{I}\cdot\boldsymbol{n} = \boldsymbol{n}$，即

$$\boldsymbol{I}\cdot\boldsymbol{n} = \begin{bmatrix} 1 & 0 & 0 \\ 0 & 1 & 0 \\ 0 & 0 & 1 \end{bmatrix}\cdot\boldsymbol{n} = n_x\boldsymbol{i} + n_y\boldsymbol{j} + n_z\boldsymbol{k} = \boldsymbol{n}$$

则式(2.2.2) 又可写成

$$\frac{\partial}{\partial t}\iiint_{\tau}\rho \boldsymbol{V}\mathrm{d}\tau = \iiint_{\tau}\rho \boldsymbol{f}\mathrm{d}\tau - \oiint_{S}p\boldsymbol{n}\mathrm{d}S + \oiint_{S}\boldsymbol{\tau}\cdot\boldsymbol{n}\mathrm{d}S - \oiint_{S}\rho \boldsymbol{V}(\boldsymbol{V}\cdot\boldsymbol{n})\mathrm{d}S \tag{2.2.4}$$

将控制体的边界分为有流体流过的面、无流体流过的非固壁面以及固壁面三类，并改写式(2.2.4)，有

$$\frac{\partial}{\partial t}\iiint_{\tau}\rho \boldsymbol{V}\mathrm{d}\tau = \iiint_{\tau}\rho \boldsymbol{f}\mathrm{d}\tau + \left(-\oiint_{S}p\boldsymbol{n}\mathrm{d}S + \oiint_{S}\boldsymbol{\tau}\cdot\boldsymbol{n}\mathrm{d}S - \oiint_{S}\rho \boldsymbol{V}(\boldsymbol{V}\cdot\boldsymbol{n})\mathrm{d}S\right)_{\mathrm{I}} +$$

$$\left(-\oiint_{S}p\boldsymbol{n}\mathrm{d}S + \oiint_{S}\boldsymbol{\tau}\cdot\boldsymbol{n}\mathrm{d}S\right)_{\mathrm{II}} + \left(-\oiint_{S}p\boldsymbol{n}\mathrm{d}S + \oiint_{S}\boldsymbol{\tau}\cdot\boldsymbol{n}\mathrm{d}S\right)_{\mathrm{III}}$$

将上式右端项中固壁面对流体的作用力定义为 $\boldsymbol{F}_{\mathrm{e}}$，则又可写成

$$\frac{\partial}{\partial t}\iiint_{\tau}\rho \boldsymbol{V}\mathrm{d}\tau = \iiint_{\tau}\rho \boldsymbol{f}\mathrm{d}\tau + \left(-\oiint_{S}p\boldsymbol{n}\mathrm{d}S + \oiint_{S}\boldsymbol{\tau}\cdot\boldsymbol{n}\mathrm{d}S - \oiint_{S}\rho \boldsymbol{V}(\boldsymbol{V}\cdot\boldsymbol{n})\mathrm{d}S\right)_{\mathrm{I}} +$$

$$\left(-\oiint_{S}p\boldsymbol{n}\mathrm{d}S + \oiint_{S}\boldsymbol{\tau}\cdot\boldsymbol{n}\mathrm{d}S\right)_{\mathrm{II}} + \boldsymbol{F}_{\mathrm{e}}$$

考虑如图 2.2.1 给出的三种情况，分析上式中各项面积分的积分特点。

(1) 第一种是典型的空间绕流物体流场。取控制体如图 2.2.1(a) 所示，假设其进出

口边界 S_1, S_2 距物体足够远,进口边界 S_1 是未受扰动的匀速来流,与黏性有关的积分项为零(匀速流动 $V = \text{const}$,即 $\tau = 0$);出口边界 S_2 是扰动后参数混合均匀的出流,一般说来,已知流体密度、速度及压强分布,但通常忽略由速度梯度导致的与黏性有关的积分项,即假设 $\tau = 0$。因此,上式右端中与第 Ⅰ 类面有关的项可写为

$$- \left[\iint_{S_2} \rho V(V \cdot n)\,\mathrm{d}S - (\rho V v_n S)_1 \right] + (\overrightarrow{p_1 S_1} + \overrightarrow{p_2 S_2})$$

若侧边界 S_3 也距物体足够远,则可视为未受扰动的匀速流动,即 $\tau = 0$,流体运动方向与 S_3 面平行,即属于无流体穿过的非固壁面(也是流线),压强互相抵消或压强合力为零。因此,上式右端中与第 Ⅱ 类面有关的项等于零。S_4 面由流体内部假想的两条近似重合边界组成,与之有关的面积分也均为零。S_5 面的面积分值即为 F_e。

（2）第二种是管道中有绕流物体（也可能是旋转叶轮）时的流场,取控制体如图 2.2.1(b) 所示,假设其进出口边界与第一种情况相同,第 Ⅱ 类面不存在,包含壁面、物体的 S_3 面的面积分值为 F_e。

（3）第三种则是流体通过管道时的流场,取控制体如图 2.2.1(c) 所示,设其进出口边界也与第一种情况相同,壁面处 S_3 面的面积分值为 F_e。

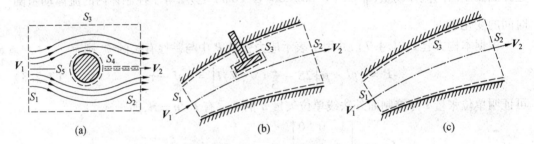

图 2.2.1　推导动量方程的控制体

综合上述三种情况,动量方程可以简写成

$$\frac{\partial}{\partial t} \iiint_\tau \rho V \mathrm{d}\tau + \iint_{S_2} \rho V(V \cdot n)\,\mathrm{d}S - (\rho V v_n S)_1 = \iiint_\tau \rho f \mathrm{d}\tau + (\overrightarrow{p_1 S_1} + \overrightarrow{p_2 S_2}) + F_e$$

再考虑连续方程及 $\dot{m}$ 的定义,上式为

$$\frac{\partial}{\partial t} \iiint_\tau \rho V \mathrm{d}\tau + \iint_{S_2} V \mathrm{d}\dot{m} - \dot{m} V_1 = \iiint_\tau \rho f \mathrm{d}\tau + (\overrightarrow{p_1 S_1} + \overrightarrow{p_2 S_2}) + F_e \tag{2.2.5}$$

若假定为定常流动且忽略质量力,则

$$\iint_{S_2} V \mathrm{d}\dot{m} - \dot{m} V_1 = (\overrightarrow{p_1 S_1} + \overrightarrow{p_2 S_2}) + F_e \tag{2.2.6}$$

若假定出口截面也为匀速流动,则

$$\dot{m}(V_2 - V_1) = (\overrightarrow{p_1 S_1} + \overrightarrow{p_2 S_2}) + F_e \tag{2.2.7}$$

从上面的推导过程可以看出,动量方程积分形式的适用性十分普遍,它与流体性质（无黏或有黏）、流动过程（如热力学过程、化学过程等）无关,只要在进出口截面上的气流参数是已知的,就可以得到作用于固壁及绕流物体表面上的合力 $-F_e$,而不必深入了解控制体内流动的详细参数及过程。

例 2.2.1　一均匀平行流流过翼型后,由于黏性影响会在翼型尾缘后产生如图 2.2.2

所示的尾迹区。试求翼型的阻力系数 $c_x = \dfrac{X}{\frac{1}{2}\rho_\infty V_\infty^2 b}$。设流动是不可压缩定常流动。

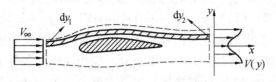

图 2.2.2　翼型阻力系数

解　　取如图 2.2.2 所示的控制体,设进出口截面距翼型足够远且压强均等于未受扰动气流压强,则 x 方向压强合力为零,侧表面为距翼型足够远的流线或未受扰动匀速绕流流线(即保证无流体穿过、可忽略黏性影响、压强合力为零)。定义 $\mathrm{d}y_1,\mathrm{d}y_2$ 为微小控制体在进出口截面处的 y 方向长度且满足连续方程 $\rho V_\infty \mathrm{d}y_1 = \rho V(y)\mathrm{d}y_2$,取控制体垂直纸面方向的长度为 1,则根据式(2.2.6)可有 x 向动量方程为

$$\int_{y_2} \rho V(y) V(y)\,\mathrm{d}y_2 - \int_{y_1} \rho V_\infty V_\infty\,\mathrm{d}y_1 = (F_e)_x$$

合并得

$$(F_e)_x = \rho \int_{y_2} V(y)\left[V(y) - V_\infty\right]\mathrm{d}y_2$$

由于流体所受到的翼型作用力即为翼型所受到的流体作用力 X 的负值,即 $(F_e)_x = -X$,可有

$$c_x = \frac{X}{\frac{1}{2}\rho_\infty V_\infty^2 b} = \frac{\rho \displaystyle\int_{y_2} V(y)\left[V_\infty - V(y)\right]\mathrm{d}y_2}{\frac{1}{2}\rho_\infty V_\infty^2 b}$$

例 2.2.2　推导喷气发动机推力公式。

解　　取与发动机以相同速度 V 运动的相对坐标系,即气流以与飞行速度 V 大小相等、方向相反的速度流向发动机,以速度 V_e 从发动机的尾喷管射出。如图 2.2.3 取控制体,进口截面 $O'O$ 位于远离发动机入口处的未受扰动区,气流压力为大气压强 p_a,速度为 V;出口截面 $e'e$ 位于发动机尾喷管处,其中

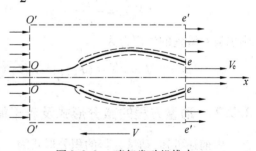

图 2.2.3　喷气发动机推力

喷管出口 ee 面上的气流平均压强为 p_e,平均速度为 V_e,而环形截面 ee' 上的气流参数假设与进口截面处相同,并近似认为通过控制面 $O'O$ 及 $e'e$ 的气流的动量变化率为零。于是控制体进、出口截面的动量变化率仅是流入、流出发动机进、出口截面(即 OO 面与 ee 面)的气流动量变化率 $\dot{m}_e V_e - \dot{m}V$,其中 $\dot{m}$ 为流入发动机的气流质量流量,而 $\dot{m}_e = \dot{m} + \dot{m}_f$ 则为流出发动机的气流质量,式中 $\dot{m}_f$ 为燃油流量。外界气体作用在进口截面的轴向力为 $p_a S$,作用在出口截面的力为 $p_a(S - S_e) + p_e S_e$。侧表面 $O'e'$ 是未受扰动的匀速流动,无流体穿过且压强合力为零。由式(2.2.7)可有 x 方向动量方程为

$$(\dot{m} + \dot{m}_f)V_e - \dot{m}V = p_a S - p_a(S - S_e) - p_e S_e + (F_e)_x$$

式中，$(F_e)_x$ 为气流流经发动机内、外壁面时所受到的合力，其中气流流经外壁面所受的力即为摩擦力或称发动机所受到的气流外部阻力。假设气流无摩擦地流过发动机外壁面，则发动机推力（即发动机内壁面所受到的气流作用力）R 为

$$- R = (F_e)_x = [(\dot{m} + \dot{m}_f) V_e - \dot{m} V] + (p_e - p_a) S_e$$

上式表明，发动机的推力主要由两项组成：① 进入和排出发动机的气体动量变化导致的动量推力或速度推力，这是推力的主要部分。在相同进口条件下，若提高排气速度、增加燃油流量（可使得 $\dot{m}_f$ 和 V_e 同时增加），则推力越大。② 取决于发动机进出口截面处压强大小的压力推力，通常较小。

若忽略燃油流量 $\dot{m}_f$ 及压力推力项，则有

$$- R = \dot{m} (V_e - V)$$

式中，"$-$"号表示推力指向 x 轴的反方向或飞行速度方向。

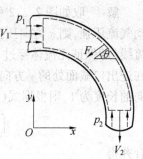

例 2.2.3　如图 2.2.4 所示，水流在变截面弯管中流动，设流量为 $\dot{m}$，已知进口处平均压力 p_1、面积 S_1 及出口处平均压力 p_2、面积 S_2。忽略水流重量，求其对管壁的作用力。

解　如图 2.2.4 取控制体，由式（2.2.7）可有 x, y 方向动量方程为

图 2.2.4　弯管受力

$$- \dot{m} V_1 = p_1 S_1 + (F_e)_x, \quad - \dot{m} V_2 = p_2 S_2 + (F_e)_y$$

移项得

$$(F_e)_x = - \dot{m} V_1 - p_1 S_1, \quad (F_e)_y = - \dot{m} V_2 - p_2 S_2$$

由连续方程可有 $V_1 = \dfrac{\dot{m}}{\rho S_1}, V_2 = \dfrac{\dot{m}}{\rho S_2}$，代入上式可有

$$(F_e)_x = - \frac{\dot{m}^2}{\rho S_1} - p_1 S_1 < 0 \text{ 和 } (F_e)_y = - \frac{\dot{m}^2}{\rho S_2} - p_2 S_2 < 0$$

则水流对管壁的作用力为

$$F = \sqrt{ [- (F_e)_x]^2 + [- (F_e)_y]^2 }, \theta = \arctan \left[\frac{(F_e)_y}{(F_e)_x} \right]$$

2.2.2　动量方程的微分形式及若干简化形式

由前述可知，动量方程的积分形式为

$$\frac{D}{Dt} \iiint_\tau \rho \boldsymbol{V} d\tau = \iiint_\tau \rho \boldsymbol{f} d\tau + \oiint_S \boldsymbol{P} \cdot \boldsymbol{n} dS$$

式中应力张量 $\boldsymbol{P} = - p \boldsymbol{I} + \mu \left[2 \boldsymbol{S} - \dfrac{2}{3} (\nabla \cdot \boldsymbol{V}) \boldsymbol{I} \right]$，则上式又可写为

$$\frac{D}{Dt} \iiint_\tau \rho \boldsymbol{V} d\tau = \iiint_\tau \rho \boldsymbol{f} d\tau - \oiint_S p \boldsymbol{n} dS + \oiint_S 2 \mu \boldsymbol{S} \cdot \boldsymbol{n} dS - \oiint_S \frac{2}{3} \mu (\nabla \cdot \boldsymbol{V}) \boldsymbol{n} dS$$

利用雷诺输运定理式（1.5.9）和（1.5.12），上式中等号左端项为

$$\frac{D}{Dt} \iiint_\tau \rho \boldsymbol{V} d\tau = \iiint_\tau \left[\frac{\partial (\rho \boldsymbol{V})}{\partial t} + \nabla \cdot (\rho \boldsymbol{V} \boldsymbol{V}) \right] d\tau \text{ 或 } \frac{D}{Dt} \iiint_\tau \rho \boldsymbol{V} d\tau = \iiint_\tau \rho \frac{D \boldsymbol{V}}{Dt} d\tau$$

根据高斯公式式（1.3.6）和（1.3.7），式中等号右端的第二、三、四项分别为

$$\oiint_S p\boldsymbol{n}\mathrm{d}S = \iiint_\tau \nabla p\mathrm{d}\tau$$

$$\oiint_S 2\mu\boldsymbol{S}\cdot\boldsymbol{n}\mathrm{d}S = \iiint_\tau \nabla\cdot(2\mu\boldsymbol{S})\mathrm{d}\tau$$

$$\oiint_S \frac{2}{3}\mu(\nabla\cdot\boldsymbol{V})\boldsymbol{n}\mathrm{d}S = \iiint_\tau \frac{2}{3}\nabla[\mu(\nabla\cdot\boldsymbol{V})]\mathrm{d}\tau$$

在一般情况下,μ 是温度的函数,可以不考虑其随空间位置的变化,将它作为常量而写到导数之外,即

$$\oiint_S \frac{2}{3}\mu(\nabla\cdot\boldsymbol{V})\boldsymbol{n}\mathrm{d}S = \iiint_\tau \frac{2}{3}\mu\nabla(\nabla\cdot\boldsymbol{V})\mathrm{d}\tau, \oiint_S 2\mu\boldsymbol{S}\cdot\boldsymbol{n}\mathrm{d}S = \iiint_\tau 2\mu\nabla\cdot\boldsymbol{S}\mathrm{d}\tau$$

因此,动量方程的积分形式又可写为

$$\iiint_\tau \left[\frac{\partial(\rho\boldsymbol{V})}{\partial t} + \nabla\cdot(\rho\boldsymbol{V}\boldsymbol{V})\right]\mathrm{d}\tau = \iiint_\tau \left[\rho\boldsymbol{f} - \nabla p + 2\mu\nabla\cdot\boldsymbol{S} - \frac{2}{3}\mu\nabla(\nabla\cdot\boldsymbol{V})\right]\mathrm{d}\tau$$

或

$$\iiint_\tau \rho\frac{\mathrm{D}\boldsymbol{V}}{\mathrm{D}t}\mathrm{d}\tau = \iiint_\tau \left[\rho\boldsymbol{f} - \nabla p + 2\mu\nabla\cdot\boldsymbol{S} - \frac{2}{3}\mu\nabla(\nabla\cdot\boldsymbol{V})\right]\mathrm{d}\tau$$

于是可以得到动量方程的微分形式

$$\left.\begin{array}{c}\dfrac{\partial(\rho\boldsymbol{V})}{\partial t} + \nabla\cdot(\rho\boldsymbol{V}\boldsymbol{V}) \\[3mm] \rho\dfrac{\mathrm{D}\boldsymbol{V}}{\mathrm{D}t}\end{array}\right\} = \rho\boldsymbol{f} - \nabla p + 2\mu\nabla\cdot\boldsymbol{S} - \frac{2}{3}\mu\nabla(\nabla\cdot\boldsymbol{V}) \qquad (2.2.8)$$

式(2.2.8)称为纳维－斯托克斯方程(简称 N－S 方程)。方程左端项代表单位体积流体的惯性力,右端第一项表示单位体积流体的质量力,第二项表示作用在单位体积流体的压强梯度力,第三项表示黏性变形应力,第四项代表黏性体积膨胀应力。对黏性变形应力项 $\nabla\cdot\boldsymbol{S}$ 作进一步的分析,可有

$$\nabla\cdot\boldsymbol{S} = \left(\boldsymbol{i}\frac{\partial}{\partial x} + \boldsymbol{j}\frac{\partial}{\partial y} + \boldsymbol{k}\frac{\partial}{\partial z}\right)\cdot\begin{bmatrix}\dfrac{\partial v_x}{\partial x} & \dfrac{1}{2}\left(\dfrac{\partial v_x}{\partial y} + \dfrac{\partial v_y}{\partial x}\right) & \dfrac{1}{2}\left(\dfrac{\partial v_x}{\partial z} + \dfrac{\partial v_z}{\partial x}\right) \\[3mm] \dfrac{1}{2}\left(\dfrac{\partial v_x}{\partial y} + \dfrac{\partial v_y}{\partial x}\right) & \dfrac{\partial v_y}{\partial y} & \dfrac{1}{2}\left(\dfrac{\partial v_y}{\partial z} + \dfrac{\partial v_z}{\partial y}\right) \\[3mm] \dfrac{1}{2}\left(\dfrac{\partial v_x}{\partial z} + \dfrac{\partial v_z}{\partial x}\right) & \dfrac{1}{2}\left(\dfrac{\partial v_y}{\partial z} + \dfrac{\partial v_z}{\partial y}\right) & \dfrac{\partial v_z}{\partial z}\end{bmatrix}$$

以上式中 $\boldsymbol{i}$ 方向分量为例:

$$\frac{\partial}{\partial x}\frac{\partial v_x}{\partial x} + \frac{1}{2}\frac{\partial}{\partial y}\left(\frac{\partial v_x}{\partial y} + \frac{\partial v_y}{\partial x}\right) + \frac{1}{2}\frac{\partial}{\partial z}\left(\frac{\partial v_x}{\partial z} + \frac{\partial v_z}{\partial x}\right) =$$

$$\frac{1}{2}\frac{\partial}{\partial x}\frac{\partial v_x}{\partial x} + \frac{1}{2}\frac{\partial}{\partial y}\frac{\partial v_x}{\partial y} + \frac{1}{2}\frac{\partial}{\partial z}\frac{\partial v_x}{\partial z} + \frac{1}{2}\frac{\partial}{\partial x}\frac{\partial v_x}{\partial x} + \frac{1}{2}\frac{\partial}{\partial x}\frac{\partial v_y}{\partial y} + \frac{1}{2}\frac{\partial}{\partial x}\frac{\partial v_z}{\partial z} =$$

$$\frac{1}{2}\nabla\cdot(\nabla v_x) + \frac{1}{2}\frac{\partial}{\partial x}(\nabla\cdot\boldsymbol{V}) = \frac{1}{2}\nabla^2 v_x + \frac{1}{2}\frac{\partial}{\partial x}(\nabla\cdot\boldsymbol{V})$$

则 $\nabla\cdot\boldsymbol{S}$ 的矢量形式为

$$\nabla\cdot\boldsymbol{S} = \boldsymbol{i}\left[\frac{1}{2}\nabla^2 v_x + \frac{1}{2}\frac{\partial}{\partial x}(\nabla\cdot\boldsymbol{V})\right] + \boldsymbol{j}\left[\frac{1}{2}\nabla^2 v_y + \frac{1}{2}\frac{\partial}{\partial y}(\nabla\cdot\boldsymbol{V})\right] +$$

$$k\left[\frac{1}{2}\nabla^2 v_z + \frac{1}{2}\frac{\partial}{\partial z}(\nabla\cdot\boldsymbol{V})\right] =$$

$$\frac{1}{2}\nabla^2\boldsymbol{V} + \frac{1}{2}\nabla(\nabla\cdot\boldsymbol{V})$$

因此,式(2.2.8)又可写成

$$\left.\begin{array}{l}\dfrac{\partial(\rho\boldsymbol{V})}{\partial t} + \nabla\cdot(\rho\boldsymbol{VV}) \\[3mm] \rho\dfrac{\mathrm{D}\boldsymbol{V}}{\mathrm{D}t}\end{array}\right\} = \rho f - \nabla p + \mu\nabla^2\boldsymbol{V} + \frac{1}{3}\mu\nabla(\nabla\cdot\boldsymbol{V}) \qquad (2.2.9)$$

由式(2.2.9)可以看出,黏性流体中处处都存在着黏性应力,但它也不是在流场中的任何地方都重要。下面以气流绕平板的二维定常运动(图 1.7.1)为例简单说明一下。

(1) $\nabla^2\boldsymbol{V} = \nabla\cdot(\nabla\boldsymbol{V})$ 项表明,只有在速度梯度变化剧烈的地方,黏性应力才起重要作用。对于图 1.7.1 所示的流动,附面层之外的大部分流动区域速度梯度近似为零,可以不考虑黏性应力的影响,而在附面层内近似有 $\dfrac{\partial v_x}{\partial y}\sim\dfrac{V_\infty}{\delta}$ 和 $\dfrac{\partial}{\partial y}\left(\dfrac{\partial v_x}{\partial y}\right)\sim\dfrac{V_\infty}{\delta^2}$,由于附面层厚度 δ 通常极小(毫米或厘米量级),因而平板表面附近很薄的附面层区域内存在较大的速度梯度或者说 $\nabla\cdot(\nabla\boldsymbol{V})$ 项较大,必须考虑黏性效应。这是边界层理论赖以建立的一个基本事实。

(2) 考察 $\nabla(\nabla\cdot\boldsymbol{V})$ 项可知,对于不可压缩流体,由于 $\nabla\cdot\boldsymbol{V} = 0$,则与体积膨胀有关的黏性力不起作用。对于图 1.7.1 所示的可压缩流体流动,通常只有在沿流向的压力梯度 $\partial p/\partial x$ 发生显著变化时,速度梯度 $\partial v_x/\partial x$ 才有较大变化,且 $\dfrac{\partial p}{\partial x}\gg\dfrac{\partial}{\partial x}\left(\mu\dfrac{\partial v_x}{\partial x}\right)$,因而 $\nabla(\nabla\cdot\boldsymbol{V})$ 项通常是不重要的(激波厚度内的情况除外)。

式(2.2.9)中的左端项 $\nabla\cdot(\rho\boldsymbol{VV})$ 或 $\rho\dfrac{\mathrm{D}\boldsymbol{V}}{\mathrm{D}t}$ 可写成如下矢量形式

$$\nabla\cdot(\rho\boldsymbol{VV}) = \left(\boldsymbol{i}\frac{\partial}{\partial x} + \boldsymbol{j}\frac{\partial}{\partial y} + \boldsymbol{k}\frac{\partial}{\partial z}\right)\cdot(\boldsymbol{i}v_x\rho\boldsymbol{V} + \boldsymbol{j}v_y\rho\boldsymbol{V} + \boldsymbol{k}v_z\rho\boldsymbol{V}) =$$

$$\frac{\partial}{\partial x}(v_x\rho\boldsymbol{V}) + \frac{\partial}{\partial y}(v_y\rho\boldsymbol{V}) + \frac{\partial}{\partial z}(v_z\rho\boldsymbol{V}) =$$

$$\boldsymbol{i}\left[\frac{\partial(\rho v_x v_x)}{\partial x} + \frac{\partial(\rho v_x v_y)}{\partial y} + \frac{\partial(\rho v_x v_z)}{\partial z}\right] +$$

$$\boldsymbol{j}\left[\frac{\partial(\rho v_y v_x)}{\partial x} + \frac{\partial(\rho v_y v_y)}{\partial y} + \frac{\partial(\rho v_y v_z)}{\partial z}\right] +$$

$$\boldsymbol{k}\left[\frac{\partial(\rho v_z v_x)}{\partial x} + \frac{\partial(\rho v_z v_y)}{\partial y} + \frac{\partial(\rho v_z v_z)}{\partial z}\right]$$

$$\rho\frac{\mathrm{D}\boldsymbol{V}}{\mathrm{D}t} = \rho\left[\frac{\partial\boldsymbol{V}}{\partial t} + (\boldsymbol{V}\cdot\nabla)\boldsymbol{V}\right] = \rho\left\{\frac{\partial\boldsymbol{V}}{\partial t} + \left[(\boldsymbol{i}v_x + \boldsymbol{j}v_y + \boldsymbol{k}v_z)\cdot\left(\boldsymbol{i}\frac{\partial}{\partial x} + \boldsymbol{j}\frac{\partial}{\partial y} + \boldsymbol{k}\frac{\partial}{\partial z}\right)\boldsymbol{V}\right]\right\} =$$

$$\rho\left[\frac{\partial\boldsymbol{V}}{\partial t} + \left(v_x\frac{\partial}{\partial x} + v_y\frac{\partial}{\partial y} + v_z\frac{\partial}{\partial z}\right)\boldsymbol{V}\right] =$$

$$i\left[\rho\frac{\partial v_x}{\partial t}+\rho\left(v_x\frac{\partial v_x}{\partial x}+v_y\frac{\partial v_x}{\partial y}+v_z\frac{\partial v_x}{\partial z}\right)\right]+j\left[\rho\frac{\partial v_y}{\partial t}+\rho\left(v_x\frac{\partial v_y}{\partial x}+v_y\frac{\partial v_y}{\partial y}+v_z\frac{\partial v_y}{\partial z}\right)\right]+$$

$$k\left[\rho\frac{\partial v_z}{\partial t}+\rho\left(v_x\frac{\partial v_z}{\partial x}+v_y\frac{\partial v_z}{\partial y}+v_z\frac{\partial v_z}{\partial z}\right)\right]=$$

$$\rho\frac{Dv_x}{Dt}i+\rho\frac{Dv_y}{Dt}j+\rho\frac{Dv_z}{Dt}k$$

于是可写出 N – S 方程的分量形式为

$$\begin{cases}\dfrac{\partial(\rho v_x)}{\partial t}+\left[\dfrac{\partial(\rho v_x v_x)}{\partial x}+\dfrac{\partial(\rho v_x v_y)}{\partial y}+\dfrac{\partial(\rho v_x v_z)}{\partial z}\right]=\\[2mm]
\rho f_x-\dfrac{\partial p}{\partial x}+\mu\left(\dfrac{\partial^2 v_x}{\partial x^2}+\dfrac{\partial^2 v_x}{\partial y^2}+\dfrac{\partial^2 v_x}{\partial z^2}\right)+\dfrac{\mu}{3}\dfrac{\partial}{\partial x}\left(\dfrac{\partial v_x}{\partial x}+\dfrac{\partial v_y}{\partial y}+\dfrac{\partial v_z}{\partial z}\right)\\[3mm]
\dfrac{\partial(\rho v_y)}{\partial t}+\left[\dfrac{\partial(\rho v_y v_x)}{\partial x}+\dfrac{\partial(\rho v_y v_y)}{\partial y}+\dfrac{\partial(\rho v_y v_z)}{\partial z}\right]=\\[2mm]
\rho f_y-\dfrac{\partial p}{\partial y}+\mu\left(\dfrac{\partial^2 v_y}{\partial x^2}+\dfrac{\partial^2 v_y}{\partial y^2}+\dfrac{\partial^2 v_y}{\partial z^2}\right)+\dfrac{\mu}{3}\dfrac{\partial}{\partial y}\left(\dfrac{\partial v_x}{\partial x}+\dfrac{\partial v_y}{\partial y}+\dfrac{\partial v_z}{\partial z}\right)\\[3mm]
\dfrac{\partial(\rho v_z)}{\partial t}+\left[\dfrac{\partial(\rho v_z v_x)}{\partial x}+\dfrac{\partial(\rho v_z v_y)}{\partial y}+\dfrac{\partial(\rho v_z v_z)}{\partial z}\right]=\\[2mm]
\rho f_z-\dfrac{\partial p}{\partial z}+\mu\left(\dfrac{\partial^2 v_z}{\partial x^2}+\dfrac{\partial^2 v_z}{\partial y^2}+\dfrac{\partial^2 v_z}{\partial z^2}\right)+\dfrac{\mu}{3}\dfrac{\partial}{\partial z}\left(\dfrac{\partial v_x}{\partial x}+\dfrac{\partial v_y}{\partial y}+\dfrac{\partial v_z}{\partial z}\right)\end{cases}\tag{2.2.10a}$$

$$\begin{cases}\rho\dfrac{Dv_x}{Dt}=\rho f_x-\dfrac{\partial p}{\partial x}+\mu\left(\dfrac{\partial^2 v_x}{\partial x^2}+\dfrac{\partial^2 v_x}{\partial y^2}+\dfrac{\partial^2 v_x}{\partial z^2}\right)+\dfrac{\mu}{3}\dfrac{\partial}{\partial x}\left(\dfrac{\partial v_x}{\partial x}+\dfrac{\partial v_y}{\partial y}+\dfrac{\partial v_z}{\partial z}\right)\\[3mm]
\rho\dfrac{Dv_y}{Dt}=\rho f_y-\dfrac{\partial p}{\partial y}+\mu\left(\dfrac{\partial^2 v_y}{\partial x^2}+\dfrac{\partial^2 v_y}{\partial y^2}+\dfrac{\partial^2 v_y}{\partial z^2}\right)+\dfrac{\mu}{3}\dfrac{\partial}{\partial y}\left(\dfrac{\partial v_x}{\partial x}+\dfrac{\partial v_y}{\partial y}+\dfrac{\partial v_z}{\partial z}\right)\\[3mm]
\rho\dfrac{Dv_z}{Dt}=\rho f_z-\dfrac{\partial p}{\partial z}+\mu\left(\dfrac{\partial^2 v_z}{\partial x^2}+\dfrac{\partial^2 v_z}{\partial y^2}+\dfrac{\partial^2 v_z}{\partial z^2}\right)+\dfrac{\mu}{3}\dfrac{\partial}{\partial z}\left(\dfrac{\partial v_x}{\partial x}+\dfrac{\partial v_y}{\partial y}+\dfrac{\partial v_z}{\partial z}\right)\end{cases}\tag{2.2.10b}$$

考虑连续方程式(2.1.7),可将式(2.2.10a)中第一个分式的左端项写成

$$\frac{\partial(\rho v_x)}{\partial t}+\left[\frac{\partial(\rho v_x v_x)}{\partial x}+\frac{\partial(\rho v_x v_y)}{\partial y}+\frac{\partial(\rho v_x v_z)}{\partial z}\right]=$$

$$v_x\frac{\partial\rho}{\partial t}+\rho\frac{\partial v_x}{\partial t}+\rho v_x\frac{\partial v_x}{\partial x}+v_x\frac{\partial(\rho v_x)}{\partial x}+\rho v_y\frac{\partial v_x}{\partial y}+v_x\frac{\partial(\rho v_y)}{\partial y}+\rho v_z\frac{\partial v_x}{\partial z}+v_x\frac{\partial(\rho v_z)}{\partial z}=$$

$$\rho\left(\frac{\partial v_x}{\partial t}+v_x\frac{\partial v_x}{\partial x}+v_y\frac{\partial v_x}{\partial y}+v_z\frac{\partial v_x}{\partial z}\right)+v_x\left[\frac{\partial\rho}{\partial t}+\frac{\partial(\rho v_x)}{\partial x}+\frac{\partial(\rho v_y)}{\partial y}+\frac{\partial(\rho v_z)}{\partial z}\right]=$$

$$\rho\left(\frac{\partial v_x}{\partial t}+\boldsymbol{V}\cdot\nabla v_x\right)+v_x\left[\frac{\partial\rho}{\partial t}+\nabla\cdot(\rho\boldsymbol{V})\right]=\rho\frac{Dv_x}{Dt}$$

即式(2.2.10a)与式(2.2.10b)是等同的。

下面讨论 N – S 方程的几种简化形式。

(1)当流体为不可压缩时,有$\nabla\cdot\boldsymbol{V}=0$,则式(2.2.9)为

$$\rho\frac{D\boldsymbol{V}}{Dt}=\rho\boldsymbol{f}-\nabla p+\mu\nabla^2\boldsymbol{V}\tag{2.2.11}$$

（2）静力学方程，此时 $V = 0$，则式（2.2.9）为

$$\rho f = \nabla p \tag{2.2.12}$$

（3）对于无黏流体，式（2.2.9）变为欧拉方程，即

$$\rho \frac{DV}{Dt} = \rho f - \nabla p \quad \text{或} \quad \rho \left[\frac{\partial V}{\partial t} + (V \cdot \nabla) V \right] = \rho f - \nabla p \tag{2.2.13}$$

（4）兰姆 - 葛罗米柯方程，考虑矢量恒等式 $(V \cdot \nabla) V = \nabla \left(\dfrac{V^2}{2} \right) - V \times (\nabla \times V)$，则欧拉方程可改写为

$$\frac{\partial V}{\partial t} + \nabla \left(\frac{V^2}{2} \right) - V \times (\nabla \times V) = f - \frac{\nabla p}{\rho} \tag{2.2.14}$$

该方程的特点是把计及旋涡运动部分的项分离出来，使得无旋流动时的动量方程大为简化。它表明，如果忽略旋涡的起源（当然是由黏性导致的），对于一个已经存在旋涡的流动，可以通过不考虑黏性的动量方程即兰姆 - 葛罗米柯方程来研究旋涡在流场中的输运过程。只不过既然不考虑黏性，流体微团就不会受到切向力的作用，其旋度不变，原来无旋的流动将始终保持为无旋流，而有旋流动将继续保持为旋度不变的有旋流。

（5）克罗克方程，根据 $d\varphi = dR \cdot \nabla \varphi$（沿迹线的微矢量方向成立），可将热力学第一定律的变形即 $dh = Tds + \dfrac{dp}{\rho}$ 改写为 $\nabla h = T \nabla s + \dfrac{\nabla p}{\rho}$ 的形式，将其代入式（2.2.14）中并忽略质量力，可有

$$\frac{\partial V}{\partial t} + \nabla \left(\frac{V^2}{2} \right) - V \times (\nabla \times V) = T \nabla s - \nabla h \tag{2.2.15}$$

定义滞止焓或总焓 $h^* = h + \dfrac{V^2}{2}$，则式（2.2.15）为

$$\frac{\partial V}{\partial t} - V \times (\nabla \times V) = T \nabla s - \nabla h^* \tag{2.2.16}$$

此即克罗克方程，它把流动气体在流场中每一点的流动参数与热力学状态参数建立了联系，即表明了流场中焓分布（即温度分布）、熵分布与涡量分布、速度分布之间的关系。

下面利用克罗克方程分析几种完全气体定常绝热流动的概念。

（1）若全流场中 $\nabla s = 0$，即流场中所有流线（也是迹线）上的熵值都相等时，称为均熵流动，此时有 $V \times (\nabla \times V) = \nabla h^*$。由于流场中所有空间点处熵值都相等，而每个空间点处的物理量是占据该点的流体质点的物理量，就意味着所有流体质点的熵值都相等，因而均熵流动与等熵流动（即 $\dfrac{Ds}{Dt} = 0$）是不同的概念。在一般情况下，后者表示每个流体质点的熵值在运动过程中保持不变，但不同流体质点的熵值可以是不同的。一般来说，由于滞止焓梯度的产生往往伴随着熵梯度的形成，该式所描述的流动实际意义很小。

（2）若全流场中 $\nabla h^* = 0$，即流场中所有流线上的滞止焓值都相等时，称为均能流动，此时有 $-V \times (\nabla \times V) = T \nabla s$。由于 $V \times (\nabla \times V)$ 这一矢量的方向垂直于 V，也就是说，如果存在垂直于流线的熵梯度，则流动必是有旋的。例如，超声速均匀无旋（或不存在熵梯度）气流流过钝头物体时将产生曲线激波，波后不同流线上的熵值不同，即形成熵梯度，

尽管波前后气流的滞止焓仍不变,但波后流动变成了有旋流。超声速均匀无旋气流穿过直激波或斜激波时,尽管波后气流熵值增加,但各流线上的熵值仍保持相等,故仍是无旋流。

(3) 若全流场中滞止焓值、熵值处处都相等,称为均能均熵流动,即 $V \times (\nabla \times V) = 0$ 成立。有三种流动满足该式,即 $V = 0$(静止流场但无实际意义)、$\nabla \times V = 0$(无旋流场) 和 $V /\!/ (\nabla \times V)$,其中第三种流动状态又称为螺旋运动,表示的是流体质点一边沿流线运动,一边以流线为瞬时轴做旋转运动的情况。这种情况在二维流动中显然是不可能存在的,二维流动必有 $V \perp (\nabla \times V)$ 成立,那么只有当 $\nabla \times V = 0$ 时才会满足 $V \times (\nabla \times V) = 0$,即二维流动中无旋流与均能均熵流是等价的。

2.2.3　伯努利积分和拉格朗日积分

对于许多实际问题,仅用动量方程的微分形式就可以揭示流动的基本特征,在一些简化条件下,微分方程可以单独被积分出来,获得各流动参数之间所应满足的简单代数关系式。

如前所述,流体的密度一般是温度、压强等的函数,这种流体称为斜压流体。而当流体的密度仅是压强的函数时则称正压流体,如均质不可压缩流体 $\rho = \text{const}$、气体等容过程 $v = \text{const}$(即 $\rho = \text{const}$)或等温过程 $\dfrac{p}{\rho} = RT$ 或等熵过程 $\dfrac{p}{\rho^k} = \text{const}$ 等。这样就可以定义一个关于压强 p 的单值数量函数 $P(p) = \displaystyle\int \dfrac{\mathrm{d}p}{\rho(p)}$(即有 $\mathrm{d}P = \dfrac{\mathrm{d}p}{\rho}$ 或 $\nabla P = \dfrac{\nabla p}{\rho}$ 成立)。再考虑到许多流体运动都是在属于地球重力场的范围内进行,可假设质量力是有势的或质量力只为重力,则可定义一个势函数 U,且 $f = \nabla U$ 或 $f = -gk = \nabla(-gz)$,取直角坐标系 z 轴垂直于水平面且指向大气。于是,对于无黏(理想)的正压流体,在质量力有势的条件下,可将兰姆－葛罗米柯方程式(2.2.14)写成

$$\frac{\partial V}{\partial t} + \nabla\left(\frac{V^2}{2} + P - U\right) - V \times (\nabla \times V) = 0 \tag{2.2.17}$$

1. 伯努利积分

若流动是定常的,则式(2.2.17)可写为

$$\nabla\left(\frac{V^2}{2} + P - U\right) - V \times (\nabla \times V) = 0$$

用流线(定常条件下就是迹线)微元 $\mathrm{d}r$ 点乘上式各项。对于 $[V \times (\nabla \times V)] \cdot \mathrm{d}r$ 项,由于微元 $\mathrm{d}r$ 与 V 同向,而 $V \times (\nabla \times V)$ 这一矢量的方向垂直于 V,因此 $[V \times (\nabla \times V)] \cdot \mathrm{d}r = 0$。又由于 $\mathrm{d}\varphi = \mathrm{d}r \cdot \nabla\varphi$,则上式又可写成

$$\mathrm{d}\left(\frac{V^2}{2} + P - U\right) = 0$$

沿流线积分,并假设质量力只是重力,就得到一般形式的伯努利积分,即

$$\frac{V^2}{2} + \int \frac{\mathrm{d}p}{\rho(p)} + gz = C(\psi) \tag{2.2.18}$$

式中,$C(\psi)$ 为随流线不同而不同的伯努利常数。伯努利积分适用于可压缩或不可压缩

流体的无旋或有旋的定常流动,且仅沿流线成立。但若各流线起始处(如无穷远处的均匀起点)具有相同的流动参数,则各流线的伯努利常数也相同,该方程就对全流场的任何点都成立。

若流动是定常且无旋的,推导式(2.2.18)时的微元 $\mathrm{d}r$ 就不必是流线的微元,而可以是任意的,此时式(2.2.18)可以写成

$$\frac{V^2}{2} + \int \frac{\mathrm{d}p}{\rho(p)} + gz = \text{const} \tag{2.2.19}$$

该方程对全流场的任意点均成立。

对于均质不可压缩流体 $\rho = \text{const}$,则有

$$\frac{V^2}{2} + \frac{p}{\rho} + gz = \text{const} \tag{2.2.20a}$$

上式表明,流场中各点的机械能即单位质量流体具有的动能、以压强 p 向周围流体所做的功、重力势能三者之和为常数,因而不可压流体的伯努利方程是一个不含机械能损耗、不考虑机械能输入或输出的机械能守恒方程。对于气体,可忽略重力影响,则有

$$\frac{V^2}{2} + \frac{p}{\rho} = \text{const} \quad \text{或} \quad p + \frac{\rho V^2}{2} = \text{const} \tag{2.2.20b}$$

由于完全气体等熵过程满足 $\frac{p}{\rho^k} = \text{const}$,因此

$$\int_{p_1}^{p_2} \frac{\mathrm{d}p}{\rho} = \frac{k}{k-1}\left(\frac{p_2}{\rho_2} - \frac{p_1}{\rho_1}\right) = \frac{k}{k-1}\frac{p_1}{\rho_1}\left(\frac{p_2}{p_1}\frac{\rho_1}{\rho_2} - 1\right) = \frac{k}{k-1}RT_1\left[\left(\frac{p_2}{p_1}\right)^{\frac{k-1}{k}} - 1\right]$$

忽略重力,则有

$$\frac{V^2}{2} + \frac{k}{k-1}\frac{p}{\rho} = \text{const} \quad \text{或} \quad \frac{V_2^2 - V_1^2}{2} = \frac{k}{k-1}RT_1\left[1 - \left(\frac{p_2}{p_1}\right)^{\frac{k-1}{k}}\right] \tag{2.2.20c}$$

2. 拉格朗日积分

若流动是无旋的,即 $\nabla \times V = 0$,则必有势函数 φ 满足 $V = \nabla\varphi$,则式(2.2.17)可写为

$$\frac{\partial \nabla\varphi}{\partial t} + \nabla\left(\frac{V^2}{2} + P - U\right) = 0$$

由于时间自变量与坐标自变量是相互独立无关的,可以互换运算次序,即

$$\nabla\left(\frac{\partial \varphi}{\partial t} + \frac{V^2}{2} + P - U\right) = 0$$

上式点乘任意微元 $\mathrm{d}r$,有

$$\mathrm{d}\left(\frac{\partial \varphi}{\partial t} + \frac{V^2}{2} + P - U\right) = 0$$

积分可得到拉格朗日积分或柯西积分为

$$\frac{\partial \varphi}{\partial t} + \frac{V^2}{2} + \int \frac{\mathrm{d}p}{\rho(p)} + gz = C(t) \tag{2.2.21}$$

式中,$C(t)$ 是随时间变化的常数,在同一时刻 $C(t)$ 对全流场为同一常数,式(2.2.21)适用于全流场的任意点。

例 2.2.4 如图 2.2.5 所示,平面叶栅由无数个形状相同的叶片组成,求气流作用在

叶片上的气动力。设不可压无黏气体做定常流动。

解 如图2.2.5取控制体,设垂直纸面方向为单位长度,AB,CD距叶栅上、下游足够远且参数均匀,AC,BD是两个状态完全相同的流面(即无流体穿过)。由于只有x方向速度分量才能使气体进入控制体,根据连续方程式(2.1.4)可有

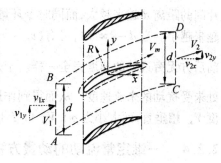

图2.2.5 作用在叶片上的力

$$\rho v_{1x} d = \rho v_{2x} d \quad \text{或} \quad v_{1x} = v_{2x} = v_x$$

因为AC,BD面上压强完全相同但方向相反,则合力为零。于是,动量方程可写为

$$\dot{m}(v_{2x} - v_{1x}) = (p_1 - p_2)d + (F_e)_x, \quad \dot{m}(v_{2y} - v_{1y}) = (F_e)_y$$

移项得到

$$R_x = -(F_e)_x = d(p_1 - p_2), \quad R_y = -(F_e)_y = \rho v_x d(v_{1y} - v_{2y})$$

考虑式(2.2.20b),得

$$\frac{v_{1x}^2 + v_{1y}^2}{2} + \frac{p_1}{\rho} = \frac{v_{2x}^2 + v_{2y}^2}{2} + \frac{p_2}{\rho}$$

化简得

$$p_1 - p_2 = \frac{1}{2}\rho(v_{2y}^2 - v_{1y}^2) = \frac{1}{2}\rho(v_{2y} - v_{1y})(v_{2y} + v_{1y})$$

则有

$$R_x = \frac{\rho d}{2}(v_{2y}^2 - v_{1y}^2) \quad \text{和} \quad R_y = \rho v_x d(v_{1y} - v_{2y})$$

引入逆时针方向的绕叶片环量Γ,考虑到沿AC,BD段的环量积分互相抵消,则可得到$\Gamma = d(v_{2y} - v_{1y})$。于是

$$R_x = \frac{\rho \Gamma}{2}(v_{2y} + v_{1y}) \quad \text{和} \quad R_y = -\rho v_x \Gamma$$

注意到平均合速度

$$V_m = \frac{v_{2x} + v_{1x}}{2}\boldsymbol{i} + \frac{v_{2y} + v_{1y}}{2}\boldsymbol{j} = v_x\boldsymbol{i} + \frac{v_{2y} + v_{1y}}{2}\boldsymbol{j} = \frac{V_2 + V_1}{2} \quad \text{及} \quad \frac{R_y}{R_x} = -\frac{v_x}{(v_{2y} + v_{1y})/2}$$

即叶片所受合力方向垂直于平均合速度方向,其大小或模为

$$|\boldsymbol{R}| = \rho|\Gamma|\sqrt{\left(\frac{v_{2y} + v_{1y}}{2}\right)^2 + v_x^2} = \rho|\Gamma||V_m|$$

这就是关于叶栅中翼型升力的库塔 – 儒可夫斯基定理,它表明气流对叶片的合力的大小与气体密度、平均合速度及绕叶片环量成正比,其方向指向平均合速度方向的垂直方向(或将V_m的方向逆Γ方向转90°所指的方向就是合力方向)。注意到本例题中$\Gamma < 0$,或者说环量Γ的实际方向是顺时针的,因此气流对叶片的合力$\boldsymbol{R}$的方向如图2.2.5所示。

从该例题中所得到的结果出发,进一步推导单个翼型的受力情况。如果使两相邻叶

片间的距离 d 越来越大,而同时令环量 $\Gamma = d(v_{2y} - v_{1y})$ 保持不变,则速度差 $(v_{2y} - v_{1y})$ 将越来越小。当 $d \to \infty$ 时,可有 $(v_{2y} - v_{1y}) \to 0$ 或 $v_{2y} \to v_{1y}$ 或 $V_2 \to V_1$,这意味着单个翼型前后方无穷远处的速度完全一样。于是,合成平均速度 $V_m = \dfrac{V_2 + V_1}{2} = V_\infty$,即等于无穷远处未受扰动的来流速度。从而得到作用在单位翼展长度翼型上的力 R,其方向与来流速度 V_∞ 相垂直,而大小为 $\rho \mid V_\infty \mid \mid \Gamma \mid$。

2.2.4　一维定常流动的动量方程形式

一维流动控制体如图 2.2.1(c) 所示。根据一维定常流动假设,并设作用于控制体内流体的质量力为 F_B,则动量方程的积分形式可参考式(2.2.7)写出,即

$$\dot{m}(V_2 - V_1) = (\overrightarrow{p_1 S_1} + \overrightarrow{p_2 S_2}) + F_B + F_e \tag{2.2.22}$$

由定常、无黏流动,质量力仅为重力等条件,可将式(2.2.14)写成

$$\nabla\left(\frac{V^2}{2}\right) - V \times (\nabla \times V) = \nabla(-gz) - \frac{\nabla p}{\rho}$$

考虑到一维流动的曲线坐标轴就是流线,用流线微元 dr 点乘上式各项,可得到动量方程的微分形式为

$$d\left(\frac{V^2}{2}\right) + \frac{dp}{\rho} + g\,dz = 0 \tag{2.2.23}$$

再采用如图 2.2.6(a) 所示的控制体推导一维定常流动的动量方程。取瞬时 t_0 占据控制体 1122 内的流体为系统,其动量为 M,经过 dt 时间后系统流动至空间 $1'1'2'2'$,动量为 M'。由定常流动时图中子空间 Ⅲ 的流体动量不变,则系统动量变化率为 dt 时间内子空间 Ⅰ、Ⅱ 的动量之差,可表示为(考虑质量守恒)

$$\frac{M'_{\text{Ⅱ}} - M_{\text{Ⅰ}}}{dt} = \frac{dm_{\text{Ⅱ}} V_2 - dm_{\text{Ⅰ}} V_1}{dt} = \dot{m}(V_2 - V_1)$$

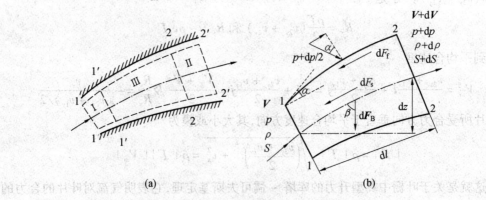

图 2.2.6　推导一维定常流动动量方程的控制体

设环境对该瞬时占据控制体的流体的全部作用力为 $\sum F$,则

$$\sum F = \dot{m}(V_2 - V_1) \tag{2.2.24}$$

$\sum F$ 包括(不考虑机械能输入或输出):质量力 F_B、指向进出口截面的法向力 $\overrightarrow{p_1 S_1}$ 及

$\overrightarrow{p_2 S_2}$(忽略黏性力,即假设 $\tau = 0$)、侧壁面的法向力 $\int p \mathrm{d}S$ 及剪切力 $\int \tau \mathrm{d}S$ 之和(以 $\boldsymbol{F}_e$ 表示)。则式(2.2.24) 可写成式(2.2.22) 的形式。

假设气体流过一段内部有叶轮机械的管道(即存在机械能输入或输出),如图 2.2.6(b) 所示。取微小控制体,设截面 1 的面积及各气流参数为 S, p, ρ, V,截面 2 的面积及各气流参数为 $S + \mathrm{d}S, p + \mathrm{d}p, \rho + \mathrm{d}\rho, V + \mathrm{d}V$,将式(2.2.24) 应用于该控制体可有

$$\sum \boldsymbol{F} = \dot{m}[(V + \mathrm{d}V) - V] = \dot{m}\mathrm{d}V$$

式中, $\sum \boldsymbol{F}$ 为作用在控制体内的气流上沿管轴方向的外力的合力,取与气流速度方向一致的力为正,反之为负。这些力包括:

(1) 作用在进出口截面上气体压强的合力(略去二阶小量),即

$$pS - (p + \mathrm{d}p)(S + \mathrm{d}S) = -p\mathrm{d}S - S\mathrm{d}p$$

(2) 令侧壁面表面积为 $\mathrm{d}S / \sin \alpha$,则作用在侧壁面上的气体平均压强 $p + \dfrac{\mathrm{d}p}{2}$ 在管轴方向的分力(略去二阶小量) 为 $\left(p + \dfrac{\mathrm{d}p}{2}\right) \dfrac{\mathrm{d}S}{\sin \alpha} \sin \alpha = \left(p + \dfrac{\mathrm{d}p}{2}\right) \mathrm{d}S \approx p\mathrm{d}S$。

(3) 侧壁面上的黏性摩擦力或剪切力在管轴方向的分力为 $-\mathrm{d}F_f$。

(4) 管道中叶轮机械对气流的作用力在管轴方向的分力为 $-\mathrm{d}F_s$。

(5) 设作用在控制体内气流上的质量力仅为重力,且与管轴夹角为 β,则重力在管轴方向的分力(略去二阶小量) 为

$$-\mathrm{d}F_B \cos \beta = -g\left(\rho + \frac{\mathrm{d}\rho}{2}\right)\left(S + \frac{\mathrm{d}S}{2}\right) \mathrm{d}l \cos \beta \approx -g\rho S\mathrm{d}z$$

将上述表达式合并,则有

$$\dot{m}\mathrm{d}V = -(p\mathrm{d}S + S\mathrm{d}p) + p\mathrm{d}S - \mathrm{d}F_f - \mathrm{d}F_r - g\rho S\mathrm{d}z$$

将 $\dot{m} = \rho S V$ 代入上式,得到一维定常流动动量方程的微分形式

$$\rho S\mathrm{d}\left(\frac{V^2}{2}\right) + S\mathrm{d}p + \mathrm{d}F_f + \mathrm{d}F_s + g\rho S\mathrm{d}z = 0 \tag{2.2.25}$$

若假设无黏流动、光滑管道(即没有叶轮机械对气流的作用力) 等,则可得到与式(2.2.23) 相同的形式。

设微小控制体的长度为 $\mathrm{d}l$,控制体内的气流质量为 $\mathrm{d}m$,则得到单位质量气流的功的平衡式为

$$\frac{\rho S\mathrm{d}\left(\dfrac{V^2}{2}\right)}{\mathrm{d}m}\mathrm{d}l + \frac{S\mathrm{d}p}{\mathrm{d}m}\mathrm{d}l + \frac{\mathrm{d}F_f}{\mathrm{d}m}\mathrm{d}l + \frac{\mathrm{d}F_s}{\mathrm{d}m}\mathrm{d}l + \frac{g\rho S\mathrm{d}z}{\mathrm{d}m}\mathrm{d}l = 0$$

由于 $\dfrac{\mathrm{d}l}{\mathrm{d}m} = \dfrac{\mathrm{d}l}{\rho S\mathrm{d}l} = \dfrac{1}{\rho S}$,则上式可写为

$$\mathrm{d}\left(\frac{V^2}{2}\right) + \frac{\mathrm{d}p}{\rho} + \mathrm{d}w_f + \mathrm{d}w_s + g\mathrm{d}z = 0 \tag{2.2.26}$$

其积分形式为

$$-w_s = \frac{V_2^2 - V_1^2}{2} + \int_1^2 \frac{\mathrm{d}p}{\rho} + w_f + g(z_2 - z_1) \tag{2.2.27}$$

称式(2.2.27)为推广的伯努利方程。式中，w_s 表示单位质量气体通过叶轮机械(如涡轮)对外界所做的机械功(取正值)或外界通过叶轮机械(如压气机)对单位质量气体所做的机械功(取负值)；w_f 表示单位质量气体克服摩擦阻力所消耗的功(流动损失功)；$\int_1^2 \frac{\mathrm{d}p}{\rho}$ 表示单位质量气体流动过程中由于压强作用所做的功，称为流动气体多变功；$\frac{V_2^2 - V_1^2}{2}$ 表示单位质量气体由于速度变化导致的动能增量；$g(z_2 - z_1)$ 表示单位质量气体在垂直海平面方向上因高度变化克服重力所做的功，称为重力势能。伯努利方程表明，加给单位质量气体的机械功等于流动气体多变功、动能增量、克服流动损失所消耗功、重力势能增量等的总和，反映了气体流动时机械能守恒与转换的规律。

2.3　动量矩方程

2.3.1　动量矩方程的积分和微分形式

动量矩方程可以表述为：系统对某点的动量矩对时间的变化率等于外界作用在系统上所有外力对于同一点的力矩之和。其数学表述为

$$\frac{\mathrm{D}}{\mathrm{D}t}\iiint_{\tau_0} r \times \rho V \mathrm{d}\tau_0 = \sum T = \iiint_{\tau_0} \rho(r \times f)\mathrm{d}\tau_0 + \oiint_S [r \times (P \cdot n)]\mathrm{d}S \quad (2.3.1)$$

利用雷诺输运定理，式(2.3.1)又可写成

$$\iiint_\tau \frac{\partial}{\partial t}(r \times \rho V)\mathrm{d}\tau = \iiint_\tau \rho(r \times f)\mathrm{d}\tau + \oiint_S [r \times (P \cdot n)]\mathrm{d}S - \oiint_S \rho(r \times V)(V \cdot n)\mathrm{d}S$$

$$(2.3.2)$$

此为欧拉型的动量矩方程。它的物理意义是：作用在控制体内流体上的外力矩之和与单位时间通过控制面流出的流体动量矩之差，等于控制体内的流体动量矩随时间的变化率。式(2.3.2)还可根据雷诺输运定理写成

$$\iiint_\tau \rho r \times \frac{\mathrm{D}V}{\mathrm{D}t}\mathrm{d}\tau = \iiint_\tau \rho(r \times f)\mathrm{d}\tau + \oiint_S [r \times (P \cdot n)]\mathrm{d}S \quad (2.3.3)$$

与前述相似，将控制体边界分为有流体流过的面、无流体流过的非固壁面、固壁面三类，则式(2.3.2)中右端的第三项简化为 $\iint_{S_2} \rho(r \times V)(V \cdot n)\mathrm{d}S + \iint_{S_1} \rho(r \times V)(V \cdot n)\mathrm{d}S$，将式(2.3.2)中右端的第二项表面力产生的转矩分为由某转轴(如可转动的旋转机械)产生的转矩 T_a，以及其他表面的表面力产生的转矩 $\iint_{S'} [r \times (P \cdot n)]\mathrm{d}S$。则可写出

$$\iiint_\tau \frac{\partial}{\partial t}(r \times \rho V)\mathrm{d}\tau = \iiint_\tau \rho(r \times f)\mathrm{d}\tau + T_a + \iint_{S'} [r \times (P \cdot n)]\mathrm{d}S -$$

$$\left[\iint_{S_2} \rho(r \times V)(V \cdot n)\mathrm{d}S + \iint_{S_1} \rho(r \times V)(V \cdot n)\mathrm{d}S\right]$$

若仅保留转轴产生的转矩 T_a 项(忽略其他转矩)，并假定流动是定常的，则有

$$T_a = \iint_{S_2} \rho(r \times V)(V \cdot n)\mathrm{d}S - \iint_{S_1} \rho(r \times V)(V \cdot n)\mathrm{d}S \quad (2.3.4)$$

根据高斯公式式(1.3.6),式(2.3.3)中右端第二项为

$$\oiint_S [\, r \times (P \cdot n)\,] \mathrm{d}S = \iiint_\tau \nabla \cdot (r \times P) \mathrm{d}\tau$$

则式(2.3.3)可写成

$$\iiint_\tau \rho r \times \frac{\mathrm{D}V}{\mathrm{D}t} \mathrm{d}\tau = \iiint_\tau [\, \rho(r \times f) + \nabla \cdot (r \times P)\,] \mathrm{d}\tau$$

于是得到动量矩方程的微分形式为

$$\rho r \times \frac{\mathrm{D}V}{\mathrm{D}t} = \rho(r \times f) + \nabla \cdot (r \times P) \tag{2.3.5}$$

根据本书1.4.3节中内容及公式,有

$$\frac{\partial}{\partial x}(r \times p_x) = r \times \frac{\partial p_x}{\partial x} + \frac{\partial r}{\partial x} \times p_x = r \times \frac{\partial p_x}{\partial x} + \frac{\partial(xi + yj + zk)}{\partial x} \times p_x = r \times \frac{\partial p_x}{\partial x} + i \times p_x$$

可有

$$\nabla \cdot (r \times P) = \frac{\partial}{\partial x}(r \times p_x) + \frac{\partial}{\partial y}(r \times p_y) + \frac{\partial}{\partial z}(r \times p_z) =$$

$$r \times \left(\frac{\partial p_x}{\partial x} + \frac{\partial p_y}{\partial y} + \frac{\partial p_z}{\partial z} \right) + i \times p_x + j \times p_y + k \times p_z =$$

$$r \times \nabla \cdot P + i \times p_x + j \times p_y + k \times p_z$$

将上式代入式(2.3.5),得

$$r \times \left(\rho \frac{\mathrm{D}V}{\mathrm{D}t} - \rho f - \nabla \cdot P \right) = i \times p_x + j \times p_y + k \times p_z$$

上式左端为动量方程,因此等于零,根据1.4.3节中内容可知,右端就是应力张量对称性的证明结果,因此动量矩方程没有带来一个独立的结果。

2.3.2　一维定常流动的动量矩方程形式

如图2.3.1所示,在有叶轮机械(如涡轮、压气机等)的定常流场中取微小控制体(进出口截面不可取在叶轮机械内),仅考虑绕z轴力矩。按照前面的分析可知,在一维定常流动假设下,进出口截面仅有法向压强且对z轴力矩为零。质量力为重力时只能作用于z轴上,因而对z轴力矩也为零。忽略旋转叶轮与充满于叶轮及外壳体(即侧壁面)之间的空气之间的摩擦所产生的力矩,则作用于控制体中气体上的外力矩就等于外界通过z轴加于叶轮上的转矩T_a。$\mathrm{d}t$时间内控制体中的流体对z轴动量矩随时间变化率为(采用圆柱坐标系)

$$\frac{\mathrm{d}m_{\mathrm{II}}v_{2u}r_2 - \mathrm{d}m_{\mathrm{I}}v_{1u}r_1}{\mathrm{d}t} = \dot{m}(v_{2u}r_2 - v_{1u}r_1)$$

则得到适用于气体在叶轮机械中的一维定常流动的动量矩方程(绕z轴)为

$$T_a = \dot{m}(v_{2u}r_2 - v_{1u}r_1) \tag{2.3.6}$$

该方程也称为动量矩的欧拉方程。若将式(2.3.6)两端同时乘以叶轮的旋转角速度$\omega = \frac{2\pi n}{60}$,式中叶轮的转速为$n$ r/min,则可得到外界施加给叶轮的功率为

$$L_u = T_a\omega = \dot{m}(v_{2u}r_2 - v_{1u}r_1)\omega \quad 或 \quad L_u = \dot{m}(v_{2u}u_2 - v_{1u}u_1) \tag{2.3.7}$$

式中, u_2, u_1 为叶轮在半径 r_2, r_1 处的圆周速度。若对单位质量气体而言,则有

$$w_s = v_{2u}u_2 - v_{1u}u_1 \tag{2.3.8}$$

式(2.3.8)即为外力对流过叶轮机械的单位质量气体的做功量表达式,经常用以分析和计算涡轮和压气机的功。

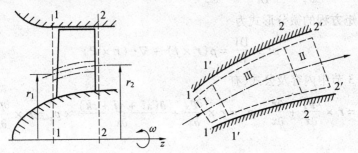

图2.3.1 推导一维定常流动动量矩方程的控制

由式(2.3.6)还可以看出,如果作用在气流上的外力矩为零,则有

$$v_{2u}r_2 = v_{1u}r_1 = v_u r = \text{const} \tag{2.3.9}$$

这表明,当气流依靠惯性力做圆周运动时,气流的切向速度与气流所处位置的半径成反比,半径大的地方气流的切向速度小,而半径小的地方气流的切向速度大,这又被称为面积定律,在分析离心式喷嘴的工作原理时很有用。

2.4 能量方程

2.4.1 能量方程的积分形式及其应用

能量方程是热力学第一定律应用于流动气体时的数学表达式。热力学第一定律可以表述为:单位时间内由外界传入系统的热量等于该系统的总能量对时间的变化率与系统对外界输出的功率,可以写成

$$\frac{\delta Q}{dt} = \frac{DE}{Dt} + \frac{\delta W}{dt} \quad 或 \quad Q = \frac{DE}{Dt} + \dot{W}$$

式中, $\dfrac{\delta Q}{dt} = \dot{Q}$,为单位时间内由外界传入系统的热量,并规定外界向系统传热为正值; $\dfrac{\delta W}{dt} = \dot{W}$,为单位时间内系统对外界的做功率,规定系统对外界做功为正值; $\dfrac{DE}{DT}$ 为系统所储存的总能量随时间的变化率,对于运动的系统而言,单位质量流体储存的总能量等于内能 e 与动能 $V^2/2$ 之和。综上讨论,能量方程的数学表述为

$$\frac{D}{Dt}\iiint_{\tau_0} \rho\left(e + \frac{V^2}{2}\right)d\tau_0 = Q - \dot{W} \tag{2.4.1}$$

利用雷诺输运定理,式(2.4.1)又可写成

$$\iiint_{\tau} \frac{\partial}{\partial t}\left[\rho\left(e + \frac{V^2}{2}\right)\right] \mathrm{d}\tau = \dot{Q} - \dot{W} - \oiint_{S} \rho\left(e + \frac{V^2}{2}\right)(\boldsymbol{V} \cdot \boldsymbol{n})\mathrm{d}S \qquad (2.4.2)$$

此为欧拉型的能量方程。它的物理意义是：单位时间内传给控制体内流体的热量、控制体内流体对外界所做的功与通过控制面流出的流体总能量这三者之差,等于控制体内流体的总能量对时间的变化率。式(2.4.2)还可根据雷诺输运定理写成

$$\iiint_{\tau} \rho \frac{\mathrm{D}}{\mathrm{D}t}\left(e + \frac{V^2}{2}\right) \mathrm{d}\tau = \dot{Q} - \dot{W} \qquad (2.4.3)$$

外界与控制体进行热量交换的形式包括热辐射、燃烧生成热、电磁场生成热及热传导等。令 $\iiint_{\tau} q_{\mathrm{R}}\rho\mathrm{d}\tau$ 表示由于辐射或化学能释放等因素产生的控制体内单位体积流体热量；$-\oiint_{S} \boldsymbol{q}_{\mathrm{h}} \cdot \boldsymbol{n}\mathrm{d}S = -\oiint_{S}(-\lambda\,\nabla T) \cdot \boldsymbol{n}\mathrm{d}S = \oiint_{S} \lambda\,\nabla T \cdot \boldsymbol{n}\mathrm{d}S$（即傅里叶定律）表示单位时间内通过控制体表面传入(或传出)热量,式中第一个负号表示热流矢量与外法线方向 $\boldsymbol{n}$ 相反,即热量进入控制体时须取负号。于是得

$$\dot{Q} = \iiint_{\tau} q_{\mathrm{R}}\rho\mathrm{d}\tau - \oiint_{S} \boldsymbol{q}_{\mathrm{h}} \cdot \boldsymbol{n}\mathrm{d}S = \iiint_{\tau} q_{\mathrm{R}}\rho\mathrm{d}\tau + \oiint_{S} \lambda\,\nabla T \cdot \boldsymbol{n}\mathrm{d}S \qquad (2.4.4\mathrm{a})$$

由于外力包括质量力与表面力,因而外界对控制体内的流体做功也分为质量力做功和表面力做功。单位时间内质量力(有势且仅考虑重力)对流体做功(取负号)为

$$-\iiint_{\tau} \rho\boldsymbol{f} \cdot \boldsymbol{V}\mathrm{d}\tau = -\iiint_{\tau} \rho\,\nabla U \cdot \boldsymbol{V}\mathrm{d}\tau = -\iiint_{\tau} \rho\,\nabla(-gz) \cdot \boldsymbol{V}\mathrm{d}\tau = \iiint_{\tau} \rho\,\nabla(gz) \cdot \boldsymbol{V}\mathrm{d}\tau$$
$$(2.4.4\mathrm{b})$$

表面力做功一般分为表面法向力做功与表面剪切力(即黏性力)做功两项。参考式(2.2.3),将应力张量写成 $\boldsymbol{P} = -p\boldsymbol{I} + \boldsymbol{\tau}$,则单位时间内表面力对流体做功(取负号)为

$$-\oiint_{S}(\boldsymbol{P} \cdot \boldsymbol{n}) \cdot \boldsymbol{V}\mathrm{d}S = \oiint_{S} p\boldsymbol{n} \cdot \boldsymbol{V}\mathrm{d}S - \oiint_{S}(\boldsymbol{\tau} \cdot \boldsymbol{n}) \cdot \boldsymbol{V}\mathrm{d}S = \oiint_{S} \frac{p}{\rho}\rho\boldsymbol{n} \cdot \boldsymbol{V}\mathrm{d}S - \oiint_{S}(\boldsymbol{\tau} \cdot \boldsymbol{n}) \cdot \boldsymbol{V}\mathrm{d}S$$
$$(2.4.4\mathrm{c})$$

式中,$\oiint_{S} \frac{p}{\rho}\rho\boldsymbol{n} \cdot \boldsymbol{V}\mathrm{d}S$ 项可以这样理解：

$p\left(\dfrac{1}{\rho}\right)(\rho\boldsymbol{n} \cdot \boldsymbol{V}\mathrm{d}S) = $（控制体某微元边界上单位面积所受的压强力 p）×

（该力推动单位质量流体从单位表面积上流出时移动的距离 $1/\rho$）×
（单位时间从控制体微元边界上流出的质量流量 $\rho\boldsymbol{V} \cdot \boldsymbol{n}\mathrm{d}S$）=
控制体微元边界上的压力对外界所做的膨胀功率 =
控制体该微元边界上流动所做的流动功率

因此,p/ρ 实际上代表了流体通过控制体边界时对外界所做的流动功,而比焓 $h = e + \dfrac{p}{\rho}$ 可以认为是流动的流体自身带入或带出控制体的能量。

根据上述各式改写式(2.4.2),得

$$\dot{Q} = \iiint_{\tau} \frac{\partial}{\partial t}\left[\rho\left(e + \frac{V^2}{2}\right)\right] \mathrm{d}\tau + \oiint_{S} \rho\left(e + \frac{V^2}{2}\right)(\boldsymbol{V} \cdot \boldsymbol{n})\mathrm{d}S - \iiint_{\tau} \rho\,\nabla U \cdot \boldsymbol{V}\mathrm{d}\tau +$$

$$\oiint_S \frac{p}{\rho} \rho \boldsymbol{n} \cdot \boldsymbol{V}\mathrm{d}S - \oiint_S (\boldsymbol{\tau} \cdot \boldsymbol{n}) \cdot \boldsymbol{V}\mathrm{d}S \tag{2.4.5}$$

注意到 $\iiint_\tau \rho \nabla U \cdot \boldsymbol{V}\mathrm{d}\tau = \iiint_\tau [\nabla \cdot (\rho U \boldsymbol{V}) - U\nabla \cdot (\rho \boldsymbol{V})]\mathrm{d}\tau$ ，再考虑连续方程式(2.1.7)，

得 $\iiint_\tau \rho \nabla U \cdot \boldsymbol{V}\mathrm{d}\tau = \iiint_\tau \left[\nabla \cdot (\rho U \boldsymbol{V}) + U\frac{\partial \rho}{\partial t}\right]\mathrm{d}\tau$ 。根据高斯公式，假设质量力势函数 U 在空间固定点处不随时间变化，则有

$$\iiint_\tau \rho \nabla U \cdot \boldsymbol{V}\mathrm{d}\tau = \oiint_S \rho U \boldsymbol{V} \cdot \boldsymbol{n}\mathrm{d}S + \iiint_\tau \frac{\partial(\rho U)}{\partial t}\mathrm{d}\tau$$

因此，式(2.4.5)可写成

$$\dot{Q} = \iiint_\tau \frac{\partial}{\partial t}\left[\rho\left(e + \frac{V^2}{2} - U\right)\right]\mathrm{d}\tau + \oiint_S \rho\left(e + \frac{p}{\rho} + \frac{V^2}{2} - U\right)(\boldsymbol{V} \cdot \boldsymbol{n})\mathrm{d}S - \oiint_S (\boldsymbol{\tau} \cdot \boldsymbol{n}) \cdot \boldsymbol{V}\mathrm{d}S \tag{2.4.6}$$

这就是适用于控制体的能量方程积分形式。

如图 2.4.1 所示，考察式(2.4.6)中的面积分项在控制体边界处的情况。

(1) 进、出口边界 S_1，S_2 处，有

$$\iint_{S_1+S_2} \rho\left(e + \frac{p}{\rho} + \frac{V^2}{2} - U\right)(\boldsymbol{V} \cdot \boldsymbol{n})\mathrm{d}S \text{ 和} \iint_{S_1+S_2} (\boldsymbol{\tau} \cdot \boldsymbol{n}) \cdot \boldsymbol{V}\mathrm{d}S$$

(2) 侧表面 S_3 处，若 S_3 面为静止固壁面，则式中右端第二项积分因 $\boldsymbol{V} \cdot \boldsymbol{n}\mathrm{d}S = 0$ 或认为无流体穿过而为零，右端第三项与黏性有关的积分可以这样考虑，黏性作用导致紧贴固壁面的流体速度等于零，对静止的观察者来说，固壁加于流体的剪切力是存在的或已被考虑，但没有使流体运动或并没有对流体做功，则该项积分也为零；若 S_3 面为流面，式中右端第二项积分仍为零，但与黏性有关的积分项则应计入。此时有

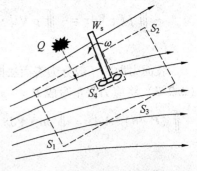

图 2.4.1 控制体积分形式能量方程

$\iint_{S_3} (\boldsymbol{\tau} \cdot \boldsymbol{n}) \cdot \boldsymbol{V}\mathrm{d}S \neq 0$ 。但是，如果 S_3 面为流面，且其与相邻流面间不存在速度梯度（如处于均匀流动状态），则由于 $\boldsymbol{\tau} = 0$ ，也有 $\iint_{S_3} (\boldsymbol{\tau} \cdot \boldsymbol{n}) \cdot \boldsymbol{V}\mathrm{d}S = 0$ 。

(3) 物体表面 S_4 处，若物体为旋转机械如飞机发动机的涡轮，当叶轮旋转时，流体将进入叶片原先占据的空间即 $\boldsymbol{V} \cdot \boldsymbol{n}\mathrm{d}S \neq 0$ ，式(2.4.6)中右端第二项积分不为零，而右端第三项与黏性有关的积分必是不为零的，S_4 面上的这两项积分之和表示旋转机械与流体之间交换的机械功率，记作

$$\dot{W}_\mathrm{s} = \iint_{S_4} \rho\left(e + \frac{p}{\rho} + \frac{V^2}{2} - U\right)(\boldsymbol{V} \cdot \boldsymbol{n})\mathrm{d}S - \iint_{S_4} (\boldsymbol{\tau} \cdot \boldsymbol{n}) \cdot \boldsymbol{V}\mathrm{d}S$$

根据上述讨论，式(2.4.6)可写成

$$\dot{Q} = \iiint_\tau \frac{\partial}{\partial t}\left[\rho\left(e + \frac{V^2}{2} - U\right)\right]\mathrm{d}\tau + \iint_{S_1+S_2} \rho\left(e + \frac{p}{\rho} + \frac{V^2}{2} - U\right)(\boldsymbol{V} \cdot \boldsymbol{n})\mathrm{d}S + \dot{W}_\mathrm{s} -$$

$$\iint_{S_1+S_2+S_3} (\boldsymbol{\tau} \cdot \boldsymbol{n}) \cdot \boldsymbol{V} \mathrm{d}S$$

通常忽略进出口界面处的黏性力做功项,若再假定侧表面为固壁或没有速度梯度的流面,则上式为

$$\dot{Q} = \iiint_{\tau} \frac{\partial}{\partial t}\Big[\rho\Big(e + \frac{V^2}{2} - U\Big)\Big] \mathrm{d}\tau + \iint_{S_2}\rho\Big(e + \frac{p}{\rho} + \frac{V^2}{2} - U\Big)(\boldsymbol{V} \cdot \boldsymbol{n})\mathrm{d}S +$$
$$\iint_{S_1}\rho\Big(e + \frac{p}{\rho} + \frac{V^2}{2} - U\Big)(\boldsymbol{V} \cdot \boldsymbol{n})\mathrm{d}S + \dot{W}_s \qquad (2.4.7)$$

这就是适用于研究流体通过叶轮机械流道流动时的积分形式能量方程。它说明单位时间内外界向控制体内流体传给的热量,等于流道(即控制体)内流体通过旋转机械对外界的做功率、通过控制面流体净带走的总能量和控制体内流体的总能量变化率三者之和。需要指出的是,在推导上述能量方程时,并未涉及流体在控制体内流动过程的具体情况,因此,对于控制体内的流动无论可逆过程或不可逆过程都是适用的。其限制条件是忽略进出口界面处的黏性力做功,并假定侧表面为固壁或没有速度梯度的流面。

将 $h = e + \dfrac{p}{\rho}, U = -gz$ 带入式(2.4.7),则有

$$\dot{Q} = \iiint_{\tau} \frac{\partial}{\partial t}\Big[\rho\Big(e + \frac{V^2}{2} + gz\Big)\Big] \mathrm{d}\tau + \iint_{S_2}\rho\Big(h + \frac{V^2}{2} + gz\Big)(\boldsymbol{V} \cdot \boldsymbol{n})\mathrm{d}S +$$
$$\iint_{S_1}\rho\Big(h + \frac{V^2}{2} + gz\Big)(\boldsymbol{V} \cdot \boldsymbol{n})\mathrm{d}S + \dot{W}_s \qquad (2.4.8)$$

下面讨论能量方程式(2.4.8)的几种简化形式。

(1) 若流动是定常的,则有

$$\dot{Q} - \dot{W}_s = \iint_{S_2}\rho\Big(h + \frac{V^2}{2} + gz\Big)(\boldsymbol{V} \cdot \boldsymbol{n})\mathrm{d}S + \iint_{S_1}\rho\Big(h + \frac{V^2}{2} + gz\Big)(\boldsymbol{V} \cdot \boldsymbol{n})\mathrm{d}S \quad (2.4.9)$$

(2) 若流动是一维定常的,则有

$$\dot{Q} - \dot{W}_s = \dot{m}\Big[\Big(h_2 + \frac{V_2^2}{2} + gz_2\Big) - \Big(h_1 + \frac{V_1^2}{2} + gz_1\Big)\Big]$$

或
$$\dot{q} - \dot{w}_s = \Big(h_2 + \frac{V_2^2}{2} + gz_2\Big) - \Big(h_1 + \frac{V_1^2}{2} + gz_1\Big) \qquad (2.4.10a)$$

式中,$\dot{q}, \dot{w}_s$ 为单位质量流体所吸收的热量、对外界所做的机械功。对气体而言,当高度变化不大时可忽略重力势能的变化,即

$$\dot{q} - \dot{w}_s = \Big(h_2 + \frac{V_2^2}{2}\Big) - \Big(h_1 + \frac{V_1^2}{2}\Big) \qquad (2.4.10b)$$

对于绝能流动(即无热量、功的交换),式(2.4.10b)可进一步写成

$$h_1 + \frac{V_1^2}{2} = h_2 + \frac{V_2^2}{2} = h + \frac{V^2}{2} = \mathrm{const} \qquad (2.4.10c)$$

由于对量热完全气体有 $h = c_p T$ 成立,得

$$c_p T_1 + \frac{V_1^2}{2} = c_p T_2 + \frac{V_2^2}{2} = c_p T + \frac{V^2}{2} = \mathrm{const} \qquad (2.4.10d)$$

式(2.4.10d)表明,在绝能流动中,管道各个截面上气流的焓和动能之和保持不变,但二

者之间却可以互相转换。如果气体的焓（或温度）下降，则动能增加；反之，气体的动能减小，则焓（或温度）增加。

忽略与外界间的功交换，沿流线为等熵流动的伯努利方程式(2.2.20c)与绝热流动能量方程式(2.4.10d)在形式上是一致的，但在使用范围上有所区别。前者只适用于沿流线等熵的可逆过程，而后者适用于绝热流动，允许在管道任何两个截面之间存在激波间断、管壁摩擦阻力这类不可逆过程中应用，即能量方程既适用于等熵的可逆过程，也适用于绝热不等熵的不可逆过程。总之，能量方程的使用范围比伯努利方程要广些，但对于绝热的无黏流动而言，这两个方程无疑是等价的。

例 2.4.1　如图 2.4.2 所示，空气从收缩喷管做定常流动喷出，稳定段空气压强、温度为 p_1，T_1，喷管出口处压强为 p_a。忽略空气在喷管内流动时的摩擦损失，假定在流动中与外界无热量交换，空气的 c_p 为常数。求喷管出口截面上的空气速度及温度。

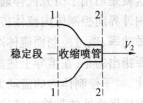

图 2.4.2　喷管示意图

解　如图 2.4.2 所示，取控制体的进出口截面，考虑到稳定段直径远大于喷管出口直径，可以认为稳定段中的气流速度相当小，即 $V_1 \approx 0$。根据式(2.4.10d)可有

$$c_p T_1 + \frac{V_1^2}{2} = c_p T_2 + \frac{V_2^2}{2}$$

于是得

$$V_2 = \sqrt{2c_p(T_1 - T_2)} = \sqrt{\frac{2k}{k-1}RT_1\left(1 - \frac{T_2}{T_1}\right)}$$

由于忽略空气在喷管内流动时的摩擦损失，并假定在流动中与外界无热量交换，则无损耗的绝热流动可以认为是等熵流动。因此，由等熵关系式 $\dfrac{p_2}{p_1} = \left(\dfrac{T_2}{T_1}\right)^{\frac{k}{k-1}}$，得

$$T_2 = T_1\left(\frac{p_a}{p_1}\right)^{\frac{k-1}{k}} \quad \text{和} \quad V_2 = \sqrt{\frac{2k}{k-1}RT_1\left[1 - \left(\frac{p_a}{p_1}\right)^{\frac{k-1}{k}}\right]}$$

例 2.4.2　如图 2.4.3 所示，压气机做定常运动，其输入功率（即对空气做功）为 $\dot{W}_s$，空气质量流量为 $\dot{m}$。设进出口截面流动参数均匀且进口处速度为零，空气为理想气体，忽略流动损失及重力影响。求单位时间传给空气的热量。

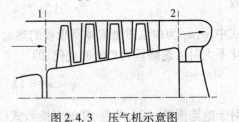

图 2.4.3　压气机示意图

解　如图 2.4.3 所示取控制体，由式(2.4.10a)得

$$\dot{Q} - (-\dot{W}_s) = \dot{m}\left[\left(h_2 + \frac{V_2^2}{2}\right) - \left(h_1 + \frac{V_1^2}{2}\right)\right]$$

考虑 $V_2 = \dfrac{\dot{m}}{\rho_2 S_2} = \dfrac{\dot{m}}{S_2} \dfrac{p_2}{RT_2}$，得

$$\dot{Q} = \dot{m}\left[c_p(T_2 - T_1) + \frac{1}{2}\left(\frac{\dot{m}}{S_2}\frac{p_2}{RT_2}\right)^2 \right] - \dot{W}_s$$

2.4.2　能量方程的微分形式

考虑前述的式(2.4.3)、(2.4.4a)、(2.4.4b)、(2.4.4c) 等,积分形式的能量方程还可写成

$$\iiint_\tau \rho \frac{\mathrm{D}}{\mathrm{D}t}\left(e + \frac{V^2}{2}\right)\mathrm{d}\tau = \iiint_\tau q_R\rho\,\mathrm{d}\tau + \oiint_S \lambda\,\nabla T \cdot \boldsymbol{n}\,\mathrm{d}S + \iiint_\tau \rho\boldsymbol{f} \cdot \boldsymbol{V}\mathrm{d}\tau -$$
$$\oiint_S p\boldsymbol{n} \cdot \boldsymbol{V}\mathrm{d}S + \oiint_S (\boldsymbol{\tau} \cdot \boldsymbol{n}) \cdot \boldsymbol{V}\mathrm{d}S \qquad (2.4.11)$$

根据高斯公式,式(2.4.11) 为

$$\iiint_\tau \rho \frac{\mathrm{D}}{\mathrm{D}t}\left(e + \frac{V^2}{2}\right)\mathrm{d}\tau = \iiint_\tau [q_R\rho + \nabla\cdot(\lambda\,\nabla T) + \rho\boldsymbol{f}\cdot\boldsymbol{V} - \nabla\cdot(p\boldsymbol{V}) + \nabla\cdot(\boldsymbol{\tau}\cdot\boldsymbol{V})]\mathrm{d}\tau$$

于是可以得到能量方程的微分形式为

$$\rho\frac{\mathrm{D}}{\mathrm{D}t}\left(e + \frac{V^2}{2}\right) = q_R\rho + \nabla\cdot(\lambda\,\nabla T) + \rho\boldsymbol{f}\cdot\boldsymbol{V} - \nabla\cdot(p\boldsymbol{V}) + \nabla\cdot(\boldsymbol{\tau}\cdot\boldsymbol{V}) \quad (2.4.12)$$

式中右端第四项 $\nabla\cdot(p\boldsymbol{V})$ 为单位体积流体对外界所做的流动功。该项可拆分为

$$\nabla\cdot(p\boldsymbol{V}) = (p\,\nabla\cdot\boldsymbol{V} + \boldsymbol{V}\cdot\nabla p) \qquad (2.4.13a)$$

式中, $p\,\nabla\cdot\boldsymbol{V}$ 项表示单位体积流体在压强作用下对外界所做的膨胀功(或压缩功); $\boldsymbol{V}\cdot\nabla p$ 表示单位体积流体在压强梯度的作用下(或称在压强的推动下) 对外界所做的位移功(或推动功)。

式中右端第五项 $\nabla\cdot(\boldsymbol{\tau}\cdot\boldsymbol{V})$ 为单位时间内黏性力对运动着的单位体积流体所输运的机械能。注意到 $\iiint_\tau \nabla\cdot(\boldsymbol{\tau}\cdot\boldsymbol{V})\mathrm{d}\tau = \oiint_S (\boldsymbol{\tau}\cdot\boldsymbol{n})\cdot\boldsymbol{V}\mathrm{d}S$,若控制体取固壁形成的封闭域,则因黏性作用而使得紧贴壁面处流体 $\boldsymbol{V} = 0$,即 $\iiint_\tau \nabla\cdot(\boldsymbol{\tau}\cdot\boldsymbol{V})\mathrm{d}\tau = \oiint_S (\boldsymbol{\tau}\cdot\boldsymbol{n})\cdot\boldsymbol{V}\mathrm{d}S = 0$,这表明黏性力做功并不导致控制体内能量总和的变化,而只是起到改变能量空间分布的作用,或者说在具有不同能量的各部分流体之间输运能量,因此称 $\nabla\cdot(\boldsymbol{\tau}\cdot\boldsymbol{V})$ 为输运项。如果控制体以无穷远处的均匀流动区作为边界,由于 $\boldsymbol{\tau} = 0$,可得到同样的结论。该项也可以拆分为两项,即

$$\nabla\cdot(\boldsymbol{\tau}\cdot\boldsymbol{V}) = \varPhi + \boldsymbol{V}\cdot(\nabla\cdot\boldsymbol{\tau}) \qquad (2.4.13b)$$

式中, $\boldsymbol{V}\cdot(\nabla\cdot\boldsymbol{\tau})$ 表示黏性力对单位体积流体所做的位移功; $\varPhi$ 被称为耗散函数,它的表达式可如下推导,由于

$$\nabla\cdot(\boldsymbol{\tau}\cdot\boldsymbol{V}) = \left(\boldsymbol{i}\frac{\partial}{\partial x} + \boldsymbol{j}\frac{\partial}{\partial y} + \boldsymbol{k}\frac{\partial}{\partial z}\right)\cdot[\boldsymbol{i}(\boldsymbol{\tau}_x\cdot\boldsymbol{V}) + \boldsymbol{j}(\boldsymbol{\tau}_y\cdot\boldsymbol{V}) + \boldsymbol{k}(\boldsymbol{\tau}_z\cdot\boldsymbol{V})] =$$
$$\frac{\partial}{\partial x}(\boldsymbol{\tau}_x\cdot\boldsymbol{V}) + \frac{\partial}{\partial y}(\boldsymbol{\tau}_y\cdot\boldsymbol{V}) + \frac{\partial}{\partial z}(\boldsymbol{\tau}_z\cdot\boldsymbol{V}) =$$

$$\boldsymbol{\tau}_x \cdot \frac{\partial \boldsymbol{V}}{\partial x} + \boldsymbol{\tau}_y \cdot \frac{\partial \boldsymbol{V}}{\partial y} + \boldsymbol{\tau}_z \cdot \frac{\partial \boldsymbol{V}}{\partial z} + \boldsymbol{V} \cdot \left(\frac{\partial \boldsymbol{\tau}_x}{\partial x} + \frac{\partial \boldsymbol{\tau}_y}{\partial y} + \frac{\partial \boldsymbol{\tau}_z}{\partial z} \right) =$$

$$\boldsymbol{\tau}_x \cdot \frac{\partial \boldsymbol{V}}{\partial x} + \boldsymbol{\tau}_y \cdot \frac{\partial \boldsymbol{V}}{\partial y} + \boldsymbol{\tau}_z \cdot \frac{\partial \boldsymbol{V}}{\partial z} + \boldsymbol{V} \cdot (\nabla \cdot \boldsymbol{\tau})$$

则 $\Phi = \boldsymbol{\tau}_x \cdot \dfrac{\partial \boldsymbol{V}}{\partial x} + \boldsymbol{\tau}_y \cdot \dfrac{\partial \boldsymbol{V}}{\partial y} + \boldsymbol{\tau}_z \cdot \dfrac{\partial \boldsymbol{V}}{\partial z}$。将其展开后得到

$$\Phi = \tau_{xx} \frac{\partial v_x}{\partial x} + \tau_{xy} \frac{\partial v_y}{\partial x} + \tau_{xz} \frac{\partial v_z}{\partial x} + \tau_{yx} \frac{\partial v_x}{\partial y} + \tau_{yy} \frac{\partial v_y}{\partial y} + \tau_{yz} \frac{\partial v_z}{\partial y} + \tau_{zx} \frac{\partial v_x}{\partial z} + \tau_{zy} \frac{\partial v_y}{\partial z} + \tau_{zz} \frac{\partial v_z}{\partial z} =$$

$$\tau_{xx} \frac{\partial v_x}{\partial x} + \tau_{xy} \frac{1}{2} \left(\frac{\partial v_x}{\partial y} + \frac{\partial v_y}{\partial x} \right) + \tau_{xz} \frac{1}{2} \left(\frac{\partial v_x}{\partial z} + \frac{\partial v_z}{\partial x} \right) + \tau_{yx} \frac{1}{2} \left(\frac{\partial v_x}{\partial y} + \frac{\partial v_y}{\partial x} \right) + \tau_{yy} \frac{\partial v_y}{\partial y} +$$

$$\tau_{yz} \frac{1}{2} \left(\frac{\partial v_y}{\partial z} + \frac{\partial v_z}{\partial y} \right) + \tau_{zx} \frac{1}{2} \left(\frac{\partial v_x}{\partial z} + \frac{\partial v_z}{\partial x} \right) + \tau_{zy} \frac{1}{2} \left(\frac{\partial v_y}{\partial z} + \frac{\partial v_z}{\partial y} \right) + \tau_{zz} \frac{\partial v_z}{\partial z}$$

根据 S 的表达式可以看出，Φ 的表达式恰好等于 $\boldsymbol{\tau}$ 的每一个分量与 S 的每一个分量相乘后再相加，因此可表示为

$$\Phi = \boldsymbol{\tau} : S$$

根据 $\boldsymbol{\tau} = \mu \left[2S - \dfrac{2}{3} (\nabla \cdot \boldsymbol{V}) \boldsymbol{I} \right]$ 的矩阵形式

$$\begin{bmatrix} \tau_{xx} & \tau_{xy} & \tau_{xz} \\ \tau_{yx} & \tau_{yy} & \tau_{yz} \\ \tau_{zx} & \tau_{zy} & \tau_{zz} \end{bmatrix} = 2\mu \begin{bmatrix} \dfrac{\partial v_x}{\partial x} & \dfrac{1}{2} \left(\dfrac{\partial v_x}{\partial y} + \dfrac{\partial v_y}{\partial x} \right) & \dfrac{1}{2} \left(\dfrac{\partial v_x}{\partial z} + \dfrac{\partial v_z}{\partial x} \right) \\ \dfrac{1}{2} \left(\dfrac{\partial v_x}{\partial y} + \dfrac{\partial v_y}{\partial x} \right) & \dfrac{\partial v_y}{\partial y} & \dfrac{1}{2} \left(\dfrac{\partial v_y}{\partial z} + \dfrac{\partial v_z}{\partial y} \right) \\ \dfrac{1}{2} \left(\dfrac{\partial v_x}{\partial z} + \dfrac{\partial v_z}{\partial x} \right) & \dfrac{1}{2} \left(\dfrac{\partial v_y}{\partial z} + \dfrac{\partial v_z}{\partial y} \right) & \dfrac{\partial v_z}{\partial z} \end{bmatrix} -$$

$$\frac{2\mu}{3} \nabla \cdot \boldsymbol{V} \begin{bmatrix} 1 & 0 & 0 \\ 0 & 1 & 0 \\ 0 & 0 & 1 \end{bmatrix}$$

将 Φ 的表达式重新书写，得

$$\Phi = 2\mu S : S - \frac{2\mu}{3} (\nabla \cdot \boldsymbol{V}) \boldsymbol{I} : S =$$

$$2\mu \left[\left(\frac{\partial v_x}{\partial x} \right)^2 + \left(\frac{\partial v_y}{\partial y} \right)^2 + \left(\frac{\partial v_z}{\partial z} \right)^2 + \frac{1}{2} \left(\frac{\partial v_x}{\partial y} + \frac{\partial v_y}{\partial x} \right)^2 + \frac{1}{2} \left(\frac{\partial v_y}{\partial z} + \frac{\partial v_z}{\partial y} \right)^2 + \frac{1}{2} \left(\frac{\partial v_z}{\partial x} + \frac{\partial v_x}{\partial z} \right)^2 \right] -$$

$$\frac{2\mu}{3} \left(\frac{\partial v_x}{\partial x} + \frac{\partial v_y}{\partial y} + \frac{\partial v_z}{\partial z} \right)^2 =$$

$$\mu \left[\left(\frac{\partial v_x}{\partial y} + \frac{\partial v_y}{\partial x} \right)^2 + \left(\frac{\partial v_y}{\partial z} + \frac{\partial v_z}{\partial y} \right)^2 + \left(\frac{\partial v_z}{\partial x} + \frac{\partial v_x}{\partial z} \right)^2 \right] +$$

$$\frac{2\mu}{3} \left[\left(\frac{\partial v_x}{\partial x} - \frac{\partial v_y}{\partial y} \right)^2 + \left(\frac{\partial v_z}{\partial z} - \frac{\partial v_x}{\partial x} \right)^2 + \left(\frac{\partial v_y}{\partial y} - \frac{\partial v_z}{\partial z} \right)^2 \right] \geqslant 0 \qquad (2.4.13\text{c})$$

根据上述各式改写式 (2.4.12)，得

$$\rho \frac{D}{Dt}\left(e + \frac{V^2}{2}\right) = q_R \rho + \nabla \cdot (\lambda \nabla T) - p \nabla \cdot V + \Phi + \rho f \cdot V - V \cdot \nabla p + V \cdot (\nabla \cdot \tau)$$

$$(2.4.13d)$$

将动量方程式(2.2.8)写成 $\rho \dfrac{DV}{Dt} = \rho f - \nabla p + \nabla \cdot \tau$ 的形式,并用速度 V 点乘之,可有

$$V \cdot \rho \frac{DV}{Dt} = V \cdot \rho f - V \cdot \nabla p + V \cdot (\nabla \cdot \tau)$$

或

$$\rho \frac{D}{Dt}\left(\frac{V^2}{2}\right) = V \cdot \rho f - V \cdot \nabla p + V \cdot (\nabla \cdot \tau) \qquad (2.4.13e)$$

比较上面两式可知,质量力及表面力做功率并不都是用于增加流体内能的,其中质量力对流体的做功率仅与流动动能的增加有关。而表面力做功率可以分为两部分,一部分与速度有关,且转化为动能,表示单位时间内单位体积流体在表面力的推动下产生位移而对外界做的功(速度就是单位时间内的位移)即 $V \cdot \nabla p$ 项,以及黏性力对单位体积流体所做的位移功,即 $V \cdot (\nabla \cdot \tau)$ 项;而另一部分与速度的空间变形率有关,且转化为内能,表示与微元体变形(包括体积与形状的改变)有关的功。

将式(2.4.13d)与式(2.4.13e)相减,得到用内能表示的能量方程为

$$\rho \frac{De}{Dt} = q_R \rho + \nabla \cdot (\lambda \nabla T) - p \nabla \cdot V + \Phi$$

或

$$\frac{De}{Dt} = q_R + \frac{\nabla \cdot (\lambda \nabla T)}{\rho} - \frac{p}{\rho} \nabla \cdot V + \frac{\Phi}{\rho} \qquad (2.4.14)$$

根据前述讨论可知,$\nabla \cdot (\tau \cdot V) = \Phi + V \cdot (\nabla \cdot \tau)$ 并不导致控制体内能量总和,即 $e + \dfrac{V^2}{2}$ 的变化,而且 $\Phi \geqslant 0$ 只是转化为内能,这表明黏性力对流体的做功率的一部分总是不断地使得流体运动的机械能转化为热,并由热转化为内能($e = c_v T$),这一转化是不可逆的,因此又称 Φ 为耗散项,它是黏性力对流体所做的用于抵抗变形的功,也就是流体对抵抗变形的黏性力所做的功,其来源是机械能的消耗。由于在空间的任何位置它都是将机械能耗散为热能,因而对于机械能而言,它属于负的"源项"。

下面讨论能量方程式(2.4.14)的几种其他形式。

(1) 熵形式的能量方程

由连续方程式(2.1.7)有

$$\nabla \cdot V = -\frac{1}{\rho} \frac{D\rho}{Dt} = \rho \frac{D}{Dt}\left(\frac{1}{\rho}\right)$$

将其带入式(1.6.14),则得

$$T \frac{Ds}{Dt} = \frac{De}{Dt} + p \frac{D}{Dt}\left(\frac{1}{\rho}\right) = \frac{De}{Dt} + \frac{p}{\rho} \rho \frac{D}{Dt}\left(\frac{1}{\rho}\right) = \frac{De}{Dt} + \frac{p}{\rho} \nabla \cdot V$$

于是有熵方程(忽略辐射热项)

$$T \frac{Ds}{Dt} = \frac{\nabla \cdot (\lambda \nabla T)}{\rho} + \frac{\Phi}{\rho} \qquad (2.4.15a)$$

由上式可见,若想保持$\dfrac{Ds}{Dt}=0$,则$\dfrac{\nabla\cdot(\lambda\nabla T)}{\rho}+\dfrac{\Phi}{\rho}=0$(即流场中每一点上均有热传导项与耗散项恰好互相抵消,这在实际流动中很难实现),或者$\nabla\cdot(\lambda\nabla T)=0$及$\Phi=0$。因此,可逆的绝热流动是等熵流动,而不可逆的绝热流动是非等熵流动,也就是说,只有忽略流体黏性与热传导的流动才可近似看作等熵流动。

(2) 焓形式的能量方程

由比焓表达式$h=e+\dfrac{p}{\rho}$有

$$\frac{Dh}{Dt}=\frac{De}{Dt}+\frac{D}{Dt}\Big(\frac{p}{\rho}\Big)=\frac{De}{Dt}+p\frac{D}{Dt}\Big(\frac{1}{\rho}\Big)+\frac{1}{\rho}\frac{Dp}{Dt}=\frac{De}{Dt}+\frac{p}{\rho}\nabla\cdot\boldsymbol{V}+\frac{1}{\rho}\frac{Dp}{Dt}$$

于是有焓方程(忽略辐射热项)为

$$\frac{Dh}{Dt}=\frac{\nabla\cdot(\lambda\nabla T)}{\rho}+\frac{\Phi}{\rho}+\frac{1}{\rho}\frac{Dp}{Dt} \tag{2.4.15b}$$

(3) 温度形式的能量方程

对于量热完全气体有$e=c_V T,h=c_p T$成立,则可得到温度方程为

$$\begin{cases}c_V\dfrac{DT}{Dt}=\dfrac{\nabla\cdot(\lambda\nabla T)}{\rho}-\dfrac{p}{\rho}\nabla\cdot\boldsymbol{V}+\dfrac{\Phi}{\rho}\\[3mm]c_p\dfrac{DT}{Dt}=\dfrac{\nabla\cdot(\lambda\nabla T)}{\rho}+\dfrac{\Phi}{\rho}+\dfrac{1}{\rho}\dfrac{Dp}{Dt}\end{cases} \tag{2.4.15c}$$

由关系式$\dfrac{Dp}{Dt}=\dfrac{\partial p}{\partial t}+\boldsymbol{V}\cdot\nabla p$及连续方程式(2.1.7),式(2.4.13a)可写成

$$\nabla\cdot(p\boldsymbol{V})=p\nabla\cdot\boldsymbol{V}+\boldsymbol{V}\cdot\nabla p=p\rho\frac{D(1/\rho)}{Dt}+\Big(\frac{Dp}{Dt}-\frac{\partial p}{\partial t}\Big)=$$

$$\rho\Big[p\frac{D(1/\rho)}{Dt}+\frac{1}{\rho}\frac{Dp}{Dt}\Big]-\frac{\partial p}{\partial t}=\rho\frac{D(p/\rho)}{Dt}-\frac{\partial p}{\partial t}$$

若质量力仅考虑重力,即$\boldsymbol{f}=\nabla U=\nabla(-gz)$,则

$$\frac{DU}{Dt}=\frac{\partial U}{\partial t}+\boldsymbol{V}\cdot\nabla U=\frac{\partial U}{\partial t}+\boldsymbol{V}\cdot\boldsymbol{f}$$

假设质量力势函数U在空间固定点处不随时间变化,则有$\dfrac{DU}{Dt}=\boldsymbol{V}\cdot\boldsymbol{f}$。因此式(2.4.12)还可写成

$$\rho\frac{D}{Dt}\Big(e+\frac{V^2}{2}\Big)=q_R\rho+\nabla\cdot(\lambda\nabla T)+\rho\frac{D(-gz)}{Dt}-\Big[\rho\frac{D(p/\rho)}{Dt}-\frac{\partial p}{\partial t}\Big]+\nabla\cdot(\boldsymbol{\tau}\cdot\boldsymbol{V})$$

化简可得

$$\rho\frac{D}{Dt}\Big(e+\frac{p}{\rho}+gz+\frac{V^2}{2}\Big)=q_R\rho+\nabla\cdot(\lambda\nabla T)+\frac{\partial p}{\partial t}+\nabla\cdot(\boldsymbol{\tau}\cdot\boldsymbol{V})$$

或　　　　$$\frac{D}{Dt}\Big(h+gz+\frac{V^2}{2}\Big)=q_R+\frac{\nabla\cdot(\lambda\nabla T)}{\rho}+\frac{1}{\rho}\frac{\partial p}{\partial t}+\frac{\nabla\cdot(\boldsymbol{\tau}\cdot\boldsymbol{V})}{\rho} \tag{2.4.16}$$

从式(2.4.16)可以得出如下结论:

(1) 当流体做定常流动且与外界无热量交换时,有$\dfrac{D}{Dt}\Big(h+gz+\dfrac{V^2}{2}\Big)=\dfrac{\nabla\cdot(\boldsymbol{\tau}\cdot\boldsymbol{V})}{\rho}$或

$\boldsymbol{V} \cdot \nabla\left(h + gz + \dfrac{V^2}{2}\right) = \dfrac{\nabla \cdot (\boldsymbol{\tau} \cdot \boldsymbol{V})}{\rho}$ 成立,即单位质量流体所具有的焓值、动能与势能之和是随流(即沿迹线或流线)变化的,这种变化来自于某条流线中的某个流体微团与邻近流线中的其他流体微团之间,由于黏性应力作用而传输的能量,进而改变了流体总能量的空间分布。需要指出的是,定常流动这一条件通常还隐含了一个前提,即此时也无机械功的输入输出,否则就与定常流动条件相矛盾了。

(2) 当流体做定常流动(且与外界无机械功交换)、与外界无热量交换时,若流体是无黏的,可有 $\dfrac{\mathrm{D}}{\mathrm{D}t}\left(h + gz + \dfrac{V^2}{2}\right) = 0$ 或 $h + gz + \dfrac{V^2}{2} = \mathrm{const}$,即流体的总能量沿流线为常数或不变,而且由于流体是无黏的,即使流场中其他迹线或流线上流体所具有的总能量不同,相邻迹线或流线间也不会出现能量传输的现象,因而上述结论仍然成立。假设组成流场的所有流线都有一个起点且起点处流体微团所具有的总能量并不完全相同时,则起点之后的流场中不同流线的总能量仍是不完全相同的,但每条流线的总能量却是不变的;若所有流线起点处的总能量都相同,则流场中流体所具有的总能量处处、时时相等,这就是前面所述的均能流动概念。

(3) 当流体做定常流动(且与外界无机械功交换)、与外界无热量交换,并假设为静止管道内的一维流动时(图2.4.4),可以看出,若考虑流体的黏性作用,管截面上的流动参数如速度是非均匀分布或存在梯度的(至少在管壁附近必然如此)。如果气流速度管轴方向分量远大于径向分量,且沿管轴方向变化也比其他方向变化大得多,则可用截面平均流动速度近似代表整个截面的流动速度,进而得到一维流

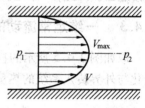

图 2.4.4　管道内速度分布

动。此时,在黏性作用下仅在管壁处因 $V = 0$ 而导致速度梯度出现,并产生了管道侧表面作用于流体上的黏性应力。但是,对静止的观察者来说,管壁处的流体并不在这一黏性应力的作用下移动,即黏性应力不对流体做功。因此,有 $\dfrac{\mathrm{D}}{\mathrm{D}t}\left(h + gz + \dfrac{V^2}{2}\right) = 0$ 成立,根据随体导数定义,这表明静止管道内的绝能定常一维流动中单位质量流体具有的总能量沿流线不变,即

$$h + gz + \frac{V^2}{2} = \mathrm{const} \tag{2.4.17}$$

该式对无黏、有黏流动(或可逆过程、不可逆过程)皆成立。

(4) 当无黏流体流动过程中与外界无热量交换时,有 $\dfrac{\mathrm{D}}{\mathrm{D}t}\left(h + gz + \dfrac{V^2}{2}\right) = \dfrac{1}{\rho} \dfrac{\partial p}{\partial t}$ 成立。

该式表明,此时流体与外界之间的机械功交换是通过流动的非定常性即 $\dfrac{\partial p}{\partial t} \neq 0$ 实现的,换言之,若 $\dfrac{\partial p}{\partial t} = 0$,则必无机械功的转换。这一结论也可以从物理方面来理解,比如在图2.4.1 所示的控制体中,只有叶轮旋转才能实现机械功的输入输出,对静止的观察者来说,这种旋转运动势必使得一个非均匀流动不断通过绝对坐标系中的一个固定点,该点所

感受到的绝对流动必定是非定常的和非一维的。因此,对于存在机械功输入输出的流动来说,流体所具有的总能量必是随流线时时、处处变化的。这种流体的真实运动特性与一维定常流动假设矛盾,也是一维流动模型和轴对称流动假设的先天缺陷。但是,可以考虑机械功转换的能量方程积分形式如式(2.4.9)、式(2.4.10)却是基于定常流动假设得到的,这与上面讨论是否矛盾呢? 可以这样理解,尽管流动是非定常的(对静止观察者),但可将 $\iiint_{\tau} \rho \left(e + \dfrac{V^2}{2} + gz \right) \mathrm{d}\tau$ 这一体积分值视为常数,即控制体内流体的总能量不随时间变化,输出或输入的机械功与通过控制面流体净带走的总能量守恒,而这在工程实际中是可以近似满足的。

下面的例子说明,若流动是非定常的,即使流动过程中流体与外界无热量、机械功的交换,流体总能量仍然可以发生变化。考虑声音在介质中传播的物理现象,在气体声场中某微团的邻域,若微团压强随时间变化,该微团总能量的随体导数就不为零,即微团本身的能量在当地随时间变化,邻近微团的能量则因迁移变化率的存在也发生变化,这样不论微团群体随气流宏观运动状况如何,微团能量的不断变化将能量以其特有的速度即声速传播过去。因此,声音现象实际是一种形式的能量传播,通常就是机械振动形式的能量。

2.4.3　一维定常流动的能量方程形式

取如图 2.4.5 所示的控制体,按照前面所用的方法分析就是 $\mathrm{d}t$ 时间内系统总能量的变化与外界传入系统的热量、系统对外界做功之间的关系。

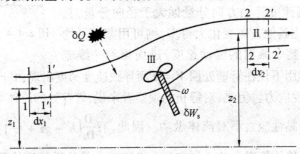

图 2.4.5　推导一维定常流动能量方程的控制体

(1) 系统能量的变化。由于流动是定常的,则系统能量的变化为 $\mathrm{d}t$ 时间内子空间 Ⅰ、Ⅱ 的能量之差(包括内能、动能及重力势能),即

$$\mathrm{d}E = E_{\text{Ⅱ}} - E_{\text{Ⅰ}} = \mathrm{d}m \left[\left(e_2 + \frac{V_2^2}{2} + gz_2 \right) - \left(e_1 + \frac{V_1^2}{2} + gz_1 \right) \right]$$

(2) 外界传入系统的热量 δQ(不考虑传热的具体过程)。

(3-1) 系统对外界做功之机械功(或称轴功)δW_s。即流体通过对系统内的旋转机械转轴而对系统外界的那部分转轴所做的功,其来源是叶轮及转轴与系统交界面上的剪切力产生的扭矩,以及流体进、出叶片所占据的空间时自身所携带的总能量的变化。

(3-2) 系统对外界做功之压强做功(或称流动功)。设 $\mathrm{d}t$ 时间内系统进口边界处的流体在其左侧的流体作用下移动 $\mathrm{d}x_1$ 距离(即外界对系统做功),而系统出口边界处的流体则推动其右侧的流体并移动 $\mathrm{d}x_2$ 距离(即系统对外界做功),因而整个系统对外界所做

的流动功可写成(考虑连续方程)

$$p_2 S_2 \mathrm{d}x_2 - p_1 S_1 \mathrm{d}x_1 = \frac{p_2}{\rho_2}\rho_2 S_2 \mathrm{d}x_2 - \frac{p_1}{\rho_1}\rho_1 S_1 \mathrm{d}x_1 = \mathrm{d}m\left(\frac{p_2}{\rho_2} - \frac{p_1}{\rho_1}\right)$$

需要注意的是,除旋转机械与系统交界面之外的侧表面固壁外,尽管也存在着压强,但系统在压强的作用下并未产生位移(沿壁面法线方向),因而其做功为零。

(3 - 3) 系统对外界做功之黏性力做功。如果除旋转机械与系统交界面之外的侧边界取在静止的固壁处,则因黏性作用而使得壁面处流体速度为零,对静止观察者而言,固壁加于流体上的摩擦力并没有使流体移动,即黏性力做功为零。此外,在系统进出口边界处考虑两种情况:一种是速度垂直于进出口边界且为均值(即 $V = \mathrm{const}$),则无黏性力做功;其二是速度垂直于进出口边界但非均匀分布,则应考虑黏性力做功。在一般情况下,忽略进出口边界处的黏性力做功。

综合上述各式,得到一维定常流动的能量方程式为

$$\delta Q = \mathrm{d}m\left[\left(e_2 + \frac{V_2^2}{2} + gz_2 + \frac{p_2}{\rho_2}\right) - \left(e_1 + \frac{V_1^2}{2} + gz_1 + \frac{p_1}{\rho_1}\right)\right] + \delta W_s$$

当 $\mathrm{d}t \to 0$ 时,则有

$$\dot{Q} = \dot{m}\left[\left(e_2 + \frac{V_2^2}{2} + gz_2 + \frac{p_2}{\rho_2}\right) - \left(e_1 + \frac{V_1^2}{2} + gz_1 + \frac{p_1}{\rho_1}\right)\right] + \dot{W}_s$$

或

$$\dot{Q} = \dot{m}\left[\left(h_2 + \frac{V_2^2}{2} + gz_2\right) - \left(h_1 + \frac{V_1^2}{2} + gz_1\right)\right] + \dot{W}_s \qquad (2.4.18)$$

式中,$\dot{Q}, \dot{W}_s$ 分别为 $\mathrm{d}t \to 0$ 时,由外界通过控制面传入系统的传热量及系统通过转轴对外界的做功(机械功)率。若忽略重力势能,并将式(2.4.18)两边同除以 $\dot{m}$,则有

$$\dot{q} = \left(h_2 + \frac{V_2^2}{2}\right) - \left(h_1 + \frac{V_1^2}{2}\right) + \dot{w}_s$$

或

$$\dot{q} - \dot{w}_s = (h_2 - h_1) + \frac{1}{2}(V_2^2 - V_1^2) \qquad (2.4.19)$$

若取微小控制体,则式(2.4.19)可写为

$$\delta\dot{q} - \delta\dot{w}_s = \mathrm{d}h + \mathrm{d}\left(\frac{V^2}{2}\right) \qquad (2.4.20)$$

此即一维定常流动能量方程的微分形式。对于量热完全气体的绝能流动过程,从式(2.4.20)可得到如式(2.4.10c)、(2.4.10d)的简化形式。

2.5　熵方程

根据本书1.6节内容可知,对于一个确定的系统,热力学第二定律的数学表述为

$$\frac{\mathrm{D}}{\mathrm{D}t}\iiint_{\tau_0} s\rho\,\mathrm{d}\tau_0 \geqslant \frac{\dot{Q}}{T} \qquad (2.5.1)$$

式中,s 为单位质量流体所具有的熵。利用雷诺输运定理,式(2.5.1)又可写成

$$\frac{\partial}{\partial t}\iiint_{\tau}\rho s\mathrm{d}\tau + \oiint_{S}s\rho\boldsymbol{V}\cdot\boldsymbol{n}\mathrm{d}S \geqslant \frac{\dot{Q}}{T} \text{ 或} \iiint_{\tau}\rho\frac{\mathrm{D}s}{\mathrm{D}t}\mathrm{d}\tau \geqslant \frac{Q}{T} \tag{2.5.2}$$

此为欧拉型的熵方程。令 $\dot{q}$ 为单位质量流体所吸收的热量且 $\dot{Q} = \iiint_{\tau}\rho\dot{q}\mathrm{d}\tau$,再考虑高斯公式,可有

$$\iiint_{\tau}\left[\frac{\partial(\rho s)}{\partial t} + \nabla\cdot(s\rho\boldsymbol{V}) - \frac{\rho\dot{q}}{T}\right]\mathrm{d}\tau \geqslant 0 \text{ 或} \iiint_{\tau}\left(\rho\frac{\mathrm{D}s}{\mathrm{D}t} - \frac{\rho\dot{q}}{T}\right)\mathrm{d}\tau \geqslant 0$$

于是得到微分形式的熵方程为

$$\frac{\partial(\rho s)}{\partial t} + \nabla\cdot(s\rho\boldsymbol{V}) \geqslant \frac{\rho\dot{q}}{T} \text{ 或} \frac{\mathrm{D}s}{\mathrm{D}t} \geqslant \frac{\rho\dot{q}}{T} \tag{2.5.3}$$

对于定常绝热流动,式(2.5.3)可写成

$$\frac{\mathrm{D}s}{\mathrm{D}t} = \frac{\partial s}{\partial t} + \boldsymbol{V}\cdot\nabla s = \boldsymbol{V}\cdot\nabla s \geqslant 0$$

上式相当于 ∇s 向 $\boldsymbol{V}$(即沿流线 l)方向的投影,即

$$\boldsymbol{V}\cdot\nabla s = |\boldsymbol{V}|\frac{\boldsymbol{V}}{|\boldsymbol{V}|}\cdot\nabla s = |\boldsymbol{V}|\boldsymbol{n}_l\cdot\nabla s = |\boldsymbol{V}|\frac{\partial s}{\partial l} \geqslant 0$$

积分得到定常绝能流动熵方程(沿流线)

$$s_2 \geqslant s_1 \tag{2.5.4}$$

此外,由式(2.4.15a)可得

$$\frac{\mathrm{D}s}{\mathrm{D}t} = \frac{\partial s}{\partial t} + \boldsymbol{V}\cdot\nabla s = \left[\frac{q_{\mathrm{R}}}{T} + \frac{\nabla\cdot(\lambda\nabla T)}{T\rho}\right] + \frac{\Phi}{T\rho}$$

上式与1.6节中的式(1.6.12)是一致的,即单位质量流体熵的变化包括两部分:一部分是某热力过程中外界环境对系统实际传递的热增量,另一部分是系统内部不可逆过程(如激波出现、黏性内摩擦、质量耗散等)产生的熵增项且 $\frac{\Phi}{T\rho} \geqslant 0$("="号在可逆过程时成立)。顺便提一下,如果将系统视为有限大小而非某流体微团,则不可逆过程产生的熵增还应包括温度梯度导致的热传导项(仅限于系统内部而不包括系统通过边界与外界环境之间的热传导),这是由于黏性耗散的存在而改变了整个流场的内能变化,与此有关的热传导分布也相应发生改变,但通常并不考虑该项。若流动是定常绝热的,则从该式同样可得到式(2.5.4)。

2.6 N – S方程的定解条件及定解问题的适定性

以微分形式的黏性流体力学控制方程组即 N – S 方程组为例,可以看出(设热导率 λ、黏度 μ、质量定压热容 c_p 等为已知),方程组所具有的方程数目等于所出现的未知量数目,即方程组是封闭的。根据一般的看法,N – S 方程组正确地反映了诸如空气、水等典型流体的运动规律,但是仅有 N – S 方程组本身还不能确定流动的具体形态,满足该方程组的流体运动的解是无穷多的,流动的形态还与初始情况、边界情况有关。也就是说,一个封闭的微分方程组,加上正确规定的初始条件和边界条件,才可能构成一个定解问题,并得

到具体的解。初始条件和边界条件统称定解条件。

表 2.6.1　方程数目及未知量

方程及其数目	未知量及其数目
连续方程 1 个 $\dfrac{\mathrm{D}\rho}{\mathrm{D}t} + \rho\,\nabla\cdot\boldsymbol{V} = 0$	4 个,即 $\rho,\boldsymbol{V}$
动量方程 3 个 $\rho\,\dfrac{\mathrm{D}\boldsymbol{V}}{\mathrm{D}t} = \rho\boldsymbol{f} + \nabla\cdot\boldsymbol{P}$	9 个,即 $\boldsymbol{P}$
动量矩方程 3 个 $p_{xy} = p_{yx}, p_{zx} = p_{xz}, p_{yz} = p_{zy}$	
本构方程 6 个 $\boldsymbol{P} = -p\boldsymbol{I} + \mu\left[2\boldsymbol{S} - \dfrac{2}{3}(\nabla\cdot\boldsymbol{V})\boldsymbol{I}\right]$	1 个,即 p
焓形式的内能方程 1 个 $\dfrac{\mathrm{D}h}{\mathrm{D}t} = \dfrac{\nabla\cdot(\lambda\,\nabla T)}{\rho} + \dfrac{\Phi}{\rho} + \dfrac{1}{\rho}\dfrac{\mathrm{D}p}{\mathrm{D}t}$	1 个,即 $T(h = c_p T)$
状态方程 1 个 $\rho = \rho(p,T)$,如 $p = \rho RT$	

2.6.1　初始条件

通常,初始条件由 $t = t_0$ 时流场中各未知量的函数分布给出,如

$$\begin{cases} \boldsymbol{V} = \boldsymbol{V}(x,y,z,t_0) = \boldsymbol{V}_0(x,y,z) \\ p = p(x,y,z,t_0) = p_0(x,y,z) \\ \rho = \rho(x,y,z,t_0) = \rho_0(x,y,z) \\ T = T(x,y,z,t_0) = T_0(x,y,z) \end{cases} \tag{2.6.1}$$

对于定常流动,显然不需要也不能给出初始条件。

2.6.2　边界条件

任一时刻,在运动流体所占据空间的边界上所必须满足的条件称为边界条件。例如,流体被固壁所限而不应有穿过固壁的速度分量;在流体与外界无热传导的边界上,流体与边界之间无温差等。由于各种具体问题不同,边界条件的提法也是多种多样的,但应该提得恰当,即物理上是正确的,数学上不能是随意或矛盾的,可用来确定积分方程中的积分常数。通常的流体边界可以分为流固交界面、流流(液液、液气或气气)交界面,也可以分为静止边界和运动边界,还可以分为与力有关的动力学条件、与速度有关的运动学条件。常见的有固体壁面上的边界条件、无限远处或管道进出口处的边界条件、自由面上的边界条件等,如图 2.6.1 所示。

1. 流固分界面的边界条件

一般而言,流体在固体边界上的速度依据是否考虑流体黏性而定。对于黏性流体,流体将黏附于固体表面(或称无滑移条件),即

$$\boldsymbol{V}|_{\mathrm{f}} = \boldsymbol{V}|_{\mathrm{b}} \text{ 或 } \boldsymbol{V}|_{\mathrm{f}} = 0 (\text{静止固壁}) \tag{2.6.2}$$

即流固边界面上,流体在一点的速度等于固体在该点的速度。对于理想(无黏)流体,由于流体内不存在黏性摩擦力,因此流体与固体表面之间不存在切向力,即流体沿固体表面

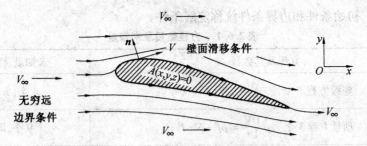

图 2.6.1　流动的物面及远场边界条件

可以滑动。此外,固体表面又是不可渗透的(即流体不能穿越固体壁面),无分离情况下流体始终紧贴壁面而不形成空隙(即绕流假设)。综上可知,在固体表面上,流体相对于壁面的法向分速度应为零,即固体表面上任一点的速度矢量与紧贴该点的流体质点的速度矢量,在该点处的法向分量相等,即

$$(\boldsymbol{V}|_f - \boldsymbol{V}|_b) \cdot \boldsymbol{n} = 0 \text{ 或}(v_n)|_f = (v_n)|_b \text{ 或}(v_n)|_f = 0(\text{静止固壁}) \quad (2.6.3)$$

若设固体壁面做非定常运动且满足

$$A(x, y, z, t) = 0 \quad (2.6.4)$$

令紧贴于固体壁面的任一流体质点在 Δt 时刻后仍紧贴于固体壁面,则满足函数关系

$$A[x + (v_x)_f \Delta t, y + (v_y)_f \Delta t, z + (v_z)_f \Delta t, t + \Delta t] = 0 \quad (2.6.5)$$

做泰勒展开得到

$$A(x + \Delta x, y + \Delta y, z + \Delta z, t + \Delta t) = A(x, y, z, t) + \frac{\partial A}{\partial x}(v_x)_f \Delta t + \frac{\partial A}{\partial y}(v_y)_f \Delta t +$$

$$\frac{\partial A}{\partial z}(v_z)_f \Delta t + \frac{\partial A}{\partial t} \Delta t$$

或写成

$$\frac{DA}{Dt}\bigg|_b = \left(\frac{\partial A}{\partial t} + \boldsymbol{V}|_f \cdot \nabla A\right)\bigg|_b = 0 \quad (2.6.6)$$

若固体壁面是静止的(即不随时间变化),则有

$$\boldsymbol{V}|_f \cdot \nabla A|_b = 0 \text{ 或}(v_x)|_f\left(\frac{\partial A}{\partial x}\right)\bigg|_b + (v_y)|_f\left(\frac{\partial A}{\partial y}\right)\bigg|_b + (v_z)|_f\left(\frac{\partial A}{\partial z}\right)\bigg|_b = 0$$

$$(2.6.7)$$

根据 1.3.2 节的梯度概念可知,对于静止固壁即满足 $A(x, y, z) = 0$ 的等势面而言,有 $\boldsymbol{n} = \dfrac{\nabla A}{|A|}$ 成立,即式(2.6.7)与 $\boldsymbol{V}|_f \cdot \boldsymbol{n} = 0$ 或 $(v_n)|_f = 0$ 是等价的。

此外,还可以给出定常问题的固体壁面温度边界条件,如已知通过单位壁面面积的导热量 q_w 时,有

$$-\left(\lambda \frac{\partial T}{\partial n}\right)\bigg|_f = q_w \quad (2.6.8)$$

还可给出等温壁面条件或绝热壁面条件,如

$$T|_f = T|_b \text{ 或} \frac{\partial T}{\partial n}\bigg|_b = 0 \quad (2.6.9)$$

2. 流流分界面的边界条件

一般而言,对于密度不同的两种流体,其分界面两侧有

$$V\mid_1 = V\mid_2, T\mid_1 = T\mid_2, p\mid_1 = p\mid_2 \tag{2.6.10}$$

其中,$V\mid_1 = V\mid_2$ 表示两种流体的法向速度分量应相等(保证界面的唯一性)、切向速度应相等或连续(即速度梯度不能无限大而使得黏性力无限大,进而出现非平衡现象)。此外,对切应力及热传导有

$$\tau = \left(\mu\frac{\partial v_x}{\partial n}\right)\bigg|_1 = \left(\mu\frac{\partial v_x}{\partial n}\right)\bigg|_2 \quad \text{和} \quad Q = \left(\lambda\frac{\partial T}{\partial n}\right)\bigg|_1 = \left(\lambda\frac{\partial T}{\partial n}\right)\bigg|_2 \tag{2.6.11}$$

式中,v_x 为切向速度分量。

若为液气交界面(如水与大气的分界面即自由面),则考虑表面张力时,界面两侧介质的压强差与表面张力有关系式

$$p\mid_2 - p\mid_1 = \sigma\left(\frac{1}{R_1} + \frac{1}{R_2}\right) \tag{2.6.12}$$

此即自由面上的动力学条件,式中 σ 为表面张力系数。当不考虑表面张力时,有

$$p = p_a(\text{大气压强}) \tag{2.6.13}$$

若设自由面是运动和变形的,且有方程

$$F(x,y,z,t) = 0 \tag{2.6.14}$$

令组成自由面的流体质点始终保持在自由面上,则流体质点在自由面上一点的法向速度应该等于自由面本身在这一点的法向速度。设组成自由面的任一流体质点在 Δt 时刻后运动至 $(x + v_x\Delta t, y + v_y\Delta t, z + v_z\Delta t)$ 处,仿照式(2.6.6)的推导过程可得到

$$\frac{DF}{Dt} = \frac{\partial F}{\partial t} + V\cdot\nabla F = 0 \tag{2.6.15}$$

此即自由面的运动学条件。

3. 无限远处的边界条件

流体力学中的很多问题,流体域可以取在无限远处,如飞行器在空中飞行时,流体是无界的。如果将坐标系取在运动物体上,无限远处的边界条件为

$$V = V_\infty, p = p_\infty \tag{2.6.16}$$

2.6.3 N – S 方程组定解问题适定性的讨论

对于一个定解问题,无论从数学的角度还是从物理的角度出发,都会关心以下问题:解是否存在,即解的存在性问题;解是否唯一,即解的唯一性问题;解是否依赖于定解条件和自由项,或者说定解条件和自由项的微小变化是否引起解的微小变化,即解的稳定性问题。如果一个定解问题的解存在、唯一且稳定,则称此定解问题是适定的。N – S 方程组定解问题的适定性非常复杂,只能根据流动的实际表现来描述这一问题。

解的存在性没有任何问题。由于各种初边值条件下的实际物理流动总是存在的,如果承认 N – S 方程组是能够正确反映实际流动的数学模型,而且定解条件提得恰当、正确,则解必是存在的。

至于解的唯一性和稳定性问题应基于流态的不同来讨论。对于层流流动(雷诺数较

低),实验和理论均已证明,只要定解条件规定正确,则解是唯一和稳定的。而且,实验还进一步发现,对于同样的边界条件,若给出不同的初始扰动且扰动能量不大,对于足够低的雷诺数,这些初始扰动将逐渐衰减并最终消失,整个流场趋于完全相同的定常流动。

高雷诺数时的湍流流动则完全不同,方程可以有多种解,解的非唯一性是其特征。相同的定常边界条件可以有完全不同的非定常湍流脉动运动,至今尚无法找到边界条件与湍流脉动细节的直接联系,尽管其平均运动与边界条件是密切相关的。可以这样认为,只在有限程度上流体运动按规定的边界条件进行,而在更大程度上,流体按"自己"的方式运动,而不管边界条件的规定如何。

从数学上讲,给定的初始条件、边界条件以及给定了系数的 N-S 方程组共同构成了一个确定的动力学系统,这个系统应给出一个确定性的过程。但在高雷诺数时,这种过程对初始条件极其敏感,它会仅由初始条件的微小差别而发展成完全不同的流动。所以,从物理上看,这种确定性的系统也可能得到类似于随机的、非确定性的结果。这些现象都与 N-S 方程组的非线性有关,它们涉及分叉、浑沌、稳定性和湍流理论等,很难归于定解条件适定性的经典理论范畴。

2.7   黏性流体动力学的相似律

与黏性流体运动有关的许多工程和科学问题是极为复杂的,限于数学本身或者数值计算方法发展的困扰,往往较难完全采用数学方法来处理,需要借助于实验。在某些情况下可以进行原型实验,而在另外一些情况下,可能受到各种条件的限制而不得不进行几何尺寸缩小或放大的模型实验。如用实验方法研究飞机的外部流场时,显然不可能为此制造可容纳全尺寸飞机的风洞,因为仅驱动风洞气流所需的能量就大得惊人。为了使得模型实验能够真实、定量地反映原型实物的流动情况,要求寻求保证流动相似的条件,这就必须研究能够正确进行模型实验的指导理论,即相似理论。

2.7.1   N-S 方程组和边界条件的无量纲化处理

如前文所述,一个遵循流体力学基本理论的、封闭的流体力学微分方程组及其定解条件,可以用来描述一个确定的流动现象或过程,而包含其中的诸物理量可能属于流动相似问题的各个方面。由于所研究流动问题的原型对象和模型对象的属性相同,因此描述流动问题原型的方程组与描述该问题模型的方程组应具有相同的形式,即微分方程组具有不变性。显然,若通过某种变换如无量纲化处理,使得原型与模型流动所遵循的微分方程组及其定解条件恒等,实际上也就满足了流动的相似条件。

将算子形式及展开形式的 N-S 方程组写为

$$\frac{\partial \rho}{\partial t} + \nabla \cdot (\rho \boldsymbol{V}) = 0 \text{ 或} \frac{\partial \rho}{\partial t} + \frac{\partial(\rho v_x)}{\partial x} + \frac{\partial(\rho v_y)}{\partial y} + \frac{\partial(\rho v_z)}{\partial z} = 0 \qquad (2.7.1a)$$

$$\frac{\mathrm{D}\boldsymbol{V}}{\mathrm{D}t} = \boldsymbol{f} - \frac{\nabla p}{\rho} + \frac{\mu}{\rho} \nabla^2 \boldsymbol{V} + \frac{1}{3} \frac{\mu}{\rho} \nabla(\nabla \cdot \boldsymbol{V})$$

或

$$
\begin{cases}
\dfrac{\partial v_x}{\partial t} + v_x \dfrac{\partial v_x}{\partial x} + v_y \dfrac{\partial v_x}{\partial y} + v_z \dfrac{\partial v_x}{\partial z} = \\[2mm]
f_x - \dfrac{1}{\rho}\dfrac{\partial p}{\partial x} + \dfrac{\mu}{\rho}\left(\dfrac{\partial^2 v_x}{\partial x^2} + \dfrac{\partial^2 v_x}{\partial y^2} + \dfrac{\partial^2 v_x}{\partial z^2} \right) + \dfrac{1}{3}\dfrac{\mu}{\rho}\dfrac{\partial}{\partial x}\left(\dfrac{\partial v_x}{\partial x} + \dfrac{\partial v_y}{\partial y} + \dfrac{\partial v_z}{\partial z} \right) \\[2mm]
\dfrac{\partial v_y}{\partial t} + v_x \dfrac{\partial v_y}{\partial x} + v_y \dfrac{\partial v_y}{\partial y} + v_z \dfrac{\partial v_y}{\partial z} = \\[2mm]
f_y - \dfrac{1}{\rho}\dfrac{\partial p}{\partial y} + \dfrac{\mu}{\rho}\left(\dfrac{\partial^2 v_y}{\partial x^2} + \dfrac{\partial^2 v_y}{\partial y^2} + \dfrac{\partial^2 v_y}{\partial z^2} \right) + \dfrac{1}{3}\dfrac{\mu}{\rho}\dfrac{\partial}{\partial y}\left(\dfrac{\partial v_x}{\partial x} + \dfrac{\partial v_y}{\partial y} + \dfrac{\partial v_z}{\partial z} \right) \\[2mm]
\dfrac{\partial v_z}{\partial t} + v_x \dfrac{\partial v_z}{\partial x} + v_y \dfrac{\partial v_z}{\partial y} + v_z \dfrac{\partial v_z}{\partial z} = \\[2mm]
f_z - \dfrac{1}{\rho}\dfrac{\partial p}{\partial z} + \dfrac{\mu}{\rho}\left(\dfrac{\partial^2 v_z}{\partial x^2} + \dfrac{\partial^2 v_z}{\partial y^2} + \dfrac{\partial^2 v_z}{\partial z^2} \right) + \dfrac{1}{3}\dfrac{\mu}{\rho}\dfrac{\partial}{\partial z}\left(\dfrac{\partial v_x}{\partial x} + \dfrac{\partial v_y}{\partial y} + \dfrac{\partial v_z}{\partial z} \right)
\end{cases}
\tag{2.7.1b}
$$

$$
c_V \frac{\mathrm{D}T}{\mathrm{D}t} = \frac{\lambda}{\rho}\nabla^2 T - \frac{p}{\rho}\nabla \cdot \boldsymbol{V} + \frac{\Phi}{\rho}
$$

或

$$
c_V \frac{\partial T}{\partial t} + c_V\left(v_x \frac{\partial T}{\partial x} + v_y \frac{\partial T}{\partial y} + v_z \frac{\partial T}{\partial z} \right) = \frac{\lambda}{\rho}\left(\frac{\partial^2 T}{\partial x^2} + \frac{\partial^2 T}{\partial y^2} + \frac{\partial^2 T}{\partial z^2} \right) - \frac{p}{\rho}\left(\frac{\partial v_x}{\partial x} + \frac{\partial v_y}{\partial y} + \frac{\partial v_z}{\partial z} \right) + \frac{\Phi}{\rho}
$$

$$
\tag{2.7.1c}
$$

式中

$$
\begin{aligned}
\Phi = {} & 2\mu\left[\left(\frac{\partial v_x}{\partial x} \right)^2 + \left(\frac{\partial v_y}{\partial y} \right)^2 + \left(\frac{\partial v_z}{\partial z} \right)^2 + \frac{1}{2}\left(\frac{\partial v_x}{\partial y} + \frac{\partial v_y}{\partial x} \right)^2 + \right. \\
& \left. \frac{1}{2}\left(\frac{\partial v_y}{\partial z} + \frac{\partial v_z}{\partial y} \right)^2 + \frac{1}{2}\left(\frac{\partial v_z}{\partial x} + \frac{\partial v_x}{\partial z} \right)^2 \right] - \\
& \frac{2\mu}{3}\left(\frac{\partial v_x}{\partial x} + \frac{\partial v_y}{\partial y} + \frac{\partial v_z}{\partial z} \right)^2
\end{aligned}
$$

定义一组可以表征黏性流动问题的特征物理量(即根据对流动物理情况的了解而选定的具有代表性的常量),并用这些量除以方程及边界条件中相应的变量,则可得到无量纲变量(用上角标加" * "表示)。特征量及无量纲变量见表 2.7.1。

将表 2.7.1 中的关系式带入式(2.7.1a) 中,得

$$
\frac{\partial(\rho^* \rho_0)}{\partial(t^* t_0)} + \frac{\partial(\rho^* \rho_0 v_x^* V_0)}{\partial(x^* L_0)} + \frac{\partial(\rho^* \rho_0 v_y^* V_0)}{\partial(y^* L_0)} + \frac{\partial(\rho^* \rho_0 v_z^* V_0)}{\partial(z^* L_0)} = 0
$$

化简后,上式即为无量纲化的连续方程,即

$$
\left(\frac{L_0}{t_0 V_0} \right)\frac{\partial \rho^*}{\partial t^*} + \nabla^* \cdot (\rho^* \boldsymbol{V}^*) = 0
\tag{2.7.2a}
$$

类似地,可得到无量纲化的动量方程、能量方程,即

$$
\left(\frac{L_0}{t_0 V_0} \right)\frac{\partial \boldsymbol{V}^*}{\partial t^*} + \boldsymbol{V}^* \cdot \nabla^* \boldsymbol{V}^* = \left(\frac{L_0 g_0}{V_0^2} \right)\boldsymbol{f}^* - \left(\frac{p_0}{\rho_0 V_0^2} \right)\frac{\nabla^* p^*}{\rho^*} +
$$

$$\left(\frac{\mu_0}{\rho_0 V_0 L_0}\right)\left[\frac{\mu^*}{\rho^*}\nabla^{*2}V^* + \frac{1}{3}\frac{\mu^*}{\rho^*}\nabla^*(\nabla^* \cdot V^*)\right]$$

$$(2.7.2\mathrm{b})$$

$$\left(\frac{L_0}{t_0 V_0}\right)c_V^*\frac{\partial T^*}{\partial t^*} + c_V^* V^* \cdot \nabla^* T^* = \left(\frac{\lambda_0}{c_{p0}\rho_0 V_0 L_0}\right)\left(\frac{c_{p0}}{c_{V0}}\right)\frac{\lambda^*}{\rho^*}\nabla^{*2}T^* - \left(\frac{p_0}{c_{V0}\rho_0 T_0}\right)\frac{p^*}{\rho^*}\nabla^* \cdot V^* +$$

$$\left(\frac{\mu_0}{\rho_0 V_0 L_0}\right)\left(\frac{V_0^2}{c_{V0}T_0}\right)\frac{\Phi^*}{\rho^*} \qquad (2.7.2\mathrm{c})$$

式(2.7.2)中包含了几组由特征物理量组成的无量纲因子,它们都具有一定的物理意义。

表 2.7.1　特征量及无量纲变量

特征长度	L_0	$x^* = \dfrac{x}{L_0}, y^* = \dfrac{y}{L_0}, z^* = \dfrac{z}{L_0}$
特征时间	t_0	$t^* = \dfrac{t}{t_0}$
特征速度	V_0	$V^* = \dfrac{V}{V_0}$ 或 $v_x^* = \dfrac{v_x}{V_0}, v_y^* = \dfrac{v_y}{V_0}, v_z^* = \dfrac{v_z}{V_0}$
特征密度	ρ_0	$\rho^* = \dfrac{\rho}{\rho_0}$
特征重力	g_0	$f^* = \dfrac{f}{g_0}$ 或 $f_x^* = \dfrac{f_x}{g_0}, f_y^* = \dfrac{f_y}{g_0}, v_z^* = \dfrac{f_z}{g_0}$
特征压力	p_0	$p^* = \dfrac{p}{p_0}$
特征黏度	μ_0	$\mu^* = \dfrac{\mu}{\mu_0}$
特征质量定容热容	c_{V0}	$c_V^* = \dfrac{c_V}{c_{V0}}$
特征质量定压热容	c_{p0}	$c_p^* = \dfrac{c_p}{c_{p0}}$
特征温度	T_0	$T^* = \dfrac{T}{T_0}$
特征热导率	λ_0	$\lambda^* = \dfrac{\lambda}{\lambda_0}$

(1) $\dfrac{L_0}{t_0 V_0}$:与流场的非定常性有关的参数。L_0/V_0 表示特征滞留时间,若以机翼弦长为特征长度 L_0,V_0 为远前方来流速度,则 L_0/V_0 近似代表流体流过机翼所需的时间,而 t_0 表示当地状态发生变化所需的典型时间。所以 $\dfrac{L_0}{t_0 V_0}$ 是衡量流场非定常性的参数,称斯特劳哈尔(V. Strouhal)数,表示为 Sr,计算公式为

$$Sr = \frac{L_0}{t_0 V_0} \qquad (2.7.3\mathrm{a})$$

显然,若流动是定常的,方程组中不会出现 Sr 数,即流动相似与它无关。而若要两个非定常流动相似,必须满足 Sr 数相等这一条件。此外,从式(2.7.2b)还可以得出其他两个关于 Sr 数的描述:其一是 Sr 数代表了局部加速度(或导数)与迁移加速度(或导数)之比;其二是若 Sr 数相等,则两个相似的非定常流动的惯性力(用 $\dfrac{\mathrm{D}\boldsymbol{V}}{\mathrm{D}t} = \dfrac{\partial \boldsymbol{V}}{\partial t} + \boldsymbol{V} \cdot \nabla \boldsymbol{V}$ 表示)是力学相似的。

(2) $\dfrac{L_0 g_0}{V_0^2}$:代表重力与惯性力之比。由于 $\boldsymbol{V} \cdot \nabla \boldsymbol{V}$ 为迁移加速度,则单位质量流体所受惯性力的典型值可表示为 $\dfrac{V_0^2}{L_0}$,所以得到上述结论。定义上式倒数的开方为弗劳德(W. Froude)数,表示为 Fr,计算公式为

$$Fr = \frac{V_0}{\sqrt{L_0 g_0}} \tag{2.7.3b}$$

在重力起较大作用的流动中,流动相似必须满足 Fr 数相等的条件。

(3) $\dfrac{p_0}{\rho_0 V_0^2}$:与流体的运动状态及物性有关的物理量,称为欧拉(L. Euler)数,表示为 Eu,计算公式为

$$Eu = \frac{p_0}{\rho_0 V_0^2} \tag{2.7.3c}$$

由于单位质量流体所受压差力的典型值为 $\dfrac{\nabla p}{\rho} \sim \dfrac{p_0}{\rho_0 L_0}$,因此欧拉数表示压差力与惯性力之比。对于可压缩流体,考虑声速公式 $a^2 = k \dfrac{p}{\rho}$(具体推导见本书 3.1 节内容),可有

$$Eu = \frac{a_0^2}{k_0 V_0^2} = \frac{1}{k_0 Ma_0^2} \text{ 或 } k_0 Ma_0^2 = \frac{\rho_0 V_0^2}{p_0} \tag{2.7.3d}$$

式中, $Ma = \dfrac{V}{a}$ 称为马赫(E. Mach)数。可见, Eu 数是 Ma 数的另一种表达形式,公式 $\dfrac{p_0}{\rho_0 V_0^2}$ 对可压缩流体而言是表示气体物性和马赫数影响的判据,特别是当两个流动的 k_0 相等时, Ma 数相等是流动相似的必要条件,是表征流体可压缩性对流动影响的物理量。

(4) $\dfrac{\mu_0}{\rho_0 V_0 L_0}$:与黏性流动有关的无量纲量,其倒数称为雷诺(O. Reynolds)数,表示为 Re,计算公式为

$$Re = \frac{\rho_0 V_0 L_0}{\mu_0} \tag{2.7.3e}$$

由于单位质量流体所受压黏性力的典型值为 $\mu \dfrac{\nabla^2 \boldsymbol{V}}{\rho} \sim \mu_0 \dfrac{V_0}{\rho_0 L_0^2}$,因此 Re 数表示惯性力与黏性力之比。在考虑黏性的相似流动中,雷诺数相等是必须满足的条件。

(5) $\dfrac{\lambda_0}{c_{p0} \rho_0 V_0 L_0}$:与热传导有关的无量纲量,又可写成

$$\frac{\lambda_0}{c_{p0}\rho_0 V_0 L_0} = \frac{\mu_0}{\rho_0 V_0 L_0} \frac{\lambda_0}{\mu_0 c_{p0}} = \frac{1}{Re}\frac{1}{Pr}$$

其中，$Pr = c_{p0}\dfrac{\mu_0}{\lambda_0}$，称为普朗特（L. Prandtl）数，代表分子动量输运与动能输运之比。由于单位质量流体因热传导得到的热量的典型值为 $\dfrac{\lambda\ \nabla^2 T}{\rho} \sim \dfrac{\lambda_0 T_0}{\rho_0 L_0^2}$，而因对流运动引起的换热的典型值为 $c_V \boldsymbol{V} \cdot \nabla T \sim \dfrac{c_{V0} V_0 T_0}{L_0}$，于是对流热与传导热之比为

$$\frac{c_{V0} V_0 T_0}{L_0} \Big/ \left(\frac{\lambda_0 T_0}{\rho_0 L_0^2}\right) = \frac{\rho_0 V_0 L_0}{\mu_0} \frac{\mu_0 c_{p0}}{\lambda_0} \frac{c_{V0}}{c_{p0}} = \frac{RePr}{k_0}$$

称 $Pe = RePr$ 为贝克莱（Peclet）数。可知，当两个流动的 k_0、Re 数相等时，Pr 数表征了对流热与传导热之比。

（6）$\dfrac{p_0}{c_{V0}\rho_0 T_0}$：可以写成

$$\frac{p_0}{c_{V0}\rho_0 T_0} = \frac{R_0}{c_{V0}} = k_0 - 1$$

（7）$\dfrac{V_0^2}{c_{V0} T_0}$：可以写成

$$\frac{V_0^2}{c_{V0} T_0} = \frac{V_0^2(k_0 - 1)}{R_0 T_0} = \frac{V_0^2 k_0(k_0 - 1)}{k_0 p_0/\rho_0} = Ma_0^2 k_0(k_0 - 1)$$

将上述无量纲量代入式（2.7.2）中，得到无量纲化的方程组为

$$Sr \frac{\partial \rho^*}{\partial t^*} + \nabla^* \cdot (\rho^* \boldsymbol{V}^*) = 0 \tag{2.7.4a}$$

$$Sr \frac{\partial \boldsymbol{V}^*}{\partial t^*} + \boldsymbol{V}^* \cdot \nabla^* \boldsymbol{V}^* = \frac{1}{Fr^2}\boldsymbol{f}^* - \frac{1}{k_0 Ma_0^2}\frac{\nabla^* p^*}{\rho^*} +$$
$$\frac{1}{Re}\left[\frac{\mu^*}{\rho^*}\nabla^{*2}\boldsymbol{V}^* + \frac{1}{3}\frac{\mu^*}{\rho^*}\nabla^*(\nabla^* \cdot \boldsymbol{V}^*)\right] \tag{2.7.4b}$$

$$Sr c_v^* \frac{\partial T^*}{\partial t^*} + c_v^* \boldsymbol{V}^* \cdot \nabla^* T^* = \frac{k_0}{RePr}\frac{\lambda^*}{\rho^*}\nabla^{*2}T^* - (k_0 - 1)\frac{p^*}{\rho^*}\nabla^* \cdot \boldsymbol{V}^* +$$
$$\frac{Ma_0^2 k_0(k_0 - 1)}{Re}\frac{\Phi^*}{\rho^*} \tag{2.7.4c}$$

对于边界条件也可以用同样的方法进行无量纲化处理，这里就不详细讨论了，如无限远边界条件 $\boldsymbol{V} = \boldsymbol{V}_\infty$ 无量纲化处理后为 $\boldsymbol{V}^* = \dfrac{\boldsymbol{V}_\infty}{V_0}$ 等。但是，有时边界条件的无量纲化处理也可以得到具有确定物理意义的无量纲量。例如，对固壁热流量条件式（2.6.8）无量纲化后得到 $-\left(\lambda^* \dfrac{\partial T^*}{\partial n^*}\right)\Big|_f = Nu q_w^*$，式中 $q_w^* = \dfrac{q_w}{q_{w0}}$，$Nu = \dfrac{L_0 q_{w0}}{\lambda_0 T_0}$。$Nu$ 称为努塞尔（Nusselt）数，代表固壁热流量与流体内部传导热的典型值之比。

2.7.2　两个流体运动相似的充要条件

每一个具体的流场都是由封闭的基本方程组和定解条件决定的。若两个流场满足条件:①流体边界几何相似;②无量纲化基本方程组完全一样;③无量纲化定解条件完全一样,则这两个流场的无量纲形式的解就是完全一样的,即在两个流场相互对应的点上和对应的瞬时,无量纲速度、压强等都具有相同的值,此时称这两个流场是相似的。所以上述三个条件是两个流场相似的充要条件。这里所谓的无量纲化基本方程组和定解条件完全一样,指的是这些方程和定解条件所包含的所有无量纲组合量都一一对应且相等,即对于A,B 两个流场,应有

$$(Sr)_A = (Sr)_B \quad (Fr)_A = (Fr)_B \quad (Ma)_A = (Ma)_B \quad k_A = (c_{p0}/c_{V0})_A = (c_{p0}/c_{V0})_B = k_B$$
$$(Re)_A = (Re)_B \quad (Pr)_A = (Pr)_B \quad (Nu)_A = (Nu)_B \quad \cdots\cdots$$

上述这些无量纲组合量被称为相似参数或相似准则。

为了保证严格相似,必须使所有相似准则都满足要求,而这在实际上几乎是不可能的,主要是因为有些相似准则相互矛盾。例如,尺寸不同的船舶有不同的入水深度,船体最低点所受到的压力也不同,为保证重力效应相同,Fr 数必须满足 $(Fr)_A = (Fr)_B$ 或 $\left(\dfrac{V^2}{gL}\right)_A = \left(\dfrac{V^2}{gL}\right)_B$,考虑到地球表面重力加速度 g 可视为常数,则可写为 $\left(\dfrac{V^2}{L}\right)_A = \left(\dfrac{V^2}{L}\right)_B$。若再要求 Re 数相同即须满足 $\left(\dfrac{\rho VL}{\mu}\right)_A = \left(\dfrac{\rho VL}{\mu}\right)_B$,若假设模型实验时的工质也是水,则有 $(VL)_A = (VL)_B$,显然 Fr 准则与 Re 准则不能同时满足。实际上,各个相似准则的重要程度不是在任何具体流动中都是完全一样的,人们可以根据所研究的具体情况只保证某些起主要作用的相似准则相等。比如,研究绕流物体的阻力时,必须满足 Re 准则,因为在这个问题中黏性是主要因素。

由于各个无量纲相似准则的大小反映了各种物理因素在具体条件下的相对重要性,因而可对有关项进行数量级分析,舍去某些项以简化方程组。例如,对于定常不可压流动,忽略质量力,并取特征压力 $p_0 = \rho_0 V_0^2$,则式(2.7.4b) 可写成

$$\boldsymbol{V}^* \cdot \nabla \boldsymbol{V}^* = -\frac{\nabla p^*}{\rho^*} + \frac{1}{Re} \nabla^2 \boldsymbol{V}^*$$

可以看出,当 Re 数较高(即惯性力远大于黏性力) 时,可忽略与黏性有关的项,上式即为欧拉方程,这正是理想流体在某些条件下可代表高 Re 数下真实流动的原因。当 Re 数较小(即黏性力远大于惯性力) 时,可忽略方程右端的惯性力项,转化为

$$\frac{\nabla p^*}{\rho^*} = \frac{1}{Re} \nabla^2 \boldsymbol{V}^*$$

此即蠕动流的基本方程。

第3章　滞止参数与气动函数

在气体动力学中,尤其是在发动机的气动计算中,经常用到声速、马赫数、滞止参数、临界参数和气体动力学函数等概念。本章从弱扰动的传播规律出发,对上述的各种参数展开讨论,并将前文得到的一维定常流动基本方程用本章所介绍的滞止参数和气动函数表示,以利于在发动机气动计算中的应用。

3.1　声速与马赫数

3.1.1　声速

如果对弹性介质(包括流体和固体)施加一个任意的小扰动,介质的某些参数(如压强)会产生微小的变化,而且这种变化还将以波的形式向四周传播。对于气体来说,在它所占据的空间中,若某点的压强、密度、温度等参数发生了变化,则称气体受到了扰动,造成扰动的根源称为扰动源。扰动有强弱之分,如果扰动导致的气体参数变化量与未受扰动时的数值相比极其微小,称其为弱扰动(如鼓膜、声带振动引起的扰动)。如果扰动使气体参数发生有限数值变化,则称为强扰动(如激波、爆炸波)。

日常生活中会遇到许多弱扰动传播的现象。例如,用鼓槌击鼓时会引起鼓膜的振动,鼓膜外凸导致紧邻鼓膜的静止空气薄层受到压缩,其压强、密度、温度略微增加,这层被压缩的、压强略大的空气会使得邻近的外层空气受到压缩;同样,被压缩后的外层空气又会对它邻近的、距鼓膜较远处的空气薄层产生压缩作用 …… 扰动就这样从鼓膜向四周传播出去,而已受扰动气体与未受扰动气体的分界面即是扰动波(面)。由于扰动较弱且空气受到压缩,因此又称其为微弱压缩波。同理,鼓膜内凹时,紧邻鼓膜的静止空气薄层将会膨胀,其压强、密度、温度略有下降,这种微弱膨胀波也会从鼓膜向四周传播出去。只要鼓膜连续振动,微弱压缩波和微弱膨胀波就将交替地在空气中传播,这种由交替的压缩波和膨胀波组成的微弱扰动波就是通常所说的声音或声波,或者说声音就是听觉器官对于弱扰动所导致的周围压力变化情况的感知。从上面这个例子可以得出三个结论:

其一,微弱扰动波在介质中的传播是以一定速度进行的(距鼓膜远近不同的空气层的压缩或膨胀过程并不是同时进行的)。理论上可以证明,无论哪一种弱扰动波,其传播速度都一样,并统称为声速。换言之,在气体动力学中,声速不仅是指声波的传播速度,而且是所有微弱扰动波的传播速度。

其二,微弱扰动波在介质中的传播速度或者说声速的大小与介质的物理属性、状态及传播过程的热力学性质密切相关。例如,弹性模量较大(或压缩系数较小或不易被压缩)的流体中声速较大,不可压缩流体(类似于体积不能改变的刚体)中微弱扰动波的传播几乎是瞬间完成的,即声速趋于无穷大,而可压缩流体中声速则较小,因而声速是衡量流体可压缩性的重要参数之一。

其三,扰动波的传播速度与流体质点的运动速度不但数值是大不相同的(静止空气中仍可听到鼓声或存在声波传播现象),更为重要的是,它们属于两种性质不同的运动形态,即分别是波动、质点的机械运动。此外还需注意的是,声速仅用于描述微弱扰动波的传播速度,而强扰动波(如激波)的传播速度比声速大,且随波的强度增大而加快,这将在后面章节中讨论。

下面用微弱压缩波在直圆管中的传播为例推导声速公式。如图 3.1.1 所示,半无限长直圆管内静止气体的压强、密度、温度分别为 p,ρ,T,圆管左端的活塞向右突然、轻微地推动一下,使活塞速度由零增加至 $\mathrm{d}V$,而后保持恒速 $\mathrm{d}V$ 向右运动。此时,管内将出现一道以声速 a 向右传播的微弱压缩波,它所扫过的气体的压强、密度、温度均有一个微增量,即分别为 $p + \mathrm{d}p,\rho + \mathrm{d}\rho,T + \mathrm{d}T$,并以微小速度 $\mathrm{d}V$ 运动,而波前方的气体仍处于静止状态,其流动参数也仍为未受扰动时的 p,ρ,T。显然,对于一个静止的观察者来说,这是一个非定常的一维流动问题。为使分析简单起见,选用与扰动波一起运动的相对坐标系,将上述流动问题转化为定常问题。此时扰动波静止不动,而压强、密度、温度为 p,ρ,T 的气体以声速 a 向扰动波流来,当气体经过扰动波后,速度降为 $a - \mathrm{d}V$,而压强、密度、温度增大到 $p + \mathrm{d}p,\rho + \mathrm{d}\rho,T + \mathrm{d}T$。如图 3.1.1 中虚线取控制体,令 S 为直圆管横截面积,忽略控制面上的黏性力,则可写出连续、动量方程为

$$\rho(-a)S = (\rho + \mathrm{d}\rho)[-(a - \mathrm{d}V)]S \quad \text{或} \quad \rho a S = (\rho + \mathrm{d}\rho)(a - \mathrm{d}V)S$$
$$-\rho S + (\rho + \mathrm{d}\rho)S = \rho a S[-(a - \mathrm{d}V) - (-a)] \tag{3.1.1}$$

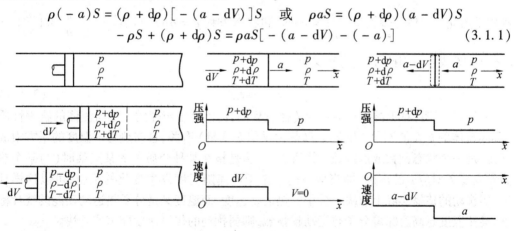

图 3.1.1　声速公式推导

略去二阶小量,上面两式可写为 $a\mathrm{d}\rho = \rho\mathrm{d}V, \mathrm{d}p = \rho a\mathrm{d}V$,联立则可得

$$a^2 = \frac{\mathrm{d}p}{\mathrm{d}\rho} \quad \text{或} \quad a = \sqrt{\frac{\mathrm{d}p}{\mathrm{d}\rho}} \tag{3.1.2}$$

式(3.1.2)即为声速方程。若用微弱膨胀波(活塞向左突然、轻微地拉动一下即可产生)的传播过程进行类似推导,也可得到同样结果,即在相同介质的条件下,微弱膨胀波、压缩波的传播速度是一样的。按式(3.1.2)计算流体的声速,必须知道弱扰动传播过程中的流体密度随压力的变化率 $\mathrm{d}\rho/\mathrm{d}p$,可见,声速是衡量流体可压缩性大小的尺度。若 $\mathrm{d}\rho/\mathrm{d}p$ 较小即流体不易被压缩,则声速较大。对于不可压缩流体有 $\mathrm{d}\rho/\mathrm{d}p \to 0$,则 $a \to \infty$,这意味

着任何微弱的扰动将会立即传遍整个流场，而可压缩流体中的弱扰动传播需要一定的时间，这正是二者之间的本质差别之一。当然，严格意义上的不可压缩流体实际上并不存在，即使对于密度变化很小的液体来说也是一样的。比如，在一般压力下的 20 ℃ 淡水中，声速约为 1 430 m/s。

对于弱扰动在流体中的传播性质，可以展开下面的讨论：

（1）是否考虑热传导效应？由于弱扰动传播过程中的温度变化是一个连续且变化数值无限小的过程，即 $dT \to 0$，则波前、波后流体的温差无限小，而扰动波的传播速度又很快。从时间尺度上看，扰动传播所涉及的时间比热交换所涉及的时间小得多，热交换来不及产生明显效果，因而流体内部的热传导是可以被忽略的。与之类似，如果假设扰动开始之前，管内流体温度与管外介质温度相同，扰动发生后，由于管内流体温度变化量无限小，则其与外界的温差也无限小，再考虑到扰动波传播速度很快，因而通过管壁的热传导也可以略去不计。

（2）是否考虑黏性效应？由于通过扰动波的流体参数变化（或者说梯度）无限小，比如 $dV \to 0$，根据式（2.2.9）可知，在这一过程中的黏性耗散效应也可以忽略不计。

因此，弱扰动传播的热力学过程是一个绝热的可逆过程，即等熵过程。于是，声速方程式（3.1.2）可写成

$$a = \sqrt{\left(\frac{\partial p}{\partial \rho}\right)_s} \tag{3.1.3}$$

利用量热完全气体等熵关系式 $\frac{p}{\rho^k} = \text{const}$ 和状态方程 $p = \rho RT$，可有 $\frac{dp}{p} = k\frac{d\rho}{\rho}$ 或 $\left(\frac{\partial p}{\partial \rho}\right)_s =$

$k\frac{p}{\rho} = kRT$ 成立。因此，声速方程又可写成

$$a = \sqrt{kRT} \tag{3.1.4}$$

式（3.1.4）表明，对于弱扰动的等熵传播过程而言，流体中声速的大小与流体的物理性质（不同流体的 k、R 值不同）和温度 T（热力学状态变量）有关，且与热力学温度的平方根成正比，是一个状态函数或点函数。换言之，声速是指在某种介质中的某点某时（与某个热力学温度 T 对应）的声速，即当地声速。至于声速随温度发生变化的机制，可以这样理解，弱扰动的传播实际上取决于分子的热运动速度，而温度又是分子热运动动能的统计标度，显然温度越高意味着分子热运动越强烈，则弱扰动的传播速度即声速越快。

对于空气，$k = 1.4$，$R = 287.06$ J/(kg·K)，则 $a = 20.05\sqrt{T}$。取海平面上的空气温度为 288.2 K，对应声速值 340.3 m/s；在 $y = 11\,000 \sim 24\,000$ m 的同温层，空气温度为 216.7 K，声速值为 295.1 m/s。

应当指出，以上的声速公式是根据等截面直圆管中的弱扰动波传播推导而得到的，但对于由直线扰动源传播出去的柱面波、由点扰动源传播出去的球面波，都可以得到同样的结果。

最后，要将弱扰动传播的等熵过程与气体运动过程是否等熵加以区别。实际上，在任何等熵或非等熵流动过程中，弱扰动的传播过程都可视为是等熵的。这可以从两个角度来理解，其一，与所要研究的气体运动问题的时间尺度相比，弱扰动传播过程的时间尺度

要小得多,大时间尺度上的"非等熵"流动与小时间尺度上的弱扰动"等熵"传播并不矛盾或互不干涉,即弱扰动的传播过程在任何流动中都是等熵的;其二,将弱扰动传播过程的"等熵"条件视为弱扰动传播不会对气体运动过程产生"额外"的熵增,即使是对于存在熵增的流动,声速计算公式仍是不变的。

3.1.2 马赫数

忽略质量力的欧拉方程 $\dfrac{\partial(\rho V)}{\partial t} + \nabla \cdot (\rho VV) = -\nabla p$ 表明,气体的速度变化将会导致其密度、压强发生变化。因此,对于运动的气体来说,气体的压缩性除了与气体中的声速有关外,还与气体运动速度的大小有关。为了同时考虑这两个因素,引入气流的马赫数这一概念来表示运动气体的压缩性。流场中任一点处的流速与该点处(即当地)气体的声速的比值,称为该点处气流的马赫数,以符号 Ma 表示,即

$$Ma = \frac{V}{a} \tag{3.1.5}$$

流场中各点的气体参数不同,马赫数的值也就不同,而且由于声速不是常数,相同的马赫数也不一定表示速度相同。马赫数是可压缩流动理论中的重要相似参数,它除了表征气流的压缩性之外,在研究气体的高速运动规律以及气体流动问题的计算、分析等方面,均有极其重要和广泛的用途。根据一维定常无黏流动的动量方程微分形式(2.2.23),再将重力略去,可以得出马赫数与气流可压缩性的关系,即

$$-VdV = \frac{dp}{\rho} \quad \text{或} \quad -VdV = \frac{d\rho}{\rho} \frac{dp}{d\rho}$$

如果气体运动是等熵过程,则式中的 $dp/d\rho$ 项就是声速的平方,即 $\dfrac{dp}{d\rho} = a^2$。于是,上式可写为

$$-\frac{V^2}{a^2} \frac{dV}{V} = \frac{d\rho}{\rho} \quad \text{或} \quad -Ma^2 \frac{dV}{V} = \frac{d\rho}{\rho}$$

上式表明,在绝能等熵流动中,气流速度相对变化量引起的密度相对变化量与 Ma^2 成正比,且变化趋势相反,速度增加则密度必然下降,而速度下降则密度必然增加,即气流可压缩性与马赫数的大小有密切关系。此外,当 $Ma \leqslant 0.3$ 时,比值 $\left| \dfrac{d\rho}{\rho} \middle/ \dfrac{dV}{V} \right| \leqslant 0.09$,一般可以不考虑密度的变化,即认为气体是不可压缩的,从而使问题简化;当 $Ma > 0.3$ 时,就必须考虑气体的压缩性影响,否则就会导致误差很大甚至与事实不符。

马赫数是研究气体高速运动的重要参数,是划分流动类型的标准。$Ma < 1$,即气流速度小于当地声速时称亚声速流动;$Ma > 1$,即气流速度大于当地声速时称超声速流动;$Ma = 1$ 时称为声速流动。后面章节将会讲到,亚声速流动和超声速流动所遵循的规律有着本质的区别。当流场中一部分区域的流动为 $Ma < 1$,而其余部分区域的流动为 $Ma > 1$,且此时流场中必有 $Ma = 1$ 的点(或线)存在,这种兼有亚声速、超声速流动的混合流动称为跨音速流动,马赫数的范围为 $0.8 \sim 1.2$。另外,高超声速流动是气体运动速度远大于声速的流动,通常用自由来流马赫数 $Ma_\infty > 5$ 作为高超声速流动的标志,但这个界限

不是绝对的,它还与飞行器的具体形状有关。例如,对于钝体飞行器,当 $Ma_\infty > 3$ 时就开始出现高超声速流动的特征;而对于细长体飞行器,Ma_∞ 高达 10 时才出现高超声速流动的特征。

马赫数的物理意义还可以从下式看出

$$Ma^2 = \frac{V^2}{a^2} = \frac{V^2}{kRT} = \frac{2}{k(k-1)} \frac{V^2/2}{c_V T} = \frac{2}{k(k-1)} \frac{V^2/2}{e}$$

或者写成

$$\frac{V^2/2}{e} = Ma^2 \frac{k(k-1)}{2}$$

即马赫数的平方代表气流的宏观运动动能与气体分子无规则热运动的内能(或者说分子平移动能及转动动能之和)的比值。当马赫数较小时,单位质量气体的动能相对于内能而言很小,速度的变化不会引起气体温度的显著变化。这就意味着,不可压缩气体假设既代表可以近似认为密度是常值,也表示温度近似为常值。由气体状态方程 $p = \rho RT$ 可知,若上述结论成立,则气体压力也应近似为常值,但是(无黏且不可压缩流体、忽略质量力、定常流动等假设条件下的)伯努利方程 $p + \frac{\rho V^2}{2} = \text{const}$ 却表明气体速度变化将导致压强发生变化,这又该如何理解呢? 改写伯努利方程为

$$p\left(1 + \frac{k}{2} \frac{\rho V^2}{kp}\right) = p\left(1 + \frac{k}{2} \frac{V^2}{a^2}\right) = p\left(1 + \frac{k}{2} Ma^2\right) = \text{const}$$

上式表明,若采用严格的不可压缩流体的概念,即 $a \to \infty$,气体压强的确是常值。因此,可以这样理解,气体低速运动($Ma \leq 0.3$)时的速度变化导致的压强、密度、温度变化均较小,但压强变化稍大一些且在多数情况下对这种变化加以考量,而对后两者的变化通常忽略不计。

还应指出,若流动是非定常的,把可压缩气体当做不可压缩气体处理的条件,除了马赫数较小外,还要保证一个条件。令 l 表示流体运动的特征长度(如翼型弦长),t 表示流体运动的特征时间(如气体沿翼型弦线流过翼型的时间),a 表示声速,则当 $t \gg \frac{l}{a}$ 即弱扰动的传播速度远大于流体运动的特征速度,或流体运动速度发生显著变化的时间远大于弱扰动扫过特征长度的时间,才能够满足不可压缩的假设条件。这一结论可以通过完全气体等熵过程的声速公式得以证明,由于等熵条件下有 $\frac{\mathrm{d}p}{p} = k \frac{\mathrm{d}\rho}{\rho}$ 成立,则声速公式 $a = \sqrt{\left(\frac{\partial p}{\partial \rho}\right)_s}$ 可以写成 $\mathrm{d}p = a^2 \mathrm{d}\rho$,非定常流场中 p, ρ 的变化率应表现为随体导数即 $\frac{\mathrm{D}p}{\mathrm{D}t} = a^2 \frac{\mathrm{D}\rho}{\mathrm{D}t}$。显然,当声速较大(或者说流体趋于不可压缩的)时,上式中质点密度随时间变化率可以被忽略,即非定常运动的可压缩气体可当做不可压缩流体处理。此外,上式还表明,当流动的非定常性较强即 $\mathrm{D}p/\mathrm{D}t$ 较大时,即使流体是非常接近于不可压缩的(或者说声速极大),也必须要考虑其密度的变化,即按照可压缩流体处理,换言之,流动的非定常性也是导致流体密度发生变化的重要因素之一。对压缩性极小的液体即 $a \to \infty$,若

Dp/Dt 极大(如水下爆炸),也要考虑可压缩性的影响。

3.2　滞止参数及临界参数

在进行气体动力学计算时,通常把气流压力、密度、温度、速度等参数转化为无量纲的形式,如马赫数就是气流速度的一种无量纲形式,这不但有助于从纷繁复杂的数据中分析流动的共同特点,揭示流动现象的物理本质,也有助于编制各种气流参数之间关系的图表以满足计算所需。此外,应用某些无量纲参数(如滞止参数),也为气流参数测量提供了方便的途径。

能量方程式(2.4.10c)可以写成下面多种形式:

$$\begin{cases} h + \dfrac{V^2}{2} = \text{const} \\[2mm] c_p T + \dfrac{V^2}{2} = \text{const} \\[2mm] \dfrac{k}{k-1}RT + \dfrac{V^2}{2} = \text{const} \\[2mm] \dfrac{k}{k-1}\dfrac{p}{\rho} + \dfrac{V^2}{2} = \text{const} \\[2mm] \dfrac{a^2}{k-1} + \dfrac{V^2}{2} = \text{const} \end{cases} \tag{3.2.1}$$

上述各式中右端的常数可用某个参考状态的物理量即特征常数来表示。常用的特征常数有三种:① 速度为零时的滞止状态(参数上标以" * "表示);② 温度达到绝对零度时的最大速度($V_{\max}$)状态;③ 当地流速等于当地声速时的临界状态(参数下标以"cr"表示)。

3.2.1　滞止状态、滞止参数及其应用

气流从某一个真实状态经过绝能等熵过程或假想的绝能等熵过程,速度减少至零时的状态称为该真实状态所对应的滞止状态。滞止状态下的气流参数称为该真实状态的滞止参数(又称总参数)。基于上述定义,可得

$$\begin{cases} h + \dfrac{V^2}{2} = h^* \\[2mm] C_p T + \dfrac{V^2}{2} = C_p T^* \\[2mm] \dfrac{k}{k-1}RT + \dfrac{V^2}{2} = \dfrac{k}{k-1}RT^* \\[2mm] \dfrac{k}{k-1}\dfrac{p}{\rho} + \dfrac{V^2}{2} = \dfrac{k}{k-1}\dfrac{p^*}{\rho^*} \\[2mm] \dfrac{a^2}{k-1} + \dfrac{V^2}{2} = \dfrac{a^{*2}}{k-1} \end{cases} \tag{3.2.2}$$

由式(3.2.2)可见,气流的滞止焓由两项组成:第一项 h 是气体的焓,又称静焓;第二项 $V^2/2$ 等于气流速度滞止到零时,动能转变成的焓。因此,滞止焓又称为总焓,代表气流所具有的总能量的大小。对于量热完全气体(c_p 为常数),气流的滞止温度也由两项组成:第一项 T 是气体的温度,又称为静温;第二项相当于气流速度滞止到零时动能转变成焓而引起的气体温度的升高,即 $\dfrac{V^2}{2c_p}$,一般称动温。因此,滞止温度又称为总温。总之,在滞止状态下,气流的一切有规则运动的能量(即动能),都转化为无规则热运动的能量(即热能),其能量的大小由总焓或总温表示。应用滞止参数分析或计算气体动力学问题时,动能项不会单独出现,也就无需单独考虑动能的变化,从而使得问题得以简化。至于"静"参数的含义,是指站在与气流一起运动的坐标系下测量得到的流体参数,或者说当测量仪器随气流一起运动时所测得的流体参数值。显然,静参数是不易测量得到的,而应用滞止参数则为气流参数的测量提供了便捷的途径。比如测试仪器迎流安置于流场中,气流遇到其感应部时速度滞止为零,若忽略感应部热传导和黏性的影响,测得的就是气流滞止参数。

式(3.2.2)还可写成

$$T^* = T + \frac{V^2}{2\frac{kR}{k-1}} = T + \frac{k-1}{2}T\frac{V^2}{kRT} = T\left(1 + \frac{k-1}{2}Ma^2\right)$$

或者写成

$$\frac{T^*}{T} = 1 + \frac{k-1}{2}Ma^2 \tag{3.2.3a}$$

考虑到滞止过程为绝能等熵过程,则可得

$$\frac{p^*}{p} = \left(\frac{T^*}{T}\right)^{\frac{k}{k-1}} = \left(1 + \frac{k-1}{2}Ma^2\right)^{\frac{k}{k-1}} \tag{3.2.3b}$$

$$\frac{\rho^*}{\rho} = \frac{p^*}{p}\frac{T}{T^*} = \left(1 + \frac{k-1}{2}Ma^2\right)^{\frac{1}{k-1}} \tag{3.2.3c}$$

由式(3.2.3)可见,如果给定了流场中任一点的气流的滞止参数和马赫数(或速度),就可以计算出该点气流的静参数;反之亦然。

如图3.2.1所示,假想气体从某容积足够大的储气箱中流经一段管路,设从储气箱出口至截面①为绝能等熵流动,从截面①至截面②为绝热非等熵流动(计及摩擦影响),从截面②至截面③为有热、功交换及考虑摩擦等的流动。显然,储气箱中的气体处于滞止状态,气流静参数即为滞止参数。气流至截面①为绝能等熵流动,滞止参数不变,或者说流场中任一点处的气流滞止参数均相等,且等于储气箱中的气体参数。气流从截面①至截面②是计及摩擦的绝热非等熵流动过程。流场中某一点处的气流滞止参数应该这样得到,假想将气流从该点绝能等熵地引入到一个容积很大的储气箱中,使其速度滞止为零,则这个假想的储气箱中的气流参数就是流场中该点气流的滞止参数,或者说该真实状态所对应的气流滞止参数。由于流动是绝热的,根据能量方程可知,流场中任一点处的气流滞止温度都是相同的且仍等于流动起始处的储气箱中的气流滞止温度,而滞止压力、滞止密度则是变化的且不等于流动起始处的储气箱中的气流滞止参数。从截面②至截面

③ 的流动过程中,由于存在热、功交换及摩擦,流场中任一点处的气流滞止参数都不等于流动起始处的储气箱中的气流滞止参数。因此,气体动力学中引入滞止状态的概念是将其作为一个假想的参考状态(当然也可能是真实存在的状态),它与所研究的气体实际流动过程无关。它是一个点函数,在任意流动过程中的每一点都具有确定的滞止参数值,流场中某一点的滞止参数与其他点的滞止参数可以是不同的。

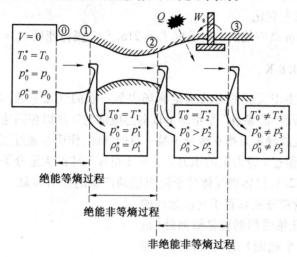

图 3.2.1　滞止状态示意图

还应指出,上面引入的滞止参数是相对静止坐标系而言的。对于动坐标系,气流的滞止参数与静参数之比应是相对运动的马赫数的函数。换言之,气流的滞止参数随选取坐标系的变化而不同,气流的静参数并不会随坐标系的变化而不同。

对于绕物体流动,总有一条流线连接无穷远状态及物面上的驻点(物面上气流速度为零的位置),驻点处的气流参数称为驻点参数(如图 3.2.2 中 A 点)。驻点参数和滞止参数显然是有区别的,如果无穷远处流动经过激波或其他非等熵过程滞止到驻点,那么对于以无穷远处为起始状态的流动而言,驻点处的驻点压力、驻点密度就不等于无穷远处的滞止参数。但在绝热假设下,驻点温度始终等于无穷远处的滞止温度。若无穷远处流动绝能等熵的滞止到驻点,驻点参数与无穷远处气流滞止参数就是相等的。

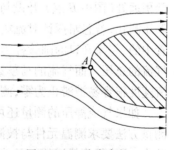

图 3.2.2　驻点参数

例 3.2.1　如图 2.4.3,某压气机在地面试验时,当地大气温度为 288 K。问空气经过进气道进入压气机入口处的总温是多少?若出口总温为 310 K,空气流量为 50 kg/s,求带动压气机所需的功率是多少?若该压气机在 12 km 高空以 1 600 km/h 的速度平直飞行,问空气进入压气机进口处的总温又是多少?

解　因为空气流过进气道为绝能过程,根据式(3.2.2)给出的 $T^* = T + \dfrac{V^2}{2c_p}$ 可知,在台架试车时 $V = 0$,即 $T_1^* = T_0^* = 288$ K。即气体做绝能流动时,无论过程是否可逆,总焓和总温保持不变。

再由能量方程式(2.4.10b)可有 $\dot{q} - \dot{w}_s = h_2^* - h_1^* = c_p(T_2^* - T_1^*)$，考虑空气流速较快，假设流动中与外界的热量交换可以忽略，则

$$-\dot{w}_s = h_2^* - h_1^* = c_p(T_2^* - T_1^*)$$

可知压气机对每千克气体做功 $\dot{w}_s = -22.09$ kJ/kg，式中负号表示外界对气体做功。带动压气机所需的功率 $\dot{W}_s = \dot{m} \cdot \dot{w}_s = 1\,104.4$ kW。该结果表明，由于气流与外界交换功和热量，气流的总焓将发生变化。

查表可得，12 km 高空处的大气温度 $T_0 = 216.7$ K，飞行速度 $V_0 = 444$ m/s，则可得到

$$T_1^* = T_0 + \frac{V_0^2}{2c_p} = 314.8 \text{ K}。$$

工程上通常需要用实验的方法确定流场中某一点的气流参数，如静温、静压、速度等。如前文所述，所谓"静参数"是指测量仪器感应部与气流以相同速度运动时所感受到的数值。比如，气流的静压是指在流场中某一点的气体，作用在通过该点并顺流线方向的无穷小、无穷薄的(假想)壁面上的压力。它等于组成气体的大量分子无规则热运动的平均移动动能总和的 2/3，仅体现气体分子随机运动产生的压力贡献。假设气流沿管道做一维流动，则可在管壁壁面垂直于气流运动的方向开设小孔，小孔感受到的就是壁面处(也是该位置处管道整个截面)的气流静压。如果气流静压沿径向不同(即非一维流动)，若需要测得流场中某一点的静压，通常采用如图 3.2.3 所示的气动探针(也称为风速管)，尽量保证探针头部与气流运动方向平行，并在距头部稍远处(图中 B 点)开设与探针头部垂直的

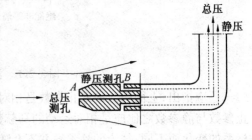

图 3.2.3　风速管

静压测孔，若忽略探针对流场的干扰，即可近似得到流场中该点的静压。图中套装在静压管中的、迎流开口的圆管称为总压管，气流在总压管的迎流处即图中 A 点滞止，从而测得气流的总压。而气流的马赫数可根据式(3.2.3b)求出。从上面的讨论可以看出，由于气流速度很容易被滞止为零，测量气流的滞止参数比测量静参数相对方便得多。

如果气流静压的测量还可以近似实现，静温的测量则更为困难。通常的接触式温度测量方法要求测温元件与被测气流充分接触，二者之间进行充分的热交换以达到热平衡状态，才能得到静温值。显然，要满足充分接触的要求，气流遇到感应部时就可能被滞止或"部分"滞止，从而使得测得数值高于真实静温。此外，运动气流与静止安放的感应部之间的(较长时间的)充分热交换也是很难保证的。因此，静温的直接测量是难以实现的。一般是利用气动探针测得总压、静压后计算得到马赫数，再通过较易测得的总温值，根据式(3.2.3a)求得静温。求得静温后，再由马赫数计算公式即可得到气流的速度。

对于不可压缩流体，气流速度可以直接根据伯努利方程式(2.2.20b)计算。在与外界无机械功交换、忽略黏性(或摩擦损失)的条件下，不可压缩气流滞止到速度为零时有

$$p^* = p + \frac{\rho V^2}{2} \text{ 或 } V = \sqrt{\frac{2(p^* - p)}{\rho}} \tag{3.2.4}$$

式中，$\dfrac{\rho V^2}{2}$ 称为气流的动压，表示气流速度滞止为零时气流压强的升高。前已述及，当 $Ma \leqslant 0.3$ 时可以将气体作为不可压缩流体处理。下面讨论一下利用式(3.2.4)计算气流速度所造成的误差。利用二项式定理将式(3.2.3b)展开为级数形式为

$$\frac{p^*}{p} = 1 + \frac{k}{2}Ma^2 + \frac{k}{8}Ma^4 + \cdots$$

或

$$p^* = p + \frac{k}{2}Ma^2 p\left(1 + \frac{1}{4}Ma^2 + \cdots\right)$$

由于 $\dfrac{k}{2}Ma^2 p = \dfrac{\rho}{2}\dfrac{kp}{\rho}\dfrac{V^2}{kRT} = \dfrac{\rho V^2}{2}$，于是上式可写为

$$p^* = p + \frac{\rho V^2}{2}\left(1 + \frac{1}{4}Ma^2 + \cdots\right)$$

令 $c = 1 + \dfrac{1}{4}Ma^2 + \cdots$，则由伯努利方程得到的速度与由上式得到的速度的相对误差为

$$\varepsilon = \frac{\sqrt{\dfrac{2(p^*-p)}{\rho}} - \sqrt{\dfrac{2(p^*-p)}{\rho c}}}{\sqrt{\dfrac{2(p^*-p)}{\rho c}}} = \sqrt{c} - 1 = \sqrt{1 + \frac{1}{4}Ma^2 + \cdots} - 1$$

可知 $Ma \leqslant 0.3$ 时的速度误差 $\varepsilon \leqslant 1.12\%$。

3.2.2　关于总压的讨论

在气体动力学中，总压代表了气流的做功能力。图 3.2.4 表示两股气流在两个相同的收缩喷管内做绝能等熵加速流动，设管道入口处气流总温有 $T_1^* = T_1^{*'}$，即两股气流的总能量相同，但气流总压不同，即 $p_1^* > p_1^{*'}$，若管道出口处静压 $p_2 = p'_2$，由式(3.2.3)可知出口处马赫数 $Ma_2 > Ma'_2$，静温 $T_2 < T'_2$，因此得到 $V_2 > V'_2$，即进口总压较高的气流在管道出口处具有更高的速度或动能，而这种动能是可以用来做功的(如推动涡轮做功)。所以，尽管两股气流具有同样的总能量，但二者的做功能力却不相同，总压越高则做功能力越强。上述结论也可以通过对两种流动过程的 $T - s$ 图分析得到(图 3.2.4)，在此不再赘述。如果管道入口处气流总温不变，但进口总压降至与出口静压相等，显然气流不可能在管道中产生运动或者说速度为零，这就表示气流不再具有做功能力。因此，从热、功转换的角度看，气流具有的总能量中的热能若想更多地转换为机械功，必须提高它的总压。为此航空发动机中需要用压气机来提高气流的总压，以提高气流的做功能力，改善热能转换为功的有效程度。因而气流的总压也可以看作气流能量可利用程度的度量。

再来分析另外一种情况。如图 3.2.5 所示，两股气流在扩压管道入口处具有相同的总温、总压，但分别做绝能等熵、绝能非等熵流动，根据热力学第二定律可知，后者的流动只能是熵增过程。考虑到滞止状态是真实状态经过假想或真实的绝能等熵过程达到的，即 $s^* = s$，因此由式(1.6.22)可得到绝能流动过程的熵增表达式为

$$\Delta s = s_{2f} - s_1 = s_{2f}^* - s_1^* = C_p \ln \frac{T_{2f}^*}{T_1^*} - R\ln \frac{p_{2f}^*}{p_{1f}^*} = - R\ln \frac{p_{2f}^*}{p_{1f}^*} \geqslant 0$$

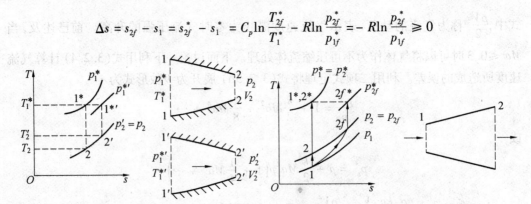

图 3.2.4　总压的物理意义　　　　　图 3.2.5　绝能流动中总压的变化

即有 $p_{1f}^* \geqslant p_{2f}^*$。可见,在绝能非等熵(即不可逆)过程中,熵的增加与总压下降是联系在一起的,由于黏性(包括激波中的黏性)损失,部分机械能(动能)不可逆地耗散为热能,使得气流总能量(以总温标识)中直接转换为机械能的部分减小了,气流做功能力下降,因此,气流总压的下降反映了气流做功能力的减小,或机械能可利用率的降低。工程上称

$$\sigma = \frac{p_2^*}{p_1^*} < 1$$ 为总压恢复系数(略去脚标"f"),它还可以表示熵增的大小,或衡量绝能流动过程的不可逆程度,从而将物理意义比较抽象的熵较为直观地表示出来。

上面讨论的总压变化规律是针对绝能流动而言的。如果气流与外界有功的交换,也会引起气流总压的变化。假设气体与外界无热量交换,但通过叶轮机械(如压气机、涡轮等)时与外界有功的交换。在不考虑黏性导致的摩擦损失的条件下,气流通过叶轮机械的过程是一个绝热的可逆流动过程(即等熵过程),进出口截面的气流参数应满足等熵关系式 $\dfrac{T_2^*}{T_1^*} = \left(\dfrac{p_2^*}{p_1^*}\right)^{\frac{k-1}{k}}$。绝热过程的能量方程可写为

$$- \dot{w}_s = h_2^* - h_1^* = c_p T_1^* \left(\frac{T_2^*}{T_1^*} - 1\right) = \frac{kR}{k-1} T_1^* \left[\left(\frac{p_2^*}{p_1^*}\right)^{\frac{k-1}{k}} - 1\right] \quad 或 \quad - \dot{w}_s = h_1^* \left[\left(\frac{p_2^*}{p_1^*}\right)^{\frac{k-1}{k}} - 1\right]$$

上式表明,气体对外界做功($\dot{w}_s > 0$)将使总压下降,外界对气体做功($\dot{w}_s < 0$)将使总压增加。此外,当气流与外界有热量交换时,由熵的表达式(1.6.11)可知,必导致熵的变化,进而引起总压的变化。例如,在发动机中,通过燃烧以补充能量,但燃烧(加热)将导致熵增,并使得总压下降。

例 3.2.2　图 3.2.6 所示储气箱中的空气总压、总温分别为 2.943×10^5 N/m², 288 K,通过喷管向外排入大气,大气压强为 9.81×10^4 N/m²。设喷管出口处的气流压强等于大气压强:(1)若空气在喷管中的流动是绝能等熵的;(2)若空气在喷管中的流动中有摩擦损失,且出口处气流总压为储气箱中空气总压的 0.95。求两种情况下出口处的气流速度。

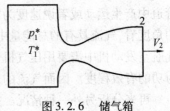

图 3.2.6　储气箱

解　对第一种情况,因喷管中为等熵流动,则 $p_2^* = p_1^*$, $T_2^* = T_1^*$,由式(3.2.3)可有

$$\frac{p_2^*}{p_2} = \frac{p_1^*}{p_a} = \left(1 + \frac{k-1}{2}Ma_2^2\right)^{\frac{k}{k-1}}$$

即

$$Ma_2 = \sqrt{\frac{2}{k-1}\left[\left(\frac{p_1^*}{p_a}\right)^{\frac{k-1}{k}} - 1\right]} = 1.36$$

于是

$$T_2/\mathrm{K} = \frac{T_2^*}{1 + \frac{k-1}{2}Ma_2^2} = \frac{T_1^*}{1 + \frac{k-1}{2}Ma_2^2} = 210$$

则出口截面气流速度为

$$V_2/(\mathrm{m \cdot s^{-1}}) = Ma_2\sqrt{kRT_2} = Ma_2(20.05\sqrt{T_2}) = 396$$

对第二种情况，$\dfrac{p_{2f}^*}{p_{2f}} = \dfrac{0.95p_1^*}{p_a} = \left(1 + \dfrac{k-1}{2}Ma_{2f}^2\right)^{\frac{k}{k-1}}$ 即 $Ma_{2f} = 1.32$；因喷管中流动是绝热的，则 $T_2^* = T_1^*$，故

$$T_{2f}/\mathrm{K} = \frac{T_1^*}{1 + \frac{k-1}{2}Ma_{2f}^2} = 214$$

出口截面气流速度为

$$V_{2f}/(\mathrm{m \cdot s^{-1}}) = Ma_{2f}(20.05\sqrt{T_{2f}}) = 388$$

可见，与理想流动相比，考虑摩擦损失时喷管出口处的气流速度下降，而静温增加。

3.2.3　极限状态、临界状态及速度系数

速度达到最大，而静焓或静温为零时的状态称为极限速度或最大速度状态，这个极限速度用 $V_{\max}$ 表示。极限速度状态也是一种参考状态，可由某个真实状态经过假想的等熵过程达到。由式(3.2.1)可有

$$\frac{k}{k-1}RT^* = \frac{k}{k-1}RT + \frac{V^2}{2} = \frac{V_{\max}^2}{2} \text{ 或 } V_{\max} = \sqrt{\frac{2}{k-1}kRT^*} = a^*\sqrt{\frac{2}{k-1}} \quad (3.2.5)$$

式中，$a^* = \sqrt{kRT^*}$ 是对应于气流滞止状态的声速，称为滞止声速。它与极限速度 $V_{\max}$ 都只取决于气体的物性和总温 T^*，在绝能流动中是不变的常数，因而常被用来作为一个参考速度。显然，$V_{\max}$ 仅是一个理论上的极限值，因为任何气体在达到绝对零度（或达到 $V_{\max}$）以前早已被液化了。

图 3.2.7 表明，在气流速度由零绝能等熵的增加到 $V_{\max}$ 的过程中，必然会有气流速度恰好等于当地声速（即 $Ma = 1$）的状态，称该状态为临界状态。与滞止状态一样，临界状态既可能存在于真实流动中，也可能是将某个真实状态经过假想的绝能等熵过程而达到的。出现临界状态的截面称为临界截面，临界状态时的气流参数称为临界参数，临界声速、临界速度分别用 a_{cr}，V_{cr} 表示。由式(3.2.1)有

$$\frac{k}{k-1}RT^* = \frac{a^2}{k-1} + \frac{V^2}{2} = \frac{a_{\mathrm{cr}}^2}{k-1} + \frac{V_{\mathrm{cr}}^2}{2}$$

于是得

$$a_{cr} = V_{cr} = \sqrt{\frac{2}{k+1}kRT^*} = a^* \sqrt{\frac{2}{k+1}}$$

$$(3.2.6)$$

对于一定的气体,临界声速只决定于气体的物性与总温 T^*,在绝能流动中是不变的,是一个方便的参考速度。将 $Ma = 1$ 代入式(3.2.3)可得到临界参数与滞止参数之间的关系

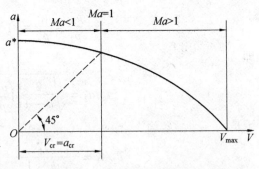

图 3.2.7 声速与速度的变化关系

$$\frac{T_{cr}}{T^*} = \frac{2}{k+1}, \frac{p_{cr}}{p^*} = \left(\frac{2}{k+1}\right)^{\frac{k}{k-1}}, \frac{\rho_{cr}}{\rho^*} = \left(\frac{2}{k+1}\right)^{\frac{1}{k-1}}$$

$$(3.2.7)$$

式(3.2.7)表明,气体的临界参数与滞止参数之比仅是比热比 k 的函数,而且要使气流速度增大到临界速度(即出现临界状态),膨胀后气体的静压与开始膨胀时气体的总压之比需小于等于临界压强比,如对空气($k = 1.4$)应满足 $\frac{p}{p^*} \leqslant \frac{p_{cr}}{p^*} = \left(\frac{2}{k+1}\right)^{\frac{k}{k-1}} = 0.5283$,

对燃气(如 $k = 1.33$)应满足 $\frac{p}{p^*} \leqslant 0.5402$。

应该指出,与滞止参数一样,临界参数也是点函数,在任意流动过程中的任何一点处流体都具有确定的临界参数。如果实际流动过程中气流在某一截面处 $Ma = 1$,此时该截面(即临界截面)上的气流静参数即为临界参数。此外,声速与临界声速是两个不同的概念,声速是在气体所处状态下实际存在的,其大小可由当地静温确定。而临界声速是由该处的总温所确定,只有当气流的马赫数等于 1 时临界声速才实际存在。对于任意流动过程中的任一点处,都有确定的声速和与之对应的临界声速,并且只有在临界截面上二者才相等。

在气体动力学中,除了将马赫数作为无量纲参数之外,往往也用气流速度 V 与临界声速 a_{cr} 之比作为无量纲速度,称为速度系数,用 λ 表示,即

$$\lambda = \frac{V}{a_{cr}}$$

$$(3.2.8)$$

与 Ma 数相比,应用 λ 数的好处之一是在绝能流动的流场中,临界声速在整个流场内都是常数,由 λ 值的大小可直接判断出该点速度的模的大小,而 Ma 数中的声速是随气流当地静温变化的,属于局部量,不能依据 Ma 值直接判断速度的大小。此外,当达到极限状态时,因静温为零使得 $Ma \rightarrow \infty$,这样就很难根据总、静参数关系式获得 $V = V_{max}$ 附近的参数变化情况,而此时 λ 数仍为有限值,即 $\lambda_{max} = \frac{V_{max}}{a_{cr}} = \sqrt{\frac{k+1}{k-1}}$,所以有时用 λ 数比用 Ma 数更加方便些。由式(3.2.1)可有

$$\frac{a^2}{k-1} + \frac{V^2}{2} = \frac{a_{cr}^2}{k-1} + \frac{V_{cr}^2}{2} = \frac{k+1}{2(k-1)}a_{cr}^2$$

即

$$\frac{a^2}{a_{cr}^2} = \frac{k+1}{2} - \frac{k-1}{2}\lambda^2$$

再考虑到 $Ma^2 = \dfrac{V^2}{a^2}\dfrac{a_{cr}^2}{a_{cr}^2} = \lambda^2\dfrac{a_{cr}^2}{a^2}$，则可得到 λ 数与 Ma 数间的关系，即

$$Ma^2 = \frac{\lambda^2}{1 - \dfrac{k-1}{2}(\lambda^2 - 1)} \text{ 和 } \lambda^2 = \frac{Ma^2}{1 + \dfrac{k-1}{k+1}(Ma^2 - 1)} \tag{3.2.9}$$

将式(3.2.9) 写成

$$\lambda^2 = \frac{1}{\dfrac{k-1}{k+1} + \dfrac{2}{k+1}\dfrac{1}{Ma^2}}$$

可以看出，当 $Ma = 1$ 时，必有 $\lambda = 1$；当 $Ma < 1$ 时，有 $\dfrac{k-1}{k+1} + \dfrac{2}{k+1}\dfrac{1}{Ma^2} > \dfrac{k-1}{k+1} + \dfrac{2}{k+1} = 1$，即必有 $\lambda < 1$，且满足 $Ma < \lambda < 1$；当 $Ma > 1$ 时，必有 $\lambda > 1$，且满足 $Ma > \lambda > 1$。因而也可用 λ 数作为亚声速、超声速流动的判断标志。图 3.2.8 表明二者之间的对应关系。将式(3.2.9) 代入式(3.2.3) 中，即可得到以 λ 的函数表示的总、静参数之比关系式

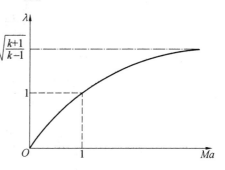

图 3.2.8　λ 与 Ma 数的变化关系

$$\frac{T}{T^*} = 1 - \frac{k-1}{k+1}\lambda^2, \frac{p}{p^*} = \left(1 - \frac{k-1}{k+1}\lambda^2\right)^{\frac{k}{k-1}}, \frac{\rho}{\rho^*} = \left(1 - \frac{k-1}{k+1}\lambda^2\right)^{\frac{1}{k-1}}$$

例 3.2.3　已知某发动机尾喷管进口燃气参数为 $p_1^* = 2.4 \times 10^5\,\text{Pa}$，$T_1^* = 790\,\text{K}$，出口截面处于临界状态，尾喷管总压恢复系数 $\sigma = 0.98$。求出口流速、静温及静压。设 $k = 1.33$，$R = 287.4\,\text{J/(kg·K)}$。

解　假设尾喷管内气流为绝能流动，则 $T_2^* = T_1^*$，而 $\lambda_2 = 1.0$，故

$$V_2/(\text{m·s}^{-1}) = \lambda_2 a_{cr} = \sqrt{\frac{2k}{k+1}RT_2^*} = 509.1$$

$$T_{2cr}/\text{K} = T_2^*\left(\frac{2}{k+1}\right) = 678.1$$

$$p_{2cr}/\text{Pa} = p_2^*\left(\frac{2}{k+1}\right)^{\frac{k}{k-1}} = \sigma p_1^*\left(\frac{2}{k+1}\right)^{\frac{k}{k-1}} = 1.27 \times 10^5$$

3.3　气体动力学函数及其应用

从前面的讨论可以看出，气流的总参数、静参数之比可以表示为气流的 Ma 数或 λ 数的函数，下面还将看到，连续方程、动量方程也可以用 Ma 数或 λ 数的函数表示出来。这些 Ma 数或 λ 数的函数称为气体动力学函数，简称气动函数。气动函数在气体动力学计算中

有着广泛的应用,可以编制出以Ma数或λ数为自变量的各种气动函数表,供计算时查用,便于进行精确或大量的计算。

3.3.1 气动函数 $\tau(\lambda)$,$\pi(\lambda)$ 及 $\varepsilon(\lambda)$

式(3.3.1)就是以λ数的函数表示的气流静参数与总参数之比,温比、压强比及密度比分别以$\tau(\lambda)$,$\pi(\lambda)$及$\varepsilon(\lambda)$表示为

$$\begin{cases} \tau(\lambda) = \dfrac{T}{T^*} = 1 - \dfrac{k-1}{k+1}\lambda^2 \\[2mm] \pi(\lambda) = \dfrac{p}{p^*} = \left(1 - \dfrac{k-1}{k+1}\lambda^2\right)^{\frac{k}{k-1}} \\[2mm] \varepsilon(\lambda) = \dfrac{\rho}{\rho^*} = \left(1 - \dfrac{k-1}{k+1}\lambda^2\right)^{\frac{1}{k-1}} \end{cases} \tag{3.3.1}$$

根据式(3.2.9)还可以写出以Ma数的函数表示的气流静参数与总参数之比,即

$$\begin{cases} \tau(Ma) = \dfrac{T}{T^*} = \dfrac{1}{1 + \dfrac{k-1}{2}Ma^2} \\[4mm] \pi(Ma) = \dfrac{p}{p^*} = \dfrac{1}{\left(1 + \dfrac{k-1}{2}Ma^2\right)^{\frac{k}{k-1}}} \\[4mm] \varepsilon(Ma) = \dfrac{\rho}{\rho^*} = \dfrac{1}{\left(1 + \dfrac{k-1}{2}Ma^2\right)^{\frac{1}{k-1}}} \end{cases} \tag{3.3.2}$$

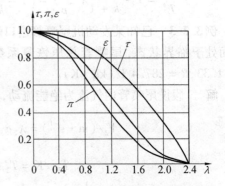

图 3.3.1 气动函数随 λ 的变化规律

对于某一确定气体(如空气$k = 1.4$),若知道式(3.3.1)或式(3.3.2)中的静参数、总参数、λ数或Ma数三者中的任意两个,则第三个即可用相应的公式求出。图3.3.1给出了工质为空气时,上述气动函数随λ数的变化规律。可以看出,当$\lambda = 0$时,$\tau(\lambda)$,$\pi(\lambda)$,$\varepsilon(\lambda)$均等于1,随λ的增加,三个函数均减小,当$\lambda = \lambda_{\max}$时,它们都降为零。

例3.3.1 利用风速管测得空气流动中某点的总压$p^* = 9.81 \times 10^4$ Pa、静压$p = 8.44 \times 10^4$ Pa,用热电偶测得该点处空气总温$T^* = 400$ K。求该点处的气流速度。

解 因为$\pi(\lambda) = \dfrac{p}{p^*} = 0.86$,故查表或由式(3.3.1)计算可得$\lambda = 0.502\,5$,则有

$$V/(\text{m} \cdot \text{s}^{-1}) = \lambda a_{\text{cr}} = \lambda\sqrt{\frac{2k}{k+1}RT^*} = 184$$

例3.3.2 某发动机涡轮导向器进口燃气参数为$p_1^* = 1.18 \times 10^6$ Pa,$T_1^* = 1\,110$ K,出口静压$p_2 = 6.86 \times 10^5$ Pa,出口流速$V_2 = 555$ m/s。求由于燃气流在导向器中的摩擦作

用所引起的总压损失即导向器的总压恢复系数 σ。已知燃气 $k = 1.33, R = 287.4$ J/(kg · K)。

解　假设导向器内气流为绝能流动,则 $T_2^* = T_1^*$,有

$$a_{cr2}/(\text{m} \cdot \text{s}^{-1}) = \sqrt{\frac{2k}{k+1}RT_2^*} = 604 \text{ 和 } \lambda_2 = \frac{V_2}{a_{cr2}} = 0.92$$

查表或由式(3.3.1)计算可得 $\pi(\lambda_2) = 0.597\,7$,故 $p_2^*/\text{Pa} = \dfrac{p_2}{\pi(\lambda_2)} = 1.148 \times 10^6$,即有

$$\sigma = \frac{p_2^*}{p_1^*} = 0.972$$

3.3.2　流量函数 $q(\lambda)$ 及 $y(\lambda)$

一维定常流动假设下的流量公式(即连续方程)为 $\dot{m} = \rho VS$,直接按该式计算通过某截面的流量时,必须已知该截面处的密度、速度及截面面积。而在一般气动计算中,往往是给出某截面处的气流总参数、λ 数或 Ma 数,如果将流量公式写成气流总参数和 λ 数函数表示的形式,会使计算大为简化。由于

$$\dot{m} = \rho VS = \frac{\rho V}{\rho_{cr} V_{cr}} \rho_{cr} V_{cr} S$$

式中

$$\rho_{cr} = \rho^* \left(\frac{2}{k+1}\right)^{\frac{1}{k-1}} = \frac{p^*}{RT^*}\left(\frac{2}{k+1}\right)^{\frac{1}{k-1}}, V_{cr} = \sqrt{\frac{2k}{k+1}RT^*}$$

$$\frac{\rho V}{\rho_{cr} V_{cr}} = \lambda \frac{\rho/\rho^*}{\rho_{cr}/\rho^*} = \lambda\left(1 - \frac{k-1}{k+1}\lambda^2\right)^{\frac{1}{k-1}}\left(\frac{k+1}{2}\right)^{\frac{1}{k-1}}$$

定义

$$q(\lambda) = \lambda\left(1 - \frac{k-1}{k+1}\lambda^2\right)^{\frac{1}{k-1}}\left(\frac{k+1}{2}\right)^{\frac{1}{k-1}} \tag{3.3.3}$$

并称之为流量函数,它的物理意义是无量纲密流,表示单位时间内通过单位面积的质量流量。当 $k = 1.4$ 时,$q(\lambda)$ 随 λ 数的变化如图 3.3.2 所示。由图可见,当 $\lambda = 0$ 时,$q(\lambda) = 0$;当 $\lambda = \lambda_{max}$ 时,$q(\lambda) = 0$;当 $\lambda = 1$ 时,$q(\lambda) = 1$ 为最大值,即在 $\lambda = 1$ 的截面(临界截面)处密流值最大。此外,还可看出一个流量函数值对应着两个 λ 数或 Ma 数,一个是亚声速的,另一个是超声速的,应用时须判断流动属于哪个范围,才能确定其对应的 λ

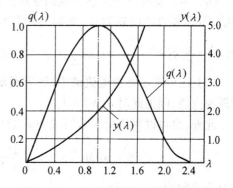

图 3.3.2　流量函数随 λ 的变化曲线

数或 Ma 数。应用 $q(\lambda)$ 可以直接根据总参数和 λ 数计算流量,将上述各式合并整理可得

$$\dot{m} = K \frac{p^*}{\sqrt{T^*}}Sq(\lambda) \tag{3.3.4}$$

式中，$K = \sqrt{\dfrac{k}{R}\left(\dfrac{2}{k+1}\right)^{\frac{k+1}{k-1}}}$。对于给定的气体($k,R$一定)，$K$为常数。对于空气，当$k = 1.4$

及$R = 287.06\ \mathrm{J/(kg \cdot K)}$时，$K = 0.040\ 4\ \dfrac{s \cdot \sqrt{K}}{m}$；对于燃气，当$k = 1.33$，$R =$

$287.4\ \mathrm{J/(kg \cdot K)}$时，$K = 0.039\ 7\ \dfrac{s \cdot \sqrt{K}}{m}$。

式(3.3.4)在气动分析、计算中是很重要的一个公式。它表明，在给定的λ数下，密流$\dot{m}/S$与总压成正比，与总温的平方根成反比。因此，在喷管、压气机、涡轮或其他气动力机械的实验数据中，往往取$\dfrac{\dot{m}\ \sqrt{T^*}}{p^*}$作为流量组合参数来绘制特性曲线，使得某一特定的实验结果可以用于总压、总温不同于原始实验条件的情况。

由一维定常流动连续方程可知，通过同一管道中不同截面的流量应为常数，即有$\dot{m} = K\dfrac{p^*}{\sqrt{T^*}}Sq(\lambda) =\mathrm{const}$成立，若再假设流动是绝能等熵的，即$p^*$，$T^*$不变，可有

$$Sq(\lambda) = \mathrm{const} \tag{3.3.5}$$

由此可得出如下重要结论：

(1) 当气流为亚声速($\lambda < 1$)时，由图3.3.2可见，随λ数的增大，$q(\lambda)$也随之增大，为保证流量守恒，则相应的流管面积必须减小，即对于亚声速流动，流管截面积减小时流速增加，而流管截面积增加时流速减小。

(2) 当气流为超声速($\lambda > 1$)时，随λ数增大，$q(\lambda)$却减小，相应的流管面积必须增大，即对于超声速流动，流管截面积减小时流速减小，流管截面积增加时流速增加。

(3) 当$\lambda = 1$时，$q(\lambda) = 1$达到最大值，相应的流管面积应该是流管的最小截面积，即临界截面($\lambda = 1$的截面)必是流管中的最小截面积，但这个结论反过来并不一定正确，在第5章将会讨论到，流管最小截面积处的流速并非肯定会达到声速。

(4) 如果要将气流绝能等熵由亚声速加速到超声速，管道必须做成先收敛后扩张的形状，即所谓的拉伐尔喷管，此时管道任何一个截面积S与临界截面积S_{cr}之比必满足$Sq(\lambda) = S_{cr}q(\lambda)_{\lambda=1} = S_{cr}$或$\dfrac{S_{cr}}{S} = q(\lambda)$，这个问题也将在第5章中加以讨论。

(5) 在一维定常管道流动中，如果流动处于临界状态，则用临界截面处的参数计算流量最为方便，因为此时$q(\lambda) = 1$。

此外，也可以将流量函数写成Ma数的函数，即

$$q(Ma) = Ma\left[\frac{2}{k+1}\left(1 + \frac{k-1}{2}Ma^2\right)\right]^{-\frac{k+1}{2(k-1)}}$$

流量公式则为

$$\dot{m} = K\frac{p^*}{\sqrt{T^*}}Sq(Ma) \tag{3.3.6}$$

当已知条件不是气流的总压而是静压时，也可用另一个气动函数$y(\lambda) = \dfrac{q(\lambda)}{\pi(\lambda)}$，即

$$\dot{m} = K \frac{p^*}{\sqrt{T^*}} S q(\lambda) = K \frac{pS}{\sqrt{T^*}} \frac{p^*}{p} q(\lambda) = K \frac{pS}{\sqrt{T^*}} \frac{q(\lambda)}{\pi(\lambda)} = K \frac{pS}{\sqrt{T^*}} y(\lambda) \quad (3.3.7)$$

图 3.3.2 也给出了 $y(\lambda)$ 随 λ 数的变化情况。

例 3.3.3　某扩压器进口空气总压 $p_1^* = 2.942 \times 10^5$ Pa，$\lambda_1 = 0.85$，进出口截面面积之比 $\dfrac{S_2}{S_1} = 2.5$，总压比 $\dfrac{p_2^*}{p_1^*} = 0.94$。求出口截面处的速度系数 λ_2 及静压 p_2。

解　假设扩压器内气流为绝能流动，则 $T_2^* = T_1^*$，有

$$K \frac{p_1^*}{\sqrt{T_1^*}} S_1 q(\lambda_1) = K \frac{p_2^*}{\sqrt{T_1^*}} S_2 q(\lambda_2)$$

即

$$q(\lambda_2) = \frac{p_1^*}{p_2^*} \frac{S_1}{S_2} q(\lambda_1) = 0.425\,5 q(\lambda_1)$$

查表或由公式计算可得当 $\lambda_1 = 0.85$ 时，$q(\lambda_1) = 0.972\,9$，则 $q(\lambda_2) = 0.414\,0$。再查表或由公式计算可得到两个 λ 数，即 $\lambda_2 = 0.27$ 或 1.79，对于亚声速入口的渐扩流道内的流动来说，应为减速增压流动，即只有 $\lambda_2 = 0.27$ 成立，此时 $\pi(\lambda_2) = 0.957\,9$，故

$$p_2 / \text{Pa} = p_2^* \pi(\lambda_2) = 2.649 \times 10^5$$

例 3.3.4　液体火箭发动机地面试车时，高速喷气所产生的推力 $F = 4.905 \times 10^5$ N，喷管进口处燃气总温 $T_1^* = 2\,700$ K，总压 $p_1^* = 30.99 \times 10^5$ Pa，喷管出口处燃气压强等于大气压强 $p_a = 1.013 \times 10^5$ Pa。若流动是绝能等熵的，求喷管出口处的燃气速度、燃气流量、喷管最小截面及出口截面面积。已知燃气 $k = 1.33$，$R = 287.4$ J/(kg·K)。

解　地面试车时有 $V_1 = 0$，流动又是绝能等熵的，则 $T_2^* = T_1^*$，$p_2^* = p_1^*$，可有

$$\pi(\lambda_2) = \frac{p_2}{p_2^*} = \frac{p_a}{p_1^*} = 0.032\,7 < \frac{p_{cr}}{p^*} = \left(\frac{2}{k+1}\right)^{\frac{k}{k-1}} = 0.540\,2$$

即喷管出口处必为超声速流动，查表或由公式计算可得 $\lambda_2 = 2.01$，故

$$V_2 / (\text{m} \cdot \text{s}^{-1}) = \lambda_2 a_{cr} = \lambda_2 \sqrt{\frac{2k}{k+1} R T_1^*} = 1\,891.8$$

由推力计算公式 $F = \dot{m}(V_2 - V_1) + S_2(p_2 - p_a) = \dot{m} V_2$，可有

$$\dot{m} / (\text{kg} \cdot \text{s}^{-1}) = \frac{F}{V_2} = 259.27$$

由流量公式

$$\dot{m} = K \frac{p_{cr}^*}{\sqrt{T_{cr}^*}} S_{cr} = K \frac{p_1^*}{\sqrt{T_1^*}} S_{cr}$$

得 $S_{cr} / \text{m}^2 = \dfrac{\dot{m} \sqrt{T_1^*}}{K p_1^*} = 0.109\,6$。而出口截面面积则根据流量守恒

$$K \frac{p_1^*}{\sqrt{T_1^*}} S_{cr} = K \frac{p_1^*}{\sqrt{T_1^*}} S_2 q(\lambda_2)$$

得到 $S_2 / \text{m}^2 = \dfrac{S_{cr}}{q(\lambda_2)} = 0.449\,8$。

3.3.3　冲量函数 $z(\lambda)$,$f(\lambda)$ 及 $r(\lambda)$

不考虑机械功输入或输出,忽略质量力的一维定常管道流动动量方程可写为

$$F_e = (\dot{m}V_2 + p_2 S_2) - (\dot{m}V_1 + p_1 S_1) \tag{3.3.8}$$

式中,F_e 为管壁作用于控制体内气体上的轴向力。定义某个截面上气流的动量与压强合力组成的组合量 $\dot{m}V + pS$ 为该截面上气流的冲量,它也可以用 λ 数的函数表示,即

$$\dot{m}V + pS = \dot{m}\left(V + \frac{pS}{\rho VS}\right) = \dot{m}\left(V + \frac{p}{\rho V}\right)$$

式中,$V = \lambda a_{cr}$,$\dfrac{p}{\rho} = RT = RT^* \tau(\lambda) = \dfrac{k+1}{2k}\tau(\lambda)a_{cr}^2$,于是得

$$\dot{m}V + pS = \dot{m}\left[\lambda a_{cr} + \frac{k+1}{2k}\frac{\tau(\lambda)}{\lambda}a_{cr}\right] = \dot{m}\left[\lambda a_{cr} + \frac{k+1}{2k}\frac{a_{cr}}{\lambda}\left(1 - \frac{k-1}{k+1}\lambda^2\right)\right] =$$

$$\dot{m}\frac{k+1}{2k}a_{cr}\left(\frac{1}{\lambda} + \lambda\right) = \frac{k+1}{2k}\dot{m}a_{cr}z(\lambda) \tag{3.3.9}$$

称 $z(\lambda) = \dfrac{1}{\lambda} + \lambda$ 为冲量函数,它随 λ 数的变化规律如图 3.3.3 所示。当 $\lambda < 1$ 时,$z(\lambda)$ 随 λ 的增加而迅速下降;当 $\lambda = 1$ 时,$z(\lambda)$ 降低到最小值为 2;当 $\lambda > 1$ 时,$z(\lambda)$ 随 λ 的增加而增大。

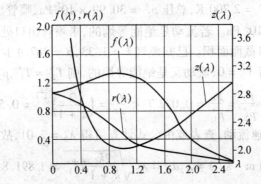

图 3.3.3　冲量函数随 λ 的变化规律

与 $q(\lambda)$ 类似,一个冲量函数值也对应着两个 λ 数。引用冲量函数 $z(\lambda)$,式(3.3.8)可写为

$$F_e = \frac{k+1}{2k}\dot{m}\left[a_{cr2}z(\lambda_2) - a_{cr1}z(\lambda_1)\right] \tag{3.3.10}$$

此外,气体冲量还可以表示为气流总压或静压的函数,即

$$\dot{m}V + pS = \frac{k+1}{2k}\dot{m}a_{cr}z(\lambda) = \frac{k+1}{2k}K\frac{p^*}{\sqrt{T^*}}Sq(\lambda)\sqrt{\frac{2k}{k+1}RT^*}\,z(\lambda) =$$

$$\frac{k+1}{2k}\sqrt{\frac{k}{R}\left(\frac{2}{k+1}\right)^{\frac{k+1}{k-1}}}\sqrt{\frac{2k}{k+1}R}\,p^*Sq(\lambda)z(\lambda) =$$

$$\left(\frac{2}{k+1}\right)^{\frac{1}{k-1}}p^*Sq(\lambda)z(\lambda)$$

令 $f(\lambda) = \left(\dfrac{2}{k+1}\right)^{\frac{1}{k-1}} q(\lambda) z(\lambda)$，则得

$$\dot{m} V + pS = p^* S f(\lambda) \tag{3.3.11a}$$

若把 p^* 换为 p，则有

$$\dot{m} V + pS = \frac{p}{\pi(\lambda)} S f(\lambda)$$

令 $r(\lambda) = \dfrac{\pi(\lambda)}{f(\lambda)}$，得

$$\dot{m} V + pS = \frac{pS}{r(\lambda)} \tag{3.3.11b}$$

式 (3.3.11) 表明，给定截面积 S、速度系数 λ、总压或静压后，冲量与气流总温无显性关系。这是由于给定 λ 后，流速与总温的平方根成正比，而流量与总温的平方根成反比，二者相互抵消，所以温度改变并不影响动量值 $\dot{m} V$，也不影响压强合力 pS。

例 3.3.5　设发动机进气道空气流量 $\dot{m} = 50$ kg/s，进、出口截面处 $\lambda_1 = 0.4$，$\lambda_2 = 0.2$，气流总温 $T^* = 322$ K。求气流作用在进气道内壁上的推力。

解　由公式有 $F_e = \dfrac{k+1}{2k} \dot{m} [a_{cr2} z(\lambda_2) - a_{cr1} z(\lambda_1)]$。其中，$z(\lambda_1) = 2.9$，$z(\lambda_2) = 5.2$，$a_{cr1}/(\text{m} \cdot \text{s}^{-1}) = a_{cr2} = \sqrt{\dfrac{2k}{k+1} RT^*} = 329$，所以 $F_e = 3.24 \times 10^4$ N，即气流作用在进气道内壁上的推力 $R = -F_e$（逆气流方向）。

例 3.3.6　燃气（$k = 1.33$）在某加热直圆管内流动，进口截面处有 $p_1^* = 1.765 \times 10^5$ Pa，$T_1^* = 450$ K，$\lambda_1 = 0.4$，出口截面处 $p_2 = 1.008 \times 10^5$ Pa。若不考虑燃气与管壁间的摩擦力，求出口截面处的速度系数、总压及总温。

解　直圆管且不考虑燃气与管壁间的摩擦力，则 $F_e = 0$，$S_1 = S_2 = S$，式 (3.3.8) 可写为

$$\dot{m} V_1 + p_1 S = \dot{m} V_2 + p_2 S$$

考虑式 (3.3.11)，可有 $p_1^* S f(\lambda_1) = \dfrac{p_2 S}{r(\lambda_2)}$ 或 $r(\lambda_2) = \dfrac{p_2}{p_1^* f(\lambda_1)}$。查表或由公式计算可得到

$$f(\lambda_1) = 1.0822, \quad z(\lambda_1) = 2.9$$

则 $r(\lambda_2) = 0.5277$。因单纯加热不可能使亚声速气流变为超声速气流，故有 $\lambda_2 = 0.84$ 及 $\pi(\lambda_2) = 0.6542$，$z(\lambda_2) = 2.0305$。再由式 (3.3.9) 有

$$\frac{k+1}{2k} \dot{m} \sqrt{\frac{2k}{k+1} RT_1^*} \, z(\lambda_1) = \frac{k+1}{2k} \dot{m} \sqrt{\frac{2k}{k+1} RT_2^*} \, z(\lambda_2)$$

即

$$T_2^*/\text{K} = T_1^* \left[\frac{z(\lambda_1)}{z(\lambda_2)}\right]^2 = 917.9$$

出口截面总压为 $p_2^*/\text{Pa} = \dfrac{p_2}{\pi(\lambda_2)} = 1.541 \times 10^5$。

例 3.3.7　如图 3.3.4 所示，第一股亚声速空气流混合前的参数为 $T_1^* = 900$ K，$p_1^* = $

$3 \times 10^5 \, \text{Pa}, \dot{m}_1 = 80 \, \text{kg/s}$，另一股空气流参数则为 $T_2^* = 300 \, \text{K}, p_2^* = 2 \times 10^5 \, \text{Pa}, \dot{m}_2 = 20 \, \text{kg/s}$，此外，流动面积满足 $S_1 = S_2 = 0.22 \, \text{m}^2, S_3 = S_1 + S_2$，略去气流与管壁间的摩擦力、与外界的热量交换。求混合后气流参数 T_3^*, p_3^* 及 Ma_3。设气流的 C_p 为常数。

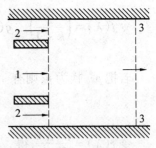

图 3.3.4 气流在直管内混合

解 亚声速气流在入口截面处必须满足静压相等的条件，即 $p_1 = p_2$，但因总压不同而具有不同的速度。混合后的亚声速气流在截面 3 处应为混合均匀状态。取图 3.3.4 所示的控制体，由于略去气流与管壁间摩擦力、与外界热量交换等，并考虑流量守恒，则能量方程可写为

$$\dot{m}_1 c_p T_1^* + \dot{m}_2 c_p T_2^* = \dot{m}_3 c_p T_3^* = (\dot{m}_1 + \dot{m}_2) c_p T_3^*$$

可得到 $T_3^* / \text{K} = \dfrac{\dot{m}_1 T_1^* + \dot{m}_2 T_2^*}{\dot{m}_1 + \dot{m}_2} = 780$。

再由流量公式 $q(\lambda_1) = \dfrac{\dot{m}_1 \sqrt{T_1^*}}{K p_1^* S_1} = 0.9$ 和 $q(\lambda_2) = \dfrac{\dot{m}_2 \sqrt{T_2^*}}{K p_2^* S_2} = 0.195$，查表或公式计算得到 $\lambda_1 = 0.714, Ma_1 = 0.68$ 和 $\lambda_2 = 0.125, Ma_1 = 0.112$。于是有

$$z(\lambda_1) = 2.1146 \text{ 和 } z(\lambda_2) = 8.125$$

由于略去摩擦力影响，即 $F_e = 0$，动量方程可写为

$$\dot{m}_1 a_{cr1} z(\lambda_1) + \dot{m}_2 a_{cr2} z(\lambda_2) = \dot{m}_3 a_{cr3} z(\lambda_3) = (\dot{m}_1 + \dot{m}_2) a_{cr3} z(\lambda_3)$$

因此 $z(\lambda_3) = \dfrac{\dot{m}_1 a_{cr1} z(\lambda_1) + \dot{m}_2 a_{cr2} z(\lambda_2)}{(\dot{m}_1 + \dot{m}_2) a_{cr3}} = 2.825$，查表或计算得

$$\lambda_3 = 0.415, Ma_3 = 0.382 \text{ 及 } f(\lambda_1) = 1.208, f(\lambda_2) = 1.009, f(\lambda_3) = 1.09$$

再由 $p_1^* S_1 f(\lambda_1) + p_2^* S_2 f(\lambda_2) = p_3^* S_3 f(\lambda_3)$ 可得

$$p_3^* / \text{Pa} = \dfrac{p_1^* S_1 f(\lambda_1) + p_2^* S_2 f(\lambda_2)}{(S_1 + S_2) f(\lambda_3)} = 2.585 \times 10^5$$

结果表明，流量较多、总压较高（或速度较高）的气流与流量较少、总压较低（或速度较低）的气流混合后，可以显著提高后者的总压（或速度），这也是图 3.3.4 所示管道又被称为引射器的原因。此外，尽管略去气流与管壁间的摩擦力作用，由于两股气流速度不同，也将导致一定的混合损失，即出口气流总压低于第一股气流的总压。

第4章　膨胀波与激波

超声速气流有一个重要的特点:加速时要产生膨胀波,减速时一般会出现激波。而亚声速气流,无论是加速还是减速都不会出现这些物理现象。膨胀波和激波既是超声速气流特有的重要物理现象,也是研究分析超声速流动的重要物理概念。随着飞行器和发动机性能的提高,超声速飞行器、超声速进气道、超声速压气机及涡轮、超声速喷管等已被广泛应用,超声速燃烧理论的研究也推动了超声速冲压发动机的研究进程。显然,进行这些部件的气动设计和流场分析时,首先就要遇到膨胀波和激波问题。本章将主要分析膨胀波与激波的产生条件、性质、运动规律及有关的理论计算方法,给出膨胀波、激波前后气流参数的关系式,阐述膨胀波之间、激波之间以及膨胀波与激波之间的相交、反射规律等。为揭示问题的实质,在讨论中假设理想气体做无黏、定常、绝能运动。

4.1　弱扰动在气流中的传播与马赫波

第3章中已经述及,弱扰动相对于气体是以声速向周围传播的,本节将着重讨论弱扰动在气流中的传播规律,尤其是在超声速气流中的传播规律。根据扰动源的的运动状态,将其分为运动扰动源和静止扰动源两类。一个微小物体在静止气体中运动,物体在其运动空间的每一点都对气体产生一微弱扰动,这个微小物体就是一个运动扰动源;如果气体绕一微小物体运动(或沿有一微小凸起或凹陷的平面运动),该处就是一个静止扰动源,而且它所产生的扰动波还将被气流带到下游。

4.1.1　运动扰动源

1. 扰动源静止($V=0$)

如图 4.1.1(a) 所示,位于空间 O 点的微小物体在某时刻做微小振荡,它所产生的弱扰动在静止气体中以球面波为传播形式、以声速 a 为传播速度向周围传播,受到扰动的气体与未受扰动气体的分界面是一个球面。若忽略气体黏性耗散影响,且认为气体参数分布均匀,随时间推移,该扰动就可以传遍整个流场,并使得流场中的气体压力、密度等参数发生微小变化。如果位于 O 点的物体以某段时间(如 1 s)为间隔持续做微小振荡,则不同时刻发出的扰动波将构成一系列的同心球面。

2. 扰动源运动且 $V < a$

若微小物体以小于静止气体状态下的声速 a 的速度 V 向左做匀速直线运动,并取时间 $t=0$ s,1 s,2 s,3 s,$\cdots$,则微小物体在上述时刻分别位于 O,O_1,O_2,O_3 等点,且相邻两点间距离为 V。从图 4.1.1(b) 给出的 $t=4$ s 时流场中的扰动波形式可以看出,此时微小物

体位于 O, O_1, O_2, O_3 点时发出的扰动波半径分别为 $4a, 2a, 3a, a$,与微小物体静止不动时的扰动波图谱相比,其不同之处在于球面波不再是同心球面,而共同之处则是物体所产生的扰动仍可以影响到空间任意点处的气体。尤其值得注意的是,当 $V < a$ 时,微小物体所产生的扰动可以顺物体运动方向传播到物体的前方,或者说当物体尚未到达某一点之前,该点处的气体已经感受到了物体运动所导致的压力、密度等的变化的影响。

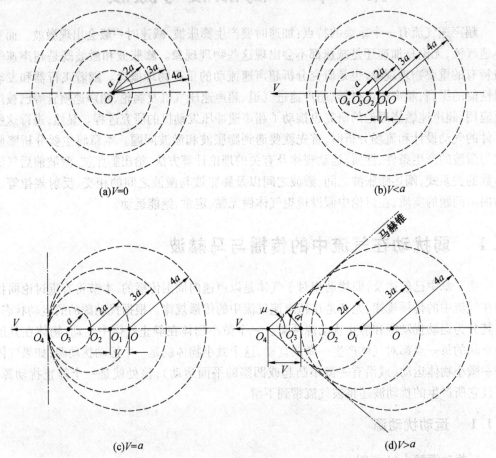

图 4.1.1   运动扰动源产生的弱扰动在气流中传播的示意图

3. 扰动源运动且 $V = a$

当微小物体以等于声速 a 的速度 V 向左运动时,流场中的扰动波形式如图 4.1.1(c)所示,即物体总是位于其运动方向与球面扰动波的左侧交点上,或者说扰动波的影响区域总是被控制在物体右侧的球面流场内。即使时间足够长,球面扰动波的半径趋于无穷大,其传播范围也只能是位于由运动物体出发、垂直于其运动方向的平面的右侧空间内,而不能影响到平面的前方。在这种情况下,受扰动气体与未受扰动气体的分界面就是以运动物体所处位置为公切点的各个球面波的公切平面。

4. 扰动源运动且 $V > a$

当微小物体以大于声速 a 的速度 V 向左运动时,如图 4.1.1(d)所示,物体(即扰动源）总是运动在它所产生的扰动波的前面,扰动传播的区域被局限在以物体所处位置为顶点且向物体运动反方向张开的圆锥区域内。扰动永远不能传播到圆锥之外,受扰动气体与未受扰动气体的分界面是一个圆锥面。这个圆锥被称为弱扰动锥或马赫锥,圆锥面称为弱扰动边界波或马赫波。圆锥的母线与物体运动方向之间的夹角称为马赫角,用符号 μ 表示,它的大小反映了受扰动区域的大小。由图 4.1.1(d) 所示的几何关系可以看出

$$\sin \mu = \frac{a}{V} = \frac{1}{Ma} \text{ 或 } \mu = \arcsin \frac{1}{Ma} \tag{4.1.1}$$

因此,马赫角 μ 是由物体运动的 Ma 数决定的,Ma 数越大,μ 角越小;反之,Ma 数越小,μ 角越大。当 $Ma = 1$ 时,$\mu = 90°$,这就是图 4.1.1(c) 所示的情况。因为 $\sin \mu \leqslant 1$,所以 $Ma < 1$ 时式(4.1.1)无意义。

当扰动源以等于或大于声速 a 的速度运动时,在任何瞬时,流场中总是存在着马赫波,并将流场中的气体分为受扰动部分和未受扰动部分。这显然与扰动源静止或扰动源运动速度小于声速时的情形不同,在这两种条件下,若所研究的流动涉及的时间尺度比弱扰动传播所涉及的时间尺度大得多(即时间足够长),则扰动波总是可以影响整个流场。

4.1.2　气流流过静止扰动源

许多实际流动问题是运动气体流过静止扰动源所产生的扰动波传播问题。例如,气流在管道中流动时,管道表面存在的微小凸起或凹陷就是一种静止扰动源;气流进入或流出管道有压力变化时,其边缘点往往也是一种静止扰动源。由这些静止扰动源所产生的扰动波将被气流带到下游。此外,出于简化研究问题的考虑,也可以将物体在静止气流中的匀速直线运动问题(一种非定常问题),转化为基于相对坐标系(即坐标系取在运动物体上)的定常运动问题,此时运动物体就成为相对坐标系中的静止扰动源。

与前面讨论类似,参见图 4.1.2。当气流为亚声速流动时,经过一段时间后观察,扰动源发出的弱扰动波是一系列的球面(气体不断地绕流流过扰动源且流场中产生扰动波),但是气流将带着扰动波向下游运动,从以初始时刻扰动源所处位置(图 4.1.2 中 O 点标识)为原点的静止坐标系来看,弱扰动波在各个方向上传播的绝对速度不再是声速 a,顺流方向传播速度为 $a + V$,逆流方向传播速度为 $a - V$,其他方向的传播速度介于 $a + V$ 与 $a - V$ 之间。由于 $V < a$,所以扰动波仍能逆流传播,即在亚声速气流中,弱扰动波可以传遍整个流场,这是弱扰动波在亚声速气流传播的主要特点。

如果气流速度恰好等于声速,在逆流方向上,弱扰动波的绝对传播速度等于零,即弱扰动波不能逆流传播,扰动源上游流场不再受扰动的影响,流场中出现了受扰动气体与未受扰动气体的分界面,即马赫波。

如果气流速度大于声速,扰动只能传播到马赫锥的空间内。由图 4.1.2(d) 可以看出,如果将气流速度 V 分解为垂直于马赫锥面和平行马赫锥面的两个分量 v_n,v_t,则可以得到 $v_n = V \sin \mu = a$,即垂直于马赫锥面的气流速度分量等于声速。而马赫波在气流中沿垂直波面方向以声速向外传播,这个传播速度与气流速度在该方向的分速度 v_n 大小相等、方向相反,因此马赫波能在气流中稳定不动。

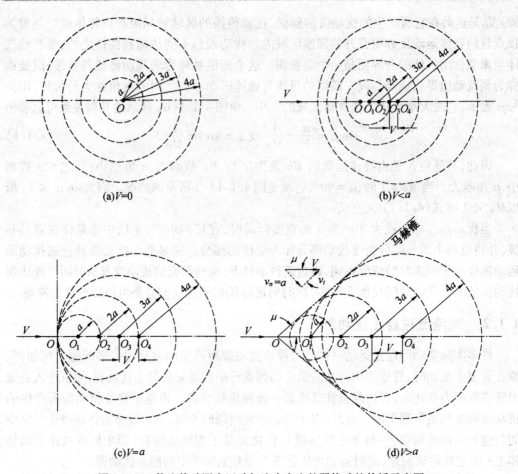

(a)$V=0$　　　　　　　　　(b)$V<a$

(c)$V=a$　　　　　　　　　(d)$V>a$

图 4.1.2　静止扰动源在运动气流中产生的弱扰动的传播示意图

　　由上面的分析可以看出,当气流 $Ma<1$ 时,弱扰动可以逆气流前传,扰动的影响波及整个流场;当气流 $Ma\geqslant 1$ 时,弱扰动不能逆气流前传,扰动的影响被限制在马赫锥内,这是超声速气流与亚声速气流的一个重要差别。图 4.1.3(a) 表明,亚声速直匀流绕流翼型时,物体发出的弱扰动波逆流传播,使得其前方的气流流线偏转,流动参数发生微小变化。而超声速直匀流流过微锥体时,如图 4.1.3(b) 所示,弱扰动波不能逆流传播,仅限于马赫锥范围之内,马赫锥之外的气流参数无任何变化,气流穿过马赫波时,其参数发生微小变化。

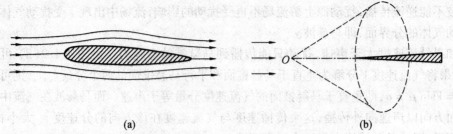

(a)　　　　　　　　　　　　　(b)

图 4.1.3　亚声速、超声速直匀流流过物体

如图 4.1.4(a) 所示，假设光滑固壁上某点处有一个微小的扰动源(如粘了一粒小沙粒)，其流动图画与图 4.1.2(d) 中上半部分是一样的。如果弱扰动源是一个半无限展长(展长与 z 轴平行)的微楔形物，如图 4.1.4(b) 所示，当超声速直匀流流过该物体时，受扰动气体与未受扰动气体的分界面(即马赫波)是个楔面，这其实可以简化为一个二维超声速流动问题。如图 4.1.4(c) 所示，马赫波在 xy 平面上的投影是两条相交的直线，称为马赫线。对于一个面向下游的观察者来说，位于 Ox 轴上方的马赫线 Om 称为左伸马赫线(即以向左的方向伸向下游)；而位于 Ox 轴下方的马赫线 Om' 称为右伸马赫线。后面将会讨论，气流流经微楔形物时所产生的马赫波 Om 和 Om' 被称为弱压缩波，即气流穿过它们时将受到微弱的压缩，波后气流压强增加了 $\mathrm{d}p$，密度增加了 $\mathrm{d}\rho$，而速度则减少了 $\mathrm{d}V$。如果气流通过马赫波后是膨胀的，即压强下降 $\mathrm{d}p$，密度下降 $\mathrm{d}\rho$，而速度增加 $\mathrm{d}V$，这类马赫波称为(弱)膨胀波。如果把图 4.1.4(b) 中的微楔形物的上半部分放在一块平板上，就构成了一个超声速气流沿直壁面经内折壁面的流动，其流动图画与图 4.1.4(c) 的上半部是一样的，流场中仅有一条左伸压缩波。

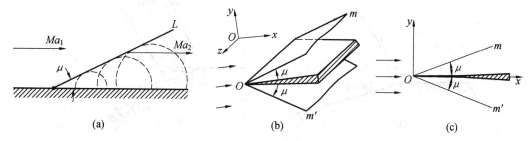

图 4.1.4　二维超声速直匀流流过物体或内折壁面的情况

如果超声速气流速度沿 y 方向为不均匀分布，由于当地马赫角是随当地马赫数是变化的，因而马赫线是曲线形式，如图 4.1.5 所示。若由直壁面起，沿 y 向气流速度渐增，则马赫线必凸向未受扰动区；反之，马赫线是凹向未受扰动区的。如果流场中流速是更复杂些的非均匀分布，则马赫线的形状也将是更复杂的。

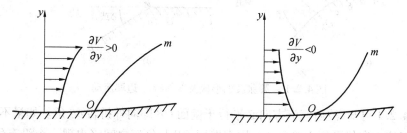

图 4.1.5　速度分布与马赫线的形状

最后还要指出的是，在超声速气流中，除了上述讨论的弱扰动波(膨胀波与弱压缩波)外，在某些条件下还会出现突越式的压缩波，即激波。气流经过一道突越压缩波，速度、压强等参数的变化不再是一个无限小量，而是一个有限值。这属于强扰动在超声速流动中的传播问题，将在后面章节中讨论。

4.2　普朗特－迈耶(P－M) 流动

4.2.1　膨胀波、弱压缩波的形成及其特点

如图4.2.1(a)所示,假设超声速直匀流沿外凸壁AOB流动,壁面在O点向外折转一个微小的角度$d\theta$。由于壁面的微小折转,使原来平行于壁面AO的超声速气流的参数发生微小改变,即受到微弱的扰动。因此,在壁面折转处(即扰动源)必产生一道马赫波OL,且与来流方向的夹角为$\mu = \arcsin \dfrac{1}{Ma}$。由于壁面折转造成的弱扰动波只能传播到马赫波$OL$以后的区域,而不能传到波$OL$之前的区域,因此波前气流参数不变,而在气流流经马赫波OL之后,参数值发生了微小变化。

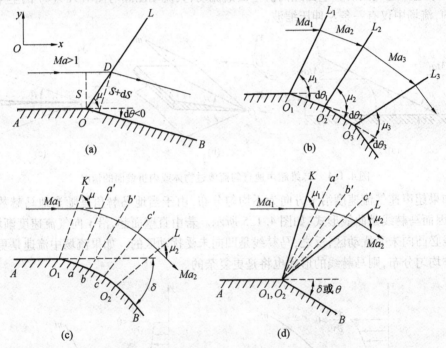

图4.2.1　膨胀波的形成及普朗特－迈耶流动

由图4.2.1可知,波后气流方向必平行于壁面OB即向外折转$d\theta$角。如果不是这样,比如波后气流方向仍平行于壁面AO,则在壁面OB与气流之间将出现一个没有气体存在的三角形"真空区",这显然是不可能的。从图中的几何关系可以看出(设垂直于xOy平面的宽度为单位长度),若来流流管截面积为S,则马赫波OL之前、之后的流管截面积满足关系式

$$S = \overline{OD}\sin \mu < \overline{OD}\sin(\mu - d\theta) = S + dS \qquad (4.2.1)$$

式中,$d\theta$为流线方向角的变化(即气流折转角),并规定逆时针方向折转为正,顺时针方向折转为负。假设气流流经壁面AOB为无摩擦的理想流动,那么超声速气流流经马赫波OL

就是绝能等熵流动。在绝能等熵流动条件下,超声速气流在流管截面积增大时,由式(3.3.5)可知,流量函数 $q(\lambda)$ 下降,即气流速度(或马赫数)增大,再由式(3.2.3)可知,气流压强、密度、温度相应降低。因此,超声速气流流经由微小外折角所引起的马赫波 OL,气流速度增加,压强、密度、温度下降,这种马赫波是膨胀波。

再假设超声速气流在图 4.2.1(b) 中的 O_1 点外折了一个微小角度 $d\theta_1$ 之后,在 O_2,O_3 等一系列点,继续外折一系列微小角度 $d\theta_2,d\theta_3,\cdots$。在壁面的每一个折转处,都产生一道膨胀波 $O_1L_1,O_2L_2,O_3L_3,\cdots$,各膨胀波与该波前气流方向的夹角为 $\mu_1,\mu_2,\mu_3,\cdots$。考虑到气流每经过一道膨胀波,Ma 数都有所增加,即 $Ma_1 < Ma_2 < Ma_3 < \cdots$,应用式(4.1.1)可得到

$$\mu_1 = \arcsin \frac{1}{Ma_1} > \mu_2 = \arcsin \frac{1}{Ma_2} > \mu_3 = \arcsin \frac{1}{Ma_3} > \cdots$$

因此,气流经过每一道膨胀波后均向外折转一个角度,且 μ 角逐渐减小,后面的膨胀波对 x 轴的倾角都比前面的小,即膨胀波既不会互相平行,也不会彼此相交,而是发散形的。根据极限的概念,曲线是由无数段微元折线组成的,因而超声速气流绕外凸曲壁的流动与绕外凸折壁面的流动在本质上是相同的,只是这时曲壁上的每一点都等同于一个折点,自每一点都发出一道膨胀波,气流每经过一道这样的膨胀波,参数都会发生一个微小变化,折转一个微小角度 $d\theta \to 0$,气流经过由无数道膨胀波组成的膨胀波区后,参数就发生了一个有限值的变化,并且折转了一个有限角度 δ,如图 4.2.1(c) 所示。第一道波的马赫角 μ_1 为马赫线与来流方向夹角,而最后一道马赫角 μ_2 为马赫线与气流最终方向夹角,于是在图 4.2.1(c) 中可用有限道膨胀波表示无限多道膨胀波,并描述超声速气流绕外凸曲壁流动的问题。

最后再分析一个特殊的但却重要的情形。设想把图 4.2.1(c) 中的曲壁段 O_1O_2 逐渐缩短,在极限情况下两点重合,曲壁就变成一个具有一定折角的折壁 AO_1B,由曲壁发出的一系列膨胀波就变成了从转折处发出的扇形膨胀波束 $O_1K,O_1a',O_1b',\cdots,O_1L$,超声速气流穿过这些膨胀波时,流动方向逐渐转折,最终沿着平行于 O_1B 壁面的方向流动,如图 4.2.1(d) 所示。这样的平面流动通常称为绕外钝角流动或普朗特 – 迈耶(P – M)流动。

超声速气流绕外钝角流动具有下列特点:

(1)超声速气流为平行于 AO_1 壁面的定常直匀流,在壁面折转处必产生一组扇形膨胀波束,此扇形膨胀波束由无限多道马赫波组成。

(2)气流每经过一道马赫波,其参数只发生无限小的变化,因而经过膨胀波束时,气流参数变化是连续的变化过程(速度增加,而压强、密度、温度减小)。在不考虑气体黏性及其与外界的热交换时,气流穿过膨胀波束的流动过程为绝能等熵的膨胀过程。

(3)气流穿过膨胀波束后,将沿平行于壁面 O_2B 的方向流动,即气流方向朝着离开波面的方向转折(即向外转折)。

(4)当超声速来流为定常直匀流时,膨胀波束中的任一条马赫线均为直线,且马赫线上的所有气流参数均相同。

(5)对于给定的起始条件,膨胀波束中的任一点的速度大小只与该点的气流方向有关。

　　假设超声速直匀流沿内凹壁 AOB 流动,如图4.2.2(a)所示。壁面在 O 点向内折转一个微小的角度 $d\theta$。壁面折转处将产生一道马赫波 OL,气流流经马赫波 OL 之后,其流动方向向内折转了一个微小角度 $d\theta(>0)$ 且与壁面 OB 平行,气流参数发生了微小变化。由图可知,流管截面积变小,即超声速气流速度(或马赫数)降低,压强、密度、温度增加,这种马赫波称为弱压缩波。

　　如果壁面在 O_1 点内折了一个微小角度 $d\theta_1$ 之后,在 O_2,O_3 等一系列点,继续内折一系列微小角度 $d\theta_2$,$d\theta_3$,$\cdots$,如图4.2.2(b)所示,在这些点处将分别发出一系列弱压缩波。由于此时气流是逐渐减速的,即 $Ma_1 > Ma_2 > Ma_3 > \cdots$,所以各压缩波的马赫角是逐渐增加的,即 $\mu_1 < \mu_2 < \mu_3 < \cdots$。气流每经过一道压缩波都将向内折转一个角度,且 μ 角逐渐增加,因此各道压缩波必然会在离开内折点的上部的某个区域挤压在一起,并汇集成一道波。在压缩波系未汇集的有限空间区域内,气流依次穿过各道弱压缩波,流动过程仍是等熵压缩过程,参数变化是连续的微小变化,而流经波系之前的气流参数与穿过波系之后的参数相比发生了有限大小的变化。当无限多道弱压缩波系聚集成一道波时,波系在几何上就从一个有限空间域转化为一个面或线,气流经过这样的一道波面时,流动参数不再是连续变化的,而是出现了有限大小的突变。这种流动参数本身发生突跃的面或线称为强突跃面,无限多道弱压缩波系聚集而成的一道波也不再是弱压缩波,而是强压缩波或称激波。由于通过激波时气流参数剧烈变化,黏性和热传导影响就不能被忽略,是一个熵增过程。

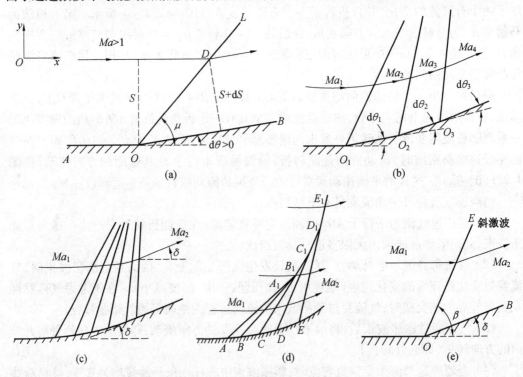

图4.2.2　弱压缩波的形成及激波

　　根据极限的概念,如图4.2.2(c)、(d)所示,一个连续的凹曲壁可以看成是由无数段内折的微元折壁组成。超声速气流绕凹曲壁流动时,曲壁上的每一点都等同于一个折点,自每一点都发出一道弱压缩波,所有的弱压缩波组成一个连续的等熵压缩波区。气流每经过一道弱压缩波,参数值发生一个微小变化,折转一个微小角度,通过整个压缩波区后,参数值及折转角发生一个有限量的变化。但在离开凹曲壁的上部某个区域,各道压缩波挤压在一起,并汇集成一道强压缩波或激波,气流经过激波的过程变成了熵增过程。

　　若将图 4.2.2(c)、(d) 中的曲壁段转化为一个具有一定折角的凹折壁,则在折点处将不会出现分散的弱压缩波系,而是直接形成一道强压缩波即激波,如图 4.2.2(e) 所示。之所以形成一道激波,而不是如图 4.2.1(d) 中气流绕凸折壁的流动那样产生连续的马赫波组,可以这样反证。假设从 O 点发出连续的弱压缩波组,由于气流在弱压缩波区是连续压缩的,即气流速度或马赫数是持续下降的,那么最后一道马赫波 OL_2 对应的马赫角 μ_2 必然是最大的,而第一道马赫波 OL_1 对应的马赫角 μ_1 却是最小的,这就意味着最后一道马赫波反而位于第一道马赫波的上游,这无疑是不可能的。因此,无数道弱压缩波只能重合为一道激波。

　　当超声速飞机以较高的 Ma 数飞行时,其扩压进气道内壁有时便设计为光滑的内凹曲壁形式,这样一来,气流的减速增压过程就接近于等熵过程,其总压损失最小。压气机中超声速级的叶型剖面,也往往有一段设计为内凹曲壁的形式以减小损失,提高压气机效率。

　　超声速气流中产生膨胀波、弱压缩波或激波有三种情况:

　　(1) 气流的偏转角(“方向”)所规定的波。这类情况出现在物体绕流流动、气流沿内凹或外折壁面流动的问题中。如图 4.2.1 和图 4.2.2 所示的流动,气流穿过波面后的流动方向平行于物面或壁面,这是一个对气流的强制性的边界条件,这类波是由来流马赫数和气流偏转角决定的。

　　(2) 压力条件决定的波。如图 4.2.3 所示,超声速气流从管道中流出时,如果出口处气体的压力 p_e 高于或低于外界气体压力 p_b,气流流出后势必膨胀或压缩,直到它的压力与外界气体压力相等为止。超声速气流在管道出口膨胀或压缩时,出口的边缘就成为扰动源,从而形成以出口边缘为顶点的膨胀波束或压缩波(通常是激波)。经过膨胀波束或激波时,超声速气流向外逐渐折转或突然向内折转,压力逐渐减少或突跃增加至与外界气体压力相等。

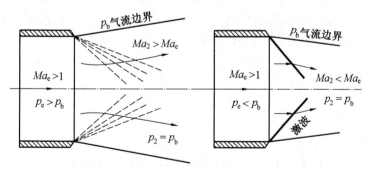

图 4.2.3　平面超声速管道流动

　　(3) 其他条件所决定的激波。例如在管道流动中可能出现这种情况,某个截面限制了流量,致使允许通过的流量比来自管道前方的流量小时,就会发生气流壅塞现象,管道上游的超声速气流受到阻滞,压力突然升高,也会出现激波。

4.2.2　P – M 波的计算及 P – M 函数

图4.2.4给出了不同物理边界条件下普朗特 – 迈耶流动的膨胀波或弱压缩波图谱。图4.2.4中 $\Delta\theta$ 为有限大小的壁面折转角,并规定从 x 轴正向起,逆时针方向为正,顺时针方向为负。以 OA 代表马赫波束,第一道马赫波与来流方向夹角为马赫角 μ,其后各道马赫波与经过前一道马赫波后的气流方向夹角均满足式(4.1.1)。气流流经马赫波束,受膨胀(凸壁面)或压缩(凹壁面)作用,速度变为 $V + \Delta V$(对膨胀过程 $\Delta V > 0$,对压缩过程 $\Delta V < 0$),气流方向与折转后的壁面平行。对气流流经凹壁面产生的弱压缩波束,不考虑无限多道弱压缩波汇集成一道激波的那部分流动区域。

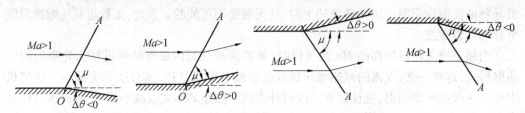

图 4.2.4　不同物理边界条件下的 P – M 流动图谱

气流经过膨胀波或弱压缩波是绝能等熵过程,波前后的气流总参数如 p^*,ρ^*,T^* 不变,静参数如 p,ρ,T 等只是 Ma 数(或 λ 数)的函数,而气流经过每一道波后的 Ma 数与气流方向角都在变化。定义 θ 为气流的方向角,即气流速度方向对于 x 轴正向的倾角,规定逆时针方向为正,顺时针方向为负。下面首先建立气流方向角 θ 与 Ma 数(或 λ 数)之间的关系,然后再确定波后其他的气流参数。

以图4.2.4中的左伸膨胀波束为例,取其中的第一道膨胀波为研究对象,如图4.2.5所示。设波前气流速度为 V,马赫波与速度 V 的夹角 $\mu = \arcsin\dfrac{1}{Ma}$,$v_n,v_t$ 分别代表速度 V 在垂直波面和平行波面方向上的投影。气流穿过膨胀波后向外折转 $\mathrm{d}\theta$ 角,速度增加为 $V' = V + \Delta V$,而 v'_n,v'_t 则是速度 V' 在垂直波面和平行波面方向上的速度分量。在紧邻波面的两侧建立一个以封闭周线 $abcd$ 表示的控制体,其中 ad,bc 面与波面平行,ab,cd 面与波面垂直。对控制体沿波面方向应用动量方程,并考虑到气流参数沿同一条马赫线是不变的,即作用在 ab,cd 面上的压强相等,得

$$(\rho'Sv'_n)v'_t - (\rho Sv_n)v_t = 0$$

由连续方程 $\rho Sv_n = \rho'Sv'_n$,有

$$\rho Sv_n(v'_t - v_t) = 0$$

因此可知

$$v'_t = v_t \tag{4.2.2a}$$

式(4.2.2a)表明,超声速气流经过膨胀波时,气流沿波面方向的分速度保持不变,即波前后气流速度在波面上的投影必定相等,而气流速度的变化仅取决于垂直波面的速度分量。

再以微增量的形式对控制体写出连续方程,以及沿垂直波面方向的动量方程,得

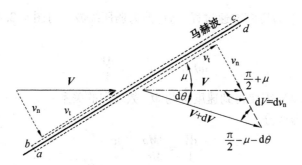

图 4.2.5　马赫波前后的速度关系

$$\rho S v_n = (\rho + d\rho) S (v_n + dv_n) \text{ 和 } pS - (p + dp)S = \rho S v_n \big[(v_n + dv_n) - v_n \big]$$

整理并略去二阶微量,可得到

$$\rho dv_n = - v_n d\rho \text{ 和 } \rho dv_n = - \frac{dp}{v_n}$$

联立可有

$$v_n^2 = \frac{dp}{d\rho} = a^2 \text{ 或 } v_n = a \tag{4.2.2b}$$

可见,超声速气流在马赫波前的垂直波面方向的速度分量等于声速。

根据图 4.2.5 中的几何关系,由正弦定理可得

$$\frac{V + dV}{V} = \frac{\sin\left(\dfrac{\pi}{2} + \mu\right)}{\sin\left(\dfrac{\pi}{2} - \mu - d\theta\right)} = \frac{\sin\left(\dfrac{\pi}{2} - \mu\right)}{\sin\left[\dfrac{\pi}{2} - (\mu + d\theta)\right]} =$$

$$\frac{\cos\mu}{\cos(\mu + d\theta)} = \frac{\cos\mu}{\cos\mu\cos d\theta - \sin\mu\sin d\theta}$$

由于 $d\theta$ 为无穷小量,即 $\sin d\theta \approx d\theta, \cos d\theta \approx 1$,则上式变为

$$1 + \frac{dV}{V} = \frac{1}{1 - d\theta\tan\mu}$$

利用级数展开,当 $x < 1$ 时有

$$\frac{1}{1 - x} = 1 + x + x^2 + x^3 + \cdots$$

略去高阶小量可得

$$\frac{dV}{V} = d\theta\tan\mu \text{ 或 } d\theta = \frac{1}{\tan\mu} \frac{dV}{V}$$

根据式(4.1.1)可知 $\tan\mu = \dfrac{1}{\sqrt{Ma^2 - 1}}$,将其代入上式并注意到 $d\theta$ 沿顺时针方向为负的

规定,则可得到

$$- d\theta = \sqrt{Ma^2 - 1} \frac{dV}{V} \tag{4.2.3a}$$

式(4.2.3a)即为超声速气流沿外凸壁流动的基本微分方程。可以看出,对于左伸波,若壁面外折($d\theta < 0$),则 $dV > 0$,为膨胀加速过程,马赫波为膨胀波;若壁面内凹

$(d\theta > 0)$,则 $dV < 0$,为压缩减速过程,马赫波为弱压缩波。对图 4.2.4 中右伸波作类似推导得

$$d\theta = \sqrt{Ma^2 - 1}\,\frac{dV}{V} \tag{4.2.3b}$$

为积分式(4.2.3),需要得到速度 V 与 Ma 数之间的关系。

对 $V = Ma \cdot a$ 做微分,得

$$\frac{dV}{V} = \frac{dMa}{Ma} + \frac{da}{a} \tag{4.2.4}$$

而 $\dfrac{a^{*2}}{a^2} = \dfrac{T^*}{T} = 1 + \dfrac{k-1}{2}Ma^2$,所以

$$a^{*2} = a^2 + \frac{k-1}{2}a^2 Ma^2$$

由于气流穿过膨胀波为绝能等熵过程,于是 $a^* = \text{const}$。对上式微分,得

$$\frac{da}{a} = -\frac{\dfrac{k-1}{2}Ma\,dMa}{1 + \dfrac{k-1}{2}Ma^2}$$

将该式代入式(4.2.4)中,得

$$\frac{dV}{V} = \frac{1}{1 + \dfrac{k-1}{2}Ma^2}\frac{dMa}{Ma}$$

再将上式代入式(4.2.3a)中,得

$$d\theta = -\frac{\sqrt{Ma^2 - 1}}{1 + \dfrac{k-1}{2}Ma^2}\frac{dMa}{Ma} \tag{4.2.5}$$

若假设气体是量热完全气体,则比热比 k 为常数,对上式积分,可得到适用于左伸波情形的关系式

$$\Delta\theta = \theta_2 - \theta_1 = -\int_{Ma_1}^{Ma_2}\frac{\sqrt{Ma^2 - 1}}{1 + \dfrac{k-1}{2}Ma^2}\frac{dMa}{Ma} = -\left[\nu(Ma_2) - \nu(Ma_1)\right] \tag{4.2.6a}$$

对式(4.2.3b)作同样处理,得到适用于右伸波情形的关系式

$$\Delta\theta = \theta_2 - \theta_1 = \int_{Ma_1}^{Ma_2}\frac{\sqrt{Ma^2 - 1}}{1 + \dfrac{k-1}{2}Ma^2}\frac{dMa}{Ma} = \nu(Ma_2) - \nu(Ma_1) \tag{4.2.6b}$$

式中

$$\nu(Ma) = \sqrt{\frac{k+1}{k-1}}\arctan\sqrt{\frac{k-1}{k+1}(Ma^2 - 1)} - \arctan\sqrt{Ma^2 - 1} \tag{4.2.7}$$

$\nu(Ma)$ 称为普朗特 - 迈耶函数,其值取决于气体的 k 值和 Ma 数,其单位是角度。为使用方便,通常将 ν 与 Ma 数的函数关系制成数值表,以供计算时查用。

对应于任意两个马赫数 Ma_1,Ma_2 的膨胀波或弱压缩波区间,P – M 流动满足式

(4.2.6)。若给定 $\Delta\theta$ 即壁面折转角和 Ma_1，则可利用式(4.2.7)确定 Ma_2；若再给出 T_1，p_1，ρ_1，则可通过等熵关系和式(3.2.3)求出 T_2，p_2，ρ_2，即

$$\frac{T_2}{T_1} = \frac{T_2/T^*}{T_1/T^*} = \frac{1 + \dfrac{k-1}{2}Ma_1^2}{1 + \dfrac{k-1}{2}Ma_2^2}$$

$$\frac{p_2}{p_1} = \left(\frac{1 + \dfrac{k-1}{2}Ma_1^2}{1 + \dfrac{k-1}{2}Ma_2^2}\right)^{\frac{k}{k-1}}, \quad \frac{\rho_2}{\rho_1} = \left(\frac{1 + \dfrac{k-1}{2}Ma_1^2}{1 + \dfrac{k-1}{2}Ma_2^2}\right)^{\frac{1}{k-1}} \tag{4.2.8}$$

因此可以得出如下结论：超声速气流绕外凸壁或内凹壁流动时，气流参数的总变化只取决于波前气流参数和总的折转角度，而与气流的折转方式无关，即不论是一次折转，还是多次折转，不论是壁面的突然折转，还是经曲壁的逐渐折转，只要总的折转角度相同，其最后的参数数值就是相同的。

当 $Ma_1 = 1$ 时，可有 $\nu(1) = 0$，于是式(4.2.6)又可写成
$$\Delta\theta = \theta_2 - \theta_1 = -\nu(Ma_2) = -\nu(Ma) \text{ 和 } \Delta\theta = \theta_2 - \theta_1 = \nu(Ma_2) = \nu(Ma)$$
因此，$\nu(Ma)$ 代表声速气流($Ma_1 = 1$)膨胀到某一马赫数 Ma 时，或者气流从某一马赫数 Ma 压缩至声速气流时的气流折转角度。

如果想要知道线段上任意两点之间的距离，既可以直接测量两点间的距离，也可以分别测量这两点距线段起点的距离后，再相减得到。与之思路类似，对于从任意马赫数 $Ma_1 > 1$ 开始膨胀的超声速气流，若要得到其折转 $\Delta\theta$ 角度后的气流马赫数 Ma_2，可以把声速状态当做一个假想的起始状态进行计算。因为 $\nu(Ma_1)$，$\nu(Ma_2)$ 分别代表了声速气流膨胀到 Ma_1，Ma_2 时的气流折转角，那么二者之差就等于气流从 Ma_1 膨胀到 Ma_2 时的折转角度 $\Delta\theta$。具体步骤为：由 Ma_1 查表或计算得到 $\nu(Ma_1)$，将 $\nu(Ma_1)$，$\Delta\theta$ 值代入式(4.2.6)中得到 $\nu(Ma_2)$，再查表或计算即可得到 Ma_2。

对于超声速气流从任意马赫数 $Ma_1 > 1$ 开始被弱压缩至 Ma_2($1 < Ma_2 < Ma_1$)的情况，计算其偏转 $\Delta\theta$ 后气流马赫数的方法是一样的，只不过从假想的起始状态看，气流是从声速分别膨胀到 Ma_1，Ma_2 的，但气流马赫数从 Ma_1 变化到 Ma_2 的流动过程，却是一个弱压缩过程。

例 4.2.1　一个马赫数为 1.4 的超声速均匀空气流绕外凸壁膨胀，气流逆时针折转 20°，求膨胀波系后的最终马赫数。

解　由 $Ma_1 = 1.4$ 查表或计算得 $\nu(Ma_1) = 9°$。因为气流穿过膨胀波为逆时针折转，故为右伸膨胀波，由式(4.2.6b)得
$$\Delta\theta = \theta_2 - \theta_1 = \nu(Ma_2) - \nu(Ma_1)$$
得到 $\nu(Ma_2) = \Delta\theta + \nu(Ma_1) = 29°$，查表或计算得 $Ma_2 = 2.096$。

例 4.2.2　一个马赫数为 2.0 的均匀空气流绕外凸壁膨胀，气流最终方向相对于其最初方向折转了 $-10°$，膨胀波系前的压强、温度分别为 1.013×10^5 Pa，290 K。求最终马赫数及静压、静温。

解　仿照例 4.2.1 的计算过程，并考虑到膨胀波系为左伸膨胀波，利用式(4.2.6a)

得

$$\Delta\theta = \theta_2 - \theta_1 = -\left[\nu(Ma_2) - \nu(Ma_1)\right]$$

即

$$-10° = -\left[\nu(Ma_2) - \nu(2.0)\right] = -\nu(Ma_2) + 26.38°$$

可有 $Ma_2 = 2.383$。再由式(4.2.8)，可得到 $p_2 = 0.554 \times 10^5$ Pa, $T_2 = 244.1$ K。

例4.2.3 设有 $Ma_1 = 2.21$, $p_1 = 0.1 \times 10^5$ Pa 的超声速气流，经过如图4.2.2所示的内凹曲壁后内折28°。求经过弱压缩波后的气流马赫数、压强，以及第一道和最后一道压缩波的马赫角。

解 由 $Ma_1 = 2.21$ 查表或计算得 $\nu(Ma_1) = 32°$, $\mu_1 = 26.9°$。由适用于左伸压缩波计算的式(4.2.6a) 有

$$\Delta\theta = \theta_2 - \theta_1 = -\left[\nu(Ma_2) - \nu(Ma_1)\right]$$

即

$$28° = -\left[\nu(Ma_2) - \nu(2.0)\right] = -\nu(Ma_2) + 32°$$

可得到 $Ma_2 = 1.218$ 和 $\mu_2 = 55.2°$。再由式(4.2.8)，可得到 $p_2 = 0.437 \times 10^5$ Pa。

例4.2.4 如图4.2.3所示，假设平面超声速喷管出口气流的马赫数 $Ma_1 = 1.4$，压强 $p_1 = 1.25 \times 10^5$ Pa，外界大气压强 $p_a = 1.0 \times 10^5$ Pa。求经过膨胀波后的马赫数、气流外折角及马赫角 μ_1, μ_2。

解 由 $Ma_1 = 1.4$ 查表或计算得 $\nu(Ma_1) = 9°$, $\mu_1 = 45.53°$, $\frac{p_1}{p^*} = 0.314$。由于

$$\frac{p_2}{p^*} = \frac{p_a}{p^*} = \frac{p_a}{p_1}\frac{p_1}{p^*} = 0.251 = \left(1 + \frac{k-1}{2}Ma_2^2\right)^{-\frac{k}{k-1}}$$

得到 $Ma_2 = 1.55$。查表或计算得 $\nu(Ma_2) = 13.5°$, $\mu_2 = 40°$，则由式(4.2.6b) 可得到气流经过右伸膨胀波后的折转角

$$\Delta\theta = \theta_2 - \theta_1 = \nu(Ma_2) - \nu(Ma_1) = 13.5° - 9° = 4.5°$$

类似地，气流经过左伸膨胀波后的折转角为 $-4.5°$。

马赫波极角 φ 是表示气流从声速开始膨胀至某一个 Ma 数时，扇形膨胀波区所张开的角度，如图4.2.6所示。显然，扇形膨胀波区前缘的马赫角 $\mu_1 = 90°$，后缘马赫角则为 $\mu = \arcsin\frac{1}{Ma}$。当 $\theta_1 = 0°$ 时，$\nu(Ma)$ 代表声速气流膨胀到某一马赫数时的折转角度，由式(4.2.6) 及其转化形式可知，对左伸波 $\theta = -\nu(Ma)$，对右伸波则有 $\theta = \nu(Ma)$。由图4.2.6中几何关系可得(图中 θ 为负值)

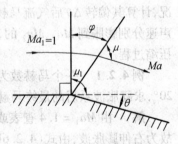

图 4.2.6　马赫波极角

$$\varphi + \mu + \theta = 90° \quad \text{或} \quad \varphi = 90° - \mu + \nu(Ma) \qquad (4.2.9)$$

式(4.2.9)对左伸波、右伸波均成立。可以看出，当气体性质一定时，马赫波极角 φ 仅与 Ma 数有关。

对于从任意马赫数 $Ma_1 > 1$ 开始绕外凸壁流动的超声速气流，若膨胀波束后的马赫数为 Ma_2，根据 Ma_1, Ma_2 及式(4.2.9)，分别计算出 φ_1, φ_2，则该扇形膨胀波区所张的角度

为 $\Delta\varphi$,且

$$\Delta\varphi = \varphi_2 - \varphi_1$$

如图 4.2.7 所示,假定超声速气流从方向角 $\theta = 0°$、马赫数 $Ma = 1$ 的状态绕外凸壁流动,若令 r 为壁面上某一点沿马赫线到流线的距离,显然,第一道马赫线是垂直于直壁面的,即 $\mu = \arcsin \dfrac{1}{Ma} = \arcsin 1 = 90°$,定义此处 $r = r^*$。膨胀过程中的流道截面积是逐渐增大的,且为 $r\sin\mu$(取垂直于纸面方向的宽度为单位长度)。在绝能等熵流动中,根据式(3.3.5)可有

$$r^* q(\lambda)_{\lambda=1} = r\sin\mu\, q(\lambda)$$

移项得

$$q(\lambda) = \frac{r^*}{r\sin\mu} \quad \text{或} \quad \frac{r}{r^*} = \frac{Ma}{q(Ma)}$$

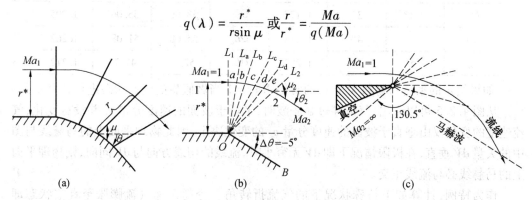

图 4.2.7　超声速气绕外凸壁的流线

由 $q(Ma)$ 的表达式可得

$$\frac{r}{r^*} = \left(\frac{2}{k+1} + \frac{k-1}{k+1}Ma^2 \right)^{\frac{k+1}{2(k-1)}} \tag{4.2.10}$$

式(4.2.10)表明,r/r^* 也是 Ma 数的函数,或者说对于某种性质确定的气体,当 r^* 给定时,r 仅是 Ma 数的函数。根据式(4.2.10)可绘出超声速气流绕外凸壁或外折壁流动时的流线。

例 4.2.5　如图 4.2.7 所示,设 $Ma_1 = 1$、方向角 $\theta_1 = 0°$ 的直匀流绕外凸壁折转 $\Delta\theta = -5°$。求气流的流线形状。

解　(1) 由 $Ma_1 = 1$ 可知,第一道膨胀波的马赫角 $\mu_1 = 90°$,与 x 轴夹角为 $90°$,可绘出该道马赫波。

(2) 根据 $Ma_1 = 1$ 及 $\Delta\theta = \theta_2 - \theta_1 = \theta_2 = -5°$,由式(4.2.6)得到 $\nu(Ma_2)$,查表或计算得到 $Ma_2 = 1.257$,$\mu_2 = 52.7°$,则最后一道马赫波与 x 轴夹角为 $\mu_2 + \theta_2 = 47.7°$,绘出该道马赫波。

(3) 为简化计算,将连续膨胀波区用有限道膨胀波束代替,需要保证气流穿过有限道膨胀波束中的每一道时折转角足够小,以满足气流参数发生微小、连续变化的条件,取气流穿过每道膨胀波时的折转角均为 $1°$,则气流方向角依次为 $0°$、$-1°$、$-2°$ 等。

(4) 根据式(4.2.6)和起始条件($Ma_1 = 1$,$\theta_1 = 0°$),分别计算气流从起始状态穿过第二道膨胀波($\theta_2 = -1°$)、第三道膨胀波($\theta_2 = -2°$)等后的马赫数、波角 μ,就可绘出各膨胀

波的方向,同时还可由式(4.2.10)计算出对应于这些波的 r/r^* 值。

（5）取定某个 r^* 值,得到与该 r^* 对应的一系列 r 值,即可绘出一条流线,若取多个不同的 r^* 值,就得到了流场中多条流线。

计算结果见表4.2.1。

表 4.2.1　计算结果

区间	θ	ν	Ma	波	μ	$\mu + \theta$	r/r^*
①	$0°$	$0°$	1.000	OL_1	$90°$	$90°$	1
②	$-1°$	$1°$	1.083	OL_a	$67.28°$	$66.28°$	1.087
③	$-2°$	$2°$	1.133	OL_b	$62.00°$	$60.00°$	1.147
④	$-3°$	$3°$	1.177	OL_c	$58.06°$	$55.06°$	1.205
⑤	$-4°$	$4°$	1.218	OL_d	$55.08°$	$51.08°$	1.262
⑥	$-5°$	$5°$	1.257	OL_2	$52.7°$	$47.7°$	1.312

如果给定的来流马赫数大于1,通常把 $Ma_1 = 1$ 当做假想的起始状态进行计算。

从图4.2.5可以看出,气流穿过膨胀波时,平行于波面的速度分量 v_t 并没有变化,气流速度的变化仅由垂直于波面的速度分量 v_n 的变化决定,因此物理平面上的马赫线与图中的矢量 dV 垂直,在极限情况下即 dV 无穷小时,流线的切线方向与 dV 同向,则物理平面上的马赫线必与流线正交。

作为特例,计算如下特殊状况下的气流折转角。令超声速气流膨胀至真空状态即 $p = 0, T = 0, \rho = 0$,此时 $Ma \to \infty$,气流折转角达到最大值,由式(4.2.7)可得

$$\nu(Ma)_{max} = \frac{\pi}{2}\left(\sqrt{\frac{k+1}{k-1}} - 1\right) \tag{4.2.11}$$

取空气 $k = 1.4$ 时有 $\nu(Ma)_{max} = 130.45°$,如图4.2.7(c)所示,若壁面折转角 $\Delta\theta > \nu(Ma)_{max}$,气流也只能膨胀折转 $\nu(Ma)_{max}$,不可能再膨胀了。当然,这只是想象的极限,实际上在 Ma 数极大时,气体在静温降到0 K之前已被液化,量热完全气体模型也不再适用。

4.3　激波及激波前后气流参数的基本关系式

如图4.2.1(d)所示,超声速均匀气流绕外折壁流动时,若令 O_1 点为极点,AO_1 线为极轴,θ 为极角,则膨胀波区之外的气流参数如速度 V、静压 p、静温 T 的导数均为零,即 $\frac{\partial}{\partial\theta} = 0$;当气流经过第一道马赫波进入膨胀波区,经过最后一道马赫波流出膨胀波区时,尽管气流参数的变化是连续的微小变化,但其导数在马赫波上发生了突跃,即从 $\frac{\partial}{\partial\theta} = 0$ 变为 $\frac{\partial}{\partial\theta} \neq 0$,这种流动参数的导数(而非流动参数本身)发生突跃的线,称为弱突跃线。在膨胀波区内的各道波上,因为气流参数是连续、微小变化的,则其导数不为零但并不发生突跃,或者说气流参数的导数处处相等。由于膨胀波区内的气流速度梯度、温度梯度的变化

率近似为零,由熵形式的能量方程式

$$T \frac{\mathrm{D}s}{\mathrm{D}t} = \frac{\nabla \cdot (\lambda \nabla T)}{\rho} + \frac{\Phi}{\rho}$$

可知,超声速气流流经膨胀波区或弱压缩波区的过程是一个绝能等熵过程。

从图 4.2.2(e)可以看出,超声速均匀气流绕内折壁流动时,折点处将形成一道强压缩波即激波。气流经过激波时,其参数不像超声速气流膨胀时那样发生连续的变化,而是呈突跃式变化的,气流压力、温度、密度在激波面上突跃式地增加,而速度则突跃式地下降,流动方向也发生突然折转,这种流动参数本身发生突跃的面称为强突跃面。激波是一种非线性传播的强扰动波,是超声速气流中的一个重要物理现象,它对流动阻力、损失等会产生很大的影响。

理论分析和实验测量表明,在一般情况下,激波的厚度非常小,大约为 2.5×10^{-5} cm,是气体分子平均自由行程的量级(一般为几个分子平均自由行程),因此激波可以看成是无限薄的。可以想象,在这样小的距离、极短的瞬间内,气流完成一个显著的压缩过程,激波内的物理过程必然是很剧烈的,这种变化中的每一状态都不可能是热力学平衡状态,即这种过程必然是一种不可逆的熵增过程。从穿越激波前后的气流参数的突跃式变化角度也可以得到同样结论,激波内气流速度梯度、温度梯度的变化极大,黏性摩擦、热传导效应占有重要地位,必然导致熵增。这可以从式(2.4.15a)中明显看出。下面再来讨论两个问题,以明晰气流穿过激波这一过程中的流动特性。

(1)这一过程是绝热的吗?

所谓绝热流动指的是流体与外界之间不存在热交换,流体内部的流体微团之间也不存在热传导现象的流动。按照这一定义,气流在穿过激波的过程中与外界没有热交换,但该过程中的温度分布不均匀性或者说温度梯度极大,存在强烈的热传导现象,因而不属于绝热流动。不过,尽管激波内的物理过程很剧烈,激波内部的结构很复杂,但激波的厚度非常小,因此从工程应用的角度,可以把激波所占据的空间距离理解为一个不具有宏观意义上的厚度的面,即激波面。也就是说,如果研究者感兴趣的是远方来流穿过激波后再流向远方这一气体运动过程中的物理问题,流动所涉及的空间尺度比激波内的热传导所涉及的空间尺度要大得多,这就可以近似忽略激波内的热传导效应,并将这一宏观流动视为绝热流动。不过,式(2.4.15a)也表明,这是一个不可逆的绝热流动,即熵增流动。再进一步,由于这一过程中气流与外界也没有功的交换,因此气流穿越激波的过程属于绝能流动过程,激波前后的气流总焓或总温是不变的。

(2)均匀来流穿过激波前、后的流动参数分布都是均匀的吗?

由于在工程应用上可以把激波所占据的空间距离处理为激波面,对于激波前、后气流参数的变化来讲,激波面是个间断面,在该面上不存在微分形式的方程,但可以构造包含激波面在内的积分形式的方程。当把激波处理为一个空间面时,若紧贴激波做一个包含它在内的控制体,则从宏观上看,位于激波前、后的控制体表面分别从上、下游紧贴激波,控制体的这两个面之间没有宏观意义上的厚度。但从微观上看,又可以假定这两个面距离激波中心结构足够远,远到激波微观结构里面的黏性耗散、热传导效应影响不到其上游控制面所处位置的流动状态,即位于激波上游的控制体表面处的气流参数是均匀或者说无梯度变化的,无需考虑黏性耗散、热传导效应。而激波下游控制面所处位置的流动状态已经达到平衡态,即经过激波微观结构后的流动参数变化已经趋于稳定,达到均匀状态或者说气流参数的梯度等于零,也可以不考虑黏性耗散、热传导效应。需要指出的是,上述讨论不适用于曲线激波的情况,这方面的内容将在后面加以讨论。

4.3.1 激波的形成及其传播

关于激波的形成可以从两个方面说明:其一是空间推进的运动激波的形成;其二是空间静止不动的驻激波的形成。

1. 运动激波

与第 3 章讨论弱扰动波以声速传播的例子类似,以活塞在半无限长等截面直管内的加速运动说明运动激波形成的物理过程。如图 4.3.1(a) 所示,设直管中充满静止气体,其压强、密度、温度分别为 p, ρ, T,直管左侧的活塞向右做加速运动以压缩管内气体。将活塞从静止状态加速到某一速度 V 的过程分解为若干阶段,每一阶段活塞只有一个微小的速度增量 ΔV,因而将产生若干道弱压缩波。

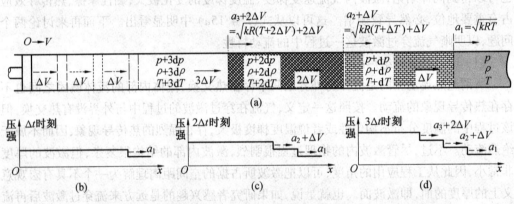

图 4.3.1　直管中形成激波示意图

当活塞速度从零增加至 ΔV 时,紧邻活塞右侧的部分(或一层)气体先受到压缩,其压强、密度、温度略微提高至 $p + \mathrm{d}p, \rho + \mathrm{d}\rho, T + \mathrm{d}T$,并被活塞推动,以与活塞运动速度 ΔV 相同的速度向右移动,由于活塞的速度增量 ΔV 很小,此时气体中产生一道向右传播的弱压缩波,其传播速度是尚未被压缩气体中的声速 $a_1 = \sqrt{kRT}$,这道弱压缩波将直管中的气体分为受扰动部分(波面左侧)和未受扰动部分(波面右侧),图 4.3.1(b) 给出了 Δt 时刻管内气体的压强分布,压强出现微小变化的位置就是弱压缩波所处位置。

当活塞速度从 ΔV 增加至 $2\Delta V$ 时,紧邻活塞右侧的、已经被第一道弱压缩波"扫过"气体再次受到压缩,在管内出现了第二道弱压缩波,由于它是在已经被第一道波压缩过的气体中产生的,其传播速度为 $a_2 = \sqrt{kR(T + \Delta T)} > a_1$。此外,由于经过第一次压缩后的气体还以速度 ΔV 向右运动,因此,第二道弱压缩波相对于静止管壁的绝对传播速度为 $a_2 + \Delta V > a_1$,$2\Delta t$ 时刻管内气体压强分布如图 4.3.1(c) 所示。

　　以此类推,活塞每一次加速,管内气体中就出现一道弱压缩波,每道波总是在被前面几道压缩波压缩后的气体中以当地声速相对于被压缩后的气体向右传播。气体每受到一次压缩,声速就增加一次,而且随活塞运动速度增大,活塞附近气体跟随活塞一起向右运动的速度也增加,所以后面产生的压缩波的绝对传播速度总是比前面的快。

　　经过若干次加速,活塞的速度达到 V,管内形成了若干道弱压缩波,由于后面的压缩波比前面的波传播得快,随时间推移,波与波之间的距离逐渐减少,后面的波最终能够"追上"前面的波,并积聚在一起成为一道波。这道波就不再是弱压缩波了,而是强压缩波即激波。以后只要活塞以不变的速度 V 向右运动,在管内就能维持一个强度不变的激波。激波传播到某个位置,就相当于若干道弱压缩波在极其短暂的瞬间、极其小的空间尺度突然通过那里,使得气体的压力突然增大,密度、温度也突然增加。

　　以上讨论说明,气体被压缩而产生的一系列弱压缩波总有积聚的趋势,当它们积聚在一起时就形成了激波。这种量的变化引起了质的飞跃,气流经过激波前后的参数发生突跃变化,这种突然而强烈的压缩,必然在气体内部产生强烈的黏性摩擦和热传导,从而使得气流流过激波的过程是绝能熵增过程。

　　有三个问题需要略加讨论:

　　(1) 为什么后面产生的弱压缩波"追上"前面的波之后,只能是积聚在一起,而不是超越过去并形成新的连续压缩区? 其原因在于,后面压缩波的传播速度(即声速)之所以快于前面波的速度,是由于它是产生于已经被前面的压缩波"扫过"的气体(即温度略高的那部分气体)中,或者说只有在两道波之间有气体域的情形下,后面波的传播速度较快的条件才具备。一旦它们汇合在一起,这种条件就不具备了。因此,最终结果只能是所有的波积聚成一道波,并以某个共同的速度推进。

　　(2) 为什么不会出现膨胀"激波"? 如果令图 4.3.1(a) 中的活塞向左做加速运动,直管内将产生一系列的向右传播的膨胀波。不过,由于膨胀波"扫过"气体后将使其温度下降,因而后产生的波比先产生的波传播慢,波与波之间的距离越来越大,也就无法积聚成一道波。

　　(3) 如果活塞加速运动到速度 V,但并没有大于声速,那么直管中气体的运动速度也就不是超声速的,这时为什么也会产生激波呢? 首先补充一个概念,如果流动是非定常的,一部分气体相对于另一部分气体,或者气体相对于内部的某种流动结构做高速运动时,也会产生膨胀波和激波。从上面对激波的形成过程的分析可知,第一道弱压缩波的传播速度最小且等于波前(即波面右侧)未受扰动气体中的声速,而最后一道弱压缩波的传播速度最大且等于波后(即波面左侧)被压缩过的气体中的声速。因而,所有弱压缩波积聚成的激波的传播速度是介于二者之间的,即相对于波前未受扰动的静止气体,激波的传播速度必是超声速($> \sqrt{kRT}$)的;而相对于波后被压缩的气体,激波的传播速度则是亚声速的($< \sqrt{kR(T + n\Delta T)}$)。这样一来,就符合了前面的概念,直管中气体的运动速度不是超声速的,但是激波(这种流动结构)的传播速度相对于波前未受扰动的静止气体来说是超声速的。如果一个观察者站在运动的激波面上来考察直管中的气体运动情况,他

会发现压强、密度、温度为 p,ρ,T 的气体以超声速的速度流向激波,穿过激波后,其速度降为亚声速,而压强、密度、温度则发生了突跃式的增加。

下面以直管内产生激波的过程为例,推导激波的传播速度。图 4.3.2 表示由于活塞的加速运动,在管内气体中形成的激波在某一瞬时的位置。用 V_S,V_B 分别代表激波向右传播的速度和激波后气体的运动速度(即活塞向右移动的速度)。为简化问题,取随激波一起运动的坐标系,并设激波运动方向为 x 轴正向。在这个坐标系下,激波静止不动,流动是定常的,激波前的气体压强、密度、温度分别为 p_1,ρ_1,T_1,以速度 $V_1 = V_S$ 向左流向激波,穿过激波后的气体参数变为 p_2,ρ_2,T_2,速度为 $V_2 = V_S - V_B$。沿激波取控制体,设管道截面积为 S。对控制体作连续方程可有

$$\rho_1 S(-V_S) = \rho_2 S[-(V_S - V_B)]$$

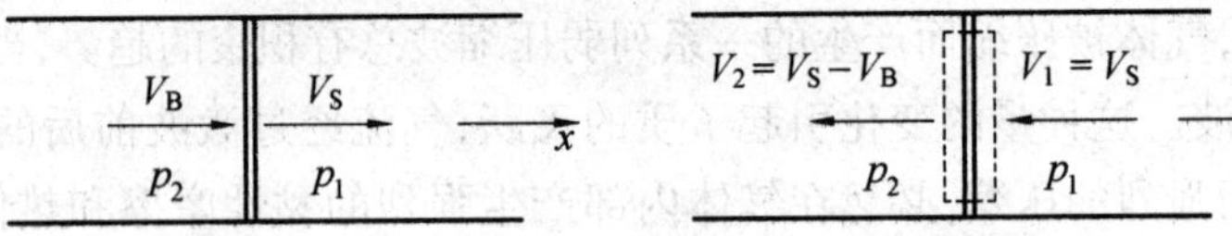

图 4.3.2　管内激波及沿激波选取的控制体

则

$$V_B = \frac{\rho_2 - \rho_1}{\rho_2} V_S$$

沿 x 方向的动量方程为

$$S(p_2 - p_1) = \dot{m}[-(V_S - V_B) - (-V_S)] \quad \text{或} \quad S(p_1 - p_2) = \dot{m}[(V_S - V_B) - V_S]$$

将 $\dot{m}$ 的表达式代入上式,得

$$S(p_1 - p_2) = \rho_1 S V_S[(V_S - V_B) - V_S]$$

化简后为

$$V_S V_B = \frac{p_2 - p_1}{\rho_1}$$

联立上述关系式,可得

$$V_S = \sqrt{\frac{p_1}{\rho_1} \frac{\frac{p_2}{p_1} - 1}{1 - \frac{\rho_1}{\rho_2}}} = a_1 \sqrt{\frac{\frac{p_2}{p_1} - 1}{k\left(1 - \frac{\rho_1}{\rho_2}\right)}} \quad \text{和} \quad V_B = \sqrt{\frac{p_1}{\rho_1}\left(\frac{p_2}{p_1} - 1\right)\left(1 - \frac{\rho_1}{\rho_2}\right)} \quad (4.3.1)$$

再由能量方程得

$$c_p T_1 + \frac{V_S^2}{2} = c_p T_2 + \frac{(V_S - V_B)^2}{2} \quad \text{或} \quad \frac{k}{k-1}\frac{p_1}{\rho_1} + \frac{V_S^2}{2} = \frac{k}{k-1}\frac{p_2}{\rho_2} + \frac{(V_S - V_B)^2}{2}$$

将式(4.3.1)中的 V_S,V_B 表达式代入上式中,可得

$$\frac{\rho_2}{\rho_1} = \frac{\frac{k+1}{k-1}\frac{p_2}{p_1} + 1}{\frac{p_2}{p_1} + \frac{k+1}{k-1}}$$

再将该式代入式(4.3.1)中,则有

$$V_S = a_1 \sqrt{1 + \frac{k+1}{2k} \frac{p_2 - p_1}{p_1}} \text{ 和 } V_S - V_B = a_2 \sqrt{1 - \frac{k+1}{2k} \frac{p_2 - p_1}{p_2}} \qquad (4.3.2)$$

式(4.3.2)表明,对于激波传播速度 V_S 来说,由于波后压强 p_2 恒大于波前压强 p_1,因此有 $V_S > a_1$,即激波相对于波前气体的传播速度是超声速的,且激波越强(p_2/p_1 越大),激波传播速度越大。如果从随激波一起运动的坐标系来看问题,上述结论可以表述为激波前气流速度或 Ma 数越高,激波强度 p_2/p_1 就越大;当激波较弱($p_2/p_1 \to 1$)时,$V_S \to a_1$,即激波退化为弱压缩波,其传播速度为声速。对于激波相对于波后气体的传播速度 $V_S - V_B$ 来说,恒有 $V_S - V_B < a_2$,即该速度是亚声速的,且随激波加强,激波相对于波后气体的传播速度越小。如果也从运动坐标系的角度出发,这意味着波后气流速度随激波强度的增大而减小,而且由于波后气流速度是亚声速的,波后气体参数如压力的变化将会以声速传播至激波所处位置,并引起激波强度的变化。

管内激波向前传播时,如果要保持其强度不变,必须有一定数量的气体去填补激波压缩气体之后空出来的空间(气体体积相应变小),才能维持波后气体压力不变(否则就会出现真空或激波强度变弱),这就要求波后气体以一定的速度(即 V_B)向前运动。在管壁的限制下,当活塞以一定速度运动时,气体就被迫以同样的速度运动。因此,在直管内产生激波之后,只要活塞按式(4.3.1)确定的速度 V_B 做匀速运动,尽管恒有 $V_S > V_B$ 成立,激波与活塞间的距离逐渐增大,仍能保持激波的强度不变,即激波是稳定的。活塞的运动速度可以是超声速的,也可以是亚声速的。

讨论这样一个问题,假设活塞不是在直管内运动,而是在自由空间内运动,而且活塞前面已经形成了一道激波,如图 4.3.3(a)所示。在激波的传播过程中,随着激波与活塞间的距离增大,波后被压缩的气体可以自由向四周流动,使得波后气体压力下降,这种压力变化以声速传播至激波所处位置,则激波强度减弱,传播速度减小,即不可能形成稳定的激波。

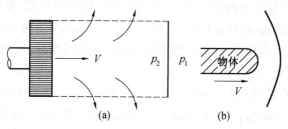

图 4.3.3　物体运动时稳定激波形成的条件

类似地,当物体以亚声速在空间运动时,假设在起始的加速过程中,气体受到压缩作用产生许多道弱压缩波且积聚成激波(实际上这是不可能的)。由于激波的传播速度大于声速,而物体的运动速度小于声速,二者之间的距离越来越大,波后气体的自由流动导致波后压力降低,即激波强度减弱,传播速度减小,当激波退化为弱压缩波时,其传播速度为声速,仍大于物体的运动速度,弱压缩波与物体间的距离继续增大,直到这道弱压缩波也消失于无限远空间内。因此,亚声速运动的空间物体前面不会形成稳定的激波。

　　如果物体以超声速在空间运动,起始阶段仍会出现激波强度及其传播速度随距物体的距离变大而逐渐减小的情况。但是,由于物体是超声速运动的,当激波强度减小时,由式(4.3.2)可知,其传播速度将会下降(但仍是超声速的),当激波速度降至与物体运动速度相等时,激波与物体间的距离不再变化,激波强度也就保持不变了。这时,物体前面就会出现一道稳定的激波。需要注意的是,物体在空间超声速运动时某些参数如波后气体速度,不能用前面推导的式(4.3.2)计算。其原因在于,在管壁的限制下,激波后管内气体相对于静止管壁的绝对速度必须等于活塞(即物体)的运动速度。而空间物体做超声速运动并形成稳定激波时,波后气体速度并不等于物体的运动速度。若令波后气体速度为 V_2,则由连续方程 $\rho_1 S V_S = \rho_2 S V_2$,得到 $V_2 = V_S \dfrac{\rho_1}{\rho_2} < V_S$,即波后气体速度小于物体的运动速度或者激波传播速度。

　　如果超声速运动的物体前面出现了稳定的激波,从相对运动的角度看,就等同于超声速气流遇到空间静止扰动源形成稳定驻激波的过程。

2. 驻激波

　　(1)如前所述,超声速气流流经凹曲面时将产生一系列的弱压缩波,由于各压缩波马赫角是逐渐增大的,它们必然会在距凹曲面一定距离的上部汇集成一道激波。

　　(2)超声速气流流经具有有限折角的凹折壁或者有限顶角的楔形物时,气流将在折点处直接形成一道激波。

　　(3)超声速气流绕流钝头体、对称楔形体时,将会出现附体激波或脱体曲线激波。

　　超声速气流绕流钝头体或者顶角较大的楔形体时,由于物体对气体的压缩作用大,产生的激波强度大,起始阶段激波的逆向传播速度将大于来流速度,随激波远离物体,其传播速度逐渐减小,并最终在距物体一定的距离处等于来流速度,这样就会在物体前面形成一道稳定(或者说在空间静止不动)的曲线(或称弓形、弧形)激波,这种激波称为脱体激波。由于波后气体能够自由向四周散开,中间部分气体压力最大,越靠近外侧压力越小,因此,激波中间部分最强,传播速度最大,越靠外激波越弱,传播速度越小。在物体的正前方,激波波面与来流方向垂直,越靠外激波越倾斜。在较远的地方,激波变成弱压缩波,波的倾斜角趋于马赫角。

　　超声速气流绕流顶角较小的楔形体时,由于其对气体的压缩作用较小,产生的激波强度小,激波逆向传播速度也较小,最终将会稳定地附着在物体上,即为附体激波。

　　按照激波的形状,可以将激波分为以下几种类型:

　　(1)正激波,即气流方向与波面垂直。活塞在直管内加速运动形成的激波就是正激波。

　　(2)斜激波,气流方向与波面不垂直。通常把气流方向与激波波面间的夹角称为激波角,用 β 表示。显然正激波是斜激波的一种特例。

　　(3)脱体激波,波面为曲线或弓形。可以认为它是由无数段微元斜激波组合而成,正中间的一个微元段是正激波。

驻激波的各种形式如图 4.3.4 所示。

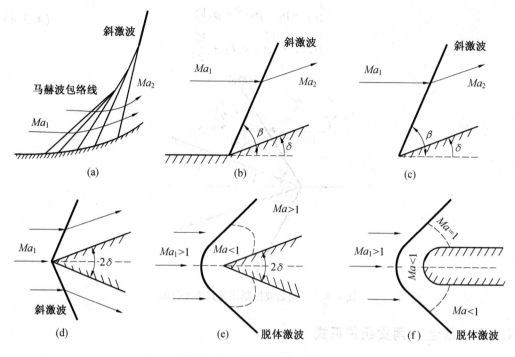

图 4.3.4　驻激波的各种形式

4.3.2　激波前后气流参数关系的基本方程式

图 4.3.5 表示的是超声速气流流过楔形体时产生的斜激波。图中 δ 是楔形体的半顶角，β 是激波角。激波前的气流沿水平方向运动，经过激波后，气流折转 δ 角，沿平行于楔形体表面的方向流动。与马赫波前后气流参数关系的推导过程类似(参见 4.2.2 节内容)，沿斜激波波面取控制体，将激波前后的气流速度分解为平行波面方向的分量 V_{1t}，V_{2t} 和垂直波面方向的分量 V_{1n}，V_{2n}。对所取控制体表面可写出下列基本方程组。

连续方程为
$$\dot{m} = \rho_1 V_{1n} = \rho_2 V_{2n} \tag{4.3.3a}$$

垂直波面方向动量方程为
$$p_1 - p_2 = \dot{m}(V_{2n} - V_{1n}) \text{ 或 } p_1 - p_2 = \rho_2 V_{2n}^2 - \rho_1 V_{1n}^2 \tag{4.3.3b}$$

平行波面方向动量方程为
$$\dot{m}(V_{2t} - V_{1t}) = 0 \text{ 或 } V_{2t} = V_{1t} \tag{4.3.3c}$$

能量方程为
$$c_p T_1 + \frac{V_{1t}^2 + V_{1n}^2}{2} = c_p T_2 + \frac{V_{2t}^2 + V_{2n}^2}{2} \text{ 或 } c_p T_1 + \frac{V_{1n}^2}{2} = c_p T_2 + \frac{V_{2n}^2}{2} \tag{4.3.3d}$$

式(4.3.3)表明，经过斜激波，气流平行于波面方向速度分量不变，而垂直波面方向的法向速度分量减小。显然，若将式(4.3.3)中的法向速度换为 V，便可得到如下的正激波基本方程组

$$\begin{cases} \rho_1 V_1 = \rho_2 V_2 \\ p_1 - p_2 = \rho_2 V_2^2 - \rho_1 V_1^2 \\ c_p T_1 + \dfrac{V_1^2}{2} = c_p T_2 + \dfrac{V_2^2}{2} \end{cases} \qquad (4.3.4)$$

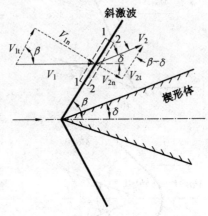

图 4.3.5　斜激波控制体及其速度分解

4.3.3　朗金 - 雨贡纽关系式

对能量方程式 (4.3.3d) 作如下变换, 可得

$$\frac{k}{k-1}\frac{p_1}{\rho_1} + \frac{V_{1n}^2}{2} = \frac{k}{k-1}\frac{p_2}{\rho_2} + \frac{V_{2n}^2}{2}$$

移项得

$$\frac{k}{k-1}\left(\frac{p_2}{\rho_2} - \frac{p_1}{\rho_1}\right) = \frac{V_{1n}^2 - V_{2n}^2}{2}$$

对式 (4.3.3b) 作如下处理, 并考虑到连续方程式 (4.3.3a) 即 $\rho_1 V_{1n} = \rho_2 V_{2n}$, 得

$$p_1 - p_2 = \rho_1 V_{1n}^2\left(\frac{\rho_2 V_{2n}^2}{\rho_1 V_{1n}^2} - 1\right) = \rho_1 V_{1n}^2\left(\frac{\rho_1}{\rho_2} - 1\right) \text{ 或 } p_1 - p_2 = \rho_2 V_{2n}^2\left(1 - \frac{\rho_2}{\rho_1}\right)$$

因此有

$$V_{1n}^2 = \frac{p_1 - p_2}{\rho_1}\frac{\rho_2}{\rho_1 - \rho_2} = \frac{p_2 - p_1}{\rho_2 - \rho_1}\frac{\rho_2}{\rho_1} \text{ 和 } V_{2n}^2 = \frac{p_2 - p_1}{\rho_2 - \rho_1}\frac{\rho_1}{\rho_2}$$

将上述各式联立, 消去 V_{1n}^2, V_{2n}^2 并整理后, 可得到激波前后压强比、密度比、温度比之间的关系为

$$\frac{p_2}{p_1} = \frac{\dfrac{k+1}{k-1}\dfrac{\rho_2}{\rho_1} - 1}{\dfrac{k+1}{k-1} - \dfrac{\rho_2}{\rho_1}}, \frac{\rho_2}{\rho_1} = \frac{\dfrac{k+1}{k-1}\dfrac{p_2}{p_1} + 1}{\dfrac{k+1}{k-1} + \dfrac{p_2}{p_1}}, \frac{T_2}{T_1} = \frac{\dfrac{p_2}{p_1}\left(1 + \dfrac{k-1}{k+1}\dfrac{p_2}{p_1}\right)}{\dfrac{p_2}{p_1} + \dfrac{k-1}{k+1}} \qquad (4.3.5)$$

式 (4.3.5) 即为朗金 - 雨贡纽关系式。式中不包含激波角, 对于任意一道激波, 一定的压强比对应着一定的密度比、温度比, 它们之间的关系与激波的倾斜程度 (即激波角) 无关,

所以适用于各种激波。由于推导朗金－雨贡纽关系式时并没有引入等熵假设，它反映了一种突跃、绝热、非等熵的流动过程，而对于等熵流动过程可有关系式$\dfrac{p_2}{p_1} = \left(\dfrac{\rho_2}{\rho_1}\right)^k$。将这两种不同流动过程中的压强比与密度比的函数关系绘于图 4.3.6 中。可以看出，当 $p_2/p_1 \to 1$ 即激波强度不大时，二者基本重合，气流经过弱激波的流动过程非常接近等熵过程；随 p_2/p_1 的增大即激波增强时，二者差距越来越大，且对应相同的 p_2/p_1 值，等熵过程的 ρ_2/ρ_1 值大于突跃过程的数值，即等熵压缩的效果更好，这是因为熵增过程中黏性耗散导致的温度上升大于等熵过程中的温度上升，而气体温度越高则越不易被压缩。由于同样的原因，当 $p_1/p_2 \to \infty$ 即激波强度无限大时，突跃过程的 ρ_2/ρ_1 将趋于一个有限值，由式 (4.3.5) 可知 $\dfrac{\rho_2}{\rho_1} \to \dfrac{k+1}{k-1}$，当 $k = 1.4$ 时，该值为 6。而按等熵规律，当 $p_1/p_2 \to \infty$ 时，ρ_2/ρ_1 也是趋于无限大的。这意味着激波对于超声速气流的压缩作用是有极限的。

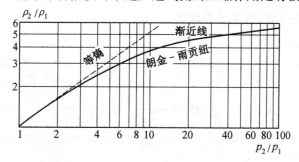

图 4.3.6　等熵关系与朗金－雨贡纽关系

4.3.4　普朗特关系式

由式 (4.3.3d) 得

$$\frac{k}{k-1}\frac{p_1}{\rho_1} + \frac{V_1^2}{2} = \frac{k}{k-1}\frac{p_2}{\rho_2} + \frac{V_2^2}{2} = \frac{k}{k-1}RT^* = \frac{k+1}{2(k-1)}a_{\mathrm{cr}}^2$$

从上式可以分别得出

$$\frac{p_1}{\rho_1} = \frac{k+1}{2k}a_{\mathrm{cr}}^2 - \frac{k-1}{2k}V_1^2 \text{ 和 } \frac{p_2}{\rho_2} = \frac{k+1}{2k}a_{\mathrm{cr}}^2 - \frac{k-1}{2k}V_2^2$$

再由式 (4.3.3a)、(4.3.3b) 可有

$$V_{1\mathrm{n}} - V_{2\mathrm{n}} = \frac{p_2}{\rho_2 V_{2\mathrm{n}}} - \frac{p_1}{\rho_1 V_{1\mathrm{n}}}$$

将已经得到的 p_1/ρ_1，p_2/ρ_2 表达式代入上式，有

$$V_{1\mathrm{n}}V_{2\mathrm{n}} = a_{\mathrm{cr}}^2 - \frac{k-1}{k+1}V_{\mathrm{t}}^2 \text{ 或 } \lambda_{1\mathrm{n}}\lambda_{2\mathrm{n}} = 1 - \frac{k-1}{k+1}\lambda_{\mathrm{t}}^2 < 1 \qquad (4.3.6)$$

式 (4.3.6) 即为普朗特关系式。对于正激波 $V_{\mathrm{t}} = 0$，则普朗特关系式可写成

$$\lambda_1 \lambda_2 = 1 \qquad (4.3.7)$$

由于正激波前气流的速度系数 $\lambda_1 > 1$，则必有 $\lambda_2 < 1$，即气流经过正激波后必为亚声速，且激波前气流的速度系数 λ_1 越大，则波后气流的速度系数 λ_2 越小，或者说气流的减

速增压过程越强烈,即正激波越强。由式(4.2.2b)可知,超声速气流在弱压缩波前的法向速度分量等于声速,那么超声速气流在斜激波前的法向速度分量必然是超声速的,否则就不可能形成激波。也可以这样理解,斜激波可以看作是一个能够形成正激波的超声速(速度即为 V_n)气流与一个平行于波面、速度为 V_t 的直匀气流叠加而成,所以它与正激波在本质上是相同的(只是由于站在不同的惯性参考系上观察流动而引起差异),或者说任何一个激波经过变换后都可以看作是正激波,斜激波前后的气流速度法向分量应符合正激波的规律。因此,斜激波前的法向速度分量是超声速的,而式(4.3.6)表明波后气流的法向速度分量必定是亚声速的。然而,斜激波后的气流合成速度则可能是超声速的,也可能是亚声速的。

4.3.5 激波前后气流参数的基本计算公式

下面推导在激波计算中常用的一些公式。

1. 激波前后的密度比、压强比及温度比

将普朗特关系式写成

$$V_{1n}V_{2n} = a_{cr}^2 - \frac{k-1}{k+1}V_t^2 = \frac{2k}{k+1}RT^* - \frac{k-1}{k+1}V_t^2 = \frac{2}{k+1}a_1^2\frac{T^*}{T_1} - \frac{k-1}{k+1}V_t^2 =$$

$$\frac{2}{k+1}a_1^2\left(1 + \frac{k-1}{2}Ma_1^2\right) - \frac{k-1}{k+1}V_t^2 = \frac{2}{k+1}a_1^2 + \frac{k-1}{k+1}V_{1n}^2$$

将等式两边同除以 V_{1n}^2,且由图 4.3.5 可知 $V_{1n} = V\sin\beta$,再由连续方程式(4.3.3a) 得到 $\frac{\rho_2}{\rho_1} = \frac{V_{1n}}{V_{2n}}$,因此有

$$\frac{\rho_2}{\rho_1} = \frac{(k+1)Ma_1^2\sin^2\beta}{2+(k-1)Ma_1^2\sin^2\beta} \tag{4.3.8a}$$

由动量方程(4.3.3b) 可有

$$\frac{p_2}{p_1} = 1 + \frac{\rho_1 V_{1n}^2 - \rho_2 V_{2n}^2}{p_1} = 1 + \frac{\rho_1}{p_1}V_1^2\sin^2\beta\left(1 - \frac{V_{2n}}{V_{1n}}\right) =$$

$$1 + \frac{1}{RT_1}V_1^2\sin^2\beta\left(1 - \frac{V_{2n}}{V_{1n}}\right) = 1 + kMa_1^2\sin^2\beta\left(1 - \frac{V_{2n}}{V_{1n}}\right)$$

再将前面得到的 V_{2n}/V_{1n} 表达式代入上式可得

$$\frac{p_2}{p_1} = \frac{2k}{k+1}Ma_1^2\sin^2\beta - \frac{k-1}{k+1} \quad 或 \frac{p_2}{p_1} = 1 + \frac{2k}{k+1}(Ma_1^2\sin^2\beta - 1) \tag{4.3.8b}$$

根据完全气体状态方程可知 $\frac{T_2}{T_1} = \frac{p_2}{p_1}\frac{\rho_1}{\rho_2}$,于是得

$$\frac{T_2}{T_1} = \frac{\left(1 + \frac{k-1}{2}Ma_1^2\sin^2\beta\right)\left(\frac{2k}{k-1}Ma_1^2\sin^2\beta - 1\right)}{\frac{(k+1)^2}{2(k-1)}Ma_1^2\sin^2\beta} \tag{4.3.8c}$$

由式(4.3.8) 可以看出,当绝热指数 k 一定时,激波前后的密度比、压强比及温度比只取决于来流的法向马赫数 $Ma_{1n} = Ma_1\sin\beta$,随来流法向马赫数的增大,激波增强;在来

流马赫数 Ma_1 一定时，激波角 β 越接近 $90°$，则激波越强。因此，在同样来流马赫数的条件下，正激波总是比斜激波强。当 $\beta = 90°$ 时，式（4.3.8）可写为

$$\frac{\rho_2}{\rho_1} = \frac{(k+1)Ma_1^2}{2+(k-1)Ma_1^2}, \frac{p_2}{p_1} = 1 + \frac{2k}{k+1}(Ma_1^2 - 1), \frac{T_2}{T_1} = \frac{\left(1 + \frac{k-1}{2}Ma_1^2\right)\left(\frac{2k}{k-1}Ma_1^2 - 1\right)}{\frac{(k+1)^2}{2(k-1)}Ma_1^2}$$

$$(4.3.9)$$

2. 激波前后马赫数的关系式

气流穿过激波时总温保持不变，因此

$$\frac{T_2}{T_1} = \frac{T_2/T^*}{T_1/T^*} = \frac{1 + \frac{k-1}{2}Ma_1^2}{1 + \frac{k-1}{2}Ma_2^2}$$

将式（4.3.8c）代入上式，得

$$Ma_2^2 = \frac{Ma_1^2 + \frac{2}{k-1}}{\frac{2k}{k-1}Ma_1^2\sin^2\beta - 1} + \frac{Ma_1^2\cos^2\beta}{\frac{k-1}{2}Ma_1^2\sin^2\beta + 1} \tag{4.3.10a}$$

当 $\beta = 90°$ 时，式（4.3.10a）可写为

$$Ma_2^2 = \frac{Ma_1^2 + \frac{2}{k-1}}{\frac{2k}{k-1}Ma_1^2 - 1} \tag{4.3.10b}$$

不难看出，当来流马赫数 Ma_1 一定时，随激波角 β 的增大，波后马赫数 Ma_2 减小。

3. 激波前后总压、熵的变化

由于滞止参数与静参数之间满足等熵关系式，即

$$\frac{p_1^*}{p_1} = \left(\frac{\rho_1^*}{\rho_1}\right)^k \text{ 和 } \frac{p_2^*}{p_2} = \left(\frac{\rho_2^*}{\rho_2}\right)^k$$

则得

$$\frac{p_2^*}{p_1^*} = \frac{p_2}{p_1}\left(\frac{\rho_2^*}{\rho_1^*}\right)^k\left(\frac{\rho_1}{\rho_2}\right)^k$$

再考虑气流穿过激波时总温保持不变，根据状态方程可有

$$RT^* = \frac{p_1^*}{\rho_1^*} = \frac{p_2^*}{\rho_2^*} \text{ 或 } \frac{p_2^*}{p_1^*} = \frac{\rho_2^*}{\rho_1^*}$$

于是

$$\frac{p_2^*}{p_1^*} = \left(\frac{p_1}{p_2}\right)^{\frac{1}{k-1}}\left(\frac{\rho_2}{\rho_1}\right)^{\frac{k}{k-1}}$$

将上式改写成

$$\frac{p_2^*}{p_1^*} = \left(\frac{\rho_2^k}{\rho_1^k}\frac{p_1}{p_2}\right)^{\frac{1}{k-1}} = \left(\frac{\rho_2}{\rho_{2等熵}}\right)^{\frac{k}{k-1}} < 1$$

从图4.3.6中可以看出，$\rho_{2\text{等熵}}$恒大于ρ_2，因此激波前后气流的总压比总是小于1的。利用式(4.3.8)可得到激波前后总压比(即总压恢复系数σ)为

$$\sigma = \frac{p_2^*}{p_1^*} = \frac{\left[\dfrac{(k+1)Ma_1^2\sin^2\beta}{2+(k-1)Ma_1^2\sin^2\beta}\right]^{\frac{k}{k-1}}}{\left(\dfrac{2k}{k+1}Ma_1^2\sin^2\beta - \dfrac{k-1}{k+1}\right)^{\frac{1}{k-1}}} < 1 \qquad (4.3.11a)$$

随着波前马赫数$Ma_1\sin\beta$的增大，激波前后气流的总压比下降，即激波强度越大，通过激波的总压损失越多，当$Ma_1\sin\beta=1$时，激波变为弱压缩波，此时有$p_1^*=p_2^*$。当$\beta=90°$时，式(4.3.11a)可写为

$$\frac{p_2^*}{p_1^*} = \frac{\left[\dfrac{(k+1)Ma_1^2}{2+(k-1)Ma_1^2}\right]^{\frac{k}{k-1}}}{\left(\dfrac{2k}{k+1}Ma_1^2 - \dfrac{k-1}{k+1}\right)^{\frac{1}{k-1}}} \qquad (4.3.11b)$$

由3.2节中关于σ与熵变化量之间关系的讨论，可知

$$\Delta s = s_2 - s_1 = s_2^* - s_1^* = -R\ln\frac{p_2^*}{p_1^*} > 0$$

即经过激波后，气体的熵必增加，做功能力下降。此外，也可以从上述的熵表达式直接得出同样的结论，对正激波，上式可写成

$$\frac{\Delta s}{R} = \frac{k}{k-1}\ln\left[\frac{2}{(k+1)Ma_1^2} + \frac{k-1}{k+1}\right] + \frac{1}{k-1}\ln\left(\frac{2k}{k+1}Ma_1^2 - \frac{k-1}{k+1}\right)$$

将上式表述的熵增与激波前Ma_1数的关系绘于图4.3.7中。可以看出，当$Ma_1=1$时，有$\Delta s=0$；当$Ma_1>1$时，有$\Delta s>0$；当$Ma_1<1$时，有$\Delta s<0$。显然，最后一种情况违背了热力学第二定律。因此，对于超声速运动的完全气体而言，当流场中产生激波时，激波前后的气流总压比满足式(4.3.11)，由该式计算得到的熵的变化值也就必定大于零，即熵是增加的。上述讨论再次证明了前面已经得到的一个结论，即定常的亚声速流动中不可能产生稳定的激波。

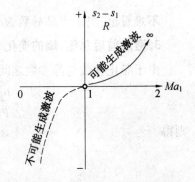

图4.3.7 熵增与马赫数的关系

如果将式(4.3.11b)改写成如下形式

$$\frac{p_2^*}{p_1^*} = \frac{(Ma_1^2)^{\frac{k}{k-1}}\left[\dfrac{k+1}{2+(k-1)Ma_1^2}\right]^{\frac{k}{k-1}}}{\left[\dfrac{2k}{k+1}Ma_1^2 + \left(1 - \dfrac{2k}{k+1}\right)\right]^{\frac{1}{k-1}}} =$$

$$\frac{(Ma_1^2)^{\frac{k}{k-1}}}{\left[\dfrac{2k}{k+1}Ma_1^2 + \left(1 - \dfrac{2k}{k+1}\right)\right]^{\frac{1}{k-1}}\left[\dfrac{2+(k-1)Ma_1^2}{k+1}\right]^{\frac{k}{k-1}}}$$

对式中的分子、分母作如下变换,即

$$(Ma_1^2)^{\frac{k}{k-1}} = \left[1 + \frac{k+1}{2k} \frac{2k}{k+1}(Ma_1^2 - 1) \right]^{\frac{k}{k-1}}$$

$$\left[\frac{2k}{k+1}Ma_1^2 + \left(1 - \frac{2k}{k+1} \right) \right]^{\frac{1}{k-1}} = \left[1 + \frac{2k}{k+1}(Ma_1^2 - 1) \right]^{\frac{1}{k-1}}$$

$$\left[\frac{2 + (k-1)Ma_1^2}{k+1} \right]^{\frac{k}{k-1}} = \left[\left(1 - \frac{k-1}{k+1} \right) + \frac{k-1}{k+1}Ma_1^2 \right]^{\frac{k}{k-1}} = \left[1 + \frac{k-1}{2k} \frac{2k}{k+1}(Ma_1^2 - 1) \right]^{\frac{k}{k-1}}$$

于是得

$$\frac{p_2^*}{p_1^*} = \frac{\left[1 + \frac{k+1}{2k} \frac{2k}{k+1}(Ma_1^2 - 1) \right]^{\frac{k}{k-1}}}{\left[1 + \frac{2k}{k+1}(Ma_1^2 - 1) \right]^{\frac{1}{k-1}} \left[1 + \frac{k-1}{2k} \frac{2k}{k+1}(Ma_1^2 - 1) \right]^{\frac{k}{k-1}}}$$

则熵增表达式为

$$\frac{\Delta s}{R} = \frac{1}{k-1}\ln\left[1 + \frac{2k}{k+1}(Ma_1^2 - 1) \right] + \frac{k}{k-1}\ln\left[1 + \frac{k-1}{2k} \frac{2k}{k+1}(Ma_1^2 - 1) \right] -$$

$$\frac{k}{k-1}\ln\left[1 + \frac{k+1}{2k} \frac{2k}{k+1}(Ma_1^2 - 1) \right]$$

根据式(4.3.9) 中的 $\frac{p_2}{p_1}$ 表达式可知

$$\Delta p = \frac{p_2}{p_1} - 1 = \frac{2k}{k+1}(Ma_1^2 - 1)$$

即 $\frac{2k}{k+1}(Ma_1^2 - 1)$ 实际上代表了激波强度。若激波强度较小,则可将熵增表达式展开,得

$$\frac{\Delta s}{R} = \frac{k+1}{12k^2}(\Delta p)^3 - \frac{k+1}{8k^2}(\Delta p)^4 + \cdots$$

尽管上式只适用于 $\frac{2k}{k+1}(Ma_1^2 - 1)$ 较小时的情况,但可以直观看出,当 $Ma_1 \geqslant 1$ 时, $\Delta s \geqslant 0$,而当 $Ma_1 < 1$ 时,则有 $\Delta s < 0$(即违背了热力学第二定律)。此外,当激波较弱时, $Ma_1^2 - 1$ 是个较小量,通过激波的熵增量与该值的三次方同阶,因而可以不考虑弱激波引起的熵增,可将其视为等熵波。

从上述描述正激波前后状态参数比值的式(4.3.9)、(4.3.10b)、(4.3.11b) 中可以看出,当 $Ma_1 = 1$ 时,激波强度趋于无限小(即退化为弱压缩波),则有

$$\frac{\rho_2}{\rho_1} = 1, \frac{p_2}{p_1} = 1, \frac{T_2}{T_1} = 1, Ma_2 = 1, \frac{p_2^*}{p_1^*} = 1$$

当 $Ma_1 > 1$ 且持续增大时,上述参数将发生相应的变化;当 $Ma_1 \to \infty$ 时,若 $k = 1.4$,则有

$$\lim_{Ma_1 \to \infty} \frac{\rho_2}{\rho_1} = \frac{k+1}{k-1} = 6, \lim_{Ma_1 \to \infty} \frac{p_2}{p_1} \to \infty, \lim_{Ma_1 \to \infty} \frac{T_2}{T_1} \to \infty$$

$$\lim_{Ma_1 \to \infty} Ma_2 = \sqrt{\frac{k-1}{2k}} = 0.378, \lim_{Ma_1 \to \infty} \frac{p_2^*}{p_1^*} \to 0$$

图 4.3.8 给出了正激波前后状态参数比值随波前马赫数 Ma_1 的变化曲线。

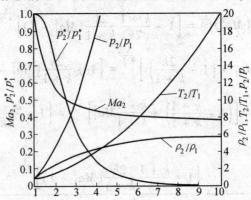

图 4.3.8　正激波前后状态参数比值随 Ma_1 变化

4. 波阻

如图 4.3.9 所示, 设有物体在无黏气体中做超声速运动, 物体的前方产生了激波。为便于讨论, 取与物体一起运动的坐标系考察问题。取如图 4.3.9 中虚线所示的控制体表面, AC 和 BD 为距物体上、下两侧足够远处的两条流线, 并认为受物体扰动较小, 是平行于来流方向的直线; AB 和 CD 是在物体前、后方足够远处垂直于来流方向的两个截面。对该控制体应用动量方程, 由于所取的控制面

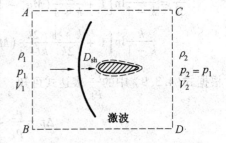

图 4.3.9　分析波阻示意图

离物体很远, 作用于控制面上的气体压强可认为是都等于物体远前方的压强 p_1, 这部分的合力等于零。气流经过激波后必有总压损失, CD 截面上的气流总压低于 AB 截面上的气流总压, 而两个截面上的静压相等, 故 CD 截面上的气流速度 V_2 小于 AB 截面上的气流速度 V_1。令 D_{sh} 代表气体作用于物体上的力, 根据动量方程式 (2.2.7) 可有

$$\dot{m}(V_2 - V_1) = F_e = -D_{sh} < 0 \text{ 或 } D_{sh} > 0$$

上式表明, 物体受到一个与来流方向一致的力的作用, 对物体来说, 这个力是一个阻力, 它是由于激波存在而引起的, 因此称为波阻。物体做超声速运动时都会遇到波阻, 波阻的大小取决于激波的强度, 激波越强则波阻越大。为减小激波损失和波阻, 超声速飞机的机翼前缘、进气道前缘通常做成尖形, 以产生强度较弱的斜激波。

4.3.6　经过斜激波的气流折转角及激波曲线

前面推导的斜激波前后气流参数计算公式, 只适用于激波角 β 和波前马赫数 Ma_1 已知的情况。但对于由壁面折转而引起的斜激波, 通常只已知波前的气流参数和气流经过激波时的折转角度 δ, 而激波角并不知道。因此, 需要推导气流折转角 δ 与 β, Ma_1 间的关系式, 以便于计算任何情况下产生的激波。

根据图 4.3.5, 并考虑式 (4.3.3c), 可得

$$\frac{V_{2n}}{V_{1n}} = \frac{\tan(\beta - \delta)}{\tan \beta}$$

将式(4.3.3a)、(4.3.8a)代入上式,得

$$\frac{\tan \beta}{\tan(\beta - \delta)} = \frac{\rho_2}{\rho_1} = \frac{(k + 1) Ma_1^2 \sin^2 \beta}{2 + (k - 1) Ma_1^2 \sin^2 \beta}$$

由三角形公式可知

$$\tan(\beta - \delta) = \frac{\tan \beta - \tan \delta}{1 + \tan \beta \tan \delta}$$

于是得

$$\tan \delta = \frac{Ma_1^2 \sin^2 \beta - 1}{\left[Ma_1^2 \left(\frac{k + 1}{2} - \sin^2 \beta \right) + 1 \right] \tan \beta}$$

或

$$\tan \delta = 2 \cot \beta \frac{Ma_1^2 \sin^2 \beta - 1}{Ma_1^2 (k + \cos 2\beta) + 2} \tag{4.3.12}$$

式(4.3.12)表明,气流折转角 δ 是来流马赫数 Ma_1、激波角 β 的函数,利用该式可由 Ma_1、β 求得 δ 角,也可由 Ma_1、δ 求得 β 角。需要指出的是,对于附体斜激波,气流折转角 δ 就是壁面内折角;而对于一般的曲线激波,气流折转角 δ 和激波角 β 是波面某点上的当地气流折转角和当地激波角(即当地斜激波与来流方向夹角)。

从式(4.3.12)可以看出,当 $\beta = 90°$ 或 $\beta = \arcsin \frac{1}{Ma_1}$ 时,有 $\delta = 0$,即正激波或激波退化为弱马赫波时,气流折转角为零。由于 β 从马赫角 μ 变到 $90°$ 时,δ 总是正值,所以在这个范围内,δ 角必有一极大值 δ_{max},与 δ_{max} 对应的 β 角用 β_m 表示。β_m 值可通过对式(4.3.12)微分得出,即 $\beta = \beta_m$ 时,有 $\frac{d\beta}{d\delta} = 0$, $\delta = \delta_{max}$,在此不做推导,其结果为

$$\sin^2 \beta_m = \frac{1}{kMa_1^2} \left[\frac{k + 1}{4} Ma_1^2 - 1 + \sqrt{(1 + k)\left(1 + \frac{k - 1}{2} Ma_1^2 + \frac{k + 1}{16} Ma_1^4 \right)} \right]$$

$$\tan \delta_{max} = \frac{2[(Ma_1^2 - 1) \tan^2 \beta_m - 1]}{\tan \beta_m [(kMa_1^2 + 2)(1 + \tan^2 \beta_m) + Ma_1(1 - \tan^2 \beta_m)]}$$

上式表明,δ_{max} 随着 Ma_1 的增大而增大,当 $k = 1.4$, $Ma_1 \to \infty$ 时,δ_{max} 的极限值约为 $45.37°$。还可以这样理解,既然 δ_{max} 是与某确定来流马赫数 Ma_1 对应的最大气流折转角,若 Ma_1 下降,则波后气流就不可能折转 δ_{max} 角,因此 Ma_1 就是与该 δ_{max} 对应的最小来流马赫数,记为 Ma_{1min}。计算结果表明,β_m 先是随着 Ma_1 增大而减小,然后略为增大,$Ma_1 \to \infty$ 时,$\beta_m = \arcsin \sqrt{\frac{k + 1}{2k}}$。再考虑式(4.3.10a),当来流马赫数 Ma_1 一定时,随激波角 β 的增大,波后马赫数 Ma_2 减小。但当 β 较小时,Ma_2 仍可能大于1,即斜激波后气流仍为超声速流。当 β 增大至某一数值时将有 $Ma_2 = 1$,定义此时的 β 值为 β_m^*。当 $\beta > \beta_m^*$ 时,$Ma_2 < 1$,即波后气流是亚声速的。当 $Ma_2 = 1$ 时,β_m^* 满足

$$\sin^2\beta_m^* = \frac{1}{kMa_1^2}\left[\frac{k+1}{4}Ma_1^2 - \frac{3-k}{4} + \sqrt{(1+k)\left(\frac{9+k}{16} - \frac{3-k}{8}Ma_1^2 + \frac{k+1}{16}Ma_1^4\right)}\right]$$

显然,可以得出当 $Ma_1 = 1$ 时,$\beta_m^* = 90°$,当 $Ma_1 \to \infty$ 时,$\beta_m^* = \arcsin\sqrt{\dfrac{k+1}{2k}}$。将其代入式(4.3.12)中可得到 δ_m^*。比较 β_m 与 β_m^*,δ_{max} 与 δ_m^*,不难看出它们是很接近的(但后者略小一些),这意味着超声速气流经过斜激波时,若气流折转角达到最大值 δ_{max},斜激波后的气流通常将是亚声速的。

顺便介绍一下如何通过式(4.3.12),按给定的 Ma_1,δ 值求得 β 角。将式(4.3.12)改写为如下形式

$$\tan^3\beta + A\tan^2\beta + B\tan\beta + C = 0$$

式中

$$A = \frac{1 - Ma_1^2}{\tan\delta\left(1 + \frac{k-1}{2}Ma_1^2\right)}, B = \frac{1 + \frac{k+1}{2}Ma_1^2}{1 + \frac{k-1}{2}Ma_1^2}, C = \frac{1}{\tan\delta\left(1 + \frac{k-1}{2}Ma_1^2\right)}$$

计算结果如图4.3.10所示。在计算时会发现,对应给定的 Ma_1,δ 值可得到三个根,其中一个根已被证实无意义,另外两个 β 值中,一个较小,它对应于 $Ma_2 > 1$ 时的情况,称这时的 β 所对应的激波为弱斜激波;另一个较大,它对应于 $Ma_2 < 1$,称这时的 β 所对应的激波为强斜激波。这表明,对于给定的气流折转角 δ,存在两个性质不同的解,一个为弱激波解,一个为强激波解。在具体计算中应该取哪个解,取决于产生激波的具体条件。根据前面的内容可知,超声速气流中产生激波有三种情况:

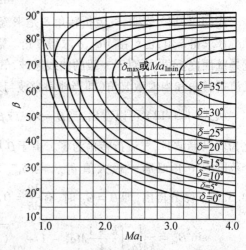

图4.3.10　斜激波的 δ,β 及 Ma_1 关系曲线

(1)气流折转角("方向")所规定的激波。如物体绕流(如楔形体)或气体沿内折壁面流动时产生的激波,此时要求某确定 Ma 数的气流满足折转角条件(即穿过波面后的气流流动方向平行于物面或壁面)。实验观察表明,凡是由气流折转角(或者说物面折角)规定的激波,只要是附体激波,都取弱激波解。

(2)压力条件决定的激波。如超声速气流从管道中流出时,若管道出口处的气体压力 p_e 低于外界环境压力 p_b(也称背压),超声速气流会产生斜激波以提高 p_e 至 p_b,激波强度由压强比 p_b/p_e 决定,激波角 β 满足式(4.3.8b),波后马赫数 Ma_2 由式(4.3.10a)得到,若 $Ma_2 > 1$,则为弱斜激波,反之,则为强斜激波。图4.3.11给出了不同背压下的管道流动激波结构图,图4.3.11(a)表示背压较低(仍高于管道出口气体压力)的情况,在管道出口的边缘 P 点产生弱激波,波后气流通常仍是超声速的;图4.3.11(b)表示背压较高的情况,P 点产生强激波,波后气流是亚声速的。

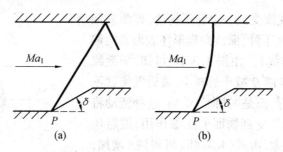

图 4.3.11　不同背压下的管道流动激波结构图

（3）其他条件决定的激波。例如,管道流中可能发生某种壅塞现象,会迫使超声速的上游气流在某处产生激波,使气流作某种调整。这种激波的强度既不是由气流方向决定,也不是由环境压力决定,而是取决于最大流量的极限条件。

下面再来讨论一下气流参数经过激波后的变化趋势（图 4.3.10）。

（1）$\delta = 0$ 曲线。它的曲线段部分对应弱压缩波情况,如壁面内折微小角度 $d\delta \to 0$ 时,此时 $\beta = \arcsin \dfrac{1}{Ma_1}$,即随 Ma_1 减小而逐渐增加;当 $Ma_1 = 1$ 时,$\beta = 90°$,对应的流动情况如壁面上有微小的凸起（但其前后均为平直壁面）,或如图 4.1.1（c）所示的流动。它的直线段部分即为 $\beta = 90°$ 时的坐标横轴,对应着正激波情况,如超声速气流从管道中流出产生正激波时的流动。

（2）$\delta = \mathrm{const}$ 的曲线是这样得到的,确定某 δ 值后,取不同的 Ma_1,由式（4.3.12）计算 β 值,再将得到的有意义的弱解、强解绘成曲线。由前面的讨论可知,对于这个确定的 δ 值,总会有一组 β,Ma_1 值满足前面给出的 β_m,$\delta_{\max}$ 的计算公式,这组 β,Ma_1 值就是 $\delta = \mathrm{const}$ 曲线上的极值点坐标,其中的 Ma_1 值就是 $Ma_{1\min}$。此外,Ma_1 取不同值时还可能出现式（4.3.12）无解的情况。连接各 δ 值下的 $Ma_{1\min}$ 点,得到图中虚线,该虚线将曲线分为上下两支,下半支对应弱激波,上半支对应强激波。

（3）对于 $\delta = \mathrm{const}$ 曲线,以 $Ma_{1\min}$ 点为分界点,其下半支对应弱激波情况。当超声速气流流过楔形体产生附体斜激波时,β 值随 Ma_1 增加而逐渐减小。其原因可从图 4.3.5 中看出,对于气流折转角 δ 不变的情况,若假设激波强度保持不变,则由式（4.3.8b）可知,与激波强度对应的 $Ma_1 \sin \beta$ 值不变,由于 Ma_1 增加了,β 值则应减小。当然,上述解释并不是十分严密的,实际的多数情况是 Ma_1 增加的幅度大于 β 下降的幅度,由 $Ma_1 \sin \beta$ 决定的激波强度是增加的。不过在 $\delta_{\max}$ 附近的弱激波范围,的确存在着 Ma_1 增加的幅度小于 β 下降的幅度,此时激波强度下降。δ 曲线上半支对应强激波情况,如超声速气流从管道中流出,其出口压力 p_e 低于外界环境压力 p_b 时,β 值随 Ma_1 的增加而迅速增加。这是由于超声速气流的 Ma_1 越高,则与之对应的 p_e 越低,则由压强 p_b/p_e 决定的激波强度也越高。由式（4.3.8b）可以看出,若要满足较高的激波强度,Ma_1,$\sin \beta$ 需要都增加才行。

那么,超声速气流流过楔形体为什么只会产生附体弱斜激波呢?这可以用激波稳定性来解释。激波稳定性是指激波由于某种原因（扰动）偏离平衡位置后,自动恢复到平衡位置的能力。以图 4.3.12 所示的超声速气流绕二维楔形体流动时形成的激波为例。假设楔形体前出现的是弱斜激波,如图 4.3.12 中第 Ⅰ 道波,波后气流折转角等于楔形体的半顶角。如果波后气流受到一个低压扰动(即激波强度下降),则激波角 β 下降,激波向楔形体表面方向偏离平衡位置(图中虚线)。由图 4.3.10 可知,弱激波情况下气流折转角 δ 随 β 减小而减小,波后气流就不再与楔形体表面平行,而是"冲向"壁面,这种流动将使得波后气流"重新"受到物面的压缩作用,波后压力升高,激波强度增大,由式(4.3.8b)可得到 β 增加,即激波能够恢复到原来的平衡位置。若波后气流受到一个高压扰动(即激波强度增加),激波角增加,将导致气流"远离"物面,波后压力或者激波强度下降,同样使得激波恢复到原来的平衡位置。

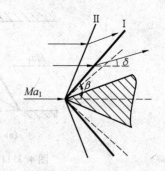

图 4.3.12　激波稳定性分析

如果楔形体前出现的是强斜激波,如图 4.3.12 中第 II 道波,当流场中的扰动使激波角 β 下降时,由图 4.3.10 可知,强激波情况下气流折转角 δ 随 β 减小而增加,气流"远离"物面,波后压力或者激波强度进一步下降,并导致 β 角也进一步减小,激波不但不能恢复到原来的平衡位置,反而越来越偏离原来位置,直至 β 角减小到等于弱斜激波对应的 β 值,才能稳定下来,但此时激波已经是弱斜激波了。波后气流受到高压扰动时的情况就更为不同了,激波强度增加导致 β 增加而 δ 减小,气流"冲向"壁面使得波后压力、β 角继续增加,激波更加偏离原来位置。研究表明,即使 $\beta = 90°$,$\delta = 0$ 时,仍不能使激波稳定,直到激波离开物面,形成脱体激波为止。这就意味着超声速气流流过楔形体时,如果激波是附体的,就必然是弱斜激波。

(4) 在弱激波范围,除了在 δ_{max} 附近很小的区域外,波后都是超声速流,即 $Ma_2 > 1$,并随 Ma_1 的增加而增大;在强激波范围,波后都是亚声速流,即 $Ma_2 < 1$ 且随 Ma_1 的增加而减小。

(5) 从图 4.3.10 可以看出,对于某条 δ 曲线,若取小于该曲线上 Ma_{1min} 的一个 Ma_1 值时,找不到对应的激波解。

对于强激波情况,如超声速气流从管道中流出,其出口压力 p_e 低于外界环境压力 p_b 时,找不到激波解意味着气流无需偏转这么大的 δ 角(或者说无需这么强的激波)就能实现压力相等。根据 p_b/p_e 值,由式(4.3.8b)计算激波角 β,再由式(4.3.12)就可得到与这个较小的 Ma_1 对应的气流折转角,当然这个气流折转角对应着另外一条 $\delta = $ const 曲线。

对于弱激波(即附体斜激波)情况,这意味着当 Ma_1 过小时,即使 β 等于曲线极值点对应的 β_m 值时(β_m 最大即斜激波达到最强),式(4.3.12)也不会成立或者说气流不可能折转该曲线对应的 δ 值,此时附体斜激波存在的条件消失(即气流折转角等于楔形体的半顶角),激波已经变成图 4.3.13(b)所示的脱体激波。脱体激波沿波面激波角逐渐变化,正对楔形体前缘的部分接近正激波,沿波面向两侧激波角逐渐减小,激波强度逐渐减弱,依次转化为强斜激波、弱斜激波、马赫波(离物体较远处)。显然,若 Ma_1 增加至大于 Ma_{1min} 时,脱体激波就会重新附体。脱体激波后的流场不再是单纯的超声速流场,在物体前缘附近有一个亚声速区,其他区域则是超声速的。脱体激波各点上的气流折转角都不相同,每一点上仍满足前面得到的斜激波关系式,只不过气流参数需采用当地值。由于没有通用的关系式能得到气流折转角、斜激波角等,脱体激波形状是未知的。但对于具体问题,即给定了壁面形状和来流条件的问题,还是可以通过较复杂的推导或计算得到气流折转角、激波形状等,在此不作介绍。

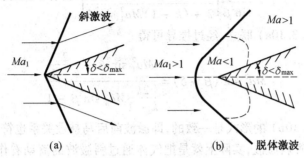

图 4.3.13　附体激波与脱体激波

类似地,假设 Ma_1 恰好等于某条 δ 曲线上的 Ma_{1min},从前面的讨论可知,这个 δ 值就是由该 Ma_1 决定的气流最大折转角 δ_{max}。若斜激波是附体的,则气流折转角必等于楔形体的半顶角,所以 δ_{max} 可以理解为该 Ma_1 值下能够存在附体斜激波的最大楔形体半顶角。显然,当楔形体半顶角小于 δ_{max} 时,对于该 Ma_1 值总会存在附体斜激波;当楔形体半顶角大于 δ_{max} 时,斜激波附体条件不存在(在较大 δ 值的曲线上找不到与该 Ma_1 对应的激波解),此时也将产生脱体激波。

最后还应强调的是,上述分析是针对楔形体的,对大型钝头体还需要进一步分析。

4.3.7　激波图表及其计算

在工程上为了计算方便,通常将激波前后的参数关系制成图表,以便于进行激波问题的计算。对正激波,可利用式(4.3.9)、(4.3.10b)、(4.3.11b)得到以 Ma_1 为自变量的参数关系表。对于斜激波,可以唯一确定一个斜激波的特征量有两个,或者是 Ma_1,δ,或者是 Ma_1,β,这三个参数的关系应符合式(4.3.12)或图 4.3.10,当斜激波的任意两个特征量确定之后,就可以通过式(4.3.8)、(4.3.10a)、(4.3.11a)得到斜激波前后的参数关系表。

考察式(4.3.3)和(4.3.4)可以看出,将描述正激波的基本方程式中的激波前后速度 V_1,V_2 换成斜激波前后的法向速度 V_{1n},V_{2n},得到的就是描述斜激波的基本方程式。那么,对由基本方程式推导得到的正激波前后参数关系作类似变换,将其中的 Ma_1,Ma_2 分别换成 $Ma_{1n}=Ma_1\sin\beta, Ma_{2n}=Ma_2\sin(\beta-\delta)$ 后,所得到的就应当是斜激波前后的参数关系,这样就可以利用正激波数值表来计算斜激波情况。对比式(4.3.8)和(4.3.9)、式(4.3.10a)和(4.3.10b)、式(4.3.11a)和(4.3.11b)可以发现,从形式上看,式(4.3.10)给出的正、斜激波前后马赫数的关系并不符合上述变换准则。但是,根据图 4.3.5 及前面得到的 β,δ 的关系式可得

$$\cot^2(\beta-\delta)=\cot^2\beta\left[\frac{(k+1)Ma_1^2\sin^2\beta}{2+(k-1)Ma_1^2\sin^2\beta}\right]^2$$

作三角变换可有

$$\frac{1}{\sin^2(\beta - \delta)} = 1 + \cot^2(\beta - \delta) = 1 + \cot^2\beta\left[\frac{(k+1)Ma_1^2\sin^2\beta}{2+(k-1)Ma_1^2\sin^2\beta}\right]^2 =$$

$$1 + \frac{\cos^2\beta}{\sin^2\beta}\left[\frac{(k+1)Ma_1^2\sin^2\beta}{2+(k-1)Ma_1^2\sin^2\beta}\right]^2$$

将上式与式(4.3.10a)联立,经过推导可得

$$Ma_2^2\sin^2(\beta - \delta) = \frac{Ma_1^2\sin^2\beta + \dfrac{2}{k-1}}{\dfrac{2k}{k-1}Ma_1^2\sin^2\beta - 1}$$

该式与式(4.3.10b)的形式是一致的,即激波前后马赫数关系也符合变换准则。

按上述方法计算斜激波,实际上就是把气体通过斜激波的流动看作是以其法向分速 V_n 通过正激波的流动与一个平行于波面、速度为平行波面方向分速 V_t 的直匀气流叠加而成。由于这是在两个不同的惯性参考系下考察流动,而气流静参数不会随坐标系的不同而变化。因此,在相对的、以速度为 V_t 匀速运动的正激波坐标系下获得的激波前后的气流静参数,等于绝对的、静止的斜激波坐标系下的气流静参数。当然,不同惯性坐标系下气流的滞止参数是不同的,因为法向分速只是气流速度的一部分,与之对应的滞止温度、滞止压力分别为

$$T_n^* = C_p T + \frac{V_n^2}{2} = T\left(1 + \frac{k-1}{2}Ma_n^2\right), p_n^* = p\left(1 + \frac{k-1}{2}Ma_n^2\right)^{\frac{k}{k-1}} = p\left(\frac{T_n^*}{T}\right)^{\frac{k}{k-1}}$$

可以证明,在相对的正激波坐标系中得到的激波前后总压比 p_{2n}^*/p_{2n}^*,等于绝对的斜激波坐标系下的激波前后总压比 p_2^*/p_1^*,即 $\sigma = \dfrac{p_{2n}^*}{p_{2n}^*} = \dfrac{p_2^*}{p_1^*}$。由式(4.3.3d)可知 $T_{1n}^* = T_{2n}^*$,再由等熵关系式得

$$\frac{p_{2n}^*}{p_{1n}^*} = \frac{p_2}{p_1}\left(\frac{T_{2n}^*}{T_2}\right)^{\frac{k}{k-1}}\left(\frac{T_1}{T_{1n}^*}\right)^{\frac{k}{k-1}} = \frac{p_2}{p_1}\left(\frac{T_1}{T_2}\right)^{\frac{k}{k-1}}$$

而由总压定义并考虑 $T_1^* = T_2^*$,也可得

$$\frac{p_2^*}{p_1^*} = \frac{p_2}{p_1}\left(\frac{T_2^*}{T_2}\right)^{\frac{k}{k-1}}\left(\frac{T_1}{T_1^*}\right)^{\frac{k}{k-1}} = \frac{p_2}{p_1}\left(\frac{T_1}{T_2}\right)^{\frac{k}{k-1}}$$

因此

$$\sigma = \frac{p_{2n}^*}{p_{2n}^*} = \frac{p_2^*}{p_1^*}$$

例4.3.1　如图4.3.14所示,应用总压管测量超声速气流的马赫数及流速。

解　超声速气流中圆头形总压管的前方将出现一道曲线激波,且正对总压测孔处为正激波,总压管测得的是气流经过激波后的总压 p_2^*。应用总静参数关系式及式(4.3.9),可得到波后总压与波前静压之比的关系式,即

$$\frac{p_2^*}{p_1} = \frac{p_2^*}{p_2}\frac{p_2}{p_1} = \left(1 + \frac{k-1}{2}Ma_2^2\right)^{\frac{k}{k-1}}\left[1 + \frac{2k}{k+1}(Ma_1^2 - 1)\right]$$

再由式(4.3.10b)得

$$\frac{p_2^*}{p_1} = \left(\frac{k+1}{2}Ma_1^2\right)^{\frac{k}{k-1}}\left[1 + \frac{2k}{k+1}(Ma_1^2 - 1)\right]^{-\frac{1}{k-1}}$$

于是,只要测得波后总压及波前静压即可得到超声速气流的马赫数 Ma_1。要计算流速,还需测量驻点温度,并考虑到气流经过激波时总温不变,将 Ma_1 代入式(3.2.3a) 中得到波前气流静温后,则可由当地声速计算得到气流速度。

例 4.3.2 设有如图 4.3.15 所示的超声速喷管,若其出口处气流马赫数为 1.8,压力为 0.288×10^5 Pa,外界环境气体压力为 0.985×10^5 Pa。求出口处的激波角、气流折转角和波后马赫数 Ma_2。

解 气流流出喷管后受到压缩作用且需达到外界环境压力,则

$$\frac{p_2}{p_1} = \frac{0.98 \times 10^5}{0.288 \times 10^5} = 3.4$$

由式(4.3.8b) 得 $\beta = 76.7°$;由式(4.3.12) 得 $\delta = 15°$;由式(4.3.10a) 得 $Ma_2 = 0.72$。这是一道强激波。上述结果也可以通过查表得到,但是需要判断强解、弱解问题。

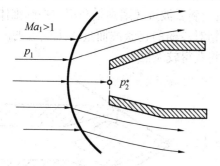 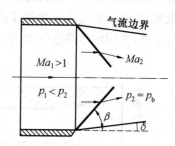

图 4.3.14 超声速气流速度测量　　图 4.3.15 超声速喷管外的激波

例 4.3.3 如图 4.3.16 所示,一个马赫数为 3 的流动,要求减速至亚声速。考虑两种途径:① 直接经过一道正激波减速;② 先经过一个激波角为 40° 的斜激波,随后再通过一道正激波减速。求两种途径的总压比。

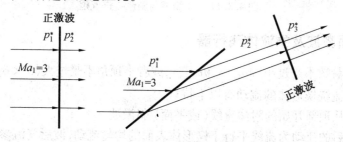

图 4.3.16 超声速气流经过不同激波的比较

解 (1)已知 $Ma_1 = 3$,查表或计算得到 $\frac{p_2^*}{p_1^*} = 0.328\,3$,$\frac{p_2}{p_1} = 10.3$,$Ma_2 = 0.475\,2$。

(2)由 Ma_1,β 计算可得 $\delta = 22°$;由 $Ma_{1n} = Ma_1 \sin\beta = 3 \times \sin 40° = 1.93$,可得 $\frac{p_2^*}{p_1^*} = 0.753\,5$,$\frac{p_2}{p_1} = 4.17$,$Ma_{2n} = 0.588$。

再由公式 $Ma_{2n} = Ma_2 \sin(\beta - \delta)$ 可得 $Ma_2 = 1.9$。对于一个来流马赫数为 1.9 的正激

波,有 $\dfrac{p_3^*}{p_2^*} = 0.767\,4, \dfrac{p_3}{p_2} = 4.045, Ma_3 = 0.595\,6$,则气流通过途径 2 后有

$$\frac{p_3^*}{p_1^*} = \frac{p_3^*}{p_2^*}\frac{p_2^*}{p_1^*} = 0.578, \quad \frac{p_3}{p_1} = \frac{p_3}{p_2}\frac{p_2}{p_1} = 16.88$$

即组合激波增压比单独正激波增压的总压恢复系数更大,或者说总压损失更小、增压效率更高。这是由于在绝大多数情况下,超声速气体穿过激波时的总压损失随来流马赫数的增加而增加,激波越强这种趋势越明显,尤其是正激波情况。因此,如果能够使得一个流动的马赫数在穿越正激波之前减小,就会有效降低正激波导致的总压损失。如例 4.3.3 中所示,在第 2 种途径下,气流先是经过一道斜激波使其马赫数降低,然后再穿过正激波,尽管穿过斜激波也会有损失,但是要比直接穿过相同马赫数的正激波时小得多。考虑这样的一种极限情况:如果能够利用一个光滑曲壁使气流实现连续的微小折转,这时将产生无数道等熵弱压缩波,总压损失就将趋于零。

喷气发动机超声速进气道的设计就考虑了上述因素。如图 4.3.17(a) 所示,正激波在进气道之前形成,造成了较大的压力损失;而斜激波进气道则是利用中央圆锥体先产生一道斜激波,流动在进气道边缘是通过一道相对较弱的正激波而进入进气道的。对于相同的飞行条件,采用斜激波进气道的发动机将获得较大推力。

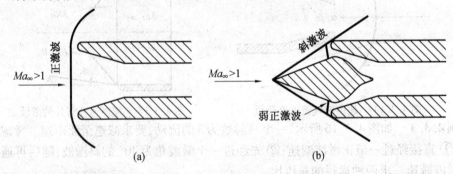

图 4.3.17　正激波与斜激波进气道

4.3.8　锥面激波及乘波体飞行器

当来流马赫数不是过小($Ma_1 > Ma_{1\min}$),或者半顶角不是过大($\delta < \delta_{\max}$)时,零攻角、定常超声速气流绕楔形体的流动有以下特点:

(1)具有从顶部开始的附体直线(或平面)斜激波。

(2)激波后的流动为流线平行于楔形体表面的均匀流动,波后气流参数处处相等。

(3)楔形体表面压力等于激波后流场中的静压。

如图 4.3.18(a) 所示,由于楔形体是一个二维剖面,因而绕流楔形体流动是二维的,前面给出的二维斜激波理论适用于这种情况。

类似地,如图 4.3.18(b) 所示,超声速气流绕锥形体流动时,如果来流马赫数不是过小或是半顶角不是过大,锥形体顶端处也会产生一个锥面激波,且与锥形体共轴。超声速进气道的中心锥、多数超声速飞行器的头部都是圆锥或接近于圆锥,在圆锥头部尖端处会产生锥面激波。锥面激波前后气流参数的变化规律与前面讨论的斜激波一样。事实上在

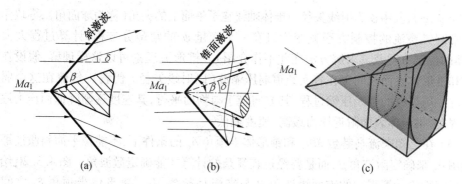

图 4.3.18　平面斜激波与锥面激波的比较

推导斜激波前后参数的变化规律时,并没有作出波面是平面的假设。但是,气体在通过锥面激波后的流动情况和平面斜激波后的流动情况却有显著的差别。

如图 4.3.18(c)所示,假设一个任意直径的均匀流管绕流锥形体,若经锥面激波后气体立刻与锥面平行,且保持均匀直线等速运动,则当波后的流管截面积为常值时才能满足连续方程,但由于包含于流管之内的锥形体的截面积是变化的,就使得流管截面积为常值的条件无法满足。上述讨论表明,气体经锥面激波后,其速度的大小、方向必然是逐渐变化的,流动具有三维效应,绕流流体可以在圆锥所有的子午面方向绕过圆锥。此外,比较具有同样半顶角的楔形体和锥形体的几何特性可知,由于锥形体迎风面积小,其对气流的压缩作用小,所产生的锥面激波强度、激波角也较小。因此,超声速气流绕锥形体的流动特点是:

(1)锥面激波波后流场不均匀,波后流线并不是立刻折转到与锥形体表面平行,而是折转一个较小角度(小于锥形体半顶角),然后,气流在锥面激波下游连续折转,若不计黏性,激波与物面之间的气体经历一个等熵压缩过程,其速度逐渐减小,其方向以锥形体母线为渐近线而逐渐趋向于与锥形体表面平行(理论上要到无限远处才与锥面平行)。因而,锥面激波下游的流线不是直线而是曲线,流线上各点切线与锥形体轴线的夹角逐渐增至与锥形体半顶角相等。

(2)锥面激波下游流场中的气流参数是不均匀的,锥形体表面压力不等于激波后流场中的静压。但是,锥形流理论假设,如果从锥顶任意画一条射线(在锥面激波与物面之间),那么在以这条射线为母线、绕锥形体轴线旋转而成的任意一个中间锥面上,所有气流参数(如密度、压强、速度、总焓等)都是均匀的,包括锥面激波波面和锥形体表面。这种流动参数与 r(射线矢径)无关的流动统称为锥形流。实验证明,在研究超声速流流过锥形体的流场时,锥形流理论可以得到满意的结果。此外,对于锥形流流动,所有的待求物理量都有 $\dfrac{\partial}{\partial r} = 0$,$\dfrac{\partial}{\partial \varphi}$ = 0 的性质,φ 代表子午面(过锥形体轴线与圆锥相交的面)与基准子午面的夹角,若取如图 4.3.19 所示的球坐

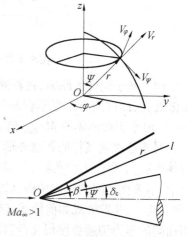

图 4.3.19　锥面激波计算坐标系

标系(r,ψ,φ),其中ψ为射线矢径与锥体轴线在子午面上的夹角(称为球面角),零攻角超声速定常圆锥绕流的控制方程就变为只有一个变量ψ的常微分方程,计算过程大大简化(具体的控制方程及其求解方法在此不作介绍)。锥形流理论可以这样理解,假设在锥面激波和锥形体表面之间存在着无数道弱压缩波(以射线矢径r代表),气流在这个弱压缩波区内经历连续的等熵压缩过程,其方向趋于与物面平行,其速度逐渐降低而压力逐渐增加。因此,锥形体表面附近压力最高、速度最低。

(3) 在已知来流马赫数Ma_1和锥形体半顶角δ_c的条件下,不能像平面斜激波那样直接利用δ_c来确定激波角β,而是要经过较复杂的计算才能确定激波角。图4.3.20给出了按锥形流理论计算得到的锥面激波角β与来流马赫数Ma_1、锥形体半顶角δ_c之间的关系。可以看出,如果来流马赫数和半顶角均相等,则楔形体产生的平面斜激波角大于锥形体产生的锥面激波角,锥面激波要弱一些。例如,当$Ma_1=2.0$,$\delta_c=20°$时,二者的激波角分别为53.3°,37°,斜激波波后气流折转恰好为20°,而紧贴锥面波面后的气流折转仅为8°,而后逐渐增大至与δ_c相等。相应地,由于锥面激波较弱,锥形体上的压力也小于楔形体上的压力。

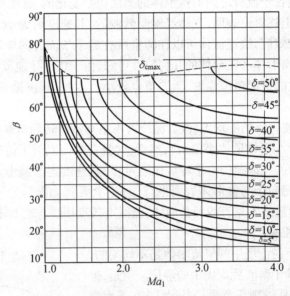

图4.3.20　锥面激波的δ,β及Ma_1关系曲线

(4) 基于同样的原因,在相同来流马赫数条件下,锥面激波开始脱体时的半顶角比平面激波大,即锥面激波更不容易脱体;在半顶角相同的条件下,锥形体产生脱体激波的Ma_{1min}值小于楔形体的Ma_{1min}值。

对于超声速飞行的普通外形飞行器来说,翼型会在其绕流流场中产生激波(通常是脱体激波),激波强度随来流马赫数的增加而增强,从而导致较大的激波阻力。同时,翼型上、下表面之间的压差使得其边缘(前缘、侧缘或尾缘)附近的流体产生由下至上的绕"缘"流动,并发展成如前缘涡、侧缘涡或翼尖旋涡等流动结构,在多数情况下,这种上、下表面间的压力沟通会使得飞行器的升力下降。为了克服普通外形的诸多缺陷,1959年诺威勒提出了乘波构型的概念(图4.3.21)。其基本思想是从一个给定的、有附体激波系的三维超声速流源流场的解析解或数值解的流面中,沿着流线切出一个近似锥形体作为飞行器的固体外表面,由此得到的飞行器是一种在其所有前缘都具有附体激波的高超声速$(Ma \geq 5)$飞行器构型。

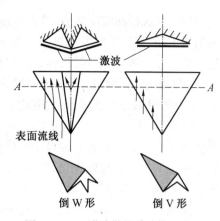

图 4.3.21　诺威勒的乘波体方案

根据乘波体的生成方法及源流场的不同,可将乘波体分成不同的种类,如楔形流乘波体、锥形流乘波体、倾斜锥或者椭圆锥绕流的乘波体、楔/锥流乘波体、相切锥乘波体、定常/变楔角法乘波体、星形体等。下面以锥形流乘波体为例来说明乘波体的构型过程。

如图 4.3.22 所示,考察一个置于超声速来流中的锥形体,其顶端必产生一道锥面激波,如果有一个任意形状的曲面柱面与该锥面激波相交将得到一条交线,沿此交线的每一点都可以在锥形流场中得到一条流线并可组成一个流面。那么,若将生成锥面激波的锥形体去掉,并在流场中安放一个与刚才得到的流面一样的固体表面,再令同样的超声速来流绕流该固体表面,则在这个固体表面下方必形成一道局部锥面激波,二者之间区域内的高压气体作用在这个固体表面上可产生升力。因此,代替流面的这个固体表面就可以用作飞行器的升力面。但是,与常规飞行器不同的是,这道局部锥面激波并不在飞行器的前方,而在其下方,所有的前缘都具有附体激波,飞行器飞行时其前缘平面与激波的上表面重合,就像骑在激波波面上,所以称为乘波体。至于飞行器的上表面,可以用多种方法生成,如图 4.3.22 中就是利用自由流面作为上表面,这样就形成了一个有一定容积的乘波体飞行器。乘波体没有常规飞行器的升力部件(机翼),而是采用三维设计的翼身融合体产生升力,这种设计可消除机身部件产生的附加阻力、机翼与机身间的干扰等,从而可以获得较高的升阻比,达到提高全机性能的目的。

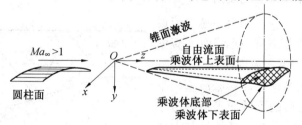

图 4.3.22　锥形流乘波体

乘波体构型具有以下特点:

(1)乘波体的上表面通常与自由流平行,使得乘波体前后的压差阻力较小。而下表面不但在设计马赫数下受到一个与常规外形一样的高压,而且乘波体外缘(或前缘)就是局部锥面激波波面,由于波面前后的气流参数是不连续的,就基本消除了飞行器上、下表面的压力沟通,在提高升力的同时,最大限度地降低了升致阻力。此外,乘波体的下表面常常设计得较平,相对常规轴对称外形,平底截面外形的上、下压差要大得多,即升力也大得多。因此,乘波体构型具有低阻、高升力和大的升阻比等突出优势,特别是对于高超音速飞行器。

（2）来流经激波压缩后，沿着压缩面的流动被限制在前缘激波内，形成较均匀的下表面高压流场，可以消除发动机进口的横向流动，利于提高吸气式发动机的进气效率，使得这一构型便于进行飞行器机体／进气道／发动机一体化设计。

（3）由于飞行器上、下表面间没有压力沟通，也就不存在流动的互相干扰问题，因此上、下表面可以分开处理，大大简化了飞行器的初步设计和计算过程。

21 世纪以前，国内外研究者的绝大部分工作都集中在用流线追踪法或参数设计法对乘波前体进行无黏与有黏的设计和优化，由单独考虑升阻比性能，逐步过渡到升阻比、容积率和热防护的多目标优化，使得乘波飞行器在实用化道路上迈上了新台阶。进入 21 世纪后，由于乘波构型机身设计理论渐趋成熟和完善，研究者把更多的注意力集中到高超声速乘波飞行器机身／发动机一体化关键设计技术上来，其中包括前体／进气道一体化设计技术、燃烧室构型优化技术以及尾喷管／后体一体化设计技术等。

4.4　膨胀波、激波的反射与相交

前面所举的一些例子都是超声速流场中只存在单波系时的流动情况，但在实际问题中所遇到的波系往往是非常复杂的，比如波系在固体壁面或自由界面的反射、两簇或多簇性质相同或相异的波系的相交等。下面将讨论如何对一些典型波系进行分析，尤其是边界条件引起的速度方向或压强不匹配时诱发波系的物理现象，以及如何计算不同区域的流动参数。在分析中对膨胀波和弱压缩波做如下假设：将超声速气流经过波系时连续的、无数多道弱扰动波，用若干道有限数目（甚至一道）的波来代替。

4.4.1　膨胀波、激波在直固壁面上的反射

1.膨胀波在直固壁面上的反射

设有一如图 4.4.1 所示的超声速气流通道，下壁面在 A 点外折 δ 角，上壁面为直壁面。这时自 A 点必产生一束膨胀波束（用一道波 AB 代表），均匀来流经此膨胀波束向下折转 δ 角，与 A 点之后的下壁面平行。由于上壁面是平直的，折转后的气流就又与上壁面不平行了，相当于②区气流在 B 点遇到了一个向上外折的壁面，因此在 B 点又产生了

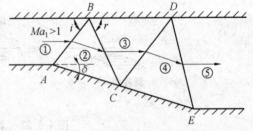

图 4.4.1　膨胀波的反射与消失

一道膨胀波 BC，波后气流将再次折转为与上壁面平行，这道新产生的波就称为入射波 AB 的反射波。当然，还可这样理解反射波的产生，若气流经膨胀波 AB 后，始终与下壁面平行，B 点处将会形成一个楔形真空区，或者说出现一个低压扰动源，超声速气流需要经过一个膨胀过程以达到压力相等，因而 B 点处应产生膨胀波。气流经过膨胀波后的马赫数是增加的，波 BC 的马赫角小于波 AB 的马赫角，在一般情况下，入射角 i 与反射角 r 并不相等。同理，在下壁面的 C 点也要产生反射膨胀波，气流将再次膨胀、折转，重复上述过程。

气流经过最后一道膨胀波 DE 后,其方向为平行于上壁面。如果下壁面在 E 点向上折转 δ 角,使 E 点之后的下壁面平行于上壁面,那么 E 点处就不会再产生新的膨胀波束,即这时膨胀波 DE 在 E 点不反射,称这种情况为膨胀波的消失。在超声速风洞的喷管设计中,接近喷管出口处特别需要避免投射在壁面上的波的反射。

2. 激波在直固壁面上的规则、不规则反射

如图 4.4.2 所示,马赫数为 Ma_1 的超声速气流在平面管道中流动,由于管壁的折转,在 A 点产生斜激波 AB,波后气流偏转 δ 角,与 A 点之后的下壁面平行。②区气流在 B 点相当于遇到了一个向内折的壁面,则 B 点又产生了一道斜激波 BC,使得气流偏转为平行于上壁面,或者说气流将在 B 点处积聚形成高压扰动源,导致气流需要再次压缩、折转,斜激波 BC 可看作是入射激波 AB 的反射波。类似地,下壁面的 C 点也要产生反射激波,气流参数变化趋势与前面所说的情形相同。如果下壁面在 E 点处折转为平行于上壁面,E 点处就不会产生新的激波,称这种情况为激波的消失。

图 4.4.2 给出的是激波规则反射的情况,对于马赫数为 Ma_2 的②区气流来说,只有壁面折转角 δ 小于该马赫数所对应的 $\delta_{2\max}$ 时,或者说对于给定的壁面折转角 δ,只有②区气流马赫数 Ma_2 大于该折转角所对应的 $Ma_{2\min}$ 时,才有可能产生第二道附体斜激波 BC。若上述条件不满足,流场中就会出现比较复杂的非规则反射(或称马赫反射)现象。如图 4.4.3 所示,若壁面折转角过大或 Ma_2 过小,不能在 B 点反射出斜激波。自 A 点发出的激波由直线逐渐弯曲到与上壁面垂直,并与上壁面交于 D 点(位于图 4.4.2 中 B 点上游)。由于曲线激波 AD 的强度从 A 点至 D 点是逐渐增大的,A 点附近的激波最弱,波后仍是超声速流,气流发生折转,D 点附近的激波接近于正激波,波后则是亚声速流,气流仍平行于上壁面。这样一来,在激波 AD 上的某点 E 处,为了保证 E 点后的上、下方流动能够互相匹配,即具有相同的压强和方向,必产生一道斜激波 EF,使得整个波系呈"λ"形,激波 AE 在 E 点附近的一段以及激波 EF,ED 都是曲线激波。气流经过激波 AE,EF 提高压强,并与激波 ED 后的气体压强平衡。分别通过激波 EF 与 ED 后的两股气流将在流场中形成一个分界(流)面 EG,在该界面上,两股气流具有同样的流动方向和静压,但是它们经过的波系不同,上面的那股气流经过的激波较强(接近正激波),损失较大。而下面的气流经过两道斜激波,损失较小。因此,分界面 EG 两侧的气流总压、速度必不相等(还包括密度、熵等),即下面气流的总压及速度较大。既然在同一个界面的两侧气流速度不同,这种面就是气流参数不连续的面,由于主要是与该面相切的速度不连续(法向速度是相等的),一般称为切向不连续面或滑流面。切向速度不连续将导致分界面上产生许多连续分布的、逆时针旋转的旋涡,故切向不连续面的实质是个涡面。

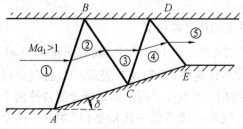

图 4.4.2　激波的反射与消失

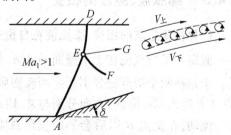

图 4.4.3　斜激波的不规则反射

4.4.2　膨胀波、激波在自由边界上的反射

1. 膨胀波在自由边界上的反射

运动介质与其他介质之间的切向（与速度平行的方向）交界面称为自由边界,如射流与静止气体间的边界（即射流边界）就是一种自由边界。自由边界的特点是接触面两边的压强相等。

如图 4.4.4 所示,超声速气流从某喷管中流出,出口截面处气流压强 p_e 等于外界环境压强 p_b。设喷管出口边缘下部外折有限大小的 δ 角,于是从 A 点产生与自由边界相交的膨胀波束,令 AC_1 为第一道膨胀波,AC_2 为最后一道膨胀波,气流经过膨胀波束后向下偏转,压力下降为 $p_2 < p_e$。由于 $p_2 < p_e = p_b$,且自由边界两侧压强必须相等,则 C_1,C_2 点成为高压扰动源,必然产生弱压缩波系（或积聚成激波）,该激波可看作是膨胀波束在自由边界上的反射波,即波的性质改变了。气流经过激波后压力增至 $p_3 = p_b$,并再向下折转 δ 角。可见,气流经过膨胀波和激波后,尽管压力大小保持不变（速度大小也可能保持不变）,但气流的折转角却增大了一倍。

2. 激波在自由边界上的反射

设有超声速气流自管道流出（图 4.4.5）,BCD 为自由边界。若管道出口边缘下部向上折转 δ 角,则由 A 点发出一道斜激波,并与自由边界交于 C 点。经过激波 AC 后的气流向上折转 δ 角,压强升高为 $p_2 > p_e = p_b$,于是 C 点处必定产生膨胀波束,气流经此膨胀波束后压强降为 $p_3 = p_b$,而且并再向上折转 δ 角。该膨胀波束可看作是斜激波在自由边界上的反射波,波的性质也是相反的。

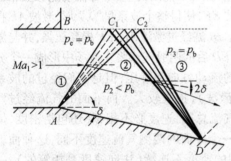　　　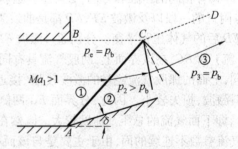

图 4.4.4　膨胀波在自由界面上的反射　　　图 4.4.5　激波在自由界面上的反射

4.4.3　膨胀波、激波的相交

1. 异侧膨胀波的相交、膨胀波在自由边界上的反射与相交

假定一平行气流在上下壁面的 A,A' 处分别外折 $|\delta_a|$,$|\delta_b|$ 角,如图 4.4.6(a) 所示。于是在两个折点处分别产生两簇膨胀波,并分别用 AB 和 $A'B$ 表示。① 区气流经波 AB,$A'B$ 进入 ②、③ 区,方向分别与 A,A' 点后的上、下壁面平行。如果继续保持这两个方向的流动,在交点 B 以后会形成楔形真空区,气流必须再做一次膨胀以"填补"这个空间。因此,在 B 点也会产生两道膨胀波 BC 和 BC',在波后的 ④ 区内上、下两股气流又汇合

在一起。根据平衡条件,两股气流应具有相同的运动方向与压强,由于 $p = p^* \pi(\lambda)$,且气流经过膨胀波为等熵过程,则静压相等也就是速度大小相等。如果 $|\delta_a| = |\delta_b|$,则④区的气流方向与膨胀波上游①区气流方向相同。因此,膨胀波相交之后仍为膨胀波。

如图 4.4.6(b) 所示,设超声速射流出口处压强 p_e 大于外界环境压强 p_b,气流流出后经膨胀波系 AB 和 $A'B$ 外折 δ 角,②、③区内气流压强等于环境压强,即 $p_e > p_2 = p_3 = p_b$。由于②、③区内气流方向不平行,在 B 点处又产生两道膨胀波 BC 和 BC',使气流在④区内变成均匀的轴向气流,且有 $p_2 = p_3 = p_b > p_4$。膨胀波 BC, BC' 与射流边界交于 C, C'点。由于④区内气流经过两次膨胀后又低于外界环境压强,于是将在 C, C' 点产生两簇压缩波(或积聚成激波)$CD, C'D$,波后⑤、⑥区内的气流内折一个 δ 角,压强重新等于外界压强 $p_5 = p_6 = p_b$。但 D 点又成为一个新的高压扰动源,并将从该点产生两道激波。如果不考虑气体的黏性和激波损失,这种膨胀、压缩的交替过程将一直延续下去。但是,不但实际气体是有黏的,气流通过激波是有损失的,而且流出的气体还将带动一部分环境气体运动而使自身的速度降低(即引射效应),这些都是导致气体总机械能、速度下降的因素,因而管道出口外的波系总是在经过一段距离后,由于气流速度最后降低为亚声速而消失。

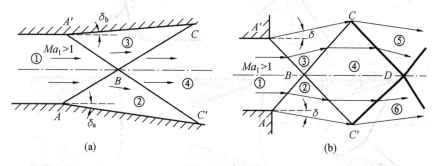

图 4.4.6　膨胀波的相交

2.异侧激波的相交、激波在自由边界上的反射与相交、同侧激波的相交

如图 4.4.7(a) 所示,超声速气流在平面管道中流动,在 A, B 两点由于壁面折转产生激波 AC, BC,①区气流经过激波 AC, BC 后分别向上、向下折转 δ_1, δ_2 角。由于②、③区内气流方向不平行,C 点因气流积聚而成为高压扰动源,必产生两道激波 CD, CE,即激波相交后仍为激波。②、③区内气流分别经过激波 CD, CE 后进入④、⑤区,④、⑤区内的气流必须具有相同的方向和静压。如果 $\delta_1 = \delta_2$,则上述条件自然满足;若 $\delta_1 \neq \delta_2$,则激波 AC,BC 的强度不同,CD, CE 的强度也不同,虽然④、⑤区内的气流具有相同的方向和静压,其他参数往往不同,所以④、⑤区之间会出现前面所说的滑流面。在气体动力学中,滑流面的计算既困难但又重要,通常采用预估值试算的方法得到滑流面 CF 与来流方向的夹角 δ。

例如,若 $\delta_1 > \delta_2$,则滑流面 CF 应向上折转,预估 δ 角,然后根据 Ma_2, Ma_3 分别计算②区气流折转 $\delta_1 + \delta$、③区气流折转 $\delta_2 - \delta$ 后,若④、⑤区内气流压强相等,则预估 δ 角准确,若不相等,则重新预估 δ 角后再次计算,直到满足要求。最后,再计算其他气流参数。此外,若 δ_1, δ_2 过大或 Ma_1 过小,激波相交也会出现如图 4.4.7(b) 所示的不规则相交,此时

有两个 λ 形波,构成弓形波系。具体分析过程可参考斜激波非规则反射的内容。此外,图 4.4.7(c)、(d)、(e) 还给出了其他不同情况下的斜激波不规则相交的情况,可以看出,随着 δ_1,δ_2 变大,逐渐接近甚至大于来流马赫数 Ma_1 所对应的 δ_{1max} 时,波系中的反射波有可能消失,整个波系变成了一道凹向气流的曲线激波,直至脱体激波。

　　如图 4.4.7(f) 所示,若超声速气流在管道出口处的压强 p_e 小于外界环境压强 p_b,则在其出口边缘处产生两道斜激波 AB 和 $A'B$,气流经过这两道激波后向内折转,并有 $p_e < p_2 = p_b$。由于经过不同激波后的气流将在 B 点积聚,则该点又产生两道激波 BC 和 BC',使气流成为轴向气流,且有 $p_3 > p_2 = p_b$。由于该区内气流压力高于环境压强,C,C' 点必产生膨胀波束,使得波后气流分别向外折转,且压强重新等于外界压强,即 $p_4 = p_b$。但膨胀波束的相交又将成为新的低压扰动源,并从该点产生两簇膨胀波,从而形成一个压缩、膨胀交替进行的过程。

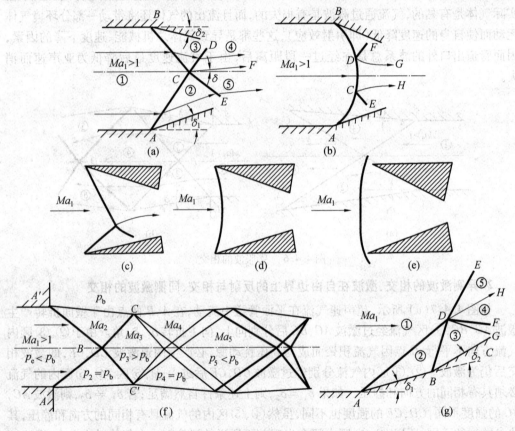

图 4.4.7　激波的相交

　　如图 4.4.7(g) 所示,若壁面 ABC 在 A,B 点分别折转 δ_1,δ_2 角,超声速气流流经此壁面时在 A,B 点产生同侧激波 AD,BD,这两道激波在 D 点相遇后合并成一道更强的激波 DE。根据平衡条件,经过 DE 波后的气流与经过 AD、BD 波后的气流应具有相同的方向与压强,而气流一次折转 $\delta_1 + \delta_2$ 角(经过 DE 波)和先折转 δ_1 角(经过 AD 波)、再折转 δ_2 角(经过 BD 波)后的气流参数必然不满足上述条件。因而,一是流场中将根据具体情况在 D 点产

生弱激波 DF 或膨胀波 DG；二是最终的气流折转角不等于 $\delta_1 + \delta_2$（当然相差也不会太大）。具体计算过程如下：

（1）在 ① 区，根据气流马赫数 Ma_1 和气流折转角 δ_1，算出第一道激波 AD 的激波角 β_1，再由 ① 区的静压 p_1、总压 p_1^* 等参数算出 ② 区的气流马赫数 Ma_2，p_2 及 p_2^* 等。

（2）在 ② 区，根据 Ma_2 和 δ_2 算出第二道激波 BD 的激波角 β_2，以及 ③ 区的 Ma_3，p_3，p_3^* 等。

（3）根据 β_1，β_2 在物理平面上画出激波 AD，BD，并确定交点 D 的位置。

（4）首先假设气流经过激波 DE 后折转 $\delta_1 + \delta_2$ 角，则由 Ma_1 和 $\delta_1 + \delta_2$ 可算出激波角角 β_{DE}，以及 ⑤ 区的 Ma_5，p_5，p_5^* 等。

（5）一般来说，$p_5 \neq p_3$，若 $p_5 > p_3$，则 D 点产生弱激波 DF，使 ③ 区气流穿过这道反射波后压强提高至 p_5，且气流向下折转 δ 角；若 $p_5 < p_3$，则 D 点产生膨胀波 DG，使 ③ 区气流穿过这道反射波后压强降低至 p_5，且气流向上折转 δ 角。

（6）预估 δ 角（通常很小如 1° 左右），计算 ③ 区气流经激波 $DF(\delta < 0)$ 或膨胀波 $DG(\delta > 0)$ 后的压强 p_4。

（7）根据 Ma_1 和 $\delta_1 + \delta_2 \pm \delta$ 重新计算 ⑤ 区的 p_5，若 $p_5 = p_4$，则预估准确，若 $p_5 \neq p_4$，则重新预估 δ 角，并重复上述的计算。

由于反射波 DF 或 DG 一般较弱，在近似计算中通常可略去不计，也就是说可以认为 ① 区气流是一次折转 $\delta_1 + \delta_2$ 角后到达 ⑤ 区的，而且与经过两次折转后再到达 ④ 区的气流满足平衡条件。但是必须指出的是，虽然 ④、⑤ 区内气流的压强相等，流动方向相同，但它们的速度大小不等，因此存在滑流面 DH。

3. 异侧、同侧膨胀波与激波的相交

在图 4.4.8(a) 中，上、下壁面都向上折转 $\delta_a = \delta_b = \delta$，在折点 A，A' 处必产生一道激波 AB 和膨胀波束 $A'B$。虽然 ②、③ 区内气流方向是平行的，都向上折转了 δ 角，但气流的压强则不同，② 区气流经过的是膨胀波，压强下降，而 ③ 区气流经过的是激波，压强升高，有 $p_3 > p_2$。这样的两股气流不可能平行地流动下去，它们在 B 点相遇后，② 区的低压气流将受到 ③ 区高压气流的影响，从而相对于 ② 区气流，在 B 点处将产生激波 BC'。另一方面，③ 区气流将向 ② 区膨胀，因此相对于 ③ 区气流，在 B 点处将产生膨胀波 BC。②、③ 区内气流分别经过压缩、膨胀作用后，在 ④ 区内达到方向一致（折转 2δ 角）、压强相等的状态。

设有超声速气流流过图 4.4.8(b) 中的壁面，在 A 点产生斜激波，在 B 点则产生膨胀波束。先假设只有一道膨胀波，激波与膨胀波交于 N 点，① 区气流经斜激波 AN 到达 ② 区后压强升高，再由 ② 区经膨胀波 BN 到达 ③ 区，尽管气流压强略有降低，但仍高于 ① 区压强，因此 ① 区气流经过交点 N 之上的波 NR 必是一个压缩过程才能满足与 ③ 区气流的平衡条件，即 NR 是激波且其强度小于激波 AN，激波角较小。由于激波 NR 后的 ⑤ 区内的气流与 ③ 区内的气流不可能同时满足方向一致、静压相等的条件，N 点通常还会产生一个强度较弱的反射波 NQ（一般是膨胀波），③ 区气流经过波 NQ 后到达 ④ 区，并实现与 ⑤ 区气流的平衡条件。④、⑤ 区之间存在滑流面 NT。

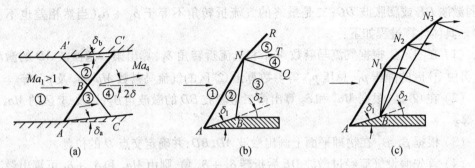

图 4.4.8　膨胀波与激波的相交

　　如果用有限道膨胀波描述膨胀波束,则每一道膨胀波与激波相交的情形都与图 4.4.8(b)中的情况相类似,如图 4.4.8(c)所示,即在交点之上形成更弱的激波,在交点处反射出膨胀波。由于膨胀波束中包含无限多道膨胀波,故交点 N_1,N_2,N_3 等彼此都很靠近,使 N_1 以上的激波呈曲线形(激波 AN_1 为直线)。该曲线激波后的气流中布满了滑流面,成为一个不均匀的充满旋涡的流场。对于 N_i 点的反射波很弱,滑流面两侧气流参数相差不是很大的流动,为简化起见,也可以不考虑反射波和滑流面的影响,这种简化的波系图谱就相当于将图 4.4.8(c)中的反射波、滑流面去掉后的情形。

4.5 一些具体的超声速流动问题中的波系分析

4.5.1　超声速进气道的激波系

　　进气道(或称进气扩压器)的作用是把迎面来流的速度降低、压强提高,使气流均匀、总压损失尽可能小地进入压气机,以满足发动机在不同来流条件下所需的空气流量。进气道性能的优劣,除了用总压恢复系数评定之外,还要考虑其对整个飞行器的影响,如进气道外型面有最小的外部阻力、结构简单、质量轻等。当进气道迎面来流为超声速时,在超声速气流的减速增压过程中,进气道前面或内部要产生激波,因此将导致引入的气流总压显著降低。所以,在设计超声速进气道时,如何合理地组织激波波系以保证进气道总压损失尽可能小是非常重要的。按照气流的压缩形式,超声速进气道可以分为皮托式、外压式、内压式和混压式。

1. 皮托式进气道

　　超声速皮托式进气道的形状与亚声速进气道基本相同,如图 4.5.1 所示。进气道前方流管形状可用流量系数 ϕ 表示,其定义为

$$\phi = \frac{S_\infty}{S_1} \tag{4.5.1}$$

式中,S_1 为捕获面积。显然,飞行速度小于进气道进口截面处的气流速度时,流管呈收敛形,即气流加速后流入进气道,有 $\phi > 1$;飞行速度大于进气道进口截面处的气流速度时,流管呈扩张形,即气流减速后流入进气道,有 $\phi < 1$;飞行速度等于进气道进口截面处的气流速度时,流管面积不变,有 $\phi = 1$。

　　皮托式进气道在超声速来流条件下的基本工作原理是,来流经正激波降为亚声速流,其总压恢复系数 σ_s 随来流马赫数的增大(即激波强度变大)而下降。当 $Ma_\infty < 1.3$ 时, σ_s 不低于 0.94,损失不太大;当 $Ma_\infty > 1.6$ 时, σ_s 下降很快。因此,这种进气道通常仅应用于 $Ma_\infty \leqslant 1.5 \sim 1.7$ 时的情况。对于不同的来流马赫数,进气道存在三种不同的工作状态,即临界、亚临界、超临界状态,如图 4.5.2 所示。

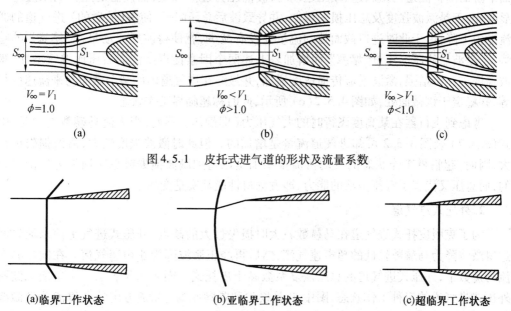

图 4.5.1　皮托式进气道的形状及流量系数

(a)临界工作状态　　　　(b)亚临界工作状态　　　　(c)超临界工作状态

图 4.5.2　皮托式进气道的三种工作状态

　　(1)临界工作状态。如图 4.5.2(a)所示,在一定的进气道出口反压条件下,当迎面超声速气流恰好在进气道进口截面处产生一道正激波(外罩前缘外部将同时产生斜激波)时,有 $\phi = 1$ 成立。定义此时的来流马赫数为 $Ma_{\infty\mathrm{cr}}$,与该马赫数对应的进口截面处亚声速气流马赫数为 $Ma_{1\mathrm{cr}}$,则由式(3.3.4)可有

$$\dot{m} = K\frac{p^*}{\sqrt{T^*}}S_1 q(\lambda_{\infty\mathrm{cr}}) = K\frac{\sigma_s p^*}{\sqrt{T^*}}S_1 q(\lambda_{1\mathrm{cr}})$$

化简后得

$$q(\lambda_{\infty\mathrm{cr}}) = \sigma_s q(\lambda_{1\mathrm{cr}})$$

正激波后的亚声速气流在进气道内部减速增压,此时称为临界工作状态。

　　(2)亚临界工作状态。图 4.5.2(b)所示的是亚临界工作状态。当超声速来流马赫数较小时,进口截面之前将出现脱体激波,由于脱体激波强度较弱,经过激波后的气流马赫数必大于与临界状态对应的进气道进口截面处的 $Ma_{1\mathrm{cr}}$,且 σ_s 较大。因此,与临界工作状态相比,有一部分流量将在波后以亚声速(将脱体激波近似作为正激波考虑)溢出进口之外,即 $\phi < 1$,并产生附加阻力或称溢流阻力。

　　(3)超临界工作状态。从直观上看,当超声速来流马赫数大于临界工作状态对应的 $Ma_{\infty\mathrm{cr}}$ 时,如果进气道进口截面处的压力能够任意、随时调节,进口截面处的正激波强度将随来流马赫数的增加而增大,波后进口截面处的压力随之增加,正激波能稳定地位于进

口截面处。但是,由于进气道是整个发动机系统的一个部件,其压力变化要与整个系统协调,并存在滞后效应。那么,当激波随 Ma_∞ 增加而增强时,波后进口截面处的压力并不能立刻随之增加。于是,在来流马赫数增加的瞬间,由式(4.3.2)决定的激波逆流传播速度 V_S 将小于迎面来流速度,激波被"吞入"进气道。式(3.3.4)表明,超声速来流在进口截面下游的渐扩流道内做加速、减压运动时,波前压力逐渐降低,而波后的压力尚未发生明显改变,于是激波强度及总压损失增加,并导致波后总压降低,使得(波后的)进气道的通流能力下降,由于此时进口截面处的流量并没有减少,就使得波后流动呈现"堵塞"的趋势,于是波后静压因流量"堵塞"而增加。上述两个因素使得激波前后压比继续增加,激波强度进一步增强,激波逆流传播速度增加,并最终在进气道内的某个截面与来流速度相等,并稳定于该截面处,如图4.5.2(c)所示,此时称超临界工作状态。

　　考虑到飞行器在某高度飞行时的大气压力(即静压)不变,当来流马赫数增加时,由式(3.3.7)及图3.3.2可知进气道流量是增加的。但此时激波强度较大,激波损失也较大,因而,超临界工作状态的发动机流量增加是以增加激波损失或总压损失为代价得到的,而总压又代表了气流做功的能力,即发动机性能其实是变坏了。

2. 外压式进气道

　　为了克服皮托式进气道在马赫数较大时损失过大的缺点,外压式进气道使来流先经过斜激波降为马赫数较低的超声速气流,然后再经正激波降为亚声速气流。在同样的来流马赫数下,外压式进气道的总压恢复系数高于皮托式。图4.5.3表示一个单楔二波系外压式进气道的三种工作状态,图中 θ_1 是楔尖和罩唇连线与来流方向的夹角,β 为斜激波的激波角,图示为 $\beta > \theta_1$ (斜激波在罩唇之前)的情形。图4.5.3(a)表示临界工作状态,此时正激波位于进口处,对应于该进气道在给定马赫数下的最大流量状态(以 ϕ_{max} 表示),显然当 $\beta > \theta_1$ 时,有 $\phi = \phi_{max} < 1$。这是由于对附体激波而言,由图4.3.10可知,β 越大,则对应的来流马赫数越小,激波越弱,波后马赫数较高,那么对应于进口捕获面积 S_1 的自由流管来说,必有部分流量经斜激波溢出进口,称超声速溢流,但所造成的附加阻力不大。与皮托式进气道相似,当来流马赫数小于临界状态所对应的马赫数时,正激波会被"推出"进气道,称亚临界工作状态,有 $\phi < \phi_{max}$,多余的流量将以亚声速流的形式溢出进口,并伴随有较大的附加阻力,但总压恢复系数基本与临界状态时相等,如图4.5.3(b)所示。当来流马赫数大于临界状态所对应的马赫数时,正激波会被"吞入"进气道,称超临界工作状态,有 $\phi = \phi_{max}$,但总压恢复系数随激波增强而下降,如图4.5.3(c)所示。

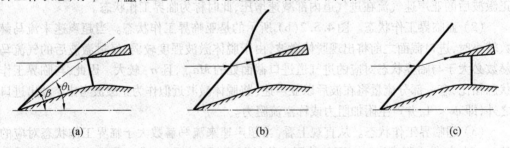

(a)　　　　　　　　　　(b)　　　　　　　　　　(c)

图4.5.3　外压进气道的工作状态

图 4.5.4 给出了 $\beta = \theta_1, \beta > \theta_1, \beta < \theta_1$ 三种情形,并分别称为额定(也称设计状态)、亚额定、超额定工作状态,这是根据来流马赫数的不同来划分的。比如,额定状态下的临界工作状态可以理解为,在某来流马赫数下,楔尖和罩唇连线与来流方向的夹角等于激波角,而此时正激波又恰好位于进口截面处。而额定状态下的非临界工作状态,则是指在来流马赫数不变的情况下,由于紧接进气道的压气机工作状态发生变化(即进气道出口参数发生变化) 所导致的进口截面参数发生相应的调整,而这种调整显然是通过进气道前面波系的改变实现的。对于额定、超额定工作状态,$\phi_{max} = 1$;对于亚额定工作状态,$\phi_{max} < 1$。同一个进气道,随来流马赫数增大,斜激波 β 减小,可以逐渐由亚额定状态变为额定、超额定状态。

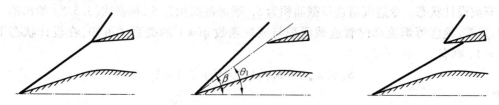

图 4.5.4　外压进气道的额定、亚额定和超额定工作状态

外压式进气道的激波总压恢复系数是与斜激波的数目、激波强度配置有关的。如图 4.5.5 所示,如果中心楔形体再多一个转折,超声速气流将在楔形体上产生两道斜激波和一道正激波,即形成三波系,具有更高的总压恢复系数。由此推论,在相同的来流马赫数下,斜激波数目越多,则总压恢复系数越高。理论分析和实验已证明,当给定来流马赫数时,中心体的半顶角、中心体各段折转角都存在一个最佳值,可使超声速气流经过激波系时的总压恢复系数最大。如果将中心体表面做成某种形状,使超声速气流在其表面上连续地产生无数道弱压缩波,那么气流穿过一系列弱压缩波的过程就是一个无总压损失的等熵过程,这种进气道称为等熵外压式超声速进气道。不过,随激波数目增多,气流折转加大,为使进口处产生正激波,外罩内表面必须与压缩面最后的方向垂直。这样一来,外罩表面的倾斜角就很大,而唇口又必须有一定厚度,则绕外罩外表面流动的超声速气流折转增大,将产生较强的斜激波,并导致较大的外罩波阻。

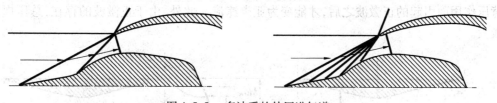

图 4.5.5　多波系的外压进气道

3. 内压式进气道

为了减少进气道的外罩唇口波阻,可以采用通道截面积先收缩后扩张的内压式进气道,它包括收缩段、喉部和扩张段。气流在收缩段中经过一系列波系降速增压,到达喉部时一般马赫数为 1.2 ～ 1.3,然后又在扩张段加速,再经过正激波后变为亚声速流,最后经亚声速扩压过程而流出。由于迎面超声速来流是依靠进气道内部的壁面折转来实现减速增压的,因而内压式进气道的最大优点是外罩唇口的倾斜角较小,可以制造成与来流方向

平行,外部阻力很小。它的主要缺点是存在起动问题。

内压式超声速进气道的理想流动状态如图 4.5.6 所示,超声速来流直接流入进口截面,在收缩段连续地微弱等熵增压、减速,至喉部(最小截面积处)达到声速,然后气流在扩张段进一步减速增压,变为亚声速流,在出口截面达到所需要的气流马赫数(或压力)。在这样的流动中,不存在激波,流动可近似认为是等熵的。这种流动称为最佳流动

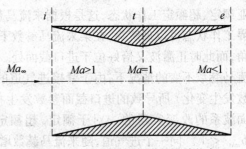

图 4.5.6　内压式进气道的设计状态

状态或设计状态。令进气道进口截面积为 S_1、喉部截面积为 S_t,根据式(3.3.5)给出的一维、定常、绝能等熵流动时管道截面积与流量函数 $q(\lambda)$ 的关系式可知,在设计状态下 $\lambda_t = 1$,则有

$$S_\infty q(\lambda_\infty) = S_1 q(\lambda_1) = S_1 q(\lambda_t) = S_t$$

即

$$q(\lambda_\infty) = q(\lambda_1) = \frac{S_t}{S_1} \text{ 或 } q(\lambda_{1d}) = \left(\frac{S_t}{S_1}\right)_d$$

显然,对于一个确定的来流马赫数 Ma_∞,能够实现设计状态流动的进气道面积比是唯一的;对于一个几何参数确定的进气道,能够实现设计状态流动的来流马赫数也是唯一的。来流马赫数 Ma_∞ 大于或小于与设计状态对应的马赫数 Ma_{1d} 的流动状态称为非设计状态。

(1)$Ma_\infty = Ma_1 > Ma_{1d}$。

如图 4.5.7(a) 所示,对于一个面积比确定的进气道,此时有

$$q(\lambda_t) = \frac{S_1}{S_t} q(\lambda_1) = \left(\frac{S_1}{S_t}\right)_d q(\lambda_1) = \frac{q(\lambda_1)}{q(\lambda_{1d})} < 1$$

即 $\lambda_t > 1$,或者说进气道喉部仍是超声速流。气流在喉部之后的扩张段又开始降压、加速。这样一来,显然不能在出口截面达到设计所需的压力或马赫数。只有在经过一道因背压作用而引起的正激波之后,才能变为亚声速流。此外,由于正激波的存在,总压损失较大。

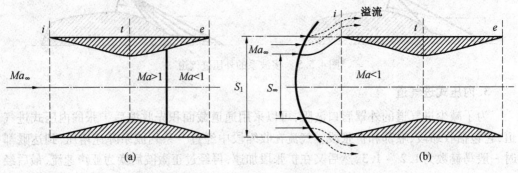

(a)　　　　　　　　　　　　　　　　(b)

图 4.5.7　内压式进气道的非设计状态

（2）$Ma_1 < Ma_{1d}$。

如图 4.5.7（b）所示，由式（3.3.4）可知

$$\dot{m} = K \frac{p_1^*}{\sqrt{T^*}} S_1 q(\lambda_1) = K \frac{p_1^*}{\sqrt{T^*}} \left(\frac{S_1}{S_t}\right)_d S_t q(\lambda_1) = K \frac{p_1^*}{\sqrt{T^*}} S_t \frac{q(\lambda_1)}{q(\lambda_{1d})} > K \frac{p_1^*}{\sqrt{T^*}} S_t$$

上式表明，当进气道入口 $Ma_1 < Ma_{1d}$ 时，即使气流在喉部达到声速且 $q(\lambda)$ 达到最大值（等于 1），进气道进口处流入的气体流量也大于喉部所能通过的最大流量（或者说不能从喉部流过）。因此，气体必然在收缩段积聚而形成高压扰动源，在超声速气流中将出现一道正激波。但是，气流经过正激波后总压降低，从而使得喉部所能通过的流量更少，气流积聚更加严重，波后压力更高，激波强度进一步增强，激波逆流传播速度更大，直到被推出进气道，并在进气道进口截面之前形成一道脱体激波，使得 $Ma_\infty > Ma_1$。超声速气流经脱体激波后变为亚声速流，喉部不能通过的那部分流量在波后以亚声速溢出进口之外。至于进入进气道的亚声速气流在进气道内的流动情况就和第 5 章将要讨论的拉伐尔喷管一样，很可能是一个持续减压、增速过程，具体流动情况由进气道出口处的背压决定。

当进气道进口前的超声速气流中已经出现激波时，如果增加来流马赫数 Ma_∞，使其满足 $Ma_\infty = Ma_{1d}$（即 p_∞^* 等于设计状态下的进气道进口处 p_1^*）的条件，也不可能建立起设计状态的流动。这是因为气流经过激波后总压是下降的，于是喉部所能通过的最大流量为

$$\dot{m} = K \frac{\sigma p_\infty^*}{\sqrt{T^*}} S_t = K \frac{\sigma p_1^*}{\sqrt{T^*}} S_t < K \frac{p_1^*}{\sqrt{T^*}} S_t$$

即激波造成的总压损失总是使得喉部的通流能力小于设计状态的流量，进气道前总是有溢流现象存在，或者说激波不会消失。既然总有溢流发生，意味着激波后亚声速气流在进气道内的流动状态必定是最大流量状态（当然并不是设计状态的最大流量，因为喉部处总压为 σp_1^*），该状态下进气道喉部截面处有 $Ma_t = 1$。显然，只有当来流马赫数 Ma_∞ 继续增加即激波前总压增加，使得经过激波后的气流马赫数 $Ma_1 > Ma_{1d}$（即 p_∞^* 大于设计状态下的进气道进口处 p_1^*），才有可能实现设计状态下的最大流量。

从上述讨论可以发现，几何参数固定的内压式进气道，在设计马赫数 Ma_{1d} 下工作时，可能有两种流动状态：一种是不稳定的设计状态，只要来流马赫数微弱减小，或进气道后面通流能力微弱减小即气体积聚，就会在进口前出现脱体激波，而脱体激波形成之后，即使扰动很快消失，来流马赫数恢复到设计值，流动也不可能转化为设计状态。但是，如果扰动是来流马赫数或进气道后面流量微弱增加，只要扰动消失，流动还会恢复至设计状态，故设计状态具有"单向"不稳定的特点。另一种状态就是一旦进口前出现脱体激波，即使来流马赫数增加至等于 Ma_{1d}，激波也将始终存在的状态，此时气流总压损失很大。空气发动机的飞行马赫数总是由小到大的，而且飞行马赫数在飞行过程中也总会受到扰动，所以按面积比确定的进气道实际上是不可能建立起设计状态的，进口前总会有脱体激波，流动损失也将较大。那么，如何消除进气道前的脱体激波，在进气道中建立起设计状态的流动呢？这就是超声速内压式进气道的起动问题。

令进入进气道的气流流管截面积为 S_∞，如图 4.5.7（b）所示，若进气道进口前有激

波,则有 $S_\infty < S_1$,且进气道内的流动是亚声速气流在收缩 – 扩张形流道内的流动。若进气道出口背压足够低,流道内可建立起气流从亚声速至声速再至超声速的流动,则喉部截面处有 $Ma_t = 1$。对进气道进口前、喉部做连续方程,有

$$K\frac{p_\infty^*}{\sqrt{T^*}}S_\infty q(\lambda_\infty) = K\frac{\sigma(\lambda_\infty)p_\infty^*}{\sqrt{T^*}}S_t$$

即

$$\frac{S_t}{S_\infty} = \frac{q(\lambda_\infty)}{\sigma(\lambda_\infty)} = \theta(\lambda_\infty)$$

式中,$\sigma(\lambda_\infty)$ 为气流穿过正激波时的总压恢复系数,它仅是波前气流速度系数 λ_∞ 的函数。由式(3.2.9)、(4.3.11b)及 $q(\lambda)$ 的定义可有

$$\theta(\lambda) = \frac{1}{\lambda}\left(\frac{k+1}{2}\right)^{\frac{1}{k-1}}\left(1 - \frac{k-1}{k+1}\frac{1}{\lambda^2}\right)^{\frac{1}{k-1}} \text{ 和 } \theta(\lambda) = q\left(\frac{1}{\lambda}\right) \quad (4.5.2)$$

图 4.5.8 为 $q(\lambda)$,$\theta(\lambda)$ 随 λ 的变化曲线,注意到亚声速时,无激波即 $\theta(\lambda)$ 不存在或无意义。当 $\lambda = 1$ 时,有 $\sigma(\lambda) = 1$,$\theta(\lambda) = 1$;当 $1 \le \lambda \le \lambda_{max} = \sqrt{\dfrac{k+1}{k-1}}$ 时,有 $\theta(\lambda) = q\left(\dfrac{1}{\lambda}\right)$;当 $\lambda = \lambda_{max}$ 时,有 $\theta = \theta(\lambda_{max})$;对于空气,有 $\theta(\lambda_{max}) = 0.600\ 19$。

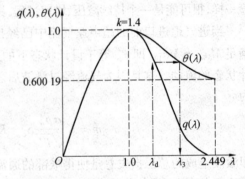

图 4.5.8　$q(\lambda)$,$\theta(\lambda)$ 随 λ 的变化曲线

进气道的"起动"过程也就是消除进气道前的脱体激波,建立起设计状态流动的过程。有两个途径可以实现该目的:一个是增加来流马赫数;另一个是增大喉部截面面积。

(1)增大来流马赫数的进气道起动过程。

进气道进口前有脱体激波时,由连续方程得到

$$K\frac{p_\infty^*}{\sqrt{T^*}}S_\infty q(\lambda_\infty) = K\frac{\sigma(\lambda_\infty)p_\infty^*}{\sqrt{T^*}}S_1 q(\lambda_1)$$

即

$$\frac{S_\infty}{S_1} = q(\lambda_1)\frac{\sigma(\lambda_\infty)}{q(\lambda_\infty)} = \frac{q(\lambda_1)}{\theta(\lambda_\infty)}$$

由于此时喉部截面处必有 $Ma_t = 1$,即 $S_1 q(\lambda_1) = S_t$。再考虑到进气道几何不变,则应有

$$q(\lambda_1) = \frac{S_t}{S_1} = \left(\frac{S_t}{S_1}\right)_d = q(\lambda_{1d})$$

则

$$\frac{S_\infty}{S_1} = \frac{q(\lambda_{1d})}{\theta(\lambda_\infty)} < 1(\lambda_\infty < \lambda_{1d})$$

显然,随 λ_∞ 增加,$\theta(\lambda_\infty)$ 下降,S_∞/S_1 增加,即进口溢流减弱,激波靠近进口。但只要 $\lambda_\infty \le \lambda_{1d}$,则总存在 $S_\infty/S_1 < 1$,脱体激波始终存在。直到 $\lambda_\infty = \lambda_3 > \lambda_{1d}$ 时,才可能使

得 $\dfrac{S_\infty}{S_1} = 1$ 成立，如图 4.5.8 所示。此时流线在进口处没有偏转，溢流消失，激波紧贴在进口截面。但是，激波位于进气道进口处的流动状态是一个"单向"不稳定状态，只要激波受微小扰动略向进气道内移动微小距离，超声速气流将在进气道渐缩段做减速增压流动。此时，波前气流马赫数下降、压力增大，则激波强度减小。而波后气流总压增加，通过喉部的流量有所增加，但由于这时进口截面处的流量并没有变化，就使得波后有出现"真空区"的趋势，于是波后静压下降。上述诸因素使得激波强度下降，其逆流传播速度减小，激波被气流"吹向"下游。这样一来，波前马赫数进一步下降，波后总压更高，通过喉部的流量更大，因而激波就一直向下游移动，直至经过喉部后，最后稳定在进气道扩张段的某处位置。由前面的讨论可知，当 $Ma_3 > Ma_{1d}$ 时，喉部 $Ma_t > 1$，为了使 $Ma_t = 1$，还要将来流马赫数再降下来，直到与 Ma_{1d} 相等，才能得到 $Ma_t = 1$。

需要指出的是，用这种方式起动进气道，迎面来流马赫数比设计马赫数需要大许多，其数值可按式 $\theta(\lambda_3) = q(\lambda_{1d})$ 确定。计算表明，当 $Ma_{1d} = 1.98$ 时，理论上要求 $Ma_3 \to \infty$。因此，当 $Ma_{1d} \geqslant 1.98$ 时，即使在理论上也不可能用提高来流马赫数的方法来起动进气道。

（2）增大喉部面积的进气道起动过程。

由前面分析可知，进气道起动问题之所以存在，是由于进口前存在脱体激波，激波导致的气流总压损失使得喉部的通流能力下降。所以，为了使进气道能够起动，当进气道进口前的超声速气流由较小马赫数增加至 Ma_{1d} 时，将喉部面积 S_t 放大至 S_{t3}，放大的喉部面积应恰好能够弥补由于激波造成的通流能力的减小，使 $S_\infty = S_1$ 的迎面来流能够完全从喉部流过，即

$$K\frac{p_\infty^*}{\sqrt{T^*}}S_\infty q(\lambda_{1d}) = K\frac{p_1^*}{\sqrt{T^*}}S_1 q(\lambda_{1d}) = K\frac{\sigma(\lambda_{1d})p_1^*}{\sqrt{T^*}}S_{t3}$$

式中，$\sigma(\lambda_{1d})$ 为激波紧贴进气道进口截面时的总压恢复系数。由上式得

$$\frac{S_{t3}}{S_1} = \frac{q(\lambda_{1d})}{\sigma(\lambda_{1d})} = \theta(\lambda_{1d})$$

对于面积比为 S_{t3}/S_1 的进气道，当 $Ma_\infty < Ma_{1d}$ 时，以超声速进入进口截面的气体流量，喉部吞不掉，从而在进口前出现脱体激波，如图 4.5.9（a）所示；当 Ma_∞ 略低于 Ma_{1d} 时，激波贴于进口截面，如图 4.5.9（b）所示；当 $Ma_\infty = Ma_{1d}$ 时，由于喉部面积已经放大了，则激波可以被吸入进气道。但是激波不能稳定存在于进气道收缩段，将顺流下移并通过喉部，停留在扩张段的某个位置，由于激波前为超声速气流，则喉部处 $Ma_t > 1$。若激波距喉部较远，波前马赫数较大，激波较强，因而损失也较大。为了减少损失，最好是使激波处于喉部截面上，但这种流动状态也是不稳定的，一旦来流马赫数下降或进气道后面通流能力略有下降，激波就会逆流越过喉部截面，并在收缩段迅速逆流运动，直至被吐出进气道。所以，实用的设计是将激波配置在喉部之后不远的截面上，这样工作的进气道损失较小，工作稳定。

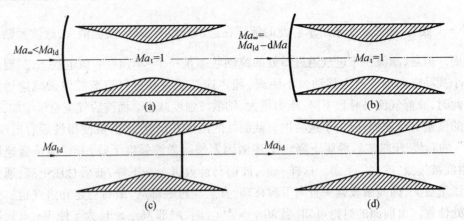

图 4.5.9　调节喉部面积的进气道起动过程

　　这种进气道工作时有一种滞后性,气流 Ma 数从低速开始增加时,直到 Ma_{1d} 之前,激波吞不进去,但是起动后即激波被吞入后,Ma 数再减少下来时,需要减少至小于 Ma_{1d} 时,激波才能被吐出来。其原因在于,如果激波已经稳定地位于喉部之后的扩张段内,当来流 Ma 数下降时,激波在扩张段逆流移动,但随距喉部距离减小,扩张段内的波前超声速气流压强增加,马赫数下降,激波强度及其逆流传播速度下降,总有要稳定下来的趋势。只有当来流马赫数降至一定程度($< Ma_{1d}$)时,才能打破这种稳定,使得激波逆流越过喉部,并在收缩段迅速逆流移动,直至被吐出进气道。

　　用放大面积的方法起动进气道,起动后喉部处的气流并不是声速流,而是 $Ma_t > 1$,因而还不是最佳流动状态,仍有一定的损失。为了获得最佳流动状态,需要采用几何面积可以在流动过程中改变的方法。起动前先将喉部面积放大,将进口前的激波吸入进气道,再减小喉部面积,使喉部处的气流变为声速流。在适当的背压配合下,喉部之后是亚声速流。这样,进气道内的流动将是无激波的流动过程,损失最小。

4. 混压式进气道

　　为了克服外压式进气道的总压恢复系数提高与外罩波阻增加的矛盾,而且又缓和内压式进气道的起动问题,出现了如图 4.5.10 所示的混压式进气道。对于这种进气道,迎面超声速气流先经过进口前的激波系减速至较低的超声速气流,然后再进入进气道内部的收缩 – 扩张形通道压缩至亚声速流。显然,混压式进气道兼有外压式、内压式进气道

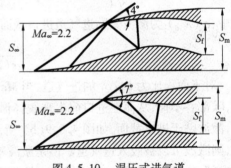

图 4.5.10　混压式进气道

的特点。与外压式进气道相比,它的外罩的折转角较小,波阻较小,而激波数目较多,总压恢复系数较高。与内压式进气道相比,它的进口马赫数较小,比较易于通过增大来流马赫数的方法以使得进气道起动,从而缓解了起动问题。

4.5.2　超声速气流绕流翼型的的激波系

定常亚声速气流无分离的绕流弯曲物体表面(如翼型)时,某些地方通流面积较小而气流加速,某些地方正好相反。在加速的地方,物面上的气流马赫数 Ma 高于远前方来流马赫数 Ma_∞,而压力 p 低于远前方来流静压 p_∞;在减速的地方,物面上 Ma 低于 Ma_∞,而 p 高于 p_∞。由等熵关系式(3.2.3b)可知,物面压力最低点,当地气流马赫数最高。随来流马赫数的增大,物面附近的流速也随之增加,当来流马赫数超过某临界值即临界马赫数 Ma_{cr} 时,物面附近就出现超声速区域。当来流马赫数等于 Ma_{cr} 时,物面上压力最低点处出现孤立声速点(即当地马赫数为 1 的点),物面上最低压力点处的压力称为临界压力 p_{cr}。所谓临界指的是超过该值时,流场中就出现超声速区了。当 Ma_∞ 稍大于 Ma_{cr} 时,物面上将出现超声速区,这时便成为跨声速流动。若流动是等熵的,根据式(3.2.3b)可得到流场中某点压力 p 与来流静压 p_∞ 之比,即

$$\frac{p}{p_\infty} = \left(\frac{1 + \dfrac{k-1}{2}Ma_\infty^2}{1 + \dfrac{k-1}{2}Ma^2} \right)^{\frac{k}{k-1}}$$

当该点压力达到临界压力即 $p = p_{cr}$ 时,有 $Ma = 1$ 及 $Ma_\infty = Ma_{cr}$,于是

$$\frac{p_{cr}}{p_\infty} = \left(\frac{2}{k+1} + \frac{k-1}{k+1}Ma_{cr}^2 \right)^{\frac{k}{k-1}}$$

考虑绕翼型的流动,来流马赫数为 Ma_∞,攻角为 α,翼型略带弯度(上表面类似收缩 – 扩张流道),如图 4.5.11 所示。

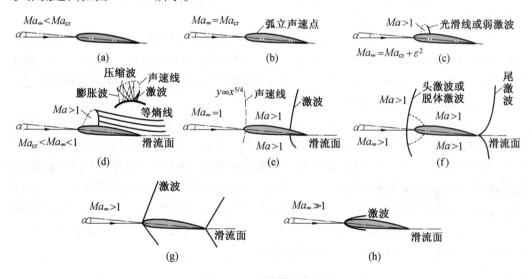

图 4.5.11　绕翼型的流动

(1)当来流马赫数小于临界马赫数时,流场处处为亚声速。由于翼型前缘半径较小,曲率较大,气流绕前缘以较大的加速度加速流动,并在其后的一段距离内继续加速;之后,或者在背压的作用下,或者在翼型流道面积为最小的位置,气流将在翼面上某个位置达到

压力最低而速度最大,并从该位置处开始减速流动。当Ma_∞增大时,翼面附近流速增大,翼面压力最低点处的当地气流马赫数最大,如图4.5.11(a)所示。

(2)当$Ma_\infty = Ma_{cr}$时,翼面上压力最低点处出现孤立声速点,其他地方均为亚声速流动,如图4.5.11(b)所示。

(3)当Ma_∞略高于Ma_{cr}时,在翼面上表面出现局部超声速区,且随远离翼型而逐渐减弱,并过渡到均匀的高亚声速流动,超声速区的起点并不一定在翼面压力最低点处。它与亚声速区之间存在分界面,如图4.5.11(c)所示,图中虚线表示声速线,实线表示弱激波。来流从亚声速区经过声速线,光滑地过渡到超声速区,再光滑地过渡或经过弱激波过渡至高亚声速区。

(4)如图4.5.11(d)所示,当Ma_∞继续增加但仍小于1时,上翼面超声速区增大,由于翼型为连续外折曲面,超声速气流经膨胀波束而逐渐加速。类似膨胀波在自由边界上反射时的情形,膨胀波在分界面上产生一系列的弱压缩波。这组弱压缩波在翼型固壁上再次反射出弱压缩波系,并收敛成一个具有一定强度的激波,该激波与声速线连成一体,超声速气流经激波向右到达亚声速区。气流在靠近翼面处折转较大,激波强度也较大,激波、声速线及翼面形成封闭的超声速区。气流穿越激波时熵增加,且靠近翼面处熵较大。翼型上、下表面的两股气流在尾缘处汇合时,由于静压、法向速度相同而总压不等,因此切向速度出现不连续,并产生滑流面。

此外,如果分界面恰好处于流道面积为最小的位置时,超声速气流在分界面前的收缩段减速、增压,在分界面处达到声速且压力与外部高亚声速区的气体压力相等,这时就会出现超声速气流光滑(等熵)过渡到高亚声速区的情况。

(5)当Ma_∞等于1时,可以证明,超声速区是不封闭的,激波伸向无穷远处,声速线在无穷远处与激波相交,如图4.5.11(e)所示。

(6)当Ma_∞稍大于1时,翼型前出现脱体激波,激波后为局部亚声速区与超声速区的混合区域,亚声速气流沿波面向两侧逐渐加速,经声速线到超声速区。翼型上、下表面的超声速气流在尾缘以某种角度会合,折中取某中间角度向右流出,相当于遇到内折壁面,从而出现尾激波,如图4.5.11(f)所示。

(7)对于一般的超声速来流情况,如果翼型前缘较尖,随Ma_∞增加,脱体激波可能附体,附体斜激波右侧仍为超声速区,至尾缘处仍形成尾激波,如图4.5.11(g)所示。

(8)随Ma_∞的近一步增加,在高超声速流动情况下,由于压力的作用相对于速度的作用较弱,而翼面扰动又主要是以压力波的形式向流场内部传播,因此激波被起主导作用的来流挤压在非常接近翼面的空间内,以致激波形状几乎与翼面重合,如图4.5.11(h)所示。一般把激波与翼面之间的流体称为激波层,在高超声速流动条件下,激波层有可能与附面层厚度相近,二者间的相互干涉效应较强。

4.5.3　压气机、涡轮中的激波与膨胀波

航空发动机工作时需要不断地从外界大气中吸入空气,在压气机中压缩增压后,进入燃烧室燃烧成为高温、高压燃气,再经过涡轮膨胀做功,实现热能向机械能的转换。由此可见,压气机和涡轮是航空发动机的两个重要气动部件,气流(或称工质)不但与压气机、

涡轮间存在力、能量的交换,而且在压气机、涡轮的流道中还存在气流自身能量的转换。因此,发动机性能的好坏直接取决于压气机、涡轮性能的优劣,如何通过压气机、涡轮实现对气流的良好组织,尽量使流阻损失最小,使能量的交换及转换最为有效显得极为重要。在不断提高航空发动机性能的研究过程中,对于提高推重比、减小尺寸及质量等目标的追求,使得超、跨声速压气机及高膨胀比涡轮在航空领域得以广泛应用。

1. 压气机中的激波与膨胀波

按照通常的定义,当压气机动叶进口相对马赫数 Ma_{w1} 沿全部叶高都大于 1 时,称为超声速级。而只在部分叶高上 $Ma_{w1} > 1$ 的称为跨声速级。目前应用的多为跨声速级,纯超声速级的应用较少。

(1) 高亚声速进气时激波的形成。

与气流绕流孤立翼型时的流动分析类似,由于压气机叶型曲率的存在,其上、下表面都将出现局部超声速区,超声速区内的膨胀波束在超声速区与高亚声速区的分界面上反射产生弱压缩波系,该压缩波系又在叶型壁面反射并收敛为具有一定强度的激波,超声速气流经激波增压、减速至亚声速区,如图 4.5.12(a) 所示。随进口马赫数加大,激波将扩展到叶栅流道的整个截面,并移向尾缘。与气流绕流翼型时流动情形不同的是,叶型上、下表面所产生的超声速区、激波等是出现在一个叶栅流道内的,使得流道内的波系结构、流动情况变得更为复杂,如图 4.5.12(b)、(c) 所示。

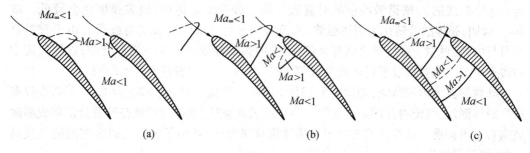

图 4.5.12　高亚声速时压气机内的激波

(2) 低超声速进气时激波的形成。

所谓的低超声速是指叶栅进口速度的轴向分速小于当地声速,在这种条件下,叶栅前缘产生的波系能够传播到叶栅的上游,并进而改变进口流场的状态。当进口马赫数略大于 1 时,叶片前缘将产生脱体激波,随进口马赫数增加,脱体激波向附体激波转化。当 Ma_{w1} 接近 1.15 ~ 1.2 时,脱体激波大致附于前缘。在低超声速进口条件下,叶片进口处的激波组成与前缘型线有密切关系,图 4.5.13 给出了不同情况下的激波构成。

叶背前段为外凸曲线,如图 4.5.13(a) 所示。前缘激波分为上、下两段:上段一直伸向叶栅的右上方,称为外伸激波,它接近一道斜激波;下段伸向相邻叶片的叶背,在低超声速时接近一道正激波,称为槽道激波,槽道激波之后气流为亚声速。由于叶背前段曲线是外凸的,外伸斜激波之后的超声速气流在叶背前段产生膨胀波束,由曲线段 AB(不包括 B 点) 发出的膨胀波与同一叶片前缘产生的外伸激波相交,使其强度减弱并后弯;而由 BC 段发出的膨胀波则与相邻叶片产生的外伸激波相交,使其强度减弱;B 点发出的膨胀波不

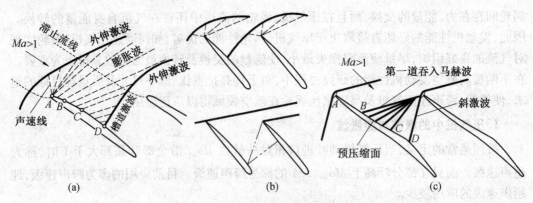

图 4.5.13　　不同叶型组成的叶栅激波系

与任何激波相交,称为中性马赫波,叶型 B 点的切线方向是均匀进口气流在无限远处的流动方向。而由 C 点发出的膨胀波落在脱体激波与滞止流线(即通过叶片前缘驻点的流线)的交点上,这道膨胀波称为第一道吞入的马赫波。由 CD 段发射的膨胀波只与相邻叶片的槽道激波相交。D 点是槽道激波前当地马赫数最高点,因而这点的激波强度最大。如果 Ma_{w1} 继续提高,而背压不变,则叶片前的脱体激波向附体激波转化。

　　叶片前缘为直线,如图 4.5.13(b) 所示。波系情形与第一种的叶背前缘为外凸曲线时相似,但由于叶型背弧前段为直线,因而在背弧上不产生膨胀波(但前缘小圆附近还是会产生膨胀波的),槽道激波前的马赫数比第一种情况的低些,激波强度也会较低。随 Ma_{w1} 增加,脱体激波转化为附体激波,来流方向平行于叶型背弧的直线段。由于背弧直线段与内弧(叶盆)直线段之间有夹角,则在内弧前缘处会产生一道斜激波,以使气流方向改变至与内弧直线段平行。此外,还有一道大小、位置与背压有关的激波。

　　叶背前段为内凹曲线,如图 4.5.13(c) 所示。气流在前缘小圆附近加速,若假设没有产生脱体激波,气流将在凹面上连续产生压缩波而减速,这些压缩波在叶背处汇集成斜激波向右上方伸展。这组压缩波使超声速气流减速增压,减小了槽道内斜激波前的气流马赫数,降低了损失。

　　正如前面讨论的那样,从本叶片及相邻叶片发出的膨胀波与外伸激波相遇,使其强度逐渐衰减,当外伸激波延伸到无限远处时就变成一道马赫波。实验与理论计算均已证明,这种衰减是十分迅速的,因此对某个流道而言,通常可以仅考虑本叶片产生的外伸激波以及相邻叶片产生的槽道激波。对于叶栅损失来说,槽道激波起主要作用,它本身强度大(即波阻大),而且直达下一叶片的叶背,从而引起激波与该叶片叶背上附面层的相互作用,使损失急剧增加。为了减小超声速叶栅的损失,就有必要降低槽道激波前的马赫数。由于叶背上的 D 点处马赫数最高,因此该处激波强度最大且与当地附面层的相互作用也最剧烈。为此,D 点处马赫数的控制就成为一个重要的设计问题,前面所讲的叶片前缘为直线或内凹曲线的设计方法,就是基于减小 D 点处马赫数而采取的措施。

　　如图 4.5.14(a)、(b) 所示,如果减小栅后背压(相当于波后压力降低),则激波就向前缘接近,同时,根据叶型与来流攻角的不同,在叶盆前缘也可能出现激波。如果进一步发展,气流可以在喉部截面处(通常在叶栅流道的前部)达到声速,产生于叶盆的激波也可能贯穿整个槽道而向下游移动,造成较大的损失。

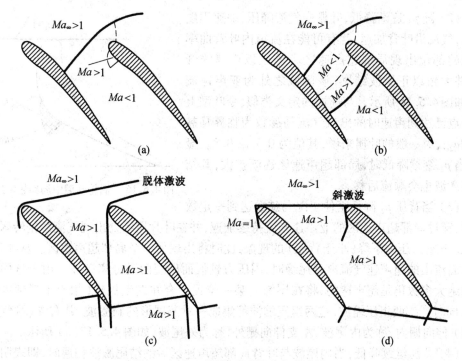

图 4.5.14 不同情况下槽道内激波系

如果栅后背压继续减小且不发生流动阻塞现象,进一步倾斜的槽道激波与叶盆产生的激波连接而成 λ 形,并且可能变成一道斜激波并在叶背上反射,如图 4.5.14(c) 所示。如果提高进口马赫数 Ma_{w1} 直到它的轴向分速等于或大于 1,这时激波的外伸部分就不会传播到叶栅上游,而是进入叶栅流道内部并发生反射,如图 4.5.14(d) 所示。

总之,叶栅激波与膨胀波组成的波系结构比孤立翼型要复杂得多,叶栅激波形状不仅与叶栅本身几何参数有关,而且与进口相对马赫数、叶栅背压(或压比)有关。

2. 涡轮中的激波与膨胀波

如图 4.5.15 所示,航空发动机涡轮叶栅的流道形式大体分为两类,即纯收缩型和收缩 – 扩张型,气流在流道中做加速膨胀流动。基于进口气流参数不变,仅降低栅后背压 p_2 的假设,讨论一个纯收缩型流道的涡轮叶栅内波系情况。

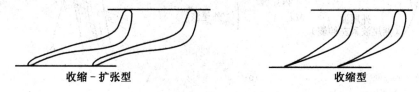

收缩 – 扩张型   收缩型

图 4.5.15 涡轮叶栅流道形式

(1) 由于涡轮叶栅中气流为膨胀加速流动,当背压较高时,叶栅进口处流动速度较低,燃气流经叶型表面,在叶片前缘(前驻点)处分叉流向叶背、叶盆。随叶栅流道不断收缩,气流逐渐加速。由于叶栅前后压差不大,叶栅中降压膨胀加速并不多,全流场为亚声速流,出口处马赫数 Ma_2 较小。

（2）随 p_2 逐渐降低,叶栅中气流降压、加速程度加大,气流沿叶背加速,就有可能在流道内叶背曲率最大的部位出现局部超声速区。该区以声速线开始,并大致以正激波结尾,该区域之外为亚声速流动,如图 4.5.16 所示。与前面的定义类似,令叶型上某一点已达到声速时的出口气流马赫数为临界马赫数 $Ma_{2\mathrm{cr}}$,对一般的叶栅来说,其值为 $0.7 \sim 0.8$。显然,当 p_2 继续降低时,局部超声速区逐渐扩大,其结尾正激波也会顺流后移。

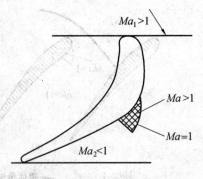

图 4.5.16　涡轮叶栅中局部超声速区

（3）当背压 p_2 降低至使工况马赫数达到一定数值时,穿过局部超声速区的亚声速气流持续加速,并在叶片尾缘处出现气流急剧转弯加速（至超声速）、压力下降（小于背压）的现象,此时将出现另一个局部超声速区。从叶背、叶盆表面流出的超声速气流离开尾缘时,因压力较低而出现两道分离激波。由于这两股气流的绝大多数仍是超声速的,将在尾缘后某一位置会合并发生折转（相当于遇到内折壁面）,同时产生两组压缩波,这两组压缩波汇集成一对燕尾形的斜激波,其右支（顺气流方向看）伸向栅内,称为内尾波,左支伸向栅外,称为外尾波,如图 4.5.17（a）所示。

（4）背压继续降低,当内尾波与叶背局部超声速区后的结尾激波相遇时,即表明超声速区（和声速线）贯穿整个流道,叶栅进入阻塞工况,与该工况对应的出口处马赫数称为阻塞工况马赫数,一般约为 1 或略小于 1。与此同时,栅前进口马赫数 Ma_1 将不再随 Ma_2 的加大而增加（栅后扰动不能逆流穿过声速线传至栅前）,将进口马赫数 Ma_1 的最大值称为栅前阻塞马赫数,与之对应的叶栅流量也达到最大值。这时栅后背压与栅前总压之比称为临界压比,用 $\left(\dfrac{p_2}{p_1^*}\right)_{\mathrm{cr}}$ 表示。如图 4.5.18（b）所示,叶栅流道喉部附近正激波（与气流流动方向垂直）和内尾波相交贯穿。

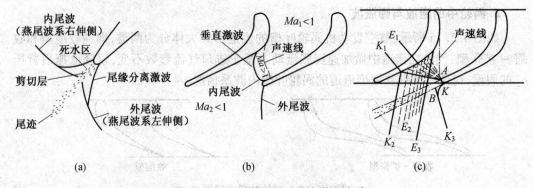

(a)　　　　　　　　　　(b)　　　　　　　　　　(c)

图 4.5.17　不同工况下的流道内波系

（5）随背压持续降低,即 $\dfrac{p_2}{p_1^*} < \left(\dfrac{p_2}{p_1^*}\right)_{\mathrm{cr}}$,此时正激波之前的栅内流动已不再变化,而正激波后的压力下降,激波强度减弱,波后气流总压增加,允许通过的流量也增加。但由于激波前的叶栅流量已达到最大值且无法增加,就使得波后有出现"真空区"的趋势,于是

激波强度进一步下降,其逆流传播速度减小,正激波沿叶背迅速被气流"吹向"下游直至栅外空间,声速线之后的叶栅出口处为超声速流动,此时称为叶栅的超声速工况。从气流运动方向来看,由叶盆尾缘、叶背尾缘连接而成的管道出口与之不垂直,管道出口处形成了一个斜切口(叶栅喉部以后的流道区域)。在这个区域内,声速线自叶盆尾缘起贯穿整个流道,且声速线上游的流动不再随背压而变化。显然,叶盆尾缘处的超声速气流压力较高且等于阻塞工况时的 $p_{2cr}(> p_2)$,因而叶盆尾缘就成为了扰动源,必发出射向相邻叶片叶背的膨胀波束,并在叶背上形成反射膨胀波。气流穿过该组膨胀波及反射膨胀波继续做超声速膨胀,即所谓的超声速斜切口膨胀。与此同时,内尾波也随着背压下降而逐渐倾斜,射向叶背并与叶背附面层相互干扰后产生反射激波,其在叶背上的入射点随 p_2 下降而向尾缘移动。

在超声速工况下,有时还可以从一些叶栅的纹影照片上看到一种原生激波,这是由于有些叶栅的叶背型线突变所引起的。由于型线突变,使壁面附面层突增,叶背有效轮廓外凸,气流绕流时形成压缩波。在亚声速工况下,该压缩波隐藏在局部超声速区或声速线与垂直激波之间的超声速区内。在超声速工况下,流道内声速线之后全为超声速流动,原生激波就被显示出来,尤其在叶栅外可清晰看到。

如图 4.5.17(c) 所示,在这种工况下,通道波系主要由原生膨胀波 E_1、反射膨胀波 E_2、原生激波 E_3、尾缘分离激波 K、内尾波 K_1、内尾波在叶背上的反射波 K_2、外尾波 K_3 以及叶片尾缘后的尾迹组成。

(6) 当背压接着下降时,内尾波在叶背上的入射点移至尾缘处,其反射波与相邻叶片的外尾波重合。原生膨胀波系宽度增大,强度变强,最后一道波与叶栅出口额线平行,斜切口的膨胀能力被充分利用,称为叶栅的极限负荷工况。

第 5 章　一维定常可压缩管道流动

一维定常可压缩管道流动是指垂直于管道轴线的每个截面上的气流参数保持均匀一致,且不随时间变化的流动。在这种流动中,气体的可压缩性影响显著,对于超声速流动还可能会出现激波、膨胀波等一些特有的物理现象。例如,气体在变截面管道中的流动就可以简化为一维运动,只要管道截面积变化缓慢,管道的曲率半径比管道的水利半径大得多,这时气流物理量沿管轴方向的变化要比在其他方向上的变化大得多,因此可以用各个物理量的平均值去描述这个截面上的流动参数。管道流动也不是只局限于圆管流动,对于任意形状的非圆截面管道,可以定义水利学直径 $D = \dfrac{4S}{C_w}$,将非圆截面管道转化为直径为 D 的当量圆截面管道处理。式中,S 为流动横截面积;C_w 为流动界面湿润周界长度,即湿周。

对于许多工程问题,长期以来,相当多的内部流动问题一直把求一维流动解作为主要手段,而对流动中实际存在的三维效应采用经验系数的方法进行修正。因此,在某些条件得以满足的前提下,把真实管道内的三维流动当作一维流动来分析、计算,虽然只是一定程度上的近似,但却大大简化了问题的难度,仍可以得出许多有意义的结论,是解决工程问题常用的方法。此外,研究气体一维定常流动的重要性还在于,在某些条件下,一维流动可以给出解析解或半解析半数值结果,这对于了解可压缩流体的流动规律极为重要。

当然一维流动假设也有很大的局限性,如仅讨论一维流动是无法分析旋涡运动的。

5.1　一维定常流理论

5.1.1　问题描述及制约因素物理意义分析

考察图5.1.1所示的广义一维流动,流动参数从截面 x 处的 p,ρ,T,V 经截面积 S 变化 dS、施加外力 δF、增能 δQ(含对外界做功 δW)、添质 $d\dot{m}$ 四种因素作用,在截面 $x + dx$ 处变为 $p + dp, \rho + d\rho, T + dT, V + dV$,流量由 $\dot{m}$ 变为 $\dot{m} + d\dot{m}$。称上述四种因素为制约因素,流动参数在制约因素的作用下而发生变化。实际上,这样的流动一般是三维的,但是针对某些具体问题(如发动机、输气管道内的流动等),可以把流动简化为一维的,并展开分析。同时,由于考虑了截面积变化、添质、增能及摩擦力等的影响,所以称为广义一维流动。下面对各种制约因素的物理意义进行分析。

(1) 截面积的变化。截面积变化之所以能够引起流动参数变化,可以先从不可压缩流动理解。在不可压缩流体假设下,流体密度不变,由一维定常不可压流动的连续方程 $\dot{m} = \rho S V$ 可知,在流量不变的情况下,管道收缩引起加速,管道扩张引起减速。由于不可压缩流是亚声速可压缩流的一种极限情况,因此不难想象,在亚声速情况下有类似结论。对于超声速流,结论则正好相反,由式(3.3.4)及 $q(\lambda)$ 随 λ 数的变化规律可知,若假设流动是等熵的且流量不变,则管道收缩引起减速,而管道扩张引起加速。正是因为这些原因,飞机发动机的亚声速进气道设计为扩张型,而超声速进气道一般做成收缩－扩张型,以实现增压的目的。

(2) 添质(含减质)。输气管道的支线管道对于主管道而言就是起到减少质量的作用,输气管道从局部看不能当做一维流动,但从管道总长度(数千千米)这种大尺度角度看,各种支线管道的作用就显得很微观、很连续,可以用连续减质来模拟。发动机燃烧室油料的喷入也是一种添质作用,它的添入使得发动机进出口质量不守恒,如果忽略油料的相变、产生化学反应等复杂过程,也可以看作是一维流动。固体火箭发动机中药柱内腔壁上燃烧释放的气体不断加入到主流中也是类似的添质过程。

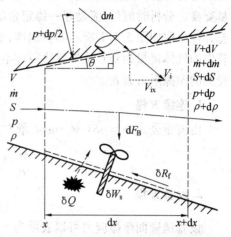

图 5.1.1　广义一维流动示意图

(3) 增能。增能涉及热交换、某些类型的发动机叶片做功以及燃烧引起的反应热等。例如,高速、高温气流在发动机中流动时,为了避免材料被烧坏,需要采取适当的冷却措施以带走热量。涡轮喷气发动机的压气机在给气流增压的同时也会补充部分能量,而涡轮则会消耗能量。燃烧引起的增能作用可以这样理解,如果管壁是绝热的,从理论上讲,燃烧前后的单位质量气流总焓应该是守恒的。因为燃烧其实并不会带来新的能量,只是通过燃烧使得各组元重新分配,进而将多余的零点能量以能用温度表述的可感知的能量形式体现或被释放出来。因此,如果假设总焓中的内能只包含可感知能量的,即 $e = \int_0^T c_V \mathrm{d}T$,那么燃烧的作用就是使总焓增加。

(4) 外力。外力包括管壁摩擦力、管壁压力、气流所受到的阻力(如控制体中相对管道不动的物体对气流的阻力、气流中运动较慢的液滴或杂质对气流的阻力等)。

在一般情况下,影响管道中气体流动的因素通常是同时存在且起作用的。但是,同时考虑所有因素的影响是比较困难的。而且在各种具体的流动中,并不是每种因素都起着同样的作用,一些因素可能是主要的,另一些因素则可能是次要的。例如,研究气流在变截面管道(如发动机进气道、尾喷管)中的流动时,若管道径向尺寸较大(相对于附面层厚度)、长度较短,则主要作用于壁面附面层内的黏性摩擦力对整个流动的气流参数的影响就较小;若气流速度较高,通过管道时与管壁接触的时间很短,在没有特殊的加热或冷却处理的情况下,热量变化与气流的总能量相比也是很小的。所以,气流在变截面管道中流动时,除了上、下游压强外,可以仅考虑管道截面积变化对气流参数的影响。因此,针对具体流动问题,往往是先单独考虑主要因素的影响,然后再考虑其他次要因素的作用并进行修正,以使问题简化。

5.1.2 几个制约因素同时作用时的基本方程

图 5.1.1 给出了广义一维定常管道流动的物理模型,所考虑的制约因素包括:管道截面积变化,壁面摩擦及管壁压力,管内气体与外界的热量及功交换,管内气体与外界的质量交换。分析时假设:流动是一维定常的,气流参数变化是连续的,气体满足完全气体状态方程。取如图 5.1.1 所示的控制体,令微元段的两截面间 x 向距离无限小,设外界输入管内的气体流量为 $\mathrm{d}\dot{m}$,从外界热源加给气体的热量为 δQ,气体对外界做功为 δW,气流所受到的摩擦阻力为 δf。

1. 连续方程

由流量公式 $\dot{m} = \rho S V \neq \mathrm{const}$,取对数微分得

$$\frac{\mathrm{d}\rho}{\rho} + \frac{\mathrm{d}S}{S} + \frac{\mathrm{d}V}{V} = \frac{\mathrm{d}\dot{m}}{\dot{m}} \tag{5.1.1}$$

2. 动量方程

设管道壁面摩擦应力可以表示为 $\tau_\mathrm{w} = f\dfrac{\rho V^2}{2}$,式中 f 为摩擦力系数。设管壁侧表面周长为 C_w,则摩擦力为

$$\delta R_\mathrm{f} = \tau_\mathrm{w} C_\mathrm{w} \frac{\mathrm{d}x}{\cos\theta}$$

将该力沿轴线方向投影,并代入水利学直径 $D = 4S/C_\mathrm{w}$,得

$$\delta R_\mathrm{fx} = \tau_\mathrm{w} C_\mathrm{w} \frac{\mathrm{d}x}{\cos\theta}(-\cos\theta) = -\tau_\mathrm{w} C_\mathrm{w}\mathrm{d}x = -f\frac{\rho V^2}{2}\frac{4S}{D}\mathrm{d}x = -\frac{\rho V^2}{2}\frac{4f}{D}S\mathrm{d}x$$

管壁对流体的压力在轴线上的投影为

$$\frac{1}{2}(p + p + \mathrm{d}p)\frac{\mathrm{d}S}{\sin\theta}\sin\theta = \left(p + \frac{\mathrm{d}p}{2}\right)\mathrm{d}S \approx p\mathrm{d}S$$

进出口截面上的压力差对控制体的作用力为

$$pS - (p + \mathrm{d}p)(S + \mathrm{d}S) \approx -S\mathrm{d}p - p\mathrm{d}S$$

于是得到 x 向动量方程

$$(\dot{m} + \mathrm{d}\dot{m})(V + \mathrm{d}V) - \dot{m}V - \mathrm{d}\dot{m}V_\mathrm{ix} = -\frac{\rho V^2}{2}\frac{4f}{D}S\mathrm{d}x + p\mathrm{d}S - S\mathrm{d}p - p\mathrm{d}S$$

合并整理,并略去高阶小量,上式可简化为

$$\dot{m}\mathrm{d}V + (V - V_\mathrm{ix})\mathrm{d}\dot{m} = -S\mathrm{d}p - \frac{\rho V^2}{2}\frac{4f}{D}S\mathrm{d}x$$

再将 $\dot{m} = \rho S V$ 代入上式可有

$$\rho V^2\frac{\mathrm{d}V}{V} + \rho V(V - V_\mathrm{ix})\frac{\mathrm{d}\dot{m}}{\dot{m}} = -\mathrm{d}p - \rho V^2\frac{2f}{D}\mathrm{d}x \; 或 \; \frac{\mathrm{d}V}{V} + \left(1 - \frac{V_\mathrm{ix}}{V}\right)\frac{\mathrm{d}\dot{m}}{\dot{m}} = -\frac{\mathrm{d}p}{\rho V^2} - \frac{2f}{D}\mathrm{d}x$$

对于量热完全气体有 $a^2 = \dfrac{V^2}{Ma^2} = kRT = k\dfrac{p}{\rho}$,于是得 $\rho V^2 = kpMa^2$。再令 $y = \dfrac{V_\mathrm{ix}}{V}$,代入上式有

$$\frac{1}{kMa^2}\frac{\mathrm{d}p}{p} + \frac{\mathrm{d}V}{V} = -2f\frac{\mathrm{d}x}{D} - (1 - y)\frac{\mathrm{d}\dot{m}}{\dot{m}} \tag{5.1.2}$$

3. 能量方程

微元控制体的能量方程为

$$(\dot{m} + \mathrm{d}\dot{m})\left[h + \frac{V^2}{2} + \mathrm{d}\left(h + \frac{V^2}{2}\right)\right] - \dot{m}\left(h + \frac{V^2}{2}\right) = \dot{Q} - \dot{W}_s + \mathrm{d}\dot{m}\left(h_i + \frac{V_i^2}{2}\right)$$

展开得

$$\dot{m}\mathrm{d}\left(h + \frac{V^2}{2}\right) + \left(h + \frac{V^2}{2}\right)\mathrm{d}\dot{m} + \mathrm{d}\left(h + \frac{V^2}{2}\right)\mathrm{d}\dot{m} = \dot{Q} - \dot{W}_s + \mathrm{d}\dot{m}\left(h_i + \frac{V_i^2}{2}\right)$$

对上式通除 $\dot{m}$，并略去高阶小量，得到

$$\mathrm{d}\left(h + \frac{V^2}{2}\right) = \dot{q} - \dot{w}_s - \left[\left(h + \frac{V^2}{2}\right) - \left(h_i + \frac{V_i^2}{2}\right)\right]\frac{\mathrm{d}\dot{m}}{\dot{m}}$$

定义 $H^* = h + \dfrac{V^2}{2}$，$H_i^* = h_i + \dfrac{V_i^2}{2}$ 及 $\mathrm{d}H_i^* = (H^* - H_i^*)\dfrac{\mathrm{d}\dot{m}}{\dot{m}}$，则有

$$\mathrm{d}H^* = \dot{q} - \dot{w}_s - \mathrm{d}H_i^* \quad \text{或} \quad \mathrm{d}T^* = \frac{\dot{q} - \dot{w}_s - \mathrm{d}H_i^*}{c_V}$$

由于流动不是绝热的，这里 H^*，T^* 代表的是当地总焓、总温。上式表明，传热、做功、H^* 与 H_i^* 之差的影响都体现在当地总温的变化之中。因此，在研究增能这一因素对流动的影响时，也就是分析当地总温变化对气流参数的影响规律，至于总温变化的具体原因及数值，可由上式确定，但在分析过程中是可以暂不涉及的。

根据当地总焓、总温的定义 $H^* = h + \dfrac{V^2}{2}$，$H^* = c_p T^*$，可写出

$$c_p \mathrm{d}T^* = c_p \mathrm{d}T + V\mathrm{d}V \quad \text{或} \quad \frac{\mathrm{d}T^*}{T} = \frac{\mathrm{d}T}{T} + \frac{V^2}{c_p T}\frac{\mathrm{d}V}{V}$$

再将上式改写为

$$\frac{\mathrm{d}T^*}{T^*}\frac{T^*}{T} = \frac{\mathrm{d}T}{T} + \frac{k - 1}{kR}\frac{V^2}{T}\frac{\mathrm{d}V}{V}$$

代入总温与静温的关系式 $\dfrac{T^*}{T} = 1 + \dfrac{k - 1}{2}Ma^2$ 后，得

$$\left(1 + \frac{k - 1}{2}Ma^2\right)\frac{\mathrm{d}T^*}{T^*} = \frac{\mathrm{d}T}{T} + (k - 1)Ma^2\frac{\mathrm{d}V}{V} \tag{5.1.3}$$

最后，对状态方程 $p = \rho RT$ 微分得

$$\frac{\mathrm{d}p}{p} - \frac{\mathrm{d}\rho}{\rho} - \frac{\mathrm{d}T}{T} = 0 \tag{5.1.4}$$

式(5.1.1)～(5.1.4)给出了四个制约因素同时作用下一维定常热完全气体流动的基本方程组，这个方程组建立了四个气流基本参数的变化 $\dfrac{\mathrm{d}p}{p}$，$\dfrac{\mathrm{d}\rho}{\rho}$，$\dfrac{\mathrm{d}T}{T}$，$\dfrac{\mathrm{d}V}{V}$ 与制约因素 $\dfrac{\mathrm{d}S}{S}$，$\dfrac{4f\mathrm{d}x}{D}$，$\dfrac{\mathrm{d}\dot{m}}{\dot{m}}$，$\dfrac{\mathrm{d}T^*}{T^*}$（含 δQ，δW，$\mathrm{d}H_i^*$ 的影响）之间的关系。显然，当只考虑某一个制约因素的影响而忽略其他因素，并将该主要因素看作独立自变量，则可从上述方程组中解出四个气

流基本参数的变化与该主要因素变化之间的关系。另外,还可以推导出除 p,ρ,T,V 之外其他气流参数变化与该主要因素变化之间的间接关系。

由马赫数定义 $Ma = \dfrac{V}{a} = \dfrac{V}{\sqrt{kRT}}$ 微分得

$$\frac{\mathrm{d}Ma}{Ma} - \frac{\mathrm{d}V}{V} + \frac{1}{2}\frac{\mathrm{d}T}{T} = 0 \tag{5.1.5}$$

由当地总、静压关系式 $p^* = p\left(1 + \dfrac{k-1}{2}Ma^2\right)^{\frac{k}{k-1}}$ 微分得

$$\frac{\mathrm{d}p^*}{p^*} - \frac{\mathrm{d}p}{p} - \frac{kMa^2}{1 + \dfrac{k-1}{2}Ma^2}\frac{\mathrm{d}Ma}{Ma} = 0 \tag{5.1.6}$$

由熵的定义 $s = c_p\ln T - R\ln p$ 微分得

$$\frac{\mathrm{d}s}{c_p} - \frac{\mathrm{d}T}{T} + \frac{k-1}{k}\frac{\mathrm{d}p}{p} = 0 \tag{5.1.7}$$

由冲量函数定义 $F = pS + mV = pS + \rho SV^2 = pS(1 + kMa^2)$ 微分得

$$\frac{\mathrm{d}F}{F} - \frac{\mathrm{d}p}{p} - \frac{\mathrm{d}S}{S} - \frac{2kMa^2}{1 + kMa^2}\frac{\mathrm{d}Ma}{Ma} = 0 \tag{5.1.8}$$

可以发现,式(5.1.1) ~ (5.1.8)也可以组成一个方程组,它把八个流动参数的微分变量 $\dfrac{\mathrm{d}p}{p},\dfrac{\mathrm{d}\rho}{\rho},\dfrac{\mathrm{d}T}{T},\dfrac{\mathrm{d}V}{V},\dfrac{\mathrm{d}Ma}{Ma},\dfrac{\mathrm{d}p^*}{p^*},\dfrac{\mathrm{d}s}{c_p},\dfrac{\mathrm{d}F}{F}$ 与四个制约因素的微分变量联系在一起。这是一组线性方程,可以用解线性代数方程组的方法(如克莱姆法则)求解,在此不作具体介绍。

5.2 变截面管道流动

5.2.1 变截面一维等熵流动

这里主要讨论管道截面积变化对气体流动的影响。假设流动中的气体与外界没有热量、功的交换,没有流量的加入或引出,不计气体与管壁的摩擦作用。所讨论的气体是定比热的完全气体,流动是一维等熵的。航空航天动力装置中的喷管、飞机进气道及实验风洞中的流动都可以近似看作是这样的流动。

由式(5.1.1) ~ (5.1.4)化简得到仅描述变截面等熵流动的基本微分方程组,即

$$\frac{\mathrm{d}\rho}{\rho} + \frac{\mathrm{d}S}{S} + \frac{\mathrm{d}V}{V} = 0 \tag{5.2.1a}$$

$$\frac{1}{kMa^2}\frac{\mathrm{d}p}{p} + \frac{\mathrm{d}V}{V} = 0 \tag{5.2.1b}$$

$$\frac{\mathrm{d}T}{T} + (k-1)Ma^2\frac{\mathrm{d}V}{V} = 0 \tag{5.2.1c}$$

$$\frac{\mathrm{d}p}{p} - \frac{\mathrm{d}\rho}{\rho} - \frac{\mathrm{d}T}{T} = 0 \tag{5.2.1d}$$

从上述方程组中可以解出基本气动参数的微分变量与 $\mathrm{d}S/S$ 的关系,即

$$\frac{\mathrm{d}V}{V} = -\left(\frac{1}{1 - Ma^2}\right)\frac{\mathrm{d}S}{S} \tag{5.2.2a}$$

$$\frac{\mathrm{d}p}{p} = \frac{kMa^2}{1 - Ma^2}\frac{\mathrm{d}S}{S} \tag{5.2.2b}$$

$$\frac{\mathrm{d}\rho}{\rho} = \frac{Ma^2}{1 - Ma^2}\frac{\mathrm{d}S}{S} \tag{5.2.2c}$$

$$\frac{\mathrm{d}T}{T} = \frac{(k - 1)Ma^2}{1 - Ma^2}\frac{\mathrm{d}S}{S} \tag{5.2.2d}$$

再由式(5.1.5)可得

$$\frac{\mathrm{d}Ma}{Ma} = -\frac{1 + \dfrac{k - 1}{2}Ma^2}{1 - Ma^2}\frac{\mathrm{d}S}{S} \tag{5.2.2e}$$

根据上述方程,将截面积变化对气流参数的影响列于表5.2.1中。

表5.2.1　管道截面积变化与气流参数变化关系

面积变化 气流参数比	dS < 0		dS > 0	
	Ma < 1	Ma > 1	Ma < 1	Ma > 1
dV/V,dMa/Ma	⇑	⇓	⇓	⇑
dp/p,dρ/ρ,dT/T	⇓	⇑	⇑	⇓

表5.2.1清楚地表明了截面积变化对气流参数的影响。

(1)亚声速流($Ma < 1$)。$1 - Ma^2 > 0$,dV与dS异号,其物理意义是速度变化与面积变化的方向相反。即在收缩管道(dS < 0)内,亚声速气流是加速(dV > 0)、降压(dp < 0)的;在扩张管道(dS > 0)内,亚声速气流是减速(dV < 0)、增压(dp > 0)的。因此,亚声速气流在变截面管道中流动时,气流速度与管道截面积之间的关系仍保持不可压流的变化规律。

(2)超声速流($Ma > 1$)。$1 - Ma^2 < 0$,dV与dS同号,即dV与dS的变化相同。因此,超声速气流在变截面管道中流动时,气流速度与截面积之间的关系恰好与亚声速流的情况相反。即在收缩管道(dS < 0)内,气流是减速的(dV < 0);在扩张管道(dS > 0)内,气流是加速的(dV > 0)。

图5.2.1描绘了几种流动类型。一般说来,使气流加速、降压的管道称为喷管,使气流减速、增压的管道称为扩压器。

管道截面积的变化对亚声速流、超声速流影响不同的结论,也可以由式(3.3.4)及图3.3.2直接得出。下面从Ma数不同时气体压缩性不同的角度出发,再解释一下导致这种物理现象发生的原因。由方程$\dot{m} = \rho SV = \mathrm{const}$可知,若管道是收缩的(dS < 0),则$\rho V$值增加,满足该条件的情况无非有三种:$\rho$、$V$均增加;$V$增加而$\rho$下降,但$V$的增加量大于$\rho$的下降量;$V$下降而$\rho$增加,但$V$的下降量小于$\rho$的增加量。根据忽略重力项的动量方程微分形式及声速公式可得

$$-Ma^2\frac{\mathrm{d}V}{V} = \frac{\mathrm{d}\rho}{\rho}$$

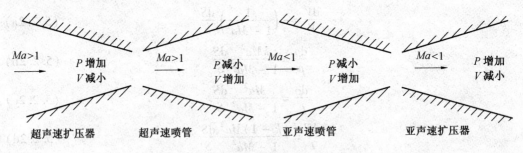

图 5.2.1　　几种变截面管道的流动类型

于是可知,上述的第一种情况不可能存在,即速度与密度的变化方向必然是相反的;第二种情况必出现在 $Ma < 1$ 的亚声速流中,即速度变化对 ρV 值的增加起主导作用;第三种情况必出现在 $Ma > 1$ 的超声速流中,即密度变化对 ρV 值的增加起主导作用。当管道为扩张形状时($dS > 0$),情况正好相反。因此,在超声速流动中,气体的可压缩性对流动参数变化的影响显得尤为重要。

（3）声速流（$Ma = 1$）。由于 $dp, d\rho, dT, dV, dMa$ 都不会趋于无穷大,故当 $Ma = 1$,即 $1 - Ma^2 = 0$ 时,必有 $dS = 0$。满足 $dS = 0$ 的截面只能是流道最大截面积处或最小截面积处,但是亚声速流在收缩管道中才能加速至声速,超声速流也是在收缩流道中才能减速至声速,因此只有在流道最小截面积（用 S_t 表示）处气流速度才能达到声速,此时该截面称为临界截面。显然,临界截面的概念既与管道截面的几何特征有关（最小截面积处）,也与流动状态有关（流速等于声速）,不能简单地理解为最小截面就是临界截面。最小截面是否达到声速还必须由一定的管道进出口截面的压强差来决定。比如,管道进出口截面压强相差较小,整个管道内的流动都是亚声速的,最小截面处速度最大但并没有达到声速,也就是说,管道喉部并没有达到临界状态,自然就不能称为临界截面。

由流量公式 $\dot{m} = K \dfrac{p^*}{\sqrt{T^*}} S q(\lambda)$ 可知,对于一个几何参数确定的管道而言,它所能通过的最大流量 $\dot{m}_{max}$ 仅取决于 $q(\lambda)$ 的大小,当 $\lambda = 1$ 或 $Ma = 1$ 时,有 $q(\lambda)_{max} = 1$,另一方面,$Ma = 1$ 又只能在最小截面处达到,因此 $\dot{m}_{max} = K \dfrac{p^*}{\sqrt{T^*}} S_t$,即当某管道最小截面处气流速度等于声速时,通过该管道的流量达到最大值。通过上述讨论可以看出,亚声速气流在收缩管道内是做加速运动的,最小截面处气流速度最大,当最小截面处的最大气流速度等于声速,即 $Ma = 1$ 时,管道所能通过的流量达到最大值;而超声速气流在收缩管道内做减速运动,气流速度在最小截面处最小,即 $q(\lambda)$ 最大,当该处气流速度等于声速时,管道所能通过的流量达到最大值。

那么,亚声速气流在收缩管道出口截面（最小截面积处）是否能够达到超声速呢？显然不能。因为气流速度是从亚声速开始增加的,如果出口截面处 $Ma > 1$,就意味着出口截面前的某个截面处必有 $Ma = 1$,这就与前面所说的当 $Ma = 1$ 时 $dS = 0$ 相悖了。因此,亚声速气流在收缩管道最小截面处所能达到的最大速度就是声速。通过类似的分析可知,超声速气流在收缩管道最小截面积处所能达到的最小速度也是声速。所以,单纯的管道收缩不可能使亚声速气流加速至超声速气流,或超声速气流减速至亚声速气流,而必须采用收缩 – 扩张形管道(图 5.2.2)。例如,要使气流从亚声速加速至超声速,管道的截面形状在亚声速段应是收缩的,在超声速段应是扩张的,而且声速流出现在最小截面处。当然,要产生超声速气流,管道上、下游

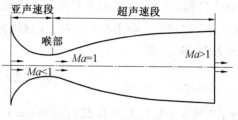

图 5.2.2　拉伐尔喷管

还必须有足够的压力差,但管道先收缩后扩张这一点是必要的几何条件。这种收缩 – 扩张形喷管是 1889 年瑞典工程师拉伐尔发明的,故称之为拉伐尔喷管。

5.2.2　收缩喷管

亚声速气流在截面积逐渐缩小的管道内将不断加速,这种管道就是收缩喷管(或称为收敛喷管)。收缩喷管在许多实验设备(如风洞、管路系统的喷嘴)和涡轮喷气发动机中均得到了广泛应用。比如,通过调节收缩喷管进出口的压强比,可以在喷管出口得到所需 Ma 数的均匀亚声速气流;在涡轮喷气发动中,喷管进口的燃气具有较高的总温和总压,在喷管进出口压强差的作用下,高温燃气在喷管中加速、膨胀,气体的部分热焓转换为动能,在喷管出口以很高的速度喷出,使发动机产生很大的推力。由例 2.2.2 可知,喷气速度越大,则发动机的推力也越大。

假设喷管中的流动为理想气体的绝能等熵流动,喷管各截面上的总温和总压都相同,且均等于喷管进口截面上的气流总温和总压。以脚标"e"表示喷管出口的气流参数,"0"表示进口截面的气流参数,则有 $T_0^* = T_e^* = T^*$, $p_0^* = p_e^* = p^*$。由能量方程式(3.2.2)、等熵关系式及式(3.2.3) 得

$$V_e = \sqrt{2c_p(T_e^* - T_e)} = \sqrt{\frac{2k}{k-1}RT_e^*\left(1 - \frac{T_e}{T_e^*}\right)} = \sqrt{\frac{2k}{k-1}RT_e^*\left[1 - \left(\frac{p_e}{p_e^*}\right)^{\frac{k-1}{k}}\right]}$$

$$Ma_e = \sqrt{\frac{2}{k-1}\left[\left(\frac{p_e^*}{p_e}\right)^{\frac{k-1}{k}} - 1\right]}$$

$$V_e = Ma_e \cdot a_e = \lambda_e \cdot a_{cr} \tag{5.2.3}$$

式(5.2.3) 表明,喷管出口截面上的气流速度主要取决于气流总温 T_e^* 和压强比 p_e/p_e^*,其次还与气体性质(k 值) 有关。对于给定的气体,当 T_e^* 不变时,p_e/p_e^* 越小,气体在喷管中膨胀、加速得越厉害,由于 $h_e^* = h_e + \dfrac{V_e^2}{2}$,这就意味着可以把更多的焓转变为动能,喷管出口截面上的气流速度 V_e 越大。当 p_e/p_e^* 不变时,T_e^* 越高即气流总能量增加,由于 $\dfrac{T_e}{T_e^*} = \left(\dfrac{p_e}{p_e^*}\right)^{\frac{k-1}{k}}$,则 T_e 增加,V_e 也越大。也就是说,气流总能量增加,一部分用于提高静温 T_e,另一部分用于增加动能。

但是,前面的讨论也表明,亚声速气流在收缩管道中的速度增加是有限的,在最小截

面(出口截面)处,速度最大只能等于当地声速,即 Ma_e 最大只能为 1,而 Ma_e 又是与压强比 p_e/p^* 对应的。将 $Ma_e = 1$ 时的压强比 p_{ecr}/p^* 称为临界压强比,记作 β_{cr},它的数值由式(3.2.7)确定,即

$$\beta_{cr} = \frac{p_{ecr}}{p_e^*} = \left(\frac{2}{k+1}\right)^{\frac{k}{k-1}} \tag{5.2.4}$$

对于空气 $k = 1.4$,$\beta_{cr} = 0.528$;对于 $k = 1.33$ 的燃气,$\beta_{cr} = 0.5404$。

通过喷管的流量为

$$\dot{m} = K\frac{p_0^*}{\sqrt{T_0^*}}S_0 q(\lambda_0) = K\frac{p_e^*}{\sqrt{T_e^*}}S_e q(\lambda_e) \tag{5.2.5a}$$

当压强比 p_e/p_e^* 下降时,λ_e 将随之增大,则亚声速流动时,$q(\lambda_e)$ 也随之增大,通过喷管的流量 $\dot{m}$ 相应增大。当出口截面上气流压强比达到 β_{cr} 时,因为当 $\lambda_e = 1$ 时,$q(\lambda_e) = 1$,故流量达到最大值,即

$$\dot{m}_{max} = K\frac{p_e^*}{\sqrt{T_e^*}}S_e \tag{5.2.5b}$$

因此,对于给定出口截面积的收缩喷管,在总温、总压一定的条件下,喷管流量的增加是有限的。一旦喷管出口截面的气流达到临界状态,喷管截面积最小的出口截面(通常把最小截面称为喉部或喉部截面)就成为临界截面,通过喷管的流量达到最大值,其数值由式(5.2.5b)确定。显然,这时无论再怎样降低压强比(或背压),都无法进一步增大流量。也就是说,在一定条件下变截面管道中通过的流量有一定的限制,再多就被"堵"住了,即发生了所谓的壅塞现象。

为了了解喷管出口处的外界环境压力(称为背压,用 p_b 表示)对收缩喷管中气体流动的影响,参看如图 5.2.3(a)所示的实验装置。喷管进口的气流来自大气,喷管出口通过稳压箱与真空箱相连,真空箱内的空气被真空泵抽走而造成低压,稳压箱内气体的压强由阀门控制,即喷管出口的外界环境压力 p_b 在实验中可以改变,而喷管中气流的总压、总温在实验中不变,它们的值就是大气的压强和温度。在实验中,当背压逐渐改变时,可测出对应的喷管出口气流压强 p_e、喷管内气流压强沿轴向分布等,再根据大气压强及温度就可以算出相对流量 $\dot{m}/\dot{m}_{max}$,如图 5.2.3(b)、(c)所示。

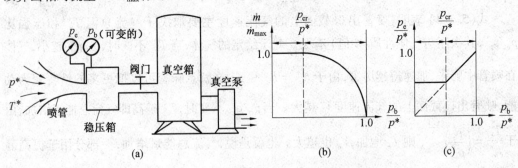

图 5.2.3   收缩喷管实验装置及参数变化曲线

　　从实验曲线可以看出,喷管内气体的流动分为三种状态:

　　(1) 亚临界流动状态。当阀门逐渐开大时,稳压箱内的气体压力 p_b(即外界压力) 逐渐降低,喷管出口气流速度不断增大,通过的流量也相应增大,这时整个喷管内的流动是亚声速的,因此背压 p_b 变化所引起的扰动(以声速传播) 可以逆流传遍整个喷管,即 p_b 的变化可以影响整个喷管内的流动。例如,式(5.2.5a)表明,随着通过喷管流量的增加,喷管进口截面的 λ_0 也是增大的,而压力下降。由 $Ma_e < 1$ 可知,此时压强比 $\dfrac{p_b}{p_*^*} = \dfrac{p_e}{p_*^*} > \beta_{cr}$,这种流动状态称为亚临界流动状态。在这种流动状态下,喷管出口处气流压强 p_e 等于背压 p_b,气体在喷管中得到完全膨胀。

　　(2) 临界流动状态。当背压 p_b 降至 $\dfrac{p_b}{p_*^*} = \beta_{cr}$ 时,喷管出口处为声速流,即 $Ma_e = 1$,出口气流压强 p_e 仍等于背压 p_b,气体在喷管中得到了完全膨胀,通过喷管的流量达到最大值。这种流动状态称为临界流动状态。

　　(3) 超临界流动状态。当背压降至 $\dfrac{p_b}{p_e^*} < \beta_{cr}$ 时,由于这时出口截面处已是声速流,所以背压引起的扰动不能越过声速面,也就不能影响喷管内的流动,出口截面处的气流压强 p_e 不再随背压 p_b 降低而降低,而是维持 $p_e = p_{ecr} = \beta_{cr}p_*^* > p_b$,出口截面上气流仍是声速流,即 $Ma_e = 1$,流量也仍是最大值。这种流动状态称为超临界流动状态。由于此时喷管出口处的气流压强大于背压,也就是说,气流压强没有完全膨胀到外界背压 p_b,所以这种状态又称未完全膨胀状态。声速气流在出口截面之后将继续膨胀,变成超声速气流。假设收缩喷管为平面喷管,从膨胀波知识可知,超声速气流在喷管出口将形成如图 5.2.4 所示的复杂波系结构。由于出口截面处 $Ma_e = 1$,喷管上下边缘 A, A' 点产生的膨胀波系中的第一道波 AA' 与出口截面重合,而最后一道波 $AC, A'C$ 的参数由 p_b/p_*^* 决定,交于 C 点,$AD, A'D$ 则代表膨胀波束的其余部分。由于气流经过任一道膨胀波后将向外折转微小角度,上下两股气流方向出现不平行,因而 D, C 点将再发出两道膨胀波 DE, DE' 和 CB, CB',以使两股气流平行于喷管轴线方向。可以看出,ACA' 区内气流将经过四道膨胀波系,即 AA', AD 或 $A'D, DF$ 或 DF', AC 或 $A'C$,由于气流只要经过 AA', AD, AC 或 $AA', A'D, A'C$ 后压力就可以等于 p_b,因此 ACA' 区内气流已处于过膨胀状态。设膨胀波 DE, DE' 与 $AC, A'C$ 分别交于 F, F' 点,则 ACA' 区内气流再穿过膨胀波 $FE, F'E'$ 后仍为过膨胀状态,于是 E, E' 点发出弱压缩波并交于 G 点。气流经过压缩波后将向内折转,则 G 点再发出两道弱压缩波 GB, GB' 以使气流方向一致。由上述分析可知,喷管出口后的波系可分为四个子区:① ACA' 区为多组膨胀波系的组合区,气流处于过膨胀状态,AA' 面的压力等于喷管出口压力 p_e,流经该区的气流压力低于背压 p_b。应该注意的是,$AC, A'C$ 面上压力是不相等的,紧靠 A, A' 点出口气流压力稍高,而 C 点压力最低。② $A'CB'$ 区、③ ACB 区为膨胀波与弱压缩波的组合区,可近似认为互相抵消。④ BCB' 区为两组压缩波系的组合区,气流被过度压缩,BB' 面压力增至 p_e。由于波系区内压力分布不均匀,气流速度也是不均匀的,因而所有马赫线都不是直线形的,而是呈现曲线形状。对于理想气体,从 AA' 面至 BB' 面间的流谱将顺流周期性重复出现,在实际流动中则将由于黏性、引射效应等的影响而最终消失。

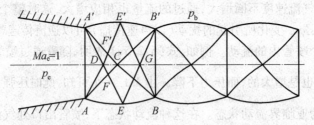

图 5.2.4　超临界状态喷管出口后波系

上面的讨论表明,收缩喷管的工作状态完全是由压强比 p_b/p_e^* 确定的,而与喷管的收缩程度无关。对于每一种工作状态,喷管出口截面上的气流参数具有相应的特点。因此,收缩喷管出口气流参数的计算方法是:先比较 p_b/p_e^* 与 β_{cr} 的大小,以此确定喷管的工作状态,然后根据每种工作状态的特点,求得出口的气流参数。

例 5.2.1　某涡轮发动机的收缩形尾喷管地面试验中,测得其进口处的燃气总压、总温分别为 2.3×10^5 Pa,928.5 K,实验时大气压强为 0.987×10^5 Pa。若燃气比热比 $k = 1.33$,$R = 287.4$ J/(kg·K),喷管出口面积为 $0.167\ 5$ m²。求喷管出口截面上的气流速度、压强及通过喷管的流量。

解　首先判断喷管中气体的流动状态 $\dfrac{p_b}{p_e^*} = \dfrac{0.987 \times 10^5}{2.3 \times 10^5} \approx 0.429$。对于 $k = 1.33$ 的燃气,由 β_{cr} 的计算公式得 $\beta_{cr} = 0.540\ 4$。由于 $\dfrac{p_b}{p_e^*} < \beta_{cr}$,则流动处于超临界工作状态。因此,喷管出口截面上的各气流参数为

$$Ma_e = 1, p_e/\text{Pa} = \beta_{cr} p_e^* = 0.540\ 4 \times 2.3 \times 10^5 \approx 1.243 \times 10^5$$

$$V_e/(\text{m} \cdot \text{s}^{-1}) = a_e = a_{cr} = \sqrt{\frac{2k}{k+1} R T_0^*} = \sqrt{\frac{2 \times 1.33}{1.33 + 1} \times 287.4 \times 928.5} \approx 552$$

$$\dot{m}/(\text{kg} \cdot \text{s}^{-1}) = K \frac{p_e^*}{\sqrt{T_e^*}} S_e = 1.33 \times \frac{2.3 \times 10^5}{\sqrt{928.5}} \times 0.167\ 5 \approx 50.3$$

例 5.2.2　在喷管实验设备中,真空箱内气体压强为 8.0×10^5 Pa,真空泵所抽走的流量为 0.18 kg/s,假设实验时的大气压强、温度分别为 1.013×10^5 Pa,293 K。问收缩喷管中能否形成超临界工作状态? 为了保证喷管能通过最大流量,其出口截面直径应为多少?

解　真空箱内气体的压强就是喷管出口背压,大气压强、温度就是喷管中气流的总压、总温。根据压强比 $\dfrac{p_b}{p_e^*} = \dfrac{8.0 \times 10^3}{1.013 \times 10^5} = 0.079\ 0 < \beta_{cr} = 0.528$ 可知,实验时在喷管中形成超临界工作状态。由于真空泵所能抽走的流量就是最大流量,根据流量公式可有

$$S_e/\text{m}^2 = \frac{\dot{m}\sqrt{T_e^*}}{K p_e^*} = \frac{0.18 \times \sqrt{293}}{0.040\ 4 \times 0.103 \times 10^5} \approx 7.53 \times 10^{-4}$$

所以出口截面直径为

$$d_e/\text{cm} = \frac{\sqrt{4S_e}}{\pi} = 3.1$$

前面已经讨论过,对于给定出口截面积 S_e 的收缩喷管,在总温、总压一定的条件下,当出口截面上的气流压强 $\dfrac{p_b}{p_e^*} = \beta_{cr}$ 时,有 $Ma_e = 1$,通过喷管的流量到达最大值,称这种流动状态为壅塞状态。这时,无论再怎样降低压强比(或背压)都无法使得出口截面处的气流马赫数继续增加、喷管流量增大。而且,改变进口气流总压、总温,也不能使喷管中任一截面上的无量纲参数如 $Ma, p/p^*, T/T^*$ 发生变化。

若在壅塞状态下只增大喷管进口气流总压 p_0^*,由于此时仍有 $\dfrac{p_b}{p_e^*} < \beta_{cr}$,则出口截面处仍为 $Ma_e = 1$,气流速度 $V_e = \lambda_e \cdot a_{cr} = a_{cr}$ 及压强比 $\dfrac{p_e}{p_e^*} = \left(\dfrac{2}{k+1}\right)^{\frac{k}{k-1}}$ 不变。但是,p_e,$\dot{m} = K\dfrac{p_e^*}{\sqrt{T_e^*}}S_e$ 将随 p^* 的增加而成比例增加。若在壅塞状态下只增大进口气流总温 T_0^*,由于 T_0^* 的变化并不影响 p_b/p_e^* 的数值,则 $Ma_e = 1$、压强比 p_b/p_e^* 或出口截面压力 p_e 不变。但是,$V_e = a_{cr} = \sqrt{\dfrac{2k}{k+1}RT^*}$ 将增加,$\dot{m} = K\dfrac{p_e^*}{\sqrt{T_e^*}}S_e$ 将下降。因此,在涡轮喷气发动机中,常采用提高燃气总温的方法来增加喷气速度,以增加单位质量燃气流量所产生的推力。具体方法是在涡轮后对燃气再一次喷油燃烧,即加力燃烧。若出口面积保持不变,提高 T_0^* 将使得 $\dot{m}$ 下降,那么发动机的总推力并不一定是增加的,还需要相应地增大 S_e 才能保证 $\dot{m}$ 不变。若在壅塞状态下只增大 S_e,由于它并不影响压强比的数值,所以 Ma_e, V_e,$p_b/p_e^*, p_e$ 等都保持不变,但 $\dot{m}$ 随 S_e 成比例增加。

设计收缩喷管时,一般要求在喷管出口产生均匀的一维流动,只有设计很平滑的型面,才能使气流在喷管中逐渐得到膨胀,保证进口截面产生的横向压强梯度、径向分速逐渐减小,并在出口截面上趋于零。喷管壁面的设计方法之一就是按维托辛斯基公式来计算壁面型线,如图 5.2.5 所示。其公式为

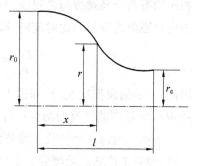

图 5.2.5　收缩喷管型面设计

$$\left(\frac{r_e}{r}\right)^2 = 1 - \left[1 - \left(\frac{r_e}{r_0}\right)^2\right]\frac{\left[1 - \left(\dfrac{x}{l}\right)^2\right]^2}{\left[1 + \dfrac{1}{3}\left(\dfrac{x}{l}\right)^2\right]^3}$$

这种型面的喷管适合于连接两个不同尺寸的管道。它用在亚声速风洞上,经验表明,一直到 $\lambda = 0.90 \sim 0.95$ 的速度范围内,喷管后的速度场是足够均匀的。考虑到附面层的存在,通常还要按附面层位移厚度 δ^* 来修正壁面。

5.2.3　拉伐尔喷管

对于涡轮喷气发动机,当尾喷管出口的气流压力较高或外界环境压力较低时,若采用收缩喷管,就会由于气流在喷管内不能完全膨胀而造成较大的推力损失。为了将更多的焓转变为动能以提高发动机的推力,需要采用拉伐尔喷管。拉伐尔喷管的主要目的是在其出口处获得所需的超声速气流,在这种流动条件下就有可能会出现激波。超声速气流通过激波是非等熵过程,因此拉伐尔喷管内的流动一般是绝能非等熵流动。但是,在不出现激波时,或出现激波时的波前、波后的流动区域,仍可按绝能等熵流动来处理。

对于几何参数已知的拉伐尔喷管,其流动状态及特点通常取决于喷管进口气流总压 p_0^*、总温 T_0^*、喷管出口外界背压 p_b 及面积比 S_e/S_t(S_t 代表喷管喉部即最小截面的面积)。假设拉伐尔喷管内的流动是等熵的,且喉部处为声速流,即 $Ma_t = 1$,则由式(3.3.5)可得到喷管的任一截面面积与喉部面积之比为

$$\frac{S}{S_t} = \frac{1}{q(Ma)} \quad 或 \quad \frac{S}{S_t} = \frac{1}{Ma}\left[\left(1 + \frac{k-1}{2}Ma^2\right)\left(\frac{2}{k+1}\right)\right]^{\frac{k+1}{2(k-1)}} \tag{5.2.6}$$

由图 5.2.6 给出的 S/S_t 与气流 Ma 数的关系曲线可以发现,面积比的数值是由 Ma 数唯一确定的,也就是说,若要在喷管出口截面上得到一定马赫数 Ma_e 的超声速气流,则产生这个指定马赫数的气流所需要的面积比 S_e/S_t 是唯一的。这一点与收缩喷管不同,收缩喷管出口截面上的马赫数与喷管进出口面积比无关,仅由压强比唯一确定。此外,图 5.2.6 还表明每一个面

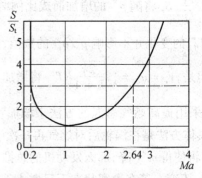

图 5.2.6　等熵流动时喷管 S/S_t 与 Ma 关系

积比均有两个马赫数与之对应,一个是亚声速的,另一是超声速的。由于 Ma_e 又是与喷管进出口截面的压强相比对应的,即

$$\frac{p_e^*}{p_e} = \left(1 + \frac{k-1}{2}Ma_e^2\right)^{\frac{k}{k-1}} = f\left(\frac{S_e}{S_t}\right)$$

因此,一定的面积比 S_e/S_t 和适当的压强比 p_e/p_e^* 是拉伐尔喷管出口截面处得到指定马赫数 Ma_e 的超声速气流的两个不可缺少的条件,前者是必要条件,后者是充分条件。

下面详细讨论当拉伐尔喷管的几何特性(如面积比)、进口截面总压 p_0^* 及总温 T_0^* 给定时,喷管工作状态随喷管下游外界背压 p_b 不同而发生变化的情况。

(1)临界状态。由图 5.2.6 可知,对于一个确定的面积比 S_e/S_t,有两个马赫数与之对应,其中一个是亚声速的。这就意味着,在一个恰当的背压或压强比下,亚声速气流在拉伐尔喷管的收缩段加速,至喉部达到声速,即 $Ma_t = 1$,然后在扩张段减速,至出口处 $Ma_e < 1$,且喷管出口截面压力 p_e 等于背压 p_b,这种流动状态称为拉伐尔喷管的临界状态。气流静压沿喷管轴线的分布如图 5.2.7 中的曲线 b 所示。临界状态的特点是 $Ma_t = 1$,

$Ma_e < 1$ 和 $p_e = p_b$，是一种完全膨胀状态，喷管内无激波，管内流动可看作是等熵的。记临界状态下的喷管出口截面压强或背压为 $p_{Ⅲ}$，即压强比为 $p_{Ⅲ}/p_e^*$。因此，当 $\dfrac{p_b}{p_e^*} = \dfrac{p_{Ⅲ}}{p_e^*}$ 时，喷管的流动为临界状态。该状态下的有关参数如下计算：

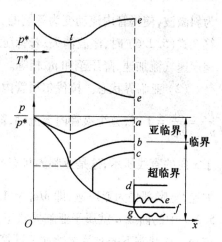

图 5.2.7　拉伐尔喷管内的流动状态

① 喷管出口马赫数 Ma_e，由公式 $q(Ma_e) = \dfrac{S_t}{S_e}$ 计算，且取 $Ma_e < 1$ 的数值。

② 压强比 p_e/p_e^*，由公式 $\dfrac{p_e}{p_e^*} = \dfrac{p_b}{p_e^*} \equiv \dfrac{p_{Ⅲ}}{p_e^*} = \left(1 + \dfrac{k-1}{2}Ma_e^2\right)^{-\frac{k}{k-1}} = \pi(Ma_e)$ 计算。

③ 喷管出口静压 p_e，有 $p_e = p_b$。

④ 通过喷管的流量 $\dot m$ 为最大流量值，由公式 $\dot m_{max} = K\dfrac{p_e^*}{\sqrt{T_e^*}}S_e q(\lambda_e) = K\dfrac{p_0^*}{\sqrt{T_0^*}}S_t$ 计算。

在临界状态下，喷管出口背压的微小扰动可以在扩张段内以声速逆流传播。如果背压增加，意味着通过喉部的最大流量不可能在喷管出口处流出，即出现壅塞现象，于是喉部处 $Ma_t < 1$ 以维持流量守恒，整个喷管内均为亚声速流动，相当于扰动越过了声速线并进而影响整个喷管内的流动。当背压下降时，由于管内流量是不能超过最大流量的（即 $Ma_t = 1$），而且还要求气流压力逐渐下降至等于背压，于是只有在喉部之后的扩张段出现超声速流动才能满足上述要求（因为亚声速流动在扩张段只能是减速增压的），即扩张段内为超声速气流的加速、降压运动，通过截面面积的增加与 $q(\lambda)$ 的减小以维持管内最大流量不变，之后的降压扰动将不会逆流穿过流场的超声速区。但是，前面已经讨论过，压强比、Ma 数与面积比三者之间存在对应的关系，假想这样一种情况，背压只是下降了一个微小量，喉部之后只需很短距离（远未到喷管出口截面）的扩张段内的超声速流动就可以达到背压要求，之后将出现什么样的流动状态呢？超声速气流参数至喷管出口处始终不变？显然这是不可能的，因为喷管截面积的变化必然导致气流参数发生变化。超声速气流在后面的扩张段内继续加速、降压至喷管出口？这也是不可能的，因为这样一来，超声速气流在喷管出口截面上的压力必然小于外部背压，整个流场的流动参数还应该接着发生变化，也就是说，这不是一个稳定的流动状态。于是只可能出现下面这种流动情形，喉部之后的超声速气流经过一段加速、降压流动后，压力比背压还要低一些，使得喷管内的某个恰当截面处出现一道正激波，气流压强增大且变为亚声速流，然后亚声速气流在激波后的扩张段做减速、增压流动，至喷管出口截面处与背压一致。推而论之，若背压下降得再多一些，由于波后压力下降使得激波逆流传播速度减小，于是喷管内的激波将顺流向后移至一个新的稳定位置；若背压持续下降，激波将逐渐后移到喷管出口截面处，甚至转变

为斜激波,使得管内流动变为等熵的;当压强比下降到与出口截面马赫数 Ma_e 之间的关系符合式(5.2.6)时,激波消失;若背压还在下降,那么将在喷管出口后出现膨胀波系,使得超声速气流加速、降压至和 p_b 相等。

(2)亚临界状态。拉伐尔喷管内的流动全部为亚声速时,称为亚临界状态。例如,当 $\dfrac{p_e}{p_e^*} = \dfrac{p_b}{p_e^*} = 1$ 时,整个喷管内无流动,静压等于总压且沿喷管轴线不变,如图 5.2.7 中平行于 x 向的直线所示,这是亚临界状态的一种极限情况。当 $1 > \dfrac{p_b}{p_e^*} > \dfrac{p_Ⅲ}{p_e^*}$ 时,气流在收缩段加速,至喉部仍为亚声速,即 $Ma_t < 1$,之后在扩张段减速,至出口处 $Ma_e < 1$,$p_e = p_b$。图 5.2.7 中的曲线 a 就属于亚临界状态,气流在喷管内得到完全膨胀,整个喷管内为亚声速流动。该状态下的有关参数如下计算:

① 喷管出口马赫数 Ma_e,由公式 $\dfrac{p_b}{p_e^*} = \left(1 + \dfrac{k-1}{2}Ma_e^2\right)^{-\frac{k}{k-1}}$ 计算。

② 喷管出口静压 p_e,有 $p_e = p_b$。

③ 通过喷管的流量 $\dot{m}$,由公式 $\dot{m} = K\dfrac{p_e^*}{\sqrt{T_e^*}}S_e q(\lambda_e)$ 计算。

(3)超临界状态。当 $\dfrac{p_Ⅲ}{p_e^*} > \dfrac{p_b}{p_e^*}$ 时,拉伐尔喷管内的流动称为超临界状态。此时,气流在收缩段加速,至喉部 $Ma_t = 1$,之后在扩张段内的流动根据 p_b/p_e^* 的大小不同,可能有下述几种情况:

① 气流在扩张段内继续加速,至出口处 $Ma_e > 1$,同时气流在喷管出口达到完全膨胀状态,即 $p_e = p_b$,整个扩张段内无激波,出口外也无激波或膨胀波,气流静压沿喷管轴线的分布如图 5.2.7 中的曲线 f 所示,这种状态也是拉伐尔喷管的设计状态。记该状态下的出口截面压强或背压为 $p_Ⅰ$,压强比为 $p_Ⅰ/p_e^*$。当 $\dfrac{p_b}{p_e^*} = \dfrac{p_Ⅰ}{p_e^*}$ 时,喷管内的流动为超临界状态,且气流在喷管出口达到完全膨胀。其特点是 $Ma_t = 1$,$Ma_e > 1$ 和 $p_e = p_b$,该状态下的有关参数如下计算:

a. 喷管出口马赫数 Ma_e,由公式 $q(Ma_e) = \dfrac{S_t}{S_e}$ 计算,且取 $Ma_e > 1$ 的数值。

b. 压强比 $\dfrac{p_e}{p_e^*}$,由公式 $\dfrac{p_e}{p_e^*} = \dfrac{p_b}{p_e^*} \equiv \dfrac{p_Ⅰ}{p_e^*} = \pi(Ma_e)$ 计算。

c. 喷管出口静压 p_e,有 $p_e = p_b = p_Ⅰ$。

d. 通过喷管的流量为最大,即 $\dot{m} = \dot{m}_{max}$。

② 当 $\dfrac{p_Ⅰ}{p_e^*} > \dfrac{p_b}{p_e^*}$ 时,由于在背压满足 $\dfrac{p_Ⅰ}{p_e^*} = \dfrac{p_b}{p_e^*}$ 的条件下,喷管出口处已有 $Ma_e > 1$,那么再降低背压使 $p_Ⅰ > p_b$,这种压力扰动无法逆流影响喷管出口截面以及喷管内的流动,因

此喷管内的流动状况与①的情形相同,即 p_b 的变化不会影响到喷管内的流动,且有 $p_e = p_I > p_b$ 成立,气流在喷管内没有得到完全膨胀。因此,超声速气流将在喷管出口产生膨胀波束。其流动特点为 $Ma_t = 1, Ma_e > 1, p_e = p_I > p_b, \dot{m}$ 达到最大值。如图 5.2.7 中的曲线 f 所示,这是一种未完全膨胀状态。$Ma_e, \dot{m}$ 的计算方法与①相同。

③当 $\dfrac{p_{II}}{p_e^*} \geqslant \dfrac{p_b}{p_e^*} > \dfrac{p_I}{p_e^*}$ 时,与②的情形类似,压力扰动仍不能逆流影响喷管出口处及喷管内的流动。但是,由于此时背压 p_b 大于喷管出口压力 $p_e = p_I$,如图 5.2.7 中的曲线 e 所示,气流将在出口产生斜激波以提高压力至 p_b,其强度由激波前后压强比 p_b/p_e(即 p_b/p_I)确定。随这个压强比的不断增加,激波不断增强,激波角 β 逐渐加大,当 β 增加到 90° 时,斜激波变为紧贴在喷管出口截面的一道正激波,如图 5.2.7 中的曲线 d 所示,这种流动称为过膨胀状态。显然,这种状态下背压 p_b 的变化仍不会影响到喷管内的流动,喷管内的流动特点、气流参数计算方法等与前面相同,但喷管出口后的流动就不一样了。记该状态下的外界背压为 p_{II},压强比 p_{II}/p_e^* 可根据正激波前后压强比 p_{II}/p_e^*(即 p_{II}/p_I)的关系式(4.3.9)确定,即

$$\frac{p_{II}}{p_e^*} = \frac{p_{II}}{p_I} \frac{p_I}{p_e^*} = \left(\frac{2k}{k+1} Ma_e^2 - \frac{k-1}{k+1} \right) \pi(Ma_e) \tag{5.2.7}$$

④当 $\dfrac{p_{III}}{p_e^*} > \dfrac{p_b}{p_e^*} > \dfrac{p_{II}}{p_e^*}$ 时,在这个压强比范围内,随压强比增加,即正激波前后压强比增加,激波逆流传播速度加大,正激波将逐渐向喷管内移动。随着逆向距出口截面距离的加大,喷管扩张段内超声速气流压力越高,马赫数越小,这就意味着波前压力增加,激波强度及其逆流传播速度下降。因此当激波移动到喷管内的某个截面处,其传播速度与超声速气流速度相等时,激波就会稳定在这个位置,如图 5.2.7 中的曲线 c 所示。在激波前的扩张段,超声速气流为加速、降压流动,经过正激波后,气流压强增加且变为亚声速流,波后亚声速流在扩张段内减速增压,直至出口处 $Ma_e < 1, p_e = p_b$。此时喉部 $Ma_t = 1, \dot{m} = \dot{m}_{max}$。若压强比继续增加,激波越接近喷管喉部,波前压力越高,激波强度越弱,当激波恰好移动至喉部时,波前马赫数为 1,激波就不存在了,此时也就是前面所说的临界状态。

管内激波的位置可以这样计算。令 S_s 表示激波所处截面的面积,对临界截面和出口截面应用连续方程,即

$$K \frac{p_0^*}{\sqrt{T_0^*}} S_t = K \frac{p_e}{\sqrt{T_e^*}} S_e y(\lambda_e) = K \frac{p_b}{\sqrt{T_0^*}} S_e y(\lambda_e)$$

可有 $y(\lambda_e) = \dfrac{p_0^*}{p_b} \dfrac{S_t}{S_e}$,查表或计算得到 λ_e 或 Ma_e,再次应用连续方程,即

$$K \frac{p_0^*}{\sqrt{T_0^*}} S_t = K \frac{p_e^*}{\sqrt{T_e^*}} S_e q(\lambda_e) = K \frac{\sigma(Ma_s) p_0^*}{\sqrt{T_e^*}} S_e q(\lambda_e)$$

则可计算出激波总压恢复系数 $\sigma(Ma_s) = \dfrac{S_t}{S_e}\dfrac{1}{q(\lambda_e)}$，查表或计算得到 Ma_s。由于喉部与激波前的超声速流动区域内的流动是绝能等熵的，则有

$$q(\lambda_s) = \frac{S_t}{S_s} \text{ 或 } S_s = \frac{S_t}{q(\lambda_s)}$$

最后，把喷管下游背压 p_b 对拉伐尔喷管中流动的影响归纳为表 5.2.2。

表 5.2.2　喷管下游背压 p_b 对位伐尔喷管中流动的影响

影　　响		状　　态
$\dfrac{p_b}{p^*} > \dfrac{p_{\text{III}}}{p^*}$	管内全为亚声速流动	亚临界状态
$\dfrac{p_b}{p^*} = \dfrac{p_{\text{III}}}{p^*}$	$Ma_t = 1$，收缩段和扩张段均为亚声速流动	临界状态
$\dfrac{p_{\text{III}}}{p^*} > \dfrac{p_b}{p^*} > \dfrac{p_{\text{II}}}{p^*}$	$Ma_t = 1$，$Ma_e < 1$，$p_e = p_b$，扩张段内有激波	
$\dfrac{p_b}{p^*} = \dfrac{p_{\text{II}}}{p^*}$	$Ma_t = 1$，$Ma_e > 1$，$p_e < p_b$，正激波位于喷管出口	
$\dfrac{p_{\text{II}}}{p^*} > \dfrac{p_b}{p^*} > \dfrac{p_{\text{I}}}{p^*}$	$Ma_t = 1$，$Ma_e > 1$，$p_e < p_b$，过膨胀状态，出口有斜激波	超临界状态
$\dfrac{p_b}{p^*} = \dfrac{p_{\text{I}}}{p^*}$	$Ma_t = 1$，$Ma_e > 1$，$p_e = p_b$，完全膨胀状态	
$\dfrac{p_{\text{I}}}{p^*} > \dfrac{p_b}{p^*}$	$Ma_t = 1$，$Ma_e > 1$，$p_e > p_b$，未完全膨胀状态，出口有膨胀波	

例 5.2.3　已知空气在拉伐尔喷管中流动，背压与进口气流总压之比为 $\dfrac{p_b}{p_e^*} = 0.667$，面积比 $\dfrac{S_t}{S_e} = 0.2857$。试问，喷管中有无激波存在？若有激波，求面积比 S_s/S_t。

解　① 首先求出与喷管工作状态对应的三个特征压强比。根据式(5.2.6)查表或计算，得到与面积比 $\dfrac{S_t}{S_e} = 0.2857$ 对应的两个马赫数，即亚声速的 $\lambda_{e\text{III}} = 0.1857$ 和超声速的 $\lambda_{e\text{I}} = 1.914$。得到 $\dfrac{p_{\text{I}}}{p_e^*} = \pi(\lambda_{e\text{I}}) = 0.03685$ 和 $\dfrac{p_{\text{III}}}{p_e^*} = \pi(\lambda_{e\text{III}}) = 0.98$。再由式(5.2.7)及 $\lambda_{e\text{I}}$，计算激波在出口截面时的压强比 $\dfrac{p_{\text{II}}}{p_e^*} = \dfrac{p_{\text{II}}}{p_{\text{I}}}\dfrac{p_{\text{I}}}{p_e^*} = 0.3309$。于是可知

$$\frac{p_{\text{III}}}{p_e^*} = 0.98 > \frac{p_b}{p_e^*} = 0.667 > \frac{p_{\text{II}}}{p_e^*} = 0.3309$$

即喷管中有激波存在。

② 由公式得到 $y(\lambda_e) = \dfrac{p_e^*}{p_b}\dfrac{S_t}{S_e} = 0.4286$，查表或计算得到 $\lambda_e = 0.269$；再由公式

$$\sigma(Ma_s) = \frac{S_t}{S_e}\frac{1}{q(\lambda_e)}$$ 可得到 $\sigma(Ma_s) = 0.6955$，查表或计算得到 $Ma_s = 2.054$；于是可知面

积比$\dfrac{S_{s}}{S_{t}} = \dfrac{1}{q(\lambda_{s})} = 1.76$。

例 5.2.4 某发动机在飞机起飞时,喷管内气流总压、总温分别为 2.3×10^{5} Pa, 928.5 K,若使气流在喷管内得到完全膨胀,应采用面积比 S_{e}/S_{t} 为多大的拉伐尔喷管? 这时的喷气速度比采用收缩喷管时的速度大多少? 设大气压强为 0.981×10^{5} Pa,燃气比热比 $k = 1.33$。

解 当气流在拉伐尔喷管内完全膨胀时,有 $p_{e} = p_{b} = 0.981 \times 10^{5}$ Pa,于是

$$\pi(\lambda_{e}) = \frac{p_{e}}{p_{e}^{*}} = 0.4265$$

按 $\pi(\lambda_{e})$ 计算或和查表,可得到 $\lambda_{e} = 1.16$。再按式(5.2.6)可得面积比 $\dfrac{S_{e}}{S_{t}} = \dfrac{1}{q(\lambda_{e})} = 1.03$。

当采用收缩喷管时,由于 $\dfrac{p_{b}}{p_{e}^{*}} = 0.4265$ 而 $\beta_{cr} = 0.5404$,即流动处于超临界工作状态且 $\lambda_{e} = 1$,于是,喷管出口 $V_{e} = a_{cr}$。而采用拉伐尔喷管时,由于有 $V_{e} = \lambda_{e} a_{cr} = 1.16 a_{cr}$。因此, 喷气速度比采用收缩喷管时的速度大 16%。

与收缩喷管相比,总压较高(或压强比 p_{b}/p_{e}^{*} 较小)的气流在拉伐尔喷管中能得到更多的膨胀, 喷管出口截面的喷气速度较大,因而用在发动机上,就可以使发动机产生更大的推力。但是,面积比 S_{e}/S_{t} 不变的拉伐尔喷管,气流的膨胀程度也是一定的,即 p_{e}/p_{e}^{*} 是一定的。而涡轮喷气发动机在飞行过程中,由于发动机转速、飞行高度和速度都在宽广的范围内变化,压强比 p_{b}/p_{e}^{*} 变化很大。

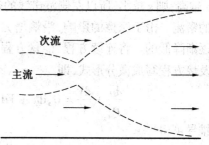

图 5.2.8 气流在组合喷管中的流动

因而,要使发动机尾喷管在任何飞行情况下都在最佳状态下(即 $p_{e} = p_{b}$ 的完全膨胀状态) 工作,就要求喷管面积比 S_{e}/S_{t} 要随着 p_{b}/p_{e}^{*} 的变化而变化,也就是说,拉伐尔喷管扩张段的几何尺寸要随着 p_{b}/p_{e}^{*} 的变化而变化,这在结构上是很难实现的。因此,在涡轮喷气发动机中常采用组合喷管(或称引射喷管)来解决这个问题。如图 5.2.8 所示,在发动机尾喷管的外面套一个外罩,这样在尾喷管和外罩之间又形成了第二个环形喷管,称为次喷管,原来的喷管称为主喷管。主喷管可以是收缩喷管,也可以是面积比 S_{e}/S_{t} 不是很大的拉伐尔喷管。发动机的燃气从主喷管中流出,称为主流,次喷管内另外引入一股压强和温度都较燃气低的空气流,称为次流。由于主流在主喷管中没有得到完全膨胀,在主喷管出口,主流压强高于次流压强。因此,在喷管出口之后的外罩内,主流继续膨胀,气流截面扩大,压强下降,速度增大,周围的次流形成主流的"流体"壁面,起着拉伐尔喷管扩张段的作用。次流的流量、压强是可以调节的,调节次流的压强可以控制主流在外罩的膨胀程度,这样在外罩内相当于形成一个截面积可以随工作状态变化的拉伐尔喷管。在设计组合喷管时,使得外罩出口截面上的气流压强和周围大气压强相等,这样,主流在组合喷管中得到完全膨胀,这种流动状态称为设计状态。

5.3　等截面摩擦管流

摩擦在实际的管道流动中总是存在的,为了着重分析摩擦对气流参数的影响,假设流动为一维定常流动,与外界没有热量、功的交换,管道是等截面的,称为等截面摩擦管流,也称为范诺流。所谓范诺线就是给定总焓 h^* 和密流 $\dot{m}/S$ 时等截面管流的焓-熵曲线,它满足能量方程、连续方程和状态方程,显然范诺线可以用来描述等截面摩擦管流中的焓-熵变化。连续方程、能量方程可分别写为

$$\frac{\dot{m}}{S} = \rho V = \mathrm{const}_1 \text{ 和 } h^* = h + \frac{V^2}{2} = \mathrm{const}_2$$

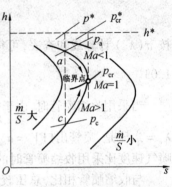

图 5.3.1　范诺线

选定某个速度 V 后,可以得到 $h = h^* - \dfrac{V^2}{2}$,再根据 $T = \dfrac{h}{c_p}$, $\rho = \dfrac{\dot{m}}{VS}$,得到 $s = c_V \ln \dfrac{T}{\rho^{k-1}}$。改变 V 值,就可以逐点绘出一条 h-s 线;改变 $\dot{m}/S$ 值,就可以绘出不同密流条件下的多条范诺线,如图 5.3.1 所示。在 h^*,V 不变的条件下,$\dot{m}/S$ 或 ρ 越高,则 s 越小,所以左侧范诺线的密流大于右侧范诺线的密流。由于摩擦的影响,沿熵增方向,范诺线的总压是逐渐降低的。将连续方程、能量方程、完全气体的焓方程及熵方程写成微分形式,即

$$\frac{\mathrm{d}\rho}{\rho} + \frac{\mathrm{d}V}{V} = 0, \mathrm{d}h + V\mathrm{d}V = 0, \mathrm{d}h = c_p\mathrm{d}T, \quad \mathrm{d}s = c_V\frac{\mathrm{d}T}{T} - R\frac{\mathrm{d}\rho}{\rho}$$

推导可得

$$\mathrm{d}s = c_V\frac{\mathrm{d}T}{T} + R\frac{\mathrm{d}V}{V} = c_V\frac{\mathrm{d}T}{T} - \frac{R}{k-1}\frac{\mathrm{d}h}{V^2} = c_V\frac{\mathrm{d}T}{T} - \frac{R}{k-1}\frac{kRT}{V^2}\frac{1}{\frac{k}{k-1}RT}\mathrm{d}h =$$

$$c_V\frac{\mathrm{d}T}{T} - c_V\frac{1}{Ma^2}\frac{\mathrm{d}h}{c_pT} = c_V\frac{\mathrm{d}(c_pT)}{c_pT} - c_V\frac{1}{Ma^2}\frac{\mathrm{d}h}{h} =$$

$$\frac{R}{k-1}\left(1 - \frac{1}{Ma^2}\right)\frac{\mathrm{d}h}{h}$$

可以看出:

(1)当 $Ma < 1$ 时,$\mathrm{d}h$ 与 $\mathrm{d}s$ 异号,在 h-s 图上斜率为负,于是范诺线的上半支对应亚声速流;当 $Ma > 1$ 时,$\mathrm{d}h$ 与 $\mathrm{d}s$ 同号,在 h-s 图上斜率为正,于是范诺线的下半支对应超声速流;当 $Ma = 1$ 时,$\mathrm{d}s = 0$,临界点处熵值最大。

(2)由热力学第二定律可知,对于绝热的黏性(摩擦)流动,熵不能减小,总是增大,即 $\mathrm{d}s > 0$,因此气流沿范诺线的变化方向只能是趋于右方。因此,若管道中某截面处的流动是亚声速的,则摩擦作用使其马赫数增加,焓值减小,熵值增加,且单独的摩擦作用不能使亚声速流增速至超声速流。若管道中某截面处的流动是超声速的,则摩擦作用使其马赫数减小,焓值增加,熵值增加,且单独的摩擦作用也不能使超声速流减速至亚声速流。

（3）在摩擦管流中，超声速流可以通过激波间断跃变到范诺线的亚声速分支上。

化简式(5.1.1) ~ (5.1.4)，得

$$\frac{\mathrm{d}\rho}{\rho} + \frac{\mathrm{d}V}{V} = 0 \tag{5.3.1a}$$

$$\frac{1}{kMa^2}\frac{\mathrm{d}p}{p} + \frac{\mathrm{d}V}{V} = -2f\frac{\mathrm{d}x}{D} \tag{5.3.1b}$$

$$\frac{\mathrm{d}T}{T} + (k-1)Ma^2\frac{\mathrm{d}V}{V} = 0 \tag{5.3.1c}$$

$$\frac{\mathrm{d}p}{p} - \frac{\mathrm{d}\rho}{\rho} - \frac{\mathrm{d}T}{T} = 0 \tag{5.3.1d}$$

从上述方程组中可以解出气动参数的变化与 $4f\dfrac{\mathrm{d}x}{D}$ 的关系为

$$\frac{\mathrm{d}p}{p} = -\frac{kMa^2[1 + (k-1)Ma^2]}{2(1 - Ma^2)}\left(4f\frac{\mathrm{d}x}{D}\right) \tag{5.3.2a}$$

$$\frac{\mathrm{d}V}{V} = \frac{kMa^2}{2(1 - Ma^2)}\left(4f\frac{\mathrm{d}x}{D}\right) \tag{5.3.2b}$$

$$\frac{\mathrm{d}\rho}{\rho} = -\frac{kMa^2}{2(1 - Ma^2)}\left(4f\frac{\mathrm{d}x}{D}\right) \tag{5.3.2c}$$

$$\frac{\mathrm{d}T}{T} = -\frac{k(k-1)Ma^4}{2(1 - Ma^2)}\left(4f\frac{\mathrm{d}x}{D}\right) \tag{5.3.2d}$$

再由式(5.1.5) ~ (5.1.8) 得

$$\frac{\mathrm{d}Ma}{Ma} = \frac{kMa^2\left(1 + \dfrac{k-1}{2}Ma^2\right)}{2(1 - Ma^2)}\left(4f\frac{\mathrm{d}x}{D}\right) \tag{5.3.2e}$$

$$\frac{\mathrm{d}p^*}{p^*} = -\frac{kMa^2}{2}\left(4f\frac{\mathrm{d}x}{D}\right) \tag{5.3.2f}$$

$$\frac{\mathrm{d}s}{c_p} = \frac{(k-1)Ma^2}{2}\left(4f\frac{\mathrm{d}x}{D}\right) \tag{5.3.2g}$$

$$\frac{\mathrm{d}F}{F} = -\frac{kMa^2}{2(1 + kMa^2)}\left(4f\frac{\mathrm{d}x}{D}\right) \tag{5.3.2h}$$

习惯上，取流动方向为 x 的正方向，即 $\mathrm{d}x > 0$，而摩擦力系数 f 也为正值。因此，式 (5.3.2) 给出的气流诸参数的微分变量的正负就仅与 Ma 数的大小有关了。于是，得到如下结论：

① 在绝热摩擦管流中，总压和冲量总是不断减小的，即摩擦作用引起机械能损失，减少了可用功，喷气推进装置中则是推力减小。

② 无论亚声速流还是超声速流，摩擦沿流向都引起熵的增加。

③ 无论亚声速流还是超声速流，摩擦作用总是使气流的速度趋于声速，即 Ma 数趋于 1（临界状态），然而单靠摩擦作用，不可能使亚声速流增速至超声速流，也不可能使超声速流减速至亚声速流（除非出现激波）。

从式(5.3.2b) 可以看出，当 $Ma < 1$ 时，摩擦作用使 $\mathrm{d}V > 0$，即亚声速气流加速；当

$Ma > 1$ 时,摩擦作用使 $\mathrm{d}V < 0$,即超声速气流减速;当 $Ma = 1$ 时,则应有 $\mathrm{d}x = 0$,即临界状态只能出现在出口截面(否则 $\mathrm{d}V$ 将趋于无穷大)。单靠摩擦作用不会改变流动的亚声速或超声速性质,因为在 $\dfrac{4f\mathrm{d}x}{D} \geqslant 0$ 和 $Ma = 1$ 的条件下,马赫数无法顺利过渡(分母无穷大)。

此外,还可以从另一个角度解释这个问题。摩擦使得气体的流动过程变为有损失的非等熵过程,气流总压将会下降,根据流量公式可知,若要保持流量守恒,则 $q(\lambda)$ 必须增加。因此,对于亚声速流动,λ 数或气流速度是增加的,对于超声速流动,λ 数或气流速度是减小的。

如图 5.3.2 所示,在摩擦管流中取任意截面 1、2,它们之间的距离为 L,将式(5.3.2e)改写为积分形式为

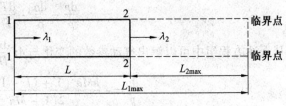

图 5.3.2　　实际管长与最大管长

$$\int_0^L 4f \frac{\mathrm{d}x}{D} = \int_{Ma_1}^{Ma_2} \frac{2(1 - Ma^2)}{kMa^2\left(1 + \dfrac{k-1}{2}Ma^2\right)} \frac{\mathrm{d}Ma}{Ma}$$

积分后,得

$$4\bar{f}\frac{L}{D} = \left[-\frac{1 - Ma^2}{kMa^2} - \frac{k+1}{2k}\ln\frac{(k+1)Ma^2}{2\left(1 + \dfrac{k-1}{2}Ma^2\right)} \right]\Bigg|_{Ma_1}^{Ma_2} =$$

$$\frac{Ma_2^2 - Ma_1^2}{kMa_1^2Ma_2^2} + \frac{k+1}{2k}\ln\left[\frac{Ma_1^2\left(1 + \dfrac{k-1}{2}Ma_2^2\right)}{Ma_2^2\left(1 + \dfrac{k-1}{2}Ma_1^2\right)}\right] \qquad (5.3.3a)$$

式中,$\bar{f}$ 是按长度平均的摩擦系数,$\bar{f} = \dfrac{1}{L}\displaystyle\int_0^L f\mathrm{d}x$。利用 Ma 数与 λ 数的关系,可得

$$\chi = \frac{2k}{k+1}\left(4\bar{f}\frac{L}{D}\right) = \left(\frac{1}{\lambda_1^2} - \frac{1}{\lambda_2^2}\right) - \ln\frac{\lambda_2^2}{\lambda_1^2} \qquad (5.3.3b)$$

通常定义 χ 为折合管长(该值与几何管长只差一个倍数)。1,2 截面上的其他气流参数的关系,也可以应用气动函数求得。

① 密度比及速度比。根据连续方程及临界声速不变的条件,得

$$\frac{\rho_2}{\rho_1} = \frac{V_1}{V_2} = \frac{\lambda_1}{\lambda_2} = \frac{Ma_1}{Ma_2}\left(\frac{1 + \dfrac{k-1}{2}Ma_2^2}{1 + \dfrac{k-1}{2}Ma_1^2}\right)^{\frac{1}{2}} \qquad (5.3.4a)$$

② 温度比。由 $T = T^*\tau(\lambda)$ 及 T^* 不变,得

$$\frac{T_2}{T_1} = \frac{\tau(\lambda_2)}{\tau(\lambda_1)} = \frac{1 + \dfrac{k-1}{2}Ma_1^2}{1 + \dfrac{k-1}{2}Ma_2^2} \qquad (5.3.4b)$$

③ 压强比。由连续方程 $K\dfrac{p_2 y(\lambda_2)}{\sqrt{T_2^*}}S_2 = K\dfrac{p_1 y(\lambda_1)}{\sqrt{T_1^*}}S_1$,$T^*$ 不变及 $S_1 = S_2$ 等条件,得

$$\frac{p_2}{p_1} = \frac{y(\lambda_1)}{y(\lambda_2)} = \frac{Ma_1}{Ma_2}\left(\frac{1 + \dfrac{k-1}{2}Ma_1^2}{1 + \dfrac{k-1}{2}Ma_2^2}\right)^{\frac{1}{2}} \tag{5.3.4c}$$

④ 总压比。由连续方程 $K\dfrac{p_2^* q(\lambda_2)}{\sqrt{T_2^*}}S_2 = K\dfrac{p_1^* q(\lambda_1)}{\sqrt{T_1^*}}S_1$，得

$$\frac{p_2^*}{p_1^*} = \frac{q(\lambda_1)}{q(\lambda_2)} = \frac{Ma_1}{Ma_2}\left(\frac{1 + \dfrac{k-1}{2}Ma_2^2}{1 + \dfrac{k-1}{2}Ma_1^2}\right)^{\frac{k+1}{2(k-1)}} \tag{5.3.4d}$$

⑤ 冲量比。由 $F = \dfrac{k+1}{2k}\dot{m}a_{cr}z(\lambda)$，得

$$\frac{F_2}{F_1} = \frac{z(\lambda_2)}{z(\lambda_1)} = \frac{Ma_1(1 + kMa_2^2)}{Ma_2(1 + kMa_1^2)}\left(\frac{1 + \dfrac{k-1}{2}Ma_1^2}{1 + \dfrac{k-1}{2}Ma_2^2}\right)^{\frac{1}{2}} \tag{5.3.4e}$$

⑥ 熵增。

$$\frac{s_2 - s_1}{R} = -\ln\frac{p_2^*}{p_1^*} = \ln\left[\frac{Ma_2}{Ma_1}\left(\frac{1 + \dfrac{k-1}{2}Ma_1^2}{1 + \dfrac{k-1}{2}Ma_2^2}\right)^{\frac{k+1}{2(k-1)}}\right] \tag{5.3.4f}$$

利用上面推导出的公式就可以进行等截面摩擦管流的计算。为简化计算，一般都假想管道有一个临界截面（即 $Ma = 1$ 的截面），然后将管道进口截面（如截面 1）上的气流参数、需要计算的那个截面（如截面 2）上的参数都和临界截面建立关系。如图 5.3.2 所示，在截面 2 之后假想还存在一段虚线所示的管道，使气流马赫数变到 1，在每个马赫数下，对应于这个临界截面的折合管长简称为最大管长，记作 χ_{max}。利用临界截面的概念，将式 (5.3.3)、(5.3.4) 等改写为

$$\chi_{max} = \frac{2k}{k+1}\left(4\bar{f}\frac{L_{max}}{D}\right) = \frac{1}{\lambda^2} - 1 - \ln\frac{1}{\lambda^2} \tag{5.3.5a}$$

$$\frac{\rho}{\rho_{cr}} = \frac{V_{cr}}{V} = \frac{1}{\lambda} = \frac{1}{Ma}\sqrt{\frac{2\left(1 + \dfrac{k-1}{2}Ma^2\right)}{k+1}} \tag{5.3.5b}$$

$$\frac{T}{T_{cr}} = \frac{k+1}{2\left(1 + \dfrac{k-1}{2}Ma^2\right)} \tag{5.3.5c}$$

$$\frac{p}{p_{cr}} = \frac{1}{Ma}\sqrt{\frac{k+1}{2\left(1 + \dfrac{k-1}{2}Ma^2\right)}} \tag{5.3.5d}$$

$$\frac{p^*}{p_{cr}^*} = \frac{1}{Ma}\left[\left(\frac{2}{k+1}\right)\left(1 + \frac{k-1}{2}Ma^2\right)\right]^{\frac{k+1}{2(k-1)}} \tag{5.3.5e}$$

$$\frac{F}{F_{cr}} = \frac{1 + kMa^2}{Ma\left[2(k+1)\left(1 + \dfrac{k-1}{2}Ma^2\right)\right]^{\frac{1}{2}}}$$ (5.3.5f)

显然,这些参数仅是气流马赫数 Ma 和比热比 k 的函数,对不同 k 值的气体,可将这些函数制成数值表格,并利用这些表格进行摩擦管流的计算。上述公式也很容易编制计算机程序,计算更为快速、准确。由于式(5.3.3b)使用起来较麻烦,在已知摩擦管道进口 λ_1 值及管道折合管长 χ 时,通常利用式(5.3.5a)采用两次计算得到摩擦管道出口的 λ_2 值。第一次按照给定的 λ_1 值,计算或查表得到与 λ_1 对应的 χ_{1max},再由 $\chi_{1max} - \chi$ 得到如图5.3.2所示的虚拟管道长度 χ_{2max};第二次按照 χ_{2max} 计算或查表,即可得到与 χ_{2max} 对应的 λ_2 值。

由上面的分析可知,摩擦作用是使气流向临界状态靠近。对于每个进口气流 Ma 数,出口截面上气流达到临界状态所对应的管长(最大管长 χ_{max})都是由式(5.3.5a)确定的。图5.3.3给出了 χ_{max} 与进口气流 λ 数的关系曲线,可以看出,对于亚声速流,χ_{max} 是管道入口马赫数 Ma_1 的减函数,即 Ma_1 越高(越接近声速)则 χ_{max} 越短;对于超声速流,χ_{max} 是 Ma_1 的增函数,即 Ma_1 越小(越接近声速)则 χ_{max} 越短。

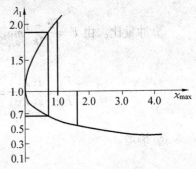

图5.3.3　χ_{max} 与进口 λ 的关系曲线

对于给定的管口起始马赫数 Ma_1,若实际管长超过此马赫数下的最大管长,即使出口背压足够低,在进口以 Ma_1 流入的流量也无法在出口排出,流动将出现壅塞现象。这是因为对于给定的 Ma_1,在 χ_{max} 处气流速度达到声速,$q(\lambda) = 1$,即达到最大值。在 χ_{max} 之后的管道内由于摩擦作用,气流总压还要下降,但此时的 $q(\lambda)$ 已经无法再增加了。因此,如果临界截面出现在流道中间,则临界截面下游允许通过的流量随距临界截面距离的加大而不断减少,有一部分气体将堆积在临界截面之前产生壅塞现象,并使得压强升高,对流动造成扰动。从另一个角度看,对于给定最大管长的管道,若实际的进口马赫数超过(对亚声速流)或小于(对超声速流)与该 χ_{max} 对应的马赫数,也会出现壅塞现象。

若进口是亚声速的,壅塞导致的扰动将一直传到进口,使进口气流速度减小。由于进口流速的下降,对应的最大管长加长,临界截面后移,一直移到出口为止,这时流动才稳定下来,此时的进口气流马赫数由实际管长确定,气流在进口之前发生溢流以减小进口气流速度,如图5.3.4(b)所示。若进口是超声速的,则这种压强增高的扰动会在超声速气流中产生激波。当管长超过最大管长不多时,如图5.3.4(c)所示,激波位于管内,这时 Ma_1 没有变,流量也没有变,激波之后是亚声速气流,而亚声速气流在同样管长上造成的总压损失要比超声速气流小得多,从而提高了出口气流总压,使得进口流量能从出口通过。既然出现激波是由于流量达到最大值,而激波后的亚声速气流又允许量流量通过,则出口截面上气流应达到临界状态,激波可按这个流动条件来确定。若管道长度超过最大管长较多,则趋于严重的壅塞导致激波向上游移动,并最终可能移出管道进口之外,形成脱体激波并发生溢流现象,进口气流变为亚声速的,如图5.3.4(d)～(f)所示。

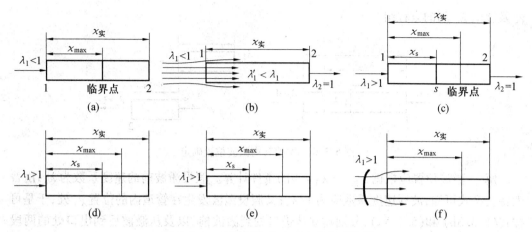

图 5.3.4　摩擦管流发生壅塞的流动情形

在实际流动中,由于气体的黏性、激波结构是很复杂的,作为一种近似,通常把激波当做正激波来处理。

综上所述,对于每一个起始马赫数,存在一个最大的 $\chi_{\max}$ 值,超过这个数值,流动就会壅塞;对于每一个给定的 $\chi_{\max}$ 值,在亚声速流中,存在一个最大的管道进口马赫数,大于这个马赫数,流动会壅塞,在超声速流中,存在一个最小的管道进口马赫数,小于这个马赫数,流动也会壅塞。

关于背压对绝热摩擦管流的影响在此就不作讨论了。

例 5.3.1　为了测量超声速气流的摩擦系数,采用拉伐尔喷管后接光滑圆管组成实验装置,如图 5.3.5 所示。测得喷管进口气流总压、总温分别为 $6.89 \times 10^5\,\mathrm{Pa}$,316 K,距光滑圆管进口 1.75$D$ 处截面 1 的气流压强为 $2.432 \times 10^4\,\mathrm{Pa}$,距光滑圆管进口 29.6$D$ 处截面 2 的气流压强为 $4.945 \times 10^4\,\mathrm{Pa}$。已

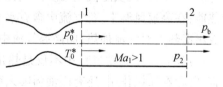

图 5.3.5　摩擦系数计算

知拉伐尔喷管出口与光滑圆管的直径 $D = 12.72$ mm,喷管喉部直径为 6.14 mm。求截面 1,2 之间的圆管平均摩擦系数 f。设喷管喉部之前为等熵流动,整个流动是绝能的,比热比 $k = 1.4$。

解　由连续方程

$$K\frac{p_0^*}{\sqrt{T_0^*}}S_\mathrm{t} = K\frac{p_1}{\sqrt{T_0^*}}S_1 y(\lambda_1) = K\frac{p_2}{\sqrt{T_0^*}}S_2 y(\lambda_2)$$

得到 $p_0^* S_\mathrm{t} = p_1 S_1 y(\lambda_1) = p_2 S_2 y(\lambda_2)$,故

$$y(\lambda_1) = \frac{p_0^* S_\mathrm{t}}{p_1 S_1} = \frac{6.89 \times 10^5 \times (6.14)^2}{0.2432 \times 10^5 \times (12.72)^2} \approx 6.601 \text{ 和 } y(\lambda_2) = \frac{p_0^* S_\mathrm{t}}{p_2 S_2} = 3.246$$

查表或计算得 $\lambda_1 = 1.835$,$\lambda_2 = 1.393$。截面间管长 $L/\mathrm{mm} = (29.6 - 1.75) \times 12.72 = 354.25$,将上述各值代入式(5.3.3b),得到 $\bar{f} = 0.00256$。

例 5.3.2　设一折合管长为 χ 的直管道,进口 λ_1 已知且 $\lambda_1 > 1$,此外有 $\chi > \chi_{\max}(\lambda_1)$,显然该情况下将发生摩擦壅塞现象且管内出现激波,如图 5.3.6 所示。试建立激波位置

χ_s 及波前 λ_s 间的方程组。

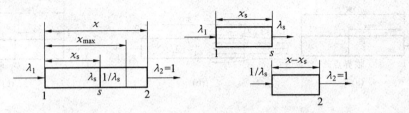

图 5.3.6 摩擦管内激波位置确定

解 激波位置应根据 $\lambda_{\text{出口}} = \lambda_2 = 1$ 的条件计算。假设激波前的速度系数为 λ_s，由普朗特关系式可知，波后速度系数应为 $1/\lambda_s$；又假设激波发生在管道内的位置 χ_s 处，于是可按式(5.3.3b) 和(5.3.5a)，分别建立从进口处到激波前，以及从激波后到出口处的两段气流的式子

$$\left(\frac{1}{\lambda_1^2} - \frac{1}{\lambda_s^2} \right) - \ln \frac{\lambda_s^2}{\lambda_1^2} = \chi_s \quad \text{和} \quad \lambda_s^2 - 1 - \ln \lambda_s^2 = \chi - \chi_s$$

即可求出未知量 χ_s 及 λ_s。

5.4 等截面换热管流

有热交换的实际流动很多。例如，发动机燃烧室中由于燃料的燃烧，使气流获得大量热能；在高速风洞中，若气流中含有水分，在流速较高、温度很低时，水汽就会凝结成水滴，放出潜热并对气流加热；向高温气流中喷水，借助水的蒸发冷却气流等。

当然，实际流动过程中不仅是热量一个因素在起作用，就燃烧室中气体流动情况而言，既存在摩擦作用，还有因油料喷入而带来的流量、化学成分等的变化。但是，对于管道长度较短且流速较低的燃烧室而言，摩擦作用可以忽略。此外，燃料的流量比气体的流量要小得多，在初步分析中也可以忽略。以上假设虽然有一定的近似，但突出了现象的物理本质，也使问题得到了简化，而且可以得到具有实际意义的认识和结论。基于上述分析，将流动问题假设如下：① 管道为等截面直管道；② 流动是一维定常的，没有功的交换和摩擦作用，只有热交换；③ 加热前后气体成分不变，比热比不变，质量不变，加热过程被看作是简单的总温变化过程，即 $\delta \dot{q} = c_p \mathrm{d}T^*$ 或 $\dot{q} = h_2^* - h_1^* = c_p(T_2^* - T_1^*)$。这种无摩擦、无传质的等截面换热流动也称为瑞利流，而瑞利线就是给定冲量 F 和密流 $\dot{m}/S$ 时等截面管流的焓 – 熵曲线，它满足连续方程、动量方程和状态方程，可以描述等截面换热管流中的焓 – 熵变化。连续方程、动量方程可写为

$$\frac{\dot{m}}{S} = \rho V = \text{const}_1 \quad \text{和} \quad p + \rho V^2 = \frac{F}{S} = \text{const}_2$$

选定速度 V，得到 $\rho = \frac{\dot{m}}{VS}$，$p = \frac{F}{S} - \rho V^2$，再由 $T = \frac{p}{\rho R}$，$s = c_v \ln \left(\frac{T}{\rho^{k-1}} \right)$，$h = c_p T$ 等得到与该速度 V 对应的 h，s 值。改变 V 值，就可以绘出一条 $h – s$ 线，如图 5.4.1 所示。将连续方程、动量方程、完全气体的状态方程及熵方程写成微分形式，即

$$\frac{\mathrm{d}\rho}{\rho} + \frac{\mathrm{d}V}{V} = 0, \frac{\mathrm{d}p}{\rho V^2} + 2\frac{\mathrm{d}V}{V} + \frac{\mathrm{d}\rho}{\rho} = 0, \frac{\mathrm{d}p}{p} - \frac{\mathrm{d}\rho}{\rho} - \frac{\mathrm{d}T}{T} = 0, \frac{\mathrm{d}s}{R} = \frac{c_V}{R}\frac{\mathrm{d}T}{T} - \frac{\mathrm{d}\rho}{\rho}$$

由动量方程、连续方程及状态方程可有

$$\frac{\mathrm{d}p}{\rho V^2} - \frac{\mathrm{d}\rho}{\rho} + 2\left(\frac{\mathrm{d}V}{V} + \frac{\mathrm{d}\rho}{\rho}\right) = \frac{\mathrm{d}p}{\rho V^2} - \frac{\mathrm{d}\rho}{\rho} = \frac{\mathrm{d}p}{\rho V^2} - \frac{\mathrm{d}p}{p} + \frac{\mathrm{d}T}{T} = 0$$

上式也可写成

$$\frac{\mathrm{d}p}{p} = \frac{1}{1 - p/(\rho V^2)}\frac{\mathrm{d}T}{T}$$

于是

$$\frac{\mathrm{d}s}{R} = \frac{c_V}{R}\frac{\mathrm{d}T}{T} - \left(\frac{\mathrm{d}p}{p} - \frac{\mathrm{d}T}{T}\right) =$$

$$\left(\frac{c_V}{R} + 1\right)\frac{\mathrm{d}T}{T} - \frac{\mathrm{d}p}{p} = \left(\frac{c_V}{R} + 1\right)\frac{\mathrm{d}T}{T} - \frac{1}{1 - 1/(kMa^2)}\frac{\mathrm{d}T}{T} =$$

$$\left(\frac{1}{1 - 1/k} - \frac{1}{1 - 1/(kMa^2)}\right)\frac{\mathrm{d}T}{T} =$$

$$\frac{k(Ma^2 - 1)}{(k - 1)(kMa^2 - 1)}\frac{\mathrm{d}h}{h}$$

可以看出：

（1）当 $Ma < 1$ 且 $kMa^2 < 1$ 时，$\mathrm{d}h$ 与 $\mathrm{d}s$ 同号，瑞利曲线斜率为正；当 $Ma < 1$ 且 $kMa^2 > 1$ 时，$\mathrm{d}h$ 与 $\mathrm{d}s$ 异号，瑞利曲线斜率为负。图 5.4.1 表明，B 点为瑞利线的最高点且该点处 $\mathrm{d}h = 0$，即 B 点为最高温度点，此时 $kMa^2 = 1$ 或 $Ma = \dfrac{1}{\sqrt{k}}$。

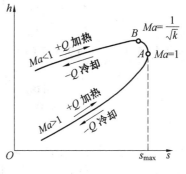

图 5.4.1　瑞利线

（2）当 $Ma > 1$ 时，$\mathrm{d}h$ 与 $\mathrm{d}s$ 同号，瑞利曲线斜率为正。

（3）当 $Ma = 1$ 时，$\mathrm{d}s = 0$，A 点处熵值最大。于是，A 点之上的瑞利线分支对应亚声速流；A 点之下的瑞利线分支对应超声速流。

（4）因为单纯换热过程在热力学上是可逆的，加入热量必定相当于熵值增加，而放出热量必定相当于熵值减小。因此，对于亚声速流，对气流加热，则马赫数增加，对气流放热，则马赫数减小；对于超声速流，对气流加热，则马赫数减小，气流放热，则马赫数增加。这样，加热作用好像摩擦作用一样，它总使气流马赫数趋近于 1，而单纯加热不可能使亚声速流增速至超声速流，也不可能使超声速流减速至亚声速流。总之，无论对亚声速流还是超声速流加热，所加入的热量不能超过使排气马赫数等于 1 的热量，否则气流将发生壅塞，起始马赫数将会调整到与所加热量相适应的数值。

（5）在 B 点和 A 点之间对亚声速气流加热时，气流温度反而会降低，这个问题将在后面讨论。

化简式（5.1.1）～（5.1.4），得到仅描述等截面换热管流的基本微分方程组

$$\frac{\mathrm{d}\rho}{\rho} + \frac{\mathrm{d}V}{V} = 0 \tag{5.4.1a}$$

$$\frac{1}{kMa^2}\frac{\mathrm{d}p}{p} + \frac{\mathrm{d}V}{V} = 0 \tag{5.4.1b}$$

$$\left(1 + \frac{k-1}{2}Ma^2\right)\frac{\mathrm{d}T^*}{T^*} = \frac{\mathrm{d}T}{T} + (k-1)Ma^2\frac{\mathrm{d}V}{V} \tag{5.4.1c}$$

$$\frac{\mathrm{d}p}{p} - \frac{\mathrm{d}\rho}{\rho} - \frac{\mathrm{d}T}{T} = 0 \tag{5.4.1d}$$

从上述方程组中可以解出基本气动参数的微分变量与 $\mathrm{d}T^*/T^*$ 的关系,即

$$\frac{\mathrm{d}p}{p} = -\frac{\left(1 + \frac{k-1}{2}Ma^2\right)kMa^2}{1 - Ma^2}\frac{\mathrm{d}T^*}{T^*} \tag{5.4.2a}$$

$$\frac{\mathrm{d}V}{V} = \frac{\left(1 + \frac{k-1}{2}Ma^2\right)}{1 - Ma^2}\frac{\mathrm{d}T^*}{T^*} \tag{5.4.2b}$$

$$\frac{\mathrm{d}\rho}{\rho} = -\frac{\left(1 + \frac{k-1}{2}Ma^2\right)}{1 - Ma^2}\frac{\mathrm{d}T^*}{T^*} \tag{5.4.2c}$$

$$\frac{\mathrm{d}T}{T} = \frac{(1 - kMa^2)\left(1 + \frac{k-1}{2}Ma^2\right)}{1 - Ma^2}\frac{\mathrm{d}T^*}{T^*} \tag{5.4.2d}$$

再由式(5.1.5) ~ (5.1.7) 得

$$\frac{\mathrm{d}Ma}{Ma} = \frac{(1 + kMa^2)\left(1 + \frac{k-1}{2}Ma^2\right)}{2(1 - Ma^2)}\frac{\mathrm{d}T^*}{T^*} \tag{5.4.2e}$$

$$\frac{\mathrm{d}p^*}{p^*} = -\frac{kMa^2}{2}\frac{\mathrm{d}T^*}{T^*} \tag{5.4.2f}$$

$$\frac{\mathrm{d}s}{C_p} = \left(1 + \frac{k-1}{2}Ma^2\right)\frac{\mathrm{d}T^*}{T^*} \tag{5.4.2g}$$

式中,$\mathrm{d}T^* < 0$ 表示冷却,$\mathrm{d}T^* > 0$ 表示加热。

可以看出:

(1)无论对亚声速流还是超声速流加热,气流总压总是下降的,这一物理现象称为热阻。其原因就在于加热过程是熵增的,而熵增又必然带来总压损失。当然,也可以这样说,尽管加热使得气流的总能量增加了,总的机械能的绝对值也增加了,但热力学第一定律表明,加入的热量不可能全部转化为机械能,而且加热还是个熵增过程即可用能减少,因此,机械能在总能量中所占的比例减小了,即总压下降。此外,亚声速流时加热量越大,气流 Ma 数越高,则总压损失越大。因此,空气发动机燃烧室的进口气流 Ma 数总希望小一些,其理由就是为了减小加热时的总压损失。超声速流时这种现象更为严重。

(2)式(5.4.2d)表明,当 $Ma = \frac{1}{\sqrt{k}}$ 时,静温达到最大值,而当 $1 > Ma > \frac{1}{\sqrt{k}}$ 时,$\mathrm{d}T$ 与

dT^* 的变化方向相反,即对亚声速气流加热,气流温度反而下降。简单证明如下:对 $T^* = T + \dfrac{V^2}{2c_p}$ 微分可得到 $dT^* = dT + \dfrac{1}{c_p}d\left(\dfrac{V^2}{2}\right)$,因此 T^* 增加而 T 下降的情形只有在 $dT^* < \dfrac{1}{c_p}d\left(\dfrac{V^2}{2}\right)$ 时才会出现。也就是说,对 $Ma > \dfrac{1}{\sqrt{k}}$ 的亚声速气流加热时,气体的动能增加很快,以致于加给气体的全部热量都转化为动能也满足不了动能增加的需要,还得将气体的一部分内能($e = c_v T$)也转化为动能才行,所以气流温度下降。

（3）亚声速加热($Ma < 1, dT^* > 0$)使气流速度增加,超声速加热($Ma > 1$, $dT^* > 0$)使气流速度减小,冷却($dT^* < 0$)的影响则相反。单纯加热不会改变流动的亚或超声速性质。如果先对亚声速流加热,使其达到声速,然后立即抽热使气流继续加速至超声速,这种想法在理论上是正确的,但实际上由于抽热很难办到,所以这种先加热后抽热的超声速喷管(称热力喷管)是不容易实现的。

表 5.4.1　多变过程参数变化分析

$Ma < 1$	$-\infty < n < k$	加热	膨胀过程
$Ma > 1$	$k < n < \infty$		压缩过程
$Ma < 1$	$-\infty < n < k$	放热	压缩过程
$Ma > 1$	$k < n < \infty$		膨胀过程

加热或放热对亚、超声速流的不同影响还可以用热力学知识加以解释。考虑连续方程 $\dfrac{d\rho}{\rho} + \dfrac{dV}{V} = 0$,对动量方程作变换得

$$\frac{dp}{\rho V^2} + 2\frac{dV}{V} + \frac{d\rho}{\rho} = \frac{dp}{\rho V^2} - \frac{d\rho}{\rho} + 2\left(\frac{dV}{V} + \frac{d\rho}{\rho}\right) = \frac{dp}{\rho V^2} - \frac{d\rho}{\rho} = 0$$

即

$$\frac{dp}{d\rho} = V^2$$

在换热流动中,状态变化过程是个多变过程,满足方程 $\dfrac{p}{\rho^n} = \text{const}$,式中 n 为多变指数,注意到多变过程中声速方程仍为 $a^2 = kRT = k\dfrac{p}{\rho}$,对多变过程方程微分得

$$\frac{dp}{d\rho} = \text{const} \cdot n\rho^{n-1} = n\frac{p}{\rho} = n\frac{kp}{k\rho} = \frac{n}{k}k\frac{p}{\rho} = \frac{n}{k}a^2$$

考虑到 $\dfrac{dp}{d\rho} = V^2$,于是 $n = kMa^2$。这就证明了,在换热管流中,随气流 Ma 数的变化,多变指数 n 也是变化的。当 $Ma < 1$ 时,$n < k$;当 $Ma > 1$ 时,$n > k$;当 $Ma = 1$ 时,$n = k$。在热力学里已证明过(图 5.4.2),当气流被压

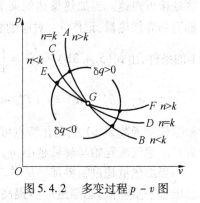

图 5.4.2　多变过程 $p-v$ 图

缩时,如果 $-\infty < n < k$,则应当从气体抽热,而当 $k < n < \infty$ 时,应给气体加热;反之,当气流膨胀时,如果 $-\infty < n < k$,则应给气体加热,而当 $k < n < \infty$ 时,应当从气体抽热。对于换热管流而言,$Ma < 1$ 对应着 $-\infty < n < k$,因此加热过程是膨胀过程(G 到 F),气流压强、密度下降,在流量不变的情况下,速度应增加;$Ma > 1$ 对应着 $k < n < \infty$,因此加热过程是压缩过程(G 到 A),气流压强、密度增加,而速度下降。亚、超声速流放热或冷却过程的参数变化可同理分析。表5.4.1 给出了多变过程参数变化情况。

设气流从等截面管道的截面1流到截面2时,单位质量气体与外界交换热量为 $\delta \dot{q}$,则截面1,2上的气流参数之间的关系可求得如下:

① 能量方程。

$$\dot{q} = h_2^* - h_1^* = c_p(T_2^* - T_1^*) \tag{5.4.3a}$$

② 总温比。由动量方程式(3.3.9) $\dfrac{k+1}{2k}\dot{m}a_{cr1}z(\lambda_1) = \dfrac{k+1}{2k}\dot{m}a_{cr2}z(\lambda_2)$ 得

$$\frac{T_2^*}{T_1^*} = \left(\frac{a_{cr2}}{a_{cr1}}\right)^2 = \left[\frac{z(\lambda_1)}{z(\lambda_2)}\right]^2 \tag{5.4.3b}$$

③ 密度比及速度比。

$$\frac{\rho_2}{\rho_1} = \frac{V_1}{V_2} = \frac{\lambda_1 a_{cr1}}{\lambda_2 a_{cr2}} = \frac{\lambda_1}{\lambda_2}\sqrt{\frac{T_1^*}{T_2^*}} = \frac{\lambda_1}{\lambda_2}\frac{z(\lambda_2)}{z(\lambda_1)} \tag{5.4.3c}$$

④ 温度比。

$$\frac{T_2}{T_1} = \frac{T_2^*\tau(\lambda_2)}{T_1^*\tau(\lambda_1)} = \frac{\tau(\lambda_2)}{\tau(\lambda_1)}\left[\frac{z(\lambda_1)}{z(\lambda_2)}\right]^2 \tag{5.4.3d}$$

⑤ 压强比。由动量方程式(3.3.11b) $\dfrac{p_1 S}{r(\lambda_1)} = \dfrac{p_2 S}{r(\lambda_2)}$ 得

$$\frac{p_2}{p_1} = \frac{r(\lambda_2)}{r(\lambda_1)} \tag{5.4.3e}$$

⑥ 总压比。由动量方程式(3.3.11a) $p_1^* S f(\lambda_1) = p_2^* S f(\lambda_2)$ 得

$$\frac{p_2^*}{p_1^*} = \frac{f(\lambda_1)}{f(\lambda_2)} \tag{5.4.3f}$$

无论是亚声速流还是超声速流,对气流加热总是使气流速度向声速趋近。对于给定的气流起始马赫数,加热后的气流马赫数由加热量唯一确定,加热量越大,气流的最终速度越接近声速。当加热量达到某个值时,气流在加热管出口的马赫数 $Ma_2 = 1$,这个热量称为临界加热量,记作 $\dot{q}_{cr}$,对应的加热后的气流总温称为临界总温,记作 T_{cr}^*。根据 $Ma_2 = 1$ 的条件,由式(5.4.3b) 有 $\dfrac{T_{cr}^*}{T_1^*} = \left[\dfrac{z(\lambda_1)}{2}\right]^2$,而

$$\dot{q}_{cr} = h_2^* - h_1^* = c_p(T_{cr}^* - T_1^*) = c_p T_1^*\left(\frac{T_{cr}^*}{T_1^*} - 1\right) = c_p T_1^*\left\{\left[\frac{z(\lambda_1)}{2}\right]^2 - 1\right\}$$

根据气动函数 $z(\lambda)$ 的变化特点可知,亚声速气流起始马赫数 Ma_1 即速度系数 λ 越大,或者超声速气流起始马赫数越小,$\dot{q}_{cr}$ 就越小。

当加热量超过临界加热量时,就会发生壅塞现象。这是因为过多的加热量使得气流总压进一步降低,总温进一步提高,而 $q(\lambda)$ 在临界加热量下就已经达到了最大值,不能

进一步调整以满足流量的需求。因此,气流在管内堆积,使管内气流压强升高。对于亚声速流,压强升高的扰动一直影响到进口,使进口气流马赫数减小,流量也相应的降低,起始马赫数一直减少到足以使所加的热量能够实现为止,这时的出口马赫数为1。因此,这个加热量是对应于减小了的气流起始马赫数的临界加热量。对于超声速气流,压强升高的扰动将在气流中形成激波,激波使总压损失更大,若进口流量不减小,管内壅塞更严重,所以激波必然被推出进口,使进口马赫数改变以适应流量的要求。因此,超声速加热管流发生壅塞时,激波不可能停留在管内,必然位于进口之前形成脱体激波并发生溢流,其流动图形与图 5.3.4(f) 类似。上述分析表明,对于给定的气流起始马赫数,存在一个临界加热量(即最大加热量)。换而言之,对于给定的起始总温和加热量,亚声速气流的起始马赫数存在一个最大值,超声速气流的起始马赫数存在一个最小值。

例 5.4.1　某涡轮喷气发动机燃烧室的亚声速进口气流总温为 553 K,要使燃烧室出口气流总温提高到 1 400 K,应加入多少热量? 并问此时燃烧室的进口气流速度系数不应超过多少? 燃烧室看作等截面管道,燃气 $c_p = 1.088$ kJ/(kg·K)。

解　为使气流总温提高到 1 400 K,需要加入的热量为

$$\dot{q}/(\text{kJ} \cdot \text{kg}^{-1}) = c_p(T_2^* - T_1^*) = 922$$

当出口气流速度达到声速时,即 $T_2^* = T_{cr}^*$ 时,对应的进口气流速度系数为最大值。由

$$z(\lambda_1) = 2\sqrt{\frac{T_2^*}{T_1^*}} = 3.18, \lambda_1 = 0.35$$

即燃烧室的进口气流速度系数不应超过 0.35。

凝结突跃也属于换热管流的一种类型。气体沿着超声速风洞的拉伐尔喷管流动时,随着气流 Ma 数的增大,气流静温迅速下降。例如,风洞中气体直接来自大气,若气流总温为 300 K,那么在 $Ma = 2$ 的喷管截面上,气流温度只有 167 K,即 − 106 ℃。若空气中含有水分,那么这个温度可能低于水蒸气的凝结温度。根据实验观察,刚低于凝结温度不多时,无明显的凝结现象,即可以允许有一定的过冷度。过冷度在 50 ℃ 左右会出现显著的凝结现象,一旦过冷到出现凝结时,凝结过程便进行得十分迅速,过程所占的距离很小,几乎是集中在一个截面上完成。水蒸气凝结时放出潜热,这部分热量突然加入到超声速气流中,使超声速气流速度突然下降,密度、压强、总温突然上升,总压突然下降。这种现象称之为凝结突跃,它可以用光学仪器观察或摄影。

从照片上看,凝结突跃很像普通的正激波,然而二者在本质上是不相同的。气流通过正激波时总温没有变化,激波强度由波前 Ma 数决定,激波之后的气流是亚声速的。但是,凝结突跃使气流总温升高,突跃的强度取决于加热量,突跃变化后的气流可能仍是超声速的。从一些实验照片看,虽然凝结突跃的波面与气流方向接近于垂直,但是其后的气流仍是超声速的,因为在凝结突跃的下游还有正激波。

超声速风洞中的凝结突跃现象是一个严重的问题,因为空气中所含的过饱和水蒸气突然凝结时,不但改变了预计的气流马赫数和压强,而且引起喷管出口处的气流速度场的不均匀。为了避免在风洞中出现凝结突跃的现象,通常采用特殊的干燥设备,把进入风洞的空气中的水分减少到万分之五。这样,即使发生凝结,放出的热量不多,气流不致于受到很大的影响。

5.5 变流量加质管流

在工程实际上有许多是各截面上流量不同的流动。例如,在蒸发式冷却中,冷却气体通过多孔壁不断增加到主流中;在跨声速风洞中,通过改变喷管中的流量来获得超声速气流;在火箭发动机中,固体空心药柱燃烧时,燃气不断增多等,都是变流量流动。本节仅讨论简单的添质管流,假设如下:① 在流动中仅考虑添质作用,即只研究等截面、无加热、无化学反应的一维定常添质管流;② 添质流与主流同属一种气体,且它们的热力学特性相同,如 $R_i = R$,$c_{pi} = c_p$ 等,彼此总焓相等,即 $h_i^* = h^*$ 或 $T_i^* = T^*$,添质流进入主流后,这个热力学系统是一个处于平衡状态的均匀系统。

化简式(5.1.1) ～ (5.1.4),可直接得到描述简单添质管流的基本微分方程组为

$$\frac{d\rho}{\rho} + \frac{dV}{V} = \frac{d\dot{m}}{\dot{m}} \tag{5.5.1a}$$

$$\frac{1}{kMa^2}\frac{dp}{p} + \frac{dV}{V} = -(1-y)\frac{d\dot{m}}{\dot{m}} \tag{5.5.1b}$$

$$\frac{dT}{T} + (k-1)Ma^2\frac{dV}{V} = 0 \tag{5.5.1c}$$

$$\frac{dp}{p} - \frac{d\rho}{\rho} - \frac{dT}{T} = 0 \tag{5.5.1d}$$

从上述方程组中可以解出基本气动参数的微分变量与 $d\dot{m}/\dot{m}$ 的关系,即

$$\frac{dp}{p} = -\frac{kMa^2}{1-Ma^2}\left[2\left(1+\frac{k-1}{2}Ma^2\right)(1-y) + y\right]\frac{d\dot{m}}{\dot{m}} \tag{5.5.2a}$$

$$\frac{dV}{V} = \frac{1}{1-Ma^2}[1+(1-y)kMa^2]\frac{d\dot{m}}{\dot{m}} \tag{5.5.2b}$$

$$\frac{d\rho}{\rho} = -\frac{1}{1-Ma^2}[Ma^2+(1-y)kMa^2]\frac{d\dot{m}}{\dot{m}} \tag{5.5.2c}$$

$$\frac{dT}{T} = -\frac{(k-1)Ma^2}{1-Ma^2}[1+(1-y)kMa^2]\frac{d\dot{m}}{\dot{m}} \tag{5.5.2d}$$

再由式(5.1.5) ～ (5.1.8) 得

$$\frac{dMa}{Ma} = \frac{1+\frac{k-1}{2}Ma^2}{1-Ma^2}[1+(1-y)kMa^2]\frac{d\dot{m}}{\dot{m}} \tag{5.5.2e}$$

$$\frac{dp^*}{p^*} = -kMa^2(1-y)\frac{d\dot{m}}{\dot{m}} \tag{5.5.2f}$$

$$\frac{ds}{c_p} = (k-1)Ma^2(1-y)\frac{d\dot{m}}{\dot{m}} \tag{5.5.2g}$$

$$\frac{dF}{F} = \frac{ykMa^2}{1+kMa^2}\frac{d\dot{m}}{\dot{m}} \tag{5.5.2h}$$

上述方程表明,在 $d\dot{m}/\dot{m}$ 的系数中包括 Ma 和 y。因此,流量对气流参数的影响不仅与气流是亚声速流还是超声速流有关,还与参数 y 的大小有关。式(5.5.2b)、(5.5.2d) 和

(5.5.2e) 中,当 $0 < y < \dfrac{1 + kMa^2}{kMa^2}$ 时,$[1 + (1 - y)kMa^2]$ 项为正;当 $y > \dfrac{1 + kMa^2}{kMa^2}$ 时,该项为负。对大多数的工程问题,y 值一般在前者范围内,这时流量对气流参数($p, \rho, T, V,$ Ma) 的影响,在亚声速流和是超声速流刚好相反。

式(5.5.2f) 表明,总压的变化仅与 y 是否大于1有关,当 $y < 1$ 时,气流混合后的总压是减小的;当 $y > 1$ 时,气流混合后的总压是增加的。式(5.5.2h) 表明,当 $y > 0$ 时,气流冲量增加;当 $y < 0$ 时,气流冲量减小;当 $y = 0$ 时,即添质流的气流方向与主流垂直时,冲量不变。式(5.5.2g) 表明,气流熵的变化方向与总压变化的方向相反。

由表 5.5.1 给出的加入流量($y < 1$) 对气流参数的影响可以看出,加入流量将使亚声速气流的 Ma 数增加,使超声速气流的 Ma 数减小。因此,与前几节讨论的情况相类似,流量加到一定程度时,气流 Ma 数达到1,开始产生壅塞现象,流量加入过多,则会改变主流的起始状态。单纯加入流量不会改变流动的亚或超声速性质。

表 5.5.1 加质过程对气流参数的影响

气流参数 马赫数	$\dfrac{\mathrm{d}Ma}{Ma}$	$\dfrac{\mathrm{d}V}{V}$	$\dfrac{\mathrm{d}p}{p}$	$\dfrac{\mathrm{d}\rho}{\rho}$	$\dfrac{\mathrm{d}T}{T}$	$\dfrac{\mathrm{d}p^*}{p^*}$	$\dfrac{\mathrm{d}s}{C_p}$	$\dfrac{\mathrm{d}F}{F}$
$Ma < 1$	⇑	⇑	⇓	⇓	⇓	⇓	⇑	⇑
$Ma > 1$	⇓	⇓	⇑	⇑	⇑	⇓	⇑	⇑

当添质流的气流方向与主流垂直时,即 $V_{ix} = 0, y = 0$,方程就变得比较容易积分了。与摩擦管流中所用的方法类似,应用临界截面的概念,即流量增加到使 $Ma = 1$,此时对应的流量为临界流量 $\dot{m}_{cr}$。这样,式(5.5.2e) 的积分形式为

$$\int_{\dot{m}}^{\dot{m}_{cr}} \frac{\mathrm{d}\dot{m}}{\dot{m}} = \int_{Ma}^{1} \frac{1 - Ma^2}{\left(1 + \dfrac{k-1}{2}Ma^2\right)(1 + kMa^2)} \frac{\mathrm{d}Ma}{Ma}$$

积分后,得

$$\frac{\dot{m}_{cr}}{\dot{m}} = \frac{Ma\left[2(k+1)\left(1 + \dfrac{k-1}{2}Ma^2\right)\right]^{\frac{1}{2}}}{1 + kMa^2} \tag{5.5.3a}$$

用同样的方法积分其他公式,可得出其他气流参数。当然也可以从原始方程出发导出所需的关系式。

注意到,假设添质流和主流的单位质量气体具有同样的总焓,所以两股气流混合后的单位质量气体总焓或总温不变。于是得

$$\frac{T}{T_{cr}} = \frac{T/T^*}{T_{cr}/T^*} = \frac{k+1}{2\left(1 + \dfrac{k-1}{2}Ma^2\right)} \tag{5.5.3b}$$

$$\frac{V}{V_{cr}} = \lambda = Ma\sqrt{\frac{k+1}{2\left(1 + \dfrac{k-1}{2}Ma^2\right)}} \tag{5.5.3c}$$

由 $\dot{m} = \rho VS = \dfrac{p}{RT}VS$,得

$$\frac{p}{p_{cr}} = \frac{\dot{m}_{cr}}{\dot{m}}\frac{T}{T_{cr}}\frac{V_{cr}}{V} = \frac{k+1}{1+kMa^2} \tag{5.5.3e}$$

$$\frac{\rho}{\rho_{cr}} = \frac{p}{p_{cr}}\frac{T_{cr}}{T} = \frac{2\left(1 + \frac{k-1}{2}Ma^2\right)}{1+kMa^2} \tag{5.5.3f}$$

由 $p^* = p\left(1 + \frac{k-1}{2}Ma^2\right)^{\frac{k}{k-1}}$,得

$$\frac{p^*}{p_{cr}^*} = \frac{k+1}{1+kMa^2}\left[\left(\frac{2}{k+1}\right)\left(1 + \frac{k-1}{2}Ma^2\right)\right]^{\frac{k}{k-1}} \tag{5.5.3g}$$

$$s - s_{cr} = -R\ln\frac{p^*}{p_{cr}^*} \tag{5.5.3h}$$

上面几个关系式可制成表格以供计算时查用。

第6章 小扰动线性化理论

对于理想可压缩流体的绝热流动问题,可以进一步根据流动的性质简化其方程组,减少未知量和方程数目,从而仅需求解一类二阶的单个偏微分方程,这类方程称为在各种条件下的势函数、流函数方程。这是一种极其有用的求解理想流动的途径,如用于机翼等飞行器部件绕流问题的求解,直至今天仍有其优越之处,它揭示流动问题时主要矛盾或主控因素明显,物理概念清晰,适用于许多定常、非定常气体与固体相互作用问题。但是,势函数、流函数方程是二阶偏微分方程,除了少数非常简单的流动问题能够得到精确解之外,在一般情况下,要求满足给定边界条件的解,这需要繁杂的数值计算过程。由于工程上所讨论的许多实际物体,如高速运动的飞行器一般是机身细长、机翼平薄且飞行时攻角较小;高速旋转的压气机、涡轮等叶轮机械的叶片也具有类似的几何特征和工作状况。此时,运动物体对周围静止气体或均匀流场的扰动较小,可以利用小扰动线性化理论把非线性的势函数偏微分方程加以线性化,得到线性化的小扰动势函数方程。无论是亚声速流动还是超声速流动,这种线性化的势函数方程都比非线性的势函数方程易于求解。尽管这种解法是一种近似解,但由于它具有一定的精度,工程上具有实用价值,更重要的是,这种方法所求得的解是一种解析解,能反映马赫数对气动性能的影响。因此,小扰动理论在解决可压缩流体流动问题中占有重要的位置。

6.1 势函数、势函数方程及流函数、流函数方程

6.1.1 势函数及势函数方程

在气体动力学中,可以根据流体微团是否有旋转运动把流体运动分为有旋运动或无旋运动。无旋运动的特征是流体微团运动速度的旋度等于零,即

$$\nabla \times \boldsymbol{V} = 0 \text{ 或} \frac{\partial v_x}{\partial z} = \frac{\partial v_z}{\partial x}, \frac{\partial v_x}{\partial y} = \frac{\partial v_y}{\partial x}, \frac{\partial v_y}{\partial z} = \frac{\partial v_z}{\partial y}$$

由高等数学可知,上式是 $v_x \mathrm{d}x + v_y \mathrm{d}y + v_z \mathrm{d}z$ 能够成为某一函数全微分的充要条件。因此,无旋流动中必然存在一个函数 $\phi(x,y,z)$,它的全微分是 $\mathrm{d}\phi = v_x \mathrm{d}x + v_y \mathrm{d}y + v_z \mathrm{d}z = \mathrm{d}\boldsymbol{r} \cdot \boldsymbol{V}$。称函数 $\phi(x,y,z)$ 为速度势函数,简称为势函数。由 $\mathrm{d}\phi = \mathrm{d}\boldsymbol{r} \cdot \nabla\phi$ 可知

$$\nabla\phi = \boldsymbol{V} \text{ 或} v_x = \frac{\partial\phi}{\partial x}, v_y = \frac{\partial\phi}{\partial y}, v_z = \frac{\partial\phi}{\partial z}$$

由式(1.3.1b)可知,在圆柱坐标系中,上述关系为 $v_r = \frac{\partial\phi}{\partial r}, v_\theta = \frac{\partial\phi}{r\partial\theta}, v_z = \frac{\partial\phi}{\partial z}$。引进势函数的意义在于,可以用一个标量函数代替三个速度分量函数,在解决流体流动动力学问题

时,可以使所需的方程组减少两个,从而大大简化计算。

无黏(理想)可压缩流体、定常、绝热流动且忽略质量力时的基本方程组可写为

$$\nabla \cdot (\rho V) = 0 \ \text{或} \ V \cdot \nabla \rho + \rho \nabla \cdot V = 0 \tag{6.1.1a}$$

$$(V \cdot \nabla) V = -\frac{\nabla p}{\rho} \tag{6.1.1b}$$

$$V \cdot \nabla \left(h + \frac{V^2}{2} \right) = 0 \tag{6.1.1c}$$

$$p = \rho RT \text{(热或量热完全气体状态方程)} \tag{6.1.1d}$$

对于量热完全气体,沿流线(即迹线)还可将式(6.1.1c)写成

$$c_p T_\infty + \frac{V_\infty^2}{2} = C_p T + \frac{V^2}{2} \ \text{或} \ \frac{kR}{k-1} T_\infty + \frac{V_\infty^2}{2} = \frac{kR}{k-1} T + \frac{V^2}{2}$$

方程组中的四个方程包含四个未知量,即 V, ρ, p, T。因此,只要结合给定的边界条件求解该方程组,就可以得到所求的各参数。但是,并不是所有的可压缩理想流体定常绝热流动都要从上述方程组出发加以求解,可以根据具体的流动情况对式(6.1.1)进行整合,以减少方程组中方程的个数。

由量热完全气体熵的定义式(1.6.22)可知 $s = c_V \ln\left(\dfrac{p}{\rho^k}\right)$,对其两端作随体导数运算,并考虑到 $a^2 = k\dfrac{p}{\rho}$,得

$$\frac{\mathrm{D}s}{\mathrm{D}t} = c_V \left(\frac{1}{p} \frac{\mathrm{D}p}{\mathrm{D}t} - \frac{k}{\rho^k} \rho^{k-1} \frac{\mathrm{D}\rho}{\mathrm{D}t} \right) = \frac{c_V}{p} \frac{\mathrm{D}p}{\mathrm{D}t} - \frac{c_V}{p} k \frac{p}{\rho} \frac{\mathrm{D}\rho}{\mathrm{D}t}$$

移项得

$$\frac{\mathrm{D}p}{\mathrm{D}t} = a^2 \frac{\mathrm{D}\rho}{\mathrm{D}t} + \frac{p}{c_V} \frac{\mathrm{D}s}{\mathrm{D}t}$$

当无黏流体做绝热流动时,由于流动过程中熵不变即 $\dfrac{\mathrm{D}s}{\mathrm{D}t} = 0$,上式可写为

$$\frac{\mathrm{D}p}{\mathrm{D}t} = a^2 \frac{\mathrm{D}\rho}{\mathrm{D}t}$$

展开得

$$\frac{\partial p}{\partial t} + V \cdot \nabla p = a^2 \left(\frac{\partial \rho}{\partial t} + V \cdot \nabla \rho \right)$$

若流动是定常的,则得到量热完全气体等熵定常流动的声速方程

$$\nabla p = a^2 \nabla \rho \tag{6.1.2}$$

因此,动量方程式(6.1.1b)可写为

$$(V \cdot \nabla) V = -\frac{\nabla p}{\rho} = -\frac{a^2 \nabla \rho}{\rho}$$

把该方程与速度 V 点乘,并考虑恒等式 $(V \cdot \nabla) V = \nabla\left(\dfrac{V^2}{2}\right) - V \times (\nabla \times V)$,得

$$V \cdot \left[\nabla\left(\frac{V^2}{2}\right) - V \times (\nabla \times V) \right] = -\frac{a^2}{\rho} (V \cdot \nabla) \rho$$

由于 $V \cdot [V \times (\nabla \times V)] \equiv 0$,再将连续方程式(6.1.1a)代入,得到理想气体等熵定常运动时的气体动力学方程为

$$(V \cdot \nabla)\left(\frac{V^2}{2}\right) - a^2 \nabla \cdot V = 0 \tag{6.1.3a}$$

由能量方程式(6.1.1c),并考虑到 $a^2 = kRT$,得

$$a^2 = a_\infty^2 + \frac{k-1}{2}(V_\infty^2 - V^2) \tag{6.1.3b}$$

把方程式(6.1.3a)在直角坐标系中展开,得

$$v_x\left(v_x \frac{\partial v_x}{\partial x} + v_y \frac{\partial v_y}{\partial x} + v_z \frac{\partial v_z}{\partial x}\right) + v_y\left(v_x \frac{\partial v_x}{\partial y} + v_y \frac{\partial v_y}{\partial y} + v_z \frac{\partial v_z}{\partial y}\right) +$$

$$v_z\left(v_x \frac{\partial v_x}{\partial z} + v_y \frac{\partial v_y}{\partial z} + v_z \frac{\partial v_z}{\partial z}\right) - a^2\left(\frac{\partial v_x}{\partial x} + \frac{\partial v_y}{\partial y} + \frac{\partial v_z}{\partial z}\right) = 0$$

整理后有

$$(v_x^2 - a^2)\frac{\partial v_x}{\partial x} + (v_y^2 - a^2)\frac{\partial v_y}{\partial y} + (v_z^2 - a^2)\frac{\partial v_z}{\partial z} +$$

$$v_x v_y\left(\frac{\partial v_y}{\partial x} + \frac{\partial v_x}{\partial y}\right) + v_x v_z\left(\frac{\partial v_z}{\partial x} + \frac{\partial v_x}{\partial z}\right) + v_y v_z\left(\frac{\partial v_z}{\partial y} + \frac{\partial v_y}{\partial z}\right) = 0 \tag{6.1.4}$$

如果流动是无旋的,则必有速度势函数 $\phi(x,y,z)$,且

$$v_x = \frac{\partial \phi}{\partial x} = \phi_x, \frac{\partial v_x}{\partial x} = \frac{\partial^2 \phi}{\partial x^2} = \phi_{xx}, v_y = \frac{\partial \phi}{\partial y} = \phi_y, \frac{\partial v_y}{\partial y} = \frac{\partial^2 \phi}{\partial y^2} = \phi_{yy}, v_z = \frac{\partial \phi}{\partial z} = \phi_z, \frac{\partial v_z}{\partial z} = \frac{\partial^2 \phi}{\partial z^2} = \phi_{zz}$$

$$\frac{\partial v_x}{\partial y} = \frac{\partial^2 \phi}{\partial y \partial x} = \frac{\partial v_y}{\partial x} = \phi_{xy} = \phi_{yx}, \frac{\partial v_y}{\partial z} = \frac{\partial^2 \phi}{\partial z \partial y} = \frac{\partial v_z}{\partial y} = \phi_{yz} = \phi_{zy}, \frac{\partial v_z}{\partial x} = \frac{\partial^2 \phi}{\partial x \partial z} = \frac{\partial v_x}{\partial z} = \phi_{zx} = \phi_{xz}$$

将上述关系式代入式(6.1.4)、(6.1.3b),整理得

$$\left(1 - \frac{\phi_x^2}{a^2}\right)\phi_{xx} + \left(1 - \frac{\phi_y^2}{a^2}\right)\phi_{yy} + \left(1 - \frac{\phi_z^2}{a^2}\right)\phi_{zz} - 2\frac{\phi_x \phi_y}{a^2}\phi_{xy} - 2\frac{\phi_y \phi_z}{a^2}\phi_{yz} - 2\frac{\phi_z \phi_x}{a^2}\phi_{zx} = 0$$

$$\tag{6.1.5a}$$

$$a^2 = a_\infty^2 + \frac{k-1}{2}[V_\infty^2 - (\phi_x^2 + \phi_y^2 + \phi_z^2)] \tag{6.1.5b}$$

式(6.1.5a)即为无黏(理想)气体定常绝热无旋流动的速度势方程,将式(6.1.5b)代入后就构成了一个以速度势 ϕ 为待求函数的二阶非线性偏微分方程。由于方程中待求函数的各个最高阶(即二阶)偏导数项的系数均是 ϕ 的低阶(即一阶)偏导数的函数,并不含有 ϕ 的高阶偏导数,因此该方程又是一个拟线性偏微分方程。应用式(6.1.5)求解定常等熵无旋流场的一般步骤是:

(1)根据给定边界条件求得势函数 ϕ。

(2)从势函数 ϕ 算出流场中每一点处的流动速度 V。

(3)由速度 V 计算声速 a 及 Ma。

(4)利用等熵关系式(3.2.3)求出 ρ, p, T 在整个流场中的分布情况。

但是除了少数特殊情况外,要求得到满足给定边界条件下该方程的精确解是极其困难的。为此,在许多情况下要设法把非线性的势函数方程线性化,以获得近似解。而线性

偏微分方程的特点在于它的解可以叠加,这样就可以利用一些已知的简单解,用叠加的方法建立满足给定边界条件的复杂解。

对于不可压缩流动,声速 $a \to \infty$,则速度势方程简化为

$$\phi_{xx} + \phi_{yy} + \phi_{zz} = 0 \text{ 或 } \nabla^2 \phi = 0 \tag{6.1.6}$$

这就是拉普拉斯方程,它也可以直接从不可压缩流体连续方程中导出。拉普拉斯方程(即连续方程)与给定的边界条件联立,可以独立求解出流场的运动学方程,然后再代入动力学方程(如伯努利方程)中可以求得压力分布。因此,对于理想不可压缩流体的无旋运动,运动学问题与动力学问题是可以分开求解的。此外,拉普拉斯方程是线性的,可以应用叠加原理,数学上易于处理。显然,对于理想可压缩气体的等熵定常无旋运动,由于 ρ 是变量,使运动学、动力学、热力学三方面互相耦合,不可分割,而且方程又是非线性的,数学处理变得困难。

利用式(1.3.1b)、(1.3.3b),可将式(6.1.3a)在圆柱坐标系 (r, θ, z) 中展开,得

$$v_r \left(v_r \frac{\partial v_r}{\partial r} + v_\theta \frac{\partial v_\theta}{\partial r} + v_z \frac{\partial v_z}{\partial r} \right) + \frac{v_\theta}{r} \left(v_r \frac{\partial v_r}{\partial \theta} + v_\theta \frac{\partial v_\theta}{\partial \theta} + v_z \frac{\partial v_z}{\partial \theta} \right) +$$

$$v_z \left(v_r \frac{\partial v_r}{\partial z} + v_\theta \frac{\partial v_\theta}{\partial z} + v_z \frac{\partial v_z}{\partial z} \right) - a^2 \left(\frac{\partial v_r}{\partial r} + \frac{v_r}{r} + \frac{\partial v_\theta}{r \partial \theta} + \frac{\partial v_z}{\partial z} \right) = 0$$

整理后有

$$\left(1 - \frac{v_r^2}{a^2} \right) \frac{\partial v_r}{\partial r} + \left(1 - \frac{v_\theta^2}{a^2} \right) \frac{\partial v_\theta}{r \partial \theta} + \left(1 - \frac{v_z^2}{a^2} \right) \frac{\partial v_z}{\partial z} - \frac{v_r v_\theta}{a^2} \left(\frac{\partial v_\theta}{\partial r} + \frac{\partial v_r}{r \partial \theta} \right) -$$

$$\frac{v_r v_z}{a^2} \left(\frac{\partial v_z}{\partial r} + \frac{\partial v_r}{\partial z} \right) - \frac{v_\theta v_z}{a^2} \left(\frac{\partial v_\theta}{\partial z} + \frac{\partial v_z}{r \partial \theta} \right) + \frac{v_r}{r} = 0 \tag{6.1.7}$$

考虑到

$$\phi_r = \frac{\partial \phi}{\partial r} = v_r, \phi_{rr} = \frac{\partial^2 \phi}{\partial r^2} = \frac{\partial v_r}{\partial r}, \phi_\theta = \frac{\partial \phi}{\partial \theta} = r v_\theta$$

$$\phi_{\theta\theta} = \frac{\partial^2 \phi}{\partial \theta^2} = r \frac{\partial v_\theta}{\partial \theta}, \phi_z = \frac{\partial \phi}{\partial z} = v_z, \phi_{zz} = \frac{\partial^2 \phi}{\partial z^2} = \frac{\partial v_z}{\partial z}$$

$$\phi_{\theta z} = \phi_{z\theta} = \frac{\partial^2 \phi}{\partial \theta \partial z} = \frac{\partial^2 \phi}{\partial z \partial \theta} = \frac{\partial v_z}{\partial \theta} = \frac{\partial (r v_\theta)}{\partial z}$$

$$\phi_{rz} = \phi_{zr} = \frac{\partial^2 \phi}{\partial z \partial r} = \frac{\partial^2 \phi}{\partial r \partial z} = \frac{\partial v_r}{\partial z} = \frac{\partial v_z}{\partial r}$$

$$\phi_{\theta r} = \phi_{r\theta} = \frac{\partial^2 \phi}{\partial r \partial \theta} = \frac{\partial^2 \phi}{\partial \theta \partial r} = \frac{\partial v_r}{\partial \theta} = \frac{\partial (r v_\theta)}{\partial r}$$

于是得到圆柱坐标系中速度势方程为

$$\left(1 - \frac{\phi_r^2}{a^2} \right) \phi_{rr} + \left(1 - \frac{\phi_\theta^2}{r^2 a^2} \right) \frac{\phi_{\theta\theta}}{r^2} + \left(1 - \frac{\phi_z^2}{a^2} \right) \phi_{zz} -$$

$$2 \frac{\phi_r \phi_\theta}{r^2 a^2} \phi_{r\theta} + \frac{\phi_r}{r} \frac{\phi_\theta^2}{r^2 a^2} - 2 \frac{\phi_r \phi_z}{a^2} \phi_{rz} - 2 \frac{\phi_\theta \phi_z}{r^2 a^2} \phi_{\theta z} + \frac{\phi_r}{r} =$$

$$\left(1 - \frac{\phi_r^2}{a^2} \right) \phi_{rr} + \left(1 - \frac{\phi_\theta^2}{r^2 a^2} \right) \frac{\phi_{\theta\theta}}{r^2} + \left(1 - \frac{\phi_z^2}{a^2} \right) \phi_{zz} -$$

$$2\frac{\phi_r\phi_\theta}{r^2a^2}\phi_{r\theta} - 2\frac{\phi_\theta\phi_z}{a^2}\phi_{rz} - 2\frac{\phi_\theta\phi_z}{r^2a^2}\phi_{\theta z} + \frac{\phi_r}{r}\left(1 + \frac{\phi_\theta^2}{r^2a^2}\right) = 0 \tag{6.1.8a}$$

$$a^2 = a_\infty^2 + \frac{k-1}{2}[V_\infty^2 - (v_r^2 + v_\theta^2 + v_z^2)] = a_\infty^2 + \frac{k-1}{2}\left[V_\infty^2 - \left(\phi_r^2 + \frac{\phi_\theta^2}{r^2} + \phi_z^2\right)\right]$$

$$\tag{6.1.8b}$$

如果流动是轴对称的,并令 z 轴与主流方向一致,此时有 $v_\theta = \dfrac{\partial\phi}{r\partial\theta} = 0$,其他各参数对 θ 的偏导数也为零,即流体微团没有周向分速度,则速度势方程可简化为

$$\left(1 - \frac{\phi_r^2}{a^2}\right)\phi_{rr} + \left(1 - \frac{\phi_z^2}{a^2}\right)\phi_{zz} - 2\frac{\phi_r\phi_z}{a^2}\phi_{rz} + \frac{\phi_r}{r} = 0 \tag{6.1.9}$$

如果取圆柱面内流场中 $v_r = \dfrac{\partial\phi}{\partial r} = 0$,即流体微团没有径向分速度,速度势方程可简化为

$$\left(1 - \frac{\phi_\theta^2}{r^2a^2}\right)\frac{\phi_{\theta\theta}}{r^2} + \left(1 - \frac{\phi_z^2}{a^2}\right)\phi_{zz} - 2\frac{\phi_\theta\phi_z}{r^2a^2}\phi_{\theta z} = 0 \tag{6.1.10}$$

6.1.2　流函数及流函数方程

对于二维定常流动,将连续方程用滞止密度 ρ^* 通除,并在直角坐标系中展开可得

$$\frac{\partial}{\partial x}\left(\frac{\rho}{\rho^*}v_x\right) + \frac{\partial}{\partial y}\left(\frac{\rho}{\rho^*}v_y\right) = 0 \ 或\frac{\partial}{\partial x}\left(\frac{\rho}{\rho^*}v_x\right) = \frac{\partial}{\partial y}\left(-\frac{\rho}{\rho^*}v_y\right) \tag{6.1.11}$$

由高等数学知识可知,上式是 $-\dfrac{\rho}{\rho^*}v_y\mathrm{d}x + \dfrac{\rho}{\rho^*}v_x\mathrm{d}y$ 能够成为某一函数全微分的充要条件。因此,必然存在满足下述关系式的一个点函数 $\psi(x,y)$,即

$$\mathrm{d}\psi = \frac{\partial\psi}{\partial x}\mathrm{d}x + \frac{\partial\psi}{\partial y}\mathrm{d}y = \frac{1}{\rho^*}(-\rho v_y\mathrm{d}x + \rho v_x\mathrm{d}y) \tag{6.1.12a}$$

积分得

$$\psi = \int\frac{1}{\rho^*}(-\rho v_y\mathrm{d}x + \rho v_x\mathrm{d}y) \tag{6.1.12b}$$

称函数 $\psi(x,y)$ 为流函数。引入 ρ^* 是为了使流函数与势函数的量纲相同即均为速度。对于不可压缩流体的二维流动,无论流动是否为定常,其连续方程为

$$\frac{\partial v_x}{\partial x} + \frac{\partial v_y}{\partial y} = 0 \ 或\frac{\partial v_x}{\partial x} = -\frac{\partial v_y}{\partial y}$$

于是流函数 ψ 可写为

$$\mathrm{d}\psi = -v_y\mathrm{d}x + v_x\mathrm{d}y \ 或 \psi = \int -v_y\mathrm{d}x + v_x\mathrm{d}y$$

参考式(1.3.3b),将连续方程在圆柱坐标系中展开,得

$$\frac{\partial(\rho rv_r)}{r\partial r} + \frac{\partial(\rho v_\theta)}{r\partial\theta} + \frac{\partial(\rho v_z)}{\partial z} = 0 \ 或\frac{\partial}{r\partial r}\left(\frac{\rho}{\rho^*}rv_r\right) + \frac{\partial}{r\partial\theta}\left(\frac{\rho}{\rho^*}v_\theta\right) + \frac{\partial}{\partial z}\left(\frac{\rho}{\rho^*}v_z\right) = 0$$

于是,二维轴对称定常流动的流函数为(考虑自变量 r 与 z 无关的因素)

$$\mathrm{d}\psi = \frac{\partial\psi}{\partial r}\mathrm{d}r + \frac{\partial\psi}{\partial z}\mathrm{d}z = \frac{1}{\rho^*}(\rho v_z r\mathrm{d}r - \rho v_r r\mathrm{d}z) \text{ 或 } \psi = \int\frac{1}{\rho^*}(\rho v_z r\mathrm{d}r - \rho v_r r\mathrm{d}z) \qquad (6.1.13\mathrm{a})$$

二维轴对称不可压缩流动的流函数为

$$\mathrm{d}\psi = v_z r\mathrm{d}r - v_r r\mathrm{d}z \text{ 或 } \psi = \int(v_z r\mathrm{d}r - v_r r\mathrm{d}z) \qquad (6.1.13\mathrm{b})$$

类似地,二维圆柱面内定常流动的流函数为

$$\mathrm{d}\psi = \frac{\partial\psi}{\partial\theta}\mathrm{d}\theta + \frac{\partial\psi}{\partial z}\mathrm{d}z = \frac{1}{\rho^*}(\rho v_z r\mathrm{d}\theta - \rho v_\theta\mathrm{d}z) \text{ 或 } \psi = \int\frac{1}{\rho^*}(\rho v_z r\mathrm{d}\theta - \rho v_\theta\mathrm{d}z) \quad (6.1.13\mathrm{c})$$

不可压缩流体的二维圆柱面内流函数为

$$\mathrm{d}\psi = v_z r\mathrm{d}\theta - v_\theta\mathrm{d}z \text{ 或 } \psi = \int(v_z r\mathrm{d}\theta - v_\theta\mathrm{d}z) \qquad (6.1.13\mathrm{d})$$

综上分析可知,流函数是从连续方程出发来定义的。对于可压缩流体,流函数存在的充要条件是不仅要求流动是二维的,而且还要求流动是定常的,二者缺一不可;对于不可压缩流体,只要流动是二维的,就一定存在流函数,当不可压缩流体做非定常流动时,流函数是时间的函数,同一个流场、不同瞬时的流函数是不同的。而对势函数而言,只要流动是无旋的,就一定存在势函数。因此,对于可压缩流体,只有二维、定常、无旋流动,才同时存在流函数和势函数;对于不可压缩流体,只要流动是二维、无旋的,流场中就同时存在流函数和势函数。

当无黏(理想)可压缩气体做定常、绝热、无旋、二维运动时,可以把无旋条件、葛罗米柯运动方程、声速方程加以合并,得到一个以流函数 $\psi(x,y)$ 表示的方程。在直角坐标系中,二维平面流动的无旋条件为

$$\frac{\partial v_x}{\partial y} = \frac{\partial v_y}{\partial x}$$

从流函数方程式(6.1.12)可得到$\dfrac{\partial\psi}{\partial y} = \dfrac{\rho}{\rho^*}v_x$ 及$\dfrac{\partial\psi}{\partial x} = -\dfrac{\rho}{\rho^*}v_y$,代入上式并展开,则有流函数方程的未完善形式

$$\frac{\partial}{\partial y}\left(\frac{\rho^*}{\rho}\frac{\partial\psi}{\partial y}\right) = \frac{\partial}{\partial x}\left(-\frac{\rho^*}{\rho}\frac{\partial\psi}{\partial x}\right) \text{ 或 } \rho(\psi_{xx} + \psi_{yy}) = \psi_x\frac{\partial\rho}{\partial x} + \psi_y\frac{\partial\rho}{\partial y}$$

将声速方程式(6.1.2)、葛罗米柯方程式(2.2.14)分别向流线方向投影,得

$$\mathrm{d}p = a^2\mathrm{d}\rho$$

$$\mathrm{d}p = -\rho\mathrm{d}\left(\frac{V^2}{2}\right) = -\rho\mathrm{d}\left(\frac{v_x^2 + v_y^2}{2}\right) = -\frac{\rho}{2}\mathrm{d}\left[\left(\frac{\rho^*}{\rho}\right)^2(\psi_x^2 + \psi_y^2)\right]$$

联立上面两式,再展开有

$$\mathrm{d}\rho = \frac{\rho}{a^2}\left(\frac{\rho^*}{\rho}\right)^2\left[(\psi_x\mathrm{d}\psi_x + \psi_y\mathrm{d}\psi_y) - (\psi_x^2 + \psi_y^2)\frac{\mathrm{d}\rho}{\rho}\right]$$

用 $\mathrm{d}\psi_x = \psi_{xx}\mathrm{d}x + \psi_{xy}\mathrm{d}y$,$\mathrm{d}\psi_y = \psi_{yx}\mathrm{d}x + \psi_{yy}\mathrm{d}y$ 将上式中的 $\mathrm{d}\psi_x$,$\mathrm{d}\psi_y$ 展开,再将展开结果与 $\mathrm{d}\rho = \dfrac{\partial\rho}{\partial x}\mathrm{d}x + \dfrac{\partial\rho}{\partial y}\mathrm{d}y$ 作对比,可有

$$\frac{\partial \rho}{\partial x} = -\frac{\frac{\rho}{a^2}\left(\frac{\rho^*}{\rho}\right)^2 (\psi_x \psi_{xx} + \psi_y \psi_{xy})}{1 - \frac{1}{a^2}\left(\frac{\rho^*}{\rho}\right)^2 (\psi_x^2 + \psi_y^2)} \quad \text{和} \quad \frac{\partial \rho}{\partial y} = -\frac{\frac{\rho}{a^2}\left(\frac{\rho^*}{\rho}\right)^2 (\psi_x \psi_{xy} + \psi_y \psi_{yy})}{1 - \frac{1}{a^2}\left(\frac{\rho^*}{\rho}\right)^2 (\psi_x^2 + \psi_y^2)}$$

将上面的表达式代入流函数方程的未完善形式,得

$$\left[1 - \left(\frac{\rho^*}{\rho}\right)^2 \frac{\psi_y^2}{a^2}\right]\psi_{xx} + \left[1 - \left(\frac{\rho^*}{\rho}\right)^2 \frac{\psi_x^2}{a^2}\right]\psi_{yy} + 2\left(\frac{\rho^*}{\rho}\right)^2 \frac{\psi_x \psi_y}{a^2}\psi_{xy} = 0 \quad (6.1.14)$$

上式即为无黏可压缩流体二维定常无旋绝热流动的流函数方程。

对于不可压缩流动,声速 $a \to \infty$,则流函数方程简化为

$$\psi_{xx} + \psi_{yy} = 0 \text{ 或} \nabla^2 \psi = 0 \quad (6.1.15)$$

该式也是拉普拉斯方程。

可以用同样的方法,推导出以流函数表示的轴对称流动、圆柱面内流动的运动微分方程,这里略去具体的推导过程,直接给出如下结果:

$$\left[1 - \left(\frac{\rho^*}{\rho}\right)^2 \frac{\psi_r^2}{a^2 r^2}\right]\psi_{rr} + \left[1 - \left(\frac{\rho^*}{\rho}\right)^2 \frac{\psi_r^2}{a^2 r^2}\right]\psi_{zz} + 2\left(\frac{\rho^*}{\rho}\right)^2 \frac{\psi_r \psi_z}{a^2 r^2}\psi_{rz} - \frac{\psi_r}{r} = 0$$

$$(6.1.16a)$$

$$\left[1 - \left(\frac{\rho^*}{\rho}\right)^2 \frac{\psi_z^2}{a^2}\right]\frac{\psi_{\theta\theta}}{r^2} + \left[1 - \left(\frac{\rho^*}{\rho}\right)^2 \frac{\psi_\theta^2}{a^2 r^2}\right]\psi_{zz} + 2\left(\frac{\rho^*}{\rho}\right)^2 \frac{\psi_\theta \psi_z}{a^2 r^2}\psi_{\theta z} = 0 \quad (6.1.16b)$$

流函数方程也是二阶非线性的偏微分方程,在实质上与势函数方程是完全等价的,但它的形式要比势函数方程复杂,并且仅适用于二维流动,因此通常尽可能使用势函数方程解决问题。

此外,还需指出的是,上面得到的流函数方程是针对无旋流的,而对应有旋流也存在流函数方程,不过要比无旋流的流函数方程更复杂,这里不再讨论。

6.2　小扰动线性化方程及边界条件、压强系数公式

为了减缓流动分离、降低阻力,常规飞行器一般都设计得比较薄、平。考察如图 6.2.1 所示的均匀平行流场,若物体对该均匀流场的扰动很小,即流场中密度、压力、速度等参数所发生的偏离均匀值的变化幅度比相应的均匀值小得多,就可称为小扰动。在小扰动情况下,速度势方程可以简化甚至线性化,大大简化问题的求解。线性化方法适合一般的亚声速和一般的超声

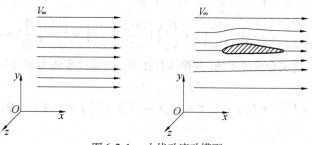

图 6.2.1　小扰动流动模型

速流动,即马赫数不太接近于1,也不能太大的流动,而且适合于距飞行器驻点较远的地方。因为驻点处的速度为零,其附近的扰动属于大扰动。虽然如此,若驻点影响范围与整个流动区域相比很小,则流场中处处按小扰动线性化处理也是可以的。此外,还要求物面在来流方向较长,在垂直物面方向(近似于垂直来流方向)很薄。这时小扰动理论可得出亚、超声速流动的一些定性结论,某些定量结论与实验符合得也较好。

6.2.1　速度势方程的线性化

设均匀来流以速度 V_∞ 绕一个细长物体流动,其流动方向与 x 轴(也称风轴)一致,在来流上叠加因物体存在而产生的扰动速度 $\boldsymbol{U} = U_x\boldsymbol{i} + U_y\boldsymbol{j} + U_z\boldsymbol{k}$,则合速度为

$$\boldsymbol{V} = (V_\infty + U_x)\boldsymbol{i} + U_y\boldsymbol{j} + U_z\boldsymbol{k} \text{ 或 } V_x = V_\infty + U_x, V_y = U_y, V_z = U_z \qquad (6.2.1)$$

而且有

$$\frac{U_x}{V_\infty}, \frac{U_y}{V_\infty}, \frac{U_z}{V_\infty} \ll 1$$

将式(6.2.1)代入式(6.1.4)、(6.1.3b),得

$$a^2\left(\frac{\partial U_x}{\partial x} + \frac{\partial U_y}{\partial y} + \frac{\partial U_z}{\partial z}\right) =$$

$$(V_\infty + U_x)^2\frac{\partial U_x}{\partial x} + U_y^2\frac{\partial U_y}{\partial y} + U_z^2\frac{\partial U_z}{\partial z} + (V_\infty + U_x)U_y\left(\frac{\partial U_y}{\partial x} + \frac{\partial U_x}{\partial y}\right) +$$

$$(V_\infty + U_x)U_z\left(\frac{\partial U_z}{\partial x} + \frac{\partial U_x}{\partial z}\right) + U_yU_z\left(\frac{\partial U_z}{\partial y} + \frac{\partial U_y}{\partial z}\right) \qquad (6.2.2a)$$

$$a^2 = a_\infty^2 - \frac{k-1}{2}(2V_\infty U_x + U_x^2 + U_y^2 + U_z^2) \qquad (6.2.2b)$$

将上面两式联立可得

$$(1 - Ma_\infty^2)\frac{\partial U_x}{\partial x} + \frac{\partial U_y}{\partial y} + \frac{\partial U_z}{\partial z} =$$

$$Ma_\infty^2\left[(k+1)\frac{U_x}{V_\infty} + \frac{k+1}{2}\frac{U_x^2}{V_\infty^2} + \frac{k-1}{2}\frac{U_y^2 + U_z^2}{V_\infty^2}\right]\frac{\partial U_x}{\partial x} +$$

$$Ma_\infty^2\left[(k-1)\frac{U_x}{V_\infty} + \frac{k+1}{2}\frac{U_y^2}{V_\infty^2} + \frac{k-1}{2}\frac{U_z^2 + U_x^2}{V_\infty^2}\right]\frac{\partial U_y}{\partial y} +$$

$$Ma_\infty^2\left[(k-1)\frac{U_x}{V_\infty} + \frac{k+1}{2}\frac{U_z^2}{V_\infty^2} + \frac{k-1}{2}\frac{U_x^2 + U_y^2}{V_\infty^2}\right]\frac{\partial U_z}{\partial z} +$$

$$Ma_\infty^2\left[\frac{U_y}{V_\infty}\left(1 + \frac{U_x}{V_\infty}\right)\left(\frac{\partial U_x}{\partial y} + \frac{\partial U_y}{\partial x}\right) + \frac{U_z}{V_\infty}\left(1 + \frac{U_x}{V_\infty}\right)\left(\frac{\partial U_x}{\partial z} + \frac{\partial U_z}{\partial x}\right) + \frac{U_yU_z}{V_\infty^2}\left(\frac{\partial U_z}{\partial y} + \frac{\partial U_y}{\partial z}\right)\right] \qquad (6.2.3)$$

对于无旋流动,定义合成速度场(有物体存在时)的总速度势为 Φ,同时引入扰动速度势 φ,即 $\nabla\varphi = \boldsymbol{U}$,则有

$$\nabla\Phi = (V_\infty + U_x)\boldsymbol{i} + U_y\boldsymbol{j} + U_z\boldsymbol{k} = V_\infty\boldsymbol{i} + (U_x\boldsymbol{i} + U_y\boldsymbol{j} + U_z\boldsymbol{k}) = \nabla(V_\infty x) + \nabla\varphi$$

或

$$\Phi = V_\infty x + \varphi$$

显然,存在关系式

$$\Phi_x = V_\infty + \varphi_x,\ \Phi_y = \varphi_y,\ \Phi_z = \varphi_z$$

将扰动速度势 φ 代入式(6.2.3) 中,得

$$(1 - Ma_\infty^2)\varphi_{xx} + \varphi_{yy} + \varphi_{zz} =$$

$$Ma_\infty^2 \left[(k+1)\frac{U_x}{V_\infty} + \frac{k+1}{2}\frac{U_x^2}{V_\infty^2} + \frac{k-1}{2}\frac{U_y^2 + U_z^2}{V_\infty^2} \right]\varphi_{xx} +$$

$$Ma_\infty^2 \left[(k-1)\frac{U_x}{V_\infty} + \frac{k+1}{2}\frac{U_y^2}{V_\infty^2} + \frac{k-1}{2}\frac{U_z^2 + U_x^2}{V_\infty^2} \right]\varphi_{yy} +$$

$$Ma_\infty^2 \left[(k-1)\frac{U_x}{V_\infty} + \frac{k+1}{2}\frac{U_z^2}{V_\infty^2} + \frac{k-1}{2}\frac{U_x^2 + U_y^2}{V_\infty^2} \right]\varphi_{zz} +$$

$$Ma_\infty^2 \left[2\frac{U_y}{V_\infty}\left(1 + \frac{U_x}{V_\infty}\right)\varphi_{xy} + 2\frac{U_z}{V_\infty}\left(1 + \frac{U_x}{V_\infty}\right)\varphi_{xz} + 2\frac{U_y U_z}{V_\infty^2}\varphi_{yz} \right] \tag{6.2.4}$$

上式为精确的速度势方程。在小扰动假设的条件下,根据流动的亚、跨、超声速性质,该式可以进一步简化。

1. 超声速流动和亚声速流动

对一般的超声速流动($1.3 < Ma_\infty \leqslant 3$) 和亚声速流动,马赫数不太接近于1,即 $1 - Ma_\infty^2$ 不能被当做小量来对待。如果所研究的流动满足小扰动假设,则扰动速度对来流速度、声速来说是一个小量,而且由于流场中物理量变化是连续的,扰动速度对坐标的导数也应是小量,即满足如下条件:

$$Ma_\infty^2\left(\frac{U_x}{V_\infty}\right)^2,\ Ma_\infty^2\left(\frac{U_y}{V_\infty}\right)^2,\ Ma_\infty^2\left(\frac{U_z}{V_\infty}\right)^2 \ll 1,\ \varphi_{xx} = \frac{\partial U_x}{\partial x},\cdots,\varphi_{xy} = \frac{\partial U_y}{\partial x},\cdots \ll \frac{V_\infty}{L}$$

式中,L 为物体的特征长度(如弦长)。因此,式(6.2.4) 可简化为

$$(1 - Ma_\infty^2)\varphi_{xx} + \varphi_{yy} + \varphi_{zz} = Ma_\infty^2(k+1)\frac{U_x}{V_\infty}\varphi_{xx} + Ma_\infty^2(k-1)\frac{U_x}{V_\infty}(\varphi_{yy} + \varphi_{zz}) +$$

$$2Ma_\infty^2\frac{U_y}{V_\infty}\varphi_{xy} + 2Ma_\infty^2\frac{U_z}{V_\infty}\varphi_{xz} \tag{6.2.5}$$

上式中的 $\varphi_{xx},\varphi_{yy},\varphi_{zz},\varphi_{xy},\varphi_{xz}$ 应为同一量级,在 Ma_∞ 不太接近 1 的情况下,考虑到小扰动情况下还应有 $\frac{U_x}{V_\infty},\frac{U_y}{V_\infty},\frac{U_z}{V_\infty} \ll 1$ 成立,则方程右端各项相当于多乘了一个微量,与左端各项相比,可以忽略不计。这样,式(6.2.5) 可进一步简化为

$$(1 - Ma_\infty^2)\varphi_{xx} + \varphi_{yy} + \varphi_{zz} = 0 \tag{6.2.6}$$

上式即为无黏可压缩流体定常无旋流动的小扰动速度势线性化方程,适用于纯亚声速或纯超声速的小扰动无旋流动。

对于亚声速流,$Ma_\infty < 1$,令 $\beta^2 = 1 - Ma_\infty^2 > 0$,式(6.2.6) 写成

$$\beta^2\varphi_{xx} + \varphi_{yy} + \varphi_{zz} = 0 \tag{6.2.7}$$

这是椭圆型的线性二阶偏微分方程。

对于超声速流,$Ma_\infty > 1$,令 $B^2 = Ma_\infty^2 - 1 > 0$,式(6.2.6) 写成

$$B^2\varphi_{xx} - \varphi_{yy} - \varphi_{zz} = 0 \tag{6.2.8}$$

这是双曲型的线性二阶偏微分方程。

绕流物体驻点处的气流速度为零,扰动速度与来流速度为同一量级,即 $V_\infty \approx -U_x$,因此在驻点邻域内,严格说来线性化方程并不适用。但由于驻点附近这种不符合线性化条件的区域与整个物体的绕流区域相比很小,因而用线性化方程所得出的升力系数、力矩系数等反映流体与物体间总体作用的量,还是令人满意的。

2. 跨声速流动

这里的跨声速流动是指:① 来流 Ma_∞ 接近于1,即 $|1 - Ma_\infty^2|$ 为小量的流动;② 在局部区域,流场跨越声速,即流场中既存在亚声速区,又存在超声速区的流动。在这种情况下,式 (6.2.5) 左端第一项中的系数 $1 - Ma_\infty^2$ 与右端第一项中的系数 $Ma_\infty^2(k+1)\dfrac{U_x}{V_\infty}$ 可能是同一量级。根据式(6.2.2b),并考虑公式 $\dfrac{1}{1-x} = 1 + x + x^2 + \cdots(|x| < 1)$,可有

$$1 - Ma^2 = 1 - \frac{V_\infty^2}{a^2} = 1 - \frac{V_\infty^2 + 2V_\infty U_x + U_x^2 + U_y^2 + U_z^2}{a_\infty^2 - \frac{k-1}{2}(2V_\infty U_x + U_x^2 + U_y^2 + U_z^2)} =$$

$$1 - \frac{V_\infty^2\left(1 + 2\dfrac{U_x}{V_\infty} + \dfrac{U_x^2}{V_\infty^2} + \dfrac{U_y^2}{V_\infty^2} + \dfrac{U_z^2}{V_\infty^2}\right)}{a_\infty^2 - \dfrac{k-1}{2}V_\infty^2\left(2\dfrac{U_x}{V_\infty} + \dfrac{U_x^2}{V_\infty^2} + \dfrac{U_y^2}{V_\infty^2} + \dfrac{U_z^2}{V_\infty^2}\right)} =$$

$$1 - \frac{Ma_\infty^2\left(1 + 2\dfrac{U_x}{V_\infty} + \dfrac{U_x^2}{V_\infty^2} + \dfrac{U_y^2}{V_\infty^2} + \dfrac{U_z^2}{V_\infty^2}\right)}{1 - \dfrac{k-1}{2}Ma_\infty^2\left(2\dfrac{U_x}{V_\infty} + \dfrac{U_x^2}{V_\infty^2} + \dfrac{U_y^2}{V_\infty^2} + \dfrac{U_z^2}{V_\infty^2}\right)} =$$

$$1 - Ma_\infty^2\left(1 + 2\dfrac{U_x}{V_\infty} + \dfrac{U_x^2}{V_\infty^2} + \dfrac{U_y^2}{V_\infty^2} + \dfrac{U_z^2}{V_\infty^2}\right) \cdot$$

$$\left[1 + \frac{k-1}{2}Ma_\infty^2\left(2\dfrac{U_x}{V_\infty} + \dfrac{U_x^2}{V_\infty^2} + \dfrac{U_y^2}{V_\infty^2} + \dfrac{U_z^2}{V_\infty^2}\right) + \cdots\right] =$$

$$1 - Ma_\infty^2\left[1 + 2\dfrac{U_x}{V_\infty} + (k-1)Ma_\infty^2\dfrac{U_x}{V_\infty} + \cdots\right]$$

考虑到 Ma_∞ 接近于1,并忽略其他二阶小量,则可得

$$1 - Ma^2 \approx 1 - Ma_\infty^2\left[1 + (k+1)\dfrac{U_x}{V_\infty}\right] = (1 - Ma_\infty^2) - (k+1)Ma_\infty^2\dfrac{U_x}{V_\infty}$$

由于在跨声速流动时,亚声速区内有 $1 - Ma^2 > 0$,而超声速区内有 $1 - Ma^2 < 0$,于是上式的右端项既可能为正,也可能为负。由于对于某个确定来流条件来说 $1 - Ma_\infty^2$ 为常值,那么,方程右端项正、负号的不确定性就取决于 $Ma_\infty^2(k+1)\dfrac{U_x}{V_\infty}$(或者说流场中某点处的扰动速度)的变化。显然,只有当 $1 - Ma_\infty^2$ 与 $Ma_\infty^2(k+1)\dfrac{U_x}{V_\infty}$ 量级相同时,后者的变化才足以影响方程右端

的正、负。将式(6.2.5) 写成

$$\left[1 - Ma_\infty^2 - Ma_\infty^2(k+1)\frac{U_x}{V_\infty}\right]\varphi_{xx} + \varphi_{yy} + \varphi_{zz} =$$

$$Ma_\infty^2(k-1)\frac{U_x}{V_\infty}(\varphi_{yy} + \varphi_{zz}) + 2Ma_\infty^2\left(\frac{U_y}{V_\infty}\varphi_{xy} + \frac{U_z}{V_\infty}\varphi_{xz}\right)$$

方程左端 φ_{xx} 项的系数近似等于 $1 - Ma^2$, 它决定了方程的类型是混合型的, 即在亚声速区是椭圆型的, 而在超声速区是双曲型的。前面已经证明, 该系数中与 U_x/V_∞ 有关的量的量级与 $1 - Ma_\infty^2$ 的量级相当, 应当保留。而且若略去 U_x/V_∞ 的相关项, 则方程将不再具有混合型的性质。

此外, 对于跨声速流动, 气流参数沿 x 向也存在着急剧的变化, 故 $\left[1 - Ma_\infty^2 - Ma_\infty^2(k+1)\frac{U_x}{V_\infty}\right]\dfrac{\partial U_x}{\partial x}$ 尽管较小, 但仍与 $\dfrac{\partial U_y}{\partial y}, \dfrac{\partial U_z}{\partial z}$ 属于同一量级。与方程左端的 $\varphi_{yy}, \varphi_{zz}$ 项的系数 1 相比, 由于方程右端各项的系数 $Ma_\infty^2(k-1)\dfrac{U_x}{V_\infty}, 2Ma_\infty^2\dfrac{U_y}{V_\infty}, 2Ma_\infty^2\dfrac{U_z}{V_\infty} \ll 1$, 故均可略去。于是, 小扰动跨声速流动方程可写为

$$\left[1 - Ma_\infty^2 - \frac{Ma_\infty^2}{V_\infty}(k+1)\varphi_x\right]\varphi_{xx} + \varphi_{yy} + \varphi_{zz} = 0$$

(6.2.9)

不难看出, 该方程仍是非线性的, 但它比精确的扰动速度势方程简单得多, 在研究跨声速流动中经常用到。

研究气流绕细长旋成体流动问题时采用圆柱坐标系比较方便。如果旋成体对气流产生的扰动满足小扰动假设, 采用与上述类似的方法也能推导出线性化的小扰动方程, 这里直接给出结果。如图 6.2.2 所示, 取 z 轴与直匀流方向一致, 则式(6.2.6) 可写为

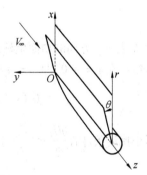

图 6.2.2　细长旋成体流动模型

$$(1 - Ma_\infty^2)\varphi_{zz} + \frac{\varphi_{\theta\theta}}{r^2} + \varphi_{rr} + \frac{\varphi_r}{r} = 0 \ 或 (1 - Ma_\infty^2)\varphi_{zz} + \frac{\varphi_{\theta\theta}}{r^2} + \frac{(r\varphi_r)_r}{r} = 0$$

(6.2.10a)

在轴对称绕流情况下, 方程为

$$(1 - Ma_\infty^2)\varphi_{zz} + \varphi_{rr} + \frac{\varphi_r}{r} = 0 \ 或 (1 - Ma_\infty^2)\varphi_{zz} + \frac{(r\varphi_r)_r}{r} = 0 \quad (6.2.10b)$$

上式也仅适用于纯亚声速或纯超声速的小扰动无旋流动, 而不适用于跨声速流和高超声速流。

6.2.2　边界条件的线性化

对于无黏理想流体, 固体表面边界条件是流体的流动方向必须与固体表面相切, 换言之, 速度矢量必须处处与固体表面的法线垂直。考虑图 6.2.3 所示的平薄机翼, 设物体表面坐标由 $y = f(x,z)$ 给出, 从而描述物面形状的方程可以写成

$$F(x,y,z) = y - f(x,z) = 0$$

由解析几何知识可知,物面法线方向单位矢量为 $n = \dfrac{\nabla F}{|\nabla F|} = \dfrac{1}{|\nabla F|}\left(\dfrac{\partial F}{\partial x}\boldsymbol{i} + \dfrac{\partial F}{\partial y}\boldsymbol{j} + \dfrac{\partial F}{\partial z}\boldsymbol{k}\right)$,流速方向与物体表面相切,即可表述为 $\boldsymbol{V}\cdot\nabla F = 0$,利用式(6.2.1)可得

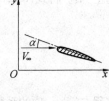

图 6.2.3 平薄机翼

$$(V_\infty + U_x)\frac{\partial F}{\partial x} + U_y\frac{\partial F}{\partial y} + U_z\frac{\partial F}{\partial z} = 0$$

$$(6.2.11a)$$

考虑到 $F(x,y,z) = y - f(x,z) = 0$,可将式(6.2.11a)改写为

$$-(V_\infty + U_x)\frac{\partial f}{\partial x} + U_y - U_z\frac{\partial f}{\partial z} = 0 \text{ 或 } -\left(1 + \frac{U_x}{V_\infty}\right)\frac{\partial f}{\partial x} + \frac{U_y}{V_\infty} - \frac{U_z}{V_\infty}\frac{\partial f}{\partial z} = 0 \qquad (6.2.11b)$$

在小扰动条件及平薄物体假设下,有 $\dfrac{\partial f}{\partial x}, \dfrac{\partial f}{\partial z} \ll 1$ 及 $\dfrac{U_x}{V_\infty}, \dfrac{U_z}{V_\infty} \ll 1$,于是可略去式(6.2.11b)中的高阶小量,得

$$U_y(x,h,z) \approx V_\infty \frac{\partial f}{\partial x} \qquad (6.2.12)$$

式中,h 表示 y 方向的物面坐标;$U_y(x,h,z)$ 指的是紧贴物面的流体质点速度。由于物体是平薄的,对 U_y 在 $y = +0$(即 $h = +0$)处向上或 $y = -0$(即 $h = -0$)处向下做泰勒展开,可有

$$U_y(x,h,z) = U_y(x,+0,z) + \left(\frac{\partial U_y}{\partial y}\right)_{y = +0} h + \cdots$$

根据小扰动条件有 $\dfrac{\partial U_y}{\partial y} \ll \dfrac{V_\infty}{L}$,且物面平薄即 $h \to 0$,略去二阶小量,式(6.2.12)可写成

$$\left(\frac{\partial \varphi}{\partial y}\right)_{y = \pm 0} = U_y(x,\pm 0,z) = V_\infty \frac{\partial f}{\partial x} \qquad (6.2.13)$$

式(6.2.13)即为三维平薄物体的线性化物面边界条件,它对跨声速流动也是成立的。

对于二维薄翼,设物面坐标以 (x,y) 表示,x 轴与来流速度 V_∞ 方向一致,物面方程为 $y = f(x)$,则其线性化的物面条件为

$$\left(\frac{\partial \varphi}{\partial y}\right)_{y = \pm 0} = U_y(x,\pm 0) = V_\infty \frac{\mathrm{d}y}{\mathrm{d}x} \text{ 或 } \frac{U_y(x,\pm 0)}{V_\infty} = \frac{\mathrm{d}y}{\mathrm{d}x} \qquad (6.2.14)$$

式中,U_y/V_∞ 代表物面处的流线斜率;$\mathrm{d}y/\mathrm{d}x$ 表示固体表面的斜率。

如图 6.2.4 所示,设翼型中弧线为 $y_m = f_m(x)$,翼型厚度分布为 $b = f_t(x)$,上表面为 $y_+ = f_+(x)$,下表面为 $y_- = f_-(x)$,则有

$$f_m = \frac{1}{2}(f_+ + f_-), \quad f_t = \frac{1}{2}(f_+ - f_-) \text{ 或 } f_+ = f_m + f_t, \quad f_- = f_m - f_t$$

于是上、下表面的边界条件可表示为

$$U_y(x,\pm 0) = V_\infty\left(\frac{\mathrm{d}f_m}{\mathrm{d}x} \pm \frac{\mathrm{d}f_t}{\mathrm{d}x}\right) = U_{ym}(x,\pm 0) + U_{yt}(x,\pm 0) \qquad (6.2.15)$$

这样,翼型绕流问题就可分解为非对称问题(对中弧线)、对称问题(对厚度),非对称问题考虑翼型的弯度和攻角,对称问题则考虑翼型的厚度,然后分别对它们进行求解。

对于轴对称细长体,若取圆柱坐标系的 z 轴与对称轴重合,且 z 轴与直匀流方向一致,那么 U_θ 必定与物面相切,所以只讨论包含 z 轴在内的任意平面上(也称为子午面,如图 6.2.5 所示)的边界条件就可以了。设轴对称细长体的母线方程为 $R = R(z)$,参考式(6.2.14),并考虑到 $V_\infty \gg U_z$,则物面上的边界条件应为

$$\left(\frac{U_r}{V_\infty + U_z}\right)_{r=R} \approx \left(\frac{U_r}{V_\infty}\right)_{r=R} = \frac{\mathrm{d}R(z)}{\mathrm{d}z} \text{ 或 } U_{r=R} = \left(\frac{\partial \varphi}{\partial r}\right)_{r=R} = V_\infty \frac{\mathrm{d}R}{\mathrm{d}z} \quad (6.2.16\mathrm{a})$$

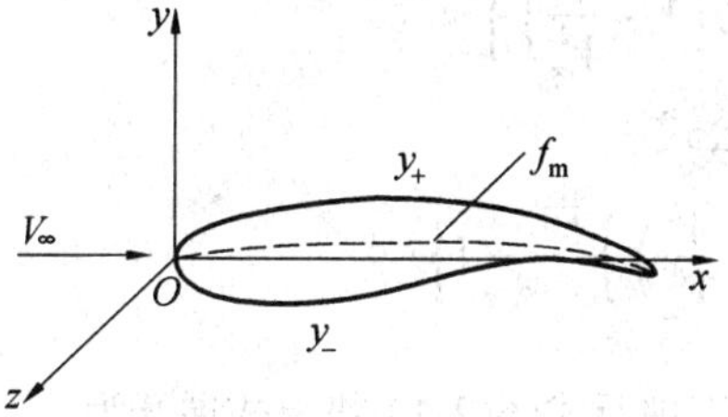

图 6.2.4　平薄翼型 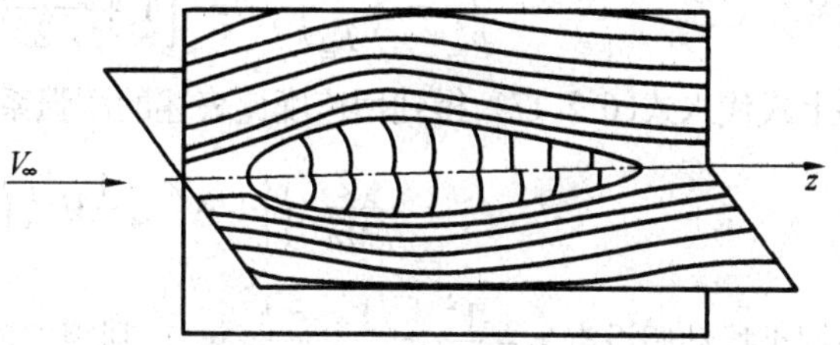　　　　　　　　　图 6.2.5　轴对称细长体子午面

在式(6.2.14)中,薄物体绕流的线性化边界条件是用 $y = 0$ 处的速度近似代替物面上的速度,而在细长体绕流中,由于 U_r 在轴线附近变化非常剧烈,并不能用 $r = 0$(轴线)处的速度 $U_{r=0}$ 代表物面上的速度 $U_{r=R}$。将式(6.2.10b)改写成

$$\frac{\partial}{\partial r}(r\varphi_r) = -(1 - Ma_\infty^2) r \frac{\partial U_z}{\partial z}$$

当 $r \to 0$ 时,由于 $\partial U_z/\partial z$ 为有限值,故上式右端趋于零,即 $r\varphi_r = rU_r = a_0(z)$,其中 $a_0(z)$ 为常数且在不同 z 向截面处可以是不同的。这说明轴线附近 $U_r \propto \dfrac{1}{r}$ 变化剧烈,但 rU_r 值在轴线附近则为常数。因此,可用 $r = 0$ 处的 rU_r 值代替物面上的这一乘积值,将物面条件式(6.2.16a)改写为

$$\left(R\frac{\mathrm{d}R}{\mathrm{d}z}\right)_b = \frac{(rU_r)_{r=0}}{V_\infty} \quad (6.2.16\mathrm{b})$$

式(6.2.16b)就是轴对称细长体的简化边界条件。

边界条件除了固体表面条件外,还有无穷远处边界条件,该条件要求扰动速度为有限值或为零,视具体问题而定。

6.2.3　压强系数的线性化

在不可压缩流体动力学问题中,确定压强分布是十分重要的,知道了压强分布情况,不仅可以计算流体对物体的作用力和力矩,还可以根据压强梯度的性质、大小来预估附面层的性质。

前面已经导出了小扰动线性化方程及其边界条件,这就构成了线性偏微分方程的定解问题,可以由此解出扰动速度势 φ 及扰动速度 U。然后就可利用已知的扰动速度,求出流场各处特别是物面上的压力分布。利用小扰动假设,也可对压强系数公式进行线性化处理。定义压强系数为

$$C_p = \frac{p - p_\infty}{\frac{1}{2}\rho_\infty V_\infty^2} = \frac{2}{kMa_\infty^2}\left(\frac{p}{p_\infty} - 1\right) \quad (6.2.17)$$

考虑式(6.1.3b),将当地静温与来流静温之比表示为

$$\frac{T}{T_\infty} = \frac{a^2}{a_\infty^2} = \frac{a_\infty^2 + \frac{k-1}{2}(V_\infty^2 - V^2)}{a_\infty^2} = \frac{a_\infty^2 + \frac{k-1}{2}V_\infty^2\left(1 - \frac{V^2}{V_\infty^2}\right)}{a_\infty^2} = 1 + \frac{k-1}{2}Ma_\infty^2\left(1 - \frac{V^2}{V_\infty^2}\right)$$

由于小扰动流动属于等熵流动,则有

$$\frac{p}{p_\infty} = \left(\frac{T}{T_\infty}\right)^{\frac{k}{k-1}} = \left[1 + \frac{k-1}{2}Ma_\infty^2\left(1 - \frac{V^2}{V_\infty^2}\right)\right]^{\frac{k}{k-1}}$$

将上式代入式(6.2.17),得到用速度比表述的压强系数公式

$$C_p = \frac{2}{kMa_\infty^2}\left\{\left[1 + \frac{k-1}{2}Ma_\infty^2\left(1 - \frac{V^2}{V_\infty^2}\right)\right]^{\frac{k}{k-1}} - 1\right\}$$

根据小扰动假设有 $1 - \dfrac{V^2}{V_\infty^2} = \dfrac{V_\infty^2 - V^2}{V_\infty^2} \ll 1$,利用二项式定理及式(6.2.1) 将上式展开为

$$C_p \approx \frac{2}{kMa_\infty^2}\left\{\left[1 + \frac{k}{k-1}\frac{k-1}{2}Ma_\infty^2\left(1 - \frac{V^2}{V_\infty^2}\right) + \right.\right.$$

$$\left.\left. \frac{k}{k-1}\frac{1}{k-1}\frac{(k-1)^2}{4}\frac{1}{2}Ma_\infty^4\left(1 - \frac{V^2}{V_\infty^2}\right)^2 + \cdots\right] - 1\right\} \approx$$

$$\left(1 - \frac{V^2}{V_\infty^2}\right) + \frac{Ma_\infty^2}{4}\left(1 - \frac{V^2}{V_\infty^2}\right)^2$$

将上式展开,还可得

$$C_p \approx -\frac{2U_x}{V_\infty} - \left(\frac{U_x}{V_\infty}\right)^2 - \left(\frac{U_y}{V_\infty}\right)^2 - \left(\frac{U_z}{V_\infty}\right)^2 + \frac{Ma_\infty^2}{4}\left(4\frac{U_x^2}{V_\infty^2} + \cdots\right) \approx$$

$$-\frac{2U_x}{V_\infty} + (Ma_\infty^2 - 1)\left(\frac{U_x}{V_\infty}\right)^2 - \left(\frac{U_y}{V_\infty}\right)^2 - \left(\frac{U_z}{V_\infty}\right)^2 + \cdots$$

略去上面两式中的高阶小量,可得到小扰动线性化的压强系数表达式为

$$C_p \approx 1 - \frac{V^2}{V_\infty^2}$$

(6.2.18)

$$C_p \approx -\frac{2U_x}{V_\infty} = -\frac{2}{V_\infty}\frac{\partial \varphi}{\partial x}$$

式(6.2.18) 即为理想气体定常等熵流动在小扰动假设下的压强系数一级近似公式,称为压强系数的线性化公式。它表明在小扰动流场中,压强系数与 x 轴方向的扰动速度分量成正比。因此,只要速度场确定,就可以得到压力场。对于平薄物体表面的压强系数,可写成

$$C_p \approx C_p(x,0,z) \approx -\frac{2}{V_\infty}U_x(x,0,z)$$

(6.2.19)

对于轴对称的细长体,取圆柱坐标系 z 轴与来流方向一致,有 $V^2 = (V_\infty + U_z)^2 + U_r^2$,于是式(6.2.18) 可写成

$$C_p \approx 1 - \frac{V^2}{V_\infty^2} = 1 - \frac{(V_\infty + U_z)^2 + U_r^2}{V_\infty^2} = -\frac{2U_z}{V_\infty} - \left(\frac{U_z}{V_\infty}\right)^2 - \left(\frac{U_r}{V_\infty}\right)^2$$

前面已经证明,当 $r \to 0$ 时有 $rU_r = a_0(z)$,其中 $a_0(z)$ 为常数且在不同 z 坐标处数值不同。于是,

可将 rU_r 在 $r = 0$ 邻域展开成幂级数 $rU_r = C_0 + C_1 r + C_2 r^2 + \cdots$，得

$$U_r = \frac{C_0}{r} + C_1 + C_2 r + \cdots$$

其中，C_0, C_1, C_2 等均为 z 的函数。根据无旋条件 $\dfrac{\partial U_r}{\partial z} = \dfrac{\partial U_z}{\partial r}$，得

$$\frac{\partial U_z}{\partial r} = \frac{1}{r}\frac{\mathrm{d}C_0}{\mathrm{d}z} + \frac{\mathrm{d}C_1}{\mathrm{d}z} + r\frac{\mathrm{d}C_2}{\mathrm{d}z} + \cdots$$

积分得

$$U_z = \frac{\mathrm{d}C_0}{\mathrm{d}z}\ln r + r\frac{\mathrm{d}C_1}{\mathrm{d}z} + \frac{r^2}{2}\frac{\mathrm{d}C_2}{\mathrm{d}z} + \cdots$$

比较可知，轴线附近($r \to 0$)扰动速度 U_r 的量级比 U_z 的量级大。因此，压强系数公式中的 U_z/V_∞ 可能与 $\left(\dfrac{U_r}{V_\infty}\right)^2$ 量级相同，而 $\left(\dfrac{U_z}{V_\infty}\right)^2$ 与 U_z/V_∞ 相比必属于高阶小量，故在轴对称绕流中，物体表面的压强系数公式可写为

$$C_p \approx -\frac{2U_z}{V_\infty} - \left(\frac{U_r}{V_\infty}\right)^2 = -\frac{2}{V_\infty}\frac{\partial\varphi}{\partial z} - \frac{1}{V_\infty^2}\left(\frac{\partial\varphi}{\partial r}\right)^2 \quad 或 \quad C_p \approx -\frac{2U_z(z,R)}{V_\infty} - \frac{U_r^2(z,R)}{V_\infty^2}$$

$$(6.2.20)$$

式中，R 为物面上的径向坐标。对于物体外流场，凡 r 不是小量处，由式(6.2.10b)可知，U_r 与 U_z 量级相同，则 $\left(\dfrac{U_r}{V_\infty}\right)^2$ 与 U_z/V_∞ 相比为可略去的高阶小量，压强系数公式为

$$C_p \approx -\frac{2U_z}{V_\infty} \quad (6.2.21)$$

将式(6.2.18)或(6.2.21)代入式(6.2.17)中，得

$$p - p_\infty = C_p \frac{\rho_\infty V_\infty^2}{2} \approx -\rho_\infty V_\infty U_x \quad 或 \quad p - p_\infty \approx -\rho_\infty V_\infty U_z \quad (6.2.22)$$

该式就是线性化的伯努利方程。

上述分析说明，由于采用了小扰动线化处理的方法，使得理想可压缩气体的定常等熵无旋运动如同理想不可压缩流体的无旋运动那样简单，无需联立求解方程式(6.2.2)，可以先由小扰动线性化方程式(6.2.6)和线性化边界条件式(6.2.13)解出扰动速度势 φ 和扰动速度 $U = U_x \boldsymbol{i} + U_y \boldsymbol{j} + U_z \boldsymbol{k}$，然后再将 U_x 代入线性化压强系数公式中求出压力分布。小扰动线性化方程主要有以下一些解法：

(1) 在某些特殊情况下，可以直接求出解析解，如沿波形壁面的流动、超声速平面翼型绕流等。

(2) 在亚声速情况下，线性化的可压缩流与不可压缩流之间存在着仿射变换的相似法则，可以利用不可压缩流的解换算出所需结果。

(3) 利用线性化基本流(即源、汇、偶极子)的叠加法求解，称为奇点分步法。

(4) 用运算微积分法求解，超声速流用拉普拉斯变换，亚声速流用傅里叶变换。

(5) 细长体理论。

其他还有锥型流解、反向关系式和反流定理等方法。

6.3 沿波形壁流动的二维精确解

作为小扰动线性化方程应用的经典例证,考察沿无限长的小波幅波形壁的二维定常流动,用以说明小扰动线性化方程的直接解法,并对亚声速流、超声速流的某些差异作初步分析,这个方法是由阿克莱给出的。如图 6.3.1 所示,波形壁面的方程为

$$y_w = \varepsilon \cos\left(\frac{2\pi}{\lambda}x\right)$$

式中,ε 为壁面波幅;λ 为壁面波长;$\frac{\varepsilon}{\lambda} \ll 1$(小扰动)。假设流体是无黏的。

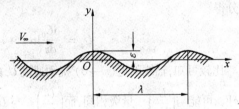

6.3.1 亚声速流动

图 6.3.1 波形壁的几何形状

对于沿波形壁的二维亚声速流动,方程、物面边界条件及远场条件可分别写成

$$\beta^2 \varphi_{xx} + \varphi_{yy} = 0, \ \beta^2 = 1 - Ma_\infty^2 \tag{6.3.1a}$$

$$\left(\frac{\partial\varphi}{\partial y}\right)_{y=0} = V_\infty\left(\frac{dy}{dx}\right)_w = -\frac{2\pi\varepsilon V_\infty}{\lambda}\sin\left(\frac{2\pi}{\lambda}x\right) \tag{6.3.1b}$$

$$\left(\frac{\partial\varphi}{\partial x}\right)_{y\to\infty} = 0, \left(\frac{\partial\varphi}{\partial y}\right)_{y\to\infty} = 0 \ \text{或} \ U_x(x,\infty) = 0, U_y(x,\infty) = 0 \tag{6.3.1c}$$

由于研究的是亚声速流动,式(6.3.1a)属于椭圆型二阶线性偏微分方程。求解线性偏微分方程的一个有效方法是假设该方程的解是几个独立函数的乘积,其中每一个函数只与一个自变量有关,然后用分离变量法求得所假设的解。如果能找到满足边界条件的解,则该假设就是可行的,否则需要采取别的方法求解。分离变量法给出的解的表达式为

$$\varphi(x,y) = X(x)Y(y) \tag{6.3.2}$$

代入式(6.3.1a)中得

$$\beta^2 X''Y + Y''X = 0 \ \text{或} \frac{X''}{X} = -\frac{Y''}{\beta^2 Y}$$

由于上式左、右两端分别只是 x,y 的函数,若等式成立,只有共同等于某个常数才行,因而将其变为两个常微分方程,即

$$\frac{X''}{X} = -k^2 \ \text{和} \ \frac{Y''}{\beta^2 Y} = k^2 \tag{6.3.3a}$$

常数 k^2 前面加负号是根据解对 x 轴向具有周期性而决定的。式(6.3.3a)的通解分别为

$$X(x) = A_1\sin kx + A_2\cos kx \ \text{和} \ Y(y) = B_1 e^{-\beta ky} + B_2 e^{\beta ky} \tag{6.3.3b}$$

则式(6.3.1a)的通解为

$$\varphi(x,y) = (A_1\sin kx + A_2\cos kx)(B_1 e^{-\beta ky} + B_2 e^{\beta ky}) \tag{6.3.4}$$

由边界条件式(6.3.1c)可知 $B_2 = 0$。再将式(6.3.4)对 y 求导,然后代入式(6.3.1b)可有

$$\left(\frac{\partial \varphi}{\partial y}\right)_{y=0} = (A_1 \sin kx + A_2 \cos kx)(-B_1 \beta k) = -\frac{2\pi \varepsilon V_\infty}{\lambda} \sin\left(\frac{2\pi}{\lambda}x\right)$$

由于式中右端不存在余弦项,故 $A_2 = 0$。这样,等式两端只剩下正弦项,且它们的系数和幅角必须分别相等,即 $k = \frac{2\pi}{\lambda}, A_1 B_1 = \frac{\varepsilon V_\infty}{\beta}$。因此,式(6.3.4) 的表达式为

$$\varphi(x, y) = \frac{\varepsilon V_\infty}{\beta} e^{-\frac{2\pi\beta}{\lambda}y} \sin\left(\frac{2\pi}{\lambda}x\right) \tag{6.3.5}$$

扰动速度分量、压强系数及壁面($y \approx 0$) 压强系数分别为

$$U_x = \frac{\partial \varphi}{\partial x} = \frac{2\pi \varepsilon V_\infty}{\beta \lambda} e^{-\frac{2\pi\beta}{\lambda}y} \cos\left(\frac{2\pi}{\lambda}x\right) \tag{6.3.6a}$$

$$U_y = \frac{\partial \varphi}{\partial y} = -\frac{2\pi \varepsilon V_\infty}{\lambda} e^{-\frac{2\pi\beta}{\lambda}y} \sin\left(\frac{2\pi}{\lambda}x\right) \tag{6.3.6b}$$

$$C_p = -\frac{2U_x}{V_\infty} = -\frac{4\pi \varepsilon}{\beta \lambda} e^{-\frac{2\pi\beta}{\lambda}y} \cos\left(\frac{2\pi}{\lambda}x\right) \tag{6.3.6c}$$

$$(C_p)_w = -\frac{4\pi \varepsilon}{\beta \lambda} \cos\left(\frac{2\pi}{\lambda}x\right) \tag{6.3.6d}$$

可见,壁面处($y \approx 0$) 扰动速度最大且压强系数(绝对值) 最大。由于线性化速度势方程是在 $\frac{|U_x|}{V_\infty} \ll 1$ 这一条件下得出的,因此解的适用范围由下面条件决定

$$\left(\frac{|U_x|}{V_\infty}\right)_{\max} = \frac{1}{\beta}\frac{2\pi\varepsilon}{\lambda} = \frac{1}{\sqrt{1 - Ma_\infty^2}}\frac{\varepsilon}{\lambda}2\pi \ll 1$$

即 Ma_∞ 越大,所允许的物体相对厚度 ε/λ 越小。

对于不可压缩流即 $Ma_\infty = 0$,则式(6.3.6d) 可写成

$$[C_{pw}]_0 = -\frac{4\pi \varepsilon}{\lambda} \cos\left(\frac{2\pi}{\lambda}x\right) \tag{6.3.7}$$

即亚声速不可压缩流与可压缩流的壁面压强系数存在如下关系

$$[C_{pw}]_{Ma_\infty} = \frac{[C_{pw}]_0}{\beta} = \frac{[C_{pw}]_0}{\sqrt{1 - Ma_\infty^2}} \tag{6.3.8}$$

式(6.3.8) 表明,若已知不可压缩流时壁面上的压强系数,就可利用该式计算亚声速可压缩流沿相同壁面流动时的压强系数。称 $\beta = \sqrt{1 - Ma_\infty^2}$ 为普朗特 – 葛劳渥因子。可以看出,亚声速可压缩流的压强系数比不可压流的要大,并且随 Ma_∞ 的增加而增加。

流场的流线谱可根据平面流动的流线微分方程方程 $\frac{dy}{dx} = \frac{V_y}{V_x}$ 求得。在小扰动假设下,该方程可写为

$$\frac{dy}{dx} = \frac{U_y}{V_\infty + U_x} = \frac{U_y}{V_\infty + U_x + Ma_\infty^2 U_x - Ma_\infty^2 U_x} = \frac{U_y}{V_\infty + (1 - Ma_\infty^2)U_x + Ma_\infty^2 U_x}$$

如果不讨论高亚声速情形,$Ma_\infty^2 U_x$ 与 $(1 - Ma_\infty^2)U_x$ 相比可以略去不计。于是得

$$\frac{dy}{dx} = \frac{U_y}{V_\infty + (1 - Ma_\infty^2)U_x} = \frac{-\dfrac{2\pi\varepsilon}{\lambda}e^{-\frac{2\pi\beta}{\lambda}y}\sin\left(\dfrac{2\pi}{\lambda}x\right)}{1 + \beta\dfrac{2\pi\varepsilon}{\lambda}e^{-\frac{2\pi\beta}{\lambda}y}\cos\left(\dfrac{2\pi}{\lambda}x\right)}$$

整理后有

$$dy = -\left[\frac{2\pi\varepsilon}{\lambda}e^{-\frac{2\pi\beta}{\lambda}y}\sin\left(\frac{2\pi}{\lambda}x\right)\right]dx - \left[\beta\frac{2\pi\varepsilon}{\lambda}e^{-\frac{2\pi\beta}{\lambda}y}\cos\left(\frac{2\pi}{\lambda}x\right)\right]dy$$

或

$$dy = \varepsilon d\left[e^{-\frac{2\pi\beta}{\lambda}y}\cos\left(\frac{2\pi}{\lambda}x\right)\right]$$

积分上式有

$$y = \varepsilon e^{-\frac{2\pi\beta}{\lambda}y}\cos\left(\frac{2\pi}{\lambda}x\right) + C$$

考虑到当 $y\to0$ 时,上式中的指数项趋于1,且流线应与壁面方程式(6.3.1)一致,即可定出积分常数为零,最后得到流线方程

$$y = \varepsilon e^{-\frac{2\pi\beta}{\lambda}y}\cos\left(\frac{2\pi}{\lambda}x\right) \tag{6.3.9}$$

图 6.3.2 给出了沿波形壁亚声速流的流线、压强分布,可以看出:

(1) 扰动速度计算公式(6.3.6a) 和式(6.3.6b)表明,壁面对气流的扰动随离开壁面距离的增加而按指数规律衰减,当 $y\to\infty$ 时,扰动趋于零。扰动衰减还与 Ma_∞ 有关,Ma_∞ 越大,衰减越慢,也就是说,扰动影响区域越大。此外,流线关于 y 轴呈对称分布,即壁面扰动在各个方向均匀传播。

(2) 流线方程式(6.3.9)表明,在波形壁上方,流线的波动与壁面同相。但流线波幅随离开壁面距离的增加而按指数规律衰减,当 $y\to\infty$ 时,流线变为一条直线。Ma_∞ 的大小会影响波幅衰减速度,Ma_∞ 越大,波幅衰减越慢。

(3) 式(6.3.6d)表明,流场的压强分布也为谐波形式,但由于压强公式前面为负号,故与壁面形状存在 $180°$ 的相位差。在壁面波峰处,压强系数最小,而波谷处的压强系数最大。由于压强系数分布对称于壁面的波峰,则波峰两侧壁面所受压力大小相等,方向相反,即壁面所受的压差阻力为零。此外,压强系数的变化幅度随 Ma_∞ 增加而增大。

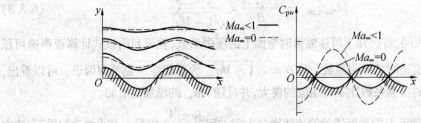

图 6.3.2　沿波形壁亚声速流的流线、压强分布

例 6.3.1　由于制造上的不准确,在飞机机翼上当地马赫数为 0.7 的区域中存在一个长 $\lambda = 40$ mm,比周围高 $\varepsilon = 2$ mm 的小鼓包。若略去附面层影响,试估算小鼓包上的最大马赫数? 如果在小鼓包的最高点上开设静压孔测量翼面静压,试问由于小鼓包的存在,造成的静压测量误差是多少?

解　设小鼓包上的最大扰动速度出现在它的最高点,可用壁面上的 $U_{x\max}$ 计算,即

$$U_{x\max} = \frac{V_\infty}{\sqrt{1 - Ma_\infty^2}} \frac{2\pi\varepsilon}{\lambda} = \frac{V_\infty}{\sqrt{1 - 0.7^2}} \frac{2\pi \times 2}{40} = 0.22V_\infty$$

因壁面处速度矢量与表面的法线垂直,即 $U_y = 0$,于是 $V_{\max} = V_\infty + U_{x\max} = 1.22V_\infty$。由能量方程可有

$$\frac{a^2}{a_\infty^2} = 1 - \frac{k-1}{2}Ma_\infty^2\left(2\frac{U_x}{V_\infty} + \frac{U_x^2 + U_y^2 + U_z^2}{V_\infty^2}\right) \approx 1 - (k-1)Ma_\infty^2\frac{U_x}{V_\infty} =$$

$$1 - 0.4 \times 0.7^2 \times 0.22 \approx 0.956\,9$$

得到小鼓包的最大马赫数为 $Ma = \dfrac{V_{\max}}{a} = \dfrac{1.22V_\infty}{a_\infty\sqrt{0.956\,9}} = \dfrac{1.22}{\sqrt{0.956\,9}} \times 0.7 \approx 0.873$。再由式 (6.2.22) 得

$$\frac{p_\infty - p}{p_\infty} = \frac{\rho_\infty}{p_\infty}V_\infty U_x = kMa_\infty\frac{U_x}{a_\infty} = kMa_\infty\frac{V_\infty}{a_\infty}\frac{U_x}{V_\infty} = kMa_\infty^2\frac{U_x}{V_\infty} = 1.4 \times 0.7^2 \times 0.22 \approx 0.15$$

所以,在小鼓包最高点测量翼面静压的测量误差为 15%。

6.3.2　超声速流动

对于沿波形壁的二维超声速流动,方程、物面边界条件及远场条件可分别写成

$$B^2\varphi_{xx} - \varphi_{yy} = 0, B^2 = Ma_\infty^2 - 1 \tag{6.3.10a}$$

$$\left(\frac{\partial\varphi}{\partial y}\right)_{y=0} = V_\infty\left(\frac{\mathrm{d}y}{\mathrm{d}x}\right)_w = -\frac{2\pi\varepsilon V_\infty}{\lambda}\sin\left(\frac{2\pi}{\lambda}x\right) \tag{6.3.10b}$$

$$\left(\frac{\partial\varphi}{\partial x}\right)_{y\to\infty} = 有限值, \left(\frac{\partial\varphi}{\partial y}\right)_{y\to\infty} = 有限值 \tag{6.3.10c}$$

由于流动是超声速的,式(6.3.10a)属于双曲型二阶线性偏微分方程。原则上,该问题仍可用分离变量法求解,但由于它与波动方程具有相同的形式,故可直接写出其通解为

$$\varphi(x,y) = f(x - By) + g(x + By) \tag{6.3.11}$$

式中,函数 f 和 g 为任意函数,其具体形式由边界条件确定。

从式(6.3.11)可以看出,当满足条件

$$x - By = \mathrm{const} \text{ 和 } x + By = \mathrm{const} \tag{6.3.12}$$

时,函数 f 和 g 保持不变,则有 $\varphi(x,y) = \mathrm{const}$,即扰动速度 $\boldsymbol{U} = U_x\boldsymbol{i} + U_y\boldsymbol{j} + U_z\boldsymbol{k}$ 不变,考虑到式(6.3.12)实际上是定义了平面内的两簇直线,那么扰动速度在这两簇直线中的每一条直线上是不变的,而在不同直线上则是变化的,这就意味着扰动沿式(6.3.12)所定义的直线向无穷远处传播且不会衰减,这也是 $\left(\dfrac{\partial\varphi}{\partial y}\right)_{y\to\infty}$,$\left(\dfrac{\partial\varphi}{\partial x}\right)_{y\to\infty}$ 不为零的原因。这种扰动传播线称为特征线,其斜率为

$$\frac{\mathrm{d}y}{\mathrm{d}x} = \frac{1}{B} = \frac{1}{\sqrt{Ma_\infty^2 - 1}} = \tan\mu_\infty \text{ 和 } \frac{\mathrm{d}y}{\mathrm{d}x} = -\frac{1}{B} = -\frac{1}{\sqrt{Ma_\infty^2 - 1}} = -\tan\mu_\infty \tag{6.3.13}$$

式中,μ_∞ 为对应于直匀来流 Ma_∞ 的马赫角。可见,超声速小扰动流动中的流场内存在的两簇特征线与直匀来流中的左伸马赫线、右伸马赫线平行的,一切扰动只能沿马赫线向外传播到

无穷远处。扰动究竟是沿着左伸马赫线向外传播,还是沿着右伸马赫线向外传播,或者同时沿两簇特征线向外传播,取决于流动的边界条件。如图6.3.3所示,对于从左向右沿固体壁的超声速流动,如果固体边界在流场的下方,则扰动必然是沿左伸马赫线向外传播的。因为,若扰动沿右伸马赫线向外传播,就会出现物面扰动沿直线$x + By = \mathrm{const}$向上游传播到无穷远处,这显然与超声流动中扰动只能向下游传播相矛盾。类似地,对于从左向右沿固体壁的超声速流动,如果固体边界在流场的上方,则扰动必然是沿右伸马赫线向外传播的;当流场为上、下两个固体表面所限制,或者气流绕固体上、下表面流过时,则扰动同时沿两簇马赫线向外传播。

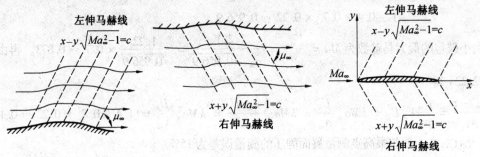

图6.3.3　沿不同壁面的超声速流中小扰动传播特征

仍然研究沿波形壁的流动问题。由于只在波形壁的上方存在超声速流场,因此流场的解为

$$\varphi(x,y) = f(x - By) \tag{6.3.14}$$

可有

$$U_y = \frac{\partial \varphi}{\partial y} = -Bf'(x - By)$$

这里f'表示函数f对变量$(x - By)$求导数。在$y = 0$处有

$$\left(\frac{\partial \varphi}{\partial y}\right)_{y=0} = -Bf'(x)$$

将上式与边界条件式(6.3.10b)对比,可知$f'(x)$为x的正弦函数,即

$$f'(x) = \frac{2\pi \varepsilon V_\infty}{\lambda B}\sin\left(\frac{2\pi}{\lambda}x\right)$$

积分得

$$f(x) = -\frac{\varepsilon V_\infty}{B}\cos\left(\frac{2\pi}{\lambda}x\right) + \mathrm{const}$$

将式中的自变量x换成$(x - By)$,得

$$\varphi(x,y) = f(x - By) = -\frac{\varepsilon V_\infty}{B}\cos\left[\frac{2\pi}{\lambda}(x - By)\right] + \mathrm{const} \tag{6.3.15}$$

扰动速度分量、压强系数及壁面$(y \approx 0)$压强系数分别为

$$U_x = \frac{\partial \varphi}{\partial x} = \frac{2\pi \varepsilon V_\infty}{B\lambda}\sin\left[\frac{2\pi}{\lambda}(x - By)\right] \tag{6.3.16a}$$

$$U_y = \frac{\partial \varphi}{\partial y} = -\frac{2\pi \varepsilon V_\infty}{\lambda}\sin\left[\frac{2\pi}{\lambda}(x - By)\right] \tag{6.3.16b}$$

$$C_p = -\frac{2U_x}{V_\infty} = -\frac{4\pi\varepsilon}{B\lambda}\sin\left[\frac{2\pi}{\lambda}(x - By)\right] \tag{6.3.16c}$$

$$(C_p)_w = -\frac{4\pi\varepsilon}{B\lambda}\sin\left(\frac{2\pi}{\lambda}x\right) = \frac{2}{B}\left(\frac{dy}{dx}\right)_w \tag{6.3.16d}$$

流线所满足的微分方程为

$$\frac{dy}{dx} = \frac{U_y}{V_\infty + U_x} \approx \frac{U_y}{V_\infty} = -\frac{2\pi\varepsilon}{\lambda}\sin\left[\frac{2\pi}{\lambda}(x - By)\right] \tag{6.3.17}$$

图 6.3.4 给出了沿波形壁超声速流的流线、压强分布,可以看出:

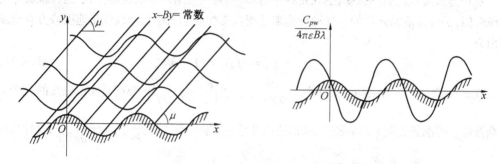

图 6.3.4 沿波形壁超声速流的流线、压强分布

(1) 扰动速度的计算式(6.3.16a)和式(6.3.16b)表明,由于不存在衰减项,扰动以不变强度沿斜率为 $\frac{1}{B} = \frac{1}{\sqrt{Ma_\infty^2 - 1}}$ 的特征线,即平行于直匀流中马赫线的直线簇向外传播到无穷远处。这个结论当然是在理想流体的假设下得到的,当考虑黏性效应时,扰动还是会逐步衰减的。

(2) 从流线的斜率表达式(6.3.17)可知,它是 $(x - By)$ 的函数,沿斜率为 $1/B$ 的特征线方向,即平行于直匀流中马赫线的直线簇方向,$x - By = \text{const}$,则流线斜率也不变。因此,在超声速绕流中,流线不会发生变形,而是沿特征线方向做整体位移。流线沿 y 轴的不对称性表明,壁面扰动沿特征线方向偏向下游方向传播。

(3) 壁面压强系数关系式(6.3.16d)表明,虽然它的分布仍是谐波形式,但其相位比壁面波形相位落后90°。压强的不对称分布使得 x 轴方向的压力不能抵消,从而形成一种阻力,也称波阻。对于小波幅波形壁,有 $\theta_w \approx \sin\theta_w \approx \tan\theta_w = \left(\frac{dy}{dx}\right)_w$ 成立,即可用壁面斜率代替正弦,根据小扰动假设下壁面压强系数计算公式(6.3.16d),可得到一个波长壁面的阻力系数为

$$C_d = \frac{1}{\lambda}\int_0^1 (C_p)_w \sin\theta_w dx \approx \frac{1}{\lambda}\int_0^1 (C_p)_w \left(\frac{dy}{dx}\right)_w dx = \frac{2}{B\lambda}\int_0^1 \left(\frac{dy}{dx}\right)_w^2 dx > 0$$

在超声速流动情况下,波阻并不简单地等同于激波阻力。对于小扰动超声速流动,并没有考虑激波存在,但仍然存在波阻。可以这样理解,实际物体总是有限的,物体的前端和末端收缩于一点,而中间部位最大。因此,流体遇到物体时,先收缩$\left(\frac{dy}{dx} > 0\right)$再扩张$\left(\frac{dy}{dx} < 0\right)$,由式(6.3.16d)可知,当地压力由当地斜率唯一决定,则迎来流面的压力必然大于背风面的压力,由此产生波阻。对于有激波情况,激波必然产生在迎风面,经过激波后的气流总压下降,于是产

生激波阻力。此外,在超声速流动中,压强系数随 Ma_∞ 增加而减小。

最后,再来讨论一下通解中的另一项即函数 $g(x + By)$。显然,它代表的解具有这样的特征:沿着 $x + By = $ const 的直线,流动参数为常数,波形壁的壁面扰动将以不变的形式沿着这簇直线传播出去并进入流场,这些直线是一簇互相平行的右伸马赫波。

6.4 亚声速绕薄翼型定常流动的相似法则

亚声速气流绕薄翼型流动,当攻角较小时,翼型对气流所产生的扰动不大,这种绕流作为一级近似,仍可按前面介绍的小扰动理论来处理。支配流动的小扰动线性化速度势方程重新写出为

$$\beta^2 \varphi_{xx} + \varphi_{yy} + \varphi_{zz} = 0, \beta^2 = 1 - Ma_\infty^2 \qquad (6.4.1a)$$

在式(6.2.11) 给出的物面条件中,$\dfrac{\partial F}{|\nabla F|\partial x'}, \dfrac{\partial F}{|\nabla F|\partial y'}, \dfrac{\partial F}{|\nabla F|\partial z}$ 就是物面法线的三个方向余弦值。考虑到翼型平薄的特点,物面法向几乎与 x 轴垂直,因而 $\dfrac{\partial F}{\partial x}$ 远小于 $\dfrac{\partial F}{\partial y}, \dfrac{\partial F}{\partial z}$,这样可略去式(6.2.11) 中的 $U_x \dfrac{\partial F}{\partial x}$ 项,可写成

$$V_\infty \frac{\partial F}{\partial x} + U_y \frac{\partial F}{\partial y} + U_z \frac{\partial F}{\partial z} = 0 \qquad (6.4.1b)$$

无穷远处边界条件为

$$U_x = U_y = U_z = 0 \qquad (6.4.1c)$$

当翼型表面形状比较复杂时,要得到满足边界条件式(6.4.1b)、式(6.4.1c) 的速度势方程式(6.4.1a) 的解,仍然是比较困难的。但是,与不可压缩势流的速度势方程(即拉普拉斯方程)相比,二者差别不大,只不过式(6.4.1a) 中的左端第一项多了个系数 β^2。这就给出了下面的提示:可以设法通过变量变换的方法,把式(6.4.1a) 转变为拉普拉斯方程,从而建立亚声速气流绕薄翼型流动时的气动特性与不可压缩流绕相关翼型时气动特性之间的相互关系式,这种关系式称之为相似法则。根据相似法则,可以利用大量已有的低速翼型气动特性的理论与实验研究成果,以解决亚声速气流绕薄翼型流动的气动问题。

6.4.1 速度势方程、边界条件、翼型几何参数及压强系数的变换

1. 线性化速度势方程的变换

用上角标"'"表示不可压流中的参数,并令

$$x' = \lambda_x x, y' = \lambda_y y, z' = \lambda_z z, \varphi'(x', y', z') = \lambda_\varphi \varphi(x, y, z) \qquad (6.4.2)$$

式中,$\lambda_x, \lambda_y, \lambda_z, \lambda_\varphi$ 为待定常数。于是有

$$U_x = \frac{\partial \varphi(x, y, z)}{\partial x} = \frac{\partial [\varphi'(x', y', z')/\lambda_\varphi]}{\partial (x'/\lambda_x)} = \frac{\lambda_x}{\lambda_\varphi} \frac{\partial \varphi'}{\partial x'} = \frac{\lambda_x}{\lambda_\varphi} U'_x \qquad (6.4.3a)$$

$$\frac{\partial U_x}{\partial x} = \frac{\partial}{\partial x}\left[\frac{\partial \varphi(x, y, z)}{\partial x}\right] = \frac{\partial}{\partial (x'/\lambda_x)}\left[\frac{\lambda_x}{\lambda_\varphi} \frac{\partial \varphi'}{\partial x'}\right] = \frac{\lambda_x^2}{\lambda_\varphi} \frac{\partial^2 \varphi'}{\partial x'^2} = \frac{\lambda_x^2}{\lambda_\varphi} \frac{\partial U'_x}{\partial x'} \qquad (6.4.3b)$$

$$U_y = \frac{\partial \varphi(x,y,z)}{\partial y} = \frac{\partial \left[\varphi'(x',y',z')/\lambda_\varphi \right]}{\partial (y'/\lambda_y)} = \frac{\lambda_y}{\lambda_\varphi} \frac{\partial \varphi'}{\partial y'} = \frac{\lambda_y}{\lambda_\varphi} U'_y \qquad (6.4.3c)$$

$$\frac{\partial U_y}{\partial y} = \frac{\partial}{\partial y}\left[\frac{\partial \varphi(x,y,z)}{\partial y}\right] = \frac{\partial}{\partial (y'/\lambda_y)}\left[\frac{\lambda_y}{\lambda_\varphi}\frac{\partial \varphi'}{\partial y'}\right] = \frac{\lambda_y^2}{\lambda_\varphi}\frac{\partial^2 \varphi'}{\partial y'^2} = \frac{\lambda_y^2}{\lambda_\varphi}\frac{\partial U'_y}{\partial y'} \qquad (6.4.3d)$$

$$U_z = \frac{\partial \varphi(x,y,z)}{\partial z} = \frac{\partial \left[\varphi'(x',y',z')/\lambda_\varphi \right]}{\partial (z'/\lambda_z)} = \frac{\lambda_z}{\lambda_\varphi} \frac{\partial \varphi'}{\partial z'} = \frac{\lambda_z}{\lambda_\varphi} U'_z \qquad (6.4.3e)$$

$$\frac{\partial U_z}{\partial z} = \frac{\partial}{\partial z}\left[\frac{\partial \varphi(x,y,z)}{\partial z}\right] = \frac{\partial}{\partial (z'/\lambda_z)}\left[\frac{\lambda_z}{\lambda_\varphi}\frac{\partial \varphi'}{\partial z'}\right] = \frac{\lambda_z^2}{\lambda_\varphi}\frac{\partial^2 \varphi'}{\partial z'^2} = \frac{\lambda_z^2}{\lambda_\varphi}\frac{\partial U'_z}{\partial z'} \qquad (6.4.3f)$$

将式(6.4.3) 代入式(6.4.1a) 中,得

$$\beta^2 \frac{\lambda_x^2}{\lambda_\varphi} \varphi'_{xx} + \frac{\lambda_y^2}{\lambda_\varphi} \varphi'_{yy} + \frac{\lambda_z^2}{\lambda_\varphi} \varphi'_{zz} = 0$$

若令 $\lambda_y = \lambda_z = \beta\lambda_x$,则得到拉普拉斯方程

$$\varphi'_{xx} + \varphi'_{yy} + \varphi'_{zz} = 0 \qquad (6.4.4a)$$

它表明,如果选择常数 $\lambda_y = \lambda_z = \beta\lambda_x$,则 $\varphi'(x',y',z')$ 就可以代表不可压缩流体在 $x'y'z'$ 平面上的流动的速度势。

2. 边界条件的变换

根据变换关系式(6.4.2),物面方程可写为

$$F(x,y,z) = F\left(\frac{x'}{\lambda_x}, \frac{y'}{\lambda_y}, \frac{z'}{\lambda_z}\right) = F'(x',y',z') = 0$$

即物面方程变换不会带来新的待定常数。若认为来流速度 V_∞ 保持不变,则物面边界条件变换为

$$V_\infty \frac{\partial F'(x',y',z')}{\partial (x'/\lambda_x)} + \frac{\lambda_y}{\lambda_\varphi} U'_y \frac{\partial F'(x',y',z')}{\partial (y'/\lambda_y)} + \frac{\lambda_z}{\lambda_\varphi} U'_z \frac{\partial F'(x',y',z')}{\partial (z'/\lambda_z)} = 0$$

整理后得

$$V_\infty \frac{\partial F'}{\partial x'} + \frac{\lambda_y}{\lambda_x}\frac{\lambda_y}{\lambda_\varphi}U'_y \frac{\partial F'}{\partial y'} + \frac{\lambda_z}{\lambda_x}\frac{\lambda_z}{\lambda_\varphi}U'_z \frac{\partial F'}{\partial z'} = V_\infty \frac{\partial F'}{\partial x'} + \beta \frac{\lambda_y}{\lambda_\varphi}U'_y \frac{\partial F'}{\partial y'} + \beta \frac{\lambda_z}{\lambda_\varphi}U'_z \frac{\partial F'}{\partial z'} = 0$$

若令 $\beta \dfrac{\lambda_y}{\lambda_\varphi} = \beta \dfrac{\lambda_z}{\lambda_\varphi} = 1$ 或 $\lambda_\varphi = \beta\lambda_y = \beta\lambda_z$,则物面边界条件为

$$V_\infty \frac{\partial F'}{\partial x'} + U'_y \frac{\partial F'}{\partial y'} + U'_z \frac{\partial F'}{\partial z'} = 0 \qquad (6.4.4b)$$

无穷远处边界条件变换为

$$U'_x = U'_y = U'_z = 0 \qquad (6.4.4c)$$

3. 二维翼型几何参数之间的转换关系

以二维亚声速翼型为例,变换前后两相关翼型表面的斜率关系可写为

$$\frac{\mathrm{d}y}{\mathrm{d}x} = \frac{\lambda_x}{\lambda_y}\frac{\mathrm{d}y'}{\mathrm{d}x'} \text{ 或 } \frac{\mathrm{d}y/\mathrm{d}x}{\mathrm{d}y'/\mathrm{d}x'} = \frac{\lambda_x}{\lambda_y} = \frac{1}{\beta} = \frac{1}{\sqrt{1-Ma_\infty^2}} \qquad (6.4.5)$$

这表明,亚声速流中翼型表面各处的斜率都比不可压缩流中相关的翼型大 $\dfrac{1}{\sqrt{1-Ma_\infty^2}}$ 倍。变换

前后翼型其他几何参数间,如弦长 c、厚度 b、弯度 f、攻角 α 等的关系满足

$$\frac{c}{c'} = \frac{1}{\lambda_x}, \frac{b}{b'} = \frac{f}{f'} = \frac{1}{\lambda_y} = \frac{1}{\beta\lambda_x}, \frac{\alpha}{\alpha'} = \frac{U_y/V_\infty}{U'_y/V_\infty} = \frac{\lambda_y}{\lambda_\varphi} = \frac{\lambda_y}{\beta\lambda_y} = \frac{1}{\beta} \tag{6.4.6}$$

根据前面的讨论可知,用于确定比例系数 $\lambda_x, \lambda_y, \lambda_z, \lambda_\varphi$ 等的关系式只有两组,即 $\lambda_y = \lambda_z = \beta\lambda_x$ 和 $\lambda_\varphi = \beta\lambda_y = \beta\lambda_z$。由于 $\lambda_y = \lambda_z$,还需要一个关系式才能确定三个独立的未知量,因而三者中有一个是可以任意选取的。不失一般性,设 $\lambda_x = 1$,则有 $\lambda_y = \lambda_z = \beta, \lambda_\varphi = \beta^2$。由图 6.4.1 所示的变换前后的相关翼型形状可知,与可压缩流翼型相比,变换后的不可压流翼型变薄了($\beta < 1$)。

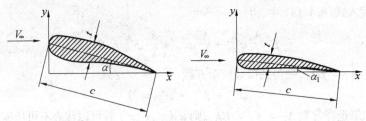

图 6.4.1   翼型之间的对应关系

仿射相似(又称为仿射变换)是几何相似的一种推广。以二维翼型为例,若翼型 x 方向尺度不变,y 方向尺度乘以某一个常数因子,则称由此得到的翼型与原始翼型仿射相似。例如,具有一条公共对角线的所有菱形翼型都是仿射相似的。显然,对于前面所讨论的翼型变换问题,若取 $\lambda_x = 1$,则有 $\lambda_y = \lambda_z = \beta = \sqrt{1 - Ma_\infty^2} = \mathrm{const} < 1$,就是一种翼型的仿射变换。

4. 压强系数的变换

由线性化压强系数公式(6.2.18)可直接得出

$$\frac{C_p}{C'_p} = \frac{2U_x/V_\infty}{2U'_x/V_\infty} = \frac{\lambda_x}{\lambda_\varphi} = \frac{\lambda_x}{\beta\lambda_y} = \frac{1}{\beta^2} \tag{6.4.7}$$

6.4.2   薄翼型气动参数的定义

如图 6.4.2(a) 所示,气流绕二维翼型流动时的气动力可视为无限长翼展在 z 轴方向截取单位展长翼段上所产生的气动力。翼型表面每个点上都作用有压强 p 和黏性摩擦力 τ,它们将产生一个合力 $\boldsymbol{R}$,定义 $\boldsymbol{R}$ 在垂直来流方向和平行来流方向的两个分量为升力 L 和阻力 D,$\boldsymbol{R}$ 在垂直弦线方向和平行弦线方向的两个分量为法向力 N 和轴向力 A。若将来流 V_∞ 与翼型弦线间的夹角定义为几何迎角(也称攻角),用 α 表示,则可得到如下关系:

$$L = N\cos\alpha - A\sin\alpha \quad \text{和} \quad D = N\sin\alpha - A\cos\alpha \tag{6.4.8}$$

如图 6.4.2(b) 所示,定义基于翼弦方向的体轴系 $O\eta\xi$,设翼型上、下表面任意点的切线与翼弦方向 ξ 的夹角(称为对体轴倾角)为 σ_+, σ_-,且按从 ξ 轴正向起,逆时针偏转记为正,顺时针偏转记为负。由于翼型表面某点处的压强 p 总是与翼型表面法线方向一致(实际上总是指向翼型表面),因而其相对于 η 轴的夹角也为 σ_+, σ_-,同样定义从 η 轴正向起,逆时针偏转记为正,顺时针偏转记为负,摩擦力 τ 则与翼型表面相切。因此,单位展长翼段上的总的法向力 N 和轴向力 A 可从翼型前缘点(LE)到尾缘点(TE)积分得到,即

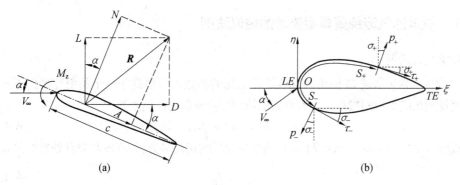

图 6.4.2　气动力及力矩示意图

$$N = \int_{LE}^{TE} (-p_+ \cos \sigma_+ + \tau_+ \sin \sigma_+) \mathrm{d}s_+ + \int_{LE}^{TE} (p_- \cos \sigma_- + \tau_- \sin \sigma_-) \mathrm{d}s_-$$

$$A = \int_{LE}^{TE} (p_+ \sin \sigma_+ + \tau_+ \cos \sigma_+) \mathrm{d}s_+ + \int_{LE}^{TE} (-p_- \sin \sigma_- + \tau_- \cos \sigma_-) \mathrm{d}s_- \tag{6.4.9}$$

式中,$\mathrm{d}s_+, \mathrm{d}s_-$ 分别为翼型上、下表面的微弧段长度(也是微元面积)。翼型上受到的气动力矩取决于对哪一点取力矩,通常规定使翼型抬头的力矩为正,低头为负。以对前缘点取力矩为例:

$$M_{LE} = \int_{LE}^{TE} [(p_+ \cos \sigma_+ - \tau_+ \sin \sigma_+)\xi + (p_+ \sin \sigma_+ + \tau_+ \cos \sigma_+)\eta] \mathrm{d}s_+ +$$

$$\int_{LE}^{TE} [-(p_- \cos \sigma_- + \tau_- \sin \sigma_-)\xi + (p_- \sin \sigma_- - \tau_- \cos \sigma_-)\eta] \mathrm{d}s_- \tag{6.4.10}$$

考虑到 $\mathrm{d}\xi = \cos \sigma \mathrm{d}s, \mathrm{d}\eta = \sin \sigma \mathrm{d}s$,并令 c 表示翼型前缘点至尾缘点的距离(称为翼型弦长),则有

$$\begin{cases} N = \int_0^c (p_- - p_+) \mathrm{d}\xi + \int_0^c \left(\tau_+ \dfrac{\mathrm{d}\eta_+}{\mathrm{d}\xi} + \tau_- \dfrac{\mathrm{d}\eta_-}{\mathrm{d}\xi} \right) \mathrm{d}\xi \\[2mm] A = \int_0^c \left(p_+ \dfrac{\mathrm{d}\eta_+}{\mathrm{d}\xi} - p_- \dfrac{\mathrm{d}\eta_-}{\mathrm{d}\xi} \right) \mathrm{d}\xi + \int_0^c (\tau_+ + \tau_-) \mathrm{d}\xi \end{cases} \tag{6.4.11}$$

$$M_{LE} = \int_0^c (p_+ - p_-) \xi \mathrm{d}\xi - \int_0^c \left(\tau_+ \frac{\mathrm{d}\eta_+}{\mathrm{d}\xi} + \tau_- \frac{\mathrm{d}\eta_-}{\mathrm{d}\xi} \right) \xi \mathrm{d}\xi +$$

$$\int_0^c \left(p_+ \frac{\mathrm{d}\eta_+}{\mathrm{d}\xi} + \tau_+ \right) \eta_+ \mathrm{d}\xi + \int_0^c \left(p_- \frac{\mathrm{d}\eta_-}{\mathrm{d}\xi} - \tau_- \right) \eta_- \mathrm{d}\xi \tag{6.4.12}$$

若不考虑摩擦力影响,即 $\tau = 0$,且假设翼型是平薄的,即 $\eta_+ \to 0, \eta_- \to 0$,上述公式可简化为

$$N = \int_0^c (p_- - p_+) \mathrm{d}\xi, A = \int_0^c \left(p_+ \frac{\mathrm{d}\eta_+}{\mathrm{d}\xi} - p_- \frac{\mathrm{d}\eta_-}{\mathrm{d}\xi} \right) \mathrm{d}\xi, M_{LE} = \int_0^c (p_+ - p_-) \xi \mathrm{d}\xi \tag{6.4.13}$$

定义无量纲升力系数 c_l、阻力系数 c_d 及力矩系数 c_m 如下:

$$c_l = \frac{L}{\frac{1}{2}\rho_\infty V_\infty^2 c}, c_d = \frac{D}{\frac{1}{2}\rho_\infty V_\infty^2 c}, c_m = \frac{M}{\frac{1}{2}\rho_\infty V_\infty^2 c^2} \tag{6.4.14}$$

6.4.3　亚声速气流绕薄翼型流动的相似法则

1. 戈太特法则

戈太特法则可叙述如下:亚声速线性化流场的参数可以借助于一个仿射变换的不可压缩无旋流场的相应参数间接求出。若令满足仿射变换要求的比例系数为

$$\lambda_x = 1, \lambda_y = \lambda_z = \beta, \lambda_\varphi = \beta^2 \qquad (6.4.15a)$$

则由式(6.4.2)、(6.4.3)、(6.4.7)可得到变换前后的速度势方程、流场对应点处参数关系为

$$\varphi = \frac{\varphi'}{\beta^2} \qquad (6.4.15b)$$

$$U_x = \frac{U'_x}{\beta^2}, U_y = \frac{U'_y}{\beta}, U_z = \frac{U'_z}{\beta} \qquad (6.4.15c)$$

$$C_p = \frac{C'_p}{\beta^2} \qquad (6.4.15d)$$

于是,上述两个流场的空间关系由式(6.4.15a)规定,而相应点的流动参数间的关系由式(6.4.15b)～(6.4.15d)规定。戈太特法则的适用范围与小扰动方程的适用范围是一致的,因为在导出这个法则时,没有引入新的限制条件。

由式(6.4.6)可得到符合仿射变换的两个翼型几何参数间的关系为

$$c = c', b = \frac{b'}{\beta}, f = \frac{f'}{\beta}, \alpha = \frac{\alpha'}{\beta} \qquad (6.4.16)$$

定义流线对 x 轴的倾角为 θ,则有

$$\theta \approx \tan\theta = \frac{U_y}{U_x + V_\infty} \approx \frac{U_y}{V_\infty} \text{ 和 } \theta' \approx \tan\theta' \approx \frac{U'_y}{V_\infty} = \beta \frac{U_y}{V_\infty}$$

于是得

$$\theta = \frac{\theta'}{\beta} \qquad (6.4.17)$$

这表明,两个仿射相似流场的流线是彼此线性关联的,不可压缩流场流线的倾角与对应的可压缩流场流线的倾角相比变小了。这也验证了式(6.4.16)给出的两个流场攻角之间的关系。

最后,再来确定升力系数及力矩系数的转换关系。按定义,升力系数可以表示为

$$c_1 = \frac{1}{c}\int_0^{c\cos\alpha}\left[(C_p)_- - (C_p)_+\right]dx$$

式中,$(C_p)_+$,$(C_p)_-$ 分别表示上、下翼面的压强系数。当攻角 α 较小时,$c\cos\alpha \approx c$,即

$$c_1 = \frac{1}{c}\int_0^c\left[(C_p)_- - (C_p)_+\right]dx$$

由于 $dx' = \lambda_x dx = dx, C_p = C'_p/\beta^2$,所以升力系数间的对应关系为

$$c_1 = \frac{c'_1}{\beta^2} \qquad (6.4.18)$$

同理可以证明,力矩系数的转换关系为

$$c_{\mathrm{m}} = \frac{c'_{\mathrm{m}}}{\beta^2} \tag{6.4.19}$$

上述结果表明,对于按戈太特法则变换的两个翼型,当均匀来流马赫数为 Ma_∞ 的亚声速气流以攻角 α 绕厚度为 b、弯度为 f 的薄翼型流动时,翼型上任一点的压强系数、翼型升力及力矩系数分别等于不可压缩流体以攻角 β, α 绕仿射翼型($b' = \beta b$, $f' = \beta f$)流动时,对应点上的压强系数、翼型升力及力矩系数的 $\dfrac{1}{\beta^2} = \dfrac{1}{1 - Ma_\infty^2} > 1$ 倍。戈太特法则的实际意义在于,如果要得到亚声速流绕薄翼型流动时翼型表面的压强系数、翼型升力及力矩系数,只要找到仿射相关的翼型,然后利用已有的丰富的不可压流绕薄翼型流动的理论和实验资料,求得不可压流绕仿射相关翼型流动时的翼型表面压强系数、翼型升力及力矩系数,再乘以 $1/\beta^2$,就得到亚声速流绕原始翼型流动时的相关参数。

2. 普朗特 – 葛劳渥法则

戈太特法则建立了可压缩及不可压缩流场中不同翼型间的参数关系。但是,对于不同的来流 Ma_∞,与之对应的不可压缩流的翼型是不同的,或者需要重新设计、加工及实验。此外,不可压缩流的翼型要比可压缩流的翼型薄,因此,当 Ma_∞ 较大时,仿射相关的翼型厚度就可能小于已有的低速翼型的厚度,就不能直接利用已积累的相关资料,而需要重新进行理论计算或实验测量,所以应用戈太特法则将不可压缩流的研究结果推广到可压缩流是不方便的。而普朗特 – 葛劳渥法则是建立了可压缩与不可压缩流场中相同翼型、相同来流攻角情况下的气动力参数之间的关系,从而得到了可压缩性对同一翼型气动力特性的影响。

线性化压强系数公式(6.2.18)表明,它与扰动速度分量 U_x 成正比。而在小扰动情况下,翼型对气流所产生的扰动可以认为是由攻角、厚度和弯度这三个因素所产生的扰动叠加而成,显然,扰动的大小(如 U_x)与攻角、厚度和弯度成正比。因此,如果有两个不可压缩流绕翼型流场 1,2,其中翼型 1 流场的攻角 α_1、翼型厚度分布 b_1 及弯度分布 f_1 都是翼型 2 流场中的对应攻角 α_2、翼型厚度分布 b_2 及弯度分布 f_2 的 A 倍,则前一翼型上的压强分布 C_{p1} 是后一翼型上压强分布 C_{p2} 的 A 倍。若取 $A = \beta = \sqrt{1 - Ma_\infty^2}$,则有

$$\frac{\alpha_1}{\alpha_2} = \frac{b_1}{b_2} = \frac{f_1}{f_2} = \beta \text{ 和} \frac{(C_{p1})_{\mathrm{w}}}{(C_{p2})_{\mathrm{w}}} = \frac{c_{l1}}{c_{l2}} = \frac{c_{m1}}{c_{m2}} = \beta$$

另一方面,根据戈太特法则,当可压缩流场中的翼型与不可压缩流场中的翼型 1 符合仿射关系式(6.4.17)时,则可得到可压缩流场中的翼型与不可压缩流场中的翼型 2 之间的关系式,即

$$\frac{\alpha}{\alpha_2} = \frac{\alpha}{\alpha_1}\frac{\alpha_1}{\alpha_2} = \frac{1}{\beta}\beta = 1, \frac{b}{b_2} = \frac{b}{b_1}\frac{b_1}{b_2} = 1, \frac{f}{f_2} = 1 \tag{6.4.20a}$$

$$\frac{(C_p)_{\mathrm{w}}}{(C_{p2})_{\mathrm{w}}} = \frac{(C_p)_{\mathrm{w}}}{(C_{p1})_{\mathrm{w}}}\frac{(C_{p1})_{\mathrm{w}}}{(C_{p2})_{\mathrm{w}}} = \frac{1}{\beta^2}\beta = \frac{1}{\beta}, \frac{c_l}{c_{l2}} = \frac{1}{\beta}, \frac{c_m}{c_{m2}} = \frac{1}{\beta} \tag{6.4.20b}$$

这就是普朗特 – 葛劳渥法则,它表明二维亚声速薄翼型的可压缩修正因子为 $1/\beta$。普朗特 – 葛劳渥法则可以这样应用:

(1)无论来流马赫数 Ma_∞ 是多少,采用与可压缩流完全一样的翼型、相同的攻角和来流条件,通过不可压缩流的拉普拉斯方程,结合给定的边界条件求解出流场中的小扰动速度分布,

得到压强系数等的分布后,按照式(6.4.20b)计算可压缩流翼型的表面压强系数、翼型升力及力矩系数,即均应比不可压缩流时的参数增加$1/\beta$倍。或者,在实验中基于不可压缩流的计算公式(如伯努利方程)处理压强等参数,再通过式(6.4.20b)得到可压缩流情形下的数值。

　　(2)如果已知某来流Ma_∞的可压缩流参数,可以获得其他来流Ma_∞时的可压缩流参数。根据式(6.4.20b)可有

$$\frac{[C_p^{(1)}]_w}{[C_p^{(2)}]_w} = \frac{c_1^{(1)}}{c_1^{(2)}} = \frac{c_m^{(1)}}{c_m^{(2)}} = \frac{\beta_2}{\beta_1} = \frac{\sqrt{1 - Ma_{\infty 2}^2}}{\sqrt{1 - Ma_{\infty 1}^2}} \tag{6.4.21}$$

式中,$[C_p^{(1)}]_w$,$[C_p^{(2)}]_w$表示Ma_∞分别等于$Ma_{\infty 1}$,$Ma_{\infty 2}$时同一翼型表面上的压强系数,其余类推。图6.4.3(a)为实验测得的NACA0012翼型表面压强系数分布情况,实验来流$Ma_{\infty 1} = 0.4$;图6.4.3(b)~图6.4.3(d)则为根据式(6.4.21)计算得到的$Ma_{\infty 2} = 0.6, 0.7, 0.8$时翼型表面压强系数与实验结果的对比曲线。可以看出,当$Ma_{\infty 2} = 0.6$时,用普朗特-葛劳渥法则得到的计算结果与实验结果较为吻合,当$Ma_{\infty 2} > 0.7$时,误差相对较大。

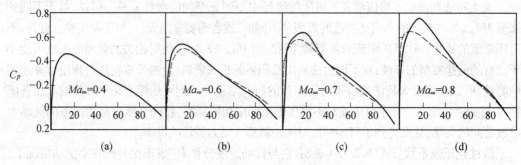

图6.4.3　普朗特-葛劳渥法则与实验对比

若亚声速流动与不可压缩流动中的两个翼型具有相同的压强系数时,由

$$1 = \frac{(C_p)_w}{(C_{p2})_w} = \frac{(C_p)_w}{(C_{p1})_w}\frac{(C_{p1})_w}{(C_{p2})_w} = \frac{1}{\beta^2}\frac{(C_{p1})_w}{(C_{p2})_w}$$

于是有

$$\frac{(C_{p1})_w}{(C_{p2})_w} = \beta^2$$

可知式(6.4.20a)转换为

$$\frac{\alpha}{\alpha_2} = \frac{\alpha}{\alpha_1}\frac{\alpha_1}{\alpha_2} = \frac{1}{\beta}\beta^2 = \beta, \frac{b}{b_2} = \beta, \frac{f}{f_2} = \beta$$

即不可压缩流中的攻角α_2、翼型厚度分布b_2、弯度分布f_2应比可压缩流中对应的攻角α、翼型厚度分布b、弯度分布f增大$1/\beta$倍。这种形式的普朗特-葛劳渥法则对于预估高速(即考虑可压缩性)气流绕翼型流动时产生附面层分离的问题时较有意义,由于附面层分离在很大程度上取决于翼型表面的压强系数梯度,若不可压缩流中的压强梯度有可能导致附面层分离现象的发生,那么可压缩流中的翼型就要做得比不可压缩流所允许的翼型厚度再薄些,弯度、攻角再小些,即比例系数应取得比β略小些。

6.5　超声速气流绕薄翼型流动

6.5.1　物理模型与数学模型的建立

超声速绕翼型流动的直接求解方法是超声速小扰动线性化方程的一个重要应用。这个方法是阿克莱于 1925 年提出的。

如图 6.5.1(a) 所示,当一个薄翼型位于均匀的超声速气流中时,若假设翼型攻角为零,则在翼型前缘将出现两道分别指向斜下方、斜上方的斜激波,气流经过激波时,其参数将出现突跃式的非线性、非等熵变化;在翼型中间(或最大厚度处) 将出现膨胀波束,气流遇到该波束中的第一道膨胀波及经过最后一道膨胀波时,气流参数的导数将出现突跃式的非线性变化;在翼型尾缘处,还将出现两道斜激波,气流参数再次发生非线性变化。气流参数的上述变化必然导致流场中各点处的声速或马赫数发生明显变化,而在超声速流小扰动假设中,速度势方程 $B^2\varphi_{xx} - \varphi_{yy} - \varphi_{zz} = 0$ 成立的假设条件之一就是 $Ma_\infty^2 \dfrac{U_x}{V_\infty} \ll 1$,即可被忽略,由 6.2 节推导可知,基于该条件可得

$$1 - Ma^2 = (1 - Ma_\infty^2) - (k+1)Ma_\infty^2 \frac{U_x}{V_\infty} + \cdots \approx 1 - Ma_\infty^2$$

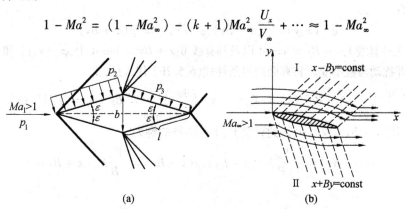

图 6.5.1　超声速薄翼型流场的真实流谱及其简化

即小扰动假设下流场中的马赫数或速度(还包括密度等) 近似与无穷远处相等,并没有考虑流场中 Ma 的真实变化情况。此外,超声速流中小扰动的传播范围还与当地 Ma 数有关,某点的参数是该点前的依赖区内各点参数变化积累的结果。

要把上述的非线性问题线性化,就要求置于流场中的翼型对均匀来流产生的压缩或膨胀的强度都比较小,或者说对流场的扰动比较小。这样,就可以假定翼型各点的扰动均是以来流 Ma_∞ 数作为变化的起点。线性化的结果是将真实的非线性流场图谱转变为图 6.5.1(b) 所示的线性化流场,前缘及尾缘激波、膨胀波束等被两簇平行的马赫波取代且满足式(6.3.13),马赫波前后均是等熵的且在无穷远处仍可保持原有的强度,气流参数的变化满足式(6.3.16),即仅由当地气流对来流的偏角决定。因此,超声速绕翼型流动线性化解的物理前提是:薄翼型、小攻角、尖前缘及尾缘、Ma_∞ 不太高($1.3 < Ma_\infty \leqslant 3$)。总之,使翼型对均匀气流的扰动较小,不产生较强的激波,只有在这样的条件下,小扰动线性化的假设才有意义。

定义翼型弦长为 c，上、下翼面型线方程为

$$y_+ = h_+(x), y_- = h_-(x) \tag{6.5.1}$$

二维超声速的小扰动线性化方程、翼面边界条件分别可写为

$$B^2\varphi_{xx} - \varphi_{yy} = 0, B^2 = Ma_\infty^2 - 1 = \frac{1}{\tan^2\mu_\infty} \tag{6.5.2a}$$

$$\left(\frac{\partial\varphi}{\partial y}\right)_{y=0} = V_\infty\frac{dy_\pm}{dx} = V_\infty h'_\pm(x) \tag{6.5.2b}$$

按照简化的物理模型，用马赫波代替激波，则来流条件是指前缘处马赫波前的扰动速度势 φ 值为零。根据式(6.3.13)可知，前缘上、下的两道马赫波方程为 $x - By = 0, x + By = 0$，于是来流条件为

$$\varphi_{(x\mp By)\leqslant 0} = 0 \tag{6.5.2c}$$

6.5.2   求解方法

式(6.5.2a)的通解为

$$\varphi(x,y) = f(x - By) + g(x + By) \tag{6.5.3}$$

对于翼型上部流场必有 $g(x + By) = 0$，而对于翼型下部流场则有 $f(x - By) = 0$，因此，在翼型上、下表面有

$$\varphi_+(x,y) = f(x - By), \varphi_-(x,y) = g(x + By) \tag{6.5.4}$$

因此，在马赫线 $\text{I}: x - By = \text{const}$ 以及马赫线 $\text{II}: x + By = \text{const}$ 上，$\varphi_+(x,y)$ 和 $\varphi_-(x,y)$ 保持不变，即扰动参数不变。将翼面边界条件式(6.5.2b)代入后，得

$$\left(\frac{\partial\varphi_+}{\partial y}\right)_{y=0} = -Bf'(x) = V_\infty h'_+(x), \left(\frac{\partial\varphi_-}{\partial y}\right)_{y=0} = Bg'(x) = V_\infty h'_-(x) \tag{6.5.5}$$

积分上式并用 $(x - By)$ 替换 x，得到翼型上、下部流场的解为

$$f(x - By) = -\frac{V_\infty}{B}h_+(x - By), g(x + By) = \frac{V_\infty}{B}h_-(x + By) \tag{6.5.6}$$

于是得

$$\varphi_+(x,y) = -\frac{V_\infty}{B}h_+(x - By), \varphi_-(x,y) = \frac{V_\infty}{B}h_-(x + By) \tag{6.5.7}$$

可以证明，上式只适用于 $0 < x \mp By < c$ 的流场范围内。在翼型的尾流区即 $x \mp By > c$ 处扰动为零。这是因为线性化流场是均熵的，在尾缘后的 x 轴上，气流速度、压力等必然是连续的，则在尾缘后的 $y = 0$ 处任取一点，应有下列关系式

$$\left(\frac{\partial\varphi_+}{\partial x}\right)_{y=+0} = \left(\frac{\partial\varphi_-}{\partial x}\right)_{y=-0}, \left(\frac{\partial\varphi_+}{\partial y}\right)_{y=+0} = \left(\frac{\partial\varphi_-}{\partial y}\right)_{y=-0} \quad \text{或} f'(x) = g'(x), -Bf'(x) = Bg'(x)$$

要求上面两式同时成立，必有 $f'(x) = g'(x) = 0$，即尾流区内扰动速度势 φ 只能为常数，或扰动参数为零。

翼型上、下流场的 x 向扰动速度为

$$U_{x+} = -\frac{V_\infty}{B}h'_+(x - By), U_{x-} = \frac{V_\infty}{B}h'_-(x + By) \tag{6.5.8a}$$

在翼型上、下表面处则为

$$(U_{x+})_{y=0} = -\frac{V_\infty}{B}h'_+(x) = -\frac{V_\infty}{B}\frac{\mathrm{d}y_+}{\mathrm{d}x} \approx -\frac{V_\infty}{B}\theta_+(x)$$

$$(6.5.8b)$$

$$(U_{x-})_{y=0} = \frac{V_\infty}{B}h'_-(x) = \frac{V_\infty}{B}\frac{\mathrm{d}y_-}{\mathrm{d}x} \approx \frac{V_\infty}{B}\theta_-(x)$$

式中,θ_+,θ_- 分别表示翼型上、下表面的当地斜率,即相对水平来流的倾角。该式表明,当地扰动仅由翼型在该处的斜率 θ 决定,翼型对流场的扰动可视为翼型的各个局部单独置于均匀来流中产生的扰动,因而每条马赫波前参数均取为来流参数,而波后参数则是受当地扰动后的当地参数(同一条马赫波后的参数是相等的),或者说流场内各点的参数都是以来流 Ma_∞ 数为起点,根据翼型当地斜率计算得到的。因而每条马赫波都是孤立、具有一定强度、伸向无穷远处的,流场就是由这些平行的马赫波组成。翼型上、下流场及翼型上、下表面的压强系数为

$$C_{p+} = -\frac{2U_{x+}}{V_\infty} = \frac{2}{B}h'_+(x - By),C_{p-} = -\frac{2U_{x-}}{V_\infty} = -\frac{2}{B}h'_-(x + By) \quad (6.5.9a)$$

$$(C_{p+})_w = \frac{2}{B}h'_+(x) = \frac{2}{B}\frac{\mathrm{d}y_+}{\mathrm{d}x} \approx \frac{2}{B}\theta_+(x),(C_{p-})_w = -\frac{2}{B}h'_-(x) = -\frac{2}{B}\frac{\mathrm{d}y_-}{\mathrm{d}x} \approx -\frac{2}{B}\theta_-(x)$$

$$(6.5.9b)$$

可以看出,翼型表面各点的压强系数也是仅取决于当地翼型斜率(或称当地攻角),上表面处若斜率为正值,则$(C_{p+})_w > 0$,表示压缩;若斜率为负值,则$(C_{p+})_w < 0$,表示膨胀。下翼面则与此相反。于是,翼型的前半段增压(即与来流压力相比增加),后半段减压,产生了阻力(称为波组)。翼型上任何点斜率的局部变化只影响该处的参数,并不像亚声速那样影响到全流场各处。此外,式(6.5.9b) 还表明,超声速来流的 Ma_∞ 数越大即 B 值越大,则扰动越小。这是由于超声速流动时气流密度的变化幅度大于速度的变化幅度,Ma_∞ 越大则这种趋势越明显,也就使得速度的变化(扰动)随 Ma_∞ 增大而变小了。如前所述,超声速翼型的线性化解在某种程度上歪曲了真实的流动图像,但仍揭示了该问题的本质,即超声速来流的可压缩性影响。

图 6.5.2 为相对厚度为 10% 的某对称圆弧翼型在 $Ma_\infty = 2.13$ 来流中以四个攻角,即 $\alpha = 0°,4°,8°,10°$ 绕流时的压强系数分布。由图 6.5.2 可见,线性化结果在小攻角时基本符合实验结果,但当攻角较大时(如 $\alpha \geq 8°$),误差变得显著。此外,在上翼面尾缘附近误差也较大,这是由于尾缘激波与附面层干扰引起这一段的增压所致。

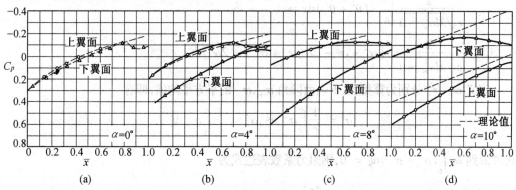

图 6.5.2　某对称翼型压强系数的理论值与实验结果对比

6.5.3　气动力参数的计算

为了便于分别研究攻角 α、翼型厚度对升力、阻力的影响,定义如图6.5.3所示的两个坐标系,即基于来流方向的风轴系 Oxy 与基于翼弦方向的体轴系 $O\eta\xi$。设翼型上、下表面任意点的切线与翼弦方向 ξ 的夹角(称对体轴倾角) σ_+,σ_-,与来流方向 x 的夹角(称当地倾角)为 θ_+,θ_-,则有下面几何关系成立:

$$\theta_+ = \sigma_+ - \alpha, \theta_- = \sigma_- - \alpha \tag{6.5.10}$$

式中,α,σ,θ 均按从 ξ 轴、x 轴正向起,逆时针偏转记为正,顺时针偏转记为负。则式(6.5.9b)可改写成

$$(C_{p+})_w = \frac{2}{\sqrt{Ma_\infty^2 - 1}}(\sigma_+ - \alpha), (C_{p-})_w = -\frac{2}{\sqrt{Ma_\infty^2 - 1}}(\sigma_- - \alpha) \tag{6.5.11}$$

考虑升力系数的定义式

$$c_1 = \frac{1}{c}\int_0^{c\cos\alpha} [(C_p)_- - (C_p)_+]_w \mathrm{d}x$$

当攻角 α 较小时,有 $c\cos\alpha \approx c, \mathrm{d}x \approx \mathrm{d}\xi\cos\alpha \approx \mathrm{d}\xi$,得

$$c_1 = -\frac{2}{c\sqrt{Ma_\infty^2 - 1}}\int_0^c (\sigma_+ + \sigma_- - 2\alpha)\mathrm{d}\xi$$

由于 $\int_0^c \sigma_+ \mathrm{d}\xi = \int_0^c \frac{\mathrm{d}\eta_+}{\mathrm{d}\xi}\mathrm{d}\xi = \int_0^c \mathrm{d}\eta_+ = 0, \int_0^c \sigma_- \mathrm{d}\xi = 0$,上式可简化为

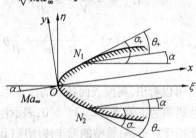

图 6.5.3　翼型几何关系

$$c_1 = -\frac{2}{c\sqrt{Ma_\infty^2 - 1}}\int_0^c (-2\alpha)\mathrm{d}\xi = \frac{4\alpha}{\sqrt{Ma_\infty^2 - 1}} \tag{6.5.12}$$

即超声速二维薄翼的升力与攻角成正比,而与翼型形状无关。

参考式(6.4.13),阻力系数可写为

$$c_d = \frac{1}{c}\int_0^{c\cos\alpha} \left[(C_p)_+ \frac{\mathrm{d}y_+}{\mathrm{d}x} - (C_p)_- \frac{\mathrm{d}y_-}{\mathrm{d}x}\right]_w \mathrm{d}x \approx \frac{1}{c}\int_0^{c\cos\alpha} \left[(C_p)_+ \theta_+ - (C_p)_- \theta_-\right]_w \mathrm{d}x =$$

$$\frac{2}{c\sqrt{Ma_\infty^2 - 1}}\int_0^{c\cos\alpha} (\theta_+^2 + \theta_-^2)\mathrm{d}x \approx$$

$$\frac{2}{c\sqrt{Ma_\infty^2 - 1}}\int_0^c [\sigma_+^2 + \sigma_-^2 - 2\alpha(\sigma_+ + \sigma_-) + 2\alpha^2]\mathrm{d}\xi$$

定义 $\overline{\sigma_+^2}, \overline{\sigma_-^2}$ 分别为翼型上、下表面倾角 σ_+, σ_- 的平方平均值,即有

$$\overline{\sigma_+^2} = \frac{1}{c}\int_0^c \sigma_+^2 \mathrm{d}\xi, \overline{\sigma_-^2} = \frac{1}{c}\int_0^c \sigma_-^2 \mathrm{d}\xi$$

再考虑到 $2\alpha\int_0^c (\sigma_+ + \sigma_-)\mathrm{d}\xi = 0$,则阻力系数表达式为

$$c_d = \frac{4\alpha^2}{\sqrt{Ma_\infty^2 - 1}} + \frac{2}{\sqrt{Ma_\infty^2 - 1}}(\overline{\sigma_+^2} + \overline{\sigma_-^2}) \tag{6.5.13}$$

式中,第一项是由于具有攻角即存在升力而产生的阻力,称为升力波阻;第二项是由于翼型具

有厚度而产生的阻力,称为厚度波阻。即在超声速绕流问题中,不计黏性仍有阻力,也称为波阻。

参考式(6.4.13),对翼型前缘的力矩系数可写为

$$c_{mLE} = \frac{1}{c^2}\int_0^c [(C_p)_+ - (C_p)_-]_w \xi d\xi = \frac{2}{c^2\sqrt{Ma_\infty^2 - 1}}\int_0^c (\sigma_+ + \sigma_- - 2\alpha)\xi d\xi =$$

$$-\frac{2\alpha}{\sqrt{Ma_\infty^2 - 1}} + \frac{2}{c^2\sqrt{Ma_\infty^2 - 1}}\int_0^c (\sigma_+ + \sigma_-)\xi d\xi$$

考虑到 $d(\eta\xi) = \eta d\xi + \xi d\eta$,则对于上、下表面有

$$\int_0^c \sigma_+ \xi d\xi = \int_0^c \frac{d\eta_+}{d\xi}\xi d\xi = (\eta\xi)\Big|_{\xi=0}^{\xi=c} - \int_0^c \eta_+ d\xi = -\int_0^c \eta_+ d\xi = -A_+$$

和

$$\int_0^c \sigma_- \xi d\xi = -\int_0^c \frac{d\eta_-}{d\xi}\xi d\xi = +A_-$$

式中,A_+,A_- 分别表示翼型在几何弦之上、之下的剖面面积。于是有

$$c_{mLE} = -\frac{2\alpha}{\sqrt{Ma_\infty^2 - 1}} - \frac{2}{C^2\sqrt{Ma_\infty^2 - 1}}(A_+ - A_-) \ 或 \ c_{mLE} = -\frac{1}{2}c_1 - \frac{2}{C^2\sqrt{Ma_\infty^2 - 1}}(A_+ - A_-)$$

$$(6.5.14)$$

对于对称翼型,上式简化为

$$c_{mLE} = -\frac{1}{2}c_1 = -\frac{2\alpha}{\sqrt{Ma_\infty^2 - 1}}$$

图6.5.4给出了相对厚度为10%的对称圆弧翼型在 $Ma_\infty = 2.13$ 来流中的升力、阻力实验值与理论值对比曲线。可以看出,升力理论值是接近于实际值的,但偏高一些,这是因为附面层在尾缘附近有些分离,且上翼面尾缘附近因激波干扰产生了增压作用。值得注意的是,当攻角 $\alpha > 14°$ 时,下翼面的激波应该脱体,但理论值仍较接近实验结果。由于阻力理论值只考虑了波阻,而没有考虑摩擦阻力,因而实验值高于理论值是很自然的。当攻角稍大时,上翼面尾缘前由于激波干扰而压力增加,有助于减小波阻,因此在这些攻角下的理论波阻值较实际波阻值偏大一些。当攻角较大时,线性化理论的压力分布将出现明显偏差,但对总体量 c_1,c_d 却影响较小。由于上翼面尾缘附近的实际压力要比理论值高,且力臂又较大,从而 c_{mLE} 值将比理论值高许多,故对力矩系数不宜采用小扰动线性化方法求解。

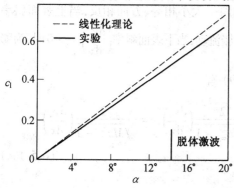
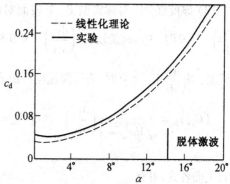

图6.5.4　对称圆弧翼型的升力、阻力结果对比

6.5.4　翼型升力及阻力系数的叠加计算

式(6.5.9)表明,翼型表面各点的压强系数与当地翼型斜率呈线性关系,而当地斜率又可以理解为来流攻角、弯度(中弧线偏离水平线程度)以及翼型厚度的线性叠加。因此,基于小扰动线性化方程的解的叠加性原理,超声速气流绕翼型流动时的翼型表面压强系数可由气流绕下述三种翼型流动时的表面压强系数叠加而得:① 与翼型所处攻角相同的平板绕流(以 α 表示);② 零攻角下的翼型中弧线绕流(以 f 表示);③ 零攻角下具有原翼型厚度的对称翼型绕流(以 b 表示),如图6.5.5所示。故可写出

$$C_{p+} = (C_{p+})_\alpha + (C_{p+})_f + (C_{p+})_b,\quad C_{p-} = (C_{p-})_\alpha + (C_{p-})_f + (C_{p-})_b \tag{6.5.15}$$

显然,翼型的升力系数、阻力系数也可由上述三部分叠加而得。

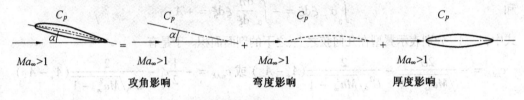

图6.5.5　压强系数的叠加

(1) 平板部分。上、下表面斜率均为 $\dfrac{dy_+}{dx} = \dfrac{dy_-}{dx} = -\alpha$,上表面为膨胀流动,下表面为压缩流动,由式(6.5.9)有

$$(C_{p+})_\alpha = -\frac{2\alpha}{\sqrt{Ma_\infty^2 - 1}},\quad (C_{p-})_\alpha = \frac{2\alpha}{\sqrt{Ma_\infty^2 - 1}} \tag{6.5.16a}$$

(2) 中弧线弯度部分。上、下表面斜率均为 $\left(\dfrac{dy_+}{dx}\right)_f = \left(\dfrac{dy_-}{dx}\right)_f = \left(\dfrac{dy}{dx}\right)_f$,当 $\left(\dfrac{dy}{dx}\right)_f > 0$ 时,上表面为压缩流动,下表面为膨胀流动;当 $\left(\dfrac{dy}{dx}\right)_f < 0$ 时,上表面为膨胀流动,下表面为压缩流动。由式(6.5.9)有

$$(C_{p+})_f = \frac{2}{\sqrt{Ma_\infty^2 - 1}}\left(\frac{dy}{dx}\right)_f,\quad (C_{p-})_f = -\frac{2}{\sqrt{Ma_\infty^2 - 1}}\left(\frac{dy}{dx}\right)_f \tag{6.5.16b}$$

(3) 厚度部分。对称翼型上、下表面对应点的斜率大小相等、方向相反,当上表面斜率 $\left(\dfrac{dy_+}{dx}\right)_b > 0$ 时,为压缩流动,当 $\left(\dfrac{dy_+}{dx}\right)_b < 0$ 时,为膨胀流动;当下表面斜率 $\left(\dfrac{dy_-}{dx}\right)_b > 0$ 时,为膨胀流动,当 $\left(\dfrac{dy_-}{dx}\right)_b < 0$ 时,为压缩流动。由式(6.5.9)有

$$(C_{p+})_b = \frac{2}{\sqrt{Ma_\infty^2 - 1}}\left(\frac{dy_+}{dx}\right)_b,\quad (C_{p-})_b = -\frac{2}{\sqrt{Ma_\infty^2 - 1}}\left(\frac{dy_-}{dx}\right)_b = \frac{2}{\sqrt{Ma_\infty^2 - 1}}\left(\frac{dy_+}{dx}\right)_b$$

$$\tag{6.5.16c}$$

综合上面各式,可有

$$C_{p+} = \frac{2}{\sqrt{Ma_\infty^2 - 1}} \left[-\alpha + \left(\frac{\mathrm{d}y}{\mathrm{d}x}\right)_\mathrm{f} + \left(\frac{\mathrm{d}y_+}{\mathrm{d}x}\right)_\mathrm{b} \right]$$

$$C_{p-} = \frac{2}{\sqrt{Ma_\infty^2 - 1}} \left[\alpha - \left(\frac{\mathrm{d}y}{\mathrm{d}x}\right)_\mathrm{f} - \left(\frac{\mathrm{d}y_-}{\mathrm{d}x}\right)_\mathrm{b} \right] = \frac{2}{\sqrt{Ma_\infty^2 - 1}} \left[\alpha - \left(\frac{\mathrm{d}y}{\mathrm{d}x}\right)_\mathrm{f} + \left(\frac{\mathrm{d}y_+}{\mathrm{d}x}\right)_\mathrm{b} \right]$$

$$(6.5.17)$$

下面求翼型的升力及阻力系数,设翼型弦长为 c。

(1) 平板部分。由式(6.5.16a) 可知,压力沿翼弦分布为常数,且上、下表面的压力都是垂直于平板的,再由压强系数公式(6.2.17),可得到垂直于平板的法向力为

$$N_\alpha = \frac{1}{2}\rho_\infty V_\infty^2 c(C_{p-} - C_{p+})_\alpha$$

而垂直于来流方向的升力为 $L_\alpha = N_\alpha \cos\alpha \approx N_\alpha = \frac{1}{2}\rho_\infty V_\infty^2 c(C_{p-} - C_{p+})_\alpha$,从而有

$$(c_\mathrm{l})_\alpha = \frac{L_\alpha}{\frac{1}{2}\rho_\infty V_\infty^2 c} = (C_{p-} - C_{p+})_\alpha = \frac{4\alpha}{\sqrt{Ma_\infty^2 - 1}} \tag{6.5.18a}$$

沿来流方向的分量为 $D_\alpha = N_\alpha \sin\alpha \approx N_\alpha \alpha$,则有

$$(c_\mathrm{d})_\alpha = \frac{D_\alpha}{\frac{1}{2}\rho_\infty V_\infty^2 c} \approx \frac{N_\alpha \alpha}{\frac{1}{2}\rho_\infty V_\infty^2 c} = (C_{p-} - C_{p+})_\alpha \alpha = \frac{4\alpha^2}{\sqrt{Ma_\infty^2 - 1}} \tag{6.5.18b}$$

(2) 中弧线弯度部分。作用于弯板微元段 $\mathrm{d}S$ 上的法向力及升力可写为

$$\mathrm{d}N_\mathrm{f} = (C_{p-} - C_{p+})_\mathrm{f}\mathrm{d}S \frac{1}{2}\rho_\infty V_\infty^2 \ \text{和}\ \mathrm{d}L_\mathrm{f} = \mathrm{d}N_\mathrm{f}\cos\theta = (C_{p-} - C_{p+})_\mathrm{f}\mathrm{d}S\cos\theta \frac{1}{2}\rho_\infty V_\infty^2$$

考虑到 $\mathrm{d}x = \mathrm{d}S\cos\theta$,故 $\mathrm{d}L_\mathrm{f} = \frac{1}{2}\rho_\infty V_\infty^2(C_{p-} - C_{p+})_\mathrm{f}\mathrm{d}x$,于是

$$L_\mathrm{f} = \int_0^c \frac{1}{2}\rho_\infty V_\infty^2(C_{p-} - C_{p+})_\mathrm{f}\mathrm{d}x = \frac{-4}{\sqrt{Ma_\infty^2 - 1}} \frac{1}{2}\rho_\infty V_\infty^2 \int_0^c \left(\frac{\mathrm{d}y}{\mathrm{d}x}\right)_\mathrm{f}\mathrm{d}x = 0$$

即翼型的弯度在超声速流下不产生升力,有 $(c_\mathrm{l})_\mathrm{f} = 0$。法向力在来流方向的分量(考虑 θ 正负的定义) 为

$$\mathrm{d}D_\mathrm{f} = -\frac{1}{2}\rho_\infty V_\infty^2(C_{p-} - C_{p+})_\mathrm{f}\mathrm{d}S\sin\theta = -\frac{1}{2}\rho_\infty V_\infty^2(C_{p-} - C_{p+})_\mathrm{f}\mathrm{d}S\tan\theta\cos\theta =$$

$$-\frac{1}{2}\rho_\infty V_\infty^2(C_{p-} - C_{p+})_\mathrm{f}\left(\frac{\mathrm{d}y}{\mathrm{d}x}\right)_\mathrm{f}\mathrm{d}x$$

于是,得到波阻系数

$$(c_\mathrm{d})_\mathrm{f} = \frac{D_\mathrm{f}}{\frac{1}{2}\rho_\infty V_\infty^2 c} = \frac{-\frac{1}{2}\rho_\infty V_\infty^2 \int_0^c \frac{-4}{\sqrt{Ma_\infty^2 - 1}}\left(\frac{\mathrm{d}y}{\mathrm{d}x}\right)_\mathrm{f}\left(\frac{\mathrm{d}y}{\mathrm{d}x}\right)_\mathrm{f}\mathrm{d}x}{\frac{1}{2}\rho_\infty V_\infty^2 c} =$$

$$\frac{4}{c\sqrt{Ma_\infty^2 - 1}}\int_0^c \left(\frac{\mathrm{d}y}{\mathrm{d}x}\right)_\mathrm{f}^2\mathrm{d}x \tag{6.5.19}$$

(3) 厚度部分。由于翼型表面上、下对称,对应点处 dL_+ 与 dL_- 相互抵消,故 $(c_l)_b = 0$。而上、下表面对波阻的贡献是相同的,因此上、下表面对应点处微元段所产生的波阻等于上表面微元段 dS_+ 所产生的波阻的两倍,即

$$dD_b = \rho_\infty V_\infty^2 (C_{p+} \sin \theta_+ dS_+)_b = \rho_\infty V_\infty^2 (C_{p+})_b \left(\frac{dy_+}{dx}\right)_b dx$$

于是

$$(c_d)_b = \frac{D_b}{\frac{1}{2}\rho_\infty V_\infty^2 c} = \frac{4}{c\sqrt{Ma_\infty^2 - 1}} \int_0^c \left(\frac{dy_+}{dx}\right)_b^2 dx \tag{6.5.20}$$

最后,薄翼型的升力系数与翼型中弧线弯度、翼型厚度无关,只由攻角产生,即

$$c_l = (c_l)_\alpha = \frac{4\alpha}{\sqrt{Ma_\infty^2 - 1}} \tag{6.5.21a}$$

因此,超声速翼型没有必要做成弯的。

翼型的波阻系数为

$$c_d = (c_d)_\alpha + (c_d)_f + (c_d)_b = \frac{4}{\sqrt{Ma_\infty^2 - 1}} \left\{ \alpha^2 + \frac{1}{c} \int_0^c \left[\left(\frac{dy}{dx}\right)_f^2 + \left(\frac{dy_+}{dx}\right)_b^2 \right] dx \right\} \tag{6.5.21b}$$

式(6.5.21b) 表明,翼型波阻系数由两部分组成,一部分与升力有关,另一部分与翼型弯度、厚度有关。后者又称为零升波阻系数,以 $(c_d)_0$ 表示,即

$$(c_d)_0 = \frac{4}{c\sqrt{Ma_\infty^2 - 1}} \int_0^c \left[\left(\frac{dy}{dx}\right)_f^2 + \left(\frac{dy_+}{dx}\right)_b^2 \right] dx \tag{6.5.22}$$

第7章 超声速流动的特征线法

第6章讨论了无黏(理想)可压缩流体的基本方程的线性化形式在分析小扰动流动时的应用,并得到了很有用的结果。然而,还有大量的工程实际问题,用小扰动线性化方法近似描述是不适宜的,必须用非线性方程来描述。但是,除非极个别情形可用解析方法以外,求解非线性方程一般都要用数值方法。对于一个具体的问题,哪种数值方法最适用,取决于控制该具体流动的偏微分方程的类型。

对于双曲型的非线性偏微分方程,可以用特征线方法进行数值求解。在气体动力学中,该方法可用来解决定常超声速流动问题,也可以解决非定常流动的有关问题,包括亚声速、超声速的非定常流动,只要描述流动的方程是拟线性双曲型的均可,而利用复特征线法还可以解决定常跨声速流动的某些问题。由于特征线法是从无黏流的精确方程出发进行数值求解的,因而被认为是一个精确方法。这种方法计算量较大,但随着计算机水平的发展,应用这种方法解决实际工程问题目前并不困难。

本章讨论定常超声速流动的特征线法,包括特征线法的一般理论、定常二维(平面和轴对称)无旋超声速流动的特征线法、定常二维等熵有旋超声速流动的特征线法等。

7.1 特征线的一般理论

7.1.1 特征线的数学意义

特征线的概念首先是在数学上针对拟线性偏微分方程提出的。如果一个方程对于未知函数的最高阶偏导数而言是线性的,但其系数及非齐次项是自变量、未知因数的函数,这样的方程就称为拟线性方程。例如

$$L \equiv A(x,y,u)\,\frac{\partial^2 u(x,y)}{\partial x^2} + 2B(x,y,u)\,\frac{\partial u^2(x,y)}{\partial x \partial y} + C(x,y,u)\,\frac{\partial^2 u(x,y)}{\partial y^2} +$$

$$a(x,y,u)\,\frac{\partial u(x,y)}{\partial x} + b(x,y,u)\,\frac{\partial u(x,y)}{\partial y} + c(x,y,u) = 0$$

就是拟线性偏微分方程。

特征曲线(以下简称特征线)的第一个数学意义可以表述为:它是平面上的一种曲线族(可以用特征线方程来描述),沿着此族中的任一根曲线,可以把待求物理量的一阶偏微分方程简化为常微分控制方程,即消去了偏导数项。这个常微分方程被称为原偏微分方程或偏微分方程组的相容性方程。相容性方程与特征线方程又组成了一个新的方程组,且与原偏微分方程组同样精确,不但可以取代之,而且有利于流场求解。因此,特征线方法的基本思想就是,不求解原偏微分方程或方程组,而是沿着某平面曲线来求解另一个常微分方程或方程组,这显然

是一种有用的、有利的简化问题的方法。此外,特征线法更具有揭示流动问题和声学问题的物理特征,加深对问题本质理解等的物理意义,以及发展偏微分方程一般理论的数学意义。

考察如下的单个一阶偏微分方程

$$a\frac{\partial u}{\partial x} + b\frac{\partial u}{\partial y} = c \tag{7.1.1}$$

式中,待求的未知函数是两个自变量 x,y 的函数,即 $u = u(x,y)$;系数 a,b 及非齐次项 c 可以是 x,y,u 的函数。将式(7.1.1)改写为

$$a\left(\frac{\partial u}{\partial x} + \frac{b}{a}\frac{\partial u}{\partial y}\right) = c \tag{7.1.2}$$

若因变量 $u(x,y)$ 为连续函数,则可有全导数

$$\frac{\mathrm{d}u}{\mathrm{d}x} = \frac{\partial u}{\partial x}\frac{\mathrm{d}x}{\mathrm{d}x} + \frac{\partial u}{\partial y}\frac{\mathrm{d}y}{\mathrm{d}x} = \frac{\partial u}{\partial x} + \frac{\mathrm{d}y}{\mathrm{d}x}\frac{\partial u}{\partial y} \text{ 或} \frac{\mathrm{d}u}{\mathrm{d}y} = \frac{\partial u}{\partial x}\frac{\mathrm{d}x}{\mathrm{d}y} + \frac{\partial u}{\partial y}\frac{\mathrm{d}y}{\mathrm{d}y} = \frac{\partial u}{\partial x}\frac{\mathrm{d}x}{\mathrm{d}y} + \frac{\partial u}{\partial y}$$

比较上式及式(7.1.2),并令

$$\frac{b}{a} = \frac{\mathrm{d}y}{\mathrm{d}x} = \lambda \tag{7.1.3}$$

则有

$$a\frac{\mathrm{d}u}{\mathrm{d}x} = c \text{ 或 } a\mathrm{d}u = c\mathrm{d}x \tag{7.1.4a}$$

$$b\frac{\mathrm{d}u}{\mathrm{d}y} = c \text{ 或 } b\mathrm{d}u = c\mathrm{d}y \tag{7.1.4b}$$

也就是说,当且仅当沿着式(7.1.3)所定义的平面曲线时,原偏微分方程式(7.1.1)简化为关于函数 u 的常微分方程式(7.1.4)。因此,式(7.1.3)、(7.1.4)分别称为原偏微分方程式(7.1.1)的特征线方程、相容性方程。相容性方程是一个沿着特征线,即式(7.1.3)的解,把 $\mathrm{d}u,\mathrm{d}x$ 或 $\mathrm{d}u,\mathrm{d}y$ 联系起来的全微分方程。因此,求解相容性方程式(7.1.4)就可以沿着一条特征线确定待求函数 $u(x,y)$。这样,原偏微分方程式(7.1.1)就可以用沿着特征线的单自变量的相容性方程替代。

为了求解式(7.1.1),必须给定初值,如图7.1.1所示,在 xy 平面上有一条不是特征线的初值线 L_0,沿着它给定 $u = u_0(x,y)$。从 L_0 线上的任意一点 P,积分式(7.1.3)可确定 xOy 平面中通过初值点 P 的特征线 C,特征线 C 上任一点 Q 处的函数值 u,是由沿特征线 C 从 P 点到 Q 点对相容性方程式(7.1.4)积分得到的。一般来说,特征线方程、相容性方程的积分必须联立求解。如果 a,b,c 都是复杂的表达式,通常需要采用数值方法。沿着初值线 L_0 选取其他像 P 点那样不同的点,则整个 xOy 平面

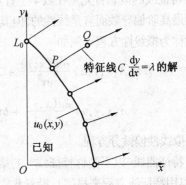

图7.1.1　沿特征线求解一维函数 u

就可以被特征线所覆盖,沿着每一条特征线,可以确定其上各点的待求因变量 $u(x,y)$ 的值。

需要指出的是,特征线法只能用于双曲型的偏微分方程组,而对单个偏微分方程而言,特征线法总是能用的。

例 7.1.1　给出一阶方程 $2\dfrac{\partial u}{\partial x} + 3x\dfrac{\partial u}{\partial y} = 4xu$ 及关于 x 的初值条件 $u(0,y) = 5y + 1$。求通过 xy 平面上点 $(2,4)$ 的特征线方程、沿该特征线方程的相容性方程及 $u(2,4)$ 的值。

解　原偏微分方程可改写为

$$\frac{\partial u}{\partial x} + \frac{3x}{2}\frac{\partial u}{\partial y} = 2xu$$

设函数 u 为连续函数,则可有全导数

$$\frac{\mathrm{d}u}{\mathrm{d}x} = \frac{\partial u}{\partial x} + \frac{\mathrm{d}y}{\mathrm{d}x}\frac{\partial u}{\partial y}$$

则特征线方程、相容性方程分别为

$$\frac{\mathrm{d}y}{\mathrm{d}x} = \frac{3x}{2} \text{ 或 } y = \frac{3}{4}x^2 + C_1, \frac{\mathrm{d}u}{\mathrm{d}x} = 2xu \text{ 或 } u = C_2 \mathrm{e}^{x^2}$$

将坐标 $(2,4)$ 代入特征线方程,得到积分常数 $C_1 = 1$,即当 $x = 0$ 时,有 $y = 1$;将其代入初值条件得到 $u(0,1) = 6$,由相容性方程得到 $C_2 = 6$;再由相容性方程得到 $u(2,4) = 6\mathrm{e}^4$。

特征线的第二个数学意义与数学上的柯西问题有关。柯西问题提法如下:对于偏微分方程式 $(7.1.1)$,如果在 xOy 平面上沿某初始曲线 C_0 给定其上各点的值 u_0,问能否单值的确定曲线 C_0 邻域任何一点 $u(x,y)$ 的值？对于不能单值确定曲线 C_0 附近点 $u(x,y)$ 值的情形,就表示曲线 C_0 是弱间断线。所谓弱间断线是指未知函数 u 本身沿该曲线的法向是连续的,但其法向导数可能是间断的。这些弱间断线就被定义为式 $(7.1.1)$ 的特征线。如图 7.1.2 所示,设点 $P(x_0,y_0)$ 为曲线 C_0 上任意一点,Q 位于其邻域。PQ 沿 C_0 法线方向,距离为一小量,并用坐标微增量 Δx,Δy 表示。将函数 $u(x,y)$ 在点 P 领域作泰勒展开,有

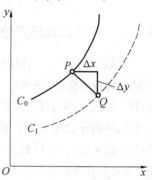

图 7.1.2　柯西问题和特征线

$$u(x,y) = u(x_0,y_0) + \left(\frac{\partial u}{\partial x}\right)_0 \Delta x + \left(\frac{\partial u}{\partial y}\right)_0 \Delta y + \cdots$$

上式表明,要单值的确定 Q 点的 u 值,就要看能否根据 $u_0 = u(x_0,y_0)$ 得到导数 $\left(\dfrac{\partial u}{\partial x}\right)_0$,$\left(\dfrac{\partial u}{\partial y}\right)_0$ 及其他高阶导数。如果这些导数是唯一确定的,则 Q 点的 u 值就是唯一确定的。反之,如果根据 P 点的 u_0 值不能确定 C_0 上的导数,则 C_0 就是弱间断线,即方程式 $(7.1.1)$ 在 xOy 平面上的特征线。为了求得 $\left(\dfrac{\partial u}{\partial x}\right)_0$,$\left(\dfrac{\partial u}{\partial y}\right)_0$,沿某线段(如 PQ)写出 $u(x,y)$ 的全微分形式,并与式 $(7.1.1)$ 联立,得到线性方程组

$$\begin{cases} a(x_0,y_0,u_0)\left(\dfrac{\partial u}{\partial x}\right)_0 + b(x_0,y_0,u_0)\left(\dfrac{\partial u}{\partial y}\right)_0 = c(x_0,y_0,u_0) \\ \mathrm{d}x\left(\dfrac{\partial u}{\partial x}\right)_0 + \mathrm{d}y\left(\dfrac{\partial u}{\partial y}\right)_0 = \mathrm{d}u_0 \end{cases} \tag{7.1.5}$$

式中,$\mathrm{d}u_0 = u(x,y) - u(x_0,y_0)$。由克莱姆法则,得

$$\left(\frac{\partial u}{\partial x}\right)_0 = \frac{\Delta_x}{\Delta} = \frac{\begin{vmatrix} c & b \\ \mathrm{d}u_0 & \mathrm{d}y \end{vmatrix}}{\begin{vmatrix} a & b \\ \mathrm{d}x & \mathrm{d}y \end{vmatrix}} = \frac{c\mathrm{d}y - b\mathrm{d}u_0}{a\mathrm{d}y - b\mathrm{d}x}, \left(\frac{\partial u}{\partial y}\right)_0 = \frac{\Delta_y}{\Delta} = \frac{\begin{vmatrix} a & c \\ \mathrm{d}x & \mathrm{d}u_0 \end{vmatrix}}{\begin{vmatrix} a & b \\ \mathrm{d}x & \mathrm{d}y \end{vmatrix}} = \frac{a\mathrm{d}u_0 - c\mathrm{d}x}{a\mathrm{d}y - b\mathrm{d}x}$$

$$(7.1.6)$$

由式(7.1.6)可知,能够确定C_0上导数$\left(\frac{\partial u}{\partial x}\right)_0$,$\left(\frac{\partial u}{\partial y}\right)_0$的充要条件是分母行列式$\Delta \neq 0$,或者说,能够单值确定曲线$C_0$附近任意点$Q$的函数值$u(x,y)$及其导数的充要条件是分母行列式$\Delta \neq 0$。显然,只要初始曲线$C_0$上满足$\Delta \neq 0$,就可利用有限差分方法得到数值解。但是,对于那些满足$\Delta = 0$即满足式(7.1.3)的曲线,可知式(7.1.4)也成立,即式(7.1.6)中的分子也为零。因此,沿由式(7.1.3)确定的特征曲线,存在着$\left(\frac{\partial u}{\partial x}\right)_0 = \frac{0}{0}$和$\left(\frac{\partial u}{\partial y}\right)_0 = \frac{0}{0}$型的不定式,也就是说,存在着$\frac{\partial u}{\partial x}$,$\frac{\partial u}{\partial y}$不确定,或者说它们是$x,y$的不连续函数的可能性。

7.1.2　定常二维超声速流中特征线的物理意义

从数学意义上讲,特征线是一些弱间断线,跨越这些曲线,未知函数本身是连续的,但它们的法向导数可能是间断的。在定常二维超声速流场中就存在着这样的弱间断线,如4.2节描述的P - M流中的马赫线就是弱间断线,沿着马赫线的法向,气流速度、压力等参数是连续的,而它们的法向导数却可能是间断的,也可能是不间断的。如图7.1.3(a)所示,第一道马赫波OL_1的上游是均匀流场,所有流动参数的导数均为零;气流经过马赫波OL_1时,流动参数的变化是连续的,但其导数却发生了突跃,即出现了间断;在马赫波OL_1的下游,流动参数的变化仍是连续的,法向导数不等于零且为不变的常数,即并没有间断;当气流经过最后一道马赫波OL_N时,其导数从一定值又跃变为零,即再次出现了间断。因此,这些马赫波都是特征线。弱间断线所反映的物理实质就是:马赫波前的流动参数不能单值决定波后的参数。例如,在P - M膨胀流中,第一道马赫波OL_1上的数据给定了,而下游流场并不能唯一确定。这是由于在超声速气流中,上游的扰动可以影响下游,但下游的扰动却不能影响上游,或者说上游的扰动并不包含下游的扰动信息。因此,波后参数不仅与(上游)波前参数有关,而且更重要的是取决于波后当地的边界条件(即对波后参数有影响的扰动变量),如气流当地折转角或壁面折转角,与当地的具体边界条件结合起来,其解才能唯一确定。

P - M膨胀波也称为简单波。在简单波中,所有的马赫波(特征线)都是延伸至无穷远处的直线。但是,如图7.1.3(b)所示,对于实际问题的非均匀流场,由于各处流速的大小、方向及当地声速都不相同,因而以流场中不同点为顶点的扰动马赫波方向是不一样的。故引入马赫波包线的概念。它是这样一对曲线:以扰动点P为起点,线上各点的马赫波均与之相切,包线上各点的切线斜率为$\lambda = \tan(\theta \pm \mu)$。因此,马赫波包线是由无数个马赫的微元段组成的曲线。在定常流场中,这些包线(特征线)的位置是不变的。

上面所说的简单波流(或定常均匀流)中的马赫波及非均匀流场中的马赫波包线,就是数学上所定义的特征线在气体动力学中的实际体现。显然,当定常超声速气流绕过一个微小障

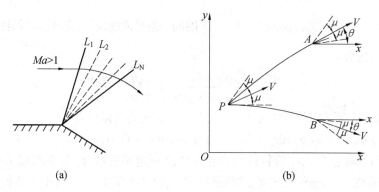

图 7.1.3　P - M 流动及非均匀流中马赫线的包线

碍物时,由该障碍物发出的扰动是沿特征线传播的。因此,特征线的物理性质可概括为:它是流场中任一点上信息沿之传播的曲线,或者说定常超声速流场中的特征线是信息在该流场中传播的载体。沿着这些直线或曲线,或者说在这些直线或曲线的两侧,流动物理量函数的值显现出变化,这种现象被称为超声速流场中物理量的扰动是沿着特征线传播的。

特征线并不是总能被观察到(或被显示出来)的,当超声速流场中的某点处没有扰动时,就不会得到某个特征线的解。例如,超声速气流绕微小外凸壁面流动时(图 4.2.1),流场中只有一条特征线(即左伸马赫波),而另一条特征线(即右伸马赫波)并不是消失了,扰动物理量沿其传播的本质并没有变,只不过是由于扰动不存在而暂时不显示其作用罢了。

7.1.3　两个偏微分方程的方程组的特征线法

考虑一个由两个偏微分方程组成的方程组

$$
\begin{cases}
L_1 = a_{11}\dfrac{\partial v_x}{\partial x} + b_{11}\dfrac{\partial v_x}{\partial y} + a_{12}\dfrac{\partial v_y}{\partial x} + b_{12}\dfrac{\partial v_y}{\partial y} + c_1 = 0 \\[2mm]
L_2 = a_{21}\dfrac{\partial v_x}{\partial x} + b_{21}\dfrac{\partial v_x}{\partial y} + a_{22}\dfrac{\partial v_y}{\partial x} + b_{22}\dfrac{\partial v_y}{\partial y} + c_2 = 0
\end{cases}
\tag{7.1.7}
$$

式(7.1.7)中待求的因变量有两个,即 $v_x(x,y)$ 和 $v_y(x,y)$,它们都是两个自变量 x,y 的函数,式中各个系数 a,b 及非齐次项 c 等都可以是 x,y,v_x,v_y 的函数。为了同时考虑式(7.1.7)中的两个方程式,用 L 表示 L_1,L_2 的线性和,即

$$
L = \sigma_1 L_1 + \sigma_2 L_2
\tag{7.1.8}
$$

式中,σ_1,σ_2 为待定系数。将式(7.1.7)代入式(7.1.8),并按偏导数的分类加以整理,可得到如下的表达式

$$
(a_{11}\sigma_1 + a_{21}\sigma_2)\left(\frac{\partial v_x}{\partial x} + \frac{b_{11}\sigma_1 + b_{21}\sigma_2}{a_{11}\sigma_1 + a_{21}\sigma_2}\frac{\partial v_x}{\partial y}\right) +
$$

$$
(a_{12}\sigma_1 + a_{22}\sigma_2)\left(\frac{\partial v_y}{\partial x} + \frac{b_{12}\sigma_1 + b_{22}\sigma_2}{a_{12}\sigma_1 + a_{22}\sigma_2}\frac{\partial v_y}{\partial y}\right) + (c_1\sigma_1 + c_2\sigma_2) = 0
\tag{7.1.9}
$$

设待求因变量 $v_x(x,y),v_y(x,y)$ 是连续函数,则有全导数

$$
\frac{\mathrm{d}v_x}{\mathrm{d}x} = \frac{\partial v_x}{\partial x} + \frac{\mathrm{d}y}{\mathrm{d}x}\frac{\partial v_x}{\partial y}, \frac{\mathrm{d}v_y}{\mathrm{d}x} = \frac{\partial v_y}{\partial x} + \frac{\mathrm{d}y}{\mathrm{d}x}\frac{\partial v_y}{\partial y}
$$

假定上述两个全导数是沿着斜率 $\lambda = \dfrac{\mathrm{d}y}{\mathrm{d}x}$ 的同一条平面曲线的,就可以得到特征线的斜率(也就是特征线方程)

$$\lambda = \frac{\mathrm{d}y}{\mathrm{d}x} = \frac{b_{11}\sigma_1 + b_{21}\sigma_2}{a_{11}\sigma_1 + a_{21}\sigma_2} = \frac{b_{12}\sigma_1 + b_{22}\sigma_2}{a_{12}\sigma_1 + a_{22}\sigma_2} \tag{7.1.10}$$

沿着由式(7.1.10)所给定的特征线,可将式(7.1.9)简化为常微分方程

$$(a_{11}\sigma_1 + a_{21}\sigma_2)\mathrm{d}v_x + (a_{12}\sigma_1 + a_{22}\sigma_2)\mathrm{d}v_y + (c_1\sigma_1 + c_2\sigma_2)\mathrm{d}x = 0 \tag{7.1.11}$$

式(7.1.11)确定了 v_x, v_y 沿特征线变化时所必须遵循的规律,就是原偏微分方程组式(7.1.7)的相容性方程,显然它成立于特征线方程式(7.1.10)上。此外,由于特征线的斜率属于确定的复数(即存在或实或虚的特征线),即式(7.1.10)中的分母不应为零。因而可将式(7.1.10)改写成

$$\begin{cases} \sigma_1(a_{11}\lambda - b_{11}) + \sigma_2(a_{21}\lambda - b_{21}) = 0 \\ \sigma_1(a_{12}\lambda - b_{12}) + \sigma_2(a_{22}\lambda - b_{22}) = 0 \end{cases} \tag{7.1.12}$$

由克莱姆法则可知

$$\sigma_1 = \frac{\begin{vmatrix} 0 & a_{21}\lambda - b_{21} \\ 0 & a_{22}\lambda - b_{22} \end{vmatrix}}{\begin{vmatrix} a_{11}\lambda - b_{11} & a_{21}\lambda - b_{21} \\ a_{12}\lambda - b_{12} & a_{22}\lambda - b_{22} \end{vmatrix}} = \frac{0}{\begin{vmatrix} a_{11}\lambda - b_{11} & a_{21}\lambda - b_{21} \\ a_{12}\lambda - b_{12} & a_{22}\lambda - b_{22} \end{vmatrix}}, \sigma_2 = \frac{\begin{vmatrix} a_{11}\lambda - b_{11} & 0 \\ a_{12}\lambda - b_{12} & 0 \end{vmatrix}}{\begin{vmatrix} a_{11}\lambda - b_{11} & a_{21}\lambda - b_{21} \\ a_{12}\lambda - b_{12} & a_{22}\lambda - b_{22} \end{vmatrix}}$$

为使关于求解 σ_1, σ_2 的齐次线性方程组式(7.1.12)存在非零解,则 σ_1, σ_2 的系数行列式必须为零,即

$$\begin{vmatrix} a_{11}\lambda - b_{11} & a_{21}\lambda - b_{21} \\ a_{12}\lambda - b_{12} & a_{22}\lambda - b_{22} \end{vmatrix} = 0 \tag{7.1.13a}$$

展开得

$$a\lambda^2 + b\lambda + c = 0 \tag{7.1.13b}$$

式中,$a = a_{11}a_{22} - a_{12}a_{21}$,$b = -a_{22}b_{11} - a_{11}b_{22} + a_{12}b_{21} + a_{21}b_{12}$,$c = b_{11}b_{22} - b_{12}b_{21}$。式(7.1.13b)由原偏微分方程组的各项系数及特征线斜率 λ 组成,也被称为偏微分方程组的特征行列式或特征方程,它的两个根 λ_1, λ_2,也就是两条特征线的斜率 $\lambda_{1,2} = \left(\dfrac{\mathrm{d}y}{\mathrm{d}x}\right)_{1,2}$,被称为特征方程的特征根。考虑到式(7.1.13)中的各个系数可以是 x, y, v_x, v_y 的函数,则求解式(7.1.13)得

$$\left(\frac{\mathrm{d}y}{\mathrm{d}x}\right)_{\pm} = \lambda_{\pm}(x, y, v_x, v_y) = \frac{-b \pm \sqrt{b^2 - 4ac}}{2a} \tag{7.1.14}$$

于是,特征线的存在取决于判别式 $b^2 - 4ac$。据此,可将偏微分方程组式(7.1.7)分为如下三种类型:

(1) $b^2 - 4ac < 0$,对于 λ 不存在实数解,即实的特征线不存在,则式(7.1.7)是椭圆型的。

(2) $b^2 - 4ac = 0$,通过每一点只有一条特征线,则式(7.1.7)是抛物型的。

(3) $b^2 - 4ac > 0$,通过每一点有两条特征线,则式(7.1.7)是双曲型的。

由于双曲型方程组可得到与原偏微分方程组的方程个数相等的两条实特征线,即

$$\left(\frac{\mathrm{d}y}{\mathrm{d}x}\right)_+ = \lambda_+(x,y,v_x,v_y),\left(\frac{\mathrm{d}y}{\mathrm{d}x}\right)_- = \lambda_-(x,y,v_x,v_y) \tag{7.1.15}$$

因此才可以利用特征线法求解。由式(7.1.12),取 σ_1,σ_2 的一组非零解为

$$\begin{cases} \sigma_1 = -\sigma_2 \dfrac{a_{21}\lambda_\pm - b_{21}}{a_{11}\lambda_\pm - b_{11}} \\ \sigma_2 = \sigma_2 \end{cases} \tag{7.1.16}$$

则式(7.1.11)可写为

$$(a_{11}b_{21} - a_{21}b_{11})(\mathrm{d}v_x)_\pm + [(a_{22}a_{11} - a_{12}a_{21})\lambda_\pm + (a_{12}b_{21} - a_{22}b_{11})](\mathrm{d}v_y)_\pm +$$
$$[(c_2a_{11} - c_1a_{21})\lambda_\pm + (c_1b_{21} - c_2b_{11})](\mathrm{d}x)_\pm = 0 \tag{7.1.17}$$

　　上式给出的两个常微分方程即为分别对应特征线 λ_+,λ_- 的相容性方程。可用式(7.1.15)和式(7.1.17)共四个方程替代原偏微分方程组式(7.1.7),从而用特征线法求解。

　　当已知 xOy 平面上某函数的初值曲线 $L_0(v_x,v_y)$ 时(非特征线),利用式(7.1.14)可得到通过曲线 L_0 上每一点的两条特征线:一条对应于 λ_+ ,记为 C_+ ;另一条对应于 λ_- ,记为 C_- 。曲线 L_0 上所有点的两条特征线形成一个网络,并覆盖了一定的区域。沿某点的特征线 C_+ 或 C_- ,式(7.1.17)给出了 $\mathrm{d}v_x,\mathrm{d}v_y$ 与 $\mathrm{d}x$(或 $\mathrm{d}y$)间关系。由于式中包括 v_x,v_y 两个因变量,因此单独沿一条特征线(或者说单个相容性方程)是不能得到 v_x,v_y 的。然而,曲线 L_0 上某点的特征线 C_+ 必定与相邻点的特征线 C_- 相交,沿这两条特征线的函数微分 $(\mathrm{d}v_x)_+,(\mathrm{d}v_y)_+,(\mathrm{d}v_x)_-,(\mathrm{d}v_y)_-$ 虽是沿不同的特征线变化的,但其终值(即交点处的值) v_x,v_y 却是同一个,因此联立经过交点的两条特征线上的相容性方程即可得到空间某点的 v_x,v_y 。

　　如图7.1.4所示,取初值曲线 L_0 上相邻较近的两点 A,B ,其特征线 C_-,C_+ 方向由式(7.1.15)确定,当 A,B 两点十分靠近(即交点也很接近 A,B)时,可假定特征曲线为直线段,且其斜率近似由初值曲线 L_0 上 A,B 两点处的几何坐标及气流参数确定,即

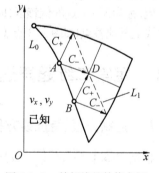

图 7.1.4　特征线的数值求解

$$\left(\frac{\mathrm{d}y}{\mathrm{d}x}\right)_- = [\lambda_-(x_0,y_0,v_{x0},v_{y0})]_A$$

$$\left(\frac{\mathrm{d}y}{\mathrm{d}x}\right)_+ = [\lambda_+(x_0,y_0,v_{x0},v_{y0})]_B$$

则交点 D 的几何坐标可由下述方程求得

$$\frac{y_D - y_{0A}}{x_D - x_{0A}} = \left(\frac{\mathrm{d}y}{\mathrm{d}x}\right)_-,\frac{y_D - y_{0B}}{x_D - x_{0B}} = \left(\frac{\mathrm{d}y}{\mathrm{d}x}\right)_+$$

　　令 $(\mathrm{d}x)_- = x_D - x_{0A},(\mathrm{d}x)_+ = x_D - x_{0B}$,可由式(7.1.17)得到交点 D 处的两个相容性方程,方程中的各个系数 a,b 及非齐次项 c 均可近似由曲线 L_0 上 A,B 两点处的几何坐标及气流参数确定,则待求量 v_{xD},v_{yD} 可联立求得。上述步骤可用于 L_0 上任意两点,即可得到一条新的初值曲线 L_1 。沿着 L_1 重复进行上述过程,又可得到第三条初值曲线 L_2 ,等等。把这样的过程持续进行下去,直至覆盖所要研究的整个区域,或者达到初值曲线 L_0 的全部影响范围为止。

　　对于一个两个方程的方程组,只有当该偏微分控制方程组是双曲型时,实特征线才存在,所要求的解可以用特征线法来求得。在许多实际问题中,控制方程组是有两个自变量的、数目任意的偏微分方程,当这样的方程组是双曲型时,所要求的解也可以用特征线法来求得。此外,待求的因变量 $v_x(x,y),v_y(x,y)$ 等必须是连续的,这个要求就限制了特征线法只能用于所有

待求因变量都是连续的区域,而不能用于不连续的区域,如激波等。当超声速流场中有激波(需是斜激波且波后仍为超声速流)时,必须将第4章中的激波前后关系式与特征线法结合起来。先解出激波前的流场,包括沿波面的波前流动参数的数值,然后利用激波关系式,求出沿激波面的波后流动参数的数值,再以沿激波面的波后参数作为初值线的数据,用特征线法求解激波后的流场。

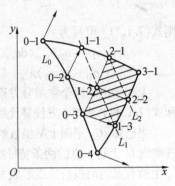

　　图7.1.5表示 xOy 平面上某点的影响区与依赖区的概念。由初值曲线 L_0 上任一点0-3沿气流方向可以引出两条特征线,它们之间的区域表示 xOy 平面上所有受0-3点的初始值影响的各点的集合,这两条特征线就是发自该点的扰动传播区域的边界,或者说0-3点的信息只能影响到图中的阴影区,因此该区域称0-3点的影响区。例如,0-3点影响区内2-2点处的待求参数是由沿1-2点、1-3点的两条特征线上的相容性方程得到的,而1-2点、1-3点处的气流参数又分别是沿0-2点、0-3点特征线上的相容性方程和沿0-3点、0-4点特征线上的相容性方程得到的,即0-3点的扰动将影响到其影响区内各点的参数。进一步还可以这样认为,

图7.1.5　影响域与依赖域

由0-3点与2-1点、0-3点与1-3点组成的两条曲线之间区域的任意一点处,若还有扰动源存在,则该扰动源所导致的气流参数的变化将通过对上述两条特征线的影响而被传递到下游。类似地,在 xOy 平面上从初值曲线 L_0 发出的、通过3-1点的最外面的两条特征线所围成的区域,称为3-1点的依赖区,即3-1点接收到的信息,将受到0-1点到0-4点之间的初值曲线上其他各点(如0-2点、0-3点)产生的扰动信息的影响。

7.2　定常二维超声速无旋流动的特征线法

7.2.1　控制方程、特征线方程及相容方程

　　根据式(6.1.4)、(6.1.7),对于平面和轴对称的超声速流动,其控制偏微分方程可分别写为

$$(v_x^2 - a^2)\frac{\partial v_x}{\partial x} + (v_y^2 - a^2)\frac{\partial v_y}{\partial y} + v_x v_y\left(\frac{\partial v_y}{\partial x} + \frac{\partial v_x}{\partial y}\right) = 0$$

和

$$(v_r^2 - a^2)\frac{\partial v_r}{\partial r} + (v_z^2 - a^2)\frac{\partial v_z}{\partial z} + v_r v_z\left(\frac{\partial v_z}{\partial r} + \frac{\partial v_r}{\partial z}\right) - a^2\frac{v_r}{r} = 0$$

　　若取轴对称流动的来流方向与 x 轴重合,即用 x 代表柱坐标中的 z,用 y 代表柱坐标 r,并考虑无旋流动假设,则得到偏微分方程组

$$\begin{cases} L_1 \equiv (v_x^2 - a^2)\dfrac{\partial v_x}{\partial x} + 2v_x v_y\dfrac{\partial v_x}{\partial y} + (v_y^2 - a^2)\dfrac{\partial v_y}{\partial y} - \delta\dfrac{a^2 v_y}{y} = 0 \\[2mm] L_2 \equiv \dfrac{\partial v_x}{\partial y} - \dfrac{\partial v_y}{\partial x} = 0 \end{cases} \tag{7.2.1}$$

其中,对于平面流动,$\delta = 0$;对于轴对称流动,$\delta = 1$。再由式(6.1.3b) 可知,声速可写成

$$a^2 = a_\infty^2 + \frac{k-1}{2}(V_\infty^2 - V^2) \tag{7.2.2a}$$

即

$$a = a(V) = a(v_x, v_y) \tag{7.2.2b}$$

该问题的控制方程是由两个一阶拟线性方程组成的方程组,因变量为 v_x, v_y。

引入待定系数 σ_1, σ_2 去乘式(7.2.1) 中的两个方程并相加,再提出 v_x, v_y 在 x 方向或 y 方向的偏导数的系数,整理后得到两个等价的方程式

$$\sigma_1(v_x^2 - a^2)\left[\frac{\partial v_x}{\partial x} + \frac{\sigma_1(2v_xv_y) + \sigma_2}{\sigma_1(v_x^2 - a^2)}\frac{\partial v_x}{\partial y}\right] +$$

$$(-\sigma_2)\left[\frac{\partial v_y}{\partial x} + \frac{\sigma_1(v_y^2 - a^2)}{(-\sigma_2)}\frac{\partial v_y}{\partial y}\right] - \sigma_1\delta\frac{a^2 v_y}{y} = 0 \tag{7.2.3a}$$

$$\left[\sigma_1(2v_xv_y) + \sigma_2\right]\left[\frac{\sigma_1(v_x^2 - a^2)}{\sigma_1(2v_xv_y) + \sigma_2}\frac{\partial v_x}{\partial x} + \frac{\partial v_x}{\partial y}\right] +$$

$$\left[\sigma_1(v_y^2 - a^2)\right]\left[\frac{-\sigma_2}{\sigma_1(v_y^2 - a^2)}\frac{\partial v_y}{\partial x} + \frac{\partial v_y}{\partial y}\right] - \sigma_1\delta\frac{a^2 v_y}{y} = 0 \tag{7.2.3b}$$

若令 $\lambda = \dfrac{\mathrm{d}y}{\mathrm{d}x}$(即特征线的斜率),可以看出,式(7.2.3a) 与(7.2.3b) 的区别仅在于分别构造了 v_x, v_y 在 x 方向或 y 方向的全导数,即

$$\begin{cases} \dfrac{\mathrm{d}v_x}{\mathrm{d}x} = \dfrac{\partial v_x}{\partial x} + \dfrac{\mathrm{d}y}{\mathrm{d}x}\dfrac{\partial v_x}{\partial y} = \dfrac{\partial v_x}{\partial x} + \lambda\dfrac{\partial v_x}{\partial y} = \dfrac{\partial v_x}{\partial x} + \dfrac{\sigma_1(2v_xv_y) + \sigma_2}{\sigma_1(v_x^2 - a^2)}\dfrac{\partial v_x}{\partial y} \\[3mm] \dfrac{\mathrm{d}v_y}{\mathrm{d}x} = \dfrac{\partial v_y}{\partial x} + \dfrac{\mathrm{d}y}{\mathrm{d}x}\dfrac{\partial v_y}{\partial y} = \dfrac{\partial v_y}{\partial x} + \lambda\dfrac{\partial v_y}{\partial y} = \dfrac{\partial v_y}{\partial x} + \dfrac{\sigma_1(v_y^2 - a^2)}{-\sigma_2}\dfrac{\partial v_y}{\partial y} \end{cases}$$

或

$$\begin{cases} \dfrac{\mathrm{d}v_x}{\mathrm{d}y} = \dfrac{\mathrm{d}x}{\mathrm{d}y}\dfrac{\partial v_x}{\partial x} + \dfrac{\partial v_x}{\partial y} = \dfrac{1}{\lambda}\dfrac{\partial v_x}{\partial x} + \dfrac{\partial v_x}{\partial y} = \dfrac{\sigma_1(v_x^2 - a^2)}{\sigma_1(2v_xv_y) + \sigma_2}\dfrac{\partial v_x}{\partial x} + \dfrac{\partial v_x}{\partial y} \\[3mm] \dfrac{\mathrm{d}v_y}{\mathrm{d}y} = \dfrac{\mathrm{d}x}{\mathrm{d}y}\dfrac{\partial v_y}{\partial x} + \dfrac{\partial v_y}{\partial y} = \dfrac{1}{\lambda}\dfrac{\partial v_y}{\partial x} + \dfrac{\partial v_y}{\partial y} = \dfrac{-\sigma_2}{\sigma_1(v_y^2 - a^2)}\dfrac{\partial v_y}{\partial x} + \dfrac{\partial v_y}{\partial y} \end{cases}$$

将上式分别代入式(7.2.3),得到等价的两个相容性方程

$$\sigma_1(v_x^2 - a^2)\mathrm{d}v_x - \sigma_2\mathrm{d}v_y - \sigma_1\delta\frac{a^2 v_y}{y}\mathrm{d}x = 0 \tag{7.2.4a}$$

$$\left[\sigma_1(2v_xv_y) + \sigma_2\right]\mathrm{d}v_x + \sigma_1(v_y^2 - a^2)\mathrm{d}v_y - \sigma_1\delta\frac{a^2 v_y}{y}\mathrm{d}y = 0 \tag{7.2.4b}$$

与式(7.2.4a) 对应的特征线方程可写为

$$\lambda = \frac{\sigma_1(2v_xv_y) + \sigma_2}{\sigma_1(v_x^2 - a^2)} = \frac{\sigma_1(v_y^2 - a^2)}{-\sigma_2} \tag{7.2.5a}$$

或

$$\begin{cases} \sigma_1[\lambda(v_x^2 - a^2) - 2v_xv_y] - \sigma_2 = 0 \\ \sigma_1(v_y^2 - a^2) + \sigma_2\lambda = 0 \end{cases} \tag{7.2.5b}$$

式(7.2.5) 有 σ_1, σ_2 的非零解的条件是

$$\begin{vmatrix} [\lambda(v_x^2 - a^2) - 2v_xv_y] & -1 \\ (v_y^2 - a^2) & \lambda \end{vmatrix} = 0 \tag{7.2.6a}$$

展开得

$$(v_x^2 - a^2)\lambda^2 - (2v_xv_y)\lambda + (v_y^2 - a^2) = 0 \tag{7.2.6b}$$

上式的解为

$$\lambda_\pm = \left(\frac{dy}{dx}\right)_\pm = \frac{v_xv_y \pm a^2\sqrt{Ma^2 - 1}}{v_x^2 - a^2} \tag{7.2.7a}$$

若取 $\left(\dfrac{1}{\lambda}\right)_\pm$ 为式(7.2.6) 的解,则有

$$\left(\frac{1}{\lambda}\right)_\pm = \left(\frac{dx}{dy}\right)_\pm = \frac{v_xv_y \mp a^2\sqrt{Ma^2 - 1}}{v_y^2 - a^2} \tag{7.2.7b}$$

上式还可以这样得到

$$\left(\frac{1}{\lambda}\right)_\pm = \frac{v_x^2 - a^2}{v_xv_y \pm a^2\sqrt{Ma^2 - 1}} = \frac{(v_x^2 - a^2)(v_xv_y \mp a^2\sqrt{Ma^2 - 1})}{(v_xv_y \mp a^2\sqrt{Ma^2 - 1})(v_xv_y \pm a^2\sqrt{Ma^2 - 1})} =$$

$$\frac{(v_x^2 - a^2)(v_xv_y \mp a^2\sqrt{Ma^2 - 1})}{(v_xv_y)^2 - a^2(v_x^2 + v_y^2) + a^4} = \frac{(v_x^2 - a^2)(v_xv_y \mp a^2\sqrt{Ma^2 - 1})}{(v_y^2 - a^2)(v_x^2 - a^2)} =$$

$$\frac{v_xv_y \mp a^2\sqrt{Ma^2 - 1}}{v_y^2 - a^2}$$

式(7.2.7) 确定了 xOy 平面中的两条特征线,式中下标 +、- 分别表示第 I 族、第 II 族特征线。该式表明,对于定常流动,只有在超声速($Ma > 1$) 情况下,才有两族实特征线。因此,特征线法在定常二维平面或轴对称的无旋流场中,只能用于超声速流场,而不能用于亚声速流场。

由式(7.2.5) 可得到系数 σ_1, σ_2 间的关系,即

$$\sigma_2 = \sigma_1[(v_x^2 - a^2)\lambda - 2v_xv_y] \quad \text{或} \quad \sigma_2 = -\sigma_1\frac{v_y^2 - a^2}{\lambda} \tag{7.2.8}$$

将其代入式(7.2.4a) 中,得到消去 σ_1, σ_2 的相容性方程的两个等价形式,即

$$(v_x^2 - a^2)(dv_x)_\pm + [2v_xv_y - (v_x^2 - a^2)\lambda_\pm](dv_y)_\pm - \left(\delta\frac{a^2v_y}{y}\right)(dx)_\pm = 0 \tag{7.2.9a}$$

$$(v_x^2 - a^2)(dv_x)_\pm + \frac{v_y^2 - a^2}{\lambda_\pm}(dv_y)_\pm - \left(\delta\frac{a^2v_y}{y}\right)(dx)_\pm = 0 \tag{7.2.9b}$$

若将 $\sigma_2 = -\dfrac{\sigma_1(v_y^2 - a^2)}{\lambda}$ 代入式(7.2.4b) 中,不难得到相容性方程的另一种形式

$$\left[(2v_xv_y) - (v_y^2 - a^2)\left(\frac{1}{\lambda}\right)_\pm\right](dv_x)_\pm + (v_y^2 - a^2)(dv_y)_\pm - \delta\frac{a^2v_x}{y}(dy)_\pm = 0 \quad (7.2.9c)$$

若将式(7.2.7a) 代入式(7.2.9a) 中,将式(7.2.7b) 代入式(7.2.9c) 中,还可得到相容性方程的其他形式

$$(dv_x)_\pm + \lambda_\mp(dv_y)_\pm - \delta\frac{a^2v_y}{y(v_x^2 - a^2)}(dx)_\pm = 0 \quad (7.2.10a)$$

$$\left(\frac{dv_y}{dv_x}\right)_\pm = \frac{v_xv_y \pm a^2\sqrt{Ma^2 - 1}}{a^2 - v_y^2} - \delta\frac{a^2v_y}{y(a^2 - v_y^2)}\left(\frac{dy}{dv_x}\right)_\pm \quad (7.2.10b)$$

上面得到的不同形式的相容性方程主要是为了便于后面的数值计算。

为了使用方便起见,再把特征线方程式(7.2.7) 和相容性方程式(7.2.10) 改写为较为简单的形式。如图7.2.1 所示,在流场的每个局部点处,马赫角 μ 可用来表示马赫数 Ma,气流速度与 x 轴的夹角 θ 和速度的模 V 可用来表示速度分量 v_x,v_y,即

$$\begin{cases} v_x = V\cos\theta, v_y = V\sin\theta, \theta = \arctan\dfrac{v_y}{v_x} \\[2mm] \sin\mu = \dfrac{1}{Ma}, \cot\mu = \sqrt{Ma^2 - 1}, a^2 = V^2\sin^2\mu \end{cases} \quad (7.2.11)$$

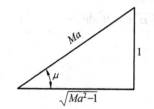 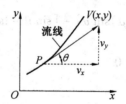 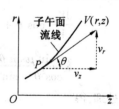

图7.2.1　马赫数 Ma 与马赫角 μ、速度 V 与角 θ 的关系

将式(7.2.11) 代入式(7.2.7),可有

$$\lambda_\pm = \left(\frac{dy}{dx}\right)_\pm = \frac{V^2\cos\theta\sin\theta \pm V^2\sin^2\mu\cot\mu}{V^2\cos^2\theta - V^2\sin^2\mu} = \frac{\cos\theta\sin\theta \pm \sin^2\mu\cot\mu}{\cos^2\theta - \sin^2\mu}$$

由于上式中的分子可写为

$$\cos\theta\sin\theta \pm \sin^2\mu\cot\mu = \cos\theta\sin\theta \pm \cos\mu\sin\mu =$$
$$\cos\theta\sin\theta(\cos^2\mu + \sin^2\mu) \pm \cos\mu\sin\mu(\sin^2\theta + \cos^2\theta) =$$
$$(\sin\theta\cos\mu \pm \cos\theta\sin\mu)(\cos\theta\cos\mu \pm \sin\theta\sin\mu) =$$
$$\begin{cases} \sin(\theta + \mu)\cos(\theta - \mu) \\ \sin(\theta - \mu)\cos(\theta + \mu) \end{cases}$$

而分母可写为

$$\cos^2\theta - \sin^2\mu = \cos(\theta + \mu)\cos(\theta - \mu)$$

联立得

$$\lambda_\pm = \left(\frac{dy}{dx}\right)_\pm = \tan(\theta \pm \mu) \quad (7.2.12)$$

式(7.2.12)的物理意义如图7.2.2所示,xOy平面中任意P点所做的两条特征线C_+,C_-,与速度V的夹角等于当地马赫角μ,即特征线与马赫包线处处重合,故在定常超声速无旋流动中,马赫包线就是数学中的特征线。通常约定,依照观察者沿流速方向看去,特征线C_+称为左行特征线,或第 I 族特征线;特征线C_-称为右行特征线,或第 II 族特征线。由一点沿气流方向引出的两条特征线就表示该点的微弱扰动传播区域的边界。

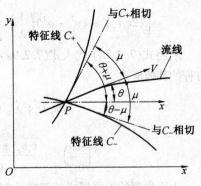

图7.2.2　特征线的物理意义

相容关系式(7.2.10)也可用V,θ表示,考虑到

$$\mathrm{d}v_x = \cos\theta\,\mathrm{d}V - V\sin\theta\,\mathrm{d}\theta, \mathrm{d}v_y = \sin\theta\,\mathrm{d}V + V\cos\theta\,\mathrm{d}\theta$$

将其代入式(7.2.10a)中,可有

$$(\cos\theta\,\mathrm{d}V_{\pm} - V\sin\theta\,\mathrm{d}\theta_{\pm}) + \tan(\theta \mp \mu)(\sin\theta\,\mathrm{d}V_{\pm} + V\cos\theta\,\mathrm{d}\theta_{\pm}) -$$

$$\delta\frac{(V^2\sin^2\mu)(V\sin\theta)}{V^2(\cos^2\theta - \sin^2\mu)}\frac{\mathrm{d}x_{\pm}}{y} = 0$$

简单变换后,得

$$\frac{\mathrm{d}V_{\pm}}{V}[\cos\theta + \tan(\theta \mp \mu)\sin\theta] - [\sin\theta - \tan(\theta \mp \mu)\cos\theta]\mathrm{d}\theta_{\pm} -$$

$$\delta\frac{\sin^2\mu\sin\theta}{\cos^2\theta - \sin^2\mu}\frac{\mathrm{d}x_{\pm}}{y} = 0$$

移项处理,得

$$\frac{\mathrm{d}V_{\pm}}{V} - \frac{\sin\theta - \tan(\theta \mp \mu)\cos\theta}{\cos\theta + \tan(\theta \mp \mu)\sin\theta}\mathrm{d}\theta_{\pm} -$$

$$\delta\frac{\sin^2\mu\sin\theta}{(\cos^2\theta - \sin^2\mu)[\cos\theta + \tan(\theta \mp \mu)\sin\theta]}\frac{\mathrm{d}x_{\pm}}{y} = 0$$

由于$\tan(\theta \mp \mu) = \dfrac{\cos\theta\sin\theta \mp \sin^2\mu\cot\mu}{\cos^2\theta - \sin^2\mu}$,则

$$(\cos^2\theta - \sin^2\mu)[\cos\theta + \tan(\theta \mp \mu)\sin\theta] =$$

$$(\cos^2\theta - \sin^2\mu)\left[\cos\theta + \frac{\cos\theta\sin\theta \mp \sin^2\mu\cot\mu}{\cos^2\theta - \sin^2\mu}\sin\theta\right] =$$

$$\cos\theta(\cos^2\theta - \sin^2\mu) + (\cos\theta\sin\theta \mp \sin\mu\cos\mu)\sin\theta =$$

$$\cos\theta\cos^2\mu \mp \sin\mu\cos\mu\sin\theta = \cos\mu(\cos\theta\cos\mu \mp \sin\mu\sin\theta) =$$

$$\cos\mu\cos(\theta \pm\mu)$$

再考虑到$\dfrac{\sin\theta - \tan(\theta \mp \mu)\cos\theta}{\cos\theta + \tan(\theta \mp \mu)\sin\theta} = \tan(\theta - \theta \pm\mu) = \pm\tan\mu$。将上述结果代入可得

$$\frac{\mathrm{d}V_{\pm}}{V} \mp \tan\mu\,\mathrm{d}\theta_{\pm} - \delta\frac{\sin^2\mu\sin\theta}{\cos\mu\cos(\theta \pm\mu)}\frac{\mathrm{d}x_{\pm}}{y} = 0 \qquad (7.2.13a)$$

类似地,式(7.2.10b)可写为

$$\frac{1}{V}\left(\frac{dV}{d\theta}\right)_{\pm} = \pm\tan\mu + \delta\frac{\sin\mu\tan\mu\sin\theta}{\sin(\theta\mp\mu)}\frac{1}{y}\left(\frac{dy}{d\theta}\right)_{\pm} \tag{7.2.13b}$$

对于平面无旋流动 $(\delta = 0)$，物理平面上的特征线方程仍为式 $(7.2.12)$，但相容性方程式 $(7.2.13)$ 可简化为

$$\pm d\theta = \frac{dV}{V}\frac{1}{\tan\mu} = \sqrt{Ma^2 - 1}\frac{dV}{V} \tag{7.2.14}$$

式 $(7.2.14)$ 即为超声速气流沿外凸或内折壁面流动的基本微分方程式 $(4.2.3)$。此外，对于平面无旋流，式 $(7.2.14)$ 所表达的相容关系在速度平面上具有确定的关系，而不随物理平面上具体流动情况而变化，因而式 $(7.2.14)$ 也被称为速度平面上的特征线方程。由 $V^2 = Ma^2 \cdot a^2$ 可有

$$\frac{dV}{V} = \frac{dMa}{Ma} + \frac{da}{a}$$

对于量热完全气体，由式 $(6.1.1c)$ 可知

$$c_p T_\infty^* = c_p T_\infty + \frac{V_\infty^2}{2} = c_p T + \frac{V^2}{2} \quad 或 \quad \frac{a_\infty^{*2}}{k-1} = \frac{a^2}{k-1} + \frac{V^2}{2}$$

移项得

$$a_\infty^{*2} = a^2\left(1 + \frac{k-1}{2}Ma^2\right)$$

由于 a_∞^* 不变，则对上式微分可得

$$\frac{da}{a} = -\frac{\dfrac{k-1}{2}Ma^2}{1 + \dfrac{k-1}{2}Ma^2}\frac{dMa}{Ma}$$

于是得

$$\frac{dV}{V} = \frac{1}{1 + \dfrac{k-1}{2}Ma^2}\frac{dMa}{Ma}$$

将上式代入式 $(7.2.14)$ 中，有

$$\pm d\theta = \frac{dV}{V}\frac{1}{\tan\mu} = \frac{\sqrt{Ma^2 - 1}}{1 + \dfrac{k-1}{2}Ma^2}\frac{dMa}{Ma} \tag{7.2.15}$$

积分即得相容关系的积分式，即

$$\pm\theta = \sqrt{\frac{k+1}{k-1}}\arctan\sqrt{\frac{k-1}{k+1}(Ma^2 - 1)} - \arctan\sqrt{Ma^2 - 1} + \text{const} \tag{7.2.16}$$

式 $(7.2.16)$ 即为 4.2 节中得到的普朗特 – 迈耶函数，即式 $(4.2.7)$。它在速度平面上可表示为一族外摆线，每条线对应一个常数。此外，对于平面无旋流动 $(\delta = 0)$，式 $(7.2.10b)$ 可简化写为

$$\left(\frac{dv_y}{dv_x}\right)_{\pm} = \frac{v_x v_y \pm a^2\sqrt{Ma^2 - 1}}{a^2 - v_y^2} \tag{7.2.17}$$

根据式 $(7.2.7b)$ 给出的 $\left(\dfrac{1}{\lambda}\right)_{\pm}$ 的表达式可以看出

$$\left(\frac{\mathrm{d}v_y}{\mathrm{d}v_x}\right)_{\mp} = -\left(\frac{1}{\lambda}\right)_{\pm}$$

因此$\left(\dfrac{\mathrm{d}y}{\mathrm{d}x}\right)_{\pm}\left(\dfrac{\mathrm{d}v_y}{\mathrm{d}v_x}\right)_{\mp} = \lambda_{\pm}\left(-\dfrac{1}{\lambda}\right)_{\pm} = -1$。该结果表明,物理平面上某族特征线的斜率与速度平面上对应的另一族特征线的斜率互为负的倒数,如图 7.2.3 所示,即物理特征线与另一族速度特征线相互正交。

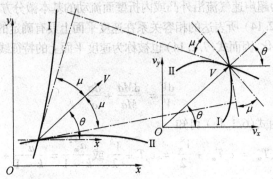

图 7.2.3　物理平面与速度平面的几何关系

7.2.2　特征线法数值计算的有限差分方程

式(7.2.12)定义了 xOy 平面中的一条 C_+ 特征线和一条 C_- 特征线(即两条马赫线),而相容性方程式(7.2.13a)或式(7.2.9a)提供了沿着每一条特征线都成立的、速度分量 v_x 和 v_y 之间的微分关系式。为了便于进行数值积分,如下写出特征线方程、相容关系及其差分形式方程,即

$$\lambda_{\pm} = \left(\frac{\mathrm{d}y}{\mathrm{d}x}\right)_{\pm} = \frac{v_x v_y \pm a^2\sqrt{Ma^2 - 1}}{v_x^2 - a^2} = \tan(\theta \pm \mu) \tag{7.2.18a}$$

$$\Delta y_{\pm} = \lambda_{\pm}\Delta x_{\pm} = \tan(\theta \pm \mu)\Delta x_{\pm} \tag{7.2.18b}$$

$$\frac{\mathrm{d}V_{\pm}}{V} \mp \tan\mu\,\mathrm{d}\theta_{\pm} - \delta\,\frac{\sin^2\mu\sin\theta}{\cos\mu\cos(\theta \pm \mu)}\frac{\mathrm{d}x_{\pm}}{y} = 0 \tag{7.2.19a}$$

$$\frac{\Delta V_{\pm}}{V} \mp \tan\mu\,\Delta\theta_{\pm} - \delta\,\frac{\sin^2\mu\sin\theta}{\cos\mu\cos(\theta \pm \mu)}\frac{\Delta x_{\pm}}{y} = 0 \tag{7.2.19b}$$

$$(v_x^2 - a^2)(\mathrm{d}v_x)_{\pm} + [2v_x v_y - (v_x^2 - a^2)\lambda_{\pm}](\mathrm{d}v_y)_{\pm} - \left(\delta\,\frac{a^2 v_y}{y}\right)(\mathrm{d}x)_{\pm} = 0 \tag{7.2.20a}$$

$$(v_x^2 - a^2)\Delta v_{x\pm} + [2v_x v_y - (v_x^2 - a^2)\lambda_{\pm}]\Delta v_{y\pm} - \left(\delta\,\frac{a^2 v_y}{y}\right)\Delta x_{\pm} = 0 \tag{7.2.20b}$$

式中,下标 +、- 分别对应特征线 C_+、C_-,$\theta_{\pm} = \arctan\dfrac{v_y}{v_x}$,$\mu = \arcsin\dfrac{1}{Ma}$。此外,式(7.2.19)与式(7.2.20)是等价的。

前面已经讨论了应用特征线法计算流场的一般步骤,但仅是针对流场内部单元点的,如果计算到某种边界,则需另行讨论。通常遇到的边界主要有以下四种:对称轴线点、固壁边界点、自由边界点和物面折转角点。由于边界点一般都只有一条特征线通过,若物面边界点是折转角点,则有无穷多条马赫波自该点发出,因此都需要补充一个条件才能确定。这个补充的条件对于对称轴线点而言是一条镜像特征线;对于固壁边界点而言是速度与固壁相切的条件;对于自由边界点而言是自由面为流线且其上各点压力、密度相同;而对于物面折转角点而言是P－M膨胀流条件。补充了相应的条件以后,这些边界点就完全可以确定。

7.2.3　不同单元的处理过程

下面将把流场各处的待求解点按内部点和不同类型边界点分解成若干单元,并阐明对每个单元的具体处理过程。有了这些单元的处理方法,要计算一个复杂的流场也就不难了。

1. 内部点

如图7.2.4所示,假设点1、点2不在一条特征线上,且位置坐标(x_1,y_1)和(x_2,y_2)以及其上的速度v_{x1},v_{y1}和v_{x2},v_{y2}均是已知的。自点1、点2分别做特征线C_-、C_+且交于点4,这里点4为待求点。从已知点到待求点的特征线一般都是曲线,但这里以直线代替,且在预估计算中以已知点处的λ_-、λ_+值代表。显然这是近似的,等到预估计算中得到待求点数值后,再用已知点与待求点的平均值去代替这条直线的斜率。

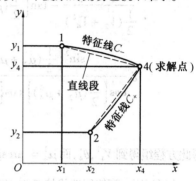

图7.2.4　内部点的求解

（1）预估步计算。将式(7.2.18)分别应用于C_-、C_+上,则有

$$\frac{y_4^0 - y_1}{x_4^0 - x_1} = \tan(\theta_1 - \mu_1) \tag{7.2.21a}$$

$$\frac{y_4^0 - y_2}{x_4^0 - x_2} = \tan(\theta_2 + \mu_2) \tag{7.2.21b}$$

解上述方程组,即可得到点4的预估计算坐标(x_4^0,y_4^0)。再由式(7.2.19)有

$$\frac{V_4^0 - V_1}{V_1} + \tan\mu_1(\theta_4^0 - \theta_1) - \delta\frac{\sin^2\mu_1\sin\theta_1}{\cos\mu_1\cos(\theta_1 - \mu_1)}\frac{x_4^0 - x_1}{y_1} = 0 \tag{7.2.22a}$$

$$\frac{V_4^0 - V_2}{V_2} - \tan\mu_2(\theta_4^0 - \theta_2) - \delta\frac{\sin^2\mu_2\sin\theta_2}{\cos\mu_2\cos(\theta_2 + \mu_2)}\frac{x_4^0 - x_2}{y_2} = 0 \tag{7.2.22b}$$

解上述方程组得到V_4^0、θ_4^0,而$\mu_4^0 = \arcsin\dfrac{1}{Ma_4^0} = \arcsin\dfrac{a}{V_4^0}$,由式(7.2.2)可知,$a = a(V_4^0)$。

（2）校正步计算。为了提高精度,对上面求得的预估值进行校正,将已知点参数与预估计算得到的待求点参数的平均值应用于上述公式中,即式(7.2.21)、(7.2.22)可写为

$$\frac{y_4^1 - y_1}{x_4^1 - x_1} = \tan\left\{\frac{1}{2}\left[(\theta_1 + \theta_4^0) - (\mu_1 + \mu_4^0)\right]\right\} \tag{7.2.23a}$$

$$\frac{y_4^1 - y_2}{x_4^1 - x_2} = \tan\left\{\frac{1}{2}\left[(\theta_2 + \theta_4^0) + (\mu_2 + \mu_4^0)\right]\right\} \tag{7.2.23b}$$

由式(7.2.23)得到点4的校正计算坐标(x_4^1,y_4^1)后,再进行下面计算

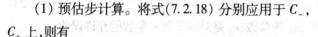

$$\frac{V_4^1 - V_1}{\frac{1}{2}(V_1 + V_4^0)} + \tan\left[\frac{1}{2}(\mu_1 + \mu_4^0)\right](\theta_4^1 - \theta_1) -$$

$$\delta\frac{\sin^2\left[\frac{1}{2}(\mu_1 + \mu_4^0)\right]\sin\left[\frac{1}{2}(\theta_1 + \theta_4^0)\right]}{\cos\left[\frac{1}{2}(\mu_1 + \mu_4^0)\right]\cos\left\{\frac{1}{2}\left[(\theta_1 + \theta_4^0) - (\mu_1 + \mu_4^0)\right]\right\}}\frac{x_4^1 - x_1}{\frac{1}{2}(y_1 + y_4^0)} = 0$$

$$(7.2.24a)$$

$$\frac{V_4^1 - V_2}{\frac{1}{2}(V_2 + V_4^0)} - \tan\left[\frac{1}{2}(\mu_2 + \mu_4^0)\right](\theta_4^1 - \theta_2) -$$

$$\delta\frac{\sin^2\left[\frac{1}{2}(\mu_2 + \mu_4^0)\right]\sin\left[\frac{1}{2}(\theta_2 + \theta_4^0)\right]}{\cos\left[\frac{1}{2}(\mu_2 + \mu_4^0)\right]\cos\left\{\frac{1}{2}\left[(\theta_2 + \theta_4^0) + (\mu_2 + \mu_4^0)\right]\right\}}\frac{x_4^1 - x_2}{\frac{1}{2}(y_2 + y_4^0)} = 0$$

$$(7.2.24b)$$

解此方程组得到 V_4^1, θ_4^1，而 $\mu_4^1 = \arcsin\dfrac{a(V_4^1)}{V_4^1}$。

如有必要，可使用迭代校正步，直至

$$|q_i^n - q_i^{(n-1)}| \leqslant \varepsilon_i \tag{7.2.25}$$

式中，q_i^n 代表第 n 次校正的 $x_4, y_4, V_4, \theta_4, \mu_4$ 等参数；ε_i 是对应于每一参数的允许误差。

对于轴对称内流，若点 2 在 x 轴上，式(7.2.22b) 中左端第三项因子 $\dfrac{\sin\theta_2}{y_2}$ 为不定式（轴线上 $y_2 = 0, \theta_2 = 0$）。在这种情况下，预估步中用 $\dfrac{\sin\theta_1}{y_1}$ 代替 $\dfrac{\sin\theta_2}{y_2}$，校正步则用 $\sin\left(\dfrac{\theta_4^0}{2}\right)\Big/\left(\dfrac{y_4^0}{2}\right)$ 代替 $\dfrac{\sin\theta_2}{y_2}$。

2. 对称轴点

若待解点在对称轴线上，已知点 1 在通过点 4 的一条特征线 C_- 上，则可以在对称轴线的另一侧确定点 1 的对称点 2，如图 7.2.5 所示，这样就与前面讨论的内部点处理过程相同了。但因为 $y_4 = 0, \theta_4 = 0$，所以计算公式更为简单。

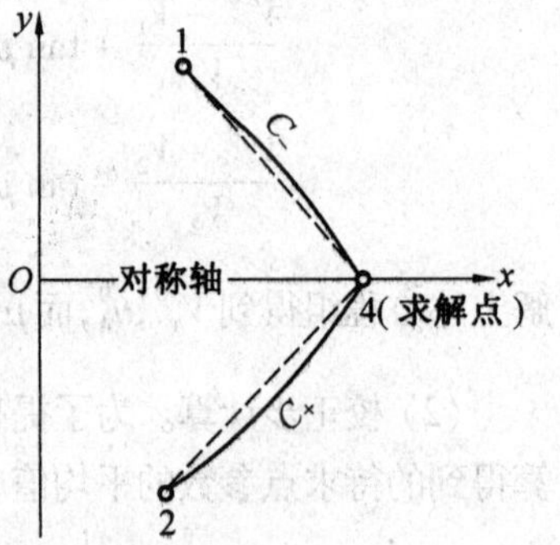

预估步计算，由式(7.2.21a) 和(7.2.22a) 得出

$$x_4^0 = x_1 - \frac{y_1}{\tan(\theta_1 - \mu_1)} \tag{7.2.26}$$

$$V_4^0 = V_1 + V_1\tan\mu_1\left[\theta_1 + \frac{\sin\mu_1\sin\theta_1}{\cos(\theta_1 - \mu_1)}\frac{x_4^0 - x_1}{y_1}\right]$$

$$(7.2.27)$$

图 7.2.5　对称轴线上点的求解

根据点 1 的已知值，求出 x_4^0 后，即可得到 V_4^0。校正步计算的方法如前所述。

3. 壁面点

壁面点的处理过程可分为顺处理和逆处理两种。

(1) 顺处理。如图 7.2.6(a) 所示,令点 2 为壁面附近已知的内部点,由点 2 顺流而下发出的一条特征线 C_+ 与壁面交于点 4。这时待解点 4 的位置与流动参数由两组条件决定:一是特征线 $\widehat{24}$ 的方程及相容关系;二是壁面型线方程以及气流速度与壁面相切的条件,即

$$y = y(x) \tag{7.2.28a}$$

$$\left(\frac{\mathrm{d}y}{\mathrm{d}x}\right)_{\mathrm{w}} = (\tan\theta)_{\mathrm{w}} = \left(\frac{v_y}{v_x}\right)_{\mathrm{w}} \tag{7.2.28b}$$

均已知。这样利用式(7.2.21b) 和式(7.2.28a) 便可计算点 4 的位置,再由式(7.2.22b) 和式(7.2.28b) 便可计算点 4 的流动参数。

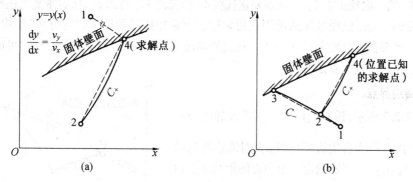

图 7.2.6 壁面点的求解

(2) 逆处理。如图 7.2.6(b) 所示,壁面上点 4 的位置 x_4, y_4 是预先给定的,由点 4 逆流而上引出的一条特征线 C_+ 与另一条特征线 C_- (由已知点 1 和点 3 连接) 交于点 2。点 4 的角度 θ_4 是已知的,即沿壁面切线方向。待求的是 V_4。

① 预估步计算。先假设 $V_4 = V_3$,于是有 $\mu_4 = \arcsin\left[\dfrac{a(V_4)}{V_4}\right]$。再解方程组

$$\frac{y_1 - y_2^0}{x_1 - x_2^0} = \tan(\theta_1 - \mu_1) \tag{7.2.29a}$$

$$\frac{y_4 - y_2^0}{x_4 - x_2^0} = \tan(\theta_4 + \mu_4) \tag{7.2.29b}$$

可求出点 2 的位置 (x_2^0, y_2^0),然后在点 1、点 3 之间用插值的方法求出流动参数 V_2^0, θ_2^0 及 $\mu_2^0 = \arcsin\left[\dfrac{a(V_2^0)}{V_2^0}\right]$。由于 θ_4 已知,则由沿特征线 $\widehat{24}$ 的相容关系式(7.2.22b),可得到 V_4^0,进而得到 μ_4^0。将这一步求出的 μ_4^0 作为预估值,再一次求解式(7.2.29) 则得到新的一组点 2 的位置 $(x_2^{0\prime}, y_2^{0\prime})$,而后再由已知点插值得到新的流动参数 $V_2^{0\prime}, \theta_2^{0\prime}, \mu_2^{0\prime}$。

② 校正步计算。将式(7.2.29) 改写为

$$\frac{y_1 - y_2^1}{x_1 - x_2^1} = \tan\left\{\frac{1}{2}\left[(\theta_1 + \theta_2^{0\prime}) - (\mu_1 + \mu_2^{0\prime})\right]\right\} \tag{7.2.30a}$$

$$\frac{y_4 - y_2^1}{x_4 - x_2^1} = \tan\left\{\frac{1}{2}\left[(\theta_2^{0\prime} + \theta_4) + (\mu_2^{0\prime} + \mu_4^{0})\right]\right\} \tag{7.2.30b}$$

解出点2的位置(x_2^1, y_2^1),在点1、点3之间用插值的方法求出流动参数V_2^1, θ_2^1及μ_2^1。然后再将式(7.2.24b)改写为

$$\frac{V_4^1 - V_2^1}{\frac{1}{2}(V_2^1 + V_4^0)} - \tan\left[\frac{1}{2}(\mu_2^1 + \mu_4^0)\right](\theta_4 - \theta_2^1) -$$

$$\delta \frac{\sin^2\left[\frac{1}{2}(\mu_2^1 + \mu_4^0)\right]\sin\left[\frac{1}{2}(\theta_2^1 + \theta_4)\right]}{\cos\left[\frac{1}{2}(\mu_2^1 + \mu_4^0)\right]\cos\left\{\frac{1}{2}\left[(\theta_2^1 + \theta_4) + (\mu_2^1 + \mu_4^0)\right]\right\}}\frac{x_4 - x_2^1}{\frac{1}{2}(y_2^1 + y_4)} = 0 \tag{7.2.31}$$

即可得到V_4的一次校正值V_4^1。若需要迭代校正,应先由V_4^1算出μ_4^1,然后重复上述校正步计算过程。壁面点的逆处理过程通常用在待解壁面点希望按某种要求进行分布(如均匀分布)的情况或流场参数变化剧烈的区域中。在这种情况下,若用壁面点的顺处理过程可能导致沿壁面待解点的间距过大或很不均匀。

4. 自由边界点

如图7.2.7所示,设有超声速气流排入静压为p_a的大气,图中$\overset{\frown}{AB}$线为自由边界(又称为射流边界),其上有$p_3 = p_4 = p_a$。现要确定自由边界的形状及自由边界点上的流动参数。由于自由边界线$\overset{\frown}{AB}$是流线,并且自由边界上各点的压强都相等,再考虑到流动是等熵的,于是自由边界上各点的密度、温度也都相等,进而推知,自由边界上各点声速相等,由于$a = a(V)$,则

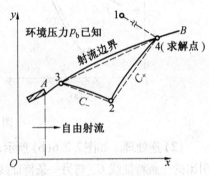

图7.2.7   自由边界点的求解

自由边界上各点的速度V也都相等,即$V_3 = V_4$。设自由边界点3和通过C_-特征线上的点2为已知点,由已知点2引特征线C_+交自由边界于点4,要确定点4的x_4, y_4, θ_4值。

(1)预估步计算。首先取自由边界上流线斜率为$\lambda_0 = \frac{v_{y3}}{v_{x3}}$,而特征线$\overset{\frown}{24}$的斜率取$\lambda_+ = \tan(\theta_2 + \mu_2)$,于是流线为

$$y_4^0 - y_3 = \lambda_0(x_4^0 - x_3) \tag{7.2.32a}$$

特征线$\overset{\frown}{24}$为

$$y_4^0 - y_2 = (x_4^0 - x_2)\tan(\theta_2 + \mu_2) \tag{7.2.32b}$$

由式(7.2.32)解出点4的位置(x_4^0, y_4^0)。考虑到V_4已知,利用特征线$\overset{\frown}{24}$上的相容关系式,即

$$\frac{V_4 - V_2}{V_2} - \tan\mu_2(\theta_4^0 - \theta_2) - \delta\frac{\sin^2\mu_2\sin\theta_2}{\cos\mu_2\cos(\theta_2 + \mu_2)}\frac{x_4^0 - x_2}{y_2} = 0 \tag{7.2.33}$$

可得到θ_4^0。

(2)校正步计算。将式(7.2.32b)中的斜率用平均值带入,便可求出点4位置的校正值(x_4^1, y_4^1),进而得到校正值θ_4^1。

5. 物面折转角点

如图7.2.8所示,设轴对称体的点 A 处有折转角,要由点 A 前的流动参数得到点 A 后的流动参数。令 Aa,Ab,Ac 表示自点 A 发出的第 I 族特征线(即 C_+),为了建立点 A 前后的参数关系,必须利用跨过第 I 族特征线的曲线上的参数关系,即特征线 C_- 上的相容关系。考察点 A 附近的任意一条特征线 C_-,如图 7.2.8 中 NN_1 所示。根据相容关系式(7.2.19)可知,当特征线 C_- 的线段 NN_1 随着向点 A 接近而趋于零时,有 $dx_- \to 0$,则可写出

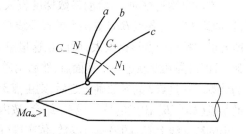

图 7.2.8　物面折转角点的求解

$$\frac{1}{\tan \mu} \frac{dV}{V} + d\theta = 0 \qquad (7.2.34)$$

式(7.2.34)即为点 A 前后参数关系式。该式的积分为式(7.2.16),这意味着在轴对称无旋流场中的物面折转处,可近似按 P – M 膨胀波关系处理。由于点 A 前后的角度 θ 已知,就可以利用式(7.2.16),由点 A 前的马赫数确定点 A 后的马赫数,则点 A 后的马赫角 μ、速度 V 也就随之而定。

7.2.4　已知几何形状的喷管内流动分析

图7.2.9 给出了一个已知几何形状的喷管,图中喉部上游型线收缩部分的曲率半径、下游型线扩张部分的曲率半径等已知。根据喉部区域流场的情况确定一条初值线 TO,其上各点的位置坐标及流动参数($Ma > 1$)也是已知的,初值线 TO 的几何参数及其上的流动参数可以根据基于跨声速流动小扰动速度势方程的Sauer方法得到,在此不作讨论。值得注意的是,尽量不要选取

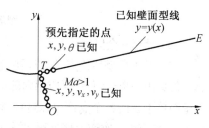

图 7.2.9　喷管型线示意图

声速线作为初值线,这是由于声速线附近的特征线方向几乎与流动方向垂直,将使特征网格十分密集。此外,当 $Ma \to 1$ 时,θ 角的微小误差都将引起马赫数或马赫角的较大误差。设气体的状态方程、气体常数、比热比及总参数等均已知,要求分析初值线 TO 右侧整个超声速流动区域内的流动参数。

（1）初值线 TO 所决定的区域内的流动。

由初值线 TO 上的两个已知点,如图7.2.10中的点1、点 O,按内部点的处理过程,很容易得到点 4 的位置和参数,而轴线上的点5的位置和参数可按对称轴上的点来处理。这个过程一直重复下去,直至由初值线 TO 决定的整个区域 TOD 全部完成为止,如图 7.2.11 所示。图中曲线 TD 是由点 T 发出的特征线 C_-,由初值线 TO 各点引出两条特征线构成了区域 TOD 的特征线网,该区域中的流动完全由初值数据决定。

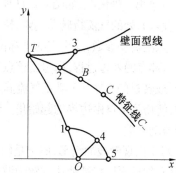

图 7.2.10　初值线附近各点的处理

(2) 计算由喉部附近扩张型线和特征线 TD 是所共同决定的区域内的流动。

在喉部附近壁面上,流动参数梯度较大,如果用顺流处理过程,由图7.2.11中特征线 C_-(即曲线 TD)上各点 B,C 等出发的特征线 C_+,与壁面相交的各个相邻点之间的距离,对于设计所要求的精度而言显得太大,所以在这里宜采用壁面点的逆处理过程。这段型线一般是圆弧,可以每隔几度预定一个壁面点,然后用逆处理方法求出该点的速度值 V,如图7.2.10中点3的计算。一旦点3的参数确定之后,则由点3将发出特征线 C_-,它与由曲线 TD 上距离点2较近的某点(如点 B)出发的特征线 C_+ 结合,按内部点的处理过程即可得到紧挨点3的、位于由点3发出的特征线上 C_- 的另一点参数,依次进行即可得到点3发出的完整的特征线 C_-,并一直延伸至对称轴线上。对喉部下游圆弧段型线上接下去的每一个预定壁面点重复进行这一过程,直至由曲线 TD 和喉部附近圆弧段型线 TT_c 共同决定的流动区域 $TDET_c$ 全部算完为止,如图7.2.11 所示。其中 T_c 为圆弧段型线的终点。

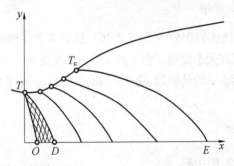
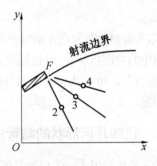

图 7.2.11   不同区域的计算

(3) 计算其余区域。

对于圆弧段型线终点 T_c 以后喷管壁面上的各点,可以利用壁面点的顺处理过程进行计算。每算出一个壁面点,再应用内部点的处理过程沿一条特征线 C_-,一直算到对称轴线上。对于壁面接下去的各个点都可以这样做,直至喷管中整个流场算完为止。对于喷管出口处的壁面点 F,再应用一次逆处理过程,并从该点一直算到对称轴线上。

喷管内部的流场被规定以后,就可以使用自由边界点单元处理过程把解扩展到排气射流(或称羽流)中去。这要分两种不同的情况进行分析:一种是出口气体的静压超过周围大气的背压 p_a,即出现膨胀过程;另一种是出口气体的静压低于周围大气背压 p_a,这要产生激波。

对于第一种情况,如图7.2.11所示,在点 F 邻近的流动,可按P-M膨胀波的关系处理。预先设置点 F 处的气流折转角间隔,按P-M膨胀波的关系得到点 F 邻近的一个(如点2、点3、点4 等)点的流动参数,这个点的坐标位置与点 F 相同,但流动参数是按膨胀波关系得到的,然后利用内部点的处理过程,沿着由该点发出的特征线 C_- 一直算到对称轴线上。当某个点的流动参数(或转过的膨胀角)满足气流静压(由等熵过程关系式计算)与周围大气背压 p_a 相等的条件时,就得到了自由边界的起始角。然后,就可以按自由边界点的处理过程确定其后的边界形状及流动参数。

对于出现激波的情形,假定是斜激波,可以用斜激波关系式确定沿激波面的波后流动参数的数值,然后再用特征线法求解激波后的流场,这里就不详细讨论了。

7.3　定常二维等熵有旋超声速流动的特征线法

对于前面所讨论的特征线法用于定常二维无旋超声速流动时的情况而言,整个流场的熵和滞止焓都是常数(即均能均熵流),本节将研究特征线法在定常二维有旋流动中的应用。在定常流动假设下,克罗克方程式(2.2.16)可写为

$$V \times \Omega = \nabla h^* - T \nabla s$$

该式表明,当流场中存在滞止焓、熵梯度时,流动将是有旋的。为简化问题起见,假设下列条件成立:① 整个流场中的滞止焓都为常数;② 熵沿着每一条流线均是常数,但在垂直于流线的方向上存在着熵梯度,称这种流动为定常二维等熵(沿流线)有旋超声速流动。此外,还有无黏(理想)气体、与外界无热及功交换、不计质量力等假定。

这类流动的一个典型例子是,在空气中以超声速运动的二维钝头物体前部所形成的曲线激波的下游流场,如图4.3.4(e)所示。由于激波是弯曲的,于是通过激波的每一条流线上的熵增不同而产生了熵的梯度。因此,激波上游的无旋超声速流场在激波下游就变为有旋的,整个流场中的滞止焓保持为常数,激波下游流场中的熵沿流线(即迹线)为常数,也就是说,对于每个流体微团有 $\dfrac{\mathrm{D}s}{\mathrm{D}t} = 0$。

7.3.1　控制方程、特征线方程及相容方程

定常等熵有旋流动的控制方程组如下。

连续方程:
$$\nabla \cdot (\rho V) = 0 \qquad (7.3.1a)$$

动量方程:
$$\rho(V \cdot \nabla)V = -\nabla p \qquad (7.3.1b)$$

声速方程:
$$\nabla p = a^2 \nabla \rho \text{ 或 } V \cdot \nabla p = a^2(V \cdot \nabla \rho) \qquad (7.3.1c)$$

对于二维流动,将式(7.3.1)在直角坐标系中展开,可有

$$\rho \frac{\partial v_x}{\partial x} + \rho \frac{\partial v_y}{\partial y} + v_x \frac{\partial \rho}{\partial x} + v_y \frac{\partial \rho}{\partial y} + \delta \frac{\rho V_y}{y} = 0 \qquad (7.3.2a)$$

$$\rho v_x \frac{\partial v_x}{\partial x} + \rho v_y \frac{\partial v_x}{\partial y} + \frac{\partial p}{\partial x} = 0 \qquad (7.3.2b)$$

$$\rho v_x \frac{\partial v_y}{\partial x} + \rho v_y \frac{\partial v_y}{\partial y} + \frac{\partial p}{\partial y} = 0 \qquad (7.3.2c)$$

$$v_x \frac{\partial p}{\partial x} + v_y \frac{\partial p}{\partial y} - a^2 v_x \frac{\partial \rho}{\partial x} - a^2 v_y \frac{\partial \rho}{\partial y} = 0 \qquad (7.3.2d)$$

其中,对于平面流动,$\delta = 0$;对于轴对称流动,$\delta = 1$。式(7.3.2)为具有两个自变量的一阶拟线性偏微分方程组,当该方程组是双曲型时,所需的解可以用特征线法来求得。

在7.1节中已经讨论了如何在有两个偏微分方程的情况下,推导特征线方程及相容性方程的方法,这种方法可以推广到由任意多个方程组成的方程组。引入待定系数 $\sigma_1 \sim \sigma_4$ 并对式(7.3.2)做线性相加,得

$$(\sigma_1\rho + \sigma_2\rho v_x)\left(\frac{\partial v_x}{\partial x} + \frac{\sigma_2\rho v_y}{\sigma_1\rho + \sigma_2\rho v_x} \frac{\partial v_x}{\partial y}\right) + (\sigma_3\rho v_x)\left(\frac{\partial v_y}{\partial x} + \frac{\sigma_1\rho + \sigma_3\rho v_y}{\sigma_3\rho v_x} \frac{\partial v_y}{\partial y}\right) +$$

$$(\sigma_2 + \sigma_4 v_x)\left(\frac{\partial p}{\partial x} + \frac{\sigma_3 + \sigma_4 v_y}{\sigma_2 + \sigma_4 v_x}\frac{\partial p}{\partial y}\right) + (\sigma_1 v_x - \sigma_4 a^2 v_x)\left(\frac{\partial \rho}{\partial x} + \frac{\sigma_1 v_y - \sigma_4 a^2 v_y}{\sigma_1 v_x - \sigma_4 a^2 v_x}\frac{\partial \rho}{\partial y}\right) + \delta\frac{\sigma_1 \rho v_y}{y} = 0$$

$$(7.3.3)$$

令 $\lambda = \dfrac{\mathrm{d}y}{\mathrm{d}x}$（即特征线的斜率），则有

$$\lambda = \frac{\sigma_2 v_y}{\sigma_1 + \sigma_2 v_x} = \frac{\sigma_1 + \sigma_3 v_y}{\sigma_3 v_x} = \frac{\sigma_3 + \sigma_4 v_y}{\sigma_2 + \sigma_4 v_x} = \frac{\sigma_1 v_y - \sigma_4 a^2 v_y}{\sigma_1 v_x - \sigma_4 a^2 v_x} \tag{7.3.4}$$

于是,式(7.3.3)的全微分形式为

$$\rho(\sigma_1 + \sigma_2 v_x)\mathrm{d}v_x + (\sigma_3 \rho v_x)\mathrm{d}v_y + (\sigma_2 + \sigma_4 v_x)\mathrm{d}p + v_x(\sigma_1 - \sigma_4 a^2)\mathrm{d}\rho + \delta\frac{\sigma_1 \rho v_y}{y}\mathrm{d}x = 0$$

$$(7.3.5)$$

方程式(7.3.5)沿 $\lambda = \dfrac{\mathrm{d}y}{\mathrm{d}x}$ 的特征线上成立。将式(7.3.4)写成以 σ 为待定值的四个线性方程式,即

$$\begin{cases} \sigma_1 \lambda + \sigma_2(\lambda v_x - v_y) = 0 \\ -\sigma_1 + \sigma_3(\lambda v_x - v_y) = 0 \\ \sigma_2 \lambda - \sigma_3 + \sigma_4(\lambda v_x - v_y) = 0 \\ \sigma_1(\lambda v_x - v_y) - \sigma_4 a^2(\lambda v_x - v_y) = 0 \end{cases} \tag{7.3.6}$$

式(7.3.6)有非零解的条件是

$$\begin{vmatrix} \lambda & (\lambda v_x - v_y) & 0 & 0 \\ -1 & 0 & (\lambda v_x - v_y) & 0 \\ 0 & \lambda & -1 & (\lambda v_x - v_y) \\ (\lambda v_x - v_y) & 0 & 0 & -a^2(\lambda v_x - v_y) \end{vmatrix} = 0$$

展开行列式,得

$$(\lambda v_x - v_y)^2\left[(\lambda v_x - v_y)^2 - a^2(1 + \lambda^2)\right] = 0 \tag{7.3.7}$$

这是一个四阶代数方程,应有四个根。令式中第一个因式为零,得到两个重根,即特征线 C_0 为

$$\frac{\mathrm{d}y}{\mathrm{d}x} = \lambda_0 = \frac{v_y}{v_x} \tag{7.3.8}$$

显然,这是流线微分方程。在二维有旋流中,流线是一条重特征线,通常称为流特征线。在二维有旋流的特征线法中,流线是一条重要的特征线,在流场单元处理过程中,流特征线 C_0 及其上的相容关系起到重要作用。流线之所以也是特征线,可以这样理解:超声速流场中流线上的某个点的物理量,除了受到它的邻域内其他点上的物理量沿特征线传过来的扰动,当然也受到沿着该流线的、位于它上游的另一点的物理量的影响。前面已经讲过,特征线是其上因变量的法向导数可从间断也可以不间断的线。在流线上,气流速度、压力、密度等因变量的法向导数不等于零且是连续变化的,或者说间断值为零。而无旋流中的流特征线之所以没有被显示出来或计算得到,是由于在无旋流中,气流参数沿流线的法线方向(也就是马赫波方向)是不

变的,即法向导数为零,这就意味着沿流线的法线方向不存在扰动传播这种物理现象,它在计算中自然就不会被得到。此外,对于气体的熵或涡量的扰动(即对熵或涡量引起的微小变化)是与气体微团一起移动的,并不是以声速传播的。因此,流线是熵或涡量扰动的特征线,其法线方向将出现熵或涡量的梯度,有时也称流线为第 Ⅲ 族特征线。二维有旋流中的流特征线的解具有深刻的物理意义:它表明:超声速有旋流场中某点的物理量,除了受到其邻域内其他点处的物理参数扰动量沿波特征线传过来的影响外,还要受到经过该点的流线上游的其他点的物理参数量扰动量的影响。

令式(7.3.7) 中的第二个因式为零,即

$$(\lambda v_x - v_y)^2 - a^2(1 + \lambda^2) = 0 \quad \text{或} (v_x^2 - a^2)\lambda^2 - (2v_x v_y)\lambda + (v_y^2 - a^2) = 0 \quad (7.3.9)$$

因此,式(7.3.9) 的解与针对无旋流动所得到的解完全相同,也可由式(7.2.7a) 给出。因此,同样可以得出结论:只有对超声速流动才有两条实特征线,并且特征线 $C_\pm$ 方程为

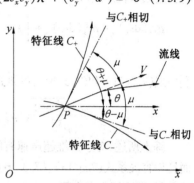

$$\lambda_\pm = \left(\frac{\mathrm{d}y}{\mathrm{d}x}\right)_\pm = \tan(\theta \pm \mu) \quad (7.3.10)$$

所以,在二维有旋流动中,有且只有三族特征线,它们是流线和两族马赫波包线,如图 7.3.1 所示。

图 7.3.1　有旋流动特征线的物理意义

下面来推导沿特征线的相容性方程。

(1) 沿流线 C_0(或流特征线)。将式(7.3.8) 代入式(7.3.6),可得到方程的简化形式

$$\sigma_1 \lambda = 0, \ -\sigma_1 = 0, \lambda \sigma_2 - \sigma_3 = 0, 0 = 0$$

解此方程组得

$$\sigma_1 = 0, \sigma_3 = \lambda \sigma_2, \sigma_2, \sigma_4 \ \text{为任意值} \quad (7.3.11)$$

将式(7.3.11) 代入式(7.3.5),有

$$\sigma_2(\rho v_x \mathrm{d}v_x + \rho v_y \mathrm{d}v_y + \mathrm{d}p) + \sigma_4(v_x \mathrm{d}p - a^2 v_x \mathrm{d}\rho) = 0 \quad (7.3.12)$$

由于 σ_2, σ_4 可取任意值,则式(7.3.12) 中括号内的项必须同时为零,即

$$\rho v_x \mathrm{d}v_x + \rho v_y \mathrm{d}v_y + \mathrm{d}p = 0 \ \text{和} \ \mathrm{d}p - a^2 \mathrm{d}\rho = 0$$

考虑到 $V \mathrm{d}V = \frac{1}{2}\mathrm{d}V^2 = \frac{1}{2}\mathrm{d}(v_x^2 + v_y^2) = v_x \mathrm{d}v_x + v_y \mathrm{d}v_y$,于是得

沿流线的伯努利方程为　　　　　$\rho V \mathrm{d}V + \mathrm{d}p = 0$　　　　　(7.3.13a)

沿流线的声速方程为　　　　　$\mathrm{d}p - a^2 \mathrm{d}\rho = 0$　　　　　(7.3.13b)

这样,有旋流中沿流特征线就有两个相容性方程:其一是伯努利方程,即有旋流动中伯努利方程仍是成立的,只不过对于不同的流线,其积分常数不同;其二是声速方程,即沿流线等熵条件下,存在声速方程。

(2) 沿波特征线 $C_\pm$(也就是马赫波或马赫线)。令 $B = \lambda v_x - v_y$,则式(7.3.9) 可写成

$$\frac{1 + \lambda^2}{B} = \frac{B}{a^2}$$

将其代入式(7.3.6),可得到方程的简化形式

$$\sigma_1\lambda = -\sigma_2 B, \sigma_1 = \sigma_3 B, \sigma_4 B = \sigma_3 - \lambda\sigma_2, \sigma_4 a^2 B = \sigma_1 B$$

容易证明,由于 $\sigma_4 a^2 B = \sigma_1 B$,可得

$$\sigma_4 B = \sigma_1 \frac{B}{a^2} = \sigma_1 \frac{1+\lambda^2}{B} = \frac{\sigma_1}{B} + \frac{\sigma_1\lambda^2}{B} = \sigma_3 - \lambda\sigma_2$$

即方程简化形式中的第三、四个分式是等价的。因此,只能将 $\sigma_1 \sim \sigma_4$ 的任意三个通过其余一个(如 σ_2)表示出来,即

$$\sigma_1 = -\frac{B}{\lambda}\sigma_2, \sigma_3 = \frac{1}{B}\sigma_1 = -\frac{1}{\lambda}\sigma_2, \sigma_4 = \frac{1}{a^2}\sigma_1 = -\frac{B}{a^2\lambda}\sigma_2 \qquad (7.3.14)$$

将上述结果代入式(7.3.5),得

$$\rho v_y(\mathrm{d}v_x)_\pm - \rho v_x(\mathrm{d}v_y)_\pm + \left[\lambda_\pm - \frac{v_x(\lambda_\pm v_x - v_y)}{a^2}\right](\mathrm{d}p)_\pm - \delta\frac{\rho v_y}{y}(\lambda_\pm v_x - v_y)(\mathrm{d}x)_\pm = 0$$

$$(7.3.15)$$

利用式(7.2.11)和(7.3.10),可将式(7.3.15)用 V,θ,μ,Ma 表示为

$$\frac{\sqrt{Ma^2-1}}{\rho V^2}(\mathrm{d}p)_\pm \pm (\mathrm{d}\theta)_\pm + \delta\frac{\sin\theta}{Ma\cos(\theta\pm\mu)}\frac{(\mathrm{d}x)_\pm}{y} = 0 \qquad (7.3.16)$$

综上所述,对于二维超声速有旋流动,可以得到三族特征线和沿特征线的四个相容关系,而且相容关系式(7.3.13)、(7.3.16)都是常微分方程,在特征线上将这四个常微分方程写成差分方程,即可解出四个因变量 V,θ,p,ρ。

7.3.2 特征线法数值计算的有限差分方程

因为在有旋流中有三个不同的特征线族,所以在利用特征线网格计算流场时,每个网格点必须被选为三条特征线的交点,这样才能用四个相容关系来求解网格点上的四个因变量。因此,有旋流中的数值计算要比无旋流中的复杂一些。

从某个已知其参数的初值线开始,沿特征线向前推进计算可分为正步进法和逆步进法两种。

正步进法是从两个已知点出发,向下游方向引两条特征线微段交于一个待解点。确定待解点的位置有三种可供选择的方案:①由特征线 C_+,C_- 的交点确定待解点的位置,由待解点引出一条返回流线 C_0;②由特征线 C_- 和流线 C_0 的交点确定待解点的位置,由待解点引出一条返回特征线 C_+;③由特征线 C_+ 和流线 C_0 的交点确定待解点的位置,由待解点引出一条返回特征线 C_-,如图7.3.2所示。对于每一种方法都要由内插法确定返回点的位置和流动参数。

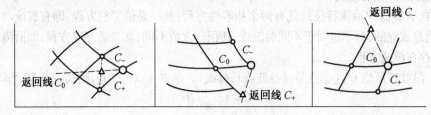

图 7.3.2 有旋流动的正步进法

逆步进法如图 7.3.3 所示,待解点的位置是人为预定的,由待解点逆向引出三条返回线

C_-, C_0 和 C_+, 与已解线相交于三个返回点, 这三个返回点的流动参数均用内插法确定, 然后再用相容关系确定待解点的流动参数。

为了进行数值计算, 将特征线方程式(7.3.8)、(7.3.10)及相容性方程式(7.3.13)、(7.3.16)中的微分用差分代替, 写出如下差分方程。

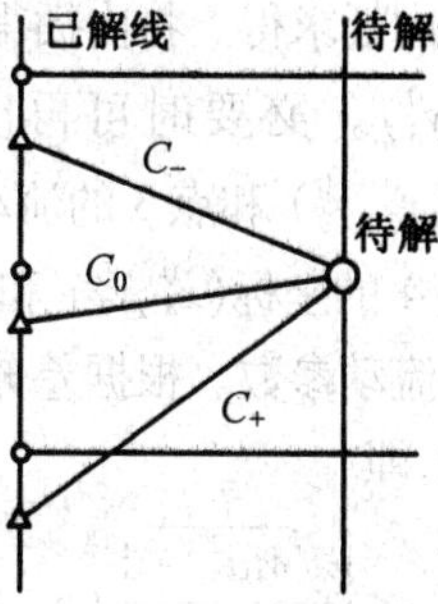

流(特征)线 C_0 为

$$\Delta y_0 = \lambda_0 \Delta x_0 \qquad (7.3.17)$$

沿流线 C_0 为

$$\Delta p_0 = a^2 \Delta \rho_0 \qquad (7.3.18)$$

沿流线 C_0 为

$$\rho V \Delta V_0 + \Delta p_0 = 0 \qquad (7.3.19)$$

波特征线 $C_\pm$ 为

$$\Delta y_\pm = \lambda_\pm \Delta x_\pm = \tan(\theta \pm \mu) \Delta x_\pm \qquad (7.3.20)$$

沿特征线 $C_\pm$ 为

$$\frac{\sqrt{Ma^2 - 1}}{\rho V^2} \Delta p_\pm \pm \Delta \theta_\pm + \delta \frac{\sin \theta}{Ma \cos(\theta \pm \mu)} \frac{\Delta x_\pm}{y} = 0 \qquad (7.3.21)$$

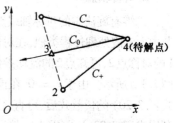

图 7.3.3　有旋流动的逆步进法

7.3.3　不同单元的处理过程

本小节将用正步进法给出流场内部点和各类边界点的单元处理过程, 在用差分方程式(7.3.17) ~ (7.3.21)进行数值计算时, 仍采用预估 – 校正计算方法。即在预估步中, 有限差分方程中各项系数可利用已知点数值。而在校正步中, 方程中的系数则利用三条特征线上两点的平均值。

1. 内部点

如图 7.3.4 所示, 设由已知点 1 和点 2 分别引波特征线 C_-, C_+ 交于待解点4, 由点4做一条返回流线与点12联线交于点3。

(1) 预估步计算。根据差分方程式(7.3.20)、(7.3.17), 可对 14, 24, 34 和 32 这四条线段写出四个代数方程, 即

图 7.3.4　内部点的处理过程

$$y_4^0 - y_1 = \lambda_- (x_4^0 - x_1) = \tan(\theta_1 - \mu_1)(x_4^0 - x_1) \qquad (7.3.22a)$$

$$y_4^0 - y_2 = \lambda_+ (x_4^0 - x_2) = \tan(\theta_2 + \mu_2)(x_4^0 - x_2) \qquad (7.3.22b)$$

$$y_4^0 - y_3^0 = \lambda_0(x_4^0 - x_3^0) = \tan \theta_3(x_4^0 - x_3^0) \approx \tan\left(\frac{\theta_1 + \theta_2}{2}\right)(x_4^0 - x_3^0) \qquad (7.3.22c)$$

$$y_3^0 - y_2 = \lambda_{12}(x_3^0 - x_2) = \frac{y_1 - y_2}{x_1 - x_2}(x_3^0 - x_2) \qquad (7.3.22d)$$

联立求解上述方程, 可得到 $(x_4^0, y_4^0), (x_3^0, y_3^0)$, 而点 3 的流动参数 $V_3, \theta_3, p_3, \rho_3$ 可由点1、点2

进行线性内插求得。将内插得到的 θ_3 代入上式中含有 λ_0 的表达式中,重新求解方程,得到改善的 (x_3^0, y_3^0)。必要时可再次线性内插求得点 3 的改善的流动参数,直至得到满意的 (x_4^0, y_4^0),(x_3^0, y_3^0) 和点 3 的流动参数为止,即满足式(7.2.25)。

当点 4 的坐标 (x_4^0, y_4^0) 和点 3 的流动参数确定之后,就可以利用沿特征线的相容关系来求解点 4 的流动参数。根据差分方程式(7.3.21)、(7.3.18)及(7.3.19)分别写出沿波特征线、流线的方程,即

$$\begin{cases} \dfrac{\sqrt{Ma_2^2 - 1}}{\rho_2 V_2^2}(p_4 - p_2) + (\theta_4 - \theta_2) + \delta \dfrac{\sin \theta_2}{Ma_2 \cos(\theta_2 + \mu_2)} \dfrac{x_4 - x_2}{y_2} = 0 \\[4mm] \dfrac{\sqrt{Ma_1^2 - 1}}{\rho_1 V_1^2}(p_4 - p_1) - (\theta_4 - \theta_1) + \delta \dfrac{\sin \theta_1}{Ma_1 \cos(\theta_1 - \mu_1)} \dfrac{x_4 - x_1}{y_1} = 0 \end{cases} \tag{7.3.23a}$$

$$\begin{cases} p_4 - p_3 = a_3^2(\rho_4 - \rho_3) \\[2mm] \rho_3 V_3(V_4 - V_3) + (p_4 - p_3) = 0 \end{cases} \tag{7.3.23b}$$

联立求解上述方程,可先求得 θ_4,p_4,再求得 V_4,ρ_4。其中 $a_3 = a_3(p_3, \rho_3)$。

(2) 校正步计算。令

$$\lambda_- = \tan\left\{ \frac{1}{2}[(\theta_1 + \theta_4) - (\mu_1 + \mu_4)] \right\}$$

$$\lambda_+ = \tan\left\{ \frac{1}{2}[(\theta_2 + \theta_4) + (\mu_2 + \mu_4)] \right\}$$

$$\lambda_0 = \tan\left(\frac{\theta_3 + \theta_2}{2} \right)$$

代入式(7.3.22),得到 (x_4^1, y_4^1),(x_3^1, y_3^1)。类似地,将式(7.3.23)中差分因子之外的系数也用平均值代替,可得到 V_4,θ_4,p_4,ρ_4 的校正值。

2. 对称轴点

二维有旋流中的对称轴线点单元的处理过程与7.2节中无旋流处理过程类似,在对称轴线的另一侧确定点 1 的对称点2,可知点2的流动参数就是点1处的数值,如图7.3.5所示。由于 $y_4 = 0$,在预估步中,对线段14写出式(7.3.20)的代数式后,可直接解出 x_4,又由于 $\theta_4 = 0$,利用式(7.3.23a)可得到 p_4,然后通过式(7.3.23b)计算 V_4,ρ_4。在校正步中,系数用平均值。

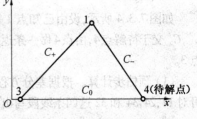

图 7.3.5　对称轴点的处理过程

3. 壁面点

顺处理过程与无旋流处理过程类似。在已知壁面型线方程以及气流速度与壁面相切的条件下,由式(7.3.20)得到待解点坐标,由式(7.3.21)得到待解点的压力。显然,若想求得 V_4,ρ_4 的数值,还需已知壁面上另一点的流动参数,这两点间的关系符合流线方程。逆处理的过程也与无旋流处理过程类似。

4. 自由边界点

有旋流自由边界点与无旋流自由边界点的单元处理过程基本相同,仍用式(7.2.32)确定待解点的位置(x_4, y_4)。由于自由边界是一条流线,且其上的压力、密度、速度都是常数,所求得因变量也只有一个θ_4,利用沿C_+的相容关系式(7.3.23)计算。

5. 激波点

对于超声速运动的物体前部所形成的曲线激波,随离开物体表面越远,激波强度越弱,由于通过激波的每一条流线上的熵增不同,产生了垂直于流线方向的熵梯度,故为非均熵的有旋流动。

对于这种单元的处理过程如图7.3.6所示。设来流参数给定,沿激波波面的波后点1和内部点2的参数已知,要确定另一沿波面的波后点4的位置及流动参数,这里点4是由已知点2发出的特征线C_+与激波波面的交点。

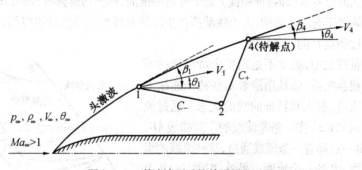

图7.3.6　激波波面后的单元处理过程

为了利用14及24两条直线方程确定点4的位置,需要知道激波线段14的斜率λ_s,即知道点4处的激波角β_4。先在$0.99 \leqslant \dfrac{\beta_4}{\beta_1} \leqslant 1$范围内取某一$\beta_4$值,则有

$$\lambda_s = \tan\left(\frac{\beta_4 + \beta_1}{2}\right)$$

于是得到两个直线方程,即

$$\begin{cases} y_4 - y_1 = \lambda_s(x_4 - x_1) = \tan\left(\dfrac{\beta_4 + \beta_1}{2}\right)(x_4 - x_1) \\ y_4 - y_2 = \tan(\theta_2 + \mu_2)(x_4 - x_2) \end{cases} \tag{7.3.24}$$

联立求解得到点4的位置(x_4, y_4)。同时,利用给定的来流参数V_∞,θ_∞,p_∞,ρ_∞和假定的激波角β_4,由斜激波关系式(4.3.10)、(4.3.12)、(4.3.8b)、(4.3.8a)等可以确定点4的流动参数V_4,θ_4,p_4,ρ_4等。这样求得的点4参数应使用沿特征线C_+的相容关系式(7.3.23a)进行校核,且系数取点2、点4的平均值。校核的方法有多种,比如校核压力p_4,即把由激波关系确定的θ_4代入式(7.3.23a)中,重新计算p_4,把由激波关系得到的压力记作p_{4s},由相容关系得到的压力记作p_{4c},然后由激波关系

$$\frac{p_{4s}}{p_\infty} = 1 + \frac{2k}{k+1}(Ma_\infty^2 \sin^2\beta_4 - 1)$$

得到一个新的β_4值,重复上述过程,直至$\Delta p = |p_{4s} - p_{4c}|$小于允许误差。又如,还可以比较速

度的方向角 θ_4，即把由激波关系确定的 p_4 代入式(7.3.23a)中，重新计算 θ_{4c}，然后将 θ_{4c} 与由激波关系得到的 θ_{4s} 作比较。由图4.3.10可知 $\theta \sim \beta$ 是单调变化关系，所以若有 $\theta_{4s} < \theta_{4c}$，则表示原先假定的 β_4 偏小，反之亦然。于是再重新假定一个新的 β_4 值，重复前面的计算过程，直至 $\Delta\theta = \mid \theta_{4s} - \theta_{4c} \mid$ 小于允许误差为止。

7.4　无黏、定常三维等熵超声速流动的特征线法

对于三维问题，在定常超声速均匀流动中，一点引起的扰动将沿正圆锥面传播，扰动所影响的区域是以该点为顶点的前马赫锥(约定：顺流方向的称为前马赫锥，逆流方向的称为后马赫锥)。在非均匀流动中，一点引起的扰动传播路线为曲面，扰动的传播速度，也就是马赫波在气体中沿垂直波面方向(即特征线法线方向)的传播速度随当地的声速而异，其结果就是扰动区与未受扰动区的分界面(即特征曲面)是个弯曲的锥面，称为马赫劈锥，如图7.4.1所示。它是沿流线以流体微团速度运动的，由小扰动所产生的所有球形扰动波的包络面，而这些球心的连线就是通过扰动点 P 的一条流线。

在三维特征线法中，通常不是用整个特征曲面或马赫劈锥上的相容关系，而是用沿着某些特征曲线上的相容关系。为此，引入双特征曲线的概念。通过流场中某扰动点 $p(x,y,z)$ 作一条非流线的空间曲线 AB，曲线 AB 上的每一点都有一条流线通过，这些流线的组合就是通过曲线 AB 的一个流面。另外，把曲线 AB 上的每一点作为一个扰动点就会形成以该点为顶点的马赫劈锥。这些劈锥的包络面是通过曲线 AB 的两个曲面，称之为波面。这两个波面与以点 P 为顶点的马赫

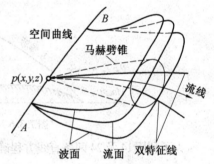

图7.4.1　定常三维超声速流动中的流面、波面、马赫劈锥及双特征线

劈锥相切的曲线就称为双特征曲线。显然，每选定一条过点 P 的非流线空间曲线，就可确定一对双特征线，因此，在马赫劈锥上就存在无数多对双特征线。而且，沿这些空间特征线上的相容关系不再是常微分方程，而是偏微分方程。

注意到，由于特征线法和特征分析都是基于求出在二维自变量空间上函数组的特征线，而当问题的自变量空间升为 (x,y,z) 三维时，已经没有精确、成熟的特征分析法可用。因此，上述的双特征曲线法实际上相当于一种降维处理方法，即只考虑特征曲面或马赫劈锥与某选定波面相切的两条特征线。当研究的问题为非定常的三维流动时，则自变量空间升为 (t,x,y,z) 四维。此时，一种方法是将自变量空间 (t,x,y,z) 分解为三个子空间，即 (t,x)，(t,y)，(t,z)，以进行近似的特征分析。另外，还可以将空间点列 $\mathbf{r} = x\mathbf{i} + y\mathbf{j} + z\mathbf{k}$ 看作是一个一维的矢自变量空间，并进而与时间 t 构成一个超曲面形式的二维自变量空间 $[\mathbf{r},t(\mathbf{r})]$，从而用基于二维自变量空间的特征分析方法进行精确的特征分析。但是，问题的解即特征线不再是处于二维笛卡尔空间上的曲线族，而是处于超曲面上的曲线族，而且由于超曲面是原四维空间中的弯曲的二维空间，其上的两个自变量就不再是完全互相无关的，而是一般按 $t = t(\mathbf{r})$ 相关的，相应的微分或积分运算应按关系式 $[\mathbf{r},t(\mathbf{r})]$ 进行，也称为曲面或流形上的微积分。

7.4.1　特征曲面及一般相容性方程

参见式(7.3.1),将定常、三维、无黏等熵流动的控制方程组在直角坐标系中展开,其形式为

$$\rho \frac{\partial v_x}{\partial x} + \rho \frac{\partial v_y}{\partial y} + \rho \frac{\partial v_z}{\partial z} + v_x \frac{\partial \rho}{\partial x} + v_y \frac{\partial \rho}{\partial y} + v_z \frac{\partial \rho}{\partial z} = 0 \tag{7.4.1a}$$

$$\rho v_x \frac{\partial v_x}{\partial x} + \rho v_y \frac{\partial v_x}{\partial y} + \rho v_z \frac{\partial v_x}{\partial z} + \frac{\partial p}{\partial x} = 0 \tag{7.4.1b}$$

$$\rho v_x \frac{\partial v_y}{\partial x} + \rho v_y \frac{\partial v_y}{\partial y} + \rho v_z \frac{\partial v_y}{\partial z} + \frac{\partial p}{\partial y} = 0 \tag{7.4.1c}$$

$$\rho v_x \frac{\partial v_z}{\partial x} + \rho v_y \frac{\partial v_z}{\partial y} + \rho v_z \frac{\partial v_z}{\partial z} + \frac{\partial p}{\partial z} = 0 \tag{7.4.1d}$$

$$v_x \frac{\partial p}{\partial x} + v_y \frac{\partial p}{\partial y} + v_z \frac{\partial p}{\partial z} - a^2 v_x \frac{\partial \rho}{\partial x} - a^2 v_y \frac{\partial \rho}{\partial y} - a^2 v_z \frac{\partial \rho}{\partial z} = 0 \tag{7.4.1e}$$

式中,声速是 p,ρ 的函数,即 $a = a(p,\rho)$。显然,上述方程组是具有三个自变量,关于 v_x,v_y,v_z,p,ρ 的一阶齐次拟线性偏微分方程组。引入待定系数 $\sigma_1 \sim \sigma_5$ 并对式(7.4.1)做线性相加,得

$$\sigma_1 \left(\rho v_x \frac{\partial v_x}{\partial x} + \rho v_y \frac{\partial v_x}{\partial y} + \rho v_z \frac{\partial v_x}{\partial z} + \frac{\partial p}{\partial x} \right) + \sigma_2 \left(\rho v_x \frac{\partial v_y}{\partial x} + \rho v_y \frac{\partial v_y}{\partial y} + \rho v_z \frac{\partial v_y}{\partial z} + \frac{\partial p}{\partial y} \right) +$$

$$\sigma_3 \left(\rho v_x \frac{\partial v_z}{\partial x} + \rho v_y \frac{\partial v_z}{\partial y} + \rho v_z \frac{\partial v_z}{\partial z} + \frac{\partial p}{\partial z} \right) + \sigma_4 \left(\rho \frac{\partial v_x}{\partial x} + \rho \frac{\partial v_y}{\partial y} + \rho \frac{\partial v_z}{\partial z} + v_x \frac{\partial \rho}{\partial x} + v_y \frac{\partial \rho}{\partial y} + v_z \frac{\partial \rho}{\partial z} \right) +$$

$$\sigma_5 \left(v_x \frac{\partial p}{\partial x} + v_y \frac{\partial p}{\partial y} + v_z \frac{\partial p}{\partial z} - a^2 v_x \frac{\partial \rho}{\partial x} - a^2 v_y \frac{\partial \rho}{\partial y} - a^2 v_z \frac{\partial \rho}{\partial z} \right) = 0$$

若进一步将其改写为如下形式

$$\left[\rho (\sigma_4 + \sigma_1 v_x) \frac{\partial v_x}{\partial x} + \sigma_1 \rho v_y \frac{\partial v_x}{\partial y} + \sigma_1 \rho v_z \frac{\partial v_x}{\partial z} \right] +$$

$$\left[\sigma_2 \rho v_x \frac{\partial v_y}{\partial x} + \rho (\sigma_4 + \sigma_2 v_y) \frac{\partial v_y}{\partial y} + \sigma_2 \rho v_z \frac{\partial v_y}{\partial z} \right] +$$

$$\left[\sigma_3 \rho v_x \frac{\partial v_y}{\partial x} + \sigma_3 \rho v_y \frac{\partial v_y}{\partial y} + \rho (\sigma_4 + \sigma_3 v_z) \frac{\partial v_y}{\partial z} \right] +$$

$$\left[(\sigma_1 + \sigma_5 v_x) \frac{\partial p}{\partial x} + (\sigma_2 + \sigma_5 v_y) \frac{\partial p}{\partial y} + (\sigma_3 + \sigma_5 v_y) \frac{\partial p}{\partial z} \right] +$$

$$\left[v_x (\sigma_4 - \sigma_5 a^2) \frac{\partial \rho}{\partial x} + v_y (\sigma_4 - \sigma_5 a^2) \frac{\partial \rho}{\partial y} + v_z (\sigma_4 - \sigma_5 a^2) \frac{\partial \rho}{\partial z} \right] = 0$$

令

$$\begin{cases} \boldsymbol{W}_1 = \rho (\sigma_1 v_x + \sigma_4) \boldsymbol{i} + \rho \sigma_1 v_y \boldsymbol{j} + \rho \sigma_1 v_z \boldsymbol{k} = \rho \sigma_1 \boldsymbol{V} + \rho \sigma_4 \boldsymbol{i} \\ \boldsymbol{W}_2 = \rho \sigma_2 v_x \boldsymbol{i} + \rho (\sigma_2 v_y + \sigma_4) \boldsymbol{j} + \rho \sigma_2 v_z \boldsymbol{k} = \rho \sigma_2 \boldsymbol{V} + \rho \sigma_4 \boldsymbol{j} \\ \boldsymbol{W}_3 = \rho \sigma_3 v_x \boldsymbol{i} + \rho \sigma_3 v_y \boldsymbol{j} + \rho (\sigma_3 v_z + \sigma_4) \boldsymbol{k} = \rho \sigma_3 \boldsymbol{V} + \rho \sigma_4 \boldsymbol{k} \\ \boldsymbol{W}_4 = (\sigma_1 + \sigma_5 v_x) \boldsymbol{i} + (\sigma_2 + \sigma_5 v_y) \boldsymbol{j} + (\sigma_3 + \sigma_5 v_y) \boldsymbol{k} = \sigma_5 \boldsymbol{V} + \sigma_1 \boldsymbol{i} + \sigma_2 \boldsymbol{j} + \sigma_3 \boldsymbol{k} \\ \boldsymbol{W}_5 = v_x (\sigma_4 - \sigma_5 a^2) \boldsymbol{i} + v_y (\sigma_4 - \sigma_5 a^2) \boldsymbol{j} + v_z (\sigma_4 - \sigma_5 a^2) \boldsymbol{k} = (\sigma_4 - \sigma_5 a^2) \boldsymbol{V} \end{cases}$$

$$\tag{7.4.2}$$

则可得

$$W_1 \cdot \nabla v_x + W_2 \cdot \nabla v_y + W_3 \cdot \nabla v_z + W_4 \cdot \nabla p + W_5 \cdot \nabla \rho = 0$$

或

$$d_{W_1} v_x + d_{W_2} v_y + d_{W_3} v_z + d_{W_4} p + d_{W_5} \rho = 0 \tag{7.4.3}$$

式中,$d_{W_1} v_x$ 表示 v_x 在矢量 W_1 方向上的导数(或投影),其他各项含义的定义与之类同。因此,式(7.4.3)就是三维超声速无黏等熵定常流动的相容性方程。从形式上看它已经是一个"常微分"方程了,但实际上仍是偏微分方程。如果能够选择合适的系数 $\sigma_1 \sim \sigma_5$,使得矢量 $W_1 \sim W_5$ 都位于同一个曲面上,那么包含矢量 $W_1 \sim W_5$ 的曲面就可被称为特征曲面。若定义矢量 $N = N_x i + N_y j + N_z k$ 为该特征曲面的法线(称特征法线),则必有下式成立

$$N \cdot (W_1 + W_2 + W_3 + W_4 + W_5) = 0$$

引入式(7.4.2)将上式展开,得

$$N \cdot (W_1 + W_2 + W_3 + W_4 + W_5) =$$
$$(\sigma_1 \rho V \cdot N + \sigma_4 \rho N_x) + (\sigma_2 \rho V \cdot N + \sigma_4 \rho N_y) + (\sigma_3 \rho V \cdot N + \sigma_4 \rho N_z) +$$
$$(\sigma_1 N_x + \sigma_2 N_y + \sigma_3 N_z + \sigma_5 V \cdot N) + (\sigma_4 V \cdot N - \sigma_5 a^2 V \cdot N) =$$

$$\begin{bmatrix} \rho V \cdot N & 0 & 0 & \rho N_x & 0 \\ 0 & \rho V \cdot N & 0 & \rho N_y & 0 \\ 0 & 0 & \rho V \cdot N & \rho N_z & 0 \\ N_x & N_y & N_z & 0 & V \cdot N \\ 0 & 0 & 0 & V \cdot N & -a^2 V \cdot N \end{bmatrix} \begin{bmatrix} \sigma_1 \\ \sigma_2 \\ \sigma_3 \\ \sigma_4 \\ \sigma_5 \end{bmatrix} = 0 \tag{7.4.4}$$

由于 $\sigma_1 \sim \sigma_5$ 不能同时为零,即式(7.4.4)有非零解,则式中的系数行列式须为零,得

$$(V \cdot N)^3 [(V \cdot N)^2 - a^2 |N|^2] = 0 \tag{7.4.5}$$

其中 $|N|^2 = N_x^2 + N_y^2 + N_z^2$。式(7.4.5)即为特征曲面所满足的方程。

7.4.2　流特征面及沿流面的相容关系

令式(7.4.5)中的第一个因子为零,则有

$$V \cdot N = 0 \tag{7.4.6}$$

将其代入式(7.4.4)中,得

$$\begin{bmatrix} 0 & 0 & 0 & \rho N_x & 0 \\ 0 & 0 & 0 & \rho N_y & 0 \\ 0 & 0 & 0 & \rho N_z & 0 \\ N_x & N_y & N_z & 0 & 0 \\ 0 & 0 & 0 & 0 & 0 \end{bmatrix} \begin{bmatrix} \sigma_1 \\ \sigma_2 \\ \sigma_3 \\ \sigma_4 \\ \sigma_5 \end{bmatrix} = 0 \tag{7.4.7}$$

容易证明式(7.4.7)中的系数矩阵的秩为 2,即其非零子式的最高阶数为 2。因此由式(7.4.7)所定义的特征面(即流特征面)上,$\sigma_i (i = 1 \sim 5)$ 中仅有三个独立的解。显然,当 $\sigma_4 = 0, \sigma_5$ 为任意值时,$\sigma_1 \sim \sigma_3$ 需满足

$$N_x \sigma_1 + N_y \sigma_2 + N_z \sigma_2 = 0 \tag{7.4.8}$$

满足上式的三个可能的解为

$$\sigma_1 = v_x, \sigma_2 = v_y, \sigma_3 = v_z, \sigma_4 = 0, \sigma_5 = 0 \tag{7.4.9a}$$

$$\sigma_1 = 0, \sigma_2 = 0, \sigma_3 = 0, \sigma_4 = 0, \sigma_5 \text{ 为任意值} \tag{7.4.9b}$$

$$\sigma_1 = S_1, \sigma_2 = S_2, \sigma_3 = S_3, \sigma_4 = 0, \sigma_5 = 0 \tag{7.4.9c}$$

式中,$S = S_1 i + S_2 j + S_3 k$ 为特征曲面(即流面)上与速度矢量不平行的任意一个矢量。将式
(7.4.9) 代入式(7.4.3) 中,便得到在流面上成立的三个相容方程,即

$$\rho(v_x V \cdot \nabla v_x + v_y V \cdot \nabla v_y + v_z V \cdot \nabla v_z) + V \cdot \nabla p =$$

$$\rho(V \cdot v_x \nabla v_x + V \cdot v_y \nabla v_y + V \cdot v_z \nabla v_z) + V \cdot \nabla p =$$

$$\rho V \cdot (v_x i + v_y j + v_z k) \cdot \nabla V + V \cdot \nabla p =$$

$$\rho V \cdot (V \cdot \nabla V) + V \cdot \nabla p = 0 \tag{7.4.10a}$$

$$V \cdot \nabla p - a^2 V \cdot \nabla \rho = 0 \tag{7.4.10b}$$

$$\rho S \cdot (V \cdot \nabla V) + S \cdot \nabla p = 0 \tag{7.4.10c}$$

式中,$\nabla V = (\nabla v_x) i + (\nabla v_y) j + (\nabla v_z) k$。由于在三维空间内沿任意一个面仅有两个独立的微分
方向,因此可以在式(7.4.10a) ～ (7.4.10c) 中选用沿流面的两个独立方向的偏导数予以表
达。此外,式(7.4.10a)、(7.4.10b) 还可以用沿流线的全导数来表示。令 $f(x, y, z)$ 为任意函
数,有

$$df = (\nabla f) \cdot dr = (\nabla f) \cdot (dx i + dy j + dz k) = (\nabla f) \cdot V dt$$

或

$$\frac{df}{dt} = V \cdot (\nabla f) = v_x \frac{\partial f}{\partial x} + v_y \frac{\partial f}{\partial y} + v_z \frac{\partial f}{\partial z}$$

式中,dr 为沿流线的微矢量段。需要指出的是,这里的 df/dt 表示函数 f 沿流线方向的导数或变
化量,记作

$$\frac{\partial f}{\partial c} \equiv \frac{df}{dt} = V \cdot (\nabla f) \tag{7.4.11}$$

利用式(7.4.11),则式(7.4.10a)、(7.4.10b) 改写为

$$\rho V \cdot \frac{\partial V}{\partial c} + \frac{\partial p}{\partial c} = 0 \tag{7.4.12a}$$

$$\frac{\partial p}{\partial c} - a^2 \frac{\partial \rho}{\partial c} = 0 \tag{7.4.12b}$$

显然,式(7.4.10c) 不能写成沿流线的全导数形式,因为 S 是流面上不平行于速度矢量 V
的一个矢量。

7.4.3　波特征面及沿双特征线的相容关系

令式(7.4.5) 中的第二个因子为零,则有

$$(V \cdot N)^2 - a^2 |N|^2 = 0 \tag{7.4.13}$$

也可以写成

$$V \cdot N = \pm a |N| \quad \text{或} \quad V \cdot \frac{N}{|N|} = V \cdot n = \pm a$$

式中,$n = \dfrac{N}{|N|} = n_x i + n_y j + n_z k$,是马赫劈锥在双特征线上的法线方向的单位矢量。上式表
明:垂直于特征面的流体速度分量的大小等于当地声速,因此这时的特征曲面即为波特征面。
根据前面的分析可知,一点引起的扰动在非均匀流动中所产生的所有球形波的包络面就是马

赫劈锥。此外还可以证明(这里不给出具体推导过程),马赫锥的方程为

$$[v_x^2 - (V^2 - a^2)](dx)^2 + [v_y^2 - (V^2 - a^2)](dy)^2 + [v_z^2 - (V^2 - a^2)](dz)^2 +$$
$$2v_x v_y (dx)(dy) + 2v_x v_z (dx)(dz) + 2v_y v_z (dy)(dz) = 0 \tag{7.4.14}$$

将式(7.4.13)代入式(7.4.4)中,得

$$\begin{bmatrix} \rho a & 0 & 0 & \rho n_x & 0 \\ 0 & \rho a & 0 & \rho n_y & 0 \\ 0 & 0 & \rho a & \rho n_z & 0 \\ n_x & n_y & n_z & 0 & a \\ 0 & 0 & 0 & -a^2 \end{bmatrix} \begin{bmatrix} \sigma_1 \\ \sigma_2 \\ \sigma_3 \\ \sigma_4 \\ \sigma_5 \end{bmatrix} = 0 \tag{7.4.15}$$

式(7.4.15)中的系数矩阵的秩为4,因此$\sigma_i (i = 1 \sim 5)$中仅有1个独立的解。令$\sigma_5 = 1$,则有

$$\sigma_1 = an_x, \sigma_2 = an_y, \sigma_3 = an_z, \sigma_4 = -a^2, \sigma_5 = 1 \tag{7.4.16}$$

再将其代入相容关系式(7.4.3a)中,便得到波特征面上的相容方程,即

$$\rho an \cdot (V \cdot \nabla V) + an \cdot \nabla p - V \cdot \nabla p - \rho a^2 \nabla \cdot V = 0 \tag{7.4.17}$$

同样,在波特征面上式(7.4.17)可以用两个独立方向的偏导数来表达。令$f(x, y, z)$为任意函数,如图7.4.2所示,选定双特征线方向作为考察流体微团移动的方向,于是

$$df = (\nabla f) \cdot d\vec{S} = (\nabla f) \cdot (V - an)dt$$

因此,有

$$\frac{df}{dt} = (V - an) \cdot (\nabla f) \tag{7.4.18}$$

为了区别沿流线方向的导数$\partial f / \partial c$,将沿双特征线方向的导数记作

$$\frac{\partial f}{\partial c^*} \equiv \frac{df}{dt} = (V - an) \cdot (\nabla f) \tag{7.4.19}$$

利用式(7.4.19),则式(7.4.17)改写为

$$\rho an \cdot [(V - an) \cdot \nabla V] - (V - an) \nabla p + \rho a^2 [n \cdot (n \cdot \nabla)V - \nabla \cdot V] =$$
$$\rho an \cdot \frac{\partial V}{\partial c^*} - \frac{\partial p}{\partial c^*} + \rho a^2 \left[n_x^2 \frac{\partial v_x}{\partial x} + n_y^2 \frac{\partial v_y}{\partial y} + n_z^2 \frac{\partial v_z}{\partial z} + n_x n_y \left(\frac{\partial v_x}{\partial y} + \frac{\partial v_y}{\partial x} \right) + \right.$$
$$\left. n_x n_z \left(\frac{\partial v_x}{\partial z} + \frac{\partial v_z}{\partial x} \right) + n_y n_z \left(\frac{\partial v_y}{\partial z} + \frac{\partial v_z}{\partial y} \right) - \left(\frac{\partial v_x}{\partial x} + \frac{\partial v_y}{\partial y} + \frac{\partial v_z}{\partial z} \right) \right] \tag{7.4.20}$$

式(7.4.20)即为沿双特征线的相容性方程。由于在定常超声速流场的任一点上有无穷多个特征曲面,而独立的相容性方程又不能超过气动基本方程组中方程的个数(即五个)。因此就有必要确定相容性方程可能组和中的那些独立的关系式。有关文献给出了定常、三维、无黏等熵超声速流动时独立相容性方程的一种给法:①沿流线给独立相容性方程,即式(7.4.12a)和(7.4.12b);②取任意的三个波特征面,相应地得到三条双特征线或特征法线n,沿每一个波特征面只给出一个独立的相容性方程即式(7.4.20),这样三个波特征面便提供了三个独立的相容性方程。因此,五个因变量和五个独立的方程构成了封闭的问题。此外,沿流线的特征线方程当然为

$$\frac{dx}{dt} = v_x, \frac{dy}{dt} = v_y, \frac{dz}{dt} = v_z \tag{7.4.21}$$

而式(7.4.14) 是马赫劈锥的方程。

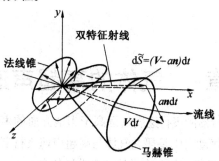

图 7.4.2　沿双特征线方向上的 $\mathrm{d}\tilde{S}$

第 8 章   气体的高超声速流动

高超声速流动是指飞行器的飞行速度远远高于当地介质的声速,而且出现一系列新特征的流动现象。高超声速空气动力学是研究气体与高超声速飞行器相对运动时产生的力、热和其他物理现象的科学,它是近代空气动力学的一个学科分支。

高超声速空气动力学的兴起是与火箭、导弹、卫星、载人飞船、航天飞机等的发展密切相关的,其研究重点是航天飞行器再入大气层时的气动力和气动热问题。例如,洲际弹道式导弹的弹头、载人飞船的回地舱、航天飞机的轨道器等航天器从太空的轨道上以极高速度(马赫数可达 30 以上)进入大气层后,在距地面 120 ~ 90 km 范围,开始进入稀薄空气的低密度区;距地面 90 km 以下,进入连续介质的大气层。此时,再入飞行器由于受到周围稠密空气的阻滞作用而急剧减速,其迎风面被高温、高压气体所包围,空气的物理、化学特性随之变化,使得飞行器的空气动力特性与一般超声速时的情况明显不同,气动加热、化学反应非平衡、热力学非平衡等问题变得尤为严重。本章将主要讨论高超声速范围内的基础流动问题,包括高超声速流的基本特征、高超声速流动中的激波关系及流动分析方法、高超声速流动中的气动力及气动热等问题。

8.1   高超声速流动的基本特征

高超声速(Hypersonic)这一术语是我国著名科学家钱学森于 1946 年提出的,通常用自由来流马赫数 $Ma_\infty \geq 5$ 作为高超声速流动的一种标志。显然,尽管这种定义简单且直观,有助于初步建立高超声速空气动力学的概念,但并不严格,因为超声速、高超声速流动的区别并不像亚声速、超声速流动那样明显。例如,亚、超声速流动以 $Ma_\infty = 1$ 为界限,$Ma_\infty < 1$ 时的流动与 $Ma_\infty > 1$ 时的流动之间有本质的区别,而对于 $Ma_\infty = 4.9$ 与 $Ma_\infty = 5.1$ 时的流动,很难说二者有什么明显的不同。因此,对高超声速流动作如下定义:在某种高速流动范围内,某些在超声速流动时并不显著的物理化学现象,如分子振动自由度激发、比热比 k 不再等于 1.4 等,由于马赫数的增大而变得重要了。若想理解上述定义,首先必须了解高超声速流动条件下会出现哪些独特的、不同于一般超声速流动的特征。这些特征可以归纳为由于马赫数非常高而产生的气体动力学上的特征,以及由于流动能量很大而引起的气体物理或化学特征。

1. 流场的非线性

当 $Ma_\infty \gg 1$ 的高超声速气流受到扰动时,即使扰动速度与来流速度相比十分微小,但与声速相比可能并不小,因而微小的速度改变也会引起气流热力学参数的较大变化。由理想气体运动方程 $VdV + \dfrac{dp}{\rho} = 0$,可有

$$\frac{\mathrm{d}p}{p} = -V^2\frac{\rho}{p}\frac{\mathrm{d}V}{V} = -k\frac{V^2}{kRT}\frac{\mathrm{d}V}{V} = -kMa^2\frac{\mathrm{d}V}{V}$$

再根据完全气体等熵关系式 $\dfrac{p}{\rho^k} = \mathrm{const}, \dfrac{p}{T^{\frac{k}{k-1}}} = \mathrm{const}$，得

$$\frac{\mathrm{d}\rho}{\rho} = -Ma^2\frac{\mathrm{d}V}{V}, \frac{\mathrm{d}T}{T} = -(k-1)Ma^2\frac{\mathrm{d}V}{V}$$

上述结果表明,当 $Ma_\infty \gg 1$ 时,即使微小的速度改变也将导致气流压强、密度、温度和当地声速等参数发生相当大的变化,也就不能采用小扰动方程使运动方程线性化了,而必须保留其中的非线性项。高超声速流场的这种非线性性质,显然使绕流问题的理论研究变得更为复杂和困难。但是,由于超声速气流的马赫角是随马赫数的增加而减小的,因而高超声速流动中的某些空气动力学问题与超声速流动相比反而变得相对简单。例如,翼剖面的结果可以直接应用于有限翼展,而略去翼梢的影响。飞行器各部件之间相互干扰的严重程度大为降低,允许用简化的方法进行计算。

2. 薄激波层

激波层是指激波与物面构成的流动区域。根据斜激波理论,在气流偏转角给定的情况下,自由来流马赫数 Ma_∞ 越高,激波越强,激波后气体受到的压缩也越大,也就是说,波后与波前的气体密度比越大。由质量守恒定律可知,波后气体密度高,则所需的通流面积越小,这就意味着在高超声速流动中,激波与物面之间的距离很小,即激波层很薄(甚至激波自身的厚度都消失在激波层中),而且激波形状与物面形状往往很接

近。如图 8.1.1 所示,马赫数 $Ma_\infty = 36$ 绕半楔角 δ 为 $15°$ 的高超声速流动,假定比热比 $k = 1.4$,则按照完全气体的斜激波理论可得到激波角 β 仅为 $18°$。若计及高温化学反应的影响,k 远比 1.4 小,则有 $\beta \to \delta$,即高温效应使得激波更贴近物面。这一特征为在高超声速绕流中应用牛顿流模型提供了依据。

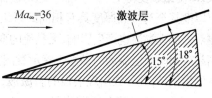

图 8.1.1　薄激波层

3. 高熵层

高超声速飞行器的前缘一般都是钝头的,这是由于头部驻点处的对流传热与头部曲率半径的平方根成反比,将头部钝化可以减轻热负荷。如图 8.1.2 所示,在高马赫数下,环绕钝头型的激波很薄且高度弯曲,脱体激波距钝头型前缘很近。在前缘轴线附近,激波角接近 $90°$,激波最强,熵增最大;随距中心线变远,激波变弱,熵增较小。也就是说,穿过弯曲激波不同位置的流线历经不同的熵增过程,于是具有很大熵梯度的气体层将覆盖在物面上形成高熵层,并可延展到头部下游的一个相当大的区域。由定常均匀来流假设下的克罗克方程式(2.2.16)

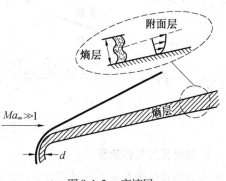

图 8.1.2　高熵层

可知,有

$$V \times \Omega = -T\nabla s$$

上式表明具有强熵梯度的熵层是与强旋度联系在一起的,即熵层为强旋涡区。熵层位于激波层的内层,是一层低密度、中等超声速、高熵、强熵梯度、强旋涡的气体,它与附面层是两个不同的概念,尽管二者在激波层内的位置是重叠交叉的。由于附面层沿物面的增长,并且进入附面层外缘不同位置的流线的熵值不同,所以附面层外缘特性将受到熵层的影响,会出现旋涡与附面层的相互作用。上述特征增加了流动分析的复杂性。

4. 强黏性效应

当物面的附面层较薄时,附面层计算中用到的其外缘参数可以直接利用无黏流的物面参数(如认为附面层外缘与物面形状相近),这样一来,黏性流计算与无黏流计算是互不耦合的。但是,当物面的附面层较厚时,则必须考虑黏性区和无黏区的相互作用,做耦合计算,这就是黏性干扰效应。

可以证明,在高超声速条件下,平板可压缩层流的附面层厚度 δ 与自由来流马赫数 Ma_∞、雷诺数 $Re_{\infty x}$ 间的关系可简化为

$$\frac{\delta}{x} \propto \frac{Ma_\infty^2}{Re_{\infty x}}$$

由于高超声速飞行($Ma_\infty \gg 1$)通常发生在空气密度较小的高空,故雷诺数较小。而且,黏性使流速变慢时损失的那部分动能转变为气体内能,导致附面层内温度升高,气体黏度随之增大,即雷诺数变得更小。因而高超声速流的附面层势必较厚,必须考虑黏性效应。有时,附面层厚度甚至与激波厚度具有相同的量级,要把激波层都当做黏性流动区域来处理。附面层变厚对外部无黏流也产生影响,无黏流的变化反过来又影响附面层的增长。图8.1.3(a)给出了高超声速附面层流动的黏性干扰示意图。由于厚附面层的存在(相当于平板变厚了),无黏外流发生偏转,并导致出现很强的斜激波,经过斜激波后,压力增加,使得物面压力增加。而图8.1.3(b)给出的实验测得的 $Ma_\infty = 11$、半顶角为5°的细长锥体表面压强分布也表明,按无黏流理论计算得到的压强与测量值之间还是存在明显差距的。

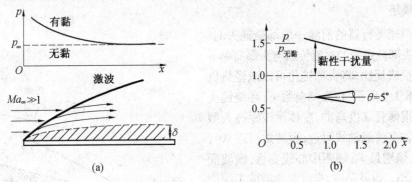

图8.1.3　平板附面层流动的黏性干扰

5. 高温真实气体效应

高超声速气流首先在穿越激波时受到强烈压缩而急剧升温,其次,又在附面层内受黏性阻

滞作用而耗散产生热量。因此,高超声速流动的激波层通常具有高温的特点,尤其在钝体头部附近激波层,比其后部区域温度更高。例如,在高空 $H = 59$ km,$T_\infty = 258$ K,$Ma_\infty = 36$ 等条件下,钝体头部曲线激波后的温度,当取空气 $k = 1.4$ 并按正激波关系计算时,$T_2 \approx 65\,260$ K(考虑真实气体效应时 $T_2 \approx 11\,000$ K),这远比太阳表面温度(约 6 000 K)高。因此,激波层内气体的高温影响必须加以考虑。

常温常压下空气的组成按体积计算约是 20% 的 O_2 和 80% 的 N_2,此时可认为空气为量热完全气体,即状态方程 $p = \rho RT$ 成立,比热容 c_p, c_v 及比热比 $k = c_p/c_v$ 取常数等。然而,高温下气体的物理、化学性质将发生一系列变化:分子振动能激发、分子的离解和复合、气体不同组分间的化学反应、分子与原子的电离等,这些统称为真实气体效应或非完全气体效应。前面所说的考虑真实气体效应时的波后温度比 k 取 1.4 时低很多的原因可以这样理解:温度增加后,出现了 O_2 和 N_2 的离解等吸热反应,因而实际温度没有那么高,只有 11 000 K 左右。此外,如果飞行器表面覆盖以防热的烧蚀材料,则烧蚀产物还要发生多种碳氢化学反应。因此,整个激波层内充满着高温的、有化学反应的气流。真实气体效应使得飞行器表面的压力分布发生变化,引起飞行器空气动力特性的变化。例如,美国航天飞机的机身襟翼为配平大攻角飞行而偏转的角度,实际飞行中的数值与地面预测值相比大了一倍,原因就在于真实气体效应。

真实气体效应对飞行器的气动加热影响更大(包括对流传热、辐射传热),因而热防护是航天器设计中的一个关键问题。如图 8.1.4 所示,如果激波层的温度足够高,辐射加热量 q_r 将是一个不容忽视的量。例如,阿波罗飞船再入大气层时,辐射传热占加热率的 30% 左右。此外,高温流动产生的另一个物理现象是,当飞行器再入大气层期间,在某一个高度和某一速度下将出现"通信中断(即黑障)"现象,这时飞行器不能向外发射或接收无线电波。这种现象就是由于高温气体电离所致,电离反应产生的自由电子吸收了无线电波。因此精确预测流场中的电子密度也是一项十分重要的工作。

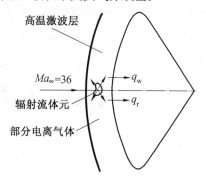

图 8.1.4　高温激波层

6. 低密度效应及低雷诺数效应

高超声速飞行器在高空进行高超声速飞行时还会遇到稀薄气体动力学方面的问题,这时的低密度效应对空气动力的影响很重要。对于稀薄气体动力学来说,克努森数 $kn = \dfrac{\lambda}{l}$ 是一个重要的相似参数,式中 l 为飞行器的特征长度,λ 是气体分子撞击的平均自由行程。根据气体的稀薄程度,将气体流动分为四种情况:

(1)$kn < 0.03$ 时为连续介质区域(约 70 km 以下),这时 N – S 方程、傅里叶热传导关系及菲克质量扩散关系都还是适用的,并且在物面处满足速度无滑移、温度无跳跃等假定。

(2)$0.03 < kn < 0.1$ 时为速度滑移、温度跳跃区域(70 ~ 100 km),这时 N – S 方程、傅里叶热传导关系及菲克质量扩散关系仍然适用,但在物面处出现了速度滑移(即物面附近的气流速度不等于零,而是存在与切向速度的法向梯度成正比的滑移量)、温度跳跃(即物面附近的气体温度不等于壁面温度)、热滑移等现象。

(3)$0.1 < kn < 10$时为过渡区域($100 \sim 130$ km),这时气体的分子平均自由行程与流动特征长度约为同一量级,连续介质的假设不再成立,流动要用玻尔兹曼方程描述。

(4)$kn > 10$时为自由分子区域(约130 km以上),这个区域中气体分子的平均自由行程远大于流动问题的特征长度,流动也要用玻尔兹曼方程描述。

此外,在40 km以上的高空,当密度较低时,激波本身的厚度变大,通常对激波所做的间断面假设不再有效,而且雷诺数一般也较小,还将出现低雷诺数效应。

综上所述,高超声速流动区别于一般超声速流动的基本特征为流场的非线性、薄激波层、高熵层、强黏性效应、高温流动和真实气体效应、低密度效应等。图8.1.5总结了相关的一些重要物理现象及其与高超声速飞行之间的关系。

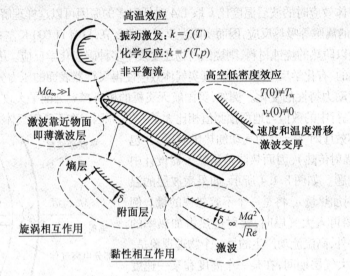

图 8.1.5　高超声速流动的物理特征

8.2　高超声速流动的斜激波关系及膨胀波关系

4.3节已经推导了斜激波前后各个物理量间的关系式。下面讨论高超声速、强激波以及高超声速小扰动情况下这些关系式的简化形式及其含义。

8.2.1　高超声速流的基本激波关系式

对于高超声速流,当$Ma_1 \gg 1$时,式(4.3.8a)、(4.3.8b)可写为

$$\frac{\rho_2}{\rho_1} = \frac{(k+1)Ma_1^2 \sin^2\beta}{2 + (k-1)Ma_1^2 \sin^2\beta} \rightarrow \frac{k+1}{k-1} \tag{8.2.1a}$$

$$\frac{p_2}{p_1} = 1 + \frac{2k}{k+1}(Ma_1^2 \sin^2\beta - 1) \rightarrow \frac{2k}{k+1}Ma_1^2 \sin^2\beta \tag{8.2.1b}$$

式中,符号"$\rightarrow$"是指当$Ma_1 \rightarrow \infty$时的逼近值。由上面两式可得

$$\frac{T_2}{T_1} = \frac{p_2}{p_1}\frac{\rho_1}{\rho_2} \rightarrow \frac{2k(k-1)}{(k+1)^2}Ma_1^2 \sin^2\beta \tag{8.2.1c}$$

类似地,式(4.3.12) 可写为

$$\tan \delta = 2\cot \beta \frac{Ma_1^2 \sin^2\beta - 1}{Ma_1^2(k + \cos 2\beta) + 2} \rightarrow \frac{\sin 2\beta}{k + \cos 2\beta} = \frac{\sin 2\beta}{k - 1 + 2\cos^2\beta} \quad (8.2.2)$$

由压强系数定义,可有

$$C_p = \frac{p_2 - p_1}{\frac{1}{2}\rho_1 V_1^2} = \frac{2}{kMa_1^2}\left(\frac{p_2}{p_1} - 1\right) = \frac{4}{k + 1}\left(\sin^2\beta - \frac{1}{Ma_1^2}\right) \rightarrow \frac{4}{k + 1}\sin^2\beta \quad (8.2.3)$$

若令式(8.2.2)、式(8.2.3) 中 $k \rightarrow 1$,则有

$$\tan \delta \rightarrow \tan \beta \text{ 或 } \delta \rightarrow \beta \quad (8.2.4)$$

$$C_p \rightarrow 2\sin^2\delta \quad (8.2.5)$$

上面两式表明,在高超声速条件下,激波几乎完全贴在楔面上,这成为牛顿流理论的物理基础。而 C_p 值几乎完全取决于壁面折转角,与 Ma_1 无关。显然,此时作用在尖楔上的气动力系数也与 Ma_1 无关。

根据图8.2.1 可以求出激波后速度增量与激波前速度 V_1 的比值。设 x 轴与 V_1 同方向,y 轴则垂直于 V_1,用 $v_{2x} = V_2\cos \theta$ 表示激波后速度 V_2 在 x 轴的分量,用 $v_{2y} = V_2\sin \theta$ 表示 V_2 在 y 轴的分量,则气流穿过斜激波后的 x,y 向速度增量分别为

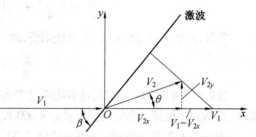

图 8.2.1　激波后的速度增量

$$\Delta v_x = v_{2x} - V_1, \Delta v_y = v_{2y}$$

显然有 $\Delta v_x < 0, \Delta v_y > 0$ 成立。由图8.2.1 可有

$$\frac{\Delta v_x}{V_1} = \frac{v_{2x} - V_1}{V_1} = \frac{(v_{2n} - v_{1n})\sin \beta}{V_1}\frac{\sin \beta}{\sin \beta}, \frac{\Delta v_y}{V_1} = \frac{v_{2y}}{V_1} = \frac{(v_{1n} - v_{2n})\cos \beta}{V_1}\frac{\sin^2\beta}{\sin^2\beta}$$

考虑式(4.3.3a) 及(4.3.8a),得

$$\frac{\Delta v_x}{V_1} = \frac{v_{2n} - v_{1n}}{v_{1n}}\sin^2\beta = \left(\frac{\rho_1}{\rho_2} - 1\right)\sin^2\beta = -\frac{2(Ma_1^2\sin^2\beta - 1)}{(k + 1)Ma_1^2} \rightarrow -\frac{2\sin^2\beta}{k + 1}$$

$$\frac{\Delta v_y}{V_1} = \frac{(v_{1n} - v_{2n})\cos \beta}{V_1}\frac{\sin^2\beta}{\sin^2\beta} = \frac{v_{1n} - v_{2n}}{v_{1n}}\sin \beta^2\frac{\cos \beta}{\sin \beta} = \frac{2(Ma_1^2\sin^2\beta - 1)}{(k + 1)Ma_1^2}\cot \beta \rightarrow \frac{\sin 2\beta}{k + 1}$$

$$(8.2.6)$$

上述诸式表明,只有温度比和压力比是随 $Ma_1\sin \beta$ 而增加的,而其余各个比值都趋于各个极限值,与 Ma_1 无关。凡流场特性趋近于与 Ma_1 无关的极限状态这一性质,称为马赫数无关原理。

8.2.2　高超声速小扰动时的激波关系

高超声速尖头细长体的薄激波层流动属于高超声速小扰动流动情况,即

$$Ma_1 \gg 1, \beta \ll 1, \delta \ll 1 \quad (8.2.7)$$

式中,δ 为气流偏转角或尖楔角;β 为激波角。引入如下近似关系

$$\sin \beta \approx \beta, \cos \beta \approx \cos 2\beta \approx 1, \cot \beta = \frac{1}{\tan \beta} \approx \frac{1}{\beta}, \tan \delta \approx \delta$$

则由式(8.2.2)得

$$\left(\frac{k+1}{2} Ma_1^2 + 1 \right) \beta \delta \approx Ma_1^2 \beta^2 - 1$$

考虑到 $\dfrac{k+1}{2} Ma_1^2 \gg 1$，则上式可近似写为

$$\frac{k+1}{2} Ma_1^2 \beta \delta \approx Ma_1^2 \beta^2 - 1$$

或写成

$$\left(\frac{\beta}{\delta} \right)^2 - \frac{k+1}{2} \left(\frac{\beta}{\delta} \right) - \frac{1}{Ma_1^2 \delta^2} \approx 0 \tag{8.2.8}$$

式(8.2.8)是 β/δ 的一元二次方程，于是可以得到它的正根(负根无意义)，即

$$\frac{\beta}{\delta} \approx \frac{k+1}{4} + \sqrt{\left(\frac{k+1}{4} \right)^2 + \frac{1}{Ma_1^2 \delta^2}} \tag{8.2.9}$$

当 $Ma_1 \delta \gg 1$ 时，式(8.2.9)有极限值，即

$$\frac{\beta}{\delta} \to \frac{k+1}{2} \tag{8.2.10}$$

当 $k = 1.4$ 时，$\beta \to 1.2\delta$，这表明流过尖头细长体的高超声速流动，激波角仅比尖楔角大 20%，即激波层很薄。当空气温度接近 8 000 K 时，$k \to 1$，则 $\beta \to \delta$。

基于式(8.2.7)的假设，还可由式(8.2.3)得

$$C_p \approx \frac{4\beta^2}{k+1} \left(1 - \frac{1}{Ma_1^2 \beta^2} \right)$$

根据式(8.2.8)得

$$\frac{Ma_1^2 \beta^2 - 1}{Ma_1^2 \beta^2} = 1 - \frac{1}{Ma_1^2 \beta^2} \approx \frac{k+1}{2} \frac{\delta}{\beta}$$

联立上面两式，则

$$C_p \approx \frac{4\beta^2}{k+1} \left(1 - \frac{1}{Ma_1^2 \beta^2} \right) \approx \frac{4\beta^2}{k+1} \frac{k+1}{2} \frac{\delta}{\beta} = 2\beta\delta = 2\delta^2 \left[\frac{k+1}{4} + \sqrt{\left(\frac{k+1}{4} \right)^2 + \frac{1}{Ma_1^2 \delta^2}} \right] \tag{8.2.11}$$

即压强系数的函数形式为

$$C_p = \delta^2 f(Ma_1 \delta, k) \tag{8.2.12}$$

可见 $Ma_1 \delta, k$ 是高超声速小扰动情况下斜激波后流动的相似参数。把式(8.2.10)代入前面导出的极限关系式中，得

$$\frac{\rho_2}{\rho_1} \to \frac{k+1}{k-1} \tag{8.2.13a}$$

$$\frac{p_2}{p_1} \to \frac{2k}{k+1} Ma_1^2 \sin^2 \beta \approx \frac{2k}{k+1} Ma_1^2 \beta^2 = \frac{2k}{k+1} Ma_1^2 \frac{\beta^2}{\delta^2} \delta^2 \approx$$

$$\frac{2k}{k+1} Ma_1^2 \left(\frac{k+1}{2} \right)^2 \delta^2 = \frac{k(k+1)}{2} Ma_1^2 \delta^2 \tag{8.2.13b}$$

$$\frac{T_2}{T_1} = \frac{p_2}{p_1} \frac{\rho_1}{\rho_2} \rightarrow \frac{k(k-1)}{2} Ma_1^2 \delta^2 \tag{8.2.13c}$$

$$C_p \approx 2\beta\delta = 2\frac{\beta}{\delta}\delta^2 \rightarrow (k+1)\delta^2 \tag{8.2.13d}$$

$$\frac{\Delta v_x}{V_1} \rightarrow -\frac{2\sin^2\beta}{k+1} \approx -\frac{2\beta^2}{k+1}\frac{\delta^2}{\delta^2} = -\frac{k+1}{2}\delta^2 \tag{8.2.13e}$$

$$\frac{\Delta v_y}{V_1} \rightarrow \frac{\sin 2\beta}{k+1} \approx \frac{2\beta}{k+1}\frac{\delta}{\delta} = \delta \tag{8.2.13f}$$

可知,在高超声速小扰动的极限情况下,斜激波后各个物理量变化的量级为

$$\frac{\Delta\rho}{\rho_1} = \frac{\rho_2 - \rho_1}{\rho_1} \approx \frac{\rho_2}{\rho_1} \rightarrow O\left(\frac{k+1}{k-1}\right) \tag{8.2.14a}$$

$$\frac{\Delta p}{p_1} = \frac{p_2 - p_1}{p_1} \approx \frac{p_2}{p_1} \rightarrow O(Ma_1^2\delta^2) \tag{8.2.14b}$$

$$\frac{\Delta T}{T_1} = \frac{T_2 - T_1}{T_1} \approx \frac{T_2}{T_1} \rightarrow O(Ma_1^2\delta^2) \tag{8.2.14c}$$

$$C_p \rightarrow O(\delta^2) \tag{8.2.14d}$$

$$\frac{\Delta v_x}{V_1} \rightarrow O(\delta^2) \tag{8.2.14e}$$

$$\frac{\Delta v_y}{V_1} \rightarrow O(\delta) \tag{8.2.14f}$$

式中,$O(\cdot)$ 表示量纲分析中的量级。根据 $a = \sqrt{k\dfrac{p}{\rho}}$ 可知,激波后声速的量级为

$$\frac{a}{V_1} \rightarrow O(\delta) \tag{8.2.14g}$$

上述各式表明,在高超声速小扰动情况下,激波后的 $\dfrac{\Delta\rho}{\rho_1}$,$\dfrac{\Delta p}{p_1}$,$\dfrac{\Delta T}{T_1}$ 都不是小扰动量,而 $\dfrac{\Delta v_y}{V_1}$ 的量级则低于 $\dfrac{\Delta v_x}{V_1}$,C_p 的量级,即不可忽略,由此可知高超声速小扰动理论的非线性性质。

8.2.3　高超声速流动时的 P - M 波

普朗特 - 迈耶函数的关系式已由式(4.2.7)给出,对于高超声速流动,该式可简化为

$$\nu(Ma) \approx \sqrt{\frac{k+1}{k-1}}\arctan\left(Ma\sqrt{\frac{k-1}{k+1}}\right) - \arctan Ma \tag{8.2.15}$$

对三角恒等式作级数展开,得

$$\arctan x = \frac{\pi}{2} - \arctan\frac{1}{x} = \frac{\pi}{2} - \left(\frac{1}{x} - \frac{1}{3x^3} + \frac{1}{5x^3} - \cdots\right)$$

于是,式(8.2.15)可写成

$$\nu(Ma) \approx \sqrt{\frac{k+1}{k-1}}\left(\frac{\pi}{2} - \sqrt{\frac{k+1}{k-1}}\frac{1}{Ma} + \cdots\right) - \left(\frac{\pi}{2} - \frac{1}{Ma} + \cdots\right) \approx$$

$$\frac{\pi}{2}\sqrt{\frac{k+1}{k-1}} - \frac{k+1}{k-1}\frac{1}{Ma} - \frac{\pi}{2} + \frac{1}{Ma} =$$

$$\frac{\pi}{2}\sqrt{\frac{k+1}{k-1}} - \frac{\pi}{2} - \frac{2}{k-1}\frac{1}{Ma} \tag{8.2.16}$$

令气流从马赫数 Ma_1 膨胀加速至 Ma_2 时引起的气流方向偏转角为 δ，并注意这里 δ 的定义与式(4.2.6a) 略有不同，则有

$$\delta = \nu(Ma_2) - \nu(Ma_1) \approx \frac{2}{k-1}\left(\frac{1}{Ma_1} - \frac{1}{Ma_2}\right) 或 \frac{Ma_1}{Ma_2} = 1 - \frac{k-1}{2}Ma_1\delta \tag{8.2.17}$$

对于高超声速流动，由等熵关系式可得到压强比的近似表达式为

$$\frac{p_2}{p_1} = \left(\frac{1 + \dfrac{k-1}{2}Ma_1^2}{1 + \dfrac{k-1}{2}Ma_2^2}\right)^{\frac{k}{k-1}} \approx \left(\frac{Ma_1}{Ma_2}\right)^{\frac{2k}{k-1}}$$

将式(8.2.17) 代入上式，则有

$$\frac{p_2}{p_1} \approx \left(1 - \frac{k-1}{2}Ma_1\delta\right)^{\frac{2k}{k-1}} \tag{8.2.18}$$

将式(8.2.18) 代入式(8.2.3)，得

$$C_p = \frac{2\delta^2}{kMa_1^2\delta^2}\left[\left(1 - \frac{k-1}{2}Ma_1\delta\right)^{\frac{2k}{k-1}} - 1\right] 或 \frac{C_p}{\delta^2} = \frac{2}{kMa_1^2\delta^2}\left[\left(1 - \frac{k-1}{2}Ma_1\delta\right)^{\frac{2k}{k-1}} - 1\right] \tag{8.2.19}$$

即 $C_p = \delta^2 f(Ma_1\delta, k)$。可见，普朗特 – 迈耶波如同小扰动情况的斜激波，其高超声速流动的压强系数也随 δ^2 变化，而且确定这些流动的相似参数为 $Ma_1\delta, k$。

8.3　高超声速流动的无黏流动分析

8.3.1　马赫数无关原理

高超声速流动有一个重要的性质，即当来流马赫数高过某个范围以后，流体绕流的解便趋于极限解，也就是说，这时的流场与来流马赫数的变化无关，这一原理称为马赫数无关原理。它对于任意物体的高超声速绕流都成立，既适用于无黏的完全气体，也适用于计及高温效应、黏性效应的气体。

下面仅以无黏、定常、平面流动为例说明这一原理。基本控制方程组为

$$\frac{\partial(\rho v_x)}{\partial x} + \frac{\partial(\rho v_y)}{\partial y} = 0 \tag{8.3.1a}$$

$$\begin{cases} v_x\dfrac{\partial v_x}{\partial x} + v_y\dfrac{\partial v_x}{\partial y} = -\dfrac{1}{\rho}\dfrac{\partial p}{\partial x} \\ v_x\dfrac{\partial v_y}{\partial x} + v_y\dfrac{\partial v_y}{\partial y} = -\dfrac{1}{\rho}\dfrac{\partial p}{\partial y} \end{cases} \tag{8.3.1b}$$

$$\frac{Ds}{Dt} = 0 \text{ 或 } v_x \frac{\partial}{\partial x}\left(\frac{p}{\rho^k}\right) + v_y \frac{\partial}{\partial y}\left(\frac{p}{\rho^k}\right) = 0 \tag{8.3.1c}$$

定义无量纲量如下

$$x^* = \frac{x}{L_0}, y^* = \frac{y}{L_0}, v_x^* = \frac{v_x}{V_\infty}, v_y^* = \frac{v_y}{V_\infty}, p^* = \frac{p}{\rho_\infty V_\infty^2}, \rho^* = \frac{\rho}{\rho_\infty} \tag{8.3.2}$$

式中,L_0 为物体特征长度;V_∞,ρ_∞ 为均匀来流的参数。于是,式(8.3.1)可写成量纲为1的基本方程组

$$\frac{\partial(\rho^* v_x^*)}{\partial x^*} + \frac{\partial(\rho^* v_y^*)}{\partial y^*} = 0 \tag{8.3.3a}$$

$$\begin{cases} v_x^* \dfrac{\partial v_x^*}{\partial x^*} + v_y^* \dfrac{\partial v_x^*}{\partial y^*} = -\dfrac{1}{\rho^*}\dfrac{\partial p^*}{\partial x^*} \\[2mm] v_x^* \dfrac{\partial v_y^*}{\partial x^*} + v_y^* \dfrac{\partial v_y^*}{\partial y^*} = -\dfrac{1}{\rho^*}\dfrac{\partial p^*}{\partial y^*} \end{cases} \tag{8.3.3b}$$

$$v_x^* \frac{\partial}{\partial x^*}\left(\frac{p^*}{\rho^{*k}}\right) + v_y^* \frac{\partial}{\partial y^*}\left(\frac{p^*}{\rho^{*k}}\right) = 0 \tag{8.3.3c}$$

与上述方程对应的均匀来流条件条件为

$$v_{x\infty}^* = \frac{v_{x\infty}}{V_\infty} = 1, v_{y\infty}^* = \frac{v_y}{V_\infty} = 0, p_\infty^* = \frac{p_\infty}{\rho_\infty V_\infty^2} = \frac{1}{kMa_\infty^2} \to 0, \rho_\infty^* = \frac{\rho_\infty}{\rho_\infty} = 1 \tag{8.3.4}$$

参照式(6.2.11)可得到物面条件为

$$v_x^* \frac{\partial F^*}{\partial x^*} + v_y^* \frac{\partial F^*}{\partial y^*} = 0 \tag{8.3.5}$$

式中,$F^*(x^*, y^*) = 0$ 是物面方程。斜激波关系式为

$$p_2^* = \frac{p_2}{\rho_\infty V_\infty^2} = \frac{p_2}{p_\infty k(V_\infty^2/kRT_\infty)} = \frac{p_2}{p_\infty}\frac{1}{kMa_\infty^2} = \frac{1}{kMa_\infty^2} + \frac{2}{k+1}\frac{Ma_\infty^2 \sin^2\beta - 1}{Ma_\infty^2} \tag{8.3.6a}$$

$$\rho_2^* = \frac{\rho_2}{\rho_\infty} = \frac{(k+1)Ma_\infty^2 \sin^2\beta}{2 + (k-1)Ma_\infty^2 \sin^2\beta} \tag{8.3.6b}$$

$$v_{2x}^* = \frac{v_{2x}}{V_\infty} = \frac{\Delta v_x}{V_\infty} + 1 = 1 - \frac{2(Ma_\infty^2 \sin^2\beta - 1)}{(k+1)Ma_\infty^2} \tag{8.3.6c}$$

$$v_{2y}^* = \frac{v_{2y}}{V_\infty} = \frac{\Delta v_y}{V_\infty} = \frac{2(Ma_\infty^2 \sin^2\beta - 1)}{(k+1)Ma_\infty^2}\cot\beta \tag{8.3.6d}$$

上述表达式是量纲为1的激波边界条件。显然,当 $Ma_\infty \gg 1$ 时,有

$$p_2^* \to \frac{2\sin^2\beta}{k+1}, \rho_2^* \to \frac{k+1}{k-1}, v_{2x}^* \to 1 - \frac{2\sin^2\beta}{k+1}, v_{2y}^* \to \frac{\sin 2\beta}{k+1} \tag{8.3.7}$$

分析基本方程组(式(8.3.1))、来流条件(式(8.3.4))、物面条件(式(8.3.5))及激波边界条件(式(8.3.6))可以看出,马赫数 Ma_∞ 仅出现在边界条件中,而当 $Ma_\infty \gg 1$ 时的边界条件式(8.3.7)中 Ma_∞ 也消失了。于是可得出结论,在马赫数 Ma_∞ 较高时,量纲为1的方程的解与来流马赫数无关。需要强调的是,这里讲的与来流马赫数无关是针对一些量纲为1的量而言,对

于有量纲量并不一定如此。

马赫数无关原理是一种强形式的相似律。它表明对于 $Ma_\infty \to \infty$ 的极限状态,不同的超声速来流马赫数的绕流解基本上是相同的。这个结论成立的条件是:必须保持来流的 ρ_∞,V_∞ 值不变。关于这一点,不难从推证这个原理的过程中看到。此外,根据斜激波理论,激波强度实际上是由 $Ma_1\sin\beta$(即激波前的法向气流马赫数 Ma_{1n})决定的,当来流马赫数 Ma_∞ 一定时,β 较大情况下,绕流解将更易于趋于其极限值。因此,从图 8.3.1 给出的高超声速马赫数无关原理的例证可以看出,对于钝头体绕流,由于头部附近脱体激波的 β 较大,一般说来,当 $Ma_\infty \geqslant 5$ 时,物面气动系数就趋于其极限值了,而对于尖头细长体,如要使物面气动系数趋于其极限值,来流马赫数 Ma_∞ 要高许多。显然,利用马赫数无关原理,可以把较低马赫数的研究结果推广到较高马赫数的情况适用。

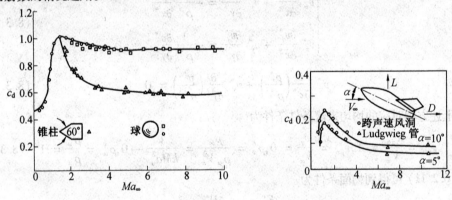

图 8.3.1　高超声速马赫数无关原理的例证

8.3.2　小扰动理论的高超声速相似律

为了解决尖头、细长体的高超声速绕流问题,发展了高超声速小扰动理论,它与超声速小扰动理论的区别是不能够实施线性化处理。实际上,在高超声速流中,扰动速度相对于来流速度而言,固然可以作为小量处理,但扰动速度与来流声速相比却并非小量,而且 $\dfrac{\Delta\rho}{\rho_1}$,$\dfrac{\Delta p}{p_1}$,$\dfrac{\Delta T}{T_1}$ 也都是有限量。这就使得基于小扰动理论的高超声速相似律不同于线性化的超声速流动的相似律。

下面以平面小扰动流为例,推导高超声速相似律。如图 8.3.2 所示,取 x 轴正向与来流速度 v_∞ 方向一致,取 y 轴正向在流动平面内与 x 轴正交。设 v_x,v_y 分别表示速度 V 沿 x,y 向的分速度,U_x,U_y 表示扰动速度沿 x,y 向的分量,即

$$v_x = V_\infty + U_x, v_y = U_y \qquad (8.3.8)$$

当细长体或薄体在静止空气中做匀速直线高超声速运动,或均匀的超高声速气流小攻角流经细长体或薄体时,流场受到扰动,受到扰动的区域为

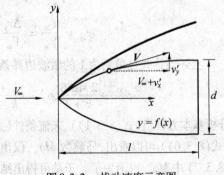

图 8.3.2　扰动速度示意图

物体附近的激波层内部,在这个区域内产生扰动速度,气体的其他参数随之变化。无黏气体平面定常小扰动流动的控制方程组可写为

$$\frac{\partial[\rho(V_\infty + U_x)]}{\partial x} + \frac{\partial(\rho U_y)}{\partial y} = 0 \tag{8.3.9a}$$

$$\begin{cases} (V_\infty + U_x)\frac{\partial(V_\infty + U_x)}{\partial x} + U_y\frac{\partial(V_\infty + U_x)}{\partial y} = -\frac{1}{\rho}\frac{\partial p}{\partial x} \\ (V_\infty + U_x)\frac{\partial U_y}{\partial x} + U_y\frac{\partial U_y}{\partial y} = -\frac{1}{\rho}\frac{\partial p}{\partial y} \end{cases} \tag{8.3.9b}$$

$$(V_\infty + U_x)\frac{\partial}{\partial x}\left(\frac{p}{\rho^k}\right) + U_y\frac{\partial}{\partial y}\left(\frac{p}{\rho^k}\right) = 0 \tag{8.3.9c}$$

为便于分析问题,引入与式(8.3.2)类似的无量纲变量

$$x^* = \frac{x}{L_0}, y^* = \frac{y}{L_0}, V_x^* = \frac{V_x}{V_\infty}, V_y^* = \frac{V_y}{V_\infty}, p^* = \frac{p}{\rho_\infty V_\infty^2}, \rho^* = \frac{\rho}{\rho_\infty} \tag{8.3.10}$$

于是,式(8.3.9)可写为无量纲形式

$$\frac{\partial}{\partial x^*}[\rho^*(1 + U_x^*)] + \frac{\partial(\rho^* U_y^*)}{\partial y^*} = 0 \tag{8.3.11a}$$

$$\begin{cases} (1 + U_x^*)\frac{\partial U_x^*}{\partial x^*} + U_y^*\frac{\partial U_x^*}{\partial y^*} = -\frac{1}{\rho^*}\frac{\partial p^*}{\partial x^*} \\ (1 + U_x^*)\frac{\partial U_y^*}{\partial x^*} + U_y^*\frac{\partial U_y^*}{\partial y^*} = -\frac{1}{\rho^*}\frac{\partial p^*}{\partial y^*} \end{cases} \tag{8.3.11b}$$

$$(1 + U_x^*)\frac{\partial}{\partial x^*}\left(\frac{p^*}{\rho^{*k}}\right) + U_y^*\frac{\partial}{\partial y^*}\left(\frac{p^*}{\rho^{*k}}\right) = 0 \tag{8.3.11c}$$

与上述方程对应的均匀来流条件条件为

$$U_{x\infty}^* = U_{y\infty}^* = 0, p_\infty^* = \frac{1}{kMa_\infty^2} \to 0, \rho_\infty^* = 1 \tag{8.3.12}$$

物面条件为

$$(1 + U_x^*)\frac{\partial F^*}{\partial x^*} + U_y^*\frac{\partial F^*}{\partial y^*} = 0 \tag{8.3.13}$$

式中,$F^*(x^*, y^*, \alpha) = 0$ 是物面方程,α 表示攻角,它也是决定物面形状的一个参数。如图 8.3.3 所示,对于一个在体坐标系(x_1, y_1)下几何不变的细长尖头体,当自由来流攻角变化时,风轴坐标系(x, y)随之变化,则置于该坐标系下的物面坐标也随之变化。坐标转换关系为

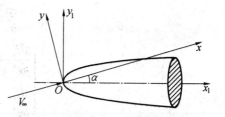

图 8.3.3　小攻角扰动流的坐标关系

$$\begin{bmatrix} x \\ y \end{bmatrix} = \begin{bmatrix} \cos\alpha & \sin\alpha \\ -\sin\alpha & \cos\alpha \end{bmatrix} \begin{bmatrix} x_1 \\ y_1 \end{bmatrix}$$

因此,风轴坐标系下物面方程显然与 α 有关。

斜激波关系式为

$$p_2^* = \frac{p_2}{p_\infty}\frac{1}{kMa_\infty^2} = \frac{1}{kMa_\infty^2} + \frac{2}{k+1}\frac{Ma_\infty^2\,\sin^2\beta - 1}{Ma_\infty^2} \to \frac{2\sin^2\beta}{k+1} \tag{8.3.14a}$$

$$\rho_2^* = \frac{(k+1)Ma_\infty^2\,\sin^2\beta}{2 + (k-1)Ma_\infty^2\,\sin^2\beta} \to \frac{k+1}{k-1} \tag{8.3.14b}$$

$$U_{2x}^* = \frac{V_\infty + U_x - V_\infty}{V_\infty} = \frac{U_x}{V_\infty} = \frac{\Delta v_x}{V_\infty} = -\frac{2(Ma_\infty^2\,\sin^2\beta - 1)}{(k+1)Ma_\infty^2} \to -\frac{2\sin^2\beta}{k+1} \tag{8.3.14c}$$

$$U_{2y}^* = \frac{U_{2y}}{V_\infty} = \frac{\Delta v_y}{V_\infty} = \frac{2(Ma_\infty^2\,\sin^2\beta - 1)}{(k+1)Ma_\infty^2}\cot\beta \to \frac{\sin 2\beta}{k+1} \tag{8.3.14d}$$

下面再根据高超声速小扰动流动的各个变量的量级分析来简化上述的基本方程。设 $\tau = \dfrac{d}{L_0} \ll 1$，此处 d 表示细长体的厚度，L_0 表示长度，则 τ 为尖头细长体的平均斜率，且是个小量。如果把 τ 作为量级分析的基本参量，在小扰动情况下，有

$$\delta \to O(\tau), \alpha \to O(\tau) \tag{8.3.15}$$

式中，δ 表示物面与来流之间的倾角；α 表示攻角。再根据式(8.2.14)给出的高超声速小扰动情况下斜激波后各个物理量的量级分析，得

$$\begin{cases} \dfrac{\Delta\rho}{\rho_\infty} \to O(1), \dfrac{\Delta p}{\rho_\infty V^2} = \dfrac{\Delta p}{p_\infty}\dfrac{1}{kMa^2} \to O(\tau^2) \\[3mm] \dfrac{\Delta v_x}{V_\infty} = \dfrac{V_\infty + U_x - V_\infty}{V_\infty} = \dfrac{U_x}{V_\infty} \to O(\tau^2), \dfrac{\Delta v_y}{V_\infty} = \dfrac{U_y}{V_\infty} \to O(\tau) \end{cases} \tag{8.3.16}$$

基于式(8.3.16)，对式(8.3.10)中的无量纲变量重新定义，使得各个无量纲量的量级均为1，即

$$\tilde{x}^* = x^*, \tilde{y}^* = \frac{y}{d} = \frac{y}{\tau L_0} = \frac{y^*}{\tau}, \tilde{U}_x^* = \frac{1}{\tau^2}\frac{U_x}{V_\infty} = \frac{U_x^*}{\tau^2}, \tilde{U}_y^* = \frac{1}{\tau}\frac{U_y}{V_\infty} = \frac{U_y^*}{\tau}, \tilde{p}^* = \frac{p^*}{\tau^2}, \tilde{\rho}^* = \rho^* \tag{8.3.17}$$

参考6.4节内容，可以发现式(8.3.10)中的变量转换成式(8.3.17)中的变量的过程，就是仿射变换的过程，而式(8.3.17)也表示一种仿射变换的准则。将上述变换代入基本方程组和边界条件，保留 τ 的一阶项，略去高阶项，得到简化的高超声速小扰动方程

$$\frac{\partial\tilde{\rho}^*}{\partial\tilde{x}^*} + \frac{\partial(\tilde{\rho}^*\,\tilde{U}_y^*)}{\partial\tilde{y}^*} = 0 \tag{8.3.18a}$$

$$\begin{cases} \dfrac{\partial\tilde{U}_x^*}{\partial\tilde{x}^*} + \tilde{U}_y^*\dfrac{\partial\tilde{U}_x^*}{\partial\tilde{y}^*} = -\dfrac{1}{\tilde{\rho}^*}\dfrac{\partial\tilde{p}^*}{\partial\tilde{x}^*} \\[3mm] \dfrac{\partial\tilde{U}_y^*}{\partial\tilde{x}^*} + \tilde{U}_y^*\dfrac{\partial\tilde{U}_y^*}{\partial\tilde{y}^*} = -\dfrac{1}{\tilde{\rho}^*}\dfrac{\partial\tilde{p}^*}{\partial\tilde{y}^*} \end{cases} \tag{8.3.18b}$$

$$\frac{\partial}{\partial\tilde{x}^*}\left(\frac{\tilde{p}^*}{\tilde{\rho}^{*k}}\right) + \tilde{U}_y^*\frac{\partial}{\partial\tilde{y}^*}\left(\frac{\tilde{p}^*}{\tilde{\rho}^{*k}}\right) = 0 \tag{8.3.18c}$$

上述方程显然是非线性的。与上述方程对应的来流条件条件为

$$\tilde{U}_{x\infty}^* = \tilde{U}_{y\infty}^* = 0, \tilde{p}_\infty^* = \frac{1}{\tau^2 kMa_\infty^2} \to 0, \tilde{\rho}_\infty^* = 1 \tag{8.3.19}$$

物面条件为

$$\frac{\partial \tilde{F}^*}{\partial \tilde{x}^*} + \tilde{U}_y^* \frac{\partial \tilde{F}^*}{\partial \tilde{y}^*} = 0 \tag{8.3.20}$$

式中, $\tilde{F}^*(\tilde{x}^*, \tilde{y}^*, \tilde{\alpha}) = 0$ 表示做了仿射转换的物面方程,且 $\tilde{\alpha} = \dfrac{\alpha}{\tau}$。对于细长体的高超声速绕流来说, β 也为小量,则斜激波关系式为

$$\tilde{p}_2^* \rightarrow \frac{2}{k+1} \left(\frac{\beta}{\tau} \right)^2 \tag{8.3.21c}$$

$$\tilde{\rho}_2^* \rightarrow \frac{k+1}{k-1} \tag{8.3.21b}$$

$$\tilde{U}_{2x}^* \rightarrow - \frac{2}{k+1} \left(\frac{\beta}{\tau} \right)^2 \tag{8.3.21c}$$

$$\tilde{U}_{2y}^* \rightarrow \frac{2}{k+1} \left(\frac{\beta}{\tau} \right) \tag{8.3.21d}$$

式中的激波角 β 是由来流条件和物面条件而定的,不是独立变量。由于

$$\tau = \frac{d}{L_0} = \tan \delta \approx \delta$$

所以根据式(8.2.9),可有

$$\frac{\beta}{\tau} \approx \frac{\beta}{\delta} \approx \frac{k+1}{4} + \sqrt{\left(\frac{k+1}{4} \right)^2 + \frac{1}{Ma_1^2 \tau^2}} \rightarrow \frac{k+1}{2} \tag{8.3.22}$$

　　根据简化的高超声速小扰动方程及其边界条件式(8.3.18) ~ (8.3.22),可知尖头细长体高超声速绕流之解必有如下形式

$$\begin{cases} \tilde{p}^* = \tilde{p}^*(\tilde{x}^*, \tilde{y}^*, \tilde{\alpha}, Ma_\infty \tau, k) \\ \tilde{\rho}^* = \tilde{\rho}^*(\tilde{x}^*, \tilde{y}^*, \tilde{\alpha}, Ma_\infty \tau, k) \\ \tilde{v}_x^* = \tilde{v}_x^*(\tilde{x}^*, \tilde{y}^*, \tilde{\alpha}, Ma_\infty \tau, k) \\ \tilde{v}_y^* = \tilde{v}_y^*(\tilde{x}^*, \tilde{y}^*, \tilde{\alpha}, Ma_\infty \tau, k) \end{cases} \tag{8.3.23}$$

这个结果不难推广到三维流动情况。

　　由此可以导出基于小扰动理论的高超声速相似律:对于一族仿射相似的细长尖头体,如果它们在流场中被放置的相对攻角 $\tilde{\alpha}$ 相等,且介质的 k 值相同,则流动相似的条件是保持 $Ma_\infty \tau$ 相等。所谓流动相似是指在流场的对应点上 $\tilde{p}^*, \tilde{\rho}^*, \tilde{v}_x^*, \tilde{v}_y^*$ 有相同的值。称 $Ma_\infty \tau$ 为高超声速相似参数。

　　对于做了仿射变换的尖头细长体,利用简化的三维小扰动方程及相应的边界条件可以解出该仿射变换物体的表面上的压力分布 $\tilde{p}^* = \tilde{p}^*(\tilde{x}^*, \tilde{y}^*, \tilde{\alpha}, Ma_\infty \tau, k)$,由此可进一步求出压强系数 $\tilde{C}_p$、阻力系数 $\tilde{C}_d$ 及升力系数 $\tilde{C}_l$,根据式(8.2.14d) 可以推知,原型物体与仿射物体之间应满足 $C_p = \tau^2 \tilde{C}_p$。当然,也可以证明以下关系存在

$$C_p = \tau^2 \tilde{C}_p, \quad C_d = \tau^n \tilde{C}_d, \quad C_l = \tau^{n-1} \tilde{C}_l \tag{8.3.24}$$

其中,取最大横截面积为参考面积时, $n = 2$;取机翼面积为参考面积时, $n = 3$。

8.4 高超声速流动的牛顿流模型及其修正

如图 8.4.1(a) 所示,高超声速条件下激波层很薄且几乎贴近物面,自由来流的流体质点沿流线穿越激波后将近似沿物面向下游流走,就好像质点直接撞击到物体上之后,沿物面做切向运动一样。当然,气流撞击的并不是物面,而是很接近物面的薄激波层,而且由于强激波后气流的密度极高,故在激波与物面之间仍存在一定质量的流体。不过,这种流动图像仍为在高超声速绕流中应用牛顿流模型提供了物理依据。

如图 8.4.1(b) 所示,牛顿在他的名著《自然哲学的数学原理》(1687 年) 对物体统流的作用力提出了如下模型:① 假定流动介质是由一系列均布的、彼此无关的运动质点所组成;② 这些质点在与物面碰撞后,相对于物体的法向动量消失且转换为对物体的作用力,而切向动量不变。这就是牛顿碰撞理论。牛顿流模型假设流动介质是由大量的、彼此无关的粒子组成,虽然这与经典的连续介质模型不符合,然而对于高超声速流动,由于惯性力远大于压力,气流的动能远大于内能,所以流体质点间的随机运动效应较弱,或者说粒子间的相互作用较弱,从而使得牛顿假设近似成立,并可以用该模型处理高超声速流动问题。

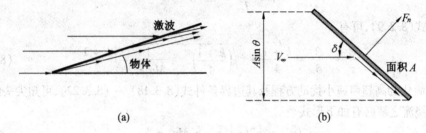

图 8.4.1 牛顿流模型

设与物面相撞的气流速度为 V_∞,物面与自由来流的夹角为 δ,牛顿流模型假设气流与物体相撞后,法向动量消失,切向动量保留。则法向速度的改变量为

$$\Delta V_n = V_\infty \sin \delta$$

而入射到面积为 A 的板上的质量流量为 $\dot{m} = \rho_\infty V_\infty A \sin \delta$。根据牛顿第二定律,在该面积上的动量随时间变化率等于作用在物面上的力,于是得

$$F = (\rho_\infty V_\infty A \sin \delta)(V_\infty \sin \delta) = \rho_\infty V_\infty^2 A \sin^2 \delta \tag{8.4.1a}$$

即

$$\frac{F}{A} = \rho_\infty V_\infty^2 \sin^2 \delta \tag{8.4.1b}$$

由于牛顿假设来流是由单个微团组成的,而且所有的微团都以平行于直线的轨迹流向物面,即全部微团都做方向相同的直线运动,也就是说,来流中的粒子彼此不存在相互作用且没有随机运动。而由自来流静压 p_∞ 则恰好代表了流体质点随机动动所导致的压力值,因而物面感应到的真实压力应表示为 $p_\infty + \rho_\infty V_\infty^2 \sin^2 \delta$,或写成

$$p - p_\infty = \rho_\infty V_\infty^2 \sin^2 \delta \tag{8.4.2}$$

因此,得到物面压强系数的牛顿正弦平方定律

$$C_p = \frac{p - p_\infty}{\frac{1}{2}\rho_\infty V_\infty^2} = 2\sin^2\delta \tag{8.4.3}$$

式(8.4.3)与高超声速极限条件($Ma_\infty \to \infty$)下、考虑高温效应($k \to 1$)的压强系数公式(8.2.5)是一致的,因此用牛顿流模型描述真实的高超声速流动问题是合适的,其限定条件就是 $Ma_\infty \to \infty$ 和 $k \to 1$。

由于流体是由一系列相互作用且连续分布的流体质点组成的,扰动可以通过流体质点向四周传播,因此不考虑质点间相互作用的牛顿流模型应用于低速、亚声速、跨声速和中等超声速流动时的误差很大,而仅适用于高超声速流动情况。

牛顿压力公式在 $Ma_\infty \to \infty$, $k \to 1$ 时是准确的,然而式(8.2.1a)表明,此时的密度比将趋于无穷大。而事实上,即使在极高温度下,对空气来说密度比也不可能比 $1/20$ 更小,因而牛顿公式得到的结果与真实高超声速流动时的情形还是有差距的。由于马赫数是运动气体压缩性的衡量标志,因此,为了获得与精确解更为接近的计算结果,应该设法将马赫数的影响引入牛顿公式中以对其加以修正。令

$$C_p = C_{p\max}\sin^2\delta \tag{8.4.4}$$

式中,$C_{p\max}$ 是压强系数的最大值。对于大多数钝头体高超声速飞行器,$C_{p\max}$ 是正激波后驻点处的压强系数,即

$$C_{p\max} = \frac{p_2^* - p_\infty}{\frac{1}{2}\rho_\infty V_\infty^2} \tag{8.4.5}$$

式中,p_2^* 是与自由流 Ma_∞ 对应的正激波后总压。由于 $\frac{p_2^*}{p_\infty} = \frac{p_2^*}{p_\infty^*}\frac{p_\infty^*}{p_\infty}$,根据式(3.2.3b)、(4.3.11b),有

$$\frac{p_2^*}{p_\infty} = \left[\frac{(k+1)^2 Ma_\infty^2}{4kMa_\infty^2 - 2(k-1)}\right]^{\frac{k}{k-1}}\frac{2kMa_\infty^2 - (k-1)}{k+1}$$

将上式代入式(8.4.5),并考虑到 $\frac{1}{2}\rho_\infty V_\infty^2 = \frac{k}{2}p_\infty Ma_\infty^2$,得

$$C_{p\max} = \frac{2}{kMa_\infty^2}\left\{\left[\frac{(k+1)^2 Ma_\infty^2}{4kMa_\infty^2 - 2(k-1)}\right]^{\frac{k}{k-1}}\frac{2kMa_\infty^2 - (k-1)}{k+1} - 1\right\} \tag{8.4.6}$$

当 $Ma_\infty \to \infty$ 时,式(8.4.6)可简化为

$$C_{p\max} = \frac{4}{k+1}\left[\frac{(k+1)^2}{4k}\right]^{\frac{k}{k-1}} \tag{8.4.7}$$

即驻点压强系数与马赫数无关。将式(8.4.6)代入式(8.4.4),得到修正公式

$$C_p = \frac{2}{kMa_\infty^2}\left\{\left[\frac{(k+1)^2 Ma_\infty^2}{4kMa_\infty^2 - 2(k-1)}\right]^{\frac{k}{k-1}}\frac{2kMa_\infty^2 - (k-1)}{k+1} - 1\right\}\sin^2\delta \tag{8.4.8}$$

可以看出,修正后的牛顿公式考虑了 Ma_∞ 为有限值时的影响,当 $Ma_\infty \to \infty$ 且 $k \to 1$ 时,将退化为原始的牛顿公式。对于钝头体而言,由于它在马赫数较小(如 $Ma_\infty \geqslant 5$)时就体现出高超声速流动的特征,因此应用修正的牛顿公式得到的压力分布比原始的牛顿公式的计算结果要好得多。

对牛顿理论的另一种修正是离心力修正。例如,激波层内气流沿物体的凸曲面运动时,流体质点存在与曲率半径成反比的离心力,该离心力(指向远离凸曲面的流体内部)需要压力梯度来克服,从而使得物面压力要大于牛顿模型预测的压力,因此对于曲率半径较小的情况,需要添加这样的离心力修正,在此不再赘述。

8.5 高超声速飞行器的气动加热及防护

当飞行器以高超声速飞行时,与飞行速度相联系的巨大动能转化为激波层内气体温度的急剧升高,从而导致严重的气动加热问题。因此,在高超声速飞行器的设计中,热传导率和气动加热的预估、热防护至关重要。

为了定量分析气动加热,引入无量纲参量斯坦顿(Stanton)数 St,它表示无量纲的换热系数。其定义为

$$St = \frac{\mathrm{d}Q/\mathrm{d}t}{\rho_\infty V_\infty (h^* - h_\mathrm{w})S} \tag{8.5.1}$$

式中,h^*,h_w 分别为总焓及气体在物面边界的焓,$h^* = h_\infty + \dfrac{V_\infty^2}{2}$;$S$ 为参考面积;$\mathrm{d}Q/\mathrm{d}t$ 指整个参考面积 S 的单位时间的气动加热率。将式(8.5.1)改写为

$$\frac{\mathrm{d}Q}{\mathrm{d}t} = \rho_\infty V_\infty (h^* - h_\mathrm{w})St \cdot S \tag{8.5.2}$$

在高超声速再入条件下,V_∞ 非常大而飞行器远前方的空气相对很冷(温度很低),所以可忽略自由来流的静焓 h_∞,即有

$$h^* \approx \frac{V_\infty^2}{2} \tag{8.5.3}$$

飞行器表面温度尽管很高(一般为几千 K),但与 h^* 相关联的温度(如阿波罗号返回舱再入时总温达到 11 000 K)相比仍非常低,因此可假设 $h^* \gg h_\mathrm{w} \approx 0$。于是式(8.5.2)可进一步简写为

$$\frac{\mathrm{d}Q}{\mathrm{d}t} = \frac{1}{2}\rho_\infty V_\infty^3 St \cdot S \tag{8.5.4}$$

即单位时间气动加热率随速度的 3 次方变化,由于 $D = \dfrac{1}{2}\rho_\infty V_\infty^2 SC_\mathrm{d}$,即气动阻力随速度的平方变化。因此,随着飞行速度的提高,气动加热量比阻力增长得更快,变成设计中的主要问题。此外,由于 $\mathrm{d}Q/\mathrm{d}t$ 还与飞行高度上的空气密度值 ρ_∞ 成正比,因此,只有当飞行器在稠密的大气中以高超声速飞行,如飞行器从外层空间穿越大气层返回地面时,气动加热问题才变得十分严重。

根据物面摩擦力与物面换热量之间的雷诺比拟关系可有

$$St \approx C_\mathrm{f}/2 \tag{8.5.5}$$

式中,$C_\mathrm{f} \equiv \tau_\mathrm{w} \Big/ \dfrac{1}{2}\rho_\infty V_\infty^2$ 是整个飞行器表面平均的表面摩擦力系数。将其代入式(8.5.4)中有

$$\frac{\mathrm{d}Q}{\mathrm{d}t} = \frac{1}{4}\rho_\infty V_\infty^3 C_f S \tag{8.5.6}$$

利用阻力方向的运动方程 $\dfrac{\mathrm{d}V_\infty}{\mathrm{d}t} = -\dfrac{D}{m}$ 以及阻力定义式得

$$\frac{\mathrm{d}V_\infty}{\mathrm{d}t} = -\frac{1}{2m}\rho_\infty V_\infty^2 S C_d \tag{8.5.7}$$

于是

$$\frac{\mathrm{d}Q}{\mathrm{d}t} = \frac{\mathrm{d}Q}{\mathrm{d}V_\infty}\frac{\mathrm{d}V_\infty}{\mathrm{d}t} = \frac{\mathrm{d}Q}{\mathrm{d}V_\infty}\left(-\frac{1}{2m}\rho_\infty V_\infty^2 S C_d\right)$$

将其与式(8.5.6)联立,得

$$\frac{1}{4}\rho_\infty V_\infty^3 C_f S = \frac{\mathrm{d}Q}{\mathrm{d}V_\infty}\left(-\frac{1}{2m}\rho_\infty V_\infty^2 S C_d\right)$$

整理后,有

$$\mathrm{d}Q = -\frac{1}{2}m\frac{C_f}{C_d}\frac{\mathrm{d}V_\infty^2}{2} \tag{8.5.8}$$

以高超声速飞行器的再入过程为例,对式(8.5.8)从再入开始($Q = 0, V_\infty = V_e$)到再入结束积分($Q = Q_{\text{total}}, V_\infty = 0$),得

$$\int_0^{Q_{\text{total}}}\mathrm{d}Q = -\frac{1}{2}\frac{C_f}{C_d}\int_{V_e}^0 \mathrm{d}\left(m\frac{V_\infty^2}{2}\right) \quad \text{或} \quad Q_{\text{total}} = \frac{1}{2}\frac{C_f}{C_d}\frac{mV_e^2}{2} \tag{8.5.9}$$

上式即为整个再入过程中传递到飞行器的总的气动加热值。从中可以得出两条结论:

(1) 再入飞行器总的气动加热量与再入前的初始动能 $\dfrac{mV_e^2}{2}$ 成正比;

(2) 再入飞行器总的气动加热量与摩擦系数和阻力系数的比值 C_f/C_d 成正比。

上述结论的第二条尤其重要,由它可以得出再入飞行器应设计成钝鼻头体。下面对此作简要分析。

对于非升力体,总阻力等于压差阻力和摩擦阻力之和,即 $C_d = C_f + C_{dp}$。而式(8.5.9)表明,为了减小气动加热,需要减小摩擦阻力与总阻力的比值,即

$$\frac{C_f}{C_d} = \frac{C_f}{C_f + C_{dp}}$$

例如,如图8.5.1所示的细长体与钝头体两种气动外形可以看出,对于细长体,摩擦阻力比压差阻力大得多,这时有 $C_d \approx C_f$ 或 $\dfrac{C_f}{C_d} \approx 1$ 成立。而对于钝头体,压差阻力比摩擦阻力大得多,有 $C_d \approx C_{dp}$ 或 $\dfrac{C_f}{C_d} \ll 1$ 成立。因此,为了减小再入气动热,再入飞行器如飞船返回舱、洲际弹道导弹等,必须采用钝鼻头体,此时 C_f/C_d 较小。

此外,还可以从另外的角度解释这个问题。由于高超声速飞行器前缘驻点区的热流与头部半径的平方根成反比关系,即 $q \propto \dfrac{1}{\sqrt{R_s}}$,因此驻点热流将随头部半径的增加而下降。如果从能量转换的角度可以发现,在高超飞行器再入过程中,势能与动能都将转化为热能,这部分能

量一部分用于加热飞行器周围的气流,另一部分则用来加热飞行器本身。对于细长体飞行器,由于附体斜激波较弱,激波与物面之间的激波层较薄,因而对这一薄层气流的加热量很小,大部分的再入气动热都被传递给飞行器本身。而对于钝头体飞行器,其头部之前将形成脱体激波,该激波中间部分近似为正激波,其后的气流压力较高,而两侧则为强度较弱的斜激波,其后压力较低,这样一来,气流经过激波后,在达到物面之前已经被加热,而且还将从轴线处向两侧做膨胀加速运动,从而使得气动加热量被较多的气流吸收且带走,因而用于加热飞行器的能量就少得多。也就是说,钝头体利于气动热防护。

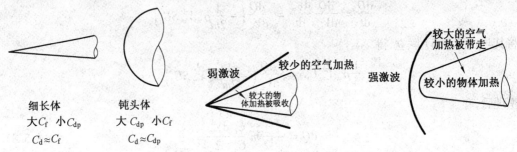

图 8.5.1　细长体与钝头体的比较

　　由于高超声速飞行器的气动加热问题严重,必须考虑热防护问题,以保证飞行器不被烧毁、内部仪器正常工作等。主要的关键技术包括:

　　(1) 选择合理的气动外形(如钝头体),减少气动加热量,在前面已经讨论过。

　　(2) 加装隔热和防热装置以减小传给飞行器的热量。如采用陶瓷或碳纤维材料制造防护瓦覆盖在飞行器高温区的表面;飞行器内部设置气膜冷却或对流换热装置,通过消耗冷却剂来降低飞行器局部高温区的温度;部分高温区采用可烧蚀结构,它可被融化,并被气流吹走以带走热量。

　　(3) 选用耐高温的合金材料(如钛合金) 制造飞行器的结构部件。

第9章　层流与湍流附面层

自然界中存在的真实流动都是具有黏性的流动,黏性是流体的重要属性,黏性流体力学就是研究分子输运和湍流脉动所引起的掺混输运对流体动力学过程影响的科学。黏性的存在使得流体运动的数学描述和处理变得极为困难,因此,对于一些黏性较小的流体(如水、空气等),或者黏性作用不占支配地位的流动问题(如流线型物体的不脱体绕流升力问题等),在一定的假设条件下,往往可以以一种黏度为零的流体模型来近似地代替真实流体,即理想流体或无黏流体模型,以便于较为清晰地揭示流体运动的本质或主要特征,得到流体运动的基本规律。但是,对于某些黏性作用占据主导地位的问题,如果忽略黏性影响,将会得到完全不符合实际情况的结果。例如,在理想流体假设下,作用在运动物体上的阻力恒为零,这显然与实际完全不符,这就是所谓的"达朗贝尔疑题",其原因就在于这种阻力就是由于流体的黏性而产生的。

在不同的条件下,黏性流体的运动可分为层流和湍流两种完全不同的流动状态。前者是流体质点做有规则的运动,在运动过程中,相邻流体质点的迹线互不交错,流体做层状运动。后者是流体质点做无规则的、混乱的运动,每个流体质点的迹线具有复杂的形状,流体各部分剧烈掺混。流体的这两种截然不同的运动状态在一定条件下可以互相转换。在自然界和工程实际中,最经常发生的流动状态是湍流,是除低雷诺数外的流体运动的普遍状态。在湍流流动中,除分子输运现象外,宏观流体微团的湍流脉动所引起的掺混输运对于流动过程和力的平衡有着非常大的影响,相当于流体的黏性增加了百倍、千倍或甚至更多。此外,湍流输运机理与分子输运机理是不同的,如受流体宏观运动影响、输运是各向异性的等。上述因素不但使得湍流的理论分析至今仍是流体力学中远未彻底解决的问题,而且应用数学方法描述湍流的三维时间相关的流动细节也是极其困难,甚至是不可能的。因此,基于实验研究的湍流半经验理论对于解决实际工程问题作出了很大的贡献,即使它并不能增进对湍流本质的了解。

理论和实验研究表明,对于黏性较小的流体绕物体的流动,当雷诺数足够大时,黏性作用局限于贴近物面的、很薄的一层内,而在这一薄层外,黏性影响可以忽略,应用理想流体动力学方程的解来确定流动特性是合理的。1904 年,普朗特用附面层(也称边界层)的概念来定义这个薄层。因此,求解黏性流动的问题,既可以建立并求解黏性流动的基本方程,也可以将整个流动分为附面层内的黏性流体流动和附面层外的理想流体流动两部分来耦合求解。普朗特的附面层理论使得黏性问题的研究大大简化,不仅黏性影响区域大为减小,而且描述附面层内黏性流动的方程也简单得多。应用附面层理论可以较好地计算出物体在流体中运动时物面所受到的摩擦阻力,解释脱体旋涡的形成以及尾流的产生等复杂流动现象。此外,考虑到流体的黏性和热传导性是分子输运过程的两个不同方面,前者是动量输运的表现,后者是动能交换的结果,因而附面层内热传导问题的研究也是一项重要内容。

9.1 附面层的基本知识

9.1.1 附面层的概念

简单的实验观察可以证实普朗特的附面层概念。如图9.1.1所示,对于气流绕翼型的流动而言,当来流速度较高(雷诺数 $Re = \dfrac{\rho V L}{\mu}$ 较大)时,翼型表面附近的速度分布表明,整个流场可以分为附面层、尾迹流和外部势流三个区域。

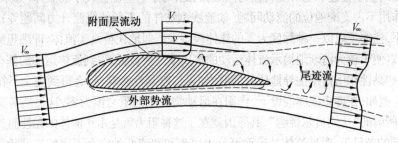

图 9.1.1 绕翼型的流动图谱

在附面层内,由于黏性作用,紧贴壁面的气流速度为零(即满足无滑移条件),离开壁面向外,仍然是通过黏性作用,速度不同的流层之间存在的牛顿内摩擦力 $\tau = \mu \dfrac{\mathrm{d}V}{\mathrm{d}y}$ 使得沿壁面法线方向的流速逐渐增加,至某距离处,流速达到与自由来流速度 V_∞ 同量级的数值。通常将靠近物体表面,存在较大法向速度梯度的薄层定义为附面层。将附面层上沿(即外缘)处的速度 V_δ 近似等于自由来流速度 V_∞ 时(如 $V_\delta = 0.99V_\infty$)的距物面法向高度定义为附面层厚度,用 δ 表示。由于有实际工程意义的问题多属于高 Re 数下的流动问题,即靠近物面速度梯度很大的这一层都是很薄的。例如,气流沿平板运动,当 $Re = 10^6$ 时,1 m 长的平板末端附面层厚度约为 5 mm。再如,对于一般飞机而言,距机翼前缘 1 ~ 2 m 处的附面层厚度约为数毫米至数十毫米。因而附面层厚度 δ 是个小量,后面还会证明 $\delta \sim \dfrac{x}{\sqrt{Re}}$(式中 x 为距物体前缘距离)。但是,即使流体的黏性系数很小,小距离内的很大的速度梯度也将使得黏性应力达到很高的、不可忽略的数值。此外,速度梯度很大也意味着附面层内的流体具有相当大的旋度(即近似有 $\Omega = -\dfrac{\mathrm{d}V}{\mathrm{d}y}\boldsymbol{k}$),流动是有旋的。从这个角度讲,黏性流动流场中的固体壁面就是涡量产生的源泉,而涡量从壁面向外传播的范围所及就是附面层。随流动向下游发展,紧贴附面层的一层气体不断受到沿程的附面层内较低速度气体的黏性阻滞作用,将逐渐减速为附面层内的气体,因而附面层厚度随气流沿物面流动的距离增加而逐渐增大。

当附面层内的黏性有旋流离开物体而流入下游时,在物体后面形成尾迹流。在尾迹流区,初始阶段还带有一定强度的旋涡,速度梯度也还相当明显,但由于不再存在物面的阻滞作用,或者说失去了涡量产生的源泉,也就不能再产生新的旋涡。随远离物体和时间变化,原有的旋涡将逐渐扩散、衰减,直至消失,速度分布渐趋均匀,远下游处尾迹完全消失。这可以用如图9.1.2所示的直涡线流动简单证明,将该流动简化为二维平面流动,设 $t = 0$ 时绕包含该涡线的任一封闭曲线的速度环量为 Γ_0,若该时刻涡线突然消失,则有

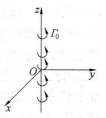

$$\omega = \frac{\Gamma_0}{4\pi\nu t}\exp\left(-\frac{r^2}{4\nu t}\right)$$

图 9.1.2　直涡线

式中, ν 为运动黏度。上式表明,在黏性流动的流场中,若涡源消失,则当 $r \to \infty$, $t \to \infty$ 时, ω 先增加而后趋于零。此外,由于附面层和尾迹区内流体的黏性耗散作用较强,气流的能量衰减较大,导致气流压力变低,从而形成压差阻力。

在附面层和尾迹之外的区域,流动的速度梯度很小,兼之空气的黏性系数也较小,因此可以忽略黏性力的影响,将流动视为无黏性和无旋的。

基于上述讨论可知,当黏性流体绕流物体时,附面层和尾迹区内的流动是黏性流体的有旋流动,而附面层和尾迹区外的流动可当做理想流体的无旋势流处理。因此,流动问题就归结为分别讨论这两种流体运动,然后再把所得到的解合并起来,就可以获得整个流场的解。

9.1.2　附面层内的两种流态

附面层内也存在层流和湍流两种流动状态。如图 9.1.3(a) 所示,在多数情况下,从前驻点开始的一段距离为层流附面层,而后由某处开始,层流附面层处于不稳定状态,并逐渐过渡到湍流附面层。流动从层流转变为湍流这一流动现象称为流动转捩,通常转捩并不是立即完成的,而是从层流出现不稳定开始,在一段距离内完成,称这段过渡区为转捩段。但为了研究问题方便起见,常将转捩段长度假设为零,由转捩点来表示,并将来流速度 V_∞ 及前驻点至转捩点的距离 x_{tr} 作为特征参数计算得到的雷诺数称为临界雷诺数,即 $Re_{cr} = \dfrac{\rho V_\infty x_{tr}}{\mu}$, Re_{tr} 的数值由实验确定,它与物面形状及来流湍流度有关。层流附面层的转捩是流体力学中一个复杂且十分重要的问题,其物理本质的理解非常困难,转捩点的预测更存在不确定性。对于沿平板流动,一般情况下 $Re_{cr} = 5 \times 10^5 \sim 3 \times 10^6$。若将 x_{tr} 定义为以前驻点为坐标原点的转捩点位置的 x 坐标值,由于附面层厚度 $\delta = \delta(x)$,因而 Re_{tr} 也表示附面层发生转捩时,以附面层厚度为特征长度的雷诺数。

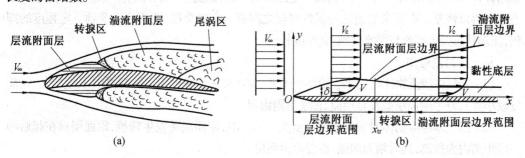

图 9.1.3　附面层内流动状态的发展

　　附面层内流态的变化是由扰动和黏性的稳定作用这两个因素决定的。由于流体具有黏性,将产生摩擦切应力来消耗扰动的动能,当黏性的稳定作用占主导地位时,流动为层流流态;反之,当扰动占据支配地位时,黏性的稳定作用不足以使扰动衰减下去,流动便转化为湍流。如果用表征惯性力与黏性力之比的雷诺数来描述,Re 数较小就意味着黏性的稳定作用大,当 Re 数低于某一临界值时,流动保持层流。反之,Re 数较大就意味着黏性的稳定作用弱,当 Re 数高于某一临界值时,流动变为湍流。

　　扰动产生的原因与外部边界条件有关,如自由来流速度 V_∞、物体表面的粗糙度及物体前缘的形状等。由于真实的物面不可能是"绝对"光滑的,即使一般认为的光滑表面,也总是由无数的、随机分布的粗糙元构成,粗糙元高度的平均值称为粗糙度。此外,真实的自由来流中也总是或多或少地存在一些自然湍流,并以湍动度来描述,即 $T_u \approx \dfrac{\sqrt{\overline{u'^2}}}{V_\infty}$。式中,$\overline{u'^2}$ 表示各向同性的脉动速度;V_∞ 表示自由来流平均速度。定义附面层外缘处的雷诺数 $Re_\delta = \dfrac{\rho V_\delta \delta}{\mu}$,式中外缘速度 $V_\delta = V_\delta(V_\infty, x)$ 或 $V_\delta = V_\delta[V_\infty, \delta(x)]$。显然,雷诺数 Re_δ 与 $Re = \dfrac{\rho V_\infty x}{\mu}$,$Re = \dfrac{\rho V_\infty \delta}{\mu}$ 等定义是等价的,且与自由来流速度 V_∞、流体流经物面的距离 x(或理解为扰动的累积效应)有关。当"真实"的自由来流流经"真实"的固体壁面时,将受到壁面粗糙度及来流湍动度等外界扰动的影响,在流动初期,附面层较薄,Re_δ 较小,外界扰动可以被黏性作用所抑制和阻尼,流动体现为层流流态。随流动向下游发展,附面层渐厚,Re_δ 逐渐增加,黏性的稳定作用变弱,扰动(如始终存在的沿程粗糙度)不但不会被抑制,反而会被放大,流动出现不稳定状态。随流动继续向下游发展,流动不稳定进一步非线性发展,当 Re_δ 超过某临界雷诺数时就出现了转捩,流动转变为湍流。

　　与层流流动相比,流动变为湍流后,附面层会变得更厚,并且随着流动向下游发展,附面层厚度增加很快。由于湍流脉动所引起的掺混输运较为剧烈的原因,湍流附面层与层流附面层相比,速度剖面更加饱满,速度变化更加平坦。

　　还应该指出的是,即使在湍流流态下,在紧贴物面的区域中,由于受到物面的限制,湍流微团的掺混现象变弱,因此一定存在一个很薄的流层,其内部基本保持层流运动,称为黏性底层,如图9.1.3(b)所示。只要稍离开物面一定距离,物面对湍流脉动的抑制作用迅速减小,湍流状态逐渐得以恢复。在完全湍流区与黏性底层之间有一个过渡层,湍流运动受到一定程度的抑制,流动状态处于湍流与层流之间,其厚度较小。

　　从上述讨论可知:

　　(1) 若气体绕流物体时的 Re_δ 始终小于 Re_{tr} 时(如来流速度 V_∞ 很小、物体长度较短、粗糙度较小等),整个附面层就都是层流,称层流附面层。

　　(2) 当气体绕流物体时的 Re_δ 增加至大于 Re_{tr} 时,附面层将发生转捩,附面层只在起始的一段距离内为层流,其后则为湍流,称混合附面层。

　　(3) 若来流速度 V_∞ 较高,Re_δ 在很短距离内就大于 Re_{tr} 时,除物体前缘和紧贴壁面处的黏性底层为层流外,其余全部为湍流,称湍流附面层。

9.1.3　附面层的特征量

1. 附面层厚度或名义厚度 δ

如图 9.1.4 所示,以平板附面层为例,通常定义当地流速 V 等于 $0.99V_e$ 时的 y 值(即距物面的法向距离)为附面层厚度 δ,也称为附面层名义厚度。如果把不同 x 坐标处沿物面法向满足 $0.99V_e$ 这一条件的点连接起来,就是附面层的外边界。对于平板流动,V_e 等于自由来流速度 V_∞。对于如图 9.1.1 所示的绕翼型流动,V_e 为当地壁面处的外部势流速度。这样定义的附面层厚度带有一定的随意性,并不严格,其一是附面层与外部势流之间并无明显的分界线,$V = 0.99V_e$ 时的 δ 值也就不能表示二者之间的界限,属于人为规定值。例如,也有文献定义 $V = 0.995V_e$ 时的 y 值为附面层厚度。其二是流速自物面处为零增至 V_e 是一个连续的渐变过程,且越接近 V_e 时的速度梯度越平缓,$V = 0.99V_e$ 的位置是很难精确确定的。其三是没有反映附面层的物理影响。因此,在解决实际问题时,常引用一些更为严格的、具有一定物理意义的附面层厚度的概念。

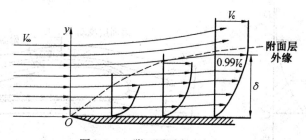

图 9.1.4　附面层厚度 δ 定义

附面层厚度 δ 的量级可以如下确定。对于图 9.1.4 给出的沿平板平面二维流动,令来流速度为 V_∞,平板 x 方向长度为 L,附面层厚度为 δ,且假设流动是定常不可压的,并忽略质量力影响,则 N - S 方程式(2.7.1b)中的 x 方向分式可简写为

$$v_x \frac{\partial v_x}{\partial x} + v_y \frac{\partial v_x}{\partial y} = -\frac{1}{\rho} \frac{\partial p}{\partial x} + \frac{\mu}{\rho} \left(\frac{\partial^2 v_x}{\partial x^2} + \frac{\partial^2 v_x}{\partial y^2} \right)$$

则单位体积气体的惯性力可用 $\rho v_x \frac{\partial v_x}{\partial x}$ 这一项来近似代替,其量级为 $\rho \frac{V_\infty^2}{L}$。单位体积气体的黏性力可用 $\mu \frac{\partial^2 v_x}{\partial y^2}$ 这一项来代替,其量级为 $\mu \frac{V_\infty}{\delta^2}$。考虑到附面层内惯性力与黏性力应具有相同的量级,即得

$$\rho \frac{V_\infty^2}{L} \sim \mu \frac{V_\infty}{\delta^2} \quad \text{或} \left(\frac{\delta}{L} \right)^2 \sim \frac{\mu}{\rho V_\infty L}$$

于是有

$$\delta \sim \frac{L}{\sqrt{Re}} \tag{9.1.1}$$

可见,附面层厚度 δ 随 Re 数的增大而变薄,随平板长度增加而变厚。对于层流附面层,数学分析和实验结果都证明了这个关系的正确性。对于湍流附面层,尽管附面层厚度与流动的

几何尺度相比仍为小量,但要比层流附面层厚很多。

2. 附面层位移厚度或排挤厚度 δ^*

如图 9.1.5(a) 所示,在固体壁面附近的附面层中,由于流速受到壁面的阻滞作用而降低,使得通过这个区域的流量较之理想流体流动时所能通过的流量减少,相当于固体壁面向流体内移动了一个距离 δ^* 后理想流体流动所能通过的流量。这个距离定义为附面层位移厚度或排挤厚度。因此,壁面移动位移厚度后理想流体所能通过的流量 $\int_{\delta^*}^{\infty} \rho_e V_e \mathrm{d}y$,应该与黏性流体通过的流量 $\int_0^{\infty} \rho V \mathrm{d}y$ 相等,即图中 OAB 的面积与 BCD 的面积相等。于是有

$$\int_0^{\infty} \rho V \mathrm{d}y = \int_{\delta^*}^{\infty} \rho_e V_e \mathrm{d}y = \int_0^{\infty} \rho_e V_e \mathrm{d}y - \int_0^{\delta^*} \rho_e V_e \mathrm{d}y$$

即

$$\int_0^{\delta^*} \rho_e V_e \mathrm{d}y = \int_0^{\infty} (\rho_e V_e - \rho V) \mathrm{d}y$$

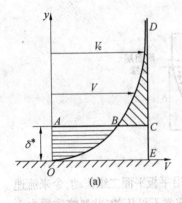 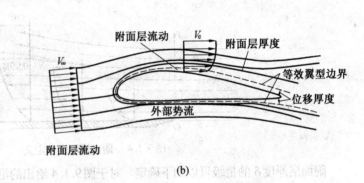

$$(a) \qquad\qquad\qquad (b)$$

图 9.1.5　附面层排挤厚度 δ^* 定义

令 $\rho_e V_e \delta^* \equiv \int_0^{\delta^*} \rho_e V_e \mathrm{d}y$,则得到位移厚度所满足的关系式

$$\delta^* = \int_0^{\infty} \left(1 - \frac{\rho V}{\rho_e V_e}\right) \mathrm{d}y \qquad\qquad (9.1.2a)$$

若流体是不可压的,则有

$$\delta^* = \int_0^{\infty} \left(1 - \frac{V}{V_e}\right) \mathrm{d}y \qquad\qquad (9.1.2b)$$

考虑到当 $y \geqslant \delta$ 时,有 $\dfrac{V}{V_e} \to 1$,所以 $\int_{\delta}^{\infty} \left(1 - \dfrac{V}{V_e}\right) \mathrm{d}y \approx 0$,所以式(9.1.2b) 中的积分上限也可写成 δ,即

$$\delta^* = \int_0^{\delta} \left(1 - \frac{V}{V_e}\right) \mathrm{d}y$$

因此,δ^* 的一个物理意义就是,由于附面层存在而导致的质量流量损失。显然,由于附面层厚度 $\delta = \delta(x)$,因此位移厚度 δ^* 也是距物体前缘距离 x 的函数,即 $\delta^* = \delta^*(x)$,越向下游,附面层越厚,所能通过的流量越小于理想流体所能通过的流量,δ^* 也就越大。此外,在一般情

况下，δ^* 是 δ 的几分之一。

δ^* 的另一个物理意义是等效物体。如图9.1.5(b)所示，附面层内被减速的气流对自由来流形成了阻碍作用，使得流体流过的通道面积减小，自由来流的流线向远离物体壁面的方向偏移，因而可以把附面层的作用看成是导致物体"增厚"。或者说，如果在理想流体条件下考察绕该物体的流动，物体的厚度应为原有物体叠加位移厚度后的厚度，这就是所谓的等效物体。因此，将物面各处向外移动 δ^* 距离后，再对这样修正后的等效物体采用基于理想流体假设的理论计算，得到的压强分布等参数就可以较好地计及黏性影响。

因此，在空气动力学问题中，可以先按无黏（理想）流体的势流理论计算并获得绕原始物体的速度场、压力场，然后以物面的无旋流动解作为附面层外缘处的速度和压力，求附面层的解，积分得到位移厚度。将原始物体叠加位移厚度后得到对应的等效物体，针对该等效物体按势流求解，把等效物体"物面"的解作为附面层外缘的速度和压力，再一次求附面层的解，积分出新的位移厚度。再在原始物体上叠加新的位移厚度，获得修正后的等效物体，重复上述过程，直到所得到的结果不再因迭代而变化。

3. 附面层动量损失厚度 θ

附面层内流速的降低不但使得通过的流体质量减少，而且也使得通过的流体动量减少，对于考虑附面层影响的实际质量流量 $\int_0^\infty \rho V \mathrm{d}y$ 来说，存在

$$\rho_e V_e^2 \theta = V_e \int_0^\infty \rho V \mathrm{d}y - \int_0^\infty \rho V^2 \mathrm{d}y = \int_0^\infty \rho V(V_e - V)\mathrm{d}y$$

得

$$\theta = \int_0^\infty \frac{\rho V}{\rho_e V_e}\left(1 - \frac{V}{V_e}\right)\mathrm{d}y \tag{9.1.3a}$$

若流体是不可压的，则有

$$\theta = \int_0^\infty \frac{V}{V_e}\left(1 - \frac{V}{V_e}\right)\mathrm{d}y \tag{9.1.3b}$$

θ 即为附面层动量损失厚度，它表示由于附面层的存在损失了厚度为 θ 的自由流动流体的动量流率。显然，它与物体所受到的阻力有关。例如，对于平板附面层而言，$\rho_e V_e^2 \theta$ 等于壁面所受到的摩擦阻力 F_e。简单证明如下：取如图9.1.6

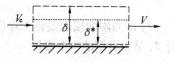

图9.1.6 附面层动量损失厚度 θ 的物理意义

所示的微元控制体，近似令 $y = \delta$ 和 $y = \delta^*$ 为直线，设流量为 $\rho_e V_e(\delta - \delta^*)$ 的流体流过物体表面，考虑 δ^* 的定义式(9.1.2)，得到控制体进口处的 x 向动量为

$$\rho_e V_e(\delta - \delta^*)V_e = \rho_e V_e^2 \delta - \rho_e V_e^2 \delta^* = \int_0^\delta \rho_e V_e^2 \mathrm{d}y - \int_0^\delta (\rho_e V_e - \rho V)V_e \mathrm{d}y = \int_0^\delta \rho V V_e \mathrm{d}y$$

而控制体出口处的动量为 $\int_0^\delta \rho V^2 \mathrm{d}y$，于是由动量方程可有

$$(-F_e) = \int_0^\delta \rho V^2 \mathrm{d}y - \int_0^\delta \rho V V_e \mathrm{d}y = -\int_0^\delta \rho V(V_e - V)\mathrm{d}y = -\int_0^\infty \rho V(V_e - V)\mathrm{d}y = -\rho_e V_e^2 \theta$$

即 $F_e = \rho_e V_e^2 \theta$。

图9.1.7 给出了附面层内 $\dfrac{V}{V_e}$,$1 - \dfrac{V}{V_e}$ 以及

$\dfrac{V}{V_e}\left(1 - \dfrac{V}{V_e}\right)$ 分布形状,其中附面层厚度 $\delta = \delta \times 1$,

即图中 $y = \delta$,$\dfrac{V}{V_e} = 1$ 及两条坐标轴组成的矩形面

积,而 $1 - \dfrac{V}{V_e}$,$\dfrac{V}{V_e}\left(1 - \dfrac{V}{V_e}\right)$ 曲线与 y 轴所组成的面积

就分别代表了位移厚度 δ^*、损失厚度 θ。比较面积

可知,$\theta \leqslant \delta^* < \delta$。从 δ^* 和 θ 的表达式可以看出,

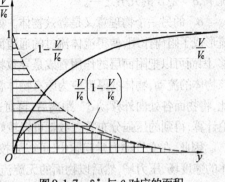

图9.1.7　δ^* 与 θ 对应的面积

它们与附面层内的速度分布、附面层厚度有关,因此通常用二者的比值 $H = \dfrac{\delta^*}{\theta} \geqslant 1$ 表示附面层内速度分布形状的参数,称为形状因子。显然,若无附面层存在,则有 $H = 1$,即速度剖面最为饱满,因此 H 越大,则表示速度剖面越不饱满。工程中通常用形状因子来判断附面层是否出现分离,一般认为,当 $H \geqslant 3.5$ 时,层流附面层会发生分离,而当 $H \geqslant 1.4 \sim 1.75$ 时,湍流附面层会发生分离。

4. 附面层能量损失厚度 δ_3

附面层内流速的降低同样也使流体的动能通量减少了,即

$$\frac{1}{2}\rho_e V_e^3 \delta_3 = \frac{1}{2}V_e^2\int_0^\infty \rho V \mathrm{d}y - \frac{1}{2}\int_0^\infty \rho V^3 \mathrm{d}y \ \text{或}\ \rho_e V_e^3 \delta_3 = \int_0^\infty \rho V(V_e^2 - V^2)\mathrm{d}y$$

得

$$\delta_3 = \int_0^\infty \frac{\rho V}{\rho_e V_e}\left(1 - \frac{V^2}{V_e^2}\right)\mathrm{d}y \tag{9.1.4a}$$

若流体是不可压的,则有

$$\delta_3 = \int_0^\infty \frac{V}{V_e}\left(1 - \frac{V^2}{V_e^2}\right)\mathrm{d}y \tag{9.1.4b}$$

δ_3 即为附面层能量损失厚度,它与动能损失直接相关,在附面层内考虑导热和可压缩性时,δ_3 是很有用的一个参量。

9.2　层流附面层微分方程及其相似解

基于附面层内概念,在附面层内可以根据其基本特征对 N－S 方程进行简化,得到附面层的微分方程。

9.2.1　附面层微分方程及其边界条件

为简化问题,考虑平壁面二维、定常、不可压缩流体层流流动情况,取平行于壁面的方向为 x 向,垂直于壁面的方向为 y 向,则连续方程及 N－S 方程可表示为

$$\frac{\partial v_x}{\partial x} + \frac{\partial v_y}{\partial y} = 0 \tag{9.2.1a}$$

$$\begin{cases} v_x \dfrac{\partial v_x}{\partial x} + v_y \dfrac{\partial v_x}{\partial y} = -\dfrac{1}{\rho}\dfrac{\partial p}{\partial x} + \dfrac{\mu}{\rho}\left(\dfrac{\partial^2 v_x}{\partial x^2} + \dfrac{\partial^2 v_x}{\partial y^2}\right) \\[2mm] v_x \dfrac{\partial v_y}{\partial x} + v_y \dfrac{\partial v_y}{\partial y} = -\dfrac{1}{\rho}\dfrac{\partial p}{\partial y} + \dfrac{\mu}{\rho}\left(\dfrac{\partial^2 v_y}{\partial x^2} + \dfrac{\partial^2 v_y}{\partial y^2}\right) \end{cases} \tag{9.2.1b}$$

引入无量纲参数 $x^* = \dfrac{x}{L_0}, y^* = \dfrac{y}{L_0}, v_x^* = \dfrac{v_x}{V_\infty}, v_y^* = \dfrac{v_y}{V_\infty}, p^* = \dfrac{p}{\rho V_\infty^2}$，则式(9.2.1) 可写为

$$\frac{\partial v_x^*}{\partial x^*} + \frac{\partial v_y^*}{\partial y^*} = 0 \tag{9.2.2a}$$

$$\begin{cases} v_x^* \dfrac{\partial v_x^*}{\partial x^*} + v_y^* \dfrac{\partial v_x^*}{\partial y^*} = -\dfrac{\partial p^*}{\partial x^*} + \dfrac{1}{Re}\left(\dfrac{\partial^2 v_x^*}{\partial x^{*2}} + \dfrac{\partial^2 v_x^*}{\partial y^{*2}}\right) \\[2mm] v_x^* \dfrac{\partial v_y^*}{\partial x^*} + v_y^* \dfrac{\partial v_y^*}{\partial y^*} = -\dfrac{\partial p^*}{\partial y^*} + \dfrac{1}{Re}\left(\dfrac{\partial^2 v_y^*}{\partial x^{*2}} + \dfrac{\partial^2 v_y^*}{\partial y^{*2}}\right) \end{cases} \tag{9.2.2b}$$

基于附面层厚度 δ 很薄的假设，即 $\delta^* = \dfrac{\delta}{L_0} \ll 1$，以及由式(9.1.1) 得到的 $\dfrac{1}{Re} \sim \left(\dfrac{\delta}{L_0}\right)^2 = \delta^{*2}$，考察式(9.2.2) 中各项量级(其中"~"表示具有相同的量级但不考虑符号)：

(1) 由于 $x^* = \dfrac{x}{L_0} \sim 1, v_x^* = \dfrac{v_x}{V_\infty} \sim 1$，所以 $\dfrac{\partial v_x^*}{\partial x^*} \sim \dfrac{v_x^*}{x^*} \sim 1$。

(2) 由式(9.2.2a) 可知 $\dfrac{\partial v_y^*}{\partial y^*} \sim 1$，而 $y^* = \dfrac{y}{L_0} \sim \dfrac{\delta}{L_0} = \delta^*$，则有 $v_y^* \sim y^* \sim \delta^* \ll 1$。

(3) 惯性力项 $v_x^* \dfrac{\partial v_x^*}{\partial x^*} \sim 1, v_y^* \dfrac{\partial v_x^*}{\partial y^*} \sim \delta^* \dfrac{1}{\delta^*} = 1$。

(4) 沿流向压力梯度 $\dfrac{\partial p^*}{\partial x^*}$ 应与惯性力项 $v_x^* \dfrac{\partial v_x^*}{\partial x^*}$ 具有相同量级，即 $\dfrac{\partial p^*}{\partial x^*} \sim 1$ 或 $p^* \sim 1$。

(5) 黏性力项 $\dfrac{1}{Re}\dfrac{\partial^2 v_x^*}{\partial x^{*2}} \sim \delta^{*2}, \dfrac{1}{Re}\dfrac{\partial^2 v_x^*}{\partial y^{*2}} \sim \delta^{*2}\dfrac{1}{\delta^{*2}} = 1$。

(6) 惯性力项 $v_x^* \dfrac{\partial v_y^*}{\partial x^*} \sim \delta^*, v_y^* \dfrac{\partial v_y^*}{\partial y^*} \sim \delta^*$。

(7) 沿 y 向压力梯度项 $\dfrac{\partial p^*}{\partial y^*} \sim \dfrac{1}{\delta^*}$。

(8) 黏性力项 $\dfrac{1}{Re}\dfrac{\partial^2 v_y^*}{\partial x^{*2}} \sim \delta^{*3}, \dfrac{1}{Re}\dfrac{\partial^2 v_y^*}{\partial y^{*2}} \sim \delta^{*2}\dfrac{\delta^*}{\delta^{*2}} = \delta^*$。

根据上述分析略去高阶小量，得到简化的无量纲方程

$$\frac{\partial v_x^*}{\partial x^*} + \frac{\partial v_y^*}{\partial y^*} = 0 \tag{9.2.3a}$$

$$\begin{cases} v_x^* \dfrac{\partial v_x^*}{\partial x^*} + v_y^* \dfrac{\partial v_x^*}{\partial y^*} = -\dfrac{\partial p^*}{\partial x^*} + \dfrac{1}{Re}\dfrac{\partial^2 v_x^*}{\partial y^{*2}} \\[2mm] \dfrac{\partial p^*}{\partial y^*} = 0 \end{cases} \tag{9.2.3b}$$

再将式(9.2.3)还原为有量纲形式,即为

$$\frac{\partial v_x}{\partial x} + \frac{\partial v_y}{\partial y} = 0 \tag{9.2.4a}$$

$$\begin{cases} v_x \dfrac{\partial v_x}{\partial x} + v_y \dfrac{\partial v_x}{\partial y} = -\dfrac{1}{\rho}\dfrac{\partial p}{\partial x} + \dfrac{\mu}{\rho}\dfrac{\partial^2 v_x}{\partial y^2} \\[2mm] \dfrac{1}{\rho}\dfrac{\partial p}{\partial y} = 0 \end{cases} \tag{9.2.4b}$$

这就是沿平壁面的二维定常不可压缩流体的层流附面层微分方程,也称为普朗特方程。它表明附面层理论的一个重要结论:附面层内的压强沿 y 轴(即壁面法向)为常数,它只是 x 的函数,且其分布就是附面层外缘处的势流压强分布,即附面层内有 $p = p_e(x)$。因此,附面层内的压强分布是已知量,由外部势流的分析或计算结果决定。设附面层外缘处的势流速度 $V = V_e(x)$,借助伯努利方程可有

$$\frac{\partial p}{\partial x} = \frac{\mathrm{d}p_e}{\mathrm{d}x} = -\rho V_e \frac{\mathrm{d}V_e}{\mathrm{d}x}$$

于是,附面层微分方程又可写成

$$\frac{\partial v_x}{\partial x} + \frac{\partial v_y}{\partial y} = 0 \tag{9.2.5a}$$

$$v_x \frac{\partial v_x}{\partial x} + v_y \frac{\partial v_x}{\partial y} = -\frac{1}{\rho}\frac{\mathrm{d}p_e}{\mathrm{d}x} + \frac{\mu}{\rho}\frac{\partial^2 v_x}{\partial y^2} \text{ 或 } v_x \frac{\partial v_x}{\partial x} + v_y \frac{\partial v_x}{\partial y} = V_e \frac{\mathrm{d}V_e}{\mathrm{d}x} + \frac{\mu}{\rho}\frac{\partial^2 v_x}{\partial y^2} \tag{9.2.5b}$$

式(9.2.5)对应的边界条件为:

① 物面上速度满足无滑移条件,即 $y = 0$ 处有

$$v_x = 0, v_y = 0 \tag{9.2.6a}$$

② 附面层外缘 $y = \delta$ 处速度满足

$$v_x \approx V_e(x), \text{ 或 } y = \infty \text{ 处 } v_x = V_e(x) \tag{9.2.6b}$$

附面层微分方程是 N-S 方程在附面层流动中的一个近似方程,在求解该方程时,外部势流解应已知,因而压强 p 为已知量,未知量只有 v_x, v_y。尽管附面层方程较之 N-S 方程是大大简化了,但仍然是二阶非线性偏微分方程组,数学求解仍很困难,只能对一些典型情况求得方程的精确解。此外,它也是有其应用范围的,例如,在雷诺数较低时,δ/L 较大,该方程的误差就较大,附面层出现分离时该方程也不适用。

对于曲壁面情况,通常采用一种特殊规定的正交曲线坐标系,即附面层坐标系。如图 9.2.1 所示,以壁面上某点为坐标原点,沿着流动方向的物面轮廓线取作 x 轴,而沿着物面的法线方向自物面算起的距离取作 y 轴。令物面的曲率半径为 R_c,采用前面所述的类似方法,可得到如下的附面层正交坐标系下的附面层微分方程(在此不作详细推导,仅给出结果)

$$\frac{\partial v_x}{\partial x} + \frac{\partial v_y}{\partial y} = 0 \tag{9.2.7a}$$

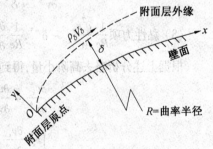

图 9.2.1 曲壁面附面层

$$\begin{cases} v_x \dfrac{\partial v_x}{\partial x} + v_y \dfrac{\partial v_x}{\partial y} = -\dfrac{1}{\rho} \dfrac{\partial p}{\partial x} + \dfrac{\mu}{\rho} \dfrac{\partial^2 v_x}{\partial y^2} \\[3mm] \dfrac{\partial p}{\partial y} = \dfrac{\rho v_x^2}{R_c} \end{cases} \tag{9.2.7b}$$

式(9.2.7)表明,为了与流动弯曲所产生的离心力平衡,必须有 y 方向的压强梯度,这是与平壁面附面层方程的唯一区别。不过,对于 $R_c \gg \delta$ 即曲率半径不太小的曲壁面,由于有量级关系 $p \sim \rho v_x^2, y \sim \delta \ll R_c$ 成立,即 $\dfrac{\partial p}{\partial y} \gg \dfrac{\rho v_x^2}{R_c}$,所以离心力对压强梯度的影响可以忽略不计,仍可认为 $\dfrac{\partial p}{\partial y} = 0$,即压强沿 y 轴为常数。于是,曲壁面附面层方程在形式上与平壁面情形一致。

9.2.2　二维层流附面层方程的相似解及其存在条件

一般来说,二维附面层的流动参数是 x, y 的函数。例如,不同 x 处的速度剖面是不同的,即 $v_x(x_1, y) \neq v_x(x_2, y)$,如图9.2.2所示。在某种情况下,可以找到一种变换,将这些流动参数从 (x, y) 平面(称物理平面)转换到新的平面 (ξ, η) 上,在这个新的平面中,无量纲速度剖面可以与位置无关,有 $v_\xi^* = v_\xi^*(\eta)$ 成立,即 v_ξ^* 与 ξ 无关。若附面层能够保持这种特性,就称为附面层的相似性,或称附面层具有"相似解"。在通常情况下,取这个转换平面为 (x, η),即只对 y 坐标作变换。

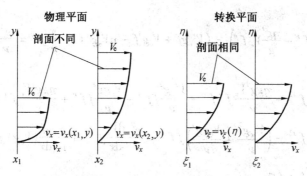

图9.2.2　附面层相似解示意图

在某一 x 位置处,当地势流流速 V_e 显然适合作为流速的特征参数,它代表了当地的(流向位置上)跨越附面层的最大剪切速度。再取 $g(x)$ 作为 y 坐标的变换函数,也称为比例因子,即

$$\frac{v_x(x, y)}{V_e(x)} = f(\eta), \quad \eta = \frac{y}{g(x)} \tag{9.2.8}$$

式(9.2.8)即为附面层方程的相似解,η 是由 x, y 构成的一个新变量,称为相似变量。显然,在方程具有相似解的情况下,自变量的数目由两个(即 x, y)减少为一个(即 η),而关于 v_x,v_y 的偏微分方程也可转化为关于 v_x,v_y 的常微分方程,使得问题的求解得以简化。对于湍流来说,满足式(9.2.8)的完全相似是很少见的,原因在于除黏性应力之外,湍流脉动所引起的雷诺应力也是影响附面层内速度剖面的重要因素,而且二者随 x 变化的关系又各不相同,很难形成相似剖面。还需指出的是,即使对于层流流动,也只发现了少数相似流动,更大量的流动仍是非相似流动。

当各物理量转换至 (ξ, η) 坐标系后 $(\xi = x)$，则有如下复合函数变换关系式

$$\begin{cases} \dfrac{\partial}{\partial x} = \dfrac{\partial}{\partial \xi} \dfrac{\partial \xi}{\partial x} + \dfrac{\partial}{\partial \eta} \dfrac{\partial \eta}{\partial x} = \dfrac{\partial}{\partial \xi} + \dfrac{\partial}{\partial \eta}\left(-\dfrac{y}{g^2}g'\right) = \dfrac{\partial}{\partial \xi} - \dfrac{\eta g'}{g}\dfrac{\partial}{\partial \eta} \\[3mm] \dfrac{\partial}{\partial y} = \dfrac{\partial}{\partial \xi} \dfrac{\partial \xi}{\partial y} + \dfrac{\partial}{\partial \eta} \dfrac{\partial \eta}{\partial y} = \dfrac{1}{g}\dfrac{\partial}{\partial \eta} \end{cases} \tag{9.2.9}$$

引入流函数 $\psi(x,y)$，使 $v_x = \dfrac{\partial \psi}{\partial y}, v_y = -\dfrac{\partial \psi}{\partial x}$，并假设

$$\psi = V_e(x)g(x)f(\eta) \tag{9.2.10}$$

由式(9.2.9)可得到流速分量的变换式

$$v_x = \frac{\partial \psi}{\partial y} = \frac{1}{g}\frac{\partial \psi}{\partial \eta} = V_e f', \quad v_y = -\frac{\partial \psi}{\partial x} = -(V'_e g f + V_e g' f - \eta V_e g' f') \tag{9.2.11}$$

借助式(9.2.9)、(9.2.10)，还可得

$$\frac{\partial v_x}{\partial x} = \frac{\partial}{\partial x}\frac{\partial \psi}{\partial y} = \left(\frac{\partial}{\partial \xi} - \frac{\eta g'}{g}\frac{\partial}{\partial \eta}\right)\left(\frac{1}{g}\frac{\partial \psi}{\partial \eta}\right) = \left(\frac{\partial}{\partial \xi} - \frac{\eta g'}{g}\frac{\partial}{\partial \eta}\right)(V_e f') = V'_e f' - \frac{\eta g'}{g}V_e f''$$

$$\frac{\partial v_x}{\partial y} = \frac{\partial}{\partial y}\frac{\partial \psi}{\partial y} = \frac{1}{g}\frac{\partial}{\partial \eta}\left(\frac{1}{g}\frac{\partial \psi}{\partial \eta}\right) = \frac{V_e}{g}f'', \quad \frac{\partial^2 v_x}{\partial y^2} = \frac{\partial}{\partial y}\frac{\partial^2 \psi}{\partial y^2} = \frac{1}{g}\frac{\partial}{\partial \eta}\left(\frac{V_e}{g}f''\right) = \frac{V_e}{g^2}f'''$$

将上面诸式及式(9.2.11)代入式(9.2.5b)中，得

$$V_e f'\left(V'_e f' - \frac{\eta g'}{g}V_e f''\right) - (V'_e g f + V_e g' f - \eta V_e g' f')\frac{V_e}{g}f'' = V_e \frac{\mathrm{d}V_e}{\mathrm{d}x} + \nu \frac{V_e}{g^2}f'''$$

或

$$\frac{g^2 f'}{\nu}\left(V'_e f' - \frac{\eta g'}{g}V_e f''\right) - (V'_e g f + V_e g' f - \eta V_e g' f')\frac{g}{\nu}f'' = \frac{g^2}{\nu}\frac{\mathrm{d}V_e}{\mathrm{d}x} + f'''$$

将上式展开，有

$$\frac{g^2 V'_e}{\nu}f'^2 - \frac{\eta g g' V_e}{\nu}f'f'' - \frac{V'_e g^2}{\nu}ff'' - \frac{V_e g g'}{\nu}ff'' + \frac{\eta g g' V_e}{\nu}f'f'' =$$

$$\frac{g^2 V'_e}{\nu}f'^2 - \left(\frac{V'_e g^2}{\nu} + \frac{V_e g g'}{\nu}\right)ff'' = \frac{g^2}{\nu}\frac{\mathrm{d}V_e}{\mathrm{d}x}f'^2 - \frac{g}{\nu}\frac{\mathrm{d}}{\mathrm{d}x}(V_e g)f'f'' =$$

$$\frac{g^2}{\nu}\frac{\mathrm{d}V_e}{\mathrm{d}x} + f'''$$

若令

$$\alpha = \frac{g(x)}{\nu}\frac{\mathrm{d}}{\mathrm{d}x}[V_e(x)g(x)], \quad \beta = \frac{g^2(x)}{\nu}\frac{\mathrm{d}V_e(x)}{\mathrm{d}x} \tag{9.2.12}$$

则得

$$f''' + \alpha f f'' + \beta(1 - f'^2) = 0 \tag{9.2.13}$$

由式(9.2.11)，可将边界条件式(9.2.6)转化为

$$f_{\eta=0} = 0, \quad \left(\frac{\mathrm{d}f}{\mathrm{d}\eta}\right)_{\eta=0} = 0, \quad \left(\frac{\mathrm{d}f}{\mathrm{d}\eta}\right)_{\eta=\infty} = 1 \tag{9.2.14}$$

显然，只有当 α, β 均为常数时，式(9.2.13)才是 $f(\eta)$ 的常微分方程式，才能得到相似解，也自然满足 f 仅为 η 的函数的假设。由式(9.2.12)得

$$2\alpha - \beta = \frac{1}{\nu}\frac{\mathrm{d}}{\mathrm{d}x}(g^2 V_e)$$

积分得

$$(2\alpha - \beta)\nu x = g^2 V_e$$

再用 β 的表达式除以上式,可有

$$\frac{\beta}{(2\alpha - \beta)x} = \frac{1}{V_e}\frac{dV_e}{dx}$$

积分上式,得

$$V_e = Cx^m \tag{9.2.15}$$

式中,C 为积分常数,$m = \dfrac{\beta}{2\alpha - \beta} = \dfrac{1}{2(\alpha/\beta) - 1}$。由于 α,β 的公约数对结果并无影响,因而可令 $\alpha = 1$,即

$$m = \frac{\beta}{2 - \beta} \text{ 或 } \beta = \frac{2m}{m + 1} \tag{9.2.16}$$

因此,当势流流速 V_e 与 x^m 成比例时,附面层方程存在相似解,它的解称为法沃克纳 - 斯坎解。此时流速分布函数 $f(\eta)$ 满足

$$f''' + ff'' + \beta(1 - f'^2) = 0 \tag{9.2.17}$$

比例因子 g 为

$$g^2 = (2 - \beta)\frac{\nu x}{V_e} \text{ 或 } g = \sqrt{\frac{2}{m + 1}\frac{\nu x}{V_e}} \tag{9.2.18a}$$

如果将 $V_e = Cx^m$ 代入上式,则 g 还可以写成

$$g = \sqrt{\frac{2}{m + 1}\frac{\nu}{C}x^{\frac{1-m}{2}}} \tag{9.2.18b}$$

类似地,相似变量 η 为

$$\eta = \frac{y}{g} = y\bigg/\sqrt{\frac{2}{m + 1}\frac{\nu x}{V_e}} \text{ 或 } \eta = y\sqrt{\frac{m + 1}{2}\frac{V_e}{\nu x}} \tag{9.2.19a}$$

$$\eta = y\sqrt{\frac{m + 1}{2}\frac{C}{\nu}x^{\frac{m-1}{2}}} \tag{9.2.19b}$$

流函数 ψ 为

$$\psi = V_e g f(\eta) = \sqrt{\frac{2}{m + 1}V_e \nu x}f(\eta) \tag{9.2.20a}$$

$$\psi = \sqrt{\frac{2}{m + 1}C\nu}x^{\frac{m+1}{2}}f(\eta) \tag{9.2.20b}$$

此外,α,β 还可有另一种取法,即

$$\alpha = \frac{1 + m}{2}, \beta = m \tag{9.2.21}$$

此时 $2\alpha - \beta = 1$。于是,流速分布函数 $f(\eta)$ 满足

$$f''' + \frac{1 + m}{2}ff'' + m(1 - f'^2) = 0 \tag{9.2.22}$$

比例因子 g 为

$$g^2 = \frac{\nu x}{V_e} \text{ 或 } g = \sqrt{\frac{\nu x}{V_e}} \tag{9.2.23}$$

相似变量 η 为

$$\eta = \frac{y}{g} = y \Big/ \sqrt{\frac{\nu x}{V_e}} \text{ 或 } \eta = y\sqrt{\frac{V_e}{\nu x}} \tag{9.2.24}$$

流函数 ψ 为

$$\psi = V_e g f(\eta) = \sqrt{V_e \nu x} f(\eta) \tag{9.2.25}$$

9.2.3　平板附面层方程的布拉修斯解

如图 9.2.3 所示,设 x 轴方向放置一半无限长的二维平板,其前缘位于坐标原点,远前方自由来流速度为 V_∞,其方向为 x 轴正向。由于附面层外缘处流速均匀即 $V_e = V_\infty$,因而沿 x 轴方向的压强梯度 $\frac{\partial p}{\partial x} = 0$。于是,式(9.2.5)可写为

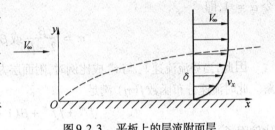

图 9.2.3　平板上的层流附面层

$$\frac{\partial v_x}{\partial x} + \frac{\partial v_y}{\partial y} = 0 \tag{9.2.26a}$$

$$v_x \frac{\partial v_x}{\partial x} + v_y \frac{\partial v_x}{\partial y} = \nu \frac{\partial^2 v_x}{\partial y^2} \tag{9.2.26b}$$

边界条件为

$$y = 0 : v_x = 0, v_y = 0 \tag{9.2.27a}$$

$$y = \infty : v_x = V_\infty \tag{9.2.27b}$$

对于沿平板流动,式(9.2.15)中的 $m = 0$,参考式(9.2.22) ~ (9.2.25)等,得到下列关系式

$$\frac{v_x(x,y)}{V_\infty} = f(\eta), \eta = \frac{y}{\sqrt{x\nu/V_\infty}}, \psi = \sqrt{V_\infty \nu x} f(\eta) \tag{9.2.28}$$

$$f''' + \frac{1}{2} f f'' = 0 \tag{9.2.29}$$

式(9.2.29)即为布拉修斯解方程。它是一个以 η 为自变量的无量纲流函数 f 的三阶非线性常微分方程。其边界条件与式(9.2.14)一致。由式(9.2.28)还可得

$$\begin{cases} v_x = \dfrac{\partial \psi}{\partial y} = V_\infty f'(\eta) \\[2mm] v_y = -\dfrac{\partial \psi}{\partial x} = \dfrac{1}{2}\sqrt{\dfrac{V_\infty \nu}{\xi}}\big[\eta f'(\eta) - f(\eta)\big] \\[2mm] \dfrac{\partial v_x}{\partial y} = \dfrac{\partial^2 \psi}{\partial y^2} = V_\infty \sqrt{\dfrac{V_\infty}{\xi \nu}} f''(\eta) \end{cases} \tag{9.2.30}$$

式(9.2.29)形式虽然简单,但数学上仍得不到解析解,布拉修斯首先应用幂级数展开法得

到了该问题的解,而后其他学者对此方程也做了大量的工作。表9.2.1给出了应用常微分方程数值解法(如龙格-库塔法)得到的函数 $f(\eta)$ 及其导数的数值解数据。

表9.2.1　定常不可压平板附面层的数值解

$\eta = y\sqrt{V_\infty/x\nu}$	f	$f' = v_x/V_\infty$	f''
0	0	0	0.332 06
1.0	0.165 57	0.329 79	0.323 01
2.0	0.650 03	0.629 77	0.266 75
3.0	1.396 82	0.846 05	0.161 36
4.0	2.305 76	0.955 52	0.064 24
4.8	3.085 34	0.987 79	0.021 87
5.0	3.283 29	0.991 15	0.015 91
6.0	4.279 64	0.998 68	0.002 40
7.0	5.279 26	0.999 92	0.000 22
8.0	6.279 23	1.000 0	0.000 01
8.8	7.079 23	1.000 0	0.000 00

由于式(9.2.29)是一个三阶的非线性常微分方程,须在壁面给定三个边界条件才能采用数值积分方法求解,即给出 $f(0)$、$f'(0)$、$f''(0)$ 的值。但由边界条件式(9.2.14)可知,壁面处的 $f''(0)$ 并不已知。因而,数值解法的具体步骤是,给定一个假设初值 $f''(0)$,对式(9.2.29)进行数值积分,验证其结果是否在 $\eta = \infty$ 处满足 $f'(\infty) = 1$,若不满足,则修正初值 $f''(0)$,重复步骤直至 $f'(\infty) = 1$ 得到满足。这种解法称为"试凑法"。在实际计算中并不是一直算到 $\eta = \infty$,只要算到 $f'(\eta)$ 变化已经很缓慢时的 η 处,近似地取此数值为 $f'(\infty)$。图9.2.4给出了速度分布的理论值与实验值的比较,二者吻合得非常好。

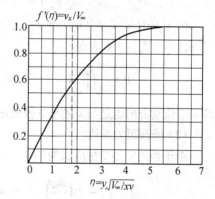

图9.2.4　平板附面层内的速度分布

根据表9.2.1中的数值计算结果,可以很好地分析附面层内主要物理量的特点。

(1)附面层厚度 δ、位移厚度 δ^* 及动量损失厚度 θ。

根据定义,附面层厚度是 $\delta = \dfrac{v_x}{V_\infty} = f'(\eta) = 0.99$ 时的 y 值,插值得到 $\eta_\delta = 4.92$,于是由

$$\eta = y\sqrt{\frac{V_\infty}{x\nu}} \text{ 或 } \delta = \eta_\delta\sqrt{\frac{x\nu}{V_\infty}} \text{ 得}$$

$$\delta = 4.92\sqrt{\frac{x\nu}{V_\infty}} = \frac{4.92x}{\sqrt{Re_x}} \tag{9.2.31}$$

即附面层厚度 δ 沿流动方向与 x 的平方根成正比增长。

由位移厚度 δ^* 的定义可有

$$\delta^* = \int_0^\delta \left(1 - \frac{v_x}{V_\infty}\right)\mathrm{d}y = \sqrt{\frac{\nu x}{V_\infty}}\int_0^{\eta\delta}\left(1 - \frac{v_x}{V_\infty}\right)\mathrm{d}\eta = \sqrt{\frac{\nu x}{V_\infty}}\int_0^{\eta\delta}(1 - f')\mathrm{d}\eta =$$

$$\sqrt{\frac{\nu x}{V_\infty}}[\eta_\delta - f(\eta_\delta)] \tag{9.2.32a}$$

插值得到 $f(\eta_\delta) = 3.18$，于是

$$\delta^* = 1.74\sqrt{\frac{x\nu}{V_\infty}} = \frac{1.74x}{\sqrt{Re_x}} \tag{9.2.32b}$$

即位移厚度 δ^* 沿流动方向也是与 x 的平方根成正比增长。

考虑式(9.2.29)，对于动量损失厚度 θ 有

$$\theta = \int_0^\delta \frac{v_x}{V_\infty}\left(1 - \frac{v_x}{V_\infty}\right)\mathrm{d}y = \sqrt{\frac{\nu x}{V_\infty}}\int_0^{\eta\delta}f'(1 - f')\mathrm{d}\eta =$$

$$\sqrt{\frac{\nu x}{V_\infty}}\int_0^{\eta\delta}\{[f(1 - f')]' + ff''\}\mathrm{d}\eta =$$

$$\sqrt{\frac{\nu x}{V_\infty}}\left\{[f(1 - f')]\Big|_0^{\eta\delta} - \int_0^{\eta\delta}2f'''\mathrm{d}\eta\right\} \tag{9.2.33a}$$

由于 $f(0) = 0, f'(\eta_\delta) \approx f'_{\eta = \infty} = 1$，则式(9.2.33a)中第一项为零。于是，再考虑到 $f''(\eta_\delta) \approx f''_{\eta = \infty}$，查表得

$$\theta = \sqrt{\frac{\nu x}{V_\infty}}(-2f''\,|_0^{\eta\delta}) = \sqrt{\frac{\nu x}{V_\infty}}2[f''(0) - f''(\eta_\delta)] = \frac{0.664x}{\sqrt{Re_x}} \tag{9.2.33b}$$

即 θ 沿流动方向也是与 x 的平方根成正比增长。

(2) 壁面阻力系数。

由于当地壁面摩擦应力为

$$\tau_\mathrm{w} = \mu\left(\frac{\partial v_x}{\partial y}\right)_{y=0} = \mu V_\infty\sqrt{\frac{V_\infty}{\xi\nu}}f''(0) = 0.332\mu V_\infty\sqrt{\frac{V_\infty}{\xi\nu}} \tag{9.2.34}$$

则当地壁面阻力系数可写为 $(\xi = x)$

$$c_\mathrm{f} = \frac{\tau_\mathrm{w}}{\frac{1}{2}\rho V_\infty^2} = \frac{\mu V_\infty\sqrt{\frac{V_\infty}{x\nu}}f''(0)}{\frac{1}{2}\rho V_\infty^2} = \frac{0.664}{\sqrt{Re_x}} \tag{9.2.35}$$

设 l 为从平板前缘算起的长度，则平板单位宽度所受到的总的摩擦阻力为

$$D_\mathrm{f} = \int_0^l \tau_\mathrm{w}\mathrm{d}x = 0.332\mu\sqrt{\frac{V_\infty^3}{\nu}}\int_0^l\sqrt{\frac{1}{x}}\mathrm{d}x = 0.664\sqrt{V_\infty^3\rho\mu l} \tag{9.2.36}$$

可得到平板的平均摩擦阻力系数为

$$\bar{c_f} = \frac{D_f}{\frac{1}{2}\rho V_\infty^2 l} = \frac{0.664\sqrt{V_\infty^3 \rho \mu l}}{\frac{1}{2}\rho V_\infty^2 l} = \frac{1.328}{\sqrt{\dfrac{\rho V_\infty l}{\mu}}} = \frac{1.328}{\sqrt{Re_1}} \tag{9.2.37}$$

比较 $\theta, \bar{c_f}$ 可知,动量损失厚度在估算阻力系数时是非常有用的。

最后还应指出,在前缘点附近是小雷诺数流动,v_x 与 v_y 的变化具有相同的量级,不满足普朗特附面层近似条件,布拉修斯解不适用,需要进行修正处理。此外,在上述分析中曾假定平板是半无限长的,但实际的平板都是有限长的,存在特征长度,相似解将不存在,需要从普朗特方程出发解决问题,比较麻烦。对于较长的平板则可以近似利用布拉修斯解的计算结果。

9.2.4 其他层流相似解

对于沿楔形体、外钝角壁、圆柱体、弯曲壁面等的附面层流动,如图9.2.5 所示,由于势流区内的速度和压强沿程有变化,所以附面层方程中的 $\dfrac{\partial p}{\partial x} \neq 0$,使得问题的解比平板附面层复杂。前面已经证明,当势流流场速度满足式(9.2.15),即 $V_e = Cx^m$ 时,附面层方程还是具有相似解的。由式(9.2.16)、(9.2.17) 得

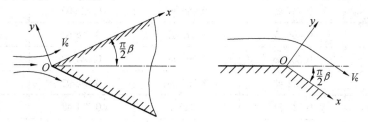

图9.2.5 某些有相似解的流动

$$\alpha = 1, \beta = \frac{2m}{m+1} \quad 及 \quad f''' + ff'' + \beta(1 - f'^2) = 0$$

根据式(9.2.19)、(9.2.20) 及式(9.2.31) ~ (9.2.34),可以得到附面层厚度 δ、位移厚度 δ^*、动量损失厚度 θ 及壁面切应力 τ_w 的表达式,即

$$\delta = \sqrt{\frac{2}{m+1}\frac{\nu}{C}x^{\frac{1-m}{2}}}\,\eta_\delta(\beta) \tag{9.2.38}$$

$$\delta^* = \sqrt{\frac{2}{m+1}\frac{\nu}{C}x^{\frac{1-m}{2}}}\int_0^\infty (1 - f')\mathrm{d}\eta = \sqrt{\frac{2}{m+1}\frac{\nu}{C}x^{\frac{1-m}{2}}}\,A(\beta) \tag{9.2.39}$$

式中,$A(\beta) = \displaystyle\int_0^\infty (1 - f')\mathrm{d}\eta > 0$。

$$\theta = \sqrt{\frac{2}{m+1}\frac{\nu}{C}x^{\frac{1-m}{2}}}\int_0^\infty f'(1 - f')\mathrm{d}\eta = \sqrt{\frac{2}{m+1}\frac{\nu}{C}x^{\frac{1-m}{2}}}\,B(\beta) \tag{9.2.40}$$

式中,$B(\beta) = \displaystyle\int_0^\infty f'(1 - f')\mathrm{d}\eta > 0$。

$$\tau_w = \mu\sqrt{\frac{m+1}{2}\frac{C^3}{\nu}x^{\frac{3m-1}{2}}}\,f''(0, \beta) \tag{9.2.41}$$

图9.2.6 给出了不同 m(或 β) 值时的速度剖面,表9.2.2 给出了计算得到的一些函数值。

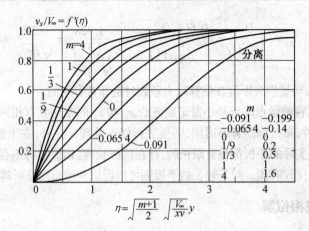

图 9.2.6 f' 与 η 的关系图

表 9.2.2 不同 m 值的一些参数数值

m	$f''(0) = c_f \sqrt{Re}/2$	$\delta_1^* = \delta^* \sqrt{V_e/\nu x}$	$\theta_1 = \theta \sqrt{V_e/\nu x}$	H
1	1.232 59	0.647 91	0.292 34	2.216
1/3	0.757 45	0.985 36	0.429 00	2.297
0.1	0.496 57	1.347 82	0.556 60	2.422
0	0.302 06	1.702 74	0.664 12	2.591
-0.01	0.311 48	1.780 00	0.678 92	2.622
-0.05	0.213 51	2.117 4	0.751 48	2.811
-0.090 4	0.0	3.427 7	0.867 97	3.949

从表 9.2.2 中可以看出:

(1) 当 $m > 0$ 时,流动为加速运动,速度剖面中不出现拐点,整个速度剖面凸向下游;当 $-1 < m < 0$ 时,流动为减速运动,速度剖面中出现拐点,速度剖面在紧贴壁面处凹向下游,而在附面层外缘附近仍为凸向下游。当 $m = -0.090\ 4$(即 $\beta = -0.199$)时,$f''(0,\beta) = 0$,即 $\tau_w = 0, \left(\dfrac{\partial v_x}{\partial y}\right)_{y=0} = 0$,速度剖面在壁面处与 η 轴相切,附面层将发生分离,因此层流附面层为了避免分离现象的发生,只能承受很小的减速度,这个问题还将在后面进一步讨论。当 $m < -0.090\ 4$ 时,附面层内将发生逆向流动。

(2) 当 $m > 1$ 时,即流动加速非常显著时,附面层位移厚度 δ^* 沿流动方向减小;当 $0 < m < 1$ 时,δ^* 沿 x 方向增大;当 $m < 0$ 时,δ^* 也是沿 x 方向增大的,且增长得较快。

最后再给出一些不同 m(或 β)值时的外部势流的例子。

(1) $-\dfrac{1}{2} \leqslant m \leqslant 0$, $-2 \leqslant \beta \leqslant 0$。绕拐角为 $\dfrac{\pi}{2}\beta$ 的外钝角流动。

(2) $m = 0, \beta = 0$。布拉修斯平板流动。

(3) $0 \leqslant m \leqslant \infty, 0 \leqslant \beta \leqslant 2$。绕顶角为 $\beta\pi$ 的二维半无限长楔形体的对称流动。

(4) $m = 1, \beta = 1$。顶角为 180° 的楔形体流,或绕钝头体前驻点附近的二维流动,即二维平面滞止流。

9.3　湍流基础及湍流附面层的物理特征

在自然界和工程实际中,最普遍存在的流动状态是湍流,它是流体微团或者说是巨量分子群的一种极不规则、极不稳定、极其复杂的非定常的随机运动,湍流运动产生的质量和能量的输运远远大于流体分子热运动产生的宏观输运。本节将从工程应用角度讨论一些关于湍流流动、湍流附面层的基本问题。

9.3.1　层流流动稳定性与转捩

在多数情况下,流动并不是一开始就为湍流,而是要经过一个由层流向湍流发展的过程,即转捩过程。转捩的发生与许多因素有关,如物面几何形状、来流湍动度、物面粗糙度及外界扰动的强度、频率等。实验和理论研究表明,低雷诺数时湍流不可能发生,而高雷诺数时则不可能保持层流状态,这就说明流体运动存在着稳定性问题,即流动对作用于它的小扰动如何响应的问题。如果扰动随时间而衰减直至消失,则层流流动是稳定的;反之,则流动是不稳定的,并将从层流转变为湍流。因此,层流流动稳定性研究的主要内容,就是寻求在各种流动情况下层流对微小扰动失去抑制能力时的雷诺数,即临界雷诺数 Re_{cr}。

以满足 $V_x = V(y)$,$V_y = 0$ 的二维不可压缩平行流动为例,在平行流上叠加小扰动,则流动速度、压力可写为

$$v_x = V(y) + v'_x(x,y,t), v_y = v'_y(x,y,t), p = P(x) + p'(x,y,t)$$

考虑到受扰动的流场与原来的平行流流场均满足 N – S 方程,将二者对应的 N – S 方程相减即得到小扰动满足的方程。由于任一二维扰动可以展开为傅里叶级数形式,于是这种复杂的扰动可被视作由许多不同频率的简谐振动叠加而成,也就是说,扰动是由一些沿 x 方向传播的谐波形扰动波(称为 T – S 波)组成,傅里叶级数的每一项就代表了一个扰动波。将代表某个扰动波的流函数表示为谐波形解的形式,即

$$\psi(x,y,t) = \phi(y)e^{ik(x-ct)} = \phi(y)e^{ik(x-c_rt)}e^{kc_it}$$

式中,$\phi(y)$ 表示小扰动复数振幅的待求函数;$i = \sqrt{-1}$;k 为与某个谐波对应的波数;$c = c_r + ic_i$ 的实部 c_r 为扰动波在 x 方向的传播速度即波速;虚部 c_i 则视其符号而表示扰动衰减或放大的程度。将该流函数代入到小扰动方程中,就可得到小扰动振幅 $\phi(y)$ 所满足的四阶常微分方程,即奥尔 – 佐默菲尔德方程(简称 O – S 方程)。在主流 $V(y)$ 给定的条件下,该方程还包含 k, c_r, c_i, Re_δ 四个参数,其中 $Re_\delta = \dfrac{\rho V_\delta \delta(x)}{\mu}$。O – S 方程和相应流动问题的边界条件定义了一个特征值问题,若再给定 k, Re_δ,该特征值问题的解就是复数特征值 c。于是,稳定性条件可以描述为,对于给定的雷诺数 Re_δ,如果至少存在一个波数 k,使得特征值 c 的虚部满足 $c_i > 0$,则扰动就会被放大,从而在该雷诺数下的流动是不稳定的;如果对所有波数都有 $c_i < 0$,则该雷诺数下的流动是稳定的;若 $c_i = 0$,则称为中性稳定流动。

图 9.3.1 给出了有二维扰动时的层流附面层稳定性的计算结果,图中由 $k\delta, Re_\delta$ 确定的每一点都与一组 c_r, c_i 值对应,将满足 $c_i = 0$ 的点连成曲线即为中性稳定曲线,它把平面分为稳定

和不稳定两个区域。曲线 a,b 则代表速度剖面不同时的中性稳定曲线。中性稳定曲线上 Re_δ 为最小值的点具有重要意义,因为当 Re_δ 小于此值时,对所有的无穷小扰动,层流附面层都是稳定的;当 Re_δ 大于此值时,则对于某些具有特定波数 k 的扰动波,附面层将是不稳定的。这个雷诺数就是临界雷诺数 Re_{cr}。此外,当速度剖面中有拐点时(曲线 a),其中性稳定曲线所包含的流动不稳定区域较大,而且由曲线 a 确定的临界雷诺数也要更小一些,即流动稳定性较弱。

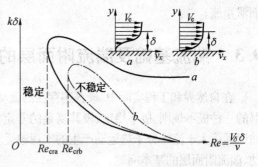

图 9.3.1　附面层流动稳定性

下面以图 9.3.2 所示的沿平板流动问题为例,说明附面层中流动的转捩过程。

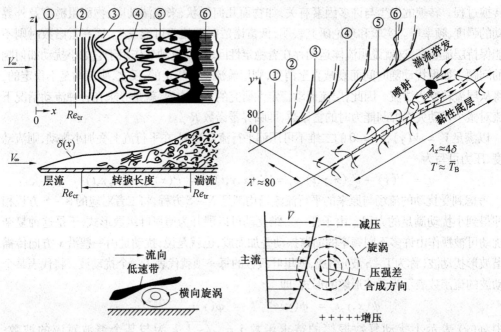

图 9.3.2　附面层的转捩

(1)稳定层流(①区)受到壁面粗糙度、来流湍动度等外界扰动的影响,当扰动振幅较小时(开始时总是这样),出现二维 T－S 波,其发展情况符合稳定性理论。

(2)随着流动发展,Re_δ 增大,在一定条件下(如当地雷诺数大于临界雷诺数),有些扰动被放大,流动出现不稳定(②区),出现不稳定的二维 T－S 波。

(3)流动继续向下游发展,研究表明,当 Re_δ 超过了对某种三维扰动不稳定的临界值时,将出现三维不稳定的扰动波,即展向不稳定(③区)或者说扰动变化沿展向的不均匀性,如果在不同展向位置观察,则在某些位置处速度剖面变得比平均速度剖面更饱满(称为高速条带),而在另一些位置处速度剖面发生严重的亏损,甚至出现拐点(称为低速条带)。随着三维扰动的非线性增长,近壁处黏性底层中的低速条带头部逐渐升起,其与壁面之间形成横向旋涡。横向旋涡在向下游运动过程中变形,发展成为 λ 形的展向涡,并逐渐形成发卡涡(即马蹄涡)。由于自诱导作用,马蹄涡头部的"Ω"形状因曲率最大,涡强也较大,将有更大的向上速度,即进入有更高平均速度的流层,并因而比根部运动更快,使马蹄涡受到沿流向的拉伸、变细,其流向(x 向)涡强增加。

(4) 基于动量矩守恒原理,流向涡强的增加势必与 v_y,v_z 的增加有关,因而马蹄涡头部的向上速度更大,并由此形成不断加强的拉伸、自诱导过程。这一结论也可以从儒可夫斯基升力定理 $L = \rho V_\infty \Gamma$ 直接得出,随马蹄涡离开壁面越远,V_∞ 越大,则升力越大。随马蹄涡远离壁面,较高流速区的流体绕过马蹄涡而向下"俯冲",从而在高速与底层低速流体之间形成剪切层,并使瞬时速度剖面上出现拐点,进一步增强了流动的不稳定性。此时,马蹄涡结构开始出现不断增长的振荡,并随之发生突然破裂,导致强烈的湍流脉动,诱使壁面附近的低速流体向上"喷射",与此同时,上层的高速流体向下层俯冲而形成"扫掠"。这种马蹄涡形成、发展到喷射、扫掠的过程称为猝发现象,将产生强烈的湍流脉动和应力。此即图 9.3.2 中的 ④ 区。扫掠之后瞬间的速度剖面恢复正常,拐点消失,黏性底层中重新出现新的低速条带,开始新的猝发过程。

(5) 马蹄涡破碎、喷射和扫掠形成猝发的下游的某些点处将出现一个个小的湍流区,称为湍流斑(⑤ 区),其周围流体仍为层流状态。猝发与湍流斑的出现在时间和空间上都是随机的。湍流斑随主流向下游扩展,并最终融合在一起直至占据整个展向宽度,形成充分发展的湍流(⑥ 区),流动完成从层流到湍流的转捩。

上面讨论的流动转捩过程可以归结为周期性出现的几个阶段:流动中产生相间的低速条带和高速条带,并发生马蹄涡的拉伸和变形,它向下游运动且升离壁面,至一定高度时破裂、喷射,高速流体由外向壁面扫掠,完成一个猝发过程。这就是湍流的一种拟序结构,它指的是湍流中存在某种有序的大尺度运动,尽管其触发的时间和地点并不确定,但一经触发就以某种确定的序列发展。湍流拟序结构的重要意义在于纠正了关于对于湍流的传统认识,即湍流并不是完全的非规则运动,而是有结构的非规则运动,它是生成湍流的重要机制,可以通过控制拟序结构来进行湍流控制的研究。

9.3.2　湍流平均运算、湍流强度及相关概念

1. 湍流的脉动特性及时均运算

湍流流动的显著特点是空间某固定点处的速度、压力等流动变量随时间不断变化,而且以很高的频率做无规则的脉动,如图 9.3.3 所示。

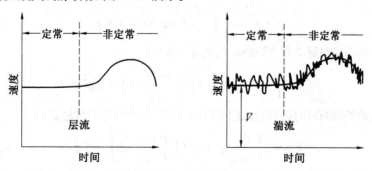

图 9.3.3　定常和非定常的层流、湍流

不规则运动过程属于随机过程,因而湍流中的流动变量是时间和空间的随机函数。虽然湍流脉动非常强烈,但在湍流研究中往往关注的是它的各流动物理量的平均值,所以通常主要研究计及脉动量影响的各物理量的平均量。将变量 f 作如下分解

$$f = \bar{f} + f' \tag{9.3.1}$$

式中,$\bar{f}$ 表示平均量;f' 表示脉动量。如果采用时间平均法来确定各流动物理量的平均值,就称为时均量,即

$$\bar{f}(x,y,z,t_0) = \frac{1}{T}\int_{t_0-\frac{T}{2}}^{t_0+\frac{T}{2}} f(x,y,z,t)\,\mathrm{d}t \tag{9.3.2}$$

式中,T 为一个取平均用的时间间隔,其值比脉动周期大得多,但又应远小于流动做非定常运动时的特征时间。也就是说,相对于比脉动周期大得多的时间尺度 T 而言,湍流的平均特性是稳定的、不随时间变化的,只需要考虑物理量的脉动变化量。但对于与非定常运动的特征时间同量级的时间尺度而言,时均量本身在时间上是可以变化的,即可以是非定常的。例如,海洋潮汐运动的周期是 12 h 或 24 h,而最低的湍流脉动频率约为 1 Hz(即每秒发生 1 个周期性变化),那么 T 取 2 min 就可以满足时均值的计算要求。在许多情况下,湍流脉动频率要比 1 Hz 高得多,T 取几秒就可以了。若时均量 $\bar{f}$ 是时间 t_0 和空间坐标的函数,即满足式(9.3.2),这种湍流称为非定常湍流。如果时均量 $\bar{f}$ 与时间 t_0 无关,称为定常湍流或准定常湍流(湍流实际上总是非定常的),即

$$\bar{f}(x,y,z) = \frac{1}{T}\int_{t_0-\frac{T}{2}}^{t_0+\frac{T}{2}} f(x,y,z,t)\,\mathrm{d}t \tag{9.3.3}$$

除时间平均外,还有空间平均、概率平均等平均方法,加上某些假设(如各态遍历假设)后,这三种平均方法的结果是一样的。

对于时均值有如下运算关系。

(1) 脉动量的时均值等于零,即

$$\overline{f'} = \frac{1}{T}\int_{t_0-\frac{T}{2}}^{t_0+\frac{T}{2}} (f - \bar{f})\,\mathrm{d}t = \frac{1}{T}\int_{t_0-\frac{T}{2}}^{t_0+\frac{T}{2}} f\,\mathrm{d}t - \bar{f}\left(\frac{1}{T}\int_{t_0-\frac{T}{2}}^{t_0+\frac{T}{2}}\mathrm{d}t\right) = \bar{f} - \bar{f} = 0 \tag{9.3.4a}$$

(2) 时均量的时均值等于原来的时均值,即

$$\overline{\bar{f}} = \frac{1}{T}\int_{t_0-\frac{T}{2}}^{t_0+\frac{T}{2}} \bar{f}\,\mathrm{d}t = \bar{f} \tag{9.3.4b}$$

(3) 瞬时物理量之和的时均值,等于各个物理量的时均值之和,即

$$\overline{f+g} = \frac{1}{T}\int_{t_0-\frac{T}{2}}^{t_0+\frac{T}{2}} (f+g)\,\mathrm{d}t = \bar{f} + \bar{g} \tag{9.3.4c}$$

(4) 时均物理量与脉动量之积的时均值等于零,即

$$\overline{\bar{f}g'} = \frac{1}{T}\int_{t_0-\frac{T}{2}}^{t_0+\frac{T}{2}} \bar{f}g'\,\mathrm{d}t = \bar{f}\left(\frac{1}{T}\int_{t_0-\frac{T}{2}}^{t_0+\frac{T}{2}} g'\,\mathrm{d}t\right) = \bar{f}\overline{g'} = 0 \tag{9.3.4d}$$

(5) 时均物理量与瞬时物理量之积的时均值等于两个时均物理量之积,即

$$\overline{\bar{f}g} = \frac{1}{T}\int_{t_0-\frac{T}{2}}^{t_0+\frac{T}{2}} \bar{f}g\,\mathrm{d}t = \bar{f}\left(\frac{1}{T}\int_{t_0-\frac{T}{2}}^{t_0+\frac{T}{2}} g\,\mathrm{d}t\right) = \bar{f}\bar{g} \tag{9.3.4e}$$

(6) 两个瞬时物理量之积的时均值,等于两个时均物理量之积与两个脉动量之积的时均值之和,即

$$\overline{fg} = \frac{1}{T}\int_{t_0-\frac{T}{2}}^{t_0+\frac{T}{2}} fg\,\mathrm{d}t = \frac{1}{T}\int_{t_0-\frac{T}{2}}^{t_0+\frac{T}{2}}(\bar{f}+f')(\bar{g}+g')\,\mathrm{d}t =$$

$$\frac{1}{T}\int_{t_0-\frac{T}{2}}^{t_0+\frac{T}{2}}(\bar{f}\bar{g}+\bar{f}g'+f'\bar{g}+f'g')\,\mathrm{d}t = \bar{f}\bar{g}+\overline{f'g'} \tag{9.3.4f}$$

(7) 瞬时物理量对空间坐标各阶导数的时均值,等于时均物理量对同一坐标的各阶导数,即

$$\overline{\frac{\partial^n f}{\partial s^n}} = \frac{1}{T}\int_{t_0-\frac{T}{2}}^{t_0+\frac{T}{2}}\frac{\partial^n f}{\partial s^n}\,\mathrm{d}t = \frac{\partial^n}{\partial s^n}\left(\frac{1}{T}\int_{t_0-\frac{T}{2}}^{t_0+\frac{T}{2}}f\,\mathrm{d}t\right) = \frac{\partial^n \bar{f}}{\partial s^n} \tag{9.3.4g}$$

式中,s 表示任意坐标方向,如 x,y,z。

推论:脉动量对空间坐标各阶导数的时均值等于零,即 $\overline{\dfrac{\partial^n f'}{\partial x^n}} = 0$。

(7) 瞬时物理量对时间导数的时均值等于时均物理量对时间的导数,即

$$\overline{\frac{\partial f}{\partial t}} = \frac{\partial \bar{f}}{\partial t} \tag{9.3.4h}$$

准定常条件下 $\dfrac{\partial \bar{f}}{\partial t} = 0$。

2. 湍动度或湍流强度

虽然脉动量的时均值 $\overline{f'} = 0$,但脉动量的平方的时均值一般不等于零,由于 $f'^2 \geq 0$,所以

$$\overline{f'^2} \geq 0 \tag{9.3.5}$$

只有在 f' 始终等于零的层流中,才有 $\overline{f'^2} = 0$。由此,引入脉动速度的均方根值以反映湍流脉动速度的大小,即

$$T_u = \sqrt{\frac{1}{3}(\overline{v_x'^2} + \overline{v_y'^2} + \overline{v_z'^2})}\Big/ V_\infty \tag{9.3.6}$$

式(9.3.6)表征了三个方向平均脉动速度的均方根值与来流速度(或平均速度)之比。对于各向同性湍流,有 $\overline{v'^2} = \overline{v_x'^2} = \overline{v_y'^2} = \overline{v_z'^2}$,因而湍动度可定义为

$$T_u = \sqrt{\overline{v'^2}}\Big/ V_\infty \tag{9.3.7}$$

许多情况下湍流并不是均匀、各向同性的,但其强度也用此定义。

3. 相关概念

不仅同一脉动量的平方的时均值不等于零,两个不同脉动量乘积的平均一般也不等于零,其值与两个脉动量的相关程度有关。如图9.3.4所示,脉动量 f' 在大部分时间内与 g' 有相同的符号,这使得 $\overline{f'g'} > 0$,称为正相关;如果大部分时间内 f' 与 g' 符号相反即 $\overline{f'g'} < 0$,称为负相关。而 h' 与 f' 是不相关的,因为二者同号或反号的机会几乎完全一样,即 $\overline{f'h'} = 0$。常用相关系数 R 来度量两个脉动量之间的相关程度,即

$$R = \frac{\overline{f'g'}}{\sqrt{\overline{f'^2}\,\overline{g'^2}}} \tag{9.3.8}$$

若 $R = \pm 1$ 称为完全相关,每个脉动量都与其自身完全相关。对于湍流,特别是对于有重要实际意义的各种剪切湍流,v'_x 与 v'_y 是相关的,且通常 $\overline{v'_x v'_y} < 0$,这种相关性有深刻的物理原因,将在后面进一步讨论。

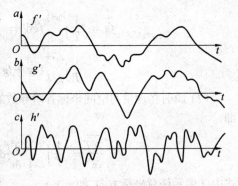

图 9.3.4 脉动量的相关概念

9.3.3 雷诺方程及雷诺应力

湍流流动尽管十分复杂,但它仍然遵循连续介质的一般动力学规律。因此,雷诺在 1886 年应用时均方法建立了不可压缩流体的湍流运动时均方程,他认为湍流中任何物理量虽然都随时间和空间变化,但任一瞬时的运动仍然符合连续介质的流动特征,流场中任一空间点上都应该适用黏性流体运动基本方程。此外,由于各个物理量都具有某种统计特征的规律,所以基本方程中任一瞬时物理量都可以用平均物理量和脉动量之和来代替,并且可以对整个方程作时均处理。

若忽略质量力,则不可压缩流体的连续方程及 N-S 方程可写为

$$\frac{\partial v_x}{\partial x} + \frac{\partial v_y}{\partial y} + \frac{\partial v_z}{\partial z} = 0 \tag{9.3.9}$$

$$\begin{cases} \dfrac{\partial v_x}{\partial t} + v_x \dfrac{\partial v_x}{\partial x} + v_y \dfrac{\partial v_x}{\partial y} + v_z \dfrac{\partial v_x}{\partial z} = -\dfrac{1}{\rho}\dfrac{\partial p}{\partial x} + \dfrac{\mu}{\rho}\left(\dfrac{\partial^2 v_x}{\partial x^2} + \dfrac{\partial^2 v_x}{\partial y^2} + \dfrac{\partial^2 v_x}{\partial z^2}\right) \\[2mm] \dfrac{\partial v_y}{\partial t} + v_x \dfrac{\partial v_y}{\partial x} + v_y \dfrac{\partial v_y}{\partial y} + v_z \dfrac{\partial v_y}{\partial z} = -\dfrac{1}{\rho}\dfrac{\partial p}{\partial y} + \dfrac{\mu}{\rho}\left(\dfrac{\partial^2 v_y}{\partial x^2} + \dfrac{\partial^2 v_y}{\partial y^2} + \dfrac{\partial^2 v_y}{\partial z^2}\right) \\[2mm] \dfrac{\partial v_z}{\partial t} + v_x \dfrac{\partial v_z}{\partial x} + v_y \dfrac{\partial v_z}{\partial y} + v_z \dfrac{\partial v_z}{\partial z} = -\dfrac{1}{\rho}\dfrac{\partial p}{\partial z} + \dfrac{\mu}{\rho}\left(\dfrac{\partial^2 v_z}{\partial x^2} + \dfrac{\partial^2 v_z}{\partial y^2} + \dfrac{\partial^2 v_z}{\partial z^2}\right) \end{cases} \tag{9.3.10}$$

考虑连续方程,对 N-S 方程左端的第二项至第四项作变换,例如

$$v_x \frac{\partial v_x}{\partial x} + v_y \frac{\partial v_x}{\partial y} + v_z \frac{\partial v_x}{\partial z} = \frac{\partial v_x^2}{\partial x} - v_x \frac{\partial v_x}{\partial x} + \frac{\partial(v_x v_y)}{\partial y} - v_x \frac{\partial v_y}{\partial y} + \frac{\partial(v_x v_z)}{\partial z} - v_x \frac{\partial v_z}{\partial z} =$$

$$\frac{\partial v_x^2}{\partial x} + \frac{\partial(v_x v_y)}{\partial y} + \frac{\partial(v_x v_z)}{\partial z} - v_x\left(\frac{\partial v_x}{\partial x} + \frac{\partial v_y}{\partial y} + \frac{\partial v_z}{\partial z}\right) =$$

$$\frac{\partial v_x^2}{\partial x} + \frac{\partial(v_x v_y)}{\partial y} + \frac{\partial(v_x v_z)}{\partial z}$$

经过类似处理,N-S 方程又可写为

$$\begin{cases} \dfrac{\partial v_x}{\partial t} + \dfrac{\partial v_x^2}{\partial x} + \dfrac{\partial(v_x v_y)}{\partial y} + \dfrac{\partial(v_x v_z)}{\partial z} = -\dfrac{1}{\rho}\dfrac{\partial p}{\partial x} + \dfrac{\mu}{\rho}\left(\dfrac{\partial^2 v_x}{\partial x^2} + \dfrac{\partial^2 v_x}{\partial y^2} + \dfrac{\partial^2 v_x}{\partial z^2}\right) \\[2mm] \dfrac{\partial v_y}{\partial t} + \dfrac{\partial(v_x v_y)}{\partial x} + \dfrac{\partial v_y^2}{\partial y} + \dfrac{\partial(v_z v_y)}{\partial z} = -\dfrac{1}{\rho}\dfrac{\partial p}{\partial y} + \dfrac{\mu}{\rho}\left(\dfrac{\partial^2 v_y}{\partial x^2} + \dfrac{\partial^2 v_y}{\partial y^2} + \dfrac{\partial^2 v_y}{\partial z^2}\right) \\[2mm] \dfrac{\partial v_z}{\partial t} + \dfrac{\partial(v_x v_z)}{\partial x} + \dfrac{\partial(v_y v_z)}{\partial y} + \dfrac{\partial v_z^2}{\partial z} = -\dfrac{1}{\rho}\dfrac{\partial p}{\partial z} + \dfrac{\mu}{\rho}\left(\dfrac{\partial^2 v_z}{\partial x^2} + \dfrac{\partial^2 v_z}{\partial y^2} + \dfrac{\partial^2 v_z}{\partial z^2}\right) \end{cases} \tag{9.3.11}$$

考虑式(9.3.4c)、(9.3.4g),时均流动的连续方程为

$$\frac{\partial \overline{v_x}}{\partial x} + \frac{\partial \overline{v_y}}{\partial y} + \frac{\partial \overline{v_z}}{\partial z} = 0 \tag{9.3.12}$$

若对式(9.3.9)、(9.3.12)做减法,还可得到脉动运动的连续方程

$$\frac{\partial v'_x}{\partial x} + \frac{\partial v'_y}{\partial y} + \frac{\partial v'_z}{\partial z} = 0$$

即平均速度分量与脉动速度分量分别满足不可压缩流体的连续方程。

对式(9.3.11)中的第一个分式作时均处理,得

$$\frac{\partial \overline{v_x}}{\partial t} + \frac{\partial (\overline{v_x v_x})}{\partial x} + \frac{\partial (\overline{v_x v_y})}{\partial y} + \frac{\partial (\overline{v_x v_z})}{\partial z} = -\frac{1}{\rho}\frac{\partial \overline{p}}{\partial x} + \frac{\mu}{\rho}\left(\frac{\partial^2 \overline{v_x}}{\partial x^2} + \frac{\partial^2 \overline{v_x}}{\partial y^2} + \frac{\partial^2 \overline{v_x}}{\partial z^2}\right)$$

考虑式(9.3.4f)、(9.3.12),可有

$$\frac{\partial \overline{v_x}}{\partial t} + \frac{\partial (\overline{v_x}\ \overline{v_x})}{\partial x} + \frac{\partial \overline{v'^2_x}}{\partial x} + \frac{\partial (\overline{v_x}\ \overline{v_y})}{\partial y} + \frac{\partial \overline{v'_x v'_y}}{\partial y} + \frac{\partial (\overline{v_x}\ \overline{v_z})}{\partial z} + \frac{\partial \overline{v'_x v'_z}}{\partial z} =$$

$$\frac{\partial \overline{v_x}}{\partial t} + \overline{v_x}\frac{\partial \overline{v_x}}{\partial x} + \overline{v_y}\frac{\partial \overline{v_x}}{\partial y} + \overline{v_z}\frac{\partial \overline{v_x}}{\partial z} + \left(\frac{\partial \overline{v'^2_x}}{\partial x} + \frac{\partial \overline{v'_x v'_y}}{\partial y} + \frac{\partial \overline{v'_x v'_z}}{\partial z}\right) =$$

$$-\frac{1}{\rho}\frac{\partial \overline{p}}{\partial x} + \frac{\mu}{\rho}\left(\frac{\partial^2 \overline{v_x}}{\partial x^2} + \frac{\partial^2 \overline{v_x}}{\partial y^2} + \frac{\partial^2 \overline{v_x}}{\partial z^2}\right)$$

令 $\nabla^2 \overline{v_x} = \dfrac{\partial^2 \overline{v_x}}{\partial x^2} + \dfrac{\partial^2 \overline{v_x}}{\partial y^2} + \dfrac{\partial^2 \overline{v_x}}{\partial z^2}$,则可将时均形式的 N－S 方程写为

$$\begin{cases}
\rho\left(\dfrac{\partial \overline{v_x}}{\partial t} + \overline{v_x}\dfrac{\partial \overline{v_x}}{\partial x} + \overline{v_y}\dfrac{\partial \overline{v_x}}{\partial y} + \overline{v_z}\dfrac{\partial \overline{v_x}}{\partial z}\right) = \\[2mm]
-\dfrac{\partial \overline{p}}{\partial x} + \mu\nabla^2 \overline{v_x} + \dfrac{\partial(-\rho\,\overline{v'^2_x})}{\partial x} + \dfrac{\partial(-\rho\,\overline{v'_x v'_y})}{\partial y} + \dfrac{\partial(-\rho\,\overline{v'_x v'_z})}{\partial z} \\[2mm]
\rho\left(\dfrac{\partial \overline{v_y}}{\partial t} + \overline{v_x}\dfrac{\partial \overline{v_y}}{\partial x} + \overline{v_y}\dfrac{\partial \overline{v_y}}{\partial y} + \overline{v_z}\dfrac{\partial \overline{v_y}}{\partial z}\right) = \\[2mm]
-\dfrac{\partial \overline{p}}{\partial y} + \mu\nabla^2 \overline{v_y} + \dfrac{\partial(-\rho\,\overline{v'_x v'_y})}{\partial x} + \dfrac{\partial(-\rho\,\overline{v'^2_y})}{\partial y} + \dfrac{\partial(-\rho\,\overline{v'_y v'_z})}{\partial z} \\[2mm]
\rho\left(\dfrac{\partial \overline{v_z}}{\partial t} + \overline{v_x}\dfrac{\partial \overline{v_z}}{\partial x} + \overline{v_y}\dfrac{\partial \overline{v_z}}{\partial y} + \overline{v_z}\dfrac{\partial \overline{v_z}}{\partial z}\right) = \\[2mm]
-\dfrac{\partial \overline{p}}{\partial z} + \mu\nabla^2 \overline{v_z} + \dfrac{\partial(-\rho\,\overline{v'_x v'_z})}{\partial x} + \dfrac{\partial(-\rho\,\overline{v'_y v'_z})}{\partial y} + \dfrac{\partial(-\rho\,\overline{v'^2_z})}{\partial z}
\end{cases} \tag{9.3.13}$$

式(9.3.13)即为不可压缩流体作湍流运动时的时均运动方程,也称为雷诺方程。与式(9.3.10)比较,除了由于黏性影响产生的应力(这点与层流流动相同)外,还出现了由于湍流脉动速度所形成的附加应力,这些附加应力称为雷诺应力,可以说脉动量是通过雷诺应力影响平均速度的。雷诺应力是一个对称的二阶张量,即

$$P' = \begin{bmatrix} -\rho\,\overline{v_x'^2} & -\rho\,\overline{v_x'v_y'} & -\rho\,\overline{v_x'v_z'} \\ -\rho\,\overline{v_x'v_y'} & -\rho\,\overline{v_y'^2} & -\rho\,\overline{v_y'v_z'} \\ -\rho\,\overline{v_x'v_z'} & -\rho\,\overline{v_y'v_z'} & -\rho\,\overline{v_z'^2} \end{bmatrix} \qquad (9.3.14)$$

显然,雷诺方程在将脉动运动对平均运动的影响分离出来的同时,新增加了雷诺应力的六个独立变量,从而使得原来封闭的方程组变得不封闭了,需要补充新的物理方程才能求解,湍流理论的核心问题就是建立雷诺应力的物理方程。

下面讨论雷诺应力的物理意义。为了便于说明问题本质,如图 9.3.5 所示,设平均运动是二维的且满足 $\mathrm{d}\,\overline{v_x}/\mathrm{d}y > 0$。由于旋涡运动,高速流层中由巨量分子群组成的流体微团会穿过流层间的界面向下跳到低速流层中,微团向下跳的速度就是高速流层中微团的法向脉动速度 v_y',且有理由认为 $v_y' < 0$,而穿过界面单位面积的质量流量为 $\rho v_y'$。当高速流层的微团跳入低

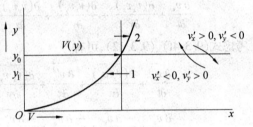

图 9.3.5　旋涡引起的湍流脉动

速流层时,它并未立即失去原有的速度,其超出当地平均速度的部分即为 x 向脉动速度 v_x',也有理由认为 $v_x' > 0$。因此,对低速流层来说,下跳来的高速流层中的微团所带来的 x 向动量变化为 $\rho v_x'v_y' < 0$ 或 $-\rho v_x'v_y' > 0$。若流体微团由低速流层上跳至高速流层中,由于 $v_y' > 0$,而低速流层中微团的跳入会使高速流层出现小于平均速度的 x 向脉动速度,即 $v_x' < 0$,故仍有 $-\rho v_x'v_y' > 0$。对两个不同脉动量的乘积取平均后,得到 $-\rho\,\overline{v_x'v_y'} > 0$,即雷诺应力通常为正。

由上述讨论可知,雷诺应力与黏性应力有本质的差别。黏性应力对应于分子扩散引起的界面两侧的动量交换,扩散是由分子热运动引起的。雷诺应力则对应于流体微团的跳动引起的界面两侧的动量交换,跳动是由大大小小的旋涡(即湍流脉动)引起的。所以雷诺应力首先不是严格意义上的表面应力,它是对真实的脉动运动进行平均时,将脉动引起的动量交换折算在假想的平均运动界面上的作用力,也就是说,对于平均运动而言,它具有表面力的效果,在解决工程实际问题时可以把它和其他表面力同样看待。从这个意义上说,湍流平均运动的微元体除压力外,还受到两种表面力作用,即分子黏性应力和雷诺应力。对于不可压缩流体,可以写成

$$P + P' = \begin{bmatrix} -\bar{p} + 2\mu\dfrac{\partial \overline{v_x}}{\partial x} - \rho\,\overline{v_x'^2} & \mu\left(\dfrac{\partial \overline{v_x}}{\partial y} + \dfrac{\partial \overline{v_y}}{\partial x}\right) - \rho\,\overline{v_x'v_y'} & \mu\left(\dfrac{\partial \overline{v_z}}{\partial x} + \dfrac{\partial \overline{v_x}}{\partial z}\right) - \rho\,\overline{v_x'v_z'} \\ \mu\left(\dfrac{\partial \overline{v_x}}{\partial y} + \dfrac{\partial \overline{v_y}}{\partial x}\right) - \rho\,\overline{v_x'v_y'} & -\bar{p} + 2\mu\dfrac{\partial \overline{v_y}}{\partial y} - \rho\,\overline{v_y'^2} & \mu\left(\dfrac{\partial \overline{v_y}}{\partial z} + \dfrac{\partial \overline{v_z}}{\partial y}\right) - \rho\,\overline{v_y'v_z'} \\ \mu\left(\dfrac{\partial \overline{v_z}}{\partial x} + \dfrac{\partial \overline{v_x}}{\partial z}\right) - \rho\,\overline{v_x'v_z'} & \mu\left(\dfrac{\partial \overline{v_y}}{\partial z} + \dfrac{\partial \overline{v_z}}{\partial y}\right) - \rho\,\overline{v_y'v_z'} & -\bar{p} + 2\mu\dfrac{\partial \overline{v_z}}{\partial z} - \rho\,\overline{v_z'^2} \end{bmatrix}$$

对于图 9.3.5 所示的平均运动是二维的湍流流动来说,总切应力可写成

$$\tau = \mu \frac{\mathrm{d} \overline{v_x}}{\mathrm{d} y} - \rho \overline{v'_x v'_y}$$

其次,由于雷诺应力是流体微团的湍流脉动引起界面两侧的动量交换,因此在多数情况下,它要远远大于分子黏性应力,即湍流脉动引起的掺混运动就好像是使流体的黏性增加了百倍、千倍或甚至更多,故分子黏性是可以忽略的。

9.3.4　普朗特混合长度理论

前已述及,由于采用了时均方法,雷诺方程中出现了六个未知的雷诺应力项而使得原来封闭的方程组变得不封闭了,因此需要补充新的物理方程才能求解。如果补充的关系式是一个代数方程,而不需要任何附加的微分方程来求解时均流场,称这种模型为零方程模型;若补充的关系式是一个微分方程(如湍流脉动动能方程),则称为一方程模型;若是两个微分方程,则称为双方程模型等。而本节所讨论的普朗特混合长度理论就是代数模型(即零方程模型)。由于没有"附加"的物理定律可用于建立上述关系,因而湍流模型问题是很复杂和困难的,研究者只能以大量的实验观测为基础,通过量纲分析、张量分析等手段,包括合理的推理和假设,建立模型并与实验对比后,再做进一步修正和精确化。由此可见,迄今为止的湍流模型没有一个是建立在完全严密的理论基础上的,所以也称之为湍流的半经验理论。

普朗特混合长度理论的基本思想是把流体微团的湍流脉动与气体的分子运动相比拟,认为雷诺应力是由宏观流体微团的脉动引起的,它和分子微观运动引起黏性应力的情况十分相似。在定常层流直线运动中,由分子动量输运引起的黏性应力 $\tau_1 = \mu \frac{\mathrm{d} v_x}{\mathrm{d} y}$,与之对应,当湍流时均流动的流线为直线时,认为脉动引起的雷诺应力也可以表述为类似形式,即

$$\tau_t = \mu_t \frac{\mathrm{d} \overline{v_x}}{\mathrm{d} y} \tag{9.3.15}$$

式中,μ_t 为湍流黏度或旋涡黏度,与分子运动的黏度 μ 有相同的单位。但 μ_t 不仅与流体的物理性质有关,而且主要与湍流结构的特性有关。流场各点处的 μ_t 是变化的,它主要反映的不是流体的物理属性,而是流体运动的特性。

根据混合长度理论的思想,由于湍流的脉动使平均流动的各流层之间产生流体微团的交换,当某流体微团跳入其他各层时,它经过一段不与其他任何流体微团相碰的距离 l,称为混合长度,在这段距离内,流体微团保持其原有的流动特性(如平均速度)不变。然后,在它所跳入的流层中,它与其他流体微团掺混而改变了原有的流动特性。这种混合导致了平均运动的流体各层间的动量交换和能量交换,前者表现为雷诺应力,后者表现为湍流热传导。

如图 9.3.6 所示,考虑湍流的平均运动是二维平行运动的情形,即满足 $\overline{v_x} = \overline{v_x}(y)$ 及 $\overline{v_y} = \overline{v_z} = 0$。设位于 $y = y_1 - l$ 处的流体微团的时均速度为 $(\overline{v_x})_{y_1-l}$,该微团沿 y 正向运动了 l 距离后与周围流体微团掺混,当它到达 y_1 处时,由于它具有的速度比此处的时均速度小,则有

$$\Delta (v_x)_{y_1-l} = (\overline{v_x})_{y_1-l} - (\overline{v_x})_{y_1} \backsimeq -l \left(\frac{\mathrm{d} \overline{v_x}}{\mathrm{d} y} \right)_{y_1}$$

普朗特假设这个速度差可以看作是使 y_1 层流体产生的 x 向脉动速度,即

$$(v'_x)_{y_1} = -l \left(\frac{\mathrm{d} \overline{v_x}}{\mathrm{d} y} \right)_{y_1}$$

类似地,位于 $y = y_1 + l$ 处的流体微团对 y_1 层流体产生的 x 向脉动速度为

$$(v'_x)_{y_1} = l\left(\frac{\mathrm{d}\bar{v}_x}{\mathrm{d}y}\right)_{y_1}$$

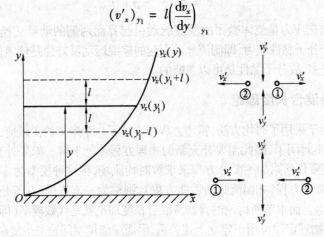

图 9.3.6　二维湍流时均流速分布

普朗特还假设,当流体微团沿 y 向跳入 y_1 层时所引起的 y 向脉动速度 $(\bar{v}_y)_{y_1}$ 与 x 向脉动速度 $(\bar{v}_x)_{y_1}$ 的量级相同,同时注意到在图9.3.6中所示的平均速度梯度分布条件下,二者必是符号相反的,即

$$- (v'_y)_{y_1} = C(v'_x)_{y_1}$$

这个假定的合理性可以这样直观理解:当 $y_1 + l$ 层的微团①和 $y_1 - l$ 层的微团②在 y_1 层相遇时,将以 $2|(\bar{v}_x)_{y_1}|$ 速度或者相互远离(微团①的 x 坐标 > 微团②的 x 坐标),或者相互靠近(微团①的 x 坐标 < 微团②的 x 坐标)。若是前者,则 y_1 层两侧的流体微团将脉动至 y_1 层上以填补微团①、②留下的空隙;若是后者,则微团①、②之间的 y_1 层流体微团将被排挤向 y_1 层两侧脉动。基于连续性原理,y 向脉动速度的大小必然与 x 向脉动速度相关,且具有同样的量级。

通过上述讨论,可得到相邻流层间的雷诺应力表达式为

$$- \rho \overline{v'_x v'_y} = - \rho\left(\frac{1}{T}\int_{t_0-\frac{T}{2}}^{t_0+\frac{T}{2}} v'_x v'_y \mathrm{d}t\right) = \rho\left[\frac{1}{T}\int_{t_0-\frac{T}{2}}^{t_0+\frac{T}{2}} Cl^2\left(\frac{\mathrm{d}\bar{v}_x}{\mathrm{d}y}\right)^2\right] = \rho Cl^2\left(\frac{\mathrm{d}\bar{v}_x}{\mathrm{d}y}\right)^2$$

由于 C 为比例常数,而混合长度 l 尚未确定,故将 C 也吸收进 l 中,并考虑式(9.3.15),得到湍流切应力的表达式

$$\tau_t = - \rho \overline{v'_x v'_y} = \rho l^2\left(\frac{\mathrm{d}\bar{v}_x}{\mathrm{d}y}\right)^2 \tag{9.3.16}$$

再考虑 τ_t 应与时均流动的黏性切应力 $\tau_1 = \mu \dfrac{\mathrm{d}\bar{v}_x}{\mathrm{d}y}$ 的符号相同,式(9.3.16) 又可写成

$$\tau_t = \rho l^2\left|\frac{\mathrm{d}\bar{v}_x}{\mathrm{d}y}\right|\frac{\mathrm{d}\bar{v}_x}{\mathrm{d}y} = \mu_t \frac{\mathrm{d}\bar{v}_x}{\mathrm{d}y} \tag{9.3.17}$$

式中,$\mu_t = \rho l^2\left|\dfrac{\mathrm{d}\bar{v}_x}{\mathrm{d}y}\right|$。混合长度 l 一般不是常数,它在不同的具体问题中有不同的值。对于某一类问题,可以先作假设,然后由实验加以验证,并确定假设中待定的常数。

普朗特混合长度理论已经成功地应用于研究多种湍流剪切流,如管流、槽道流、附面层和各种自由湍流剪切流。但应该指出,混合长度类比于分子自由行程、湍流脉动速度类比分子热运动平均速度,这种类比的合理性在于它们都是从统计的观点研究问题,而实际上这两者有着本质上的区别。比如,分子热运动的状态只取决于流体的热力学状态,不受流体宏观运动的影响,而湍流脉动与平均流动的具体特征有关;分子运动的速度比流体宏观运动速度大得多,分子运动的自由行程则比平均流动的特征尺度小得多,而湍流脉动速度往往比流体宏观运动速度小得多,流体微团掺混运动的特征长度却与平均流动的特征尺度量级相同。所以,混合长度理论尽管在湍流半经验理论中占有重要地位,在工程应用上取得很大的实际效果,但在增进对湍流物理实质的认识上没有带来很大好处。

混合长度理论本身没有给出确定 l 的方法。冯·卡门的相似性假设可以用于估计 l 与空间坐标的关系。他假设:① 脉动流场的结构、流场尺度均与黏性无关;② 脉动流场各点之间是彼此相似的,只因特征时间和特征长度的比例尺度而不同。对于如图 9.3.6 所示的流场,在 y_0 点做泰勒展开,有

$$\overline{v_x}(y) = \overline{v_x}(y_0) + (y - y_0)\left(\frac{\mathrm{d}\,\overline{v_x}}{\mathrm{d}y}\right)_{y = y_0} + \frac{(y - y_0)^2}{2!}\left(\frac{\mathrm{d}^2\,\overline{v_x}}{\mathrm{d}y^2}\right)_{y = y_0} + \cdots$$

若流动处处相似,则必有特征尺度 l 和 $\overline{V^*}$ 存在,可使上式无量纲化并成为通用形式。对于 y_0 点处,不妨取 $\overline{V^*} = \overline{v_x}(y_0)$,得

$$\Delta\overline{v_x^*}(y_0) = \frac{\overline{v_x}(y) - \overline{v_x}(y_0)}{\overline{v_x}(y_0)} = \frac{y - y_0}{l}\frac{\mathrm{d}[\overline{v_x}/\,\overline{v_x}(y_0)]}{\mathrm{d}(y/l)} + \frac{(y - y_0)^2/l^2}{2!}\frac{\mathrm{d}^2[\overline{v_x}/\,\overline{v_x}(y_0)]}{\mathrm{d}(y/l)^2} + \cdots$$

基于冯·卡门假设,即流场各点的差异只因其与特征长度的比例尺度而不同,将上式写为 y 的函数形式

$$\frac{\Delta\overline{v_x^*}(y_0)}{\dfrac{\mathrm{d}[\overline{v_x}/\,\overline{v_x}(y_0)]}{\mathrm{d}(y/l)}} = \frac{y - y_0}{l} + \frac{(y - y_0)^2/l^2}{2}\frac{\dfrac{\mathrm{d}^2[\overline{v_x}/\,\overline{v_x}(y_0)]}{\mathrm{d}(y/l)^2}}{\dfrac{\mathrm{d}[\overline{v_x}/\,\overline{v_x}(y_0)]}{\mathrm{d}(y/l)}} + \cdots$$

对于流场中其他任一点处,也可类似写出

$$\frac{\Delta\overline{v_x^*}(y_1)}{\dfrac{\mathrm{d}[\overline{v_x}/\,\overline{v_x}(y_1)]}{\mathrm{d}(y/l)}} = \frac{y - y_1}{l} + \frac{(y - y_1)^2/l^2}{2}\frac{\dfrac{\mathrm{d}^2[\overline{v_x}/\,\overline{v_x}(y_1)]}{\mathrm{d}(y/l)^2}}{\dfrac{\mathrm{d}[\overline{v_x}/\,\overline{v_x}(y_1)]}{\mathrm{d}(y/l)}} + \cdots$$

若流动相似,则上述方程的形式必是统一的,须满足

$$\frac{\Delta\overline{v_x^*}(y_0)}{\dfrac{\mathrm{d}[\overline{v_x}/\,\overline{v_x}(y_0)]}{\mathrm{d}(y/l)}} = \frac{\Delta\overline{v_x^*}(y_1)}{\dfrac{\mathrm{d}[\overline{v_x}/\,\overline{v_x}(y_1)]}{\mathrm{d}(y/l)}} \quad\text{及}\quad \frac{\dfrac{\mathrm{d}^2[\overline{v_x}/\,\overline{v_x}(y_0)]}{\mathrm{d}(y/l)^2}}{\dfrac{\mathrm{d}[\overline{v_x}/\,\overline{v_x}(y_0)]}{\mathrm{d}(y/l)}} = \frac{\dfrac{\mathrm{d}^2[\overline{v_x}/\,\overline{v_x}(y_1)]}{\mathrm{d}(y/l)^2}}{\dfrac{\mathrm{d}[\overline{v_x}/\,\overline{v_x}(y_1)]}{\mathrm{d}(y/l)}} = \cdots$$

或

$$\frac{\Delta \overline{v_x^*}(y_0)}{\Delta \overline{v_x^*}(y_1)} = \frac{\dfrac{d[\overline{v_x}/\overline{v_x}(y_0)]}{d(y/l)}}{\dfrac{d[\overline{v_x}/\overline{v_x}(y_1)]}{d(y/l)}} = \frac{\dfrac{d^2[\overline{v_x}/\overline{v_x}(y_0)]}{d(y/l)^2}}{\dfrac{d^2[\overline{v_x}/\overline{v_x}(y_1)]}{d(y/l)^2}}$$

即方程中各项系数的比值恒为常数,例如

$$\frac{\dfrac{d^2[\overline{v_x}/\overline{v_x}(y_0)]}{d(y/l)^2}}{\dfrac{d[\overline{v_x}/\overline{v_x}(y_0)]}{d(y/l)}} = \frac{\dfrac{d^2[\overline{v_x}/\overline{v_x}(y_1)]}{d(y/l)^2}}{\dfrac{d[\overline{v_x}/\overline{v_x}(y_1)]}{d(y/l)}} = \kappa$$

再转化有量纲形式,得

$$l = \kappa \frac{d\overline{v_x}}{dy} \bigg/ \frac{d^2\overline{v_x}}{dy^2} \tag{9.3.18}$$

将该式带入式(9.3.16),得

$$\tau_{t} = -\rho \overline{v_x'v_y'} = \rho l^2 \left| \frac{d\overline{v_x}}{dy} \right| \frac{d\overline{v_x}}{dy} = \rho \kappa^2 \frac{\left(\dfrac{d\overline{v_x}}{dy}\right)^2}{\left(\dfrac{d^2\overline{v_x}}{dy^2}\right)^2} \left| \frac{d\overline{v_x}}{dy} \right| \frac{d\overline{v_x}}{dy} = \rho \kappa^2 \frac{\left(\dfrac{d\overline{v_x}}{dy}\right)^3 \left| \dfrac{d\overline{v_x}}{dy} \right|}{\left(\dfrac{d^2\overline{v_x}}{dy^2}\right)^2} \tag{9.3.19}$$

　　式(9.3.19) 可见,混合长度 l 与平均速度的大小无关,只与速度分布的变化规律有关,是一个取决于当地流速分布的局部情况的函数。式中 κ 为实验待定的冯·卡门常数,一般情况下对平行流 $\kappa = 0.4 \sim 0.41$。

9.3.5　湍流附面层方程及其物理特性

　　尽管湍流一般应是三维的,但为了便于说明湍流附面层方程,参照式(9.3.12)、(9.3.13),以定常、二维、不可压缩的湍流连续方程及雷诺方程为例,推导湍流附面层方程,即

$$\frac{\partial \overline{v_x}}{\partial x} + \frac{\partial \overline{v_y}}{\partial y} = 0 \tag{9.3.20}$$

$$\begin{cases} \overline{v_x}\dfrac{\partial \overline{v_x}}{\partial x} + \overline{v_y}\dfrac{\partial \overline{v_x}}{\partial y} = -\dfrac{1}{\rho}\dfrac{\partial \overline{p}}{\partial x} + \dfrac{\mu}{\rho}\left(\dfrac{\partial^2 \overline{v_x}}{\partial x^2} + \dfrac{\partial^2 \overline{v_x}}{\partial y^2}\right) + \dfrac{\partial(-\overline{v_x'^2})}{\partial x} + \dfrac{\partial(-\overline{v_x'v_y'})}{\partial y} \\[3mm] \overline{v_x}\dfrac{\partial \overline{v_y}}{\partial x} + \overline{v_y}\dfrac{\partial \overline{v_y}}{\partial y} = -\dfrac{1}{\rho}\dfrac{\partial \overline{p}}{\partial y} + \dfrac{\mu}{\rho}\left(\dfrac{\partial^2 \overline{v_y}}{\partial x^2} + \dfrac{\partial^2 \overline{v_y}}{\partial y^2}\right) + \dfrac{\partial(-\overline{v_x'v_y'})}{\partial x} + \dfrac{\partial(-\overline{v_y'^2})}{\partial y} \end{cases} \tag{9.3.21}$$

引入无量纲参数

$$x^* = \frac{x}{L_0}, y^* = \frac{y}{L_0}, v_x^* = \frac{v_x}{V}, v_y^* = \frac{v_y}{V}, p^* = \frac{p}{\rho V^2}, \delta^* = \frac{\delta}{L_0}$$

$$\overline{v_x'v_y'}^* = \frac{\overline{v_x'v_y'}}{V'^2}, \overline{v_x'^2}^* = \frac{\overline{v_x'^2}}{V'^2}, \overline{v_y'^2}^* = \frac{\overline{v_y'^2}}{V'^2}$$

式中,V 为附面层外的当地外流速度;δ 为湍流附面层厚度。假设湍流中不同方向的湍动度具有同样的量级,即 $\overline{v_x'^2} \sim \overline{v_y'^2}$,因此引入一个共同的脉动速度尺度 V' 且 $\overline{v_x'^2} \sim \overline{v_y'^2} \sim V'^2$。再引入一个相关函数 R,并满足 $\overline{v_x'v_y'} \sim RV'^2$,若再假定 R 为大致为 1 的量级,则有

$$\overline{v_x'^2} \sim \overline{v_y'^2} \sim \overline{v_x'v_y'} \sim V'^2$$

将上述无量纲参数代入式(9.3.20),得

$$\frac{\partial \overline{v_x}^*}{\partial x^*} + \frac{\partial \overline{v_y}^*}{\partial y^*} = 0$$

对上式进行量纲分析可知,由于 $x^* = \dfrac{x}{L_0} \sim 1, \overline{v_x}^* = \dfrac{\overline{v_x}}{V} \sim 1$,则 $\dfrac{\partial \overline{v_x}^*}{\partial x^*} \sim 1$ 且 $\dfrac{\partial \overline{v_y}^*}{\partial y^*} \sim 1$,于是得到 $v_y^* \sim y^* \sim \delta^* \ll 1$。再将无量纲参数代入式(9.3.21)中的第一个分式,得

$$\overline{v_x}^* \frac{\partial \overline{v_x}^*}{\partial x^*} + \overline{v_y}^* \frac{\partial \overline{v_x}^*}{\partial y^*} = -\frac{\partial \overline{p}^*}{\partial x^*} + \frac{\mu}{\rho V L_0}\left(\frac{\partial^2 \overline{v_x}^*}{\partial x^{*2}} + \frac{\partial^2 \overline{v_x}^*}{\partial y^{*2}}\right) - \left(\frac{V'^2}{V^2}\right)\frac{\partial \overline{v_x'^2}^*}{\partial x^*} - \left(\frac{V'^2}{V^2}\right)\frac{\partial (\overline{v_x'v_y'}^*)}{\partial y^*}$$

注意到 $\overline{v_x}^* \dfrac{\partial \overline{v_x}^*}{\partial x^*} \sim 1$ 和 $\overline{v_y}^* \dfrac{\partial \overline{v_x}^*}{\partial y^*} \sim \dfrac{\delta^*}{\delta^*} = 1$,而沿流向压力梯度 $\dfrac{\partial \overline{p}^*}{\partial x^*}$ 应与惯性力项属于同一量级,即 $\dfrac{\partial \overline{p}^*}{\partial x^*} \sim 1$ 或 $\overline{p}^* \sim 1$。对于黏性应力项有 $\dfrac{\partial^2 \overline{v_x}^*}{\partial x^{*2}} \sim 1 \ll \dfrac{\partial^2 \overline{v_x}^*}{\partial y^{*2}} \sim \dfrac{1}{\delta^{*2}}$,比较可知 $\dfrac{\partial^2 \overline{v_x}^*}{\partial x^{*2}}$ 可忽略,由式(9.1.1)可知 $\dfrac{\mu}{\rho V L_0} \dfrac{\partial^2 \overline{v_x}^*}{\partial y^{*2}} \sim \dfrac{\delta^{*2}}{\delta^{*2}} = 1$,即黏性应力的量级也为1。对于雷诺应力项,由于 $\overline{v_x'^2}^* = \dfrac{\overline{v_x'^2}}{V'^2} \sim 1, \overline{v_x'v_y'}^* = \dfrac{\overline{v_x'v_y'}}{V'^2} \sim 1$,于是 $\dfrac{\partial \overline{v_x'^2}^*}{\partial x^*} \sim 1 \ll \dfrac{\partial (\overline{v_x'v_y'}^*)}{\partial y^*} \sim \dfrac{1}{\delta^*}$,即 $\dfrac{\partial \overline{v_x'^2}^*}{\partial x^*}$ 项可忽略。欲保留 $\dfrac{\partial (\overline{v_x'v_y'}^*)}{\partial y^*}$ 项,则须有 $\left(\dfrac{V'^2}{V^2}\right)\dfrac{\partial (\overline{v_x'v_y'}^*)}{\partial y^*} \sim 1$ 或 $\dfrac{\overline{v_x'v_y'}}{V^2} \sim \dfrac{V'^2}{V^2} \sim \delta^*$。

最后,再考虑式(9.3.21)中的第二个分式,无量纲化后得

$$\overline{v_x}^* \frac{\partial \overline{v_y}^*}{\partial x^*} + \overline{v_y}^* \frac{\partial \overline{v_y}^*}{\partial y^*} = -\frac{\partial \overline{p}^*}{\partial y^*} + \frac{\mu}{\rho V L_0}\left(\frac{\partial^2 \overline{v_y}^*}{\partial x^{*2}} + \frac{\partial^2 \overline{v_y}^*}{\partial y^{*2}}\right) - \left(\frac{V'^2}{V^2}\right)\frac{\partial (\overline{v_x'v_y'}^*)}{\partial x^*} - \left(\frac{V'^2}{V^2}\right)\frac{\partial \overline{v_y'^2}^*}{\partial y^*}$$

通过类似的量纲分析可知,式中 $\dfrac{\partial \overline{p}^*}{\partial y^*} \sim \dfrac{1}{\delta^*}$,其他各项量级均为 δ^* 或更小,均可忽略。

基于上述讨论,湍流附面层方程可写为

$$\frac{\partial \overline{v_x}}{\partial x} + \frac{\partial \overline{v_y}}{\partial y} = 0 \tag{9.3.22}$$

$$\begin{cases} \overline{v_x} \dfrac{\partial \overline{v_x}}{\partial x} + \overline{v_y} \dfrac{\partial \overline{v_x}}{\partial y} = -\dfrac{1}{\rho} \dfrac{\partial \overline{p}}{\partial x} + \dfrac{\mu}{\rho} \dfrac{\partial^2 \overline{v_x}}{\partial y^2} + \dfrac{\partial(-\overline{v_x'v_y'})}{\partial y} \\ \dfrac{1}{\rho} \dfrac{\partial \overline{p}}{\partial y} = 0 \end{cases} \tag{9.3.23}$$

对应的边界条件为

$$y = 0 : \overline{v_x} = 0, \overline{v_y} = 0 \tag{9.3.24a}$$

$$y = \delta : \overline{v_x} \approx V_e(x) \tag{9.3.24b}$$

由于固壁处瞬时速度满足 $v_x = 0, v_y = 0$，而时均速度也满足 $\overline{v_x} = 0, \overline{v_y} = 0$，于是可知，对脉动速度分量必有 $v'_x = 0, v'_y = 0$，即固壁处的雷诺应力均为零，只有分子黏性切应力存在。由此可以想象，在很靠近壁面处，湍流脉动受到壁面的抑制作用，脉动速度分量的值很小，因此在紧靠壁面处存在一个极其薄的流层。在这层流动中，湍流切应力很微弱（但仍可能有微小旋涡及湍流猝发的现象存在），流动接近层流流态，分子黏性切应力大于惯性力（流体速度接近于零），这一流层被称为黏性底层。由于这一层的平均速度分布是线性的，所以又称为线性底层。紧挨线性底层的上部，存在一个过渡区或称为缓冲区，在过渡区中，湍流脉动剧烈，湍流切应力显著增加。在过渡区外，湍流应力占据主导地位，速度分布具有对数分布特性，称为湍流层或对数区。

如图 9.3.7 所示，湍流附面层速度分布在不同区域中具有不同的规律，上面所讲到的黏性底层、过渡区、对数区都属于湍流的内层，湍流附面层内层以外的湍流区称为尾流区或外层，湍流附面层外层又可分为尾迹律层和黏性顶层。实验观测表明，内层约占附面层厚度的 20%，外层约占 80%。图 9.3.7 中的横坐标为无量纲高度 y^+，若壁面处黏性切应力 $\tau_0 = \mu\left(\dfrac{\mathrm{d}v_x}{\mathrm{d}y}\right)_0$，定义壁面处摩擦速度 $u_\tau = \sqrt{\dfrac{\tau_0}{\rho}}$ 且具有速度量纲，它是衡量湍流脉

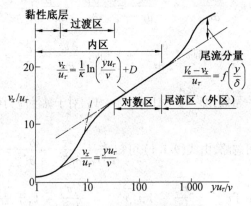

图 9.3.7   湍流附面层典型结构

速度的很合适的尺度。再定义离开壁面的无量纲高度或距离为

$$y^+ = \frac{\rho u_\tau y}{\mu} = \frac{y u_\tau}{\nu} \tag{9.3.25}$$

显然，离壁面越近，旋涡的平均尺度越小，所以 y^+ 可以看作是旋涡的长度尺度，ν/u_τ 还被称为摩擦长度。同时，y^+ 也是雷诺数的表达形式，因而还可看作是 y 处的典型雷诺数。图 9.3.7 中的纵坐标是以摩擦速度为参考的无量纲速度。下面以定常、二维、不可压缩、零压力梯度的平行湍流流动为例，讨论湍流附面层内的速度分布情况。所谓平行流动，即假设 $\overline{v_x} = \overline{v_x}(y)$，$\overline{v_y} = 0$ 及 $\dfrac{\partial}{\partial x} = 0$，于是附面层方程式(9.3.23) 可简化为

$$\mu \frac{\mathrm{d}^2 v_x}{\mathrm{d}y^2} + \frac{\mathrm{d}(-\overline{\rho v'_x v'_y})}{\mathrm{d}y} = 0 \tag{9.3.26}$$

为简单起见，将时均速度上的横线省略。积分式(9.3.26) 得

$$\mu \frac{\mathrm{d}v_x}{\mathrm{d}y} + (-\overline{\rho v'_x v'_y}) = C \tag{9.3.27}$$

由于壁面处有 $v'_x = 0, v'_y = 0$，即 $C = \tau_0 = \mu \left(\dfrac{\mathrm{d}v_x}{\mathrm{d}y}\right)_0$。设壁面处切应力 τ_0 为已知值，则有

$$\mu \frac{\mathrm{d}v_x}{\mathrm{d}y} - \overline{\rho v'_x v'_y} = \tau_0 \tag{9.3.28}$$

（1）黏性底层的速度分布。由前面讨论可知，紧靠壁面处的湍流切应力很微弱，分子黏性切应力占绝对主导地位，即 $\mu \dfrac{\mathrm{d}v_x}{\mathrm{d}y} \gg |\overline{\rho v'_x v'_y}|$，因此，式（9.3.28）可写为

$$\mu \frac{\mathrm{d}v_x}{\mathrm{d}y} = \tau_0$$

积分得

$$v_x = \frac{\tau_0}{\mu}y = \frac{\tau_0 y}{\rho \nu} = u_\tau \frac{u_\tau y}{\nu} \text{ 或 } u^+ = \frac{v_x}{u_\tau} = \frac{u_\tau y}{\nu} = y^+ \tag{9.3.29}$$

式（9.3.29）给出了速度随 y 的线性变化规律。在通常情况下，黏性底层厚度为 $0 < y^+ < 3 \sim 5$。

（2）过渡区的速度分布。黏性区厚度为 $3 \sim 5 < y^+ < 30$，在该层中分子黏性应力与湍流应力应为同一量级，流动状态极为复杂，工程计算时有时将其并入到对数区。实验测得的该层速度分布为

$$u^+ = \frac{v_x}{u_\tau} = 5\left(1 + \ln \frac{y^+}{5}\right) \tag{9.3.30}$$

（3）对数区（或称对数律层）的速度分布。对数区内流体受到的湍流应力远大于黏性应力，流动处于完全湍流流态。因此，式（9.3.28）可写为

$$-\overline{\rho v'_x v'_y} = \tau_0 = \rho u_\tau^2$$

由于雷诺应力主要是大涡的贡献，所以 u_τ 可以看成是大涡的典型速度。根据普朗特混合长度理论，由式（9.3.16）可知

$$\rho l^2 \left(\frac{\mathrm{d}v_x}{\mathrm{d}y}\right)^2 = \tau_0 \text{ 或 } l^2 \left(\frac{\mathrm{d}v_x}{\mathrm{d}y}\right)^2 = \frac{\tau_0}{\rho} = u_\tau^2 \text{ 或 } u_\tau = l \frac{\mathrm{d}v_x}{\mathrm{d}y}$$

由于混合长度 l 是与流动情况有关的量度，而不是流体的一种物理属性，在很多情况下可以将其与流动的某些尺度联系起来，例如，令其与离开壁面的高度或距离 y 成正比，即 $l = \kappa y$，式中 κ 为待定系数（就是前面的冯·卡门常数）。当 $y = 0$ 时，有 $l = 0$，即 $-\overline{\rho v'_x v'_y} = 0$，这和固壁面处雷诺应力等于零的物理事实吻合。于是得

$$\frac{\mathrm{d}v_x}{u_\tau} = \frac{1}{\kappa} \frac{\mathrm{d}y}{y}$$

积分得

$$u^+ = \frac{v_x}{u_\tau} = \frac{1}{\kappa}\ln y + C = \frac{1}{\kappa}\ln\left(y^+ \frac{\nu}{u_\tau}\right) + C \text{ 或 } u^+ = \frac{1}{\kappa}\ln y^+ + D \tag{9.3.31}$$

式（9.3.31）表明，湍流对数区速度分布为对数曲线。式中 $\kappa = 0.4 \sim 0.41, D = 5.0 \sim$

5.5。对数区层厚度为 $30 < y^+ < 10^3 \approx 0.2\delta$。

（4）湍流附面层外层。它的主要特点是黏性在此范围内不起作用（这是指平均运动的黏性切应力很小，而不是指黏性顶层和湍流耗散中的黏性作用）。黏性对外层的作用主要是通过壁面切应力 τ_0 和黏性底层间接体现出来。也就是说，由于黏性的作用，使得黏性底层外缘处的速度低于附面层外缘速度 V_e，形成速度亏损 $V_e - v_x$。在外层的速度亏损区内，黏性的切应力已小到可以忽略不计，而几乎完全由雷诺应力来维持当地的平均速度梯度。

由于外层范围内黏性不起作用，所以在内层中用以衡量黏性作用的 y^+ 等已不再适用，合理的替代是以整个附面层厚度 δ 作为长度尺度。由于外层的速度亏损 $V_e - v_x$ 反映了那里的有效剪切速度，它不直接与黏性有关，而又通过 u_τ 间接反映了壁面切应力和黏性的作用，所以以 $V_e - v_x$ 作为关联对象是合理的。从上面的讨论可知，外层的速度亏损应只与 u_τ, δ, y 有关，根据量纲分析，可有如下速度分布

$$\frac{V_e - v_x}{u_\tau} = f\left(\frac{y}{\delta}\right) \tag{9.3.32}$$

称为速度亏损关系。由于尾迹流动也有类似特点，所以有时也称为尾迹律。

尾流区厚度为 $0.2\delta < y^+ < 0.4\delta$，流体受到的湍流应力远远大于黏性应力，流动处于完全湍流流态。与对数区相比，湍流强度已明显减弱。尾流区的速度分布为

$$\frac{V_e - v_x}{u_\tau} = -\frac{1}{\kappa}\ln y^+ + 2.35 \tag{9.3.33}$$

黏性顶层厚度为 $0.4\delta < y < \delta$。在黏性顶层，由于湍流的随机性和不稳定性，外部非湍流流体不断进入附面层内而发生相互掺混，使湍流强度显著减弱。同时，附面层内的湍流流体也不断进入临近的非湍流区，湍流与非湍流的界面是瞬息变化的，具有波浪的形状。所谓的湍流速度附面层厚度是平均意义上的厚度。实际上，湍流峰可能伸于顶层之外，而外部的势流也可以深入到顶层之内。这就导致了黏性顶层的流动呈现间歇性的湍流，即在空间固定点上的流动有时是湍流，有时是非湍流。实验测得的黏性顶层速度分布为

$$\frac{V_e - v_x}{u_\tau} = 9.6\left(1 - \frac{y}{\delta}\right) \tag{9.3.34}$$

湍流附面层整个区域的速度分布也可以近似描述为

$$\frac{v_x}{V_e} = \left(\frac{y}{\delta}\right)^{\frac{1}{7}} \tag{9.3.35}$$

9.4 附面层积分方程

虽然利用附面层的特点对 N－S 方程简化，得到了比较简单的普朗特附面层微分方程，但它仍是非线性的偏微分方程，除数值解外，求解解析解是非常困难的，只有对极少数的简单流动（如平板、楔形体等）才能得到精确解。冯·卡门在 1921 年首先推导出附面层动量积分关系式，既可以求解层流附面层，也可以求解湍流附面层。其基本思想是选用一个符合附面层内、外某些边界条件的附面层速度分布函数，代入动量积分方程，得到一个常微分方程式，从而获得计算附面层厚度和壁面摩擦阻力等的表达式。这种方法较为简单，工程实际中经常采用。

9.4.1　卡门动量积分方程的推导

考虑图 9.4.1 给出的二维附面层流动,令 x 轴沿物面,y 轴与之垂直。在附面层中取一微元控制体 $ABCD$(垂直纸面方向的控制体宽度为 1),其中 AB,CD 为垂直于物面的两个控制面,相距为 $\mathrm{d}x$,AD 为物面,BC 为附面层外边界,由于 $\mathrm{d}x$ 是无限小量,所以可认为流体在 BC 面上的流速都近似等于 B 点处的速度 V_e,其在 x 方向的分量为 V_{ex}。但应该注意的是,V_e 本身是 x 的函数,即 $V_e = V_e(x)$,它的值视壁面形状而

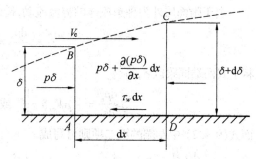

图 9.4.1　附面层控制体的受力分析

定。将动量定理应用于这个控制体所包围的流体,即控制体内流体沿某个方向的单位时间内动量的增加应等于作用在这个控制体上所有作用力在该方向的投影。

对于定常问题,单位时间内从 AB 面流入控制体的质量为 $\int_0^\delta \rho v_x \mathrm{d}y$,而从 CD 面流出控制体的质量为

$$\int_0^\delta \rho v_x \mathrm{d}y + \frac{\partial}{\partial x}\left(\int_0^\delta \rho v_x \mathrm{d}y\right)\mathrm{d}x$$

注意到附面层外边界 BC 并不是流线,因此上述的质量流量之差 $\frac{\partial}{\partial x}\left(\int_0^\delta \rho v_x \mathrm{d}y\right)\mathrm{d}x$ 即为单位时间内从附面层外边界 BC 流入控制体的质量。于是,单位时间内 x 方向流入的动量为 $\int_0^\delta \rho v_x^2 \mathrm{d}y + V_{ex}\frac{\partial}{\partial x}\left(\int_0^\delta \rho v_x \mathrm{d}y\right)\mathrm{d}x$,而流出的动量为 $\int_0^\delta \rho v_x^2 \mathrm{d}y + \frac{\partial}{\partial x}\left(\int_0^\delta \rho v_x^2 \mathrm{d}y\right)\mathrm{d}x$。因此,动量的变化率为

$$\frac{\partial}{\partial x}\left(\int_0^\delta \rho v_x^2 \mathrm{d}y\right)\mathrm{d}x - V_{ex}\frac{\partial}{\partial x}\left(\int_0^\delta \rho v_x \mathrm{d}y\right)\mathrm{d}x$$

下面再来分析作用在控制体上的 x 方向作用力。物面上的作用力为 $-\tau_w \mathrm{d}x$,AB 面上的作用力为 $p\delta$,CD 面上的作用力为 $-\left[p\delta + \frac{\partial}{\partial x}(p\delta)\mathrm{d}x\right]$,$BC$ 面的压强取 AB 面、CD 面压强的平均值为 $p + \frac{1}{2}\frac{\partial p}{\partial x}\mathrm{d}x$,作用面积为 $\frac{\partial \delta}{\partial x}\mathrm{d}x$,则作用力为 $\left(p + \frac{1}{2}\frac{\partial p}{\partial x}\mathrm{d}x\right)\frac{\partial \delta}{\partial x}\mathrm{d}x$。将上述作用力合并后得

$$-\tau_w \mathrm{d}x + p\delta - \left[p\delta + \frac{\partial}{\partial x}(p\delta)\mathrm{d}x\right] + \left(p + \frac{1}{2}\frac{\partial p}{\partial x}\mathrm{d}x\right)\frac{\partial \delta}{\partial x}\mathrm{d}x \approx -\left(\tau_w + \frac{\partial p}{\partial x}\delta\right)\mathrm{d}x$$

于是根据动量定理,可得到卡门积分关系式

$$\frac{\partial}{\partial x}\left(\int_0^\delta \rho v_x^2 \mathrm{d}y\right) - V_{ex}\frac{\partial}{\partial x}\left(\int_0^\delta \rho v_x \mathrm{d}y\right) = -\tau_w - \delta\frac{\partial p}{\partial x} \tag{9.4.1}$$

式(9.4.1) 称为附面层积分方程,它对层流、湍流附面层都适用,但对于后一种情况,式中 τ_w 的表达式应写为黏性应力与雷诺应力之和的形式,其他参数应用时均值代替瞬时值。对于不可压缩流体,式(9.4.1) 可写成

$$\frac{d}{dx}\left(\int_0^\delta v_x^2 dy\right) - V_{ex}\frac{d}{dx}\left(\int_0^\delta v_x dy\right) = -\frac{\tau_w}{\rho} - \frac{\delta}{\rho}\frac{dp}{dx} \tag{9.4.2}$$

由于附面层外为理想流体的势流流动,借助伯努利方程,式中右端的压强梯度项可写成

$$\frac{dp}{dx} = \frac{dp_e}{dx} \approx -\rho V_{ex}\frac{dV_{ex}}{dx}$$

将上式两端同乘以 δ,得

$$\delta\frac{dp_e}{dx} = -\rho V_{ex}\delta\frac{dV_{ex}}{dx} \text{ 或 } -\delta\frac{dp_e}{dx} = \frac{dV_{ex}}{dx}\int_0^\delta \rho V_{ex} dy$$

而式(9.4.2)中左端的第二项则可写成

$$V_{ex}\frac{d}{dx}\left(\int_0^\delta v_x dy\right) = \frac{d}{dx}\left(V_{ex}\int_0^\delta v_x dy\right) - \left(\int_0^\delta v_x dy\right)\frac{dV_{ex}}{dx} = \frac{d}{dx}\left(\int_0^\delta V_{ex}v_x dy\right) - \left(\int_0^\delta v_x dy\right)\frac{dV_{ex}}{dx}$$

将上面两式代入式(9.4.2)中,得

$$\frac{d}{dx}\left[\int_0^\delta v_x(V_{ex} - v_x)dy\right] + \left[\int_0^\delta (V_{ex} - v_x)dy\right]\frac{dV_{ex}}{dx} = \frac{\tau_w}{\rho} \tag{9.4.3}$$

再根据附面层位移厚度 δ^* 的定义式(9.1.2)、附面层动量损失厚度 θ 的定义式(9.1.3),式(9.4.3)可进一步写成

$$\frac{d}{dx}(V_{ex}^2\theta) + V_{ex}\delta^*\frac{dV_{ex}}{dx} = 2V_{ex}\theta\frac{dV_{ex}}{dx} + V_{ex}^2\frac{d\theta}{dx} + V_{ex}\delta^*\frac{dV_{ex}}{dx} = \frac{\tau_w}{\rho}$$

化简后得

$$\frac{d\theta}{dx} + (2\theta + \delta^*)\frac{1}{V_{ex}}\frac{dV_{ex}}{dx} = \frac{\tau_w}{\rho V_{ex}^2} \tag{9.4.4}$$

注意到 $c_f = \tau_w\Big/\dfrac{1}{2}\rho V_{ex}^2$ 及形状因子 $H = \dfrac{\delta^*}{\theta}$,式(9.4.4)又可写成

$$\frac{d\theta}{dx} + \frac{1}{V_{ex}}\frac{dV_{ex}}{dx}(2 + H)\theta = c_f \tag{9.4.5}$$

这种形式的积分关系式对于计算曲壁附面层等复杂问题比较方便。

9.4.2　平板层流与湍流附面层的流动特性与计算

在动量积分关系式中含有三个未知量 v_x, δ, τ_w 或 δ^*, θ, τ_w,所以应补充两个关系式才能使问题可解。动量积分关系式解法的基本步骤就是:根据附面层流动特征和主要边界条件,近似地给出一个只依赖于 x 的单参数(称为型参数)速度分布来代替附面层内真实速度分布,从而把上述三个未知量归结为一个未知量,即确定速度分布规律的型参数,然后代入积分关系式求出该型参数的变化规律,进而确定附面层中的其他流动物理量。因此,积分关系式解法的精确程度取决于预先选定的速度分布的合理程度,若附面层的速度分布规律选择得比较合理,该解法可以得到令人满意的结果。

如图9.4.2所示,沿流动方向放置的平板绕流问题是附面层流动中最简单但又是最重要的流动。对于曲壁面,只要不发生显著的分离现象,曲面附面层的摩擦阻力与平板情况较为相似。因此,平板附面层的分析结果可以用来近似地计算如机翼、机身或其他流线型体的摩擦阻

力。这里主要讨论平板层流、湍流、混合附面层的流动特性及其对应的摩擦阻力。

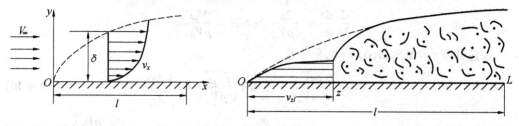

图 9.4.2　平板层流附面层、湍流附面层及混合附面层示意图

1. 平板层流附面层

如图 9.4.2 所示,设速度为 V_∞ 的直匀流流经长度为 l 的平板。若假设平板是非常薄的或等于零,且附面层厚度 δ 与平板 l 相比很小,则可以认为并不因平板的存在而影响流体在附面层之外的运动。因此,附面层外边界上的速度满足 $V_{ex} = V_e = V_\infty$ 和 $\dfrac{\mathrm{d}V_{ex}}{\mathrm{d}x} = 0$。则式 (9.4.4) 可简化为

$$\frac{\mathrm{d}\theta}{\mathrm{d}x} = \frac{\tau_\mathrm{w}}{\rho V_\infty^2} \tag{9.4.6}$$

假设附面层内速度分布为 y 的幂函数,即

$$v_x = a_0 + a_1 y + a_2 y^2 + \cdots + a_n y^n$$

式中,$a_0, a_1, a_2, \cdots, a_n$ 是待定的未知量,须由速度分布所应遵循的边界条件确定。幂指数 n 可根据具体要求选取。实验表明,当 $n = 2$ 时,即可与实验得到的速度分布曲线吻合很好,即

$$v_x = a_0 + a_1 y + a_2 y^2$$

用于确定三个待定系数的边界条件为:

(1) 在物面上,$y = 0$,$v_x = 0$,于是 $a_0 = 0$。

(2) 在附面层外边界上,$y = \delta$,$v_x = V_\infty$,于是 $V_\infty = a_1\delta + a_2\delta^2$。

(3) 在附面层外边界上,$y = \delta$,$\dfrac{\partial v_x}{\partial y} = 0$,于是 $0 = a_1 + 2a_2\delta$。

由以上各式可以确定 $a_0 = 0$,$a_1 = \dfrac{2V_\infty}{\delta}$,$a_2 = -\dfrac{V_\infty}{\delta^2}$,即速度分布近似为

$$v_x = \frac{2V_\infty}{\delta}y - \frac{V_\infty}{\delta^2}y^2 \quad \text{或} \quad \frac{v_x}{V_\infty} = 2\left(\frac{y}{\delta}\right) - \left(\frac{y}{\delta}\right)^2 \tag{9.4.7}$$

由牛顿内摩擦定律及式 (9.4.7) 可得

$$\tau_\mathrm{w} = \mu\left(\frac{\mathrm{d}v_x}{\mathrm{d}y}\right)_{y=0} = 2\mu\frac{V_\infty}{\delta} \tag{9.4.8}$$

利用动量积分方程式 (9.4.6) 及补充方程式 (9.4.7)、(9.4.8),联立求解即可得到附面层内所需的有关结果。将式 (9.4.7) 代入附面层动量损失厚度 θ 的定义式 (9.1.3) 中,可有

$$\theta = \int_0^\delta \frac{v_x}{V_\infty}\left(1 - \frac{v_x}{V_\infty}\right)\mathrm{d}y = \int_0^\delta \left[2\left(\frac{y}{\delta}\right) - \left(\frac{y}{\delta}\right)^2\right]\left[1 - 2\left(\frac{y}{\delta}\right) + \left(\frac{y}{\delta}\right)^2\right]\mathrm{d}y = \frac{2}{15}\delta$$

$$\tag{9.4.9}$$

再将式(9.4.8)、(9.4.9)代入式(9.4.6)中,得

$$\frac{2}{15}\frac{\mathrm{d}\delta}{\mathrm{d}x} = \frac{2\mu}{\delta\rho V_\infty} \quad \text{或} \quad \delta\mathrm{d}\delta = \frac{15\mu}{\rho V_\infty}\mathrm{d}x$$

注意到当 $x = 0$ 时,$\delta(0) = 0$,积分得

$$\delta(x) = \sqrt{\frac{30\mu x}{\rho V_\infty}} = 5.48x\sqrt{\frac{\mu}{\rho V_\infty x}} = \frac{5.48x}{\sqrt{Re_x}} \tag{9.4.10}$$

即平板层流附面层的厚度与距平板前缘的距离的平方根成正比,式中 $Re_x = \dfrac{\rho V_\infty x}{\mu}$ 是距平板前缘为 x 处的当地雷诺数。将式(9.4.7)、(9.4.10)代入到附面层位移厚度 δ^* 的定义式(9.1.2)中,可有

$$\delta^* = \int_0^\delta\left(1 - \frac{v_x}{V_\infty}\right)\mathrm{d}y = \int_0^\delta\left[1 - 2\left(\frac{y}{\delta}\right) + \left(\frac{y}{\delta}\right)^2\right]\mathrm{d}y = \frac{1}{3}\delta = \frac{1.83x}{\sqrt{Re_x}} \tag{9.4.11}$$

类似地,当地摩擦阻力系数为

$$c_f = \frac{\tau_w}{\frac{1}{2}\rho V_\infty^2} = \frac{2\mu\dfrac{V_\infty}{\delta}}{\frac{1}{2}\rho V_\infty^2} = \frac{2\mu V_\infty\Big/\sqrt{\dfrac{30\mu x}{\rho V_\infty}}}{\frac{1}{2}\rho V_\infty^2} = \frac{0.73}{\sqrt{Re_x}} \tag{9.4.12}$$

作用在单位宽度平板上的表面摩擦阻力为

$$D_f = \int_0^l\tau_w\mathrm{d}x = \int_0^l\left(2\mu V_\infty\Big/\sqrt{\frac{30\mu x}{\rho V_\infty}}\right)\mathrm{d}x = 0.73V_\infty^{\frac{3}{2}}\sqrt{\rho l\mu}$$

可得到整个平板的平均摩擦阻力系数

$$\bar{c}_f = \frac{D_f}{\frac{1}{2}\rho V_\infty^2 l} = \frac{0.73V_\infty^{\frac{3}{2}}\sqrt{\rho l\mu}}{\frac{1}{2}\rho V_\infty^2 l} = \frac{1.46}{\sqrt{Re_l}} \tag{9.4.13}$$

如果将前面的附面层内速度分布多项式项数取得再多一些,可得到更为精确些的结果。

对于平板层流附面层,还可以直接利用9.2节中的平板附面层微分方程相似解的方法,得到的精确解如 δ, c_f, $\bar{c}_f$ 等由式(9.2.31)、(9.2.35)及(9.2.37)给出。与之相比,式(9.4.10)、(9.4.12)及(9.4.13)得到的结果还是较为接近的。由于平板附面层的精确结果已经被实验证明是符合实际的,因而应用附面层动量积分关系式计算,既具有相当的准确度,又比直接求解附面层微分方程简单得多。

2. 平板湍流附面层

假定从前缘开始就是湍流附面层的不可压缩流动,式(9.4.4)仍可简化为

$$\frac{\mathrm{d}\theta}{\mathrm{d}x} = \frac{\tau_w}{\rho V_\infty^2}$$

对于湍流,壁面摩擦阻力不能直接用牛顿内摩擦定律由速度分布来确定,所以上式包含了三个未知量,即 v_x,δ,τ_w,需要再找两个补充关系式才能求解。限于目前对于湍流机理的研究情况,这两个关系式只能借助于半经验的方法给出。在9.3节中已经分析了近壁湍流的速度分布型

的性质,可以假设平板壁面附面层中速度分布为对数函数形式。但是实践表明,以对数速度分布与积分关系式联合求解相当繁琐。由于所假设的速度分布对计算结果并不敏感,故对速度分布型的要求并不很严格,平板上的附面层就其一个横截面来看很像管道流动,因而可以借用光滑管道的速度分布规律。设沿平板厚度上的速度分布规律为

$$\frac{v_x}{V_\infty} = \left(\frac{y}{\delta}\right)^{\frac{1}{7}} \tag{9.4.14}$$

式中,V_∞ 相当于圆管中心处的 V_{max};δ 相当于圆管半径的 r_0。代入式(9.1.3) 中,可有

$$\theta = \int_0^\delta \frac{v_x}{V_\infty}\left(1 - \frac{v_x}{V_\infty}\right)dy = \int_0^\delta \left(\frac{y}{\delta}\right)^{\frac{1}{7}}\left[1 - \left(\frac{y}{\delta}\right)^{\frac{1}{7}}\right]dy = \frac{7}{72}\delta \tag{9.4.15}$$

此外,对于光滑圆管中的湍流流动,当 $Re \leqslant 10^5$ 时沿程损失因数 λ、壁面切应力 τ_w 满足

$$\lambda = \frac{0.3164}{Re^{1/4}} = \frac{0.3164}{(\rho V_{av}d/\mu)^{1/4}} = \frac{0.3164}{(0.817\rho V_{max}d/\mu)^{1/4}} \text{ 和 } \tau_w = \lambda\frac{\rho V_{av}^2}{8} = 0.817^2\lambda\frac{\rho V_{max}^2}{8}$$

在将上述公式用于平板附面层时,式中的 d 及 V_{max} 需要用平板附面层中与之相对应的量进行替换,即 $\delta = \dfrac{d}{2}$,$V_\infty = V_{max}$,则对于光滑平板湍流附面层有

$$\tau_w = 0.817^2\frac{0.3164}{(0.817\rho V_\infty 2\delta/\mu)^{1/4}}\frac{\rho V_\infty^2}{8} = 0.0233\rho V_\infty^2\left(\frac{\mu}{\rho V_\infty\delta}\right)^{1/4} \tag{9.4.16}$$

将式(9.4.15)、(9.4.16) 代入式(9.4.4) 的简化形式中,得

$$\frac{7}{72}\frac{d\delta}{dx} = 0.0233\left(\frac{\mu}{\rho V_\infty\delta}\right)^{1/4}$$

上式可转化为

$$\delta^{1/4}d\delta = 0.24\left(\frac{\mu}{\rho V_\infty}\right)^{1/4}dx \tag{9.4.17}$$

注意到当 $x = 0$ 时,$\delta(0) = 0$,积分得

$$\delta(x) = 0.382x\left(\frac{\mu}{\rho V_\infty x}\right)^{1/5} \text{ 或 } \frac{\delta(x)}{x} = \frac{0.382}{Re_x^{1/5}} \tag{9.4.18}$$

由式(9.4.18) 可知,平板湍流附面层的厚度与距平板前缘距离 x 的4/5次幂成正比。当地摩擦阻力系数为

$$c_f = \frac{\tau_w}{\frac{1}{2}\rho V_\infty^2} = 2\frac{7}{72}\frac{d\delta}{dx} = \frac{14}{72}\times 0.382\times\frac{4}{5}\left(\frac{\mu}{\rho V_\infty x}\right)^{1/5} = \frac{0.0594}{Re_x^{1/5}} \tag{9.4.19}$$

作用在单位宽度平板上的湍流附面层摩擦阻力为

$$D_f = \int_0^l \frac{1}{2}\rho V_\infty^2 c_f dx = \frac{1}{2}\rho V_\infty^2\int_0^l 0.0594\left(\frac{\mu}{\rho V_\infty x}\right)^{1/5}dx = \frac{1}{2}\rho V_\infty^2 l\times 0.0594\times\frac{5}{4}\left(\frac{\mu}{\rho V_\infty l}\right)^{1/5}$$

整个平板的平均摩擦阻力系数为

$$\bar{c}_f = \frac{D_f}{\frac{1}{2}\rho V_\infty^2 l} = \frac{0.074}{Re_x^{1/5}} \tag{9.4.20}$$

比较层流附面层与湍流附面层的参数情况,可以发现:

(1) 由式(9.4.14) 给出的湍流附面层速度分布曲线要比式(9.4.7) 给出的层流附面层速度分布曲线饱满得多,因而湍流附面层内流体的平均动量更大,附面层也就不易分离。

(2) 对比式(9.4.10) 与(9.4.18) 可知,湍流附面层比层流附面层的厚度增长得快,或者说前者要厚得多。

(3) 比较式(9.4.13) 与(9.4.20) 可知,在相同的雷诺数下,湍流附面层的摩阻系数比层流附面层大得多,因而为减少摩阻系数,应尽量设法使附面层保持为层流流态。

3. 平板混合附面层

在高雷诺数的情况下,绕物体流动的附面层往往是混合附面层,即从平板前缘开始先是一段层流附面层,经过过渡段(即转捩区) 后变为湍流附面层,如图9.4.2 所示。由于过渡段通常很短,在工程应用上一般把它看作一点即转捩点,并认为从转捩点开始,都是湍流附面层。

设平板长为 l,平板上的附面层为混合附面层,其转捩点 Z 到平板前缘距离 $OZ = x_{zl}$,整个平板的摩擦阻力可以看作是前面层流段的摩擦阻力与后面湍流段的摩擦阻力之和。层流段的摩擦阻力计算方法如前所述;由于平板上的附面层并不全是湍流,在引用前面的平板湍流附面层计算结果时,需要对其进行修正。用于这种修正的方法很多,这里仅给出一种。这种方法在计算平板后段的湍流附面层摩擦阻力时,假设湍流附面层仍是从平板前缘开始发展起来的,只是在计算平板阻力时,应该把转捩点之前假想的湍流附面层摩擦阻力减掉,再加上实际上的层流附面层的阻力。所以,阻力系数的差值 $\Delta \bar{c}_f$ 为

$$\Delta \bar{c}_f = \frac{x_{zl}}{l}(\bar{c}_{fl} - \bar{c}_{ft}) = \frac{Re_{zl}}{Re_l}(\bar{c}_{fl} - \bar{c}_{ft}) = \frac{A}{Re_l} < 0 \qquad (9.4.21)$$

式中, $\bar{c}_{fl}$ 为层流时的阻力系数; $\bar{c}_{ft}$ 为湍流时的阻力系数; Re_{zl} 为临界雷诺数(即转捩雷诺数); A 为与转捩位置有关的常数。因此,平板混合附面层的阻力系数可写成

$$\bar{c}_f = \frac{0.074}{Re_x^{1/5}} + \frac{A}{Re_l} \qquad (9.4.22)$$

9.5 附面层的分离及其与激波的相互干扰

流体分离是黏性流体力学中非常重要的而又非常复杂的问题之一。流体分离将引起能量损失。对于外流,在亚声速时,分离将引起飞行器的阻力增加而升力下降,出现回流甚至失速。在跨声速时,流体分离将在飞行稳定性控制和结构安全性等方面造成更大的困难。对于内流,分离会降低效率,许多叶轮机械如压气机、涡轮、泵等,只有精确预估分离的发生,才可能使其达到最佳的运行状态,因为叶轮机械的最高效率和最大负荷性能都几乎处于即将发生分离的时刻。此外,激波也可能引起分离。

流动一旦发生分离,本章前面所讨论的各种计算、分析方法就都不适用了。下面将简要介绍附面层的分离现象、分离发生的原因、流态对分离的影响、激波与附面层的相互干扰等。

9.5.1　附面层分离

黏性流体沿物面流动,形成的附面层在某个位置处开始脱离物面,流动出现回流现象,这时称为流动分离。前面已经讨论过,附面层内的压力与附面层外缘处的压力具有相同的量级,这一结论对任何形状物体的附面层都是正确的,只要附面层还没有发生分离。也就是说,可以忽略压力沿 y 向(壁面的法线方向)的变化,即 $\frac{\partial p}{\partial y} = 0$,而用 $\frac{\mathrm{d}p_e}{\mathrm{d}x}$(即附面层外缘处的势流压强分布)来代表同一 x 位置处的附面层内的流体所承受的流向压力梯度。如果沿流动方向附面层外缘处压力不断减小,即 $\frac{\mathrm{d}p_e}{\mathrm{d}x} < 0$,称为顺压力梯度;如果沿流动方向附面层外缘处压力不断增大,即 $\frac{\mathrm{d}p_e}{\mathrm{d}x} > 0$,称为逆压力梯度。附面层流动是否发生分离直接与流动方向压力梯度有关,也可以说承受逆压力梯度的附面层是流体发生分离的必要条件。

为了解释附面层分离这一重要现象,以如图9.5.1所示的圆柱绕流为例来加以说明。对于理想流体势流流动,流体微团在 DE 段加速降压,即由压力做流动功而转变为动能;而在 EF 段则经历完全相反的减速增压过程,即由动能转变压力,且在 DE 段与 EF 段的对应点上压力相等,例如,F 点压强将恢复为与 D 点相同的值即驻点压强 $\frac{\rho V_\infty^2}{2}$。对于实际流体,附面层内的流体微团承受着由外流施加的大体与理想流体相同的压力变化。由于附面层中存在着较大的黏性阻力,由推广的伯努利方程式(2.2.27)可知

$$\frac{V_D^2}{2} + \frac{p_D}{\rho} = \frac{V_E^2}{2} + \frac{p_E}{\rho} + w_{fDE} > \frac{V_E^2}{2} + \frac{p_E}{\rho} = \frac{V_F^2}{2} + \frac{p_F}{\rho} + w_{fEF} > \frac{V_F^2}{2} + \frac{p_F}{\rho}$$

即微团从 D 点至 E 点压力能的降低,除了转换为动能之外,还有一部分因克服黏性阻力而损耗,附面层内微团的加速幅度势必要小于附面层外的势流区微团的加速幅度。还应注意的是,由于需满足 $\frac{\partial p}{\partial y} = 0$ 的条件,即 $(p_D)_{y=\delta} = (p_D)_{y<\delta}$、$(p_E)_{y=\delta} = (p_E)_{y<\delta}$,那么附面层内应有 $(p_D)_{y<\delta} > (p_E)_{y<\delta}$,故微团速度总是增加的。而在由 E 点至 F 点的流动过程中,除了因黏性影响要继续损失一部分能量外,剩余能量(动能)则用于克服由 E 点至 F 点的压力升高或者说逆压力梯度。由于附面层内微团动能小于附面层外势流区微团的动能,当需要克服同样的逆压力梯度时,就有可能出现这样的现象:在某个位置处,如图 9.5.1 中所示的 S 点,附面层内流体微团的动能已经全部转化为压力增加了,速度降为零,而势流区流体微团的速度仍大于零。这样一来,稍向下游发展,势流区还将是减速增压过程,基于 $\frac{\partial p}{\partial y} = 0$ 的条件,这种较高压力将使得附面层内的速度等于零的流体微团向相反方向运动,形成倒流(或称回流),导致上游来的附面层中的一部分流体微团被挤向势流区,附面层与壁面分离,附面层厚度增加很多。S 点就称为附面层分离点。在流向下游主流和逆流向的回流之间存在一条流体微团速度为零的 ST 线,称为间断面。流动分离区内附面层微分方程不再适用,其求解只能依赖于未被简化的 N – S 方程,附面层微分方程只能应用于分离点上游。

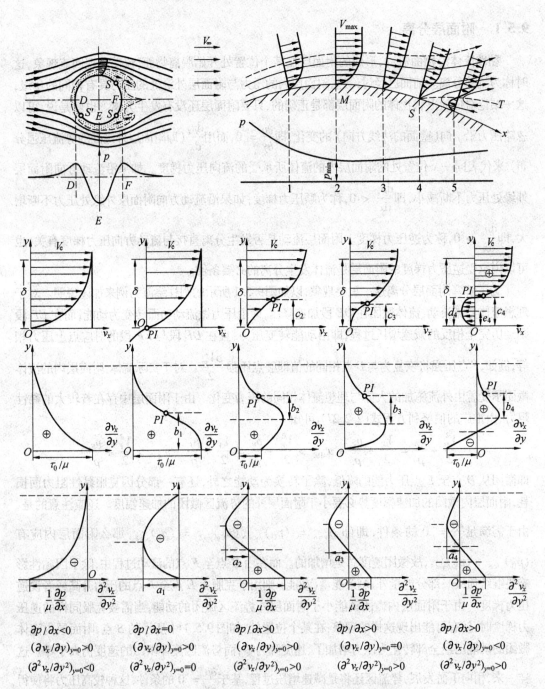

图 9.5.1　附面层分离的示意图及附面层内速度分布情况

附面层分离伴随有复杂的旋涡运动,旋涡不断地生成,又不断地被主流带走,在物体后部形成尾涡区。在附面层分离之后,由于分离区内流体速度很小,静压很难进一步提高,通常维持在分离点处的静压水平,所以分离点后的物面上的压力比外部势流区加速段上对应点(S'点)的压力低,因而产生较大的压差阻力。此外,如果是黏性流动且没有发生分离,逐渐加厚的附面层的作用类似于使得物体的等效厚度增加,与理想气体绕流流动相比,后部通流面积增加得较少,导致气体减速增压趋势变弱,即后部减速段压力增加得不多,比加速段对应点处的压力低,从而形成一个较小的流向阻力,这就是因黏性摩擦导致的压差阻力。这个压差阻力比黏性摩擦阻力要小得多,当雷诺数较高(即附面层位移厚度较小)时,通常可以忽略。

根据上述讨论,可将分离点定义为紧邻壁面的顺流与倒流流体的分界点即 $\frac{\partial v_x}{\partial y} = 0$,而只有在减速流动中才会发生分离这一现象,则可由压力梯度与速度剖面之间的关系加以解释。下面从普朗特附面层微分方程出发,分析附面层内流速分布的特点及分离现象的产生。在固壁面 $y = 0$ 处 $v_x = v_y = 0$,则式(9.2.4b) 可写成

$$\left(\frac{\partial^2 v_x}{\partial y^2}\right)_{y=0} = \frac{1}{\mu}\frac{\partial p}{\partial x}$$

可见,壁面处流速剖面的曲率取决于沿流向的压力梯度。此外,在壁面处还有

$$\left(\frac{\partial v_x}{\partial y}\right)_{y=0} = \frac{\tau_w}{\mu}$$

在附面层的外缘 $y = \delta$ 处 $v_x = V_e$,由外部势流区的伯努利方程

$$V_e\frac{\partial V_e}{\partial x} = -\frac{1}{\rho}\frac{\partial p}{\partial x}$$

根据式(9.2.5b) 可知附面层外缘处满足

$$V_e\frac{\partial V_e}{\partial x} = V_e\frac{\partial V_e}{\partial x} + \frac{\mu}{\rho}\frac{\partial^2 V_e}{\partial y^2} \text{ 或} \left(\frac{\partial^2 V_e}{\partial y^2}\right)_{y=\delta} = 0$$

即速度剖面在附面层外缘处凸向下游并将以 $v_x = V_e$ 线为渐近线,曲率为零。同理还有

$$\left(\frac{\partial V_e}{\partial y}\right)_{y=\delta} = 0$$

(1) M 点之前(不包括 M 点)。

附面层外缘处的速度逐渐增加而压强减小,即

$$\frac{\partial V_e}{\partial x} > 0, \frac{\partial p}{\partial x} < 0$$

因此附面层内的流动有

$$\frac{\partial v_x}{\partial x} > 0, \frac{\partial p}{\partial x} < 0$$

得

$$\left(\frac{\partial^2 v_x}{\partial y^2}\right)_{y=0} < 0, \left(\frac{\partial v_x}{\partial y}\right)_{y=0} > 0$$

速度剖面在固壁面附近为凸曲线,整个附面层内的流速分布曲线没有拐点。$\frac{\partial v_x}{\partial y}$ 在 $y = 0$ 处有最大值 $\frac{\tau_w}{\mu}$,随着 y 的增加 $\frac{\partial v_x}{\partial y}$ 逐渐减小,至 $y = \delta$ 时,$\frac{\partial v_x}{\partial y} \to 0$。而 $\frac{\partial^2 v_x}{\partial y^2}$ 则在 $y = 0$ 处有最小

值 $\frac{1}{\mu}\frac{\partial p}{\partial x}$,至 $y = \delta$ 时,$\frac{\partial^2 v_x}{\partial y^2} = 0$,在整个附面层内为负值。尽管附面层内黏性流体受壁面滞止作用,消耗动能,但由于降压增速,流体的部分压力能总可以转化为动能,并足够克服黏性阻力,因而加速区不会出现流动分离现象。

(2)M 点处。

在该点处附面层外缘处的流体速度达到最大值,压强最低,所以附面层内 $\frac{\partial p}{\partial x} = 0$ 而 $\left(\frac{\partial^2 v_x}{\partial y^2}\right)_{y=0} = 0$。速度剖面在 $y = 0$ 处为拐点 PI,但整个剖面仍为凸曲线。由于 $\frac{\partial v_x}{\partial y} > 0$ 且 $\left(\frac{\partial^2 v_x}{\partial y^2}\right)_{y=0} = 0$,则 $y = 0$ 处 $\frac{\partial v_x}{\partial y}$ 曲线与坐标横轴垂直,在 y 等于某一数值 b_1 时有一拐点,b_1 值由 $v_x(y)$ 的具体形式而定,在 $y = b_1$ 时 $\frac{\partial^2 v_x}{\partial y^2}$ 有一极小值。

(3)M 点之后。

附面层外缘处的速度逐渐减小而压强增加,即

$$\frac{\partial V_e}{\partial x} < 0, \frac{\partial p}{\partial x} > 0$$

因此附面层内的流动有

$$\frac{\partial v_x}{\partial x} < 0, \frac{\partial p}{\partial x} > 0$$

即 $\left(\frac{\partial^2 v_x}{\partial y^2}\right)_{y=0} > 0$。这表明速度剖面在固壁面附近为内凹曲线,而在 $y \to \delta$ 时速度剖面为凸曲线,因而附面层内速度剖面必然存在拐点,并导致逆压梯度区将有可能发生附面层分离。

①分离点 S 的上游。

在 $y = 0$ 处有 $\frac{\partial v_x}{\partial y} > 0$,设在 $y = c_2$ 处速度剖面有一拐点,则 $y > c_2$ 时的速度剖面形状与前类似,而当 $y < c_2$ 时的剖面则为凹曲线。在 $y = c_2$ 处,$\frac{\partial v_x}{\partial y}$ 曲线有一极大值,$\frac{\partial^2 v_x}{\partial y^2}$ 曲线在 $y = c_2$ 处为零。当 $y > c_2$ 时,$\frac{\partial^2 v_x}{\partial y^2} < 0$,当 $y > c_2$ 时,$\frac{\partial^2 v_x}{\partial y^2} > 0$。

②分离点 S。

在 $y = 0$ 处有 $\frac{\partial v_x}{\partial y} = 0$,在速度剖面中 $y = 0$ 即固壁面处流速分布曲线以 y 轴为切线。

③分离点 S 的下游。

在 $y = 0$ 处有 $\frac{\partial v_x}{\partial y} < 0$,流动在壁面附近为反向流动,流速为负值。

对于层流附面层来说很难适应强逆压梯度,因此只要流动中有强逆压梯度就必然存在分离现象。但是,当附面层内的流动由层流转变为湍流时,由于更强烈的动量交换,外层流速较

高的流体与壁面附近流体的紊动掺混,带动了壁面附近陷于停滞的流体使其重新具有一定的动能,从而使得分离点顺流向下游移动,减小尾流区,有利于减小压差阻力。此外,逆压梯度的存在使得速度剖面存在拐点,而9.3节中曾讲过,具有拐点的速度剖面是不稳定的,层流更易转变为湍流,从而推迟分离的发生。

　　由于附面层分离将造成能量损失和流动阻力的增加,因此防止附面层分离的措施很多,如使绕流物体流线型化,设法使逆压梯度保持在不致发生分离的限度;将高速气流吹入附面层,使得停滞的流体微团重新获得能量而避免分离;将附面层内的低速流体吸除,使附面层变薄,而靠近物面的气流具有较大的流速,也可以有效消除附面层分离。

9.5.2　附面层与激波的相互作用

　　当激波出现在固体边界附近时,由于激波与附面层的相互干扰,使附面层发生很大程度的畸变,并导致激波图谱和理想流动时的情况有很大不同。在高超声速流动中,这种相互干扰使得干扰区内产生局部峰值热流,甚至可能造成局部结构烧坏。

　　4.5节中曾讲过,当来流马赫数 Ma_∞ (< 1) 大于临界马赫数 Ma_{cr} 时,在翼型表面将出现局部超声速区。在该区域内,由于气流压强比翼型后部的压强低得多,使得翼型表面产生激波,气流经过激波后变为亚声速。对于理想流动,翼型表面没有附面层存在,激波将直接伸展到翼型表面,如图9.5.2所示。

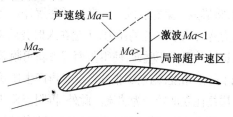

图 9.5.2　绕翼型跨声速无黏流动图谱

　　但是,在实际的黏性气流中,由于翼型表面有附面层存在,情况就不是这样了。在附面层内,速度由壁面上的零逐渐增加到附面层外的超声速值,因而附面层内必有一条等声速线($Ma = 1$),这条曲线把附面层内的流动分为亚声速区和超声速区,如图9.5.3(a)所示。由于激波只能产生在超声速区,而不会出现在亚声速区,因此翼型上的激波不会穿透附面层直接触及翼型表面,而应该在附面层内的等声速线上终止。此外,由于附面层内超声速区的流速是沿翼型表面的法线方向变化的,故附面层内的激波是曲线形,气流经过激波后,压强突然增大。如果翼型表面是层流附面层,激波后的高压可从层流附面层中的亚声速区部分逆流上传,使得激波前的附面层中也形成较大的反压。亚声速气流压强增加,流速必下降。由于气流的黏性,这将使得超声速流层的流速减慢,于是达到附面层边界的流速所需的法向高度就要大些,即附面层的厚度增大。附面层的增厚使得附面层中的流线更偏离物面,这就相当于超声速气流流过内凹壁,形成一系列的弱压缩波。如果翼型表面是湍流附面层,湍流附面层的亚声速内层很薄,因而激波后的高压很难从亚声速薄层中逆流上传,流场中只有一道较强的、弯曲不大的激波,如图9.5.3(b)所示。显然,由于附面层中的激波是曲线形的,则附面层内沿法向压强梯度 $\frac{\partial p}{\partial y} = 0$ 的条件在激波处不能成立。既然附面层中的扰动能从亚声速区逆流上传,那么 $\frac{\partial p}{\partial y} = 0$ 的条件在激波前面也不能成立。

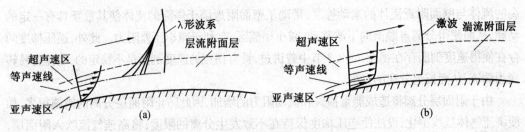

图 9.5.3　跨声速时激波与附面层的相互干扰

图 9.5.4(a) 表示斜激波投射到平板层流附面层上的情况。入射斜激波引起波后压力突升,并通过层流附面层中较厚的亚声速层而向上游传播,引起附面层膨胀,则在膨胀区的前根部产生一束压缩波系,它们将逐渐汇合成一道反射波。显然,这个反射波的"起点"将落在入射波的入射点之前。此反射波也将形成逆压力梯度,如果该逆压力梯度足够强,则可能引起附面层分离,并进一步加强反射波强度。由于分离区内流体运动速度相对来说是很小的,故可将此分离区看成是等压区,即所谓的等压平台,入射激波由此处反射相当于在等压自由边界上的反射,将形成一束膨胀波。或者这样理解,由于到达 F 点的流体经过了较强的压缩波,所以 F 点的压力通常高于 G 点的压力,于是在入射波后将形成一束膨胀波系。经过膨胀波系后的气流向内折转并平行于壁面,使得附面层重新再附着。但如果膨胀波系引起的转角足够大,与壁面形成了一定角度,则在膨胀波系后将再产生压缩被系,并汇合成第二反射波。这个波系下游的附面层往往立即转变为湍流。此外,再附点附近的附面层比较薄,而经过激波后的气流压力、温度均较高,从而导致温度梯度增加,因而这里是一个局部高热流区域。

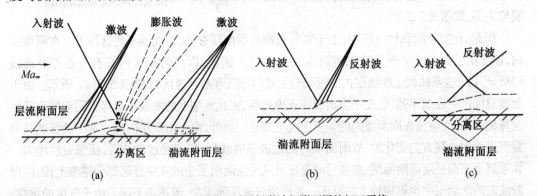

图 9.5.4　超声速时平板激波与附面层的相互干扰

图 9.5.4(b) 表示了观测到的入射斜激波与湍流附面层相互作用的一种典型图画。层流与湍流附面层最重要的差别在于湍流运动引起了大得多的动量交换,湍流附面层也就能承受大得多的逆压力梯度,所以图 9.5.4(b) 显示出的激波与附面层的相互作用要比图9.5.4(a) 弱得多。湍流附面层也会稍许变厚,在入射波的入射点的上游、下游都有反射压缩波系,但上、下游受影响的范围小得多,所以几乎可以把反射波看成是无附面层时的反射那样。图9.5.4(c)是湍流附面层有小分离区的情况,由于此时入射激波强度较大,强激波后的高压作用通过附面层的亚声速区传向上游,使气流减速并迫使附面层增厚,流线弯曲,从而引起一道反射激波,其起点位于入射激波的上游,整个波系形成 X 形式。

　　图9.5.5为高超声速气流绕压缩拐角的流动,高超声速飞行器襟翼附近的流动就是这种情形。此时,由于压缩拐角引起的逆压梯度将导致附面层流动发生分离,而分离改变了流动图谱,产生了分离激波和再附激波,外部无黏流动与附面层里面的黏性分离流动,通过压力干扰发生相互作用。

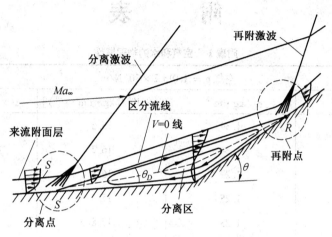

图9.5.5　超声速流绕压缩拐角的流动

附　　表

空气 $p = 1.013\ 2 \times 10^5$ N/m²			
$t/℃$	$\rho/(\text{kg} \cdot \text{m}^{-3})$	$\mu \times 10^6/[\text{kg} \cdot (\text{m} \cdot \text{s}^{-1})]$	$\nu \times 10^6/(\text{m}^2 \cdot \text{s}^{-1})$
− 20	1. 39	15. 6	11. 2
− 10	1. 34	16. 2	12. 0
0	1. 29	16. 8	13. 0
10	1. 25	17. 3	13. 9
* 15	1. 23	17. 8	14. 4
20	1. 21	18. 0	14. 9
40	1. 12	19. 1	17. 1
60	1. 06	20. 3	19. 2
80	0. 99	21. 5	21. 7
100	0. 94	22. 8	24. 3
水			
− 20			
− 10			
0	1 000	1 787	1. 80
10	1 000	1 307	1. 31
* 15	999	1 054	1. 16
20	997	1 002	1. 01
40	992	653	0. 66
60	983	467	0. 48
80	972	355	0. 37
100	959	282	0. 30

* 标准状态

附表2　标准大气的物理属性

H/m	T/K	$c/(\mathrm{m \cdot s^{-1}})$	p/Pa	$\rho/(\mathrm{kg \cdot m^{-3}})$	$\mu \times 10^5/(\mathrm{Pa \cdot s})$
0	288.2	340.3	$1.013\ 3 \times 10^5$	1.225	1.789
500	284.9	338.4	0.954 61	1.167	1.774
1 000	281.7	336.4	0.898 76	1.111	1.758
1 500	278.4	334.5	0.845 60	1.058	1.742
2 000	275.2	332.5	0.795 01	1.007	1.726
2 500	271.9	330.6	0.746 92	0.957 0	1.710
3 000	268.7	328.6	0.701 21	0.909 3	1.694
3 500	265.4	326.6	0.657 80	0.863 4	1.678
4 000	262.2	324.6	0.616 60	0.819 4	1.661
4 500	258.9	322.6	0.577 53	0.777 0	1.645
5 000	255.7	320.5	0.540 48	0.736 4	1.628
5 500	252.4	318.5	0.505 39	0.697 5	1.612
6 000	249.2	316.5	0.472 18	0.660 1	1.595
6 500	245.9	314.4	0.440 75	0.624 3	1.578
7 000	242.7	312.3	0.411 05	0.590 0	1.561
7 500	239.5	310.2	0.383 00	0.557 2	1.544
8 000	236.2	308.1	0.356 52	0.525 8	1.527
8 500	233.0	306.0	0.331 54	0.495 8	1.510
9 000	229.7	303.8	0.308 01	0.467 1	1.493
9 500	226.5	301.7	0.285 85	0.439 7	1.475
10 000	223.3	299.5	0.265 00	0.413 5	1.458
11 000	216.7	295.1	0.227 00	0.364 8	1.422
12 000	216.7	295.1	0.193 99	0.311 9	1.422
13 000	216.7	295.1	0.165 80	0.266 6	1.422
14 000	216.7	295.1	0.141 70	0.227 9	1.422
15 000	216.7	295.1	0.121 12	0.194 8	1.422
16 000	216.7	295.1	0.103 53	0.166 5	1.422
17 000	216.7	295.1	$8.849\ 7 \times 10^3$	0.143 2	1.422
18 000	216.7	295.1	7.565 2	0.121 7	1.422
19 000	216.7	295.1	6.467 5	0.104 0	1.422

续附表 2

H/m	T/K	$c/(\text{m}\cdot\text{s}^{-1})$	p/Pa	$\rho/(\text{kg}\cdot\text{m}^{-3})$	$\mu\times10^5/(\text{Pa}\cdot\text{s})$
20 000	216.7	295.1	5.529 3	0.088 91	1.422
25 000	221.5	298.4	2.549 2	0.040 08	1.448
30 000	226.5	301.7	1.197 0	0.018 41	1.475
35 000	236.5	308.3	0.574 59	0.008 463	1.529
40 000	250.4	317.2	0.287 14	0.003 996	1.601
45 000	264.2	325.8	0.149 10	0.001 966	1.671
50 000	270.7	329.8	$7.977\,9\times10^1$	0.001 027	1.701
55 000	265.6	326.7	4.275 16	0.000 560 8	1.678
60 000	255.8	320.6	2.246 1	0.000 305 9	1.629
65 000	239.3	310.1	1.144 6	0.000 166 7	1.543
70 000	219.7	297.1	$5.520\,5\times10^0$	0.000 087 54	1.438
75 000	200.2	283.6	2.490 4	0.000 043 35	1.329
80 000	180.7	269.4	1.036 6	0.000 019 99	1.216

附表 3　一维等熵流气动函数表($k = 1.4$)

Ma	T/T^*	p/p^*	ρ/ρ^*	$1/q$	λ
0.01	1.000 00	1.000 00	1.000 00	∞	0.000 00
0.02	0.999 98	0.999 93	0.999 95	57.873 84	0.010 95
0.03	0.999 82	0.999 37	0.999 55	19.300 54	0.032 86
0.04	0.999 68	0.998 88	0.999 20	14.481 49	0.043 81
0.05	0.999 50	0.998 25	0.998 75	11.591 44	0.054 76
0.06	0.999 28	0.997 48	0.998 20	9.665 91	0.065 70
0.07	0.999 02	0.996 58	0.997 55	8.291 53	0.076 64
0.08	0.998 72	0.995 53	0.996 81	7.261 61	0.087 58
0.09	0.998 38	0.994 35	0.995 96	6.461 34	0.098 51
0.10	0.998 00	0.993 03	0.995 02	5.821 83	0.109 44
0.11	0.997 59	0.991 58	0.993 98	5.299 23	0.120 35
0.12	0.997 13	0.989 98	0.992 84	4.864 32	0.131 26
0.13	0.996 63	0.988 26	0.991 60	4.496 86	0.142 17
0.14	0.996 10	0.986 40	0.990 27	4.182 40	0.153 06
0.15	0.995 52	0.984 41	0.988 84	3.910 34	0.163 95
0.16	0.994 91	0.982 28	0.987 31	3.672 74	0.174 82
0.17	0.994 25	0.980 03	0.985 69	3.463 51	0.185 69
0.18	0.993 56	0.977 65	0.983 98	3.277 93	0.196 54
0.19	0.992 83	0.975 14	0.982 18	3.112 26	0.207 39
0.20	0.992 06	0.972 50	0.980 28	2.963 52	0.218 22
0.21	0.991 26	0.969 73	0.978 29	2.829 29	0.229 04
0.22	0.990 41	0.966 85	0.976 20	2.707 60	0.239 84
0.23	0.989 53	0.963 83	0.974 03	2.596 81	0.250 63
0.24	0.988 61	0.960 70	0.971 77	2.495 56	0.261 41
0.25	0.987 65	0.957 45	0.969 42	2.402 71	0.272 17
0.26	0.986 66	0.954 08	0.966 98	2.217 29	0.282 91
0.27	0.985 63	0.950 60	0.964 46	2.238 47	0.293 64
0.28	0.984 56	0.947 00	0.961 85	2.165 55	0.304 35
0.29	0.983 46	0.943 29	0.959 16	2.097 93	0.315 04

续附表 3

Ma	T/T^*	p/p^*	ρ/ρ^*	$1/q$	λ
0.30	0.982 32	0.939 47	0.956 38	2.035 07	0.325 72
0.31	0.981 14	0.935 54	0.953 52	1.976 51	0.336 37
0.32	0.979 93	0.931 50	0.950 58	1.921 85	0.347 01
0.33	0.978 68	0.927 36	0.947 56	1.870 74	0.357 62
0.34	0.977 40	0.923 12	0.944 46	1.822 88	0.368 22
0.35	0.976 09	0.918 77	0.941 28	1.777 97	0.378 79
0.36	0.974 73	0.914 33	0.938 03	1.735 78	0.389 35
0.37	0.973 35	0.909 79	0.934 70	1.696 09	0.399 88
0.38	0.971 93	0.905 16	0.931 30	1.658 70	0.410 39
0.39	0.970 48	0.900 43	0.927 82	1.623 43	0.420 87
0.40	0.968 99	0.895 61	0.924 27	1.590 14	0.431 33
0.41	0.967 47	0.890 71	0.920 66	1.558 67	0.441 77
0.42	0.965 92	0.885 72	0.916 97	1.528 90	0.452 18
0.43	0.964 34	0.880 65	0.913 22	1.500 72	0.462 57
0.44	0.962 72	0.875 50	0.909 40	1.474 01	0.472 93
0.45	0.961 08	0.870 27	0.905 51	1.448 67	0.483 26
0.46	0.959 40	0.864 96	0.901 57	1.424 63	0.493 57
0.47	0.957 69	0.859 58	0.897 56	1.401 80	0.503 85
0.48	0.955 95	0.854 13	0.893 49	1.380 10	0.514 10
0.49	0.954 18	0.848 61	0.889 36	1.359 47	0.524 33
0.50	0.952 38	0.843 02	0.885 17	1.339 84	0.534 52
0.51	0.950 55	0.837 37	0.880 93	1.321 17	0.544 69
0.52	0.948 69	0.831 65	0.876 63	1.303 39	0.554 83
0.53	0.946 81	0.825 88	0.872 28	1.286 45	0.564 93
0.54	0.944 89	0.820 05	0.867 88	1.270 32	0.575 01
0.55	0.942 95	0.814 17	0.863 42	1.254 95	0.585 06
0.56	0.940 98	0.808 23	0.858 92	1.240 29	0.595 07
0.57	0.938 98	0.802 24	0.854 37	1.226 33	0.605 05
0.58	0.936 96	0.796 21	0.849 78	1.213 01	0.615 01
0.59	0.934 91	0.790 13	0.845 14	1.200 31	0.624 92

续附表 3

Ma	T/T^*	p/p^*	ρ/ρ^*	$1/q$	λ
0.60	0.932 84	0.784 00	0.840 45	1.188 20	0.634 81
0.61	0.930 73	0.777 84	0.835 73	1.176 65	0.644 66
0.62	0.928 61	0.771 64	0.830 96	1.165 65	0.654 48
0.63	0.926 46	0.765 40	0.826 16	1.155 15	0.664 27
0.64	0.924 28	0.759 13	0.821 32	1.145 15	0.674 02
0.65	0.922 08	0.752 83	0.816 44	1.135 62	0.683 74
0.66	0.919 86	0.746 50	0.811 53	1.126 54	0.693 42
0.67	0.917 62	0.740 14	0.806 59	1.117 89	0.703 07
0.68	0.915 35	0.733 76	0.801 62	1.109 65	0.712 68
0.69	0.913 06	0.727 35	0.796 61	1.101 82	0.722 25
0.70	0.910 75	0.720 93	0.791 58	1.094 37	0.731 79
0.71	0.908 41	0.714 48	0.786 52	1.087 29	0.741 29
0.72	0.906 06	0.708 03	0.781 43	1.080 57	0.750 76
0.73	0.903 69	0.701 55	0.776 32	1.074 19	0.760 19
0.74	0.901 29	0.695 07	0.771 19	1.068 14	0.769 58
0.75	0.898 88	0.688 57	0.766 04	1.062 42	0.778 94
0.76	0.896 44	0.682 07	0.760 86	1.057 00	0.788 25
0.77	0.893 99	0.675 56	0.755 67	1.051 88	0.797 53
0.78	0.891 52	0.669 05	0.750 46	1.047 05	0.806 77
0.79	0.889 03	0.662 54	0.745 23	1.042 51	0.815 97
0.80	0.886 52	0.656 02	0.739 99	1.038 23	0.825 14
0.81	0.884 00	0.649 51	0.734 74	1.034 22	0.834 26
0.82	0.881 46	0.643 00	0.729 47	1.030 46	0.843 35
0.83	0.878 90	0.636 50	0.724 19	1.026 96	0.852 39
0.84	0.876 33	0.630 00	0.718 91	1.023 70	0.861 40
0.85	0.873 74	0.623 51	0.713 61	1.020 67	0.870 37
0.86	0.871 14	0.617 03	0.708 31	1.017 87	0.879 29
0.87	0.868 52	0.610 57	0.703 00	1.015 30	0.888 18
0.88	0.865 89	0.604 12	0.697 68	1.012 94	0.897 03
0.89	0.863 24	0.597 68	0.692 36	1.010 80	0.905 83

续附表3

Ma	T/T^*	p/p^*	ρ/ρ^*	$1/q$	λ
0.90	0.860 59	0.591 26	0.687 04	1.008 86	0.914 60
0.91	0.857 91	0.584 86	0.681 72	1.007 13	0.923 32
0.92	0.855 23	0.578 48	0.676 40	1.005 60	0.932 01
0.93	0.852 53	0.572 11	0.671 08	1.004 26	0.940 65
0.94	0.849 82	0.565 78	0.665 76	1.003 11	0.949 25
0.95	0.847 10	0.559 46	0.660 44	1.002 15	0.957 81
0.96	0.844 37	0.553 17	0.655 13	1.001 36	0.966 33
0.97	0.841 62	0.546 91	0.649 82	1.000 76	0.974 81
0.98	0.838 87	0.540 67	0.644 52	1.000 34	0.983 25
0.99	0.836 11	0.534 46	0.639 23	1.000 08	0.991 65
1.00	0.833 33	0.528 28	0.633 94	1.000 00	1.000 00
1.01	0.830 55	0.522 13	0.628 66	1.000 08	1.008 31
1.02	0.827 76	0.516 02	0.623 39	1.000 33	1.016 58
1.03	0.824 96	0.509 94	0.618 13	1.000 74	1.024 81
1.04	0.822 15	0.503 89	0.612 89	1.001 31	1.033 00
1.05	0.819 34	0.497 87	0.607 65	1.002 03	1.041 14
1.06	0.816 51	0.491 89	0.602 43	1.002 91	1.049 25
1.07	0.813 68	0.485 95	0.597 22	1.003 94	1.057 31
1.08	0.810 85	0.480 05	0.592 03	1.005 12	1.065 33
1.09	0.808 00	0.474 18	0.586 86	1.006 45	1.073 31
1.10	0.805 15	0.468 35	0.581 70	1.007 93	1.081 24
1.11	0.802 30	0.462 57	0.576 55	1.009 55	1.089 13
1.12	0.799 44	0.456 82	0.571 43	1.011 31	1.096 99
1.13	0.796 57	0.451 11	0.566 32	1.013 22	1.104 79
1.14	0.793 70	0.445 45	0.561 23	1.015 27	1.112 56
1.15	0.790 83	0.439 83	0.556 16	1.017 45	1.120 29
1.16	0.787 95	0.434 25	0.551 12	1.019 78	1.127 97
1.17	0.785 06	0.428 72	0.546 09	1.022 24	1.135 61
1.18	0.782 18	0.423 22	0.541 08	1.024 84	1.143 21
1.19	0.779 29	0.417 78	0.536 10	1.027 57	1.150 77

续附表 3

Ma	T/T^*	p/p^*	ρ/ρ^*	$1/q$	λ
1.20	0.776 40	0.412 38	0.531 14	1.030 44	1.158 28
1.21	0.773 50	0.407 02	0.526 20	1.033 44	1.165 75
1.22	0.770 61	0.401 71	0.521 29	1.036 57	1.173 19
1.23	0.767 71	0.396 45	0.516 40	1.039 83	1.180 57
1.24	0.764 81	0.391 23	0.511 54	1.043 23	1.187 92
1.25	0.761 90	0.386 06	0.506 70	1.046 75	1.195 23
1.26	0.759 00	0.380 93	0.501 89	1.050 41	1.202 49
1.27	0.756 10	0.375 86	0.497 10	1.054 19	1.209 72
1.28	0.753 19	0.370 83	0.492 34	1.058 10	1.216 90
1.29	0.750 29	0.365 85	0.487 61	1.062 14	1.224 04
1.30	0.747 38	0.360 91	0.482 90	1.066 30	1.231 14
1.31	0.744 48	0.356 03	0.478 22	1.070 60	1.238 19
1.32	0.741 58	0.351 19	0.473 57	1.075 02	1.245 21
1.33	0.738 67	0.346 40	0.468 95	1.079 57	1.252 18
1.34	0.735 77	0.341 66	0.464 36	1.084 24	1.259 12
1.35	0.732 87	0.336 97	0.459 80	1.089 04	1.266 01
1.36	0.729 97	0.332 33	0.455 26	1.093 96	1.272 86
1.37	0.727 07	0.327 73	0.450 76	1.099 02	1.279 68
1.38	0.724 18	0.323 19	0.446 28	1.104 19	1.286 45
1.39	0.721 28	0.318 69	0.441 84	1.109 50	1.293 18
1.40	0.718 39	0.314 24	0.437 42	1.114 93	1.299 87
1.41	0.715 50	0.309 84	0.433 04	1.120 48	1.306 52
1.42	0.712 62	0.305 49	0.428 69	1.126 16	1.313 13
1.43	0.709 73	0.301 18	0.424 36	1.131 97	1.319 70
1.44	0.706 85	0.296 93	0.420 07	1.137 90	1.326 23
1.45	0.703 98	0.292 72	0.415 81	1.143 96	1.332 72
1.46	0.701 10	0.288 56	0.411 58	1.150 15	1.339 17
1.47	0.698 24	0.284 45	0.407 39	1.156 46	1.345 58
1.48	0.695 37	0.280 39	0.403 22	1.162 90	1.351 95
1.49	0.692 51	0.276 37	0.399 09	1.169 47	1.358 28

续附表3

Ma	T/T^*	p/p^*	ρ/ρ^*	$1/q$	λ
1.50	0.689 66	0.272 40	0.394 98	1.176 17	1.364 58
1.51	0.686 80	0.268 48	0.390 91	1.182 99	1.370 83
1.52	0.683 96	0.264 61	0.386 88	1.189 94	1.377 05
1.53	0.681 12	0.260 78	0.382 87	1.197 02	1.383 22
1.54	0.678 28	0.257 00	0.378 90	1.204 23	1.389 36
1.55	0.675 45	0.253 26	0.374 95	1.211 57	1.395 46
1.56	0.672 62	0.249 57	0.371 05	1.219 04	1.401 52
1.57	0.669 80	0.245 93	0.367 17	1.226 64	1.407 55
1.58	0.666 99	0.242 33	0.363 32	1.234 38	1.413 53
1.59	0.664 18	0.238 78	0.359 51	1.242 24	1.419 48
1.60	0.661 38	0.235 27	0.355 73	1.250 24	1.425 39
1.61	0.658 58	0.231 81	0.351 98	1.258 36	1.431 27
1.62	0.655 79	0.228 39	0.348 27	1.266 63	1.437 10
1.63	0.653 01	0.225 01	0.344 58	1.275 02	1.442 90
1.64	0.650 23	0.221 68	0.340 93	1.283 55	1.448 66
1.65	0.647 46	0.218 39	0.337 31	1.292 22	1.454 39
1.66	0.644 70	0.215 15	0.333 72	1.301 02	1.460 08
1.67	0.641 94	0.211 95	0.330 17	1.309 96	1.465 73
1.68	0.639 19	0.208 79	0.326 64	1.319 04	1.471 35
1.69	0.636 45	0.205 67	0.323 15	1.328 25	1.476 93
1.70	0.633 71	0.202 59	0.319 69	1.337 61	1.482 47
1.71	0.630 99	0.199 56	0.316 26	1.347 10	1.487 98
1.72	0.628 27	0.196 56	0.312 87	1.356 74	1.493 45
1.73	0.625 56	0.193 61	0.309 50	1.366 51	1.498 89
1.74	0.622 85	0.190 70	0.306 17	1.376 43	1.504 29
1.75	0.620 16	0.187 82	0.302 87	1.386 49	1.509 66
1.76	0.617 47	0.184 99	0.299 59	1.396 70	1.514 99
1.77	0.614 79	0.182 19	0.296 35	1.407 05	1.520 29
1.78	0.612 11	0.179 44	0.293 15	1.417 55	1.525 55
1.79	0.609 45	0.176 72	0.289 97	1.428 19	1.530 78

续附表3

Ma	T/T^*	p/p^*	ρ/ρ^*	$1/q$	λ
1.80	0.606 80	0.174 04	0.286 82	1.438 98	1.535 98
1.81	0.604 15	0.171 40	0.283 70	1.449 92	1.541 14
1.82	0.601 51	0.168 79	0.280 61	1.461 01	1.546 26
1.83	0.598 88	0.166 22	0.277 56	1.472 25	1.551 36
1.84	0.596 26	0.163 69	0.274 53	1.483 65	1.556 42
1.85	0.593 65	0.161 19	0.271 53	1.495 19	1.561 45
1.86	0.591 04	0.158 73	0.268 57	1.506 89	1.566 44
1.87	0.588 45	0.156 31	0.265 63	1.518 75	1.571 40
1.88	0.585 86	0.153 92	0.262 72	1.530 76	1.576 33
1.89	0.583 29	0.151 56	0.259 84	1.542 93	1.581 23
1.90	0.580 72	0.149 24	0.256 99	1.555 26	1.586 09
1.91	0.578 16	0.146 95	0.254 17	1.567 74	1.590 92
1.92	0.575 61	0.144 70	0.251 38	1.580 39	1.595 72
1.93	0.573 07	0.142 47	0.248 61	1.593 20	1.600 49
1.94	0.570 54	0.140 28	0.245 88	1.606 17	1.605 23
1.95	0.568 02	0.138 13	0.243 17	1.619 31	1.609 93
1.96	0.565 51	0.136 00	0.240 49	1.632 61	1.614 60
1.97	0.563 01	0.133 90	0.237 84	1.646 08	1.619 25
1.98	0.560 51	0.131 84	0.235 21	1.659 72	1.623 86
1.99	0.558 03	0.129 81	0.232 62	1.673 52	1.628 44
2.00	0.555 56	0.127 80	0.230 05	1.687 50	1.632 99
2.01	0.553 09	0.125 83	0.227 51	1.701 65	1.637 51
2.02	0.550 64	0.123 89	0.224 99	1.715 97	1.642 01
2.03	0.548 19	0.121 97	0.222 50	1.730 47	1.646 47
2.04	0.545 76	0.120 09	0.220 04	1.745 14	1.650 90
2.05	0.543 33	0.118 23	0.217 60	1.759 99	1.655 30
2.06	0.540 91	0.116 40	0.215 19	1.775 02	1.659 67
2.07	0.538 51	0.114 60	0.212 81	1.790 22	1.664 02
2.08	0.536 11	0.112 82	0.210 45	1.805 61	1.668 33
2.09	0.533 73	0.111 07	0.208 11	1.821 19	1.672 62

续附表 3

Ma	T/T^*	p/p^*	ρ/ρ^*	$1/q$	λ
2.10	0.531 35	0.109 35	0.205 80	1.836 94	1.676 87
2.11	0.528 98	0.107 66	0.203 52	1.852 89	1.681 10
2.12	0.526 63	0.105 99	0.201 26	1.869 02	1.685 30
2.13	0.524 28	0.104 34	0.199 02	1.885 33	1.689 47
2.14	0.521 94	0.102 73	0.196 81	1.901 84	1.693 62
2.15	0.519 62	0.101 13	0.194 63	1.918 54	1.697 74
2.16	0.517 30	0.099 56	0.192 47	1.935 44	1.701 83
2.17	0.514 99	0.098 02	0.190 33	1.952 52	1.705 89
2.18	0.512 69	0.096 49	0.188 21	1.969 81	1.709 92
2.19	0.510 41	0.095 00	0.186 12	1.987 29	1.713 93
2.20	0.508 13	0.093 52	0.184 05	2.004 97	1.717 91
2.21	0.505 86	0.092 07	0.182 00	2.022 86	1.721 87
2.22	0.503 61	0.090 64	0.179 98	2.040 94	1.725 79
2.23	0.501 36	0.089 23	0.177 98	2.059 23	1.729 70
2.24	0.499 12	0.087 85	0.176 00	2.077 73	1.733 57
2.25	0.496 89	0.086 48	0.174 04	2.096 44	1.737 42
2.26	0.494 68	0.085 14	0.172 11	2.115 35	1.741 25
2.27	0.492 47	0.083 82	0.170 20	2.134 47	1.745 04
2.28	0.490 27	0.082 51	0.168 30	2.153 81	1.748 82
2.29	0.488 09	0.081 23	0.166 43	2.173 36	1.752 57
2.30	0.485 91	0.079 97	0.164 58	2.193 13	1.756 29
2.31	0.483 74	0.078 73	0.162 75	2.213 12	1.759 99
2.32	0.481 58	0.077 51	0.160 95	2.233 32	1.763 66
2.33	0.479 44	0.076 31	0.159 16	2.253 75	1.767 31
2.34	0.477 30	0.075 12	0.157 39	2.274 40	1.770 93
2.35	0.475 17	0.073 96	0.155 64	2.295 28	1.774 53
2.36	0.473 05	0.072 81	0.153 91	2.316 38	1.778 11
2.37	0.470 95	0.071 68	0.152 21	2.337 71	1.781 66
2.38	0.468 85	0.070 57	0.150 52	2.359 28	1.785 19
2.39	0.466 76	0.069 48	0.148 85	2.381 07	1.788 69

续附表 3

Ma	T/T^*	p/p^*	ρ/ρ^*	$1/q$	λ
2.40	0.464 68	0.068 40	0.147 20	2.403 10	1.792 18
2.41	0.462 62	0.067 34	0.145 56	2.425 37	1.795 63
2.42	0.460 56	0.066 30	0.143 95	2.447 87	1.799 07
2.43	0.458 51	0.065 27	0.142 35	2.470 61	1.802 48
2.44	0.456 47	0.064 26	0.140 78	2.493 60	1.805 87
2.45	0.454 44	0.063 27	0.139 22	2.516 83	1.809 24
2.46	0.452 42	0.062 29	0.137 68	2.540 31	1.812 58
2.47	0.450 41	0.061 33	0.136 15	2.564 03	1.815 91
2.48	0.448 41	0.060 38	0.134 65	2.588 01	1.819 21
2.49	0.446 42	0.059 45	0.133 16	2.612 24	1.822 49
2.50	0.444 44	0.058 53	0.131 69	2.636 72	1.825 74
2.51	0.442 47	0.057 62	0.130 23	2.661 46	1.828 98
2.52	0.440 51	0.056 74	0.128 79	2.686 45	1.832 19
2.53	0.438 56	0.055 86	0.127 37	2.711 71	1.835 38
2.54	0.436 62	0.055 00	0.125 97	2.737 23	1.838 55
2.55	0.434 69	0.054 15	0.124 58	2.763 01	1.841 70
2.56	0.432 77	0.053 32	0.123 21	2.789 06	1.844 83
2.57	0.430 85	0.052 50	0.121 85	2.815 38	1.847 94
2.58	0.428 95	0.051 69	0.120 51	2.841 97	1.851 03
2.59	0.427 05	0.050 90	0.119 18	2.868 84	1.854 10
2.60	0.425 17	0.050 12	0.117 87	2.895 98	1.857 14
2.61	0.423 29	0.049 35	0.116 58	2.923 39	1.860 17
2.62	0.421 43	0.048 59	0.115 30	2.951 09	1.863 18
2.63	0.419 57	0.047 84	0.114 03	2.979 07	1.866 16
2.64	0.417 72	0.047 11	0.112 78	3.007 33	1.869 13
2.65	0.415 89	0.046 39	0.111 54	3.035 88	1.872 08
2.66	0.414 06	0.045 68	0.110 32	3.064 72	1.875 01
2.67	0.412 24	0.044 98	0.109 11	3.093 85	1.877 92
2.68	0.410 43	0.044 29	0.107 92	3.123 27	1.880 81
2.69	0.408 63	0.043 62	0.106 74	3.152 99	1.883 68

Ma	T/T^*	p/p^*	ρ/ρ^*	$1/q$	λ
2.70	0.406 83	0.042 95	0.105 57	3.183 01	1.886 53
2.71	0.405 05	0.042 29	0.104 42	3.213 33	1.889 36
2.72	0.403 28	0.041 65	0.103 28	3.243 95	1.892 18
2.73	0.401 51	0.041 02	0.102 15	3.274 88	1.894 97
2.74	0.399 76	0.040 39	0.101 04	3.306 11	1.897 75
2.75	0.398 01	0.039 78	0.099 94	3.337 66	1.900 51
2.76	0.396 27	0.039 17	0.098 85	3.369 52	1.903 25
2.77	0.394 54	0.038 58	0.097 78	3.401 69	1.905 98
2.78	0.392 82	0.037 99	0.096 71	3.434 18	1.908 68
2.79	0.391 11	0.037 42	0.095 66	3.466 99	1.911 37
2.80	0.389 41	0.036 85	0.094 63	3.500 12	1.914 04
2.81	0.387 71	0.036 29	0.093 60	3.533 58	1.916 69
2.82	0.386 03	0.035 74	0.092 59	3.567 37	1.919 33
2.83	0.384 35	0.035 20	0.091 58	3.601 48	1.921 95
2.84	0.382 68	0.034 67	0.090 59	3.635 93	1.924 55
2.85	0.381 02	0.034 15	0.089 62	3.670 72	1.927 14
2.86	0.379 37	0.033 63	0.088 65	3.705 84	1.929 70
2.87	0.377 73	0.033 12	0.087 69	3.741 31	1.932 25
2.88	0.376 10	0.032 63	0.086 75	3.777 11	1.934 79
2.89	0.374 47	0.032 13	0.085 81	3.813 27	1.937 31
2.90	0.372 86	0.031 65	0.084 89	3.849 77	1.939 81
2.91	0.371 25	0.031 18	0.083 98	3.886 62	1.942 30
2.92	0.369 65	0.030 71	0.083 07	3.923 83	1.944 77
2.93	0.368 06	0.030 25	0.082 18	3.961 39	1.947 22
2.94	0.366 47	0.029 80	0.081 30	3.999 32	1.949 66
2.95	0.364 90	0.029 35	0.080 43	4.037 60	1.952 08
2.96	0.363 33	0.028 91	0.079 57	4.076 25	1.954 49
2.97	0.361 77	0.028 48	0.078 72	4.115 27	1.956 88
2.98	0.360 22	0.028 05	0.077 88	4.154 66	1.959 25
2.99	0.358 68	0.027 64	0.077 05	4.194 43	1.961 62

续附表 3

Ma	T/T^*	p/p^*	ρ/ρ^*	$1/q$	λ
3.00	0.357 14	0.027 22	0.076 23	4.234 57	1.963 96
3.10	0.342 23	0.023 45	0.068 52	4.657 31	1.986 61
3.20	0.328 08	0.020 23	0.061 65	5.120 96	2.007 86
3.30	0.314 66	0.017 48	0.055 54	5.628 65	2.027 81
3.40	0.999 68	0.998 88	0.999 20	3.180 68	0.043 81
3.50	0.289 86	0.013 11	0.045 23	6.789 62	2.064 19
3.60	0.278 40	0.011 38	0.040 89	7.450 11	2.080 77
3.70	0.267 52	0.009 90	0.037 02	8.169 07	2.096 39
3.80	0.257 20	0.008 63	0.033 55	8.950 59	2.111 11
3.90	0.998 38	0.994 35	0.995 96	1.416 64	0.098 51
4.00	0.238 10	0.006 59	0.027 66	10.718 75	2.138 09
4.10	0.229 25	0.005 77	0.025 16	11.714 65	2.150 46
4.20	0.220 85	0.005 06	0.022 92	12.791 64	2.162 15
4.30	0.212 86	0.004 45	0.020 90	13.954 90	2.173 21
4.40	0.996 10	0.986 40	0.990 27	0.914 12	0.153 06
4.50	0.198 02	0.003 46	0.017 45	16.562 19	2.193 60
4.60	0.191 13	0.003 05	0.015 97	18.017 79	2.203 00
4.70	0.184 57	0.002 70	0.014 64	19.582 83	2.211 92
4.80	0.178 32	0.002 39	0.013 43	21.263 71	2.220 38
4.90	0.992 83	0.975 14	0.982 18	0.677 18	0.207 39
5.00	0.166 67	0.189×10^{-2}	0.113×10^{-1}	25.000 00	2.236 07
6.00	0.121 95	0.63×10^{-3}	0.519×10^{-2}	53.179 78	2.295 28
7.00	0.092 59	0.242×10^{-3}	0.261×10^{-2}	104.142 86	2.333 33
8.00	0.072 46	0.102×10^{-3}	0.141×10^{-2}	190.109 37	2.359 07
9.00	0.058 14	0.474×10^{-4}	0.815×10^{-3}	327.189 30	2.377 22
10.00	0.047 62	0.236×10^{-4}	0.495×10^{-3}	535.937 50	2.390 46
∞	0	0	0	∞	2.449 50

附表4　　气体动力学函数表($k = 1.4$)

λ	$\tau(\lambda)$	$\pi(\lambda)$	$\varepsilon(\lambda)$	$q(\lambda)$	$y(\lambda)$	$z(\lambda)$	$f(\lambda)$	$r(\lambda)$	Ma
0.00	1.000 0	1.000 0	1.000 0	0.000 0	0.000 0	∞	1.000 0	1.000 0	0.000 0
0.01	1.000 0	0.999 9	1.000 0	0.015 8	0.015 8	100.010 0	1.000 1	0.999 9	0.009 1
0.02	0.999 9	0.999 8	0.999 8	0.031 5	0.031 6	50.020 0	1.000 2	0.999 5	0.018 3
0.03	0.999 9	0.999 5	0.999 6	0.047 3	0.047 3	33.363 3	1.000 5	0.999 0	0.027 4
0.04	0.999 7	0.999 1	0.999 3	0.063 1	0.063 1	25.040 0	1.000 9	0.998 1	0.036 5
0.05	0.999 6	0.998 5	0.999 0	0.078 8	0.078 9	20.050 0	1.001 5	0.997 1	0.045 7
0.06	0.999 4	0.997 9	0.998 5	0.094 5	0.094 7	16.726 7	1.002 1	0.995 8	0.054 8
0.07	0.999 2	0.997 1	0.998 0	0.110 2	0.110 5	14.355 7	1.002 8	0.994 3	0.063 9
0.08	0.998 9	0.996 3	0.997 3	0.125 9	0.126 3	12.580 0	1.003 7	0.992 6	0.073 1
0.09	0.998 7	0.995 3	0.996 6	0.141 5	0.142 2	11.201 1	1.004 7	0.990 6	0.082 2
0.10	0.998 3	0.994 2	0.995 8	0.157 1	0.158 0	10.100 0	1.005 8	0.988 4	0.091 4
0.11	0.998 0	0.993 0	0.995 0	0.172 6	0.173 9	9.200 9	1.007 0	0.986 1	0.100 5
0.12	0.997 6	0.991 6	0.994 0	0.188 2	0.189 7	8.453 3	1.008 3	0.983 4	0.109 7
0.13	0.997 2	0.990 2	0.993 0	0.203 6	0.205 6	7.822 3	1.009 8	0.980 6	0.118 8
0.14	0.996 7	0.988 6	0.991 9	0.219 0	0.221 6	7.282 9	1.011 3	0.977 6	0.128 0
0.15	0.996 2	0.986 9	0.990 7	0.234 4	0.237 5	6.816 7	1.012 9	0.974 3	0.137 2
0.16	0.995 7	0.985 1	0.989 4	0.249 7	0.253 5	6.410 0	1.014 7	0.970 9	0.146 4
0.17	0.995 2	0.983 2	0.988 0	0.264 9	0.269 5	6.052 4	1.016 6	0.967 2	0.155 6
0.18	0.994 6	0.981 2	0.986 6	0.280 1	0.285 5	5.735 6	1.018 5	0.963 4	0.164 8
0.19	0.994 0	0.979 1	0.985 0	0.295 2	0.301 5	5.453 2	1.020 6	0.959 4	0.174 0
0.20	0.993 3	0.976 9	0.983 4	0.310 3	0.317 6	5.200 0	1.022 8	0.955 1	0.183 2
0.21	0.992 7	0.974 5	0.981 7	0.325 2	0.333 7	4.971 9	1.025 0	0.950 7	0.192 4
0.22	0.991 9	0.972 1	0.980 0	0.340 1	0.349 9	4.765 5	1.027 4	0.946 1	0.201 6
0.23	0.991 2	0.969 5	0.978 1	0.354 9	0.366 0	4.577 8	1.029 8	0.941 4	0.210 9
0.24	0.990 4	0.966 8	0.976 2	0.369 6	0.382 3	4.406 7	1.032 4	0.936 5	0.220 1
0.25	0.989 6	0.964 0	0.974 2	0.384 2	0.398 5	4.250 0	1.035 0	0.931 4	0.229 4
0.26	0.988 7	0.961 1	0.972 1	0.398 7	0.414 8	4.106 2	1.037 8	0.926 1	0.238 7
0.27	0.987 9	0.958 1	0.969 9	0.413 1	0.431 1	3.973 7	1.040 6	0.920 7	0.248 0
0.28	0.986 9	0.955 0	0.967 7	0.427 4	0.447 5	3.851 4	1.043 5	0.915 2	0.257 3
0.29	0.986 0	0.951 8	0.965 3	0.441 6	0.464 0	3.738 3	1.046 5	0.909 5	0.266 6

续附表 4

λ	$\tau(\lambda)$	$\pi(\lambda)$	$\varepsilon(\lambda)$	$q(\lambda)$	$y(\lambda)$	$z(\lambda)$	$f(\lambda)$	$r(\lambda)$	Ma
0.30	0.985 0	0.948 5	0.962 9	0.455 7	0.480 4	3.633 3	1.049 6	0.903 7	0.275 9
0.31	0.984 0	0.945 1	0.960 4	0.469 7	0.497 0	3.535 8	1.052 7	0.897 7	0.285 3
0.32	0.982 9	0.941 5	0.957 9	0.483 5	0.513 5	3.445 0	1.056 0	0.891 6	0.294 6
0.33	0.981 9	0.937 9	0.955 2	0.497 3	0.530 2	3.360 3	1.059 3	0.885 4	0.304 0
0.34	0.980 7	0.934 2	0.952 5	0.510 9	0.546 9	3.281 2	1.062 6	0.879 1	0.313 4
0.35	0.979 6	0.930 3	0.949 7	0.524 4	0.563 6	3.207 1	1.066 1	0.872 7	0.322 8
0.36	0.978 4	0.926 4	0.946 9	0.537 7	0.580 4	3.137 8	1.069 6	0.866 1	0.332 2
0.37	0.977 2	0.922 4	0.943 9	0.550 9	0.597 3	3.072 7	1.073 2	0.859 5	0.341 7
0.38	0.975 9	0.918 3	0.940 9	0.564 0	0.614 2	3.011 6	1.076 8	0.852 8	0.351 1
0.39	0.974 7	0.914 1	0.937 8	0.577 0	0.631 2	2.954 1	1.080 5	0.846 0	0.360 6
0.40	0.973 3	0.909 7	0.934 7	0.589 7	0.648 3	2.900 0	1.084 2	0.839 1	0.370 1
0.41	0.972 0	0.905 3	0.931 4	0.602 4	0.665 4	2.849 0	1.088 0	0.832 1	0.379 6
0.42	0.970 6	0.900 8	0.928 1	0.614 9	0.682 6	2.801 0	1.091 8	0.825 1	0.389 2
0.43	0.969 2	0.896 2	0.924 7	0.627 2	0.699 9	2.755 6	1.095 7	0.817 9	0.398 7
0.44	0.967 7	0.891 5	0.921 3	0.639 4	0.717 2	2.712 7	1.099 6	0.810 8	0.408 3
0.45	0.966 3	0.886 8	0.917 7	0.651 5	0.734 6	2.672 2	1.103 6	0.803 5	0.417 9
0.46	0.964 7	0.881 9	0.914 2	0.663 3	0.752 1	2.633 9	1.107 6	0.796 2	0.427 5
0.47	0.963 2	0.877 0	0.910 5	0.675 0	0.769 7	2.597 7	1.111 6	0.788 9	0.437 2
0.48	0.961 6	0.871 9	0.906 7	0.686 6	0.787 4	2.563 3	1.115 7	0.781 5	0.446 8
0.49	0.960 0	0.866 8	0.902 9	0.697 9	0.805 2	2.530 8	1.119 7	0.774 1	0.456 5
0.50	0.958 3	0.861 6	0.899 1	0.709 1	0.823 0	2.500 0	1.123 8	0.766 7	0.466 3
0.51	0.956 7	0.856 3	0.895 1	0.720 1	0.841 0	2.470 8	1.127 9	0.759 2	0.476 0
0.52	0.954 9	0.851 0	0.891 1	0.731 0	0.859 0	2.443 1	1.132 1	0.751 7	0.485 8
0.53	0.953 2	0.845 5	0.887 0	0.741 6	0.877 1	2.416 8	1.136 2	0.744 2	0.495 6
0.54	0.951 4	0.840 0	0.882 9	0.752 1	0.895 3	2.391 9	1.140 3	0.736 6	0.505 4
0.55	0.949 6	0.834 4	0.878 7	0.762 3	0.913 7	2.368 2	1.144 5	0.729 0	0.515 2
0.56	0.947 7	0.828 7	0.874 4	0.772 4	0.932 1	2.345 7	1.148 6	0.721 5	0.525 1
0.57	0.945 8	0.823 0	0.870 1	0.782 3	0.950 6	2.324 4	1.152 8	0.713 9	0.535 0
0.58	0.943 9	0.817 1	0.865 7	0.792 0	0.969 3	2.304 1	1.156 9	0.706 3	0.545 0
0.59	0.942 0	0.811 2	0.861 2	0.801 5	0.988 0	2.284 9	1.161 0	0.698 7	0.554 9

续附表4

λ	τ(λ)	π(λ)	ε(λ)	q(λ)	y(λ)	z(λ)	f(λ)	r(λ)	Ma
0.60	0.940 0	0.805 3	0.856 7	0.810 8	1.006 9	2.266 7	1.165 1	0.691 2	0.564 9
0.61	0.938 0	0.799 3	0.852 1	0.819 9	1.025 9	2.249 3	1.169 2	0.683 6	0.575 0
0.62	0.935 9	0.793 2	0.847 4	0.828 8	1.045 0	2.232 9	1.173 2	0.676 1	0.585 0
0.63	0.933 9	0.787 0	0.842 7	0.837 5	1.064 2	2.217 3	1.177 2	0.668 5	0.595 1
0.64	0.931 7	0.780 8	0.838 0	0.846 0	1.083 5	2.202 5	1.181 2	0.661 0	0.605 3
0.65	0.929 6	0.774 5	0.833 1	0.854 3	1.103 0	2.188 5	1.185 1	0.653 5	0.615 4
0.66	0.927 4	0.768 1	0.828 3	0.862 3	1.122 6	2.175 2	1.189 1	0.646 0	0.625 6
0.67	0.925 2	0.761 7	0.823 3	0.870 2	1.142 4	2.162 5	1.192 9	0.638 5	0.635 9
0.68	0.922 9	0.755 3	0.818 3	0.877 8	1.162 2	2.150 6	1.196 7	0.631 1	0.646 1
0.69	0.920 6	0.748 7	0.813 3	0.885 2	1.182 2	2.139 3	1.200 5	0.623 7	0.656 5
0.70	0.918 3	0.742 2	0.808 2	0.892 4	1.202 4	2.128 6	1.204 2	0.616 3	0.666 8
0.71	0.916 0	0.735 5	0.803 0	0.899 4	1.222 7	2.118 5	1.207 8	0.609 0	0.677 2
0.72	0.913 6	0.728 9	0.797 8	0.906 1	1.243 2	2.108 9	1.211 4	0.601 7	0.687 6
0.73	0.911 2	0.722 1	0.792 5	0.912 6	1.263 8	2.099 9	1.214 9	0.594 4	0.698 1
0.74	0.908 7	0.715 4	0.787 2	0.918 9	1.284 5	2.091 4	1.218 3	0.587 2	0.708 6
0.75	0.906 3	0.708 5	0.781 8	0.925 0	1.305 5	2.083 3	1.221 6	0.580 0	0.719 2
0.76	0.903 7	0.701 7	0.776 4	0.930 8	1.326 6	2.075 8	1.224 9	0.572 9	0.729 8
0.77	0.901 2	0.694 8	0.771 0	0.936 4	1.347 8	2.068 7	1.228 1	0.565 8	0.740 4
0.78	0.898 6	0.687 8	0.765 4	0.941 8	1.369 2	2.062 1	1.231 1	0.558 7	0.751 1
0.79	0.896 0	0.680 8	0.759 9	0.947 0	1.390 8	2.055 8	1.234 1	0.551 7	0.761 9
0.80	0.893 3	0.673 8	0.754 3	0.951 9	1.412 6	2.050 0	1.237 0	0.544 7	0.772 7
0.81	0.890 6	0.666 8	0.748 6	0.956 5	1.434 6	2.044 6	1.239 8	0.537 8	0.783 5
0.82	0.887 9	0.659 7	0.742 9	0.961 0	1.456 8	2.039 5	1.242 5	0.530 9	0.794 4
0.83	0.885 2	0.652 6	0.737 2	0.965 2	1.479 1	2.034 8	1.245 1	0.524 1	0.805 3
0.84	0.882 4	0.645 4	0.731 4	0.969 2	1.501 6	2.030 5	1.247 5	0.517 4	0.816 3
0.85	0.879 6	0.638 2	0.725 6	0.972 9	1.524 4	2.026 5	1.249 8	0.510 6	0.827 4
0.86	0.876 7	0.631 0	0.719 7	0.976 4	1.547 3	2.022 8	1.252 0	0.504 0	0.838 4
0.87	0.873 9	0.623 8	0.713 8	0.979 6	1.570 5	2.019 4	1.254 1	0.497 4	0.849 6
0.88	0.870 9	0.616 5	0.707 9	0.982 6	1.593 9	2.016 4	1.256 1	0.490 8	0.860 8
0.89	0.868 0	0.609 2	0.701 9	0.985 4	1.617 5	2.013 6	1.257 9	0.484 3	0.872 1

续附表 4

λ	$\tau(\lambda)$	$\pi(\lambda)$	$\varepsilon(\lambda)$	$q(\lambda)$	$y(\lambda)$	$z(\lambda)$	$f(\lambda)$	$r(\lambda)$	Ma
0.90	0.865 0	0.601 9	0.695 9	0.988 0	1.641 3	2.011 1	1.259 6	0.477 9	0.883 4
0.91	0.862 0	0.594 6	0.689 8	0.990 2	1.665 3	2.008 9	1.261 1	0.471 5	0.894 7
0.92	0.858 9	0.587 3	0.683 8	0.992 3	1.689 6	2.007 0	1.262 5	0.465 2	0.906 2
0.93	0.855 9	0.580 0	0.677 6	0.994 1	1.714 1	2.005 3	1.263 7	0.458 9	0.917 7
0.94	0.852 7	0.572 6	0.671 5	0.995 7	1.738 9	2.003 8	1.264 8	0.452 7	0.929 2
0.95	0.849 6	0.565 2	0.665 3	0.997 0	1.763 9	2.002 6	1.265 7	0.446 6	0.940 9
0.96	0.846 4	0.557 8	0.659 1	0.998 1	1.789 2	2.001 7	1.266 5	0.440 5	0.952 6
0.97	0.843 2	0.550 5	0.652 8	0.998 9	1.814 7	2.000 9	1.267 1	0.434 4	0.964 3
0.98	0.839 9	0.543 1	0.646 6	0.999 5	1.840 5	2.000 4	1.267 5	0.428 4	0.976 1
0.99	0.836 7	0.535 7	0.640 3	0.999 9	1.866 6	2.000 1	1.267 8	0.422 5	0.988 0
1.00	0.833 3	0.528 3	0.633 9	1.000 0	1.892 9	2.000 0	1.267 9	0.416 7	1.000 0
1.01	0.830 0	0.520 9	0.627 6	0.999 9	1.919 6	2.000 1	1.267 8	0.410 9	1.012 0
1.02	0.826 6	0.513 5	0.621 2	0.999 5	1.946 5	2.000 4	1.267 5	0.405 1	1.024 1
1.03	0.823 2	0.506 1	0.614 8	0.998 9	1.973 8	2.000 9	1.267 1	0.399 4	1.036 3
1.04	0.819 7	0.498 7	0.608 4	0.998 1	2.001 3	2.001 5	1.266 4	0.393 8	1.048 6
1.05	0.816 3	0.491 3	0.601 9	0.997 0	2.029 2	2.002 4	1.265 6	0.388 2	1.060 9
1.06	0.812 7	0.484 0	0.595 5	0.995 7	2.057 4	2.003 4	1.264 6	0.382 7	1.073 3
1.07	0.809 2	0.476 6	0.589 0	0.994 2	2.085 9	2.004 6	1.263 4	0.377 3	1.085 8
1.08	0.805 6	0.469 3	0.582 5	0.992 4	2.114 7	2.005 9	1.261 9	0.371 9	1.098 4
1.09	0.802 0	0.461 9	0.576 0	0.990 4	2.143 9	2.007 4	1.260 3	0.366 5	1.111 1
1.10	0.798 3	0.454 6	0.569 5	0.988 1	2.173 5	2.009 1	1.258 5	0.361 2	1.123 9
1.11	0.794 7	0.447 3	0.562 9	0.985 6	2.203 4	2.010 9	1.256 5	0.356 0	1.136 7
1.12	0.790 9	0.440 0	0.556 4	0.982 9	2.233 7	2.012 9	1.254 2	0.350 8	1.149 6
1.13	0.787 2	0.432 8	0.549 8	0.980 0	2.264 4	2.015 0	1.251 8	0.345 7	1.162 7
1.14	0.783 4	0.425 5	0.543 2	0.976 8	2.295 5	2.017 2	1.249 1	0.340 7	1.175 8
1.15	0.779 6	0.418 3	0.536 6	0.973 4	2.327 0	2.019 6	1.246 3	0.335 7	1.189 0
1.16	0.775 7	0.411 1	0.530 0	0.969 8	2.358 8	2.022 1	1.243 2	0.330 7	1.202 3
1.17	0.771 9	0.404 0	0.523 4	0.966 0	2.391 1	2.024 7	1.239 9	0.325 8	1.215 7
1.18	0.767 9	0.396 9	0.516 8	0.961 9	2.423 9	2.027 5	1.236 4	0.321 0	1.229 2
1.19	0.764 0	0.389 8	0.510 2	0.957 7	2.457 1	2.030 3	1.232 6	0.316 2	1.242 8

续附表 4

λ	$\tau(\lambda)$	$\pi(\lambda)$	$\varepsilon(\lambda)$	$q(\lambda)$	$y(\lambda)$	$z(\lambda)$	$f(\lambda)$	$r(\lambda)$	Ma
1.20	0.760 0	0.382 7	0.503 5	0.953 2	2.490 7	2.033 3	1.228 6	0.311 5	1.256 6
1.21	0.756 0	0.375 7	0.496 9	0.948 5	2.524 8	2.036 4	1.224 4	0.306 8	1.270 4
1.22	0.751 9	0.368 7	0.490 3	0.943 5	2.559 4	2.039 7	1.220 0	0.302 2	1.284 3
1.23	0.747 9	0.361 7	0.483 7	0.938 4	2.594 4	2.043 0	1.215 4	0.297 6	1.298 4
1.24	0.743 7	0.354 8	0.477 0	0.933 1	2.630 0	2.046 5	1.210 5	0.293 1	1.312 6
1.25	0.739 6	0.347 9	0.470 4	0.927 5	2.666 1	2.050 0	1.205 4	0.288 6	1.326 9
1.26	0.735 4	0.341 1	0.463 8	0.921 8	2.702 7	2.053 7	1.200 1	0.284 2	1.341 3
1.27	0.731 2	0.334 3	0.457 2	0.915 8	2.739 9	2.057 4	1.194 5	0.279 8	1.355 8
1.28	0.726 9	0.327 5	0.450 5	0.909 7	2.777 6	2.061 3	1.188 7	0.275 5	1.370 5
1.29	0.722 7	0.320 8	0.443 9	0.903 4	2.815 9	2.065 2	1.182 7	0.271 3	1.385 3
1.30	0.718 3	0.314 2	0.437 3	0.896 8	2.854 8	2.069 2	1.176 4	0.267 0	1.400 2
1.31	0.714 0	0.307 5	0.430 7	0.890 1	2.894 3	2.073 4	1.169 9	0.262 9	1.415 3
1.32	0.709 6	0.301 0	0.424 2	0.883 2	2.934 4	2.077 6	1.163 2	0.258 8	1.430 5
1.33	0.705 2	0.294 5	0.417 6	0.876 1	2.975 1	2.081 9	1.156 3	0.254 7	1.445 8
1.34	0.700 7	0.288 0	0.411 0	0.868 8	3.016 5	2.086 3	1.149 1	0.250 7	1.461 3
1.35	0.696 3	0.281 6	0.404 5	0.861 4	3.058 6	2.090 7	1.141 7	0.246 7	1.476 9
1.36	0.691 7	0.275 3	0.398 0	0.853 8	3.101 4	2.095 3	1.134 0	0.242 7	1.492 7
1.37	0.687 2	0.269 0	0.391 5	0.846 0	3.144 9	2.099 9	1.126 2	0.238 9	1.508 7
1.38	0.682 6	0.262 8	0.385 0	0.838 0	3.189 1	2.104 6	1.118 1	0.235 0	1.524 8
1.39	0.678 0	0.256 6	0.378 5	0.829 9	3.234 1	2.109 4	1.109 8	0.231 2	1.541 0
1.40	0.673 3	0.250 5	0.372 0	0.821 6	3.279 8	2.114 3	1.101 2	0.227 5	1.557 5
1.41	0.668 7	0.244 5	0.365 6	0.813 1	3.326 4	2.119 2	1.092 4	0.223 8	1.574 1
1.42	0.663 9	0.238 5	0.359 2	0.804 5	3.373 8	2.124 2	1.083 4	0.220 1	1.590 9
1.43	0.659 2	0.232 6	0.352 8	0.795 8	3.422 0	2.129 3	1.074 2	0.216 5	1.607 8
1.44	0.654 4	0.226 7	0.346 4	0.786 9	3.471 1	2.134 4	1.064 8	0.212 9	1.625 0
1.45	0.649 6	0.220 9	0.340 1	0.777 9	3.521 2	2.139 7	1.055 1	0.209 4	1.642 3
1.46	0.644 7	0.215 2	0.333 8	0.768 7	3.572 1	2.144 9	1.045 2	0.205 9	1.659 9
1.47	0.639 9	0.209 5	0.327 5	0.759 4	3.624 0	2.150 3	1.035 2	0.202 4	1.677 6
1.48	0.634 9	0.204 0	0.321 2	0.750 0	3.676 9	2.155 7	1.024 9	0.199 0	1.695 5
1.49	0.630 0	0.198 5	0.315 0	0.740 4	3.730 9	2.161 1	1.014 4	0.195 6	1.713 7

续附表 4

λ	$\tau(\lambda)$	$\pi(\lambda)$	$\varepsilon(\lambda)$	$q(\lambda)$	$y(\lambda)$	$z(\lambda)$	$f(\lambda)$	$r(\lambda)$	Ma
1.50	0.625 0	0.193 0	0.308 8	0.730 7	3.785 9	2.166 7	1.003 7	0.192 3	1.732 1
1.51	0.620 0	0.187 6	0.302 7	0.720 9	3.841 9	2.172 3	0.992 7	0.189 0	1.750 6
1.52	0.614 9	0.182 3	0.296 5	0.711 0	3.899 1	2.177 9	0.981 6	0.185 8	1.769 5
1.53	0.609 9	0.177 1	0.290 4	0.701 0	3.957 5	2.183 6	0.970 3	0.182 5	1.788 5
1.54	0.604 7	0.172 0	0.284 4	0.690 8	4.017 1	2.189 4	0.958 8	0.179 4	1.807 8
1.55	0.599 6	0.166 9	0.278 4	0.680 6	4.077 9	2.195 2	0.947 2	0.176 2	1.827 3
1.56	0.594 4	0.161 9	0.272 4	0.670 3	4.140 0	2.201 0	0.935 3	0.173 1	1.847 1
1.57	0.589 2	0.157 0	0.266 5	0.659 9	4.203 4	2.206 9	0.923 2	0.170 0	1.867 2
1.58	0.583 9	0.152 1	0.260 6	0.649 4	4.268 2	2.212 9	0.911 0	0.167 0	1.887 5
1.59	0.578 7	0.147 4	0.254 7	0.638 8	4.334 5	2.218 9	0.898 6	0.164 0	1.908 1
1.60	0.573 3	0.142 7	0.248 9	0.628 2	4.402 2	2.225 0	0.886 1	0.161 0	1.929 0
1.61	0.568 0	0.138 1	0.243 1	0.617 5	4.471 4	2.231 1	0.873 3	0.158 1	1.950 1
1.62	0.562 6	0.133 6	0.237 4	0.606 7	4.542 2	2.237 3	0.860 5	0.155 2	1.971 6
1.63	0.557 2	0.129 1	0.231 7	0.595 8	4.614 7	2.243 5	0.847 4	0.152 4	1.993 4
1.64	0.551 7	0.124 8	0.226 1	0.585 0	4.688 9	2.249 8	0.834 3	0.149 5	2.015 5
1.65	0.546 3	0.120 5	0.220 5	0.574 0	4.764 8	2.256 1	0.820 9	0.146 7	2.038 0
1.66	0.540 7	0.116 3	0.215 0	0.563 0	4.842 6	2.262 4	0.807 5	0.144 0	2.060 8
1.67	0.535 2	0.112 1	0.209 5	0.552 0	4.922 3	2.268 8	0.793 9	0.141 3	2.083 9
1.68	0.529 6	0.108 1	0.204 1	0.540 9	5.004 0	2.275 2	0.780 2	0.138 6	2.107 4
1.69	0.524 0	0.104 1	0.198 7	0.529 8	5.087 7	2.281 7	0.766 4	0.135 9	2.131 3
1.70	0.518 3	0.100 3	0.193 4	0.518 7	5.173 6	2.288 2	0.752 4	0.133 2	2.155 5
1.71	0.512 7	0.096 5	0.188 2	0.507 6	5.261 7	2.294 8	0.738 4	0.130 6	2.180 2
1.72	0.506 9	0.092 8	0.183 0	0.496 4	5.352 2	2.301 4	0.724 3	0.128 1	2.205 3
1.73	0.501 2	0.089 1	0.177 8	0.485 3	5.445 1	2.308 0	0.710 0	0.125 5	2.230 8
1.74	0.495 4	0.085 6	0.172 7	0.474 1	5.540 5	2.314 7	0.695 7	0.123 0	2.256 7
1.75	0.489 6	0.082 1	0.167 7	0.463 0	5.638 5	2.321 4	0.681 3	0.120 5	2.283 1
1.76	0.483 7	0.078 7	0.162 7	0.451 8	5.739 3	2.328 2	0.666 9	0.118 1	2.310 0
1.77	0.477 9	0.075 4	0.157 8	0.440 7	5.843 0	2.335 0	0.652 4	0.115 6	2.337 4
1.78	0.471 9	0.072 2	0.153 0	0.429 6	5.949 7	2.341 8	0.637 8	0.113 2	2.365 3
1.79	0.466 0	0.069 1	0.148 2	0.418 5	6.059 5	2.348 7	0.623 2	0.110 8	2.393 7

续附表4

λ	$\tau(\lambda)$	$\pi(\lambda)$	$\varepsilon(\lambda)$	$q(\lambda)$	$y(\lambda)$	$z(\lambda)$	$f(\lambda)$	$r(\lambda)$	Ma
1.80	0.460 0	0.066 0	0.143 5	0.407 5	6.172 6	2.355 6	0.608 5	0.108 5	2.422 7
1.81	0.454 0	0.063 0	0.138 9	0.396 5	6.289 1	2.362 5	0.593 8	0.106 2	2.452 3
1.82	0.447 9	0.060 2	0.134 3	0.385 5	6.409 3	2.369 5	0.579 1	0.103 9	2.482 4
1.83	0.441 9	0.057 3	0.129 8	0.374 6	6.533 3	2.376 4	0.564 4	0.101 6	2.513 2
1.84	0.435 7	0.054 6	0.125 3	0.363 8	6.661 2	2.383 5	0.549 6	0.099 4	2.544 6
1.85	0.429 6	0.052 0	0.121 0	0.353 0	6.793 2	2.390 5	0.534 9	0.097 1	2.576 7
1.86	0.423 4	0.049 4	0.116 6	0.342 2	6.929 7	2.397 6	0.520 2	0.094 9	2.609 4
1.87	0.417 2	0.046 9	0.112 4	0.331 6	7.070 8	2.404 8	0.505 5	0.092 8	2.642 9
1.88	0.410 9	0.044 5	0.108 3	0.321 0	7.216 7	2.411 9	0.490 8	0.090 6	2.677 2
1.89	0.404 7	0.042 1	0.104 2	0.310 5	7.367 8	2.419 1	0.476 2	0.088 5	2.712 3
1.90	0.398 3	0.039 9	0.100 1	0.300 1	7.524 2	2.426 3	0.461 7	0.086 4	2.748 1
1.91	0.392 0	0.037 7	0.096 2	0.289 8	7.686 3	2.433 6	0.447 1	0.084 3	2.784 9
1.92	0.385 6	0.035 6	0.092 3	0.279 6	7.854 5	2.440 8	0.432 7	0.082 3	2.822 6
1.93	0.379 2	0.033 6	0.088 5	0.269 5	8.029 0	2.448 1	0.418 3	0.080 3	2.861 2
1.94	0.372 7	0.031 6	0.084 8	0.259 6	8.210 3	2.455 5	0.404 0	0.078 2	2.900 8
1.95	0.366 3	0.029 7	0.081 2	0.249 7	8.398 7	2.462 8	0.389 9	0.076 3	2.941 4
1.96	0.359 7	0.027 9	0.077 6	0.240 0	8.594 7	2.470 2	0.375 8	0.074 3	2.983 2
1.97	0.353 2	0.026 2	0.074 1	0.230 4	8.798 7	2.477 6	0.361 8	0.072 4	3.026 0
1.98	0.346 6	0.024 5	0.070 7	0.220 9	9.011 3	2.485 1	0.348 0	0.070 4	3.070 2
1.99	0.340 0	0.022 9	0.067 4	0.211 6	9.233 1	2.492 5	0.334 3	0.068 5	3.115 5
2.00	0.333 3	0.021 4	0.064 2	0.202 4	9.464 6	2.500 0	0.320 8	0.066 7	3.162 3
2.01	0.326 7	0.019 9	0.061 0	0.193 4	9.706 6	2.507 5	0.307 4	0.064 8	3.210 4
2.02	0.319 9	0.018 5	0.057 9	0.184 5	9.959 7	2.515 0	0.294 1	0.063 0	3.260 1
2.03	0.313 2	0.017 2	0.054 9	0.175 8	10.224 7	2.522 6	0.281 1	0.061 2	3.311 4
2.04	0.306 4	0.015 9	0.052 0	0.167 2	10.502 5	2.530 2	0.268 2	0.059 4	3.364 3
2.05	0.299 6	0.014 7	0.049 1	0.158 9	10.794 2	2.537 8	0.255 6	0.057 6	3.419 0
2.06	0.292 7	0.013 6	0.046 4	0.150 7	11.100 6	2.545 4	0.243 1	0.055 8	3.475 7
2.07	0.285 9	0.012 5	0.043 7	0.142 6	11.423 1	2.553 1	0.230 9	0.054 1	3.534 4
2.08	0.278 9	0.011 5	0.041 1	0.134 8	11.762 9	2.560 8	0.218 9	0.052 4	3.595 2
2.09	0.272 0	0.010 5	0.038 6	0.127 2	12.121 5	2.568 5	0.207 1	0.050 7	3.658 3

续附表 4

λ	$\tau(\lambda)$	$\pi(\lambda)$	$\varepsilon(\lambda)$	$q(\lambda)$	$y(\lambda)$	$z(\lambda)$	$f(\lambda)$	$r(\lambda)$	Ma
2.10	0.265 0	0.009 6	0.036 2	0.119 8	12.500 5	2.576 2	0.195 6	0.049 0	3.724 0
2.11	0.258 0	0.008 7	0.033 8	0.112 5	12.901 6	2.583 9	0.184 3	0.047 3	3.792 2
2.12	0.250 9	0.007 9	0.031 5	0.105 5	13.326 9	2.591 7	0.173 3	0.045 7	3.863 4
2.13	0.243 9	0.007 2	0.029 4	0.098 7	13.778 8	2.599 5	0.162 6	0.044 0	3.937 6
2.14	0.236 7	0.006 5	0.027 3	0.092 0	14.259 6	2.607 3	0.152 1	0.042 4	4.015 1
2.15	0.229 6	0.005 8	0.025 3	0.085 7	14.772 4	2.615 1	0.142 0	0.040 8	4.096 2
2.16	0.222 4	0.005 2	0.023 3	0.079 5	15.320 5	2.623 0	0.132 2	0.039 3	4.181 1
2.17	0.215 2	0.004 6	0.021 5	0.073 5	15.907 6	2.630 8	0.122 6	0.037 7	4.270 4
2.18	0.207 9	0.004 1	0.019 7	0.067 8	16.538 1	2.638 7	0.113 4	0.036 1	4.364 2
2.19	0.200 7	0.003 6	0.018 0	0.062 3	17.217 0	2.646 6	0.104 5	0.034 6	4.463 1
2.20	0.193 3	0.003 2	0.016 4	0.057 0	17.950 2	2.654 5	0.096 0	0.033 1	4.567 5
2.21	0.186 0	0.002 8	0.014 9	0.052 0	18.744 4	2.662 5	0.087 8	0.031 6	4.678 0
2.22	0.178 6	0.002 4	0.013 5	0.047 2	19.607 6	2.670 5	0.079 9	0.030 1	4.795 4
2.23	0.171 2	0.002 1	0.012 1	0.042 6	20.549 3	2.678 4	0.072 4	0.028 7	4.920 2
2.24	0.163 7	0.001 8	0.010 8	0.038 3	21.580 6	2.686 4	0.065 3	0.027 2	5.053 5
2.25	0.156 3	0.001 5	0.009 7	0.034 3	22.715 1	2.694 4	0.058 5	0.025 8	5.196 2
2.26	0.148 7	0.001 3	0.008 5	0.030 4	23.969 2	2.702 5	0.052 1	0.024 4	5.349 5
2.27	0.141 2	0.001 1	0.007 5	0.026 8	25.362 7	2.710 5	0.046 1	0.022 9	5.515 0
2.28	0.133 6	0.000 9	0.006 5	0.023 5	26.920 4	2.718 6	0.040 4	0.021 6	5.694 3
2.29	0.126 0	0.000 7	0.005 6	0.020 4	28.673 2	2.726 7	0.035 2	0.020 2	5.889 6
2.30	0.118 3	0.000 6	0.004 8	0.017 5	30.660 1	2.734 8	0.030 3	0.018 8	6.103 6
2.31	0.110 7	0.000 5	0.004 1	0.014 8	32.931 7	2.742 9	0.025 8	0.017 5	6.339 4
2.32	0.102 9	0.000 3	0.003 4	0.012 4	35.553 7	2.751 0	0.021 7	0.016 1	6.601 1
2.33	0.095 2	0.000 3	0.002 8	0.010 3	38.614 3	2.759 2	0.018 0	0.014 8	6.894 2
2.34	0.087 4	0.000 2	0.002 3	0.008 3	42.233 5	2.767 4	0.014 6	0.013 5	7.225 5
2.35	0.079 6	0.000 14	0.001 70	0.006 6	46.579 9	2.775 5	0.011 7	0.012 2	7.604 4
2.36	0.071 7	0.988×10^{-4}	0.001 38	0.005 1	51.897 2	2.783 7	0.009 1	0.010 9	8.043 8
2.37	0.063 9	0.657×10^{-4}	0.001 03	0.003 9	58.551 8	2.791 9	0.006 8	0.009 6	8.562 0
2.38	0.055 9	0.413×10^{-4}	0.000 74	0.002 8	67.121 1	2.800 2	0.004 9	0.008 4	9.186 5
2.39	0.048 0	0.242×10^{-4}	0.000 50	0.001 9	78.570 7	2.808 4	0.003 4	0.007 1	9.960 1

续附表 4

λ	$\tau(\lambda)$	$\pi(\lambda)$	$\varepsilon(\lambda)$	$q(\lambda)$	$y(\lambda)$	$z(\lambda)$	$f(\lambda)$	$r(\lambda)$	Ma
2.40	0.040 0	0.128×10^{-4}	0.000 32	0.001 2	94.646 5	2.816 7	0.002 2	0.005 9	10.954 5
2.41	0.032 0	0.584×10^{-5}	0.000 18	0.000 7	118.862 9	2.824 9	0.001 2	0.004 7	12.301 7
2.42	0.023 9	0.211×10^{-5}	0.884×10^{-4}	0.000 3	159.501 7	2.833 2	0.000 6	0.003 5	14.279 8
2.43	0.015 9	0.499×10^{-6}	0.315×10^{-4}	0.000 1	241.841 1	2.841 5	0.000 2	0.002 3	17.619 8
2.44	0.007 7	0.316×10^{-7}	0.410×10^{-5}	0.058×10^{-4}	497.709 8	2.849 8	0.285×10^{-4}	0.001 1	25.328 9
2.449	0	0	0	0	∞	2.857 3	0	0	∞

附表5 二维超声速等熵流函数表($k = 1.4$)

v	φ	Ma	λ	π	ε	τ	μ
0°00′	0°00′	1.000	1.000	0.528	0.634	0.833	90°00′
0°10′	13°08′	1.026	1.022	0.512	0.620	0.826	77°02′
0°20′	16°05′	1.039	1.032	0.504	0.613	0.822	74°15′
0°30′	18°24′	1.051	1.042	0.497	0.607	0.819	72°06′
0°40′	20°25′	1.062	1.051	0.490	0.601	0.816	70°15′
0°50′	22°06′	1.073	1.060	0.484	0.596	0.813	68°44′
1°00′	23°32′	1.083	1.067	0.479	0.591	0.810	67°28′
1°30′	27°06′	1.109	1.088	0.463	0.577	0.803	64°24′
2°00′	30°00′	1.133	1.107	0.450	0.565	0.796	62°00′
2°30′	32°33′	1.155	1.125	0.437	0.553	0.789	59°57′
3°00′	34°54′	1.178	1.142	0.424	0.542	0.783	58°06′
3°30′	37°00′	1.199	1.157	0.413	0.532	0.777	56°30′
4°00′	38°52′	1.219	1.172	0.402	0.522	0.771	55°08′
4°30′	40°39′	1.238	1.186	0.392	0.513	0.766	53°51′
5°	42°18′	1.257	1.200	0.383	0.504	0.760	52°42′
6°	45°24′	1.294	1.227	0.364	0.486	0.749	50°36′
7°	48°17′	1.331	1.253	0.346	0.468	0.738	48°42′
8°	50°59′	1.367	1.278	0.329	0.452	0.728	47°00′
9°	53°27′	1.401	1.301	0.314	0.437	0.718	45°32′
10°	55°49′	1.435	1.323	0.299	0.422	0.708	44°10′
11°	58°05′	1.469	1.345	0.285	0.408	0.699	50°36′
12°	60°19′	1.504	1.367	0.271	0.393	0.689	48°42′
13°	62°22′	1.536	1.387	0.259	0.380	0.679	47°00′
14°	64°24′	1.569	1.407	0.246	0.368	0.670	45°32′
15°	66°24′	1.603	1.427	0.234	0.355	0.661	44°10′
16°	68°24′	1.639	1.448	0.222	0.341	0.651	42°54′
17°	70°17′	1.673	1.467	0.211	0.329	0.641	41°40′
18°	72°05′	1.705	1.485	0.201	0.318	0.632	40°37′
19°	73°56′	1.741	1.505	0.190	0.306	0.623	39°35′
20°	75°42′	1.775	1.523	0.181	0.295	0.613	38°35′

续附录5

v	φ	Ma	λ	π	ε	τ	μ
21°	77°26′	1.809	1.541	0.172	0.284	0.604	37°35′
22°	79°11′	1.846	1.559	0.162	0.273	0.595	36°42′
23°	80°51′	1.880	1.576	0.154	0.263	0.586	35°54′
24°	82°30′	1.914	1.593	0.146	0.253	0.577	35°03′
25°	84°09′	1.951	1.610	0.138	0.243	0.568	34°17′
26°	85°48′	1.988	1.628	0.130	0.233	0.559	33°33′
27°	87°27′	2.028	1.646	0.122	0.223	0.549	32°48′
28°	89°00′	2.063	1.661	0.116	0.214	0.540	32°08′
29°	90°30′	2.096	1.675	0.110	0.207	0.532	31°29′
30°	91°59′	2.130	1.689	0.104	0.199	0.524	30°50′
31°	93°36′	2.173	1.707	0.097 6	0.190	0.514	30°12′
32°	95°05′	2.209	1.721	0.092 2	0.182	0.506	29°32′
33°	96°32′	2.245	1.736	0.087 2	0.175	0.498	28°59′
34°	98°02′	2.285	1.751	0.081 9	0.167	0.489	28°29′
35°	99°32′	2.327	1.766	0.076 7	0.160	0.480	28°00′
36°	100°59′	2.366	1.780	0.072 1	0.153	0.472	27°23′
37°	102°29′	2.411	1.796	0.067 2	0.145	0.462	26°55′
38°	103°57′	2.454	1.811	0.062 9	0.139	0.454	26°27′
39°	105°24′	2.498	1.825	0.058 7	0.132	0.445	25°57′
40°	106°48′	2.539	1.838	0.055 1	0.126	0.437	25°27′
41°	108°12′	2.581	1.851	0.051 6	0.120	0.429	25°00′
42°	109°35′	2.624	1.864	0.048 3	0.115	0.421	24°30′
43°	111°00′	2.670	1.878	0.045 0	0.109	0.412	24°02′
44°	112°24′	2.717	1.891	0.041 8	0.104	0.404	23°35′
45°	113°47′	2.765	1.905	0.038 9	0.098	0.395	23°11′
46°	115°11′	2.816	1.918	0.036 0	0.093	0.387	22°47′
47°	116°36′	2.869	1.932	0.033 2	0.088	0.378	22°24′
48°	117°54′	2.910	1.942	0.031 2	0.084	0.371	21°59′
49°	119°14′	2.959	1.954	0.029 0	0.080	0.363	21°35′
50°	120°35′	3.010	1.966	0.026 8	0.075	0.356	21°12′

续附录5

v	φ	Ma	λ	π	ε	τ	μ
51°	121°57′	3.064	1.979	0.024 7	0.071	0.348	20°48′
52°	123°17′	3.119	1.991	0.022 8	0.067	0.339	20°23′
53°	124°38′	3.174	2.002	0.021 0	0.063	0.332	20°05′
54°	125°59′	3.236	2.015	0.019 2	0.059	0.323	19°45′
55°	127°17′	3.289	2.026	0.017 8	0.056	0.316	19°24′
56°	128°35′	3.344	2.036	0.016 4	0.053	0.309	19°02′
57°	129°54′	3.404	2.047	0.015 0	0.050	0.301	18°42′
58°	131°15′	3.470	2.059	0.013 7	0.047	0.293	18°21′
59°	132°36′	3.542	2.071	0.012 4	0.043	0.285	18°00′
60°	133°54′	3.606	2.082	0.011 3	0.041	0.278	17°42′
61°	135°10′	3.666	2.091	0.010 4	0.038	0.271	17°24′
62°	136°30′	3.742	2.103	0.934×10^{-2}	0.036	0.263	17°05′
63°	137°47′	3.814	2.113	0.847×10^{-2}	0.033	0.256	16°44′
64°	139°02′	3.876	2.122	0.778×10^{-2}	0.031	0.250	16°23′
65°	140°19′	3.949	2.132	0.705×10^{-2}	0.029	0.243	16°06′
66°	141°35′	4.021	2.141	0.640×10^{-2}	0.027	0.236	15°49′
67°	142°58′	4.124	2.153	0.559×10^{-2}	0.025	0.227	15°30′
68°	144°12′	4.193	2.161	0.511×10^{-2}	0.023 1	0.221	15°12′
69°	145°26′	4.268	2.170	0.464×10^{-2}	0.021 5	0.215	14°57′
70°	146°42′	4.348	2.178	0.418×10^{-2}	0.020 0	0.209	14°40′
71°	147°57′	4.429	2.187	0.378×10^{-2}	0.018 6	0.203	14°24′
72°	149°12′	4.515	2.195	0.339×10^{-2}	0.017 2	0.197	14°01′
73°	150°30′	4.621	2.205	0.297×10^{-2}	0.015 7	0.190	13°47′
74°	151°42′	4.695	2.211	0.272×10^{-2}	0.014 7	0.185	13°33′
75°	153°00′	4.810	2.221	0.237×10^{-2}	0.013 3	0.178	13°17′
76°	154°15′	4.912	2.229	0.210×10^{-2}	0.012 2	0.172	13°02′
77°	155°29′	5.015	2.237	0.186×10^{-2}	0.011 2	0.166	12°47′
78°	156°45′	5.126	2.245	0.163×10^{-2}	0.010 2	0.160	12°29′
79°	158°00′	5.241	2.253	0.143×10^{-2}	0.931×10^{-2}	0.154	12°17′
80°	159°15′	5.362	2.261	0.125×10^{-2}	0.845×10^{-2}	0.148	11°59′

续附录 5

v	φ	Ma	λ	π	ε	τ	μ
81°	160°30′	5.488	2.268	0.109×10^{-2}	0.765×10^{-2}	0.142	11°44′
82°	161°42′	5.593	2.274	0.972×10^{-3}	0.705×10^{-2}	0.138	11°30′
83°	162°57′	5.731	2.282	0.838×10^{-3}	0.634×10^{-2}	0.132	11°14′
84°	164°11′	5.875	2.289	0.721×10^{-3}	0.570×10^{-2}	0.127	10°59′
85°	165°27′	6.028	2.297	0.615×10^{-3}	0.509×10^{-2}	0.121	10°44′
86°	166°42′	6.188	2.304	0.524×10^{-3}	0.453×10^{-2}	0.115	10°29′
87°	167°53′	6.321	2.309	0.459×10^{-3}	0.413×10^{-2}	0.111	10°17′
88°	169°06′	6.464	2.315	0.399×10^{-3}	0.373×10^{-2}	0.107	10°02′
89°	170°21′	6.649	2.322	0.334×10^{-3}	0.329×10^{-2}	0.102	9°48′
90°	171°35′	6.845	2.328	0.278×10^{-3}	0.289×10^{-2}	0.096	9°32′
91°	172°48′	7.013	2.334	0.239×10^{-3}	0.259×10^{-2}	0.092	9°18′
92°	173°59′	7.184	2.339	0.205×10^{-3}	0.232×10^{-2}	0.088	9°06′
93°	175°14′	7.413	2.345	0.168×10^{-3}	0.201×10^{-2}	0.083	8°53′
94°	176°26′	7.610	2.350	0.142×10^{-3}	0.178×10^{-2}	0.079	8°39′
95°	177°40′	7.837	2.355	0.117×10^{-3}	0.155×10^{-2}	0.075	8°24′
96°	178°54′	8.091	2.361	0.952×10^{-4}	0.134×10^{-2}	0.071	8°11′
97°	180°50′	8.326	2.366	0.778×10^{-4}	0.116×10^{-2}	0.067	8°00′
98°	181°21′	8.636	2.371	0.622×10^{-4}	0.989×10^{-3}	0.063	7°45′
99°	182°34′	8.928	2.376	0.500×10^{-4}	0.846×10^{-3}	0.059	7°33′
100°	183°47′	9.259	2.381	0.393×10^{-4}	0.713×10^{-3}	0.055	7°19′
101°	185°00′	9.569	2.385	0.316×10^{-4}	0.610×10^{-3}	0.052	7°05′
102°	186°11′	9.891	2.389	0.253×10^{-4}	0.521×10^{-3}	0.049	6°09′
103°	187°23′	10.245	2.393	0.200×10^{-4}	0.441×10^{-3}	0.045	6°38′
104°	188°36′	10.626	2.397	0.157×10^{-4}	0.370×10^{-3}	0.042	6°25′
105°	189°48′	11.037	2.401	0.122×10^{-4}	0.309×10^{-3}	0.039	6°12′
130°27′	220°27′	∞	2.449	0	0	0	0°00′

注:φ 为马赫波的极角,$\varphi = \pi/2 + v - \mu$。

附表6　　正激波前后气流参数表($k = 1.4$)

Ma_1	Ma_2	p_2/p_1	v_1/v_2 或 ρ_2/ρ_1	T_2/T_1	p_2^*/p_1^*	p_2^*/p_1
1.00	1.000 00	1.000 0	1.000 0	1.000 0	1.000 00	1.892 9
1.01	0.990 13	1.023 5	1.016 7	1.006 6	1.000 00	1.915 2
1.02	0.980 52	1.047 1	1.033 4	1.013 2	0.999 99	1.937 9
1.03	0.971 15	1.071 1	1.050 2	1.019 8	0.999 97	1.961 0
1.04	0.962 03	1.095 2	1.067 1	1.026 3	0.999 92	1.984 4
1.05	0.953 13	1.119 6	1.084 0	1.032 8	0.999 85	2.008 3
1.06	0.944 45	1.144 2	1.100 9	1.039 3	0.999 75	2.032 5
1.07	0.935 98	1.169 1	1.117 9	1.045 8	0.999 61	2.057 0
1.08	0.927 71	1.194 1	1.134 9	1.052 2	0.999 43	2.081 9
1.09	0.919 65	1.219 5	1.152 0	1.058 6	0.999 20	2.107 2
1.10	0.911 77	1.245 0	1.169 1	1.064 9	0.998 93	2.132 8
1.11	0.904 08	1.270 8	1.186 2	1.071 3	0.998 60	2.158 8
1.12	0.896 56	1.296 8	1.203 4	1.077 6	0.998 21	2.185 1
1.13	0.889 22	1.323 1	1.220 6	1.084 0	0.997 77	2.211 8
1.14	0.882 04	1.349 5	1.237 8	1.090 3	0.997 26	2.238 8
1.15	0.875 02	1.376 3	1.255 0	1.096 6	0.996 69	2.266 1
1.16	0.868 16	1.403 2	1.272 3	1.102 9	0.996 05	2.293 7
1.17	0.861 45	1.430 4	1.289 6	1.109 2	0.995 35	2.321 7
1.18	0.854 88	1.457 8	1.306 9	1.115 4	0.994 57	2.350 0
1.19	0.848 46	1.485 5	1.324 3	1.121 7	0.993 72	2.378 6
1.20	0.842 17	1.513 3	1.341 6	1.128 0	0.992 80	2.407 5
1.21	0.836 01	1.541 5	1.359 0	1.134 3	0.991 80	2.436 7
1.22	0.829 99	1.569 8	1.376 4	1.140 5	0.990 73	2.466 3
1.23	0.824 08	1.598 4	1.393 8	1.146 8	0.989 58	2.496 1
1.24	0.818 30	1.627 2	1.411 2	1.153 1	0.988 36	2.526 3
1.25	0.812 64	1.656 3	1.428 6	1.159 4	0.987 06	2.556 8
1.26	0.807 09	1.685 5	1.446 0	1.165 7	0.985 68	2.587 5
1.27	0.801 64	1.715 1	1.463 4	1.172 0	0.984 22	2.618 6
1.28	0.796 31	1.744 8	1.480 8	1.178 3	0.982 68	2.650 0
1.29	0.791 08	1.774 8	1.498 3	1.184 6	0.981 07	2.681 6

续附表6

Ma_1	Ma_2	p_2/p_1	v_1/v_2 或 ρ_2/ρ_1	T_2/T_1	p_2^*/p_1^*	p_2^*/p_1
1.30	0.785 96	1.805 0	1.515 7	1.190 9	0.979 37	2.713 6
1.31	0.780 93	1.835 5	1.533 1	1.197 2	0.977 60	2.745 9
1.32	0.776 00	1.866 1	1.550 5	1.203 5	0.975 75	2.778 4
1.33	0.771 16	1.897 1	1.568 0	1.209 9	0.973 82	2.811 2
1.34	0.766 41	1.928 2	1.585 4	1.216 2	0.971 82	2.844 4
1.35	0.761 75	1.959 6	1.602 8	1.222 6	0.969 74	2.877 8
1.36	0.757 18	1.991 2	1.620 2	1.229 0	0.967 58	2.911 5
1.37	0.752 69	2.023 1	1.637 6	1.235 4	0.965 34	2.945 5
1.38	0.748 29	2.055 1	1.654 9	1.241 8	0.963 04	2.979 8
1.39	0.743 96	2.087 5	1.672 3	1.248 2	0.960 65	3.014 4
1.40	0.739 71	2.120 0	1.689 7	1.254 7	0.958 19	3.049 2
1.41	0.735 54	2.152 8	1.707 0	1.261 2	0.955 66	3.084 4
1.42	0.731 44	2.185 8	1.724 3	1.267 6	0.953 06	3.119 8
1.43	0.727 41	2.219 1	1.741 6	1.274 1	0.950 39	3.155 5
1.44	0.723 45	2.252 5	1.758 9	1.280 7	0.947 65	3.191 5
1.45	0.719 56	2.286 3	1.776 1	1.287 2	0.944 84	3.227 8
1.46	0.715 74	2.320 2	1.793 4	1.293 8	0.941 96	3.264 3
1.47	0.711 98	2.354 4	1.810 6	1.300 3	0.939 01	3.301 1
1.48	0.708 29	2.388 8	1.827 8	1.306 9	0.936 00	3.338 2
1.49	0.704 66	2.423 5	1.844 9	1.313 6	0.932 93	3.375 6
1.50	0.701 09	2.458 3	1.862 1	1.320 2	0.929 79	3.413 3
1.51	0.697 58	2.493 5	1.879 2	1.326 9	0.926 59	3.451 2
1.52	0.694 13	2.528 8	1.896 3	1.333 6	0.923 32	3.489 4
1.53	0.690 73	2.564 4	1.913 3	1.340 3	0.920 00	3.527 9
1.54	0.687 39	2.600 2	1.930 3	1.347 0	0.916 62	3.566 7
1.55	0.684 10	2.636 3	1.947 3	1.353 8	0.913 19	3.605 7
1.56	0.680 87	2.672 5	1.964 3	1.360 6	0.909 70	3.645 0
1.57	0.677 69	2.709 1	1.981 2	1.367 4	0.906 15	3.684 6
1.58	0.674 55	2.745 8	1.998 1	1.374 2	0.902 55	3.724 4
1.59	0.671 47	2.782 8	2.014 9	1.381 1	0.898 90	3.764 6

续附表6

Ma_1	Ma_2	p_2/p_1	v_1/v_2 或 ρ_2/ρ_1	T_2/T_1	p_2^*/p_1^*	p_2^*/p_1
1.60	0.668 44	2.820 0	2.031 7	1.388 0	0.895 20	3.805 0
1.61	0.665 45	2.857 5	2.048 5	1.394 9	0.891 45	3.845 6
1.62	0.662 51	2.895 1	2.065 3	1.401 8	0.887 65	3.886 6
1.63	0.659 62	2.933 1	2.082 0	1.408 8	0.883 81	3.927 8
1.64	0.656 77	2.971 2	2.098 6	1.415 8	0.879 92	3.969 3
1.65	0.653 96	3.009 6	2.115 2	1.422 8	0.875 99	4.011 0
1.66	0.651 19	3.048 2	2.131 8	1.429 9	0.872 01	4.053 1
1.67	0.648 47	3.087 1	2.148 4	1.436 9	0.868 00	4.095 3
1.68	0.645 79	3.126 1	2.164 9	1.444 0	0.863 94	4.137 9
1.69	0.643 15	3.165 5	2.181 3	1.451 2	0.859 85	4.180 7
1.70	0.640 54	3.205 0	2.197 7	1.458 3	0.855 72	4.223 8
1.71	0.637 98	3.244 8	2.214 1	1.465 5	0.851 56	4.267 2
1.72	0.635 45	3.284 8	2.230 4	1.472 7	0.847 36	4.310 8
1.73	0.632 96	3.325 1	2.246 7	1.480 0	0.843 12	4.354 7
1.74	0.630 51	3.365 5	2.262 9	1.487 3	0.838 86	4.398 9
1.75	0.628 09	3.406 3	2.279 1	1.494 6	0.834 57	4.443 3
1.76	0.625 70	3.447 2	2.295 2	1.501 9	0.830 24	4.488 0
1.77	0.623 35	3.488 4	2.311 3	1.509 3	0.825 89	4.533 0
1.78	0.621 04	3.529 8	2.327 3	1.516 7	0.821 51	4.578 2
1.79	0.618 75	3.571 5	2.343 3	1.524 1	0.817 11	4.623 7
1.80	0.616 50	3.613 3	2.359 2	1.531 6	0.812 68	4.669 5
1.81	0.614 28	3.655 5	2.375 1	1.539 1	0.808 23	4.715 5
1.82	0.612 09	3.697 8	2.390 9	1.546 6	0.803 76	4.761 8
1.83	0.609 93	3.740 4	2.406 7	1.554 1	0.799 27	4.808 4
1.84	0.607 80	3.783 2	2.422 4	1.561 7	0.794 76	4.855 2
1.85	0.605 70	3.826 3	2.438 1	1.569 3	0.790 23	4.902 3
1.86	0.603 63	3.869 5	2.453 7	1.577 0	0.785 69	4.949 7
1.87	0.601 58	3.913 1	2.469 3	1.584 7	0.781 12	4.997 3
1.88	0.599 57	3.956 8	2.484 8	1.592 4	0.776 55	5.045 2
1.89	0.597 58	4.000 8	2.500 3	1.600 1	0.771 96	5.093 4

续附表 6

Ma_1	Ma_2	p_2/p_1	v_1/v_2 或 ρ_2/ρ_1	T_2/T_1	p_2^*/p_1^*	p_2^*/p_1
1.90	0.595 62	4.045 0	2.515 7	1.607 9	0.767 36	5.141 8
1.91	0.593 68	4.089 5	2.531 0	1.615 7	0.762 74	5.190 5
1.92	0.591 77	4.134 1	2.546 3	1.623 6	0.758 12	5.239 4
1.93	0.589 88	4.179 1	2.561 6	1.631 4	0.753 49	5.288 6
1.94	0.588 02	4.224 2	2.576 7	1.639 4	0.748 84	5.338 1
1.95	0.586 18	4.269 6	2.591 9	1.647 3	0.744 20	5.387 8
1.96	0.584 37	4.315 2	2.606 9	1.655 3	0.739 54	5.437 8
1.97	0.582 58	4.361 1	2.622 0	1.663 3	0.734 88	5.488 1
1.98	0.580 82	4.407 1	2.636 9	1.671 3	0.730 21	5.538 6
1.99	0.579 07	4.453 5	2.651 8	1.679 4	0.725 55	5.589 4
2.00	0.577 35	4.500 0	2.666 7	1.687 5	0.720 87	5.640 4
2.01	0.575 65	4.546 8	2.681 5	1.695 6	0.716 20	5.691 8
2.02	0.573 97	4.593 8	2.696 2	1.703 8	0.711 53	5.743 3
2.03	0.572 32	4.641 1	2.710 9	1.712 0	0.706 85	5.795 2
2.04	0.570 68	4.688 5	2.725 5	1.720 3	0.702 18	5.847 3
2.05	0.569 06	4.736 3	2.740 0	1.728 5	0.697 51	5.899 6
2.06	0.567 47	4.784 2	2.754 5	1.736 9	0.692 84	5.952 3
2.07	0.565 89	4.832 4	2.768 9	1.745 2	0.688 17	6.005 1
2.08	0.564 33	4.880 8	2.783 3	1.753 6	0.683 51	6.058 3
2.09	0.562 80	4.929 5	2.797 6	1.762 0	0.678 85	6.111 7
2.10	0.561 28	4.978 3	2.811 9	1.770 5	0.674 20	6.165 4
2.11	0.559 78	5.027 5	2.826 1	1.778 9	0.669 56	6.219 3
2.12	0.558 29	5.076 8	2.840 2	1.787 5	0.664 92	6.273 5
2.13	0.556 83	5.126 4	2.854 3	1.796 0	0.660 29	6.328 0
2.14	0.555 38	5.176 2	2.868 3	1.804 6	0.655 67	6.382 7
2.15	0.553 95	5.226 3	2.882 3	1.813 2	0.651 05	6.437 7
2.16	0.552 54	5.276 5	2.896 2	1.821 9	0.646 45	6.492 9
2.17	0.551 15	5.327 1	2.910 1	1.830 6	0.641 85	6.548 4
2.18	0.549 77	5.377 8	2.923 8	1.839 3	0.637 27	6.604 2
2.19	0.548 40	5.428 8	2.937 6	1.848 1	0.632 70	6.660 2

续附表6

Ma_1	Ma_2	p_2/p_1	v_1/v_2 或 ρ_2/ρ_1	T_2/T_1	p_2^*/p_1^*	p_2^*/p_1
2.20	0.547 06	5.480 0	2.951 2	1.856 9	0.628 14	6.716 5
2.21	0.545 72	5.531 5	2.964 8	1.865 7	0.623 59	6.773 0
2.22	0.544 41	5.583 1	2.978 4	1.874 6	0.619 05	6.829 8
2.23	0.543 11	5.635 1	2.991 8	1.883 5	0.614 53	6.886 9
2.24	0.541 82	5.687 2	3.005 3	1.892 4	0.610 02	6.944 2
2.25	0.540 55	5.739 6	3.018 6	1.901 4	0.605 53	7.001 8
2.26	0.539 30	5.792 2	3.031 9	1.910 4	0.601 05	7.059 7
2.27	0.538 05	5.845 1	3.045 2	1.919 4	0.596 59	7.117 8
2.28	0.536 83	5.898 1	3.058 4	1.928 5	0.592 14	7.176 2
2.29	0.535 61	5.951 5	3.071 5	1.937 6	0.587 71	7.234 8
2.30	0.534 41	6.005 0	3.084 5	1.946 8	0.583 29	7.293 7
2.31	0.533 22	6.058 8	3.097 6	1.956 0	0.578 90	7.352 8
2.32	0.532 05	6.112 8	3.110 5	1.965 2	0.574 52	7.412 2
2.33	0.530 89	6.167 1	3.123 4	1.974 5	0.570 15	7.471 9
2.34	0.529 74	6.221 5	3.136 2	1.983 8	0.565 81	7.531 9
2.35	0.528 61	6.276 3	3.149 0	1.993 1	0.561 48	7.592 0
2.36	0.527 49	6.331 2	3.161 7	2.002 5	0.557 18	7.652 5
2.37	0.526 38	6.386 4	3.174 3	2.011 9	0.552 89	7.713 2
2.38	0.525 28	6.441 8	3.186 9	2.021 3	0.548 62	7.774 2
2.39	0.524 19	6.497 5	3.199 4	2.030 8	0.544 37	7.835 4
2.40	0.523 12	6.553 3	3.211 9	2.040 3	0.540 14	7.896 9
2.41	0.522 06	6.609 5	3.224 3	2.049 9	0.535 94	7.958 7
2.42	0.521 00	6.665 8	3.236 7	2.059 5	0.531 75	8.020 7
2.43	0.519 96	6.722 4	3.248 9	2.069 1	0.527 58	8.083 0
2.44	0.518 94	6.779 2	3.261 2	2.078 8	0.523 44	8.145 5
2.45	0.517 92	6.836 3	3.273 3	2.088 5	0.519 31	8.208 3
2.46	0.516 91	6.893 5	3.285 5	2.098 2	0.515 21	8.271 3
2.47	0.515 92	6.951 1	3.297 5	2.108 0	0.511 13	8.334 6
2.48	0.514 93	7.008 8	3.309 5	2.117 8	0.507 07	8.398 2
2.49	0.513 95	7.066 8	3.321 5	2.127 6	0.503 03	8.462 0

续附表 6

Ma_1	Ma_2	p_2/p_1	v_1/v_2 或 ρ_2/ρ_1	T_2/T_1	p_2^*/p_1^*	p_2^*/p_1
2.50	0.512 99	7.125 0	3.333 3	2.137 5	0.499 01	8.526 1
2.51	0.512 03	7.183 5	3.345 2	2.147 4	0.495 02	8.590 5
2.52	0.511 09	7.242 1	3.356 9	2.157 4	0.491 05	8.655 1
2.53	0.510 15	7.301 1	3.368 6	2.167 4	0.487 11	8.720 0
2.54	0.509 23	7.360 2	3.380 3	2.177 4	0.483 18	8.785 1
2.55	0.508 31	7.419 6	3.391 9	2.187 5	0.479 28	8.850 5
2.56	0.507 41	7.479 2	3.403 4	2.197 6	0.475 40	8.916 1
2.57	0.506 51	7.539 1	3.414 9	2.207 7	0.471 55	8.982 0
2.58	0.505 62	7.599 1	3.426 3	2.217 9	0.467 72	9.048 2
2.59	0.504 74	7.659 5	3.437 7	2.228 1	0.463 91	9.114 6
2.60	0.503 87	7.720 0	3.449 0	2.238 3	0.460 12	9.181 3
2.61	0.503 01	7.780 8	3.460 2	2.248 6	0.456 36	9.248 3
2.62	0.502 16	7.841 8	3.471 4	2.259 0	0.452 63	9.315 5
2.63	0.501 31	7.903 1	3.482 6	2.269 3	0.448 91	9.382 9
2.64	0.500 48	7.964 5	3.493 7	2.279 7	0.445 22	9.450 6
2.65	0.499 65	8.026 3	3.504 7	2.290 2	0.441 56	9.518 6
2.66	0.498 83	8.088 2	3.515 7	2.300 6	0.437 92	9.586 9
2.67	0.498 02	8.150 4	3.526 6	2.311 1	0.434 30	9.655 4
2.68	0.497 22	8.212 8	3.537 4	2.321 7	0.430 70	9.724 1
2.69	0.496 42	8.275 5	3.548 2	2.332 3	0.427 14	9.793 1
2.70	0.495 63	8.338 3	3.559 0	2.342 9	0.423 59	9.862 4
2.71	0.494 85	8.401 5	3.569 7	2.353 6	0.420 07	9.931 9
2.72	0.494 08	8.464 8	3.580 3	2.364 2	0.416 57	10.001 7
2.73	0.493 32	8.528 4	3.590 9	2.375 0	0.413 10	10.071 8
2.74	0.492 56	8.592 2	3.601 5	2.385 8	0.409 65	10.142 1
2.75	0.491 81	8.656 3	3.611 9	2.396 6	0.406 23	10.212 7
2.76	0.491 07	8.720 5	3.622 4	2.407 4	0.402 83	10.283 5
2.77	0.490 33	8.785 1	3.632 7	2.418 3	0.399 45	10.354 6
2.78	0.489 60	8.849 8	3.643 1	2.429 2	0.396 10	10.425 9
2.79	0.488 88	8.914 8	3.653 3	2.440 2	0.392 77	10.497 5

续附表 6

Ma_1	Ma_2	p_2/p_1	v_1/v_2 或 ρ_2/ρ_1	T_2/T_1	p_2^*/p_1^*	p_2^*/p_1
2.80	0.488 17	8.980 0	3.663 6	2.451 2	0.389 46	10.569 4
2.81	0.487 46	9.045 5	3.673 7	2.462 2	0.386 18	10.641 5
2.82	0.486 76	9.111 1	3.683 8	2.473 3	0.382 93	10.713 9
2.83	0.486 06	9.177 1	3.693 9	2.484 4	0.379 69	10.786 5
2.84	0.485 38	9.243 2	3.703 9	2.495 5	0.376 49	10.859 4
2.85	0.484 69	9.309 6	3.713 9	2.506 7	0.373 30	10.932 6
2.86	0.484 02	9.376 2	3.723 8	2.517 9	0.370 14	11.006 0
2.87	0.483 35	9.443 1	3.733 6	2.529 2	0.367 00	11.079 7
2.88	0.482 69	9.510 1	3.743 4	2.540 5	0.363 89	11.153 6
2.89	0.482 03	9.577 5	3.753 2	2.551 8	0.360 80	11.227 8
2.90	0.481 38	9.645 0	3.762 9	2.563 2	0.357 73	11.302 3
2.91	0.480 73	9.712 8	3.772 5	2.574 6	0.354 69	11.377 0
2.92	0.480 10	9.780 8	3.782 1	2.586 1	0.351 67	11.451 9
2.93	0.479 46	9.849 1	3.791 7	2.597 6	0.348 67	11.527 2
2.94	0.478 84	9.917 5	3.801 2	2.609 1	0.345 70	11.602 6
2.95	0.478 21	9.986 3	3.810 6	2.620 6	0.342 75	11.678 4
2.96	0.477 60	10.055 2	3.820 0	2.632 2	0.339 82	11.754 4
2.97	0.476 99	10.124 4	3.829 4	2.643 9	0.336 92	11.830 6
2.98	0.476 38	10.193 8	3.838 7	2.655 5	0.334 04	11.907 2
2.99	0.475 78	10.263 5	3.847 9	2.667 3	0.331 18	11.983 9
3.00	0.475 19	10.333 3	3.857 1	2.679 0	0.328 34	12.061 0
3.50	0.451 15	14.125 0	4.260 9	3.315 1	0.212 95	16.242 0
4.00	0.434 96	18.500 0	4.571 4	4.046 9	0.138 76	21.068 1
4.50	0.423 55	23.458 3	4.811 9	4.875 1	0.091 70	26.538 7
5.00	0.415 23	29.000 0	5.000 0	5.800 0	0.061 72	32.653 5
6.00	0.404 16	41.833 3	5.268 3	7.940 6	0.029 65	46.815 2
7.00	0.397 36	57.000 0	5.444 4	10.469 4	0.015 35	63.552 6
8.00	0.392 89	74.500 0	5.565 2	13.386 7	0.008 49	82.865 5
9.00	0.389 80	94.333 3	5.651 2	16.692 7	0.004 96	104.753 6
10.00	0.387 58	116.500 0	5.714 3	20.387 5	0.003 04	129.217 0
∞	0.377 96	∞	6.000 0	∞	0	∞

附表7 斜激波前后气流参数表($k = 1.4, \delta$ 取整数)

Ma_1	δ	弱 波			强 波		
		β	p_2/p_1	Ma_2	β	p_2/p_1	Ma_2
1.05	0.0	72.25	1.000	1.050	90.00	1.120	0.953
	(0.56)	79.94	1.080	0.984	79.94	1.080	0.984
1.10	0.0	65.38	1.000	1.100	90.00	1.245	0.912
	1.0	69.80	1.077	1.039	83.57	1.227	0.925
	(1.52)	76.30	1.166	0.971	76.30	1.166	0.971
1.15	0.0	60.41	1.000	1.150	90.00	1.376	0.875
	1.0	63.16	1.062	1.102	85.98	1.369	0.880
	2.0	67.00	1.141	1.043	81.17	1.340	0.901
	(2.67)	73.82	1.256	0.960	73.82	1.256	0.960
1.20	0.0	56.44	1.000	1.200	90.00	1.513	0.842
	1.0	58.55	1.056	1.158	87.04	1.509	0.845
	2.0	61.05	1.120	1.111	83.86	1.494	0.855
	3.0	64.34	1.198	1.056	80.03	1.463	0.876
	(3.94)	71.98	1.352	0.950	71.98	1.352	0.950
1.25	0.0	53.13	1.000	1.250	90.00	1.656	0.813
	1.0	54.88	1.053	1.211	87.65	1.653	0.815
	2.0	56.84	1.111	1.170	85.21	1.644	0.821
	3.0	59.13	1.176	1.124	82.54	1.626	0.832
	4.0	61.99	1.254	1.072	79.38	1.594	0.852
	5.0	66.50	1.366	0.999	74.63	1.528	0.895
	(5.29)	70.54	1.454	0.942	70.54	1.454	0.942
1.30	0.0	50.28	1.000	1.300	90.00	1.805	0.786
	1.0	51.81	1.051	1.263	88.05	1.803	0.787
	2.0	53.47	1.107	1.224	86.06	1.796	0.792
	3.0	55.32	1.167	1.184	83.95	1.783	0.800
	4.0	57.42	1.233	1.140	81.65	1.763	0.812
	5.0	59.96	1.311	1.090	78.97	1.733	0.831

续附表 7

Ma₁	δ	弱　波			强　波		
		β	p_2/p_1	Ma₂	β	p_2/p_1	Ma₂
	6.0	63.46	1.411	1.027	75.37	1.679	0.864
	(6.66)	69.40	1.561	0.936	69.40	1.561	0.936
1.35	0.0	47.79	1.000	1.350	90.00	1.960	0.762
	1.0	49.17	1.051	1.314	88.34	1.958	0.763
	2.0	50.63	1.104	1.277	86.64	1.952	0.766
	3.0	52.22	1.162	1.239	84.89	1.943	0.772
	4.0	53.97	1.224	1.199	83.03	1.928	0.781
	5.0	55.93	1.292	1.156	80.99	1.907	0.793
	6.0	58.23	1.370	1.109	78.66	1.877	0.811
	7.0	61.18	1.466	1.052	75.72	1.830	0.839
	8.0	66.91	1.633	0.954	70.02	1.711	0.908
	(8.05)	68.47	1.673	0.931	68.47	1.673	0.931
1.40	0.0	45.58	1.000	1.400	90.00	2.120	0.740
	1.0	46.84	1.050	1.365	88.55	2.119	0.741
	2.0	48.17	1.103	1.329	87.08	2.114	0.743
	3.0	49.59	1.159	1.293	85.56	2.106	0.748
	4.0	51.12	1.219	1.255	83.99	2.095	0.754
	5.0	52.78	1.283	1.216	82.31	2.079	0.764
	6.0	54.63	1.354	1.174	80.48	2.058	0.776
	7.0	56.76	1.433	1.128	78.41	2.028	0.793
	8.0	59.37	1.526	1.074	75.89	1.984	0.818
	9.0	63.19	1.655	1.002	72.19	1.906	0.863
	(9.43)	67.72	1.791	0.927	67.72	1.791	0.927
1.45	0.0	43.60	1.000	1.450	90.00	2.286	0.720
	1.0	44.77	1.050	1.416	88.71	2.285	0.720
	2.0	46.00	1.103	1.381	87.41	2.281	0.722
	3.0	47.30	1.158	1.345	86.08	2.275	0.726
	4.0	48.68	1.217	1.309	84.70	2.265	0.732

续附表7

Ma_1	δ	弱　波			强　波		
		β	p_2/p_1	Ma_2	β	p_2/p_1	Ma_2
	5.0	50.16	1.279	1.272	83.26	2.252	0.739
	6.0	51.76	1.346	1.232	81.73	2.236	0.749
	7.0	53.52	1.419	1.191	80.07	2.213	0.761
	8.0	55.52	1.500	1.146	78.02	2.184	0.778
	9.0	57.89	1.593	1.095	75.98	2.142	0.801
	10.0	61.05	1.711	1.032	72.99	2.076	0.837
	(10.79)	67.10	1.915	0.924	67.10	1.915	0.924
1.50	0.0	41.81	1.000	1.500	90.00	2.458	0.701
	1.0	42.91	1.050	1.466	88.84	2.457	0.702
	2.0	44.06	1.103	1.432	87.67	2.454	0.704
	3.0	45.27	1.158	1.397	86.48	2.448	0.707
	4.0	46.54	1.216	1.362	85.26	2.440	0.711
	5.0	47.89	1.278	1.325	83.99	2.430	0.717
	6.0	49.33	1.343	1.288	82.66	2.416	0.725
	7.0	50.88	1.413	1.249	81.25	2.398	0.735
	8.0	52.57	1.489	1.208	79.71	2.375	0.748
	9.0	54.47	1.572	1.164	78.00	2.345	0.764
	10.0	56.68	1.666	1.114	75.99	2.305	0.785
	11.0	59.47	1.781	1.055	73.44	2.245	0.817
	12.0	64.36	1.967	0.961	68.79	2.115	0.885
	(12.11)	66.59	2.044	0.921	66.59	2.044	0.921
1.55	0.0	40.18	1.000	1.550	90.00	2.636	0.684
	1.0	41.23	1.051	1.516	88.94	2.635	0.685
	2.0	42.32	1.104	1.482	87.88	2.632	0.686
	3.0	43.45	1.159	1.448	86.80	2.628	0.689
	4.0	44.64	1.217	1.413	85.70	2.620	0.693
	5.0	45.89	1.278	1.378	84.56	2.611	0.698
	6.0	47.21	1.343	1.341	83.38	2.599	0.705

续附表7

Ma_1	δ	弱　波			强　波		
		β	p_2/p_1	Ma_2	β	p_2/p_1	Ma_2
	7.0	48.62	1.411	1.304	82.15	2.584	0.713
	8.0	50.13	1.484	1.265	80.83	2.565	0.723
	9.0	51.77	1.563	1.224	79.39	2.541	0.736
	10.0	53.60	1.649	1.180	77.80	2.511	0.752
	11.0	55.69	1.746	1.132	75.97	2.471	0.772
	12.0	58.24	1.860	1.076	73.69	2.415	0.801
	13.0	61.98	2.018	0.999	70.24	2.316	0.852
	(13.40)	66.17	2.179	0.920	66.17	2.179	0.920
1.60	0.0	38.68	1.000	1.600	90.00	2.820	0.668
	1.0	39.68	1.051	1.566	89.03	2.819	0.669
	2.0	40.72	1.105	1.532	88.05	2.817	0.670
	3.0	41.80	1.160	1.498	87.07	2.812	0.673
	4.0	42.93	1.219	1.464	86.06	2.806	0.676
	5.0	44.11	1.280	1.429	85.03	2.798	0.681
	6.0	45.34	1.345	1.393	83.97	2.787	0.686
	7.0	46.65	1.412	1.357	82.86	2.774	0.693
	8.0	48.03	1.484	1.320	81.69	2.758	0.702
	9.0	49.51	1.561	1.281	80.45	2.738	0.712
	10.0	51.12	1.643	1.240	79.10	2.713	0.725
	11.0	52.88	1.732	1.196	77.61	2.682	0.741
	12.0	54.89	1.832	1.148	75.90	2.643	0.761
	13.0	57.28	1.947	1.094	73.82	2.588	0.789
	14.0	60.54	2.097	1.023	70.89	2.500	0.832
	(14.65)	65.83	2.319	0.919	65.83	2.319	0.919
1.65	0.0	37.31	1.000	1.650	90.00	3.010	0.654
	1.0	38.27	1.052	1.616	89.10	3.009	0.654
	2.0	39.27	1.106	1.582	88.20	3.006	0.656
	3.0	40.30	1.162	1.548	87.29	3.002	0.658

续附表7

Ma₁	δ	弱 波			强 波		
		β	p_2/p_1	Ma₂	β	p_2/p_1	Ma₂
	4.0	41.38	1.221	1.514	86.36	2.997	0.661
	5.0	42.50	1.283	1.479	85.42	2.989	0.665
	6.0	43.67	1.348	1.444	84.45	2.980	0.670
	7.0	44.89	1.415	1.409	83.44	2.968	0.676
	8.0	46.18	1.487	1.372	82.39	2.954	0.683
	9.0	47.55	1.563	1.334	81.28	2.937	0.692
	10.0	49.01	1.643	1.295	80.10	2.916	0.703
	11.0	50.58	1.729	1.254	78.82	2.890	0.716
	12.0	52.31	1.822	1.210	77.41	2.859	0.732
	13.0	54.26	1.926	1.163	75.80	2.818	0.752
	14.0	56.54	2.044	1.109	73.86	2.764	0.778
	15.0	59.52	2.192	1.042	71.25	2.681	0.818
	(15.86)	65.55	2.465	0.918	65.55	2.465	0.918
1.70	0.0	36.03	1.000	1.700	90.00	3.205	0.641
	1.0	36.96	1.052	1.666	89.16	3.204	0.641
	2.0	37.93	1.107	1.632	88.33	3.202	0.642
	3.0	38.92	1.164	1.598	87.48	3.198	0.644
	4.0	39.96	1.224	1.564	86.62	3.193	0.647
	5.0	41.03	1.286	1.529	85.74	3.186	0.650
	6.0	42.14	1.351	1.495	84.85	3.178	0.655
	7.0	43.31	1.420	1.459	83.92	3.167	0.660
	8.0	44.53	1.491	1.423	82.97	3.154	0.667
	9.0	45.81	1.567	1.386	81.96	3.139	0.675
	10.0	47.17	1.647	1.348	80.91	3.121	0.684
	11.0	48.61	1.731	1.309	79.78	3.099	0.695
	12.0	50.17	1.822	1.267	78.55	3.072	0.708
	13.0	51.87	1.920	1.223	77.21	3.040	0.724
	14.0	53.77	2.027	1.176	75.67	2.998	0.744
	15.0	55.98	2.150	1.122	73.84	2.944	0.770

续附表7

Ma_1	δ	弱　波			强　波		
		β	p_2/p_1	Ma_2	β	p_2/p_1	Ma_2
	16.0	58.79	2.300	1.057	71.43	2.863	0.808
	17.0	64.63	2.586	0.932	66.00	2.647	0.905
	(17.01)	65.32	2.617	0.918	65.32	2.617	0.918
1.75	0.0	34.85	1.000	1.750	90.00	3.406	0.628
	1.0	35.75	1.053	1.716	89.22	3.406	0.628
	2.0	36.69	1.109	1.682	88.43	3.404	0.629
	3.0	37.65	1.167	1.648	87.64	3.400	0.631
	4.0	38.65	1.227	1.613	86.84	3.395	0.634
	5.0	39.68	1.290	1.579	86.02	3.389	0.637
	6.0	40.76	1.356	1.544	85.19	3.381	0.641
	7.0	41.87	1.425	1.509	84.33	3.371	0.646
	8.0	43.03	1.497	1.473	83.45	3.360	0.652
	9.0	44.25	1.573	1.437	82.53	3.346	0.659
	10.0	45.53	1.653	1.399	81.57	3.329	0.667
	11.0	46.88	1.737	1.361	80.55	3.310	0.677
	12.0	48.32	1.826	1.321	79.47	3.287	0.688
	13.0	49.86	1.922	1.279	78.29	3.259	0.701
	14.0	51.55	2.024	1.235	76.99	3.225	0.718
	15.0	53.42	2.137	1.187	75.51	3.183	0.738
	16.0	55.59	2.265	1.133	73.76	3.127	0.763
	17.0	58.30	2.420	1.068	71.48	3.046	0.800
	18.0	62.94	2.667	0.965	67.27	2.873	0.877
	(18.12)	65.13	2.774	0.919	65.13	2.774	0.919
1.80	0.0	33.75	1.000	1.800	90.00	3.613	0.617
	1.0	34.63	1.054	1.766	89.26	3.613	0.617
	2.0	35.54	1.110	1.731	88.53	3.611	0.618
	3.0	36.48	1.169	1.697	87.78	3.608	0.619
	4.0	37.44	1.231	1.662	87.03	3.603	0.622

续附表 7

Ma_1	δ	弱　波			强　波		
		β	p_2/p_1	Ma_2	β	p_2/p_1	Ma_2
	5.0	38.44	1.295	1.628	86.26	3.597	0.625
	6.0	39.48	1.361	1.593	85.48	3.590	0.628
	7.0	40.56	1.431	1.558	84.69	3.581	0.633
	8.0	41.67	1.504	1.523	83.86	3.570	0.638
	9.0	42.84	1.581	1.486	83.01	3.557	0.644
	10.0	44.06	1.661	1.449	82.13	3.542	0.652
	11.0	45.34	1.745	1.412	81.20	3.525	0.660
	12.0	46.69	1.835	1.373	80.21	3.504	0.670
	13.0	48.12	1.929	1.332	79.16	3.480	0.682
	14.0	49.66	2.029	1.290	78.02	3.450	0.696
	15.0	51.34	2.138	1.245	76.76	3.415	0.712
	16.0	53.20	2.257	1.196	75.32	3.371	0.733
	17.0	55.34	2.391	1.141	73.62	3.313	0.759
	18.0	57.99	2.552	1.077	71.42	3.230	0.796
	19.0	62.31	2.797	0.977	67.58	3.063	0.867
	(19.18)	64.99	2.937	0.920	64.99	2.937	0.920
1.85	0.0	32.72	1.000	1.850	90.00	3.826	0.606
	1.0	33.58	1.055	1.815	89.30	3.826	0.606
	2.0	34.47	1.112	1.781	88.61	3.824	0.607
	3.0	35.38	1.172	1.746	87.90	3.821	0.608
	4.0	36.32	1.234	1.711	87.19	3.817	0.610
	5.0	37.30	1.299	1.677	86.47	3.811	0.613
	6.0	38.30	1.367	1.642	85.74	3.804	0.617
	7.0	39.34	1.438	1.607	84.99	3.796	0.621
	8.0	40.42	1.512	1.571	84.22	3.786	0.626
	9.0	41.55	1.590	1.535	83.43	3.774	0.631
	10.0	42.72	1.671	1.498	82.61	3.760	0.638
	11.0	43.94	1.756	1.461	81.75	3.744	0.646
	12.0	45.22	1.845	1.422	80.84	3.725	0.655

续附表7

Ma_1	δ	弱　波			强　波		
		β	p_2/p_1	Ma_2	β	p_2/p_1	Ma_2
	13.0	46.58	1.940	1.383	79.89	3.703	0.665
	14.0	48.01	2.039	1.341	78.86	3.677	0.677
	15.0	49.56	2.146	1.298	77.75	3.646	0.692
	16.0	51.23	2.261	1.252	76.51	3.609	0.709
	17.0	53.09	2.386	1.203	75.11	3.563	0.729
	18.0	55.23	2.527	1.148	73.44	3.502	0.756
	19.0	57.87	2.697	1.082	71.28	3.415	0.793
	20.0	62.10	2.952	0.982	67.54	3.244	0.865
	(20.20)	64.87	3.106	0.920	64.87	3.106	0.920
1.90	0.0	31.76	1.000	1.900	90.00	4.045	0.596
	1.0	32.60	1.056	1.865	89.34	4.044	0.596
	2.0	33.47	1.114	1.830	88.68	4.043	0.597
	3.0	34.36	1.175	1.795	88.01	4.040	0.598
	4.0	35.28	1.238	1.760	87.34	4.036	0.600
	5.0	36.23	1.304	1.725	86.66	4.031	0.603
	6.0	37.21	1.374	1.690	85.96	4.024	0.606
	7.0	38.22	1.446	1.655	85.26	4.016	0.610
	8.0	39.27	1.521	1.619	84.53	4.007	0.614
	9.0	40.36	1.600	1.583	83.79	3.996	0.620
	10.0	41.49	1.682	1.546	83.02	3.983	0.626
	11.0	42.67	1.768	1.509	82.22	3.968	0.633
	12.0	43.90	1.858	1.471	81.38	3.950	0.641
	13.0	45.19	1.953	1.432	80.50	3.930	0.650
	14.0	46.55	2.053	1.391	79.56	3.907	0.661
	15.0	48.00	2.159	1.349	78.56	3.879	0.674
	16.0	49.54	2.272	1.305	77.46	3.847	0.688
	17.0	51.23	2.393	1.258	76.25	3.807	0.706
	18.0	53.10	2.526	1.208	74.86	3.758	0.727
	19.0	55.24	2.676	1.151	73.21	3.694	0.755

续附表7

Ma_1	δ	弱 波			强 波		
		β	p_2/p_1	Ma_2	β	p_2/p_1	Ma_2
	20.0	57.90	2.856	1.083	71.06	3.601	0.793
	21.0	62.25	3.132	0.979	67.22	3.414	0.869
	(21.17)	64.78	3.280	0.922	64.78	3.280	0.922
1.95	0.0	30.85	1.000	1.950	90.00	4.270	0.586
	1.0	31.68	1.057	1.914	89.37	4.269	0.586
	2.0	32.53	1.116	1.879	88.74	4.267	0.587
	3.0	33.40	1.178	1.844	88.11	4.265	0.589
	4.0	34.30	1.242	1.809	87.47	4.261	0.590
	5.0	35.23	1.310	1.773	86.82	4.256	0.593
	6.0	36.19	1.380	1.738	86.16	4.250	0.596
	7.0	37.18	1.454	1.702	85.49	4.242	0.599
	8.0	38.20	1.530	1.667	84.81	4.233	0.604
	9.0	39.26	1.610	1.630	84.11	4.223	0.609
	10.0	40.36	1.694	1.594	83.38	4.211	0.614
	11.0	41.50	1.781	1.556	82.63	4.197	0.621
	12.0	42.69	1.873	1.518	81.85	4.180	0.628
	13.0	43.93	1.969	1.480	81.03	4.162	0.637
	14.0	45.23	2.069	1.440	80.17	4.140	0.647
	15.0	46.60	2.175	1.398	79.24	4.115	0.658
	16.0	48.06	2.288	1.355	78.25	4.086	0.671
	17.0	49.62	2.408	1.310	77.17	4.051	0.686
	18.0	51.32	2.537	1.262	75.96	4.009	0.705
	19.0	53.21	2.678	1.210	74.58	3.956	0.727
	20.0	55.38	2.838	1.152	72.93	3.887	0.756
	21.0	58.10	3.030	1.082	70.74	3.787	0.796
	22.0	62.86	3.346	0.966	66.52	3.565	0.883
	(22.09)	64.72	3.460	0.923	64.72	3.460	0.923
2.00	0.0	30.00	1.000	2.000	90.00	4.500	0.577

续附表7

Ma_1	δ	弱 波			强 波		
		β	p_2/p_1	Ma_2	β	p_2/p_1	Ma_2
	1.0	30.81	1.058	1.964	89.40	4.499	0.578
	2.0	31.65	1.118	1.928	88.80	4.498	0.578
	3.0	32.51	1.181	1.892	88.19	4.495	0.580
	4.0	33.39	1.247	1.857	87.58	4.492	0.581
	5.0	34.30	1.315	1.821	86.97	4.487	0.584
	6.0	35.24	1.387	1.786	86.34	4.481	0.586
	7.0	36.21	1.462	1.750	85.70	4.474	0.590
	8.0	37.21	1.540	1.714	85.05	4.465	0.594
	9.0	38.24	1.621	1.677	84.39	4.455	0.598
	10.0	39.31	1.707	1.641	83.70	4.444	0.604
	11.0	40.42	1.795	1.603	82.99	4.431	0.610
	12.0	41.58	1.888	1.565	82.26	4.415	0.617
	13.0	42.77	1.986	1.526	81.49	4.398	0.625
	14.0	44.03	2.088	1.487	80.68	4.378	0.634
	15.0	45.34	2.195	1.446	79.83	4.355	0.644
	16.0	46.73	2.308	1.403	78.92	4.328	0.656
	17.0	48.20	2.427	1.359	77.94	4.296	0.669
	18.0	49.79	2.555	1.313	76.86	4.259	0.685
	19.0	51.51	2.692	1.264	75.66	4.214	0.704
	20.0	53.42	2.843	1.210	74.27	4.157	0.728
	21.0	55.64	3.014	1.150	72.59	4.082	0.758
	22.0	58.46	3.223	1.076	70.33	3.971	0.802
	(22.97)	64.67	3.646	0.924	64.67	3.646	0.924
2.10	0.0	28.44	1.000	2.100	90.00	4.978	0.561
	1.0	29.22	1.060	2.063	89.45	4.978	0.561
	2.0	30.03	1.122	2.026	88.89	4.976	0.562
	3.0	30.87	1.188	1.989	88.34	4.974	0.563
	4.0	31.72	1.256	1.953	87.78	4.971	0.565
	5.0	32.60	1.327	1.917	87.21	4.966	0.567

续附表7

Ma_1	δ	弱 波			强 波		
		β	p_2/p_1	Ma_2	β	p_2/p_1	Ma_2
	6.0	33.51	1.402	1.880	86.64	4.961	0.569
	7.0	34.45	1.480	1.844	86.06	4.954	0.572
	8.0	35.41	1.561	1.807	85.46	4.946	0.576
	9.0	36.41	1.646	1.770	84.86	4.937	0.580
	10.0	37.43	1.734	1.733	84.24	4.926	0.585
	11.0	38.49	1.827	1.695	83.60	4.914	0.590
	12.0	39.59	1.923	1.656	82.94	4.901	0.596
	13.0	40.73	2.024	1.617	82.25	4.885	0.603
	14.0	41.91	2.129	1.578	81.54	4.867	0.611
	15.0	43.14	2.239	1.537	80.79	4.847	0.620
	16.0	44.43	2.355	1.495	80.00	4.823	0.630
	17.0	45.78	2.476	1.452	79.16	4.796	0.641
	18.0	47.21	2.604	1.408	78.26	4.765	0.654
	19.0	48.73	2.740	1.361	77.28	4.729	0.669
	20.0	50.36	2.885	1.312	76.19	4.685	0.687
	21.0	52.15	3.042	1.260	74.96	4.632	0.708
	22.0	54.17	3.215	1.202	73.52	4.564	0.735
	23.0	56.55	3.415	1.135	71.72	4.472	0.770
	24.0	59.77	3.674	1.049	69.10	4.324	0.824
	(24.61)	64.62	4.033	0.927	64.62	4.033	0.927
2.20	0.0	27.04	1.000	2.200	90.00	5.480	0.547
	1.0	27.80	1.062	2.162	89.49	5.480	0.547
	2.0	28.59	1.127	2.124	88.97	5.478	0.548
	3.0	29.40	1.194	2.086	88.46	5.476	0.549
	4.0	30.24	1.265	2.049	87.94	5.473	0.550
	5.0	31.10	1.340	2.011	87.41	5.468	0.552
	6.0	31.98	1.417	1.974	86.88	5.463	0.554
	7.0	32.89	1.498	1.936	86.34	5.457	0.557
	8.0	33.83	1.583	1.899	85.80	5.450	0.561

续附表7

Ma_1	δ	弱　波			强　波		
		β	p_2/p_1	Ma_2	β	p_2/p_1	Ma_2
	9.0	34.79	1.672	1.861	85.24	5.441	0.564
	10.0	35.79	1.764	1.823	84.67	5.431	0.569
	11.0	36.81	1.861	1.784	84.08	5.420	0.573
	12.0	37.87	1.961	1.745	83.48	5.407	0.579
	13.0	38.96	2.066	1.706	82.86	5.393	0.585
	14.0	40.09	2.176	1.666	82.22	5.376	0.592
	15.0	41.27	2.290	1.625	81.54	5.358	0.600
	16.0	42.49	2.410	1.583	80.84	5.337	0.609
	17.0	43.76	2.535	1.540	80.10	5.313	0.618
	18.0	45.09	2.666	1.496	79.31	5.286	0.630
	19.0	46.49	2.804	1.451	78.46	5.254	0.642
	20.0	47.98	2.949	1.404	77.55	5.218	0.657
	21.0	49.56	3.104	1.354	76.54	5.174	0.674
	22.0	51.28	3.270	1.301	75.42	5.122	0.694
	23.0	53.18	3.452	1.244	74.12	5.057	0.718
	24.0	55.36	3.655	1.181	72.56	4.973	0.749
	25.0	58.06	3.899	1.104	70.48	4.850	0.793
	26.0	62.70	4.292	0.979	66.48	4.581	0.885
	(26.10)	64.62	4.442	0.931	64.62	4.442	0.931
2.30	0.0	25.77	1.000	2.300	90.00	6.005	0.534
	1.0	26.52	1.064	2.260	89.52	6.005	0.535
	2.0	27.29	1.131	2.221	89.04	6.003	0.535
	3.0	28.09	1.202	2.182	88.56	6.001	0.536
	4.0	28.91	1.275	2.144	88.07	5.998	0.537
	5.0	29.75	1.353	2.105	87.58	5.994	0.539
	6.0	30.61	1.434	2.067	87.09	5.989	0.541
	7.0	31.50	1.518	2.028	86.58	5.983	0.544
	8.0	32.42	1.607	1.990	86.07	5.976	0.547
	9.0	33.36	1.699	1.951	85.56	5.968	0.550

续附表7

Ma_1	δ	弱 波			强 波		
		β	p_2/p_1	Ma_2	β	p_2/p_1	Ma_2
	10.0	34.33	1.796	1.912	85.03	5.959	0.554
	11.0	35.32	1.897	1.872	84.48	5.948	0.559
	12.0	36.35	2.002	1.832	83.93	5.936	0.564
	13.0	37.41	2.112	1.792	83.36	5.922	0.569
	14.0	38.51	2.226	1.751	82.76	5.907	0.576
	15.0	39.64	2.345	1.710	82.15	5.890	0.583
	16.0	40.82	2.470	1.668	81.51	5.870	0.591
	17.0	42.03	2.600	1.625	80.84	5.849	0.599
	18.0	43.30	2.736	1.580	80.13	5.824	0.609
	19.0	44.62	2.878	1.535	79.38	5.796	0.620
	20.0	46.01	3.028	1.488	78.58	5.763	0.633
	21.0	47.47	3.185	1.440	77.72	5.726	0.647
	22.0	49.03	3.351	1.389	76.77	5.682	0.663
	23.0	50.70	3.529	1.336	75.72	5.629	0.683
	24.0	52.54	3.722	1.279	74.51	5.565	0.706
	25.0	54.61	3.935	1.216	73.08	5.482	0.735
	26.0	57.08	4.182	1.143	71.26	5.368	0.774
	(27.45)	64.65	4.874	0.934	64.65	4.874	0.934
2.40	0.0	24.62	1.000	2.400	90.00	6.553	0.523
	1.0	25.36	1.066	2.359	89.55	6.553	0.523
	2.0	26.12	1.136	2.318	89.09	6.552	0.524
	3.0	26.90	1.209	2.278	88.64	6.550	0.525
	4.0	27.70	1.286	2.238	88.18	6.547	0.526
	5.0	28.53	1.366	2.199	87.72	6.543	0.528
	6.0	29.38	1.450	2.159	87.26	6.538	0.530
	7.0	30.25	1.539	2.119	86.78	6.532	0.532
	8.0	31.15	1.631	2.079	86.31	6.525	0.535
	9.0	32.07	1.728	2.040	85.82	6.518	0.538
	10.0	33.02	1.829	1.999	85.32	6.509	0.542

续附表7

Ma_1	δ	弱　波			强　波		
		β	p_2/p_1	Ma_2	β	p_2/p_1	Ma_2
	11.0	34.00	1.935	1.959	84.82	6.499	0.546
	12.0	35.01	2.045	1.918	84.30	6.487	0.550
	13.0	36.04	2.160	1.877	83.77	6.474	0.556
	14.0	37.11	2.280	1.835	83.22	6.460	0.561
	15.0	38.21	2.405	1.793	82.65	6.443	0.568
	16.0	39.35	2.535	1.750	82.06	6.425	0.575
	17.0	40.53	2.671	1.706	81.44	6.405	0.583
	18.0	41.75	2.813	1.661	80.80	6.382	0.592
	19.0	43.02	2.961	1.616	80.12	6.356	0.602
	20.0	44.34	3.115	1.569	79.40	6.326	0.613
	21.0	45.72	3.278	1.521	78.63	6.292	0.625
	22.0	47.17	3.448	1.471	77.80	6.253	0.640
	23.0	48.72	3.628	1.419	76.90	6.208	0.656
	24.0	50.37	3.820	1.364	75.89	6.154	0.675
	25.0	52.17	4.026	1.306	74.74	6.088	0.698
	26.0	54.18	4.252	1.243	73.40	6.005	0.726
	27.0	56.54	4.511	1.170	71.72	5.892	0.763
	28.0	59.66	4.838	1.078	69.29	5.713	0.820
	(28.68)	64.71	5.327	0.937	64.71	5.327	0.937
2.50	0.0	23.58	1.000	2.500	90.00	7.125	0.513
	1.0	24.30	1.068	2.457	89.57	7.125	0.513
	2.0	25.05	1.141	2.415	89.14	7.123	0.514
	3.0	25.82	1.216	2.374	88.71	7.121	0.514
	4.0	26.61	1.296	2.333	88.28	7.118	0.516
	5.0	27.42	1.380	2.292	87.84	7.115	0.517
	6.0	28.26	1.468	2.251	87.40	7.110	0.519
	7.0	29.12	1.560	2.210	86.95	7.104	0.521
	8.0	30.01	1.657	2.169	86.50	7.098	0.524
	9.0	30.92	1.758	2.127	86.04	7.090	0.527

续附表 7

Ma_1	δ	弱 波			强 波		
		β	p_2/p_1	Ma_2	β	p_2/p_1	Ma_2
	10.0	31.85	1.864	2.086	85.58	7.082	0.530
	11.0	32.81	1.974	2.044	85.10	7.072	0.534
	12.0	33.80	2.090	2.002	84.61	7.061	0.539
	13.0	34.82	2.211	1.960	84.11	7.048	0.544
	14.0	35.87	2.336	1.917	83.60	7.034	0.549
	15.0	36.94	2.468	1.874	83.07	7.019	0.555
	16.0	38.06	2.604	1.830	82.52	7.001	0.562
	17.0	39.20	2.747	1.785	81.95	6.982	0.569
	18.0	40.39	2.895	1.739	81.35	6.960	0.577
	19.0	41.62	3.050	1.693	80.73	6.936	0.586
	20.0	42.89	3.211	1.646	80.07	6.908	0.596
	21.0	44.22	3.379	1.597	79.37	6.877	0.607
	22.0	45.60	3.556	1.548	78.63	6.841	0.620
	23.0	47.06	3.741	1.496	77.82	6.800	0.634
	24.0	48.60	3.936	1.443	76.94	6.753	0.651
	25.0	50.25	4.143	1.386	75.96	6.696	0.670
	26.0	52.04	4.366	1.327	74.86	6.627	0.693
	27.0	54.03	4.609	1.262	73.56	6.541	0.721
	28.0	56.33	4.884	1.189	71.95	6.425	0.757
	(29.80)	64.78	5.801	0.940	64.78	5.801	0.940
2.60	0.0	22.62	1.000	2.600	90.00	7.720	0.504
	1.0	23.33	1.071	2.556	89.59	7.720	0.504
	2.0	24.07	1.145	2.512	89.18	7.718	0.505
	3.0	24.83	1.224	2.469	88.77	7.716	0.505
	4.0	25.61	1.307	2.427	88.36	7.714	0.506
	5.0	26.41	1.394	2.384	87.94	7.710	0.508
	6.0	27.24	1.486	2.342	87.52	7.705	0.510
	7.0	28.09	1.582	2.299	87.10	7.700	0.512
	8.0	28.97	1.683	2.257	86.67	7.693	0.514

续附表 7

Ma_1	δ	弱　波			强　波		
		β	p_2/p_1	Ma_2	β	p_2/p_1	Ma_2
	9.0	29.87	1.789	2.214	86.23	7.686	0.517
	10.0	30.79	1.900	2.172	85.79	7.678	0.520
	11.0	31.74	2.016	2.128	85.34	7.668	0.524
	12.0	32.71	2.137	2.085	84.88	7.657	0.528
	13.0	33.72	2.263	2.041	84.41	7.645	0.533
	14.0	34.75	2.395	1.997	83.92	7.632	0.538
	15.0	35.81	2.533	1.953	83.42	7.617	0.543
	16.0	36.90	2.677	1.908	82.91	7.600	0.550
	17.0	38.03	2.826	1.862	82.37	7.581	0.557
	18.0	39.18	2.982	1.815	81.82	7.560	0.564
	19.0	40.38	3.144	1.768	81.23	7.537	0.572
	20.0	41.62	3.313	1.720	80.63	7.511	0.582
	21.0	42.91	3.489	1.671	79.98	7.481	0.592
	22.0	44.24	3.672	1.621	79.30	7.448	0.604
	23.0	45.64	3.864	1.569	78.57	7.410	0.616
	24.0	47.10	4.066	1.516	77.78	7.367	0.631
	25.0	48.65	4.278	1.460	76.91	7.316	0.648
	26.0	50.31	4.503	1.402	75.96	7.256	0.667
	27.0	52.10	4.744	1.341	74.87	7.182	0.690
	28.0	54.09	5.007	1.274	73.59	7.091	0.719
	29.0	56.39	5.304	1.199	72.01	6.967	0.756
	30.0	59.35	5.671	1.106	69.78	6.778	0.811
	(30.81)	64.86	6.297	0.943	64.86	6.297	0.943
2.70	0.0	21.74	1.000	2.700	90.00	8.338	0.496
	1.0	22.44	1.073	2.654	89.61	8.338	0.496
	2.0	23.17	1.150	2.609	89.22	8.337	0.496
	3.0	23.92	1.232	2.564	88.82	8.335	0.497
	4.0	24.70	1.318	2.520	88.43	8.332	0.498
	5.0	25.49	1.409	2.476	88.03	8.328	0.499

续附表7

Ma_1	δ	弱　波			强　波		
		β	p_2/p_1	Ma_2	β	p_2/p_1	Ma_2
	6.0	26.31	1.504	2.432	87.63	8.324	0.501
	7.0	27.15	1.605	2.388	87.23	8.318	0.503
	8.0	28.02	1.710	2.344	86.82	8.312	0.506
	9.0	28.91	1.821	2.300	86.40	8.305	0.508
	10.0	29.82	1.937	2.256	85.98	8.296	0.511
	11.0	30.76	2.058	2.212	85.55	8.287	0.515
	12.0	31.73	2.185	2.167	85.11	8.277	0.519
	13.0	32.72	2.318	2.122	84.66	8.265	0.523
	14.0	33.74	2.457	2.076	84.20	8.251	0.528
	15.0	34.79	2.602	2.030	83.73	8.237	0.533
	16.0	35.86	2.752	1.984	83.24	8.220	0.539
	17.0	36.97	2.909	1.937	82.73	8.202	0.546
	18.0	38.11	3.073	1.889	82.21	8.182	0.553
	19.0	39.28	3.243	1.841	81.66	8.160	0.560
	20.0	40.50	3.420	1.792	81.09	8.135	0.569
	21.0	41.75	3.604	1.741	80.50	8.106	0.579
	22.0	43.05	3.796	1.690	79.86	8.075	0.589
	23.0	44.40	3.997	1.638	79.19	8.039	0.601
	24.0	45.81	4.206	1.585	78.47	7.998	0.614
	25.0	47.29	4.425	1.530	77.68	7.951	0.630
	26.0	48.85	4.656	1.472	76.83	7.897	0.647
	27.0	50.52	4.901	1.412	75.87	7.832	0.667
	28.0	52.33	5.163	1.349	74.79	7.753	0.691
	29.0	54.35	5.449	1.280	73.51	7.653	0.720
	30.0	56.69	5.773	1.202	71.91	7.519	0.759
	(31.74)	64.96	6.814	0.946	64.96	6.814	0.946
2.80	0.0	20.92	1.000	2.800	90.00	8.980	0.488
	1.0	21.62	1.075	2.752	89.62	8.980	0.488
	2.0	22.34	1.155	2.706	89.25	8.978	0.489

续附表 7

Ma_1	δ	弱　波			强　波		
		β	p_2/p_1	Ma_2	β	p_2/p_1	Ma_2
	3.0	23.09	1.240	2.659	88.87	8.976	0.489
	4.0	23.85	1.329	2.613	88.49	8.974	0.491
	5.0	24.64	1.424	2.568	88.11	8.970	0.492
	6.0	25.45	1.523	2.522	87.73	8.966	0.493
	7.0	26.29	1.628	2.477	87.34	8.960	0.495
	8.0	27.15	1.738	2.431	86.94	8.954	0.498
	9.0	28.03	1.854	2.386	86.55	8.947	0.500
	10.0	28.94	1.975	2.340	86.14	8.939	0.503
	11.0	29.87	2.102	2.294	85.73	8.929	0.507
	12.0	30.83	2.236	2.248	85.31	8.919	0.510
	13.0	31.81	2.375	2.201	84.88	8.907	0.514
	14.0	32.82	2.521	2.154	84.44	8.894	0.519
	15.0	33.86	2.672	2.106	83.99	8.880	0.524
	16.0	34.92	2.831	2.059	83.53	8.864	0.530
	17.0	36.02	2.996	2.010	83.05	8.846	0.536
	18.0	37.14	3.168	1.961	82.55	8.826	0.543
	19.0	38.30	3.346	1.911	82.03	8.804	0.550
	20.0	39.49	3.532	1.861	81.50	8.780	0.558
	21.0	40.72	3.726	1.810	80.93	8.753	0.567
	22.0	41.99	3.927	1.758	80.34	8.722	0.577
	23.0	43.31	4.137	1.705	79.71	8.688	0.588
	24.0	44.68	4.355	1.651	79.04	8.650	0.600
	25.0	46.10	4.583	1.595	78.32	8.605	0.614
	26.0	47.60	4.822	1.538	77.54	8.554	0.630
	27.0	49.19	5.073	1.478	76.69	8.495	0.647
	28.0	50.89	5.340	1.416	75.73	8.424	0.668
	29.0	52.73	5.626	1.350	74.63	8.337	0.693
	30.0	54.79	5.939	1.278	73.33	8.227	0.724
	31.0	57.20	6.296	1.196	71.68	8.076	0.766

续附表7

Ma_1	δ	弱 波			强 波		
		β	p_2/p_1	Ma_2	β	p_2/p_1	Ma_2
	32.0	60.43	6.753	1.091	69.21	7.828	0.831
	(32.59)	65.05	7.352	0.949	65.05	7.352	0.949
2.90	0.0	20.17	1.000	2.900	90.00	9.645	0.481
	1.0	20.86	1.078	2.851	89.64	9.645	0.482
	2.0	21.58	1.160	2.802	89.28	9.643	0.482
	3.0	22.32	1.248	2.754	88.91	9.641	0.483
	4.0	23.08	1.341	2.706	88.55	9.639	0.484
	5.0	23.86	1.439	2.659	88.18	9.635	0.485
	6.0	24.67	1.542	2.612	87.81	9.631	0.486
	7.0	25.50	1.651	2.565	87.43	9.625	0.488
	8.0	26.35	1.766	2.517	87.06	9.619	0.491
	9.0	27.23	1.887	2.470	86.67	9.612	0.493
	10.0	28.13	2.014	2.423	86.28	9.604	0.496
	11.0	29.06	2.148	2.375	85.89	9.595	0.499
	12.0	30.01	2.287	2.327	85.48	9.584	0.503
	13.0	30.98	2.433	2.279	85.07	9.573	0.507
	14.0	31.99	2.586	2.230	84.65	9.560	0.511
	15.0	33.01	2.746	2.181	84.22	9.545	0.516
	16.0	34.07	2.912	2.132	83.78	9.530	0.521
	17.0	35.15	3.086	2.082	83.32	9.512	0.527
	18.0	36.26	3.266	2.031	82.84	9.493	0.533
	19.0	37.41	3.454	1.980	82.35	9.471	0.540
	20.0	38.58	3.650	1.928	81.84	9.448	0.548
	21.0	39.79	3.853	1.876	81.31	9.421	0.557
	22.0	41.04	4.064	1.823	80.75	9.391	0.566
	23.0	42.33	4.283	1.769	80.16	9.358	0.576
	24.0	43.67	4.512	1.714	79.53	9.321	0.588
	25.0	45.06	4.750	1.658	78.86	9.279	0.601
	26.0	46.51	4.998	1.600	78.14	9.231	0.615

续附表7

Ma_1	δ	弱 波			强 波		
		β	p_2/p_1	Ma_2	β	p_2/p_1	Ma_2
	27.0	48.04	5.259	1.540	77.36	9.175	0.631
	28.0	49.65	5.533	1.479	76.49	9.110	0.650
	29.0	51.39	5.824	1.414	75.52	9.031	0.672
	30.0	53.27	6.136	1.345	74.39	8.935	0.699
	31.0	55.40	6.481	1.270	73.04	8.810	0.732
	32.0	57.93	6.879	1.183	71.29	8.635	0.777
	33.0	61.57	7.421	1.063	68.44	8.319	0.855
	(33.36)	65.14	7.911	0.952	65.14	7.911	0.952
3.00	0.0	19.47	1.000	3.000	90.00	10.333	0.475
	1.0	20.16	1.080	2.949	89.65	10.333	0.475
	2.0	20.87	1.166	2.898	89.30	10.332	0.476
	3.0	21.60	1.256	2.848	88.95	10.330	0.476
	4.0	22.35	1.352	2.799	88.59	10.327	0.477
	5.0	23.13	1.454	2.750	88.24	10.323	0.479
	6.0	23.94	1.562	2.701	87.88	10.319	0.480
	7.0	24.76	1.675	2.652	87.52	10.314	0.482
	8.0	25.61	1.795	2.603	87.15	10.307	0.484
	9.0	26.48	1.922	2.554	86.78	10.300	0.486
	10.0	27.38	2.054	2.505	86.41	10.292	0.489
	11.0	28.30	2.194	2.456	86.03	10.283	0.492
	12.0	29.25	2.340	2.406	85.64	10.273	0.496
	13.0	30.22	2.494	2.356	85.24	10.261	0.500
	14.0	31.22	2.654	2.306	84.84	10.248	0.504
	15.0	32.24	2.822	2.255	84.42	10.234	0.508
	16.0	33.29	2.996	2.204	84.00	10.218	0.514
	17.0	34.36	3.179	2.152	83.56	10.201	0.519
	18.0	35.47	3.368	2.100	83.10	10.182	0.525
	19.0	36.60	3.566	2.047	82.63	10.161	0.532
	20.0	37.76	3.771	1.994	82.15	10.137	0.539

续附表7

Ma_1	δ	弱 波			强 波		
		β	p_2/p_1	Ma_2	β	p_2/p_1	Ma_2
	21.0	38.96	3.985	1.940	81.64	10.111	0.547
	22.0	40.19	4.206	1.886	81.11	10.082	0.556
	23.0	41.46	4.437	1.831	80.55	10.050	0.566
	24.0	42.78	4.676	1.774	79.96	10.014	0.577
	25.0	44.14	4.925	1.717	79.33	9.973	0.589
	26.0	45.55	5.184	1.659	78.65	9.927	0.602
	27.0	47.03	5.455	1.599	77.92	9.874	0.617
	28.0	48.59	5.739	1.537	77.13	9.812	0.635
	29.0	50.24	6.038	1.473	76.24	9.739	0.654
	30.0	52.01	6.356	1.406	75.24	9.652	0.678
	31.0	53.96	6.699	1.334	74.07	9.543	0.706
	32.0	56.18	7.081	1.254	72.64	9.399	0.743
	33.0	58.91	7.533	1.159	70.71	9.188	0.794
	34.0	63.67	8.268	1.003	66.75	8.697	0.908
	(34.07)	65.24	8.491	0.954	65.24	8.491	0.954
3.10	0.0	18.82	1.000	3.100	90.00	11.045	0.470
	1.0	19.50	1.083	3.047	89.66	11.045	0.470
	2.0	20.20	1.171	2.994	89.32	11.043	0.470
	3.0	20.93	1.264	2.942	88.98	11.041	0.471
	4.0	21.68	1.364	2.891	88.64	11.039	0.472
	5.0	22.46	1.470	2.840	88.29	11.035	0.473
	6.0	23.26	1.582	2.789	87.95	11.031	0.474
	7.0	24.08	1.700	2.739	87.60	11.025	0.476
	8.0	24.93	1.825	2.688	87.24	11.019	0.478
	9.0	25.80	1.957	2.637	86.88	11.012	0.480
	10.0	26.69	2.096	2.586	86.52	11.004	0.483
	11.0	27.61	2.242	2.535	86.15	10.994	0.486
	12.0	28.55	2.395	2.484	85.78	10.984	0.489
	13.0	29.52	2.556	2.432	85.39	10.973	0.493

续附表7

Ma_1	δ	弱　波			强　波		
		β	p_2/p_1	Ma_2	β	p_2/p_1	Ma_2
	14.0	30.51	2.724	2.380	85.00	10.960	0.497
	15.0	31.53	2.900	2.327	84.60	10.946	0.502
	16.0	32.57	3.083	2.274	84.19	10.930	0.507
	17.0	33.64	3.275	2.221	83.77	10.913	0.512
	18.0	34.74	3.474	2.167	83.33	10.894	0.518
	19.0	35.86	3.681	2.113	82.88	10.873	0.524
	20.0	37.02	3.897	2.058	82.41	10.850	0.531
	21.0	38.20	4.121	2.003	81.93	10.824	0.539
	22.0	39.42	4.354	1.947	81.42	10.795	0.548
	23.0	40.67	4.596	1.890	80.89	10.764	0.557
	24.0	41.97	4.847	1.833	80.32	10.728	0.567
	25.0	43.31	5.108	1.775	79.73	10.688	0.578
	26.0	44.69	5.379	1.715	79.09	10.643	0.591
	27.0	46.14	5.661	1.655	78.41	10.592	0.605
	28.0	47.65	5.956	1.593	77.67	10.533	0.621
	29.0	49.24	6.266	1.529	76.85	10.465	0.639
	30.0	50.93	6.592	1.462	75.94	10.383	0.661
	31.0	52.77	6.941	1.392	74.89	10.284	0.686
	32.0	54.80	7.320	1.316	73.66	10.158	0.717
	33.0	57.16	7.747	1.230	72.11	9.987	0.758
	34.0	60.21	8.277	1.124	69.87	9.717	0.820
	(34.73)	65.34	9.093	0.956	65.34	9.093	0.956
3.20	0.0	18.21	1.000	3.200	90.00	11.780	0.464
	1.0	18.89	1.085	3.145	89.67	11.780	0.464
	2.0	19.59	1.176	3.090	89.34	11.778	0.465
	3.0	20.31	1.273	3.036	89.01	11.776	0.466
	4.0	21.06	1.376	2.983	88.68	11.774	0.466
	5.0	21.83	1.485	2.930	88.34	11.770	0.468
	6.0	22.63	1.602	2.878	88.00	11.766	0.469

续附表 7

Ma_1	δ	弱 波			强 波		
		β	p_2/p_1	Ma_2	β	p_2/p_1	Ma_2
	7.0	23.45	1.725	2.825	87.66	11.760	0.471
	8.0	24.29	1.855	2.772	87.32	11.754	0.473
	9.0	25.16	1.993	2.720	86.97	11.747	0.475
	10.0	26.05	2.138	2.667	86.62	11.738	0.478
	11.0	26.97	2.290	2.614	86.26	11.729	0.480
	12.0	27.91	2.451	2.561	85.90	11.719	0.484
	13.0	28.87	2.619	2.507	85.53	11.707	0.487
	14.0	29.86	2.795	2.453	85.15	11.695	0.491
	15.0	30.88	2.980	2.398	84.76	11.680	0.496
	16.0	31.92	3.172	2.344	84.36	11.665	0.500
	17.0	32.98	3.373	2.289	83.95	11.647	0.506
	18.0	34.07	3.583	2.233	83.53	11.628	0.511
	19.0	35.19	3.801	2.177	83.10	11.608	0.517
	20.0	36.34	4.027	2.120	82.65	11.584	0.524
	21.0	37.51	4.263	2.064	82.18	11.559	0.532
	22.0	38.72	4.507	2.006	81.69	11.531	0.540
	23.0	39.96	4.761	1.948	81.18	11.499	0.549
	24.0	41.24	5.024	1.889	80.65	11.464	0.558
	25.0	42.56	5.298	1.830	80.08	11.425	0.569
	26.0	43.92	5.582	1.769	79.47	11.381	0.581
	27.0	45.34	5.877	1.708	78.83	11.332	0.595
	28.0	46.81	6.184	1.645	78.13	11.275	0.610
	29.0	48.36	6.505	1.581	77.37	11.209	0.627
	30.0	49.99	6.843	1.514	76.53	11.131	0.646
	31.0	51.74	7.200	1.445	75.58	11.039	0.669
	32.0	53.65	7.583	1.371	74.48	10.924	0.697
	33.0	55.79	8.004	1.291	73.15	10.776	0.731
	34.0	58.35	8.491	1.198	71.41	10.566	0.779
	(35.33)	65.43	9.714	0.959	65.43	9.714	0.959

续附表 7

Ma_1	δ	弱　波			强　波		
		β	p_2/p_1	Ma_2	β	p_2/p_1	Ma_2
3.30	0.0	17.64	1.000	3.300	90.00	12.538	0.460
	1.0	18.31	1.088	3.242	89.68	12.538	0.460
	2.0	19.01	1.181	3.186	89.36	12.537	0.460
	3.0	19.73	1.281	3.130	89.03	12.535	0.461
	4.0	20.48	1.388	3.075	88.71	12.532	0.462
	5.0	21.24	1.502	3.020	88.38	12.528	0.463
	6.0	22.04	1.622	2.965	88.06	12.524	0.464
	7.0	22.86	1.750	2.911	87.72	12.518	0.466
	8.0	23.70	1.886	2.856	87.39	12.512	0.468
	9.0	24.57	2.029	2.802	87.05	12.505	0.470
	10.0	25.46	2.181	2.747	86.71	12.496	0.472
	11.0	26.37	2.340	2.692	86.36	12.487	0.475
	12.0	27.31	2.508	2.636	86.01	12.477	0.478
	13.0	28.27	2.684	2.581	85.65	12.465	0.482
	14.0	29.26	2.869	2.525	85.28	12.452	0.486
	15.0	30.27	3.062	2.468	84.90	12.438	0.490
	16.0	31.31	3.264	2.412	84.52	12.422	0.495
	17.0	32.37	3.475	2.355	84.12	12.405	0.500
	18.0	33.46	3.695	2.297	83.71	12.386	0.505
	19.0	34.57	3.924	2.240	83.29	12.365	0.511
	20.0	35.71	4.162	2.181	82.86	12.342	0.518
	21.0	36.88	4.409	2.123	82.41	12.317	0.525
	22.0	38.08	4.666	2.064	81.94	12.288	0.533
	23.0	39.31	4.932	2.004	81.45	12.257	0.541
	24.0	40.57	5.208	1.944	80.93	12.223	0.551
	25.0	41.88	5.495	1.883	80.39	12.184	0.561
	26.0	43.22	5.792	1.822	79.81	12.141	0.572
	27.0	44.61	6.100	1.759	79.20	12.092	0.585
	28.0	46.06	6.421	1.696	78.54	12.036	0.599

续附表7

Ma_1	δ	弱　波			强　波		
		β	p_2/p_1	Ma_2	β	p_2/p_1	Ma_2
	29.0	47.57	6.756	1.631	77.82	11.973	0.615
	30.0	49.16	7.106	1.564	77.03	11.898	0.634
	31.0	50.85	7.474	1.495	76.15	11.810	0.655
	32.0	52.67	7.866	1.422	75.15	11.704	0.680
	33.0	54.67	8.289	1.344	73.97	11.569	0.710
	34.0	56.96	8.762	1.257	72.50	11.390	0.750
	35.0	59.85	9.333	1.153	70.45	11.115	0.809
	(35.88)	65.52	10.356	0.961	65.52	10.356	0.961
3.40	0.0	17.10	1.000	3.400	90.00	13.320	0.455
	1.0	17.77	1.090	3.340	89.69	13.320	0.455
	2.0	18.47	1.187	3.281	89.37	13.318	0.456
	3.0	19.19	1.290	3.224	89.06	13.316	0.456
	4.0	19.93	1.400	3.166	88.74	13.313	0.457
	5.0	20.70	1.518	3.109	88.42	13.310	0.458
	6.0	21.49	1.643	3.053	88.10	13.305	0.460
	7.0	22.31	1.776	2.996	87.78	13.300	0.461
	8.0	23.15	1.917	2.940	87.45	13.293	0.463
	9.0	24.01	2.067	2.883	87.12	13.286	0.465
	10.0	24.90	2.225	2.826	86.79	13.278	0.468
	11.0	25.82	2.391	2.769	86.45	13.268	0.471
	12.0	26.75	2.566	2.711	86.11	13.258	0.474
	13.0	27.72	2.751	2.654	85.75	13.246	0.477
	14.0	28.70	2.944	2.596	85.40	13.233	0.481
	15.0	29.71	3.146	2.537	85.03	13.219	0.485
	16.0	30.75	3.358	2.479	84.66	13.203	0.489
	17.0	31.81	3.579	2.420	84.27	13.186	0.494
	18.0	32.89	3.810	2.360	83.88	13.167	0.500
	19.0	34.00	4.050	2.301	83.47	13.145	0.506
	20.0	35.13	4.300	2.241	83.05	13.122	0.512

续附表 7

Ma_1	δ	弱　波			强　波		
		β	p_2/p_1	Ma_2	β	p_2/p_1	Ma_2
	21.0	36.30	4.559	2.180	82.61	13.097	0.519
	22.0	37.49	4.829	2.119	82.16	13.069	0.526
	23.0	38.71	5.108	2.058	81.68	13.038	0.535
	24.0	39.97	5.398	1.997	81.19	13.003	0.544
	25.0	41.26	5.698	1.934	80.66	12.965	0.554
	26.0	42.59	6.010	1.872	80.11	12.922	0.565
	27.0	43.96	6.332	1.808	79.52	12.874	0.577
	28.0	45.39	6.668	1.743	78.89	12.819	0.590
	29.0	46.87	7.016	1.678	78.21	12.757	0.605
	30.0	48.42	7.380	1.610	77.47	12.685	0.623
	31.0	50.06	7.762	1.541	76.64	12.600	0.642
	32.0	51.81	8.165	1.469	75.72	12.499	0.665
	33.0	53.71	8.596	1.393	74.64	12.374	0.693
	34.0	55.84	9.067	1.310	73.35	12.213	0.728
	35.0	58.36	9.608	1.215	71.67	11.986	0.775
	36.0	61.91	10.331	1.087	68.96	11.582	0.856
	(36.39)	65.60	11.019	0.963	65.60	11.019	0.963
3.50	0.0	16.60	1.000	3.500	90.00	14.125	0.451
	1.0	17.27	1.093	3.438	89.69	14.125	0.451
	2.0	17.96	1.192	3.377	89.39	14.123	0.452
	3.0	18.67	1.298	3.317	89.08	14.121	0.452
	4.0	19.42	1.413	3.257	88.77	14.118	0.453
	5.0	20.18	1.534	3.198	88.46	14.115	0.454
	6.0	20.97	1.664	3.140	88.14	14.110	0.455
	7.0	21.79	1.802	3.081	87.83	14.104	0.457
	8.0	22.63	1.949	3.022	87.51	14.098	0.459
	9.0	23.49	2.105	2.963	87.19	14.091	0.461
	10.0	24.38	2.269	2.904	86.86	14.082	0.463
	11.0	25.30	2.443	2.845	86.53	14.073	0.466

续附表7

Ma_1	δ	弱 波			强 波		
		β	p_2/p_1	Ma_2	β	p_2/p_1	Ma_2
	12.0	26.24	2.626	2.786	86.19	14.062	0.469
	13.0	27.20	2.819	2.726	85.85	14.050	0.473
	14.0	28.18	3.021	2.666	85.50	14.037	0.476
	15.0	29.19	3.233	2.605	85.15	14.023	0.480
	16.0	30.22	3.455	2.545	84.78	14.007	0.485
	17.0	31.28	3.687	2.484	84.41	13.989	0.489
	18.0	32.36	3.928	2.422	84.02	13.970	0.495
	19.0	33.47	4.180	2.361	83.63	13.949	0.500
	20.0	34.60	4.442	2.299	83.22	13.926	0.506
	21.0	35.76	4.714	2.236	82.79	13.900	0.513
	22.0	36.95	4.997	2.174	82.35	13.872	0.521
	23.0	38.16	5.290	2.111	81.89	13.841	0.529
	24.0	39.41	5.594	2.048	81.41	13.806	0.537
	25.0	40.69	5.908	1.984	80.91	13.768	0.547
	26.0	42.01	6.234	1.920	80.38	13.726	0.557
	27.0	43.37	6.572	1.855	79.81	13.678	0.569
	28.0	44.77	6.923	1.789	79.21	13.624	0.582
	29.0	46.23	7.287	1.723	78.56	13.562	0.596
	30.0	47.76	7.665	1.655	77.85	13.492	0.613
	31.0	49.36	8.061	1.585	77.07	13.410	0.631
	32.0	51.05	8.478	1.513	76.21	13.313	0.653
	33.0	52.88	8.920	1.438	75.22	13.194	0.678
	34.0	54.89	9.397	1.357	74.05	13.046	0.710
	35.0	57.19	9.929	1.268	72.59	12.846	0.750
	36.0	60.09	10.572	1.159	70.54	12.540	0.810
	(36.87)	65.69	11.703	0.964	65.69	11.703	0.964
3.60	0.0	16.13	1.000	3.600	90.00	14.953	0.447
	1.0	16.79	1.095	3.535	89.70	14.953	0.448
	2.0	17.48	1.197	3.472	89.40	14.952	0.448

续附表7

Ma₁	δ	弱　波			强　波		
		β	p_2/p_1	Ma_2	β	p_2/p_1	Ma_2
	3.0	18.19	1.307	3.410	89.10	14.950	0.448
	4.0	18.93	1.425	3.348	88.79	14.947	0.449
	5.0	19.70	1.551	3.287	88.49	14.943	0.450
	6.0	20.49	1.686	3.226	88.18	14.938	0.452
	7.0	21.30	1.829	3.165	87.87	14.933	0.453
	8.0	22.14	1.982	3.104	87.56	14.926	0.455
	9.0	23.01	2.143	3.043	87.25	14.918	0.457
	10.0	23.90	2.315	2.982	86.93	14.910	0.460
	11.0	24.81	2.496	2.921	86.60	14.900	0.462
	12.0	25.75	2.687	2.859	86.27	14.890	0.465
	13.0	26.71	2.889	2.797	85.94	14.878	0.468
	14.0	27.70	3.100	2.735	85.60	14.864	0.472
	15.0	28.71	3.322	2.672	85.25	14.850	0.476
	16.0	29.74	3.554	2.609	84.89	14.834	0.480
	17.0	30.80	3.797	2.546	84.53	14.816	0.485
	18.0	31.88	4.050	2.483	84.15	14.796	0.490
	19.0	32.98	4.314	2.419	83.77	14.775	0.495
	20.0	34.11	4.588	2.355	83.37	14.752	0.501
	21.0	35.27	4.874	2.291	82.96	14.726	0.508
	22.0	36.45	5.170	2.227	82.53	14.698	0.515
	23.0	37.66	5.477	2.162	82.08	14.666	0.523
	24.0	38.90	5.795	2.097	81.62	14.632	0.531
	25.0	40.17	6.125	2.032	81.13	14.594	0.541
	26.0	41.48	6.466	1.966	80.61	14.551	0.551
	27.0	42.82	6.820	1.900	80.07	14.504	0.562
	28.0	44.21	7.186	1.833	79.49	14.450	0.575
	29.0	45.65	7.566	1.766	78.86	14.389	0.588
	30.0	47.15	7.961	1.697	78.19	14.320	0.604
	31.0	48.72	8.373	1.627	77.45	14.240	0.622

续附表7

Ma_1	δ	弱 波			强 波		
		β	p_2/p_1	Ma_2	β	p_2/p_1	Ma_2
	32.0	50.38	8.804	1.555	76.63	14.145	0.642
	33.0	52.14	9.259	1.480	75.71	14.032	0.666
	34.0	54.07	9.746	1.400	74.63	13.892	0.695
	35.0	56.22	10.279	1.314	73.33	13.709	0.731
	36.0	58.79	10.894	1.215	71.62	13.450	0.780
	37.0	62.55	11.740	1.077	68.73	12.963	0.869
	(37.31)	65.77	12.407	0.966	65.77	12.407	0.966
3.70	0.0	15.68	1.000	3.700	90.00	15.805	0.444
	1.0	16.34	1.098	3.633	89.71	15.805	0.444
	2.0	17.03	1.203	3.567	89.41	15.803	0.444
	3.0	17.74	1.316	3.503	89.11	15.801	0.445
	4.0	18.48	1.438	3.439	88.82	15.798	0.446
	5.0	19.24	1.568	3.375	88.52	15.794	0.447
	6.0	20.03	1.707	3.312	88.22	15.790	0.448
	7.0	20.85	1.856	3.249	87.92	15.784	0.450
	8.0	21.69	2.015	3.186	87.61	15.777	0.451
	9.0	22.55	2.183	3.123	87.30	15.770	0.454
	10.0	23.44	2.361	3.059	86.99	15.761	0.456
	11.0	24.36	2.550	2.995	86.67	15.751	0.458
	12.0	25.30	2.750	2.931	86.35	15.740	0.461
	13.0	26.26	2.960	2.867	86.02	15.728	0.464
	14.0	27.25	3.181	2.803	85.69	15.715	0.468
	15.0	28.25	3.413	2.738	85.35	15.700	0.472
	16.0	29.29	3.655	2.673	85.00	15.684	0.476
	17.0	30.34	3.909	2.608	84.64	15.666	0.481
	18.0	31.42	4.174	2.542	84.27	15.646	0.486
	19.0	32.53	4.451	2.476	83.90	15.624	0.491
	20.0	33.65	4.738	2.410	83.51	15.601	0.497
	21.0	34.81	5.037	2.344	83.11	15.575	0.503

续附表7

Ma_1	δ	弱　波			强　波		
		β	p_2/p_1	Ma_2	β	p_2/p_1	Ma_2
	22.0	35.99	5.348	2.278	82.69	15.546	0.510
	23.0	37.19	5.669	2.212	82.25	15.515	0.518
	24.0	38.43	6.003	2.145	81.80	15.480	0.526
	25.0	39.69	6.348	2.078	81.33	15.442	0.535
	26.0	40.99	6.705	2.011	80.83	15.399	0.545
	27.0	42.33	7.075	1.944	80.30	15.352	0.556
	28.0	43.70	7.458	1.876	79.74	15.298	0.568
	29.0	45.13	7.855	1.807	79.14	15.238	0.581
	30.0	46.61	8.266	1.738	78.49	15.169	0.596
	31.0	48.15	8.695	1.667	77.79	15.090	0.613
	32.0	49.77	9.142	1.594	77.01	14.998	0.632
	33.0	51.49	9.613	1.519	76.14	14.888	0.655
	34.0	53.34	10.112	1.440	75.14	14.754	0.681
	35.0	55.39	10.653	1.356	73.95	14.584	0.714
	36.0	57.76	11.260	1.262	72.44	14.352	0.758
	37.0	60.82	12.008	1.146	70.25	13.982	0.824
	(37.71)	65.85	13.130	0.968	65.85	13.130	0.968
3.80	0.0	15.26	1.000	3.800	90.00	16.680	0.441
	1.0	15.92	1.100	3.731	89.71	16.680	0.441
	2.0	16.60	1.208	3.662	89.42	16.678	0.441
	3.0	17.31	1.325	3.595	89.13	16.676	0.442
	4.0	18.05	1.450	3.529	88.84	16.673	0.443
	5.0	18.81	1.585	3.463	88.55	16.669	0.444
	6.0	19.60	1.729	3.398	88.25	16.664	0.445
	7.0	20.42	1.884	3.332	87.95	16.659	0.446
	8.0	21.26	2.048	3.267	87.65	16.652	0.448
	9.0	22.13	2.223	3.201	87.35	16.644	0.450
	10.0	23.02	2.409	3.135	87.04	16.635	0.452
	11.0	23.93	2.605	3.069	86.73	16.625	0.455

续附表7

Ma_1	δ	弱　波			强　波		
		β	p_2/p_1	Ma_2	β	p_2/p_1	Ma_2
	12.0	24.87	2.813	3.003	86.42	16.614	0.458
	13.0	25.83	3.033	2.937	86.09	16.602	0.461
	14.0	26.82	3.263	2.870	85.77	16.588	0.464
	15.0	27.83	3.505	2.803	85.43	16.573	0.468
	16.0	28.86	3.759	2.735	85.09	16.557	0.472
	17.0	29.92	4.025	2.668	84.74	16.539	0.477
	18.0	31.00	4.302	2.600	84.38	16.519	0.482
	19.0	32.10	4.591	2.532	84.01	16.497	0.487
	20.0	33.23	4.892	2.464	83.63	16.473	0.493
	21.0	34.38	5.205	2.396	83.24	16.447	0.499
	22.0	35.56	5.530	2.328	82.83	16.418	0.506
	23.0	36.76	5.867	2.260	82.41	16.386	0.513
	24.0	37.99	6.216	2.192	81.97	16.351	0.521
	25.0	39.25	6.577	2.123	81.51	16.313	0.530
	26.0	40.54	6.951	2.055	81.02	16.270	0.540
	27.0	41.87	7.338	1.986	80.51	16.222	0.550
	28.0	43.23	7.738	1.917	79.97	16.169	0.562
	29.0	44.64	8.152	1.847	79.39	16.109	0.575
	30.0	46.10	8.581	1.776	78.76	16.040	0.589
	31.0	47.63	9.027	1.704	78.09	15.962	0.605
	32.0	49.22	9.492	1.631	77.34	15.871	0.624
	33.0	50.90	9.979	1.556	76.51	15.764	0.645
	34.0	52.70	10.494	1.478	75.57	15.634	0.670
	35.0	54.67	11.046	1.395	74.47	15.472	0.700
	36.0	56.89	11.654	1.304	73.11	15.259	0.739
	37.0	59.61	12.368	1.198	71.28	14.944	0.795
	38.0	64.19	13.487	1.029	67.57	14.227	0.913
	(38.09)	65.92	13.875	0.969	65.92	13.875	0.969
3.90	0.0	14.86	1.000	3.900	90.00	17.578	0.438

续附表 7

Ma_1	δ	弱 波			强 波		
		β	p_2/p_1	Ma_2	β	p_2/p_1	Ma_2
	1.0	15.51	1.103	3.828	89.72	17.578	0.438
	2.0	16.20	1.214	3.757	89.43	17.577	0.438
	3.0	16.91	1.334	3.688	89.15	17.574	0.439
	4.0	17.64	1.463	3.619	88.86	17.571	0.440
	5.0	18.41	1.602	3.551	88.57	17.567	0.441
	6.0	19.20	1.752	3.483	88.28	17.562	0.442
	7.0	20.01	1.911	3.415	87.99	17.556	0.443
	8.0	20.85	2.082	3.347	87.69	17.550	0.445
	9.0	21.72	2.264	3.279	87.39	17.542	0.447
	10.0	22.61	2.457	3.211	87.09	17.533	0.449
	11.0	23.53	2.662	3.143	86.79	17.523	0.452
	12.0	24.47	2.878	3.074	86.48	17.511	0.455
	13.0	25.44	3.107	3.005	86.16	17.499	0.458
	14.0	26.42	3.347	2.936	85.84	17.485	0.461
	15.0	27.43	3.600	2.866	85.51	17.470	0.465
	16.0	28.47	3.865	2.797	85.18	17.453	0.469
	17.0	29.53	4.143	2.727	84.83	17.434	0.473
	18.0	30.60	4.433	2.657	84.48	17.414	0.478
	19.0	31.71	4.735	2.587	84.12	17.392	0.483
	20.0	32.83	5.050	2.517	83.75	17.368	0.489
	21.0	33.98	5.377	2.447	83.36	17.341	0.495
	22.0	35.16	5.717	2.377	82.97	17.312	0.502
	23.0	36.36	6.070	2.307	82.55	17.280	0.509
	24.0	37.58	6.435	2.237	82.12	17.245	0.517
	25.0	38.84	6.813	2.167	81.67	17.206	0.525
	26.0	40.13	7.203	2.097	81.20	17.163	0.535
	27.0	41.45	7.608	2.026	80.70	17.115	0.545
	28.0	42.80	8.026	1.956	80.17	17.061	0.556
	29.0	44.20	8.458	1.885	79.61	17.001	0.569

续附表 7

Ma_1	δ	弱　波			强　波		
		β	p_2/p_1	Ma_2	β	p_2/p_1	Ma_2
	30.0	45.65	8.906	1.813	79.01	16.933	0.583
	31.0	47.15	9.370	1.741	78.35	16.855	0.598
	32.0	48.72	9.854	1.667	77.64	16.765	0.616
	33.0	50.37	10.359	1.591	76.85	16.660	0.636
	34.0	52.13	10.890	1.513	75.96	16.533	0.660
	35.0	54.03	11.456	1.431	74.92	16.378	0.688
	36.0	56.15	12.072	1.343	73.68	16.177	0.724
	37.0	58.64	12.773	1.242	72.06	15.895	0.772
	38.0	62.09	13.690	1.111	69.50	15.402	0.853
	(38.44)	65.99	14.640	0.971	65.99	14.640	0.971
4.00	0.0	14.48	1.000	4.000	90.00	18.500	0.435
	1.0	15.13	1.105	3.925	89.72	18.500	0.435
	2.0	15.81	1.219	3.852	89.44	18.498	0.435
	3.0	16.52	1.343	3.780	89.16	18.496	0.436
	4.0	17.26	1.476	3.709	88.88	18.493	0.437
	5.0	18.02	1.620	3.638	88.59	18.489	0.438
	6.0	18.81	1.774	3.568	88.31	18.484	0.439
	7.0	19.63	1.940	3.498	88.02	18.478	0.440
	8.0	20.47	2.117	3.427	87.73	18.471	0.442
	9.0	21.34	2.305	3.357	87.44	18.463	0.444
	10.0	22.23	2.506	3.286	87.14	18.453	0.446
	11.0	23.15	2.719	3.215	86.84	18.443	0.449
	12.0	24.09	2.944	3.144	86.53	18.432	0.452
	13.0	25.06	3.183	3.072	86.22	18.419	0.455
	14.0	26.05	3.433	3.001	85.91	18.405	0.458
	15.0	27.06	3.697	2.929	85.59	18.389	0.462
	16.0	28.10	3.974	2.857	85.26	18.372	0.466
	17.0	29.16	4.264	2.785	84.92	18.354	0.470
	18.0	30.24	4.567	2.713	84.57	18.333	0.475

续附表7

Ma_1	δ	弱　波			强　波		
		β	p_2/p_1	Ma_2	β	p_2/p_1	Ma_2
	19.0	31.34	4.883	2.641	84.22	18.311	0.480
	20.0	32.46	5.212	2.569	83.85	18.286	0.485
	21.0	33.61	5.554	2.497	83.48	18.259	0.491
	22.0	34.79	5.909	2.425	83.09	18.230	0.498
	23.0	35.98	6.277	2.353	82.68	18.197	0.505
	24.0	37.21	6.659	2.281	82.26	18.161	0.513
	25.0	38.46	7.054	2.209	81.82	18.122	0.521
	26.0	39.74	7.463	2.137	81.36	18.079	0.530
	27.0	41.05	7.885	2.066	80.87	18.030	0.540
	28.0	42.40	8.321	1.994	80.36	17.976	0.551
	29.0	43.79	8.773	1.921	79.81	17.916	0.563
	30.0	45.22	9.240	1.849	79.23	17.848	0.577
	31.0	46.71	9.723	1.775	78.60	17.770	0.592
	32.0	48.26	10.226	1.701	77.91	17.681	0.609
	33.0	49.88	10.750	1.625	77.15	17.576	0.628
	34.0	51.61	11.300	1.546	76.30	17.452	0.651
	35.0	53.46	11.882	1.465	75.32	17.301	0.678
	36.0	55.50	12.510	1.378	74.16	17.109	0.711
	37.0	57.84	13.211	1.281	72.70	16.850	0.754
	38.0	60.83	14.065	1.164	70.60	16.441	0.820
	(38.77)	66.06	15.425	0.972	66.06	15.425	0.972

附表8　　等截面绝热摩擦管流($k = 1.4$)

Ma	T/T_{cr}	p/p_{cr}	p^*/p_{cr}^*	V/V_{cr} 或 ρ_{cr}/ρ	F/F_{cr}	$\left(4\bar{f}\dfrac{L}{D}\right)_{cr}$
0.00	1.200 00	∞	∞	0.000 00	∞	∞
0.05	1.199 40	21.903 43	11.591 40	0.054 76	9.158 37	280.020 30
0.10	1.197 60	10.943 51	5.821 80	0.109 44	4.623 63	66.921 60
0.15	1.194 62	7.286 59	3.910 30	0.163 95	3.131 72	27.932 00
0.20	1.190 48	5.455 45	2.963 50	0.218 22	2.400 40	14.533 30
0.25	1.185 19	4.354 65	2.402 70	0.272 17	1.973 20	8.483 40
0.30	1.178 78	3.619 06	2.035 10	0.325 72	1.697 94	5.299 30
0.35	1.171 30	3.092 19	1.778 00	0.378 79	1.509 38	3.452 50
0.40	1.162 79	2.695 82	1.590 10	0.431 33	1.374 87	2.308 50
0.45	1.153 29	2.386 48	1.448 70	0.483 26	1.276 27	1.566 40
0.50	1.142 86	2.138 09	1.339 80	0.534 52	1.202 68	1.069 10
0.55	1.131 54	1.934 07	1.254 90	0.585 06	1.147 15	0.728 10
0.60	1.119 40	1.763 36	1.188 20	0.634 81	1.105 04	0.490 80
0.65	1.106 50	1.618 31	1.135 60	0.683 74	1.073 14	0.324 60
0.70	1.092 90	1.493 45	1.094 40	0.731 79	1.049 15	0.208 10
0.75	1.078 65	1.384 78	1.062 40	0.778 94	1.031 37	0.127 30
0.80	1.063 83	1.289 28	1.038 20	0.825 14	1.018 53	0.072 30
0.85	1.048 49	1.204 66	1.020 70	0.870 37	1.009 65	0.036 30
0.90	1.032 70	1.129 13	1.008 90	0.914 60	1.003 99	0.014 50
0.95	1.016 52	1.061 29	1.002 10	0.957 81	1.000 93	0.003 30
1.00	1.000 00	1.000 00	1.000 00	1.000 00	1.000 00	0.000 00
1.05	0.983 20	0.944 35	1.002 00	1.041 14	1.000 81	0.002 70
1.10	0.966 18	0.893 59	1.007 90	1.081 24	1.003 05	0.009 90
1.15	0.948 99	0.847 10	1.017 50	1.120 29	1.006 46	0.020 50
1.20	0.931 68	0.804 36	1.030 40	1.158 28	1.010 81	0.033 60
1.25	0.914 29	0.764 95	1.046 80	1.195 23	1.015 94	0.048 60
1.30	0.896 86	0.728 48	1.066 30	1.231 14	1.021 70	0.064 80

续附表 8

Ma	T/T_{cr}	p/p_{cr}	p^*/p_{cr}^*	V/V_{cr} 或 ρ_{cr}/ρ	F/F_{cr}	$\left(4\bar{f}\dfrac{L}{D}\right)_{cr}$
1.35	0.879 44	0.694 66	1.089 00	1.266 01	1.027 95	0.082 00
1.40	0.862 07	0.663 20	1.114 90	1.299 87	1.034 59	0.099 70
1.45	0.844 77	0.633 87	1.144 00	1.332 72	1.041 53	0.117 80
1.50	0.827 59	0.606 48	1.176 20	1.364 58	1.048 70	0.136 10
1.55	0.810 54	0.580 84	1.211 60	1.395 46	1.056 04	0.154 30
1.60	0.793 65	0.556 79	1.250 20	1.425 39	1.063 48	0.172 40
1.65	0.776 95	0.534 21	1.292 20	1.454 39	1.070 98	0.190 20
1.70	0.760 46	0.512 97	1.337 60	1.482 47	1.078 51	0.207 80
1.75	0.744 19	0.492 95	1.386 50	1.509 66	1.086 03	0.225 00
1.80	0.728 16	0.474 07	1.439 00	1.535 98	1.093 51	0.241 90
1.85	0.712 38	0.456 23	1.495 20	1.561 45	1.100 94	0.258 30
1.90	0.696 86	0.439 36	1.555 30	1.586 09	1.108 29	0.274 30
1.95	0.681 62	0.423 39	1.619 30	1.609 93	1.115 54	0.289 90
2.00	0.666 67	0.408 25	1.687 50	1.632 99	1.122 68	0.305 00
2.05	0.652 00	0.393 88	1.760 00	1.655 30	1.129 71	0.319 70
2.10	0.637 62	0.380 24	1.836 90	1.676 87	1.136 61	0.333 90
2.15	0.623 54	0.367 28	1.918 50	1.697 74	1.143 38	0.347 60
2.20	0.609 76	0.354 94	2.005 00	1.717 91	1.150 01	0.360 90
2.25	0.596 27	0.343 19	2.096 40	1.737 42	1.156 49	0.373 80
2.30	0.583 09	0.332 00	2.193 10	1.756 29	1.162 84	0.386 20
2.35	0.570 21	0.321 33	2.295 30	1.774 53	1.169 03	0.398 30
2.40	0.557 62	0.311 14	2.403 10	1.792 18	1.175 08	0.409 90
2.45	0.545 33	0.301 41	2.516 80	1.809 24	1.180 98	0.421 10
2.50	0.533 33	0.292 12	2.636 70	1.825 74	1.186 73	0.432 00
2.55	0.521 63	0.283 23	2.763 00	1.841 70	1.192 34	0.442 50

续附表 8

Ma	T/T_{cr}	p/p_{cr}	p^*/p_{cr}^*	V/V_{cr} 或 ρ_{cr}/ρ	F/F_{cr}	$\left(4\bar{f}\dfrac{L}{D}\right)_{cr}$
2.60	0.510 20	0.274 73	2.896 00	1.857 14	1.197 80	0.452 60
2.65	0.499 06	0.266 58	3.035 90	1.872 08	1.203 12	0.462 40
2.70	0.488 20	0.258 78	3.183 00	1.886 53	1.208 30	0.471 80
2.75	0.477 61	0.251 31	3.337 70	1.900 51	1.213 34	0.480 90
2.80	0.467 29	0.244 14	3.500 10	1.914 04	1.218 25	0.489 80
2.85	0.457 23	0.237 26	3.670 70	1.927 14	1.223 02	0.498 30
2.90	0.447 43	0.230 66	3.849 80	1.939 81	1.227 66	0.506 50
2.95	0.437 88	0.224 31	4.037 60	1.952 08	1.232 18	0.514 50
3.00	0.428 57	0.218 22	4.234 60	1.963 96	1.236 57	0.522 20
3.50	0.347 83	0.168 51	6.789 60	2.064 19	1.274 32	0.586 40
4.00	0.285 71	0.133 63	10.718 80	2.138 09	1.302 90	0.633 10
4.50	0.237 62	0.108 33	16.562 20	2.193 60	1.324 74	0.667 60
5.00	0.200 00	0.089 44	25.000 00	2.236 07	1.341 64	0.693 80
6.00	0.146 34	0.063 76	53.179 80	2.295 28	1.365 48	0.729 90
7.00	0.111 11	0.047 62	104.142 90	2.333 33	1.380 95	0.752 80
8.00	0.086 96	0.036 86	190.109 40	2.359 07	1.391 48	0.768 20
9.00	0.069 77	0.029 35	327.189 30	2.377 22	1.398 94	0.779 00
10.00	0.057 14	0.023 91	535.937 50	2.390 46	1.404 39	0.786 80
∞	0.000 00	0.000 00	∞	2.449 5	1.428 9	0.821 53

附表 9　附加流量垂直于主流 ($k = 1.4$)

Ma	λ	T/T_{cr}	p/p_{cr}	ρ/ρ_{cr}	ρ^*/ρ_{cr}^*	$\dot{m}/\dot{m}_{cr}$
0.00	0.000 00	1.200 00	2.400 00	2.000 00	1.267 88	0.000 00
0.01	0.010 95	1.199 98	2.399 70	1.999 76	1.267 79	0.021 90
0.02	0.021 91	1.199 90	2.398 70	1.999 04	1.267 52	0.043 80
0.03	0.032 86	1.199 78	2.397 00	1.997 84	1.267 08	0.065 60
0.04	0.043 81	1.199 62	2.394 60	1.996 17	1.266 46	0.087 50
0.05	0.054 76	1.199 40	2.391 60	1.994 02	1.265 67	0.109 20
0.06	0.065 70	1.199 14	2.388 00	1.991 40	1.264 70	0.130 80
0.07	0.076 64	1.198 83	2.383 60	1.988 32	1.263 56	0.152 40
0.08	0.087 58	1.198 47	2.378 70	1.984 78	1.262 26	0.173 80
0.09	0.098 51	1.198 06	2.373 10	1.980 78	1.260 78	0.195 10
0.10	0.109 44	1.197 61	2.366 90	1.976 33	1.259 15	0.216 30
0.11	0.120 35	1.197 10	2.360 00	1.971 44	1.257 35	0.237 30
0.12	0.131 26	1.196 55	2.352 60	1.966 12	1.255 39	0.258 10
0.13	0.142 17	1.195 96	2.344 50	1.960 38	1.253 29	0.278 70
0.14	0.153 06	1.195 31	2.335 90	1.954 22	1.251 03	0.299 10
0.15	0.163 95	1.194 62	2.326 70	1.947 65	1.248 63	0.319 30
0.16	0.174 82	1.193 89	2.317 00	1.940 69	1.246 08	0.339 30
0.17	0.185 69	1.193 10	2.306 70	1.933 34	1.243 40	0.359 00
0.18	0.196 54	1.192 27	2.295 90	1.925 61	1.240 59	0.378 50
0.19	0.207 39	1.191 40	2.284 50	1.917 53	1.237 65	0.397 70
0.20	0.218 22	1.190 48	2.272 70	1.909 09	1.234 60	0.416 60
0.21	0.229 04	1.189 51	2.260 40	1.900 31	1.231 42	0.435 20
0.22	0.239 84	1.188 50	2.247 70	1.891 21	1.228 14	0.453 60
0.23	0.250 63	1.187 44	2.234 50	1.881 79	1.224 75	0.471 60
0.24	0.261 41	1.186 33	2.220 90	1.872 08	1.221 26	0.489 40
0.25	0.272 17	1.185 19	2.206 90	1.862 07	1.217 67	0.506 80
0.26	0.282 91	1.183 99	2.192 50	1.851 79	1.214 00	0.523 90
0.27	0.293 64	1.182 76	2.177 70	1.841 24	1.210 25	0.540 70
0.28	0.304 35	1.181 47	2.162 60	1.830 45	1.206 42	0.557 10
0.29	0.315 04	1.180 15	2.147 20	1.819 42	1.202 51	0.573 20
0.30	0.325 72	1.178 78	2.131 40	1.808 17	1.198 55	0.588 90

续附表 9

Ma	λ	T/T_{cr}	p/p_{cr}	ρ/ρ_{cr}	ρ^*/ρ_{cr}^*	$\dot{m}/\dot{m}_{cr}$
0.31	0.336 37	1.177 37	2.115 40	1.796 71	1.194 52	0.604 40
0.32	0.347 01	1.175 92	2.099 10	1.785 05	1.190 45	0.619 40
0.33	0.357 62	1.174 42	2.082 50	1.773 22	1.186 32	0.634 10
0.34	0.368 22	1.172 88	2.065 70	1.761 21	1.182 15	0.648 50
0.35	0.378 79	1.171 30	2.048 70	1.749 04	1.177 95	0.662 50
0.36	0.389 35	1.169 68	2.031 40	1.736 73	1.173 71	0.676 20
0.37	0.399 88	1.168 02	2.014 00	1.724 28	1.169 45	0.689 50
0.38	0.410 39	1.166 32	1.996 40	1.711 72	1.165 17	0.702 50
0.39	0.420 87	1.164 57	1.978 70	1.699 05	1.160 88	0.715 10
0.40	0.431 33	1.162 79	1.960 80	1.686 27	1.156 58	0.727 30
0.41	0.441 77	1.160 97	1.942 80	1.673 42	1.152 27	0.739 30
0.42	0.452 18	1.159 11	1.924 70	1.660 49	1.147 96	0.750 80
0.43	0.462 57	1.157 21	1.906 50	1.647 49	1.143 66	0.762 10
0.44	0.472 93	1.155 27	1.888 20	1.634 44	1.139 36	0.773 00
0.45	0.483 26	1.153 29	1.869 90	1.621 35	1.135 08	0.783 50
0.46	0.493 57	1.151 28	1.851 50	1.608 22	1.130 82	0.793 80
0.47	0.503 85	1.149 23	1.833 10	1.595 07	1.126 59	0.803 70
0.48	0.514 10	1.147 14	1.814 70	1.581 90	1.122 38	0.813 30
0.49	0.524 33	1.145 02	1.796 20	1.568 73	1.118 20	0.822 50
0.50	0.534 52	1.142 86	1.777 80	1.555 56	1.114 05	0.831 50
0.52	0.554 83	1.138 43	1.740 90	1.529 25	1.105 88	0.848 50
0.54	0.575 01	1.133 87	1.704 30	1.503 04	1.097 89	0.864 30
0.56	0.595 07	1.129 18	1.667 80	1.476 98	1.090 11	0.878 90
0.58	0.615 01	1.124 35	1.631 60	1.451 13	1.082 56	0.892 50
0.60	0.634 81	1.119 40	1.595 70	1.425 53	1.075 25	0.904 90
0.62	0.654 48	1.114 33	1.560 30	1.400 22	1.068 22	0.916 40
0.64	0.674 02	1.109 14	1.525 30	1.375 23	1.061 47	0.926 90
0.66	0.693 42	1.103 83	1.490 80	1.350 59	1.055 03	0.936 50
0.68	0.712 68	1.098 42	1.456 90	1.326 34	1.048 90	0.945 30
0.70	0.731 79	1.092 90	1.423 50	1.302 49	1.043 10	0.953 20

续附表 9

Ma	λ	T/T_{cr}	p/p_{cr}	ρ/ρ_{cr}	ρ^*/ρ_{cr}^*	$\dot{m}/\dot{m}_{cr}$
0.72	0.750 76	1.087 27	1.390 70	1.279 07	1.037 64	0.960 30
0.74	0.769 58	1.081 55	1.358 50	1.256 08	1.032 53	0.966 70
0.76	0.788 25	1.075 73	1.327 00	1.233 55	1.027 77	0.972 30
0.78	0.806 77	1.069 82	1.296 10	1.211 47	1.023 37	0.977 40
0.80	0.825 14	1.063 83	1.265 80	1.189 87	1.019 34	0.981 80
0.82	0.843 35	1.057 75	1.236 20	1.168 75	1.015 69	0.985 70
0.84	0.861 40	1.051 60	1.207 30	1.148 10	1.012 41	0.989 00
0.86	0.879 29	1.045 37	1.179 10	1.127 93	1.009 51	0.991 80
0.88	0.897 03	1.039 07	1.151 50	1.108 25	1.006 99	0.994 10
0.90	0.914 60	1.032 70	1.124 60	1.089 03	1.004 86	0.996 00
0.92	0.932 01	1.026 27	1.098 40	1.070 30	1.003 11	0.997 50
0.94	0.949 25	1.019 78	1.072 80	1.052 03	1.001 75	0.998 60
0.96	0.966 33	1.013 24	1.047 90	1.034 23	1.000 78	0.999 40
0.98	0.983 25	1.006 64	1.023 60	1.016 89	1.000 19	0.999 90
1.00	1.000 00	1.000 00	1.000 00	1.000 00	1.000 00	1.000 00
1.02	1.016 58	0.993 31	0.977 00	0.983 55	1.000 19	0.999 90
1.04	1.033 00	0.986 58	0.954 60	0.967 54	1.000 78	0.999 50
1.06	1.049 25	0.979 82	0.932 70	0.951 96	1.001 75	0.998 80
1.08	1.065 33	0.973 02	0.911 50	0.936 80	1.003 11	0.998 00
1.10	1.081 24	0.966 18	0.890 90	0.922 05	1.004 86	0.997 00
1.12	1.096 99	0.959 33	0.870 80	0.907 70	1.006 99	0.995 70
1.14	1.112 56	0.952 44	0.851 20	0.893 74	1.009 52	0.994 30
1.16	1.127 97	0.945 54	0.832 20	0.880 16	1.012 43	0.992 80
1.18	1.143 21	0.938 62	0.813 70	0.866 95	1.015 73	0.991 10
1.20	1.158 28	0.931 68	0.795 80	0.854 11	1.019 42	0.989 30
1.22	1.173 19	0.924 73	0.778 30	0.841 62	1.023 49	0.987 40
1.24	1.187 92	0.917 77	0.761 30	0.829 48	1.027 95	0.985 40
1.26	1.202 49	0.910 80	0.744 70	0.817 67	1.032 80	0.983 20
1.28	1.216 90	0.903 83	0.728 70	0.806 18	1.038 03	0.981 00
1.30	1.231 14	0.896 86	0.713 00	0.795 01	1.043 66	0.978 80

续附表 9

Ma	λ	T/T_{cr}	p/p_{cr}	ρ/ρ_{cr}	ρ^*/ρ_{cr}^*	$\dot{m}/\dot{m}_{cr}$
1.32	1.245 21	0.889 89	0.697 80	0.784 15	1.049 68	0.976 40
1.34	1.259 12	0.882 92	0.683 00	0.773 58	1.056 08	0.974 00
1.36	1.272 86	0.875 96	0.668 60	0.763 31	1.062 88	0.971 60
1.38	1.286 45	0.869 01	0.654 60	0.753 31	1.070 07	0.969 10
1.40	1.299 87	0.862 07	0.641 00	0.743 59	1.077 65	0.966 60
1.42	1.313 13	0.855 14	0.627 80	0.734 13	1.085 63	0.964 00
1.44	1.326 23	0.848 22	0.614 90	0.724 93	1.094 01	0.961 40
1.46	1.339 17	0.841 33	0.602 40	0.715 98	1.102 78	0.958 80
1.48	1.351 95	0.834 45	0.590 20	0.707 27	1.111 96	0.956 20
1.50	1.364 58	0.827 59	0.578 30	0.698 80	1.121 55	0.953 60
1.55	1.395 46	0.810 54	0.550 00	0.678 58	1.147 29	0.946 90
1.60	1.425 39	0.793 65	0.523 60	0.659 69	1.175 61	0.940 30
1.65	1.454 39	0.776 95	0.498 80	0.642 00	1.206 57	0.933 70
1.70	1.482 47	0.760 46	0.475 60	0.625 45	1.240 24	0.927 20
1.75	1.509 66	0.744 19	0.453 90	0.609 93	1.276 66	0.920 80
1.80	1.535 98	0.728 16	0.433 50	0.595 38	1.315 92	0.914 50
1.85	1.561 45	0.712 38	0.414 40	0.581 71	1.358 11	0.908 30
1.90	1.586 09	0.696 86	0.396 40	0.568 88	1.403 30	0.902 30
1.95	1.609 93	0.681 63	0.379 50	0.556 81	1.451 59	0.896 40
2.00	1.632 99	0.666 67	0.363 60	0.545 45	1.503 10	0.890 70
2.10	1.676 87	0.637 62	0.334 50	0.524 67	1.616 16	0.879 80
2.20	1.717 91	0.609 76	0.308 60	0.506 17	1.743 45	0.869 60
2.30	1.756 29	0.583 09	0.285 50	0.489 65	1.886 02	0.860 00
2.40	1.792 18	0.557 62	0.264 80	0.474 85	2.045 05	0.851 00
2.50	1.825 74	0.533 33	0.246 20	0.461 54	2.221 83	0.842 70
2.60	1.857 14	0.510 20	0.229 40	0.449 54	2.417 74	0.834 90
2.70	1.886 53	0.488 20	0.214 20	0.438 69	2.634 29	0.827 60
2.80	1.914 04	0.467 29	0.200 40	0.428 86	2.873 08	0.820 90
2.90	1.939 81	0.447 43	0.187 90	0.419 92	3.135 85	0.814 60
3.00	1.963 96	0.428 57	0.176 50	0.411 76	3.424 45	0.808 70

续附表 9

Ma	λ	T/T_{cr}	p/p_{cr}	ρ/ρ_{cr}	ρ^*/ρ_{cr}^*	$\dot{m}/\dot{m}_{cr}$
3.10	1.986 61	0.410 68	0.166 00	0.404 32	3.740 84	0.803 20
3.20	2.007 86	0.393 70	0.156 50	0.397 50	4.087 12	0.798 10
3.30	2.027 81	0.377 60	0.147 70	0.391 23	4.465 49	0.793 40
3.40	2.046 56	0.362 32	0.139 70	0.385 47	4.878 30	0.788 90
3.50	2.064 19	0.347 83	0.132 20	0.380 17	5.328 04	0.784 70
3.60	2.080 77	0.334 08	0.125 40	0.375 26	5.817 30	0.780 80
3.70	2.096 39	0.321 03	0.119 00	0.370 72	6.348 84	0.777 20
3.80	2.111 11	0.308 64	0.113 10	0.366 52	6.925 57	0.773 80
3.90	2.124 99	0.296 88	0.107 70	0.362 61	7.550 50	0.770 50
4.00	2.138 09	0.285 71	0.102 60	0.358 97	8.226 85	0.767 50
4.50	2.193 60	0.237 62	0.081 80	0.344 12	12.502 26	0.754 90
5.00	2.236 07	0.200 00	0.066 70	0.333 33	18.633 90	0.745 40
5.50	2.269 13	0.170 21	0.055 40	0.325 26	27.211 32	0.738 10
6.00	2.295 28	0.146 34	0.046 70	0.319 07	38.945 94	0.732 30
6.50	2.316 26	0.126 98	0.039 90	0.314 21	54.683 03	0.727 80
7.00	2.333 33	0.111 11	0.034 50	0.310 34	75.413 79	0.724 10
7.50	2.347 38	0.097 96	0.030 10	0.307 21	102.287 48	0.721 10
8.00	2.359 07	0.086 96	0.026 50	0.304 64	136.623 52	0.718 70
8.50	2.368 89	0.077 67	0.023 50	0.302 50	179.923 63	0.716 60
9.00	2.377 22	0.069 77	0.021 00	0.300 70	233.883 95	0.714 80
9.50	2.384 33	0.062 99	0.018 80	0.299 18	300.407 22	0.713 30
10.00	2.390 46	0.057 14	0.017 00	0.297 87	381.614 88	0.712 10
∞	2.449 49	0.000 00	0.000 00	0.285 71	∞	0.699 85

参考文献

[1] 潘锦珊. 气体动力学基础[M]. 北京:国防工业出版社,1989.

[2] 王新月. 气体动力学基础[M]. 西安:西北工业大学出版社,2006.

[3] 何立明,赵罡,程邦勤. 气体动力学[M]. 北京:国防工业出版社,2009.

[4] 吴子牛. 空气动力学[M]. 北京:清华大学出版社,2007.

[5] 王保国,刘淑艳,黄伟光. 气体动力学[M]. 北京:北京理工大学出版社,2005.

[6] 单鹏. 多维气体动力学基础[M]. 北京:北京航空航天大学出版社,2008.

[7] 王保国,刘淑艳,刘艳明,等. 空气动力学基础[M]. 北京:国防工业出版社,2009.

[8] 陆志良. 空气动力学[M]. 北京:北京航空航天大学出版社,2009.

[9] 钱翼稷. 空气动力学[M]. 北京:北京航空航天大学出版社,2004.

[10] 李凤蔚. 空气与气体动力学引论[M]. 西安:西北工业大学出版社,2007.

[11] 周光炯,严宗毅,许世雄,等. 流体力学[M]. 北京:高等教育出版社,2001.

[12] 陈懋章. 黏性流体动力学基础[M]. 北京:高等教育出版社,2002.

[13] 陈卓如,金朝铭,王洪杰,等. 工程流体力学[M]. 北京:高等教育出版社,2004.

[14] 章梓雄,董曾南. 黏性流体力学[M]. 北京:清华大学出版社,2004.

[15] 王仲奇. 透平机械三元流动计算及其数学和气动力学基础[M]. 北京:机械工业出版社,1983.

[16] 曹玉璋,邱绪光. 实验传热学[M]. 北京:国防工业出版社,1998.